数学物理方法

Methods of Mathematical Physics

邹光远 符策基 编著

图书在版编目(CIP)数据

数学物理方法 / 邹光远，符策基编著. —北京：北京大学出版社，2018. 10
（北京大学力学学科规划教材）
ISBN 978-7-301-29900-5

Ⅰ. ①数… Ⅱ. ①邹… ②符… Ⅲ. ①数学物理方法 – 高等学校 – 教材
Ⅳ. ①O411.1

中国版本图书馆 CIP 数据核字(2018)第 210352 号

书　　名	数学物理方法 SHUXUE WULI FANGFA
著作责任者	邹光远　符策基　编著
责 任 编 辑	尹照原
标 准 书 号	ISBN 978-7-301-29900-5
出 版 发 行	北京大学出版社
地　　址	北京市海淀区成府路 205 号　100871
网　　址	http://www.pup.cn　　新浪微博：@北京大学出版社
电 子 信 箱	zpup@pup.cn
电　　话	邮购部 010-62752015　发行部 010-62750672　编辑部 010-62752021
印 刷 者	北京虎彩文化传播有限公司
经 销 者	新华书店
	730 毫米 × 980 毫米　16 开本　22.5 印张　429 千字
	2018 年 10 月第 1 版　2025 年 1 月第 2 次印刷
定　　价	72.00 元

前　　言

随着时代的发展和教学计划的变化,"数学物理方法"课程的教学内容也需要适当地改变。以北京大学工学院的力学与工程科学系为例,同上世纪九十年代初相比,本门课程的学时几乎缩减了一半。因此,急需一本与此变化相适应的教材。本教材是作者以在北京大学力学与工程科学系多年从事"数学物理方法"教学所编讲义为基础改编而成,适合当前教学的需要。

本教材内容包括:复变函数、函数空间与相应函数空间上的广义函数、正交函数族展开、特殊函数、积分变换、变分法、偏微分方程的基础理论与解法等。

近年来,由于高速电子计算机计算速度的飞速提高,在解决实际问题中,数值计算与实验和理论分析相结合,起着越来越重要的作用。由于大量的实际问题都具有较复杂的边界形状和非线性效应,极少能通过求解析解的方法来解决。那么,学习本课程是否就意义不大呢?事实并非如此。

事实上,一切数值方法,都必须以一个适定的数学提法为前提。建立在不适定的数学提法上的一切计算方法都是无效的,只能得到错误的结果,或根本得不到任何结果。因此,给出问题的正确数学提法,是做任何数值计算前必须解决的。另外,许多数值计算方法与课程中偏微分方程的解法有不可分的关系:如贴体坐标法以保角变换为基础;谱方法的理论基础是分离变量法;格林函数法是边界元法的出发点;正是由于有了变分法,才出现了有限元法。当然,没有傅里叶变换,就不可能有快速傅里叶变换法。而解双曲型方程的一切数值方法,则完全避不开特征线(面)及由此确定的影响区、依赖区等基本概念。

正确认识数值解法与本课程间的关系是十分必要的。在本书的相关章节中,都对此做了必要的说明。

我们所见到的已有教材,在讲傅里叶变换时,提到的基本定理是限制极严的落后的内容,没有多少实用价值。这对傅里叶变换的应用是不利的。为了改变这种状况,在本教材中,采用了近代数学的结果,在速降函数空间中讲傅里叶变换,指出速降函数空间上的一切广义函数都可做傅里叶变换和相应的逆变换。这就使傅里叶变换法有了一个有效的理论基础,避免了旧基本定理在使用中带来的困惑。

根据多年的教学经验，为了使学生更有效地接受所讲内容，我们在章节顺序编排上作了一些新的尝试。例如，没有在讲完复变函数的其他内容后，立即接着讲保角变换，而是将此内容后移，放在偏微分方程的一些基础性理论后再讲。因为保角变换法是解二维拉普拉斯方程的有效方法，如果在讲偏微分方程的基础理论前讲这一应用，学生由于缺乏有关偏微分方程的基础知识，在听课时，常常会有些茫然。

以上几点，也许可以说是本教材的主要创新之处。

杜珣教授与唐世敏教授所编的《数学物理方法》，对北京大学力学与工程科学系的相关教学工作起了很重要的作用，也是本系该课程长期以来的主要教学参考书。自然，这本教材也是我们编写教材的主要参考书，它使我们受益匪浅。谨在此对他们表示衷心的感谢！北京大学出版社使本教材得以出版，在此，我们也要对北京大学出版社和相关的编辑人员表示感谢！

限于水平，书中难免有错误与不当之处，敬请读者批评指正。

邹光远　符策基
2018 年 7 月于北京大学

目　录

第一章　复变量函数

§1.1　复数和复数的四则运算

1. 复数及其几何描述

在实数域的范围内解二阶以上的代数方程时，常常得不到它的全部的根，甚至完全没有根. 例如对二阶代数方程 $x^2+1=0$，它的解为 $\pm\sqrt{-1}$，这在实数域的范围内是没有解的. 引入复数的概念后，则在复数域的范围内，任一 n 阶的代数方程都有 n 个根(任一 k 重根当作 k 个根).

记 $\sqrt{-1}=\mathrm{i}$，称 i 为单位虚数. $x^2+1=0$ 的两个根就是 $\pm\mathrm{i}$.

设 x 和 y 为两个实数，称 $z=x+\mathrm{i}y$ 为复数. 记 $x=\mathrm{Re}z$，称为 z 的实部；$y=\mathrm{Im}z$，称为 z 的虚部. 若 $y=0$，就是实数；若 $x=0$，则称为纯虚数. 称复数 $\bar{z}=x-\mathrm{i}y$ 为 z 的共轭复数. 显然，z 和 $\bar{z}$ 是互为共轭的，即有

$$\overline{(\bar{z})}=z\,. \tag{1.1.1}$$

对于实数，可以用一条直线上的点来给出它的几何表示. 而对复数，由于应分别给出它的实部和虚部，故需用一个平面上的点来给出它的几何表示. 这样的平面称为复平面.

在复平面上建立一个直角坐标系：以水平轴表示实轴 x，垂直轴表示虚轴 y，则可如图 1.1.1 所示，给出复数的几何表示. 这样一来，就将复数与复平面上的点之间建立了一一对应的关系. 以后我们用 **C** 表示全体复数的集合.

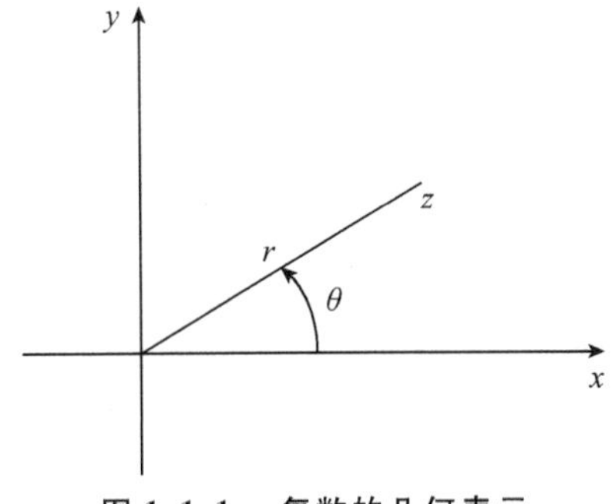

图 1.1.1　复数的几何表示

令

$$r = \sqrt{x^2 + y^2}, \tag{1.1.2}$$

称 r 为复数 z 的模或绝对值，而 θ 为 z 的辐角，$\tan\theta = \dfrac{y}{x}$，分别记作

$$r = |z| = \operatorname{mod} z, \quad \theta = \arg z. \tag{1.1.3}$$

这时，我们也可通过复平面上的极坐标系来表示复数，有

$$z = r(\cos\theta + \mathrm{i}\sin\theta). \tag{1.1.4}$$

这表明，对任意整数 k，θ 增加 $2k\pi$ 时 z 之值不变. 通常称 $-\pi < \theta \leqslant \pi$ 的辐角值为 $\arg z$ 的主值.

复数的几何表示法与平面向量的几何表示法类似. 向量不能比较大小. 对两个复数 z_1 和 z_2，除了二者均为实数外，是不能说 $z_1 < z_2$ 或 $z_1 > z_2$ 的. 复数本身无大小之分，它们的模才有大小之分. 若 $z_1 = z_2$，则它们的实部和虚部均应分别相等.

2. 复数的四则运算

虽然复数在几何表示上与一个平面向量类似，但复数并不是向量，而是一个数，可作数的四则运算.

给定两个复数 $z_1 = x_1 + \mathrm{i}y_1$，$z_2 = x_2 + \mathrm{i}y_2$，并设 $z = x + \mathrm{i}y$. 下面说明对 z_1 和 z_2 作四则运算的规则.

(1) 复数的加(减)：

$$z = z_1 \pm z_2 = (x_1 \pm x_2) + \mathrm{i}(y_1 \pm y_2), \tag{1.1.5}$$

即实部与实部相加(减)，虚部与虚部相加(减)，有 $x = x_1 \pm x_2$，$y = y_1 \pm y_2$. 这与向量的加、减法类似.

(2) 复数的积：

$$\begin{aligned} z = z_1 z_2 &= (x_1 + \mathrm{i}y_1)(x_2 + \mathrm{i}y_2) = x_1 x_2 + (\mathrm{i}y_1)(\mathrm{i}y_2) + \mathrm{i}(x_1 y_2 + x_2 y_1) \\ &= (x_1 x_2 - y_1 y_2) + \mathrm{i}(x_1 y_2 + x_2 y_1), \end{aligned} \tag{1.1.6}$$

即 $x = x_1 x_2 - y_1 y_2$，$y = x_1 y_2 + x_2 y_1$. 这既不同于向量的矢量积，也不同于向量的标量积.

由此可知，对 $|z| = r$，有 $r^2 = x^2 + y^2 = z\bar{z}$.

(3) 复数的商：

向量是不能相除的，而复数是可以相除的，即

$$z = \frac{z_2}{z_1} = \frac{z_2 \bar{z}_1}{z_1 \bar{z}_1} = \frac{1}{x_1^2 + y_1^2}[(x_1 x_2 + y_1 y_2) + \mathrm{i}(x_1 y_2 - x_2 y_1)], \tag{1.1.7}$$

其中

$$x = \frac{x_1 x_2 + y_1 y_2}{x_1^2 + y_1^2}, \quad y = \frac{x_1 y_2 - x_2 y_1}{x_1^2 + y_1^2}.$$

当然，这里要求 $z_1 \neq 0$，即 x_1 和 y_1 不能同时为 0.

3. 欧拉(Euler) 公式和复数的指数形式

设 $f(\theta) = \cos\theta + \mathrm{i}\sin\theta$，把它作为一个实变量 θ 的复值函数看待，将其对 θ 求导得

$$f'(\theta) = -\sin\theta + \mathrm{i}\cos\theta = \mathrm{i}(\cos\theta + \mathrm{i}\sin\theta) = \mathrm{i}f(\theta).$$

由此有 $f(\theta) = c\mathrm{e}^{\mathrm{i}\theta}$. 由 $f(0) = 1 \Rightarrow c = 1$，即有

$$f(\theta) = \cos\theta + \mathrm{i}\sin\theta = \mathrm{e}^{\mathrm{i}\theta}. \tag{1.1.8}$$

把(1.1.8) 式中的 θ 换成 $-\theta$，即得

$$\mathrm{e}^{-\mathrm{i}\theta} = \cos\theta - \mathrm{i}\sin\theta.$$

由此有

$$\begin{cases} \cos\theta = \dfrac{1}{2}(\mathrm{e}^{\mathrm{i}\theta} + \mathrm{e}^{-\mathrm{i}\theta}), \\ \sin\theta = \dfrac{1}{2\mathrm{i}}(\mathrm{e}^{\mathrm{i}\theta} - \mathrm{e}^{-\mathrm{i}\theta}). \end{cases} \tag{1.1.9}$$

(1.1.8) 式也可利用泰勒(Taylor) 展开的方法得到

$$\mathrm{e}^t = \sum_{m=0}^{\infty} \frac{1}{m!} t^m,$$

$$\cos\theta = \sum_{m=0}^{\infty} \frac{(-1)^m}{(2m)!}\theta^{2m} = \sum_{m=0}^{\infty} \frac{1}{(2m)!}(\mathrm{i}\theta)^{2m},$$

$$\mathrm{i}\sin\theta = \sum_{m=0}^{\infty} \frac{\mathrm{i}(-1)^m}{(2m+1)!}\theta^{2m+1} = \sum_{m=0}^{\infty} \frac{1}{(2m+1)!}(\mathrm{i}\theta)^{2m+1}.$$

当取 $t = \mathrm{i}\theta$ 时，有

$$\cos\theta + \mathrm{i}\sin\theta = \sum_{m=0}^{\infty} \frac{1}{m!}(\mathrm{i}\theta)^m = \mathrm{e}^{\mathrm{i}\theta}.$$

利用(1.1.8) 式，可以给出复数的指数表示形式

$$z = r(\cos\theta + \mathrm{i}\sin\theta) = r\mathrm{e}^{\mathrm{i}\theta}. \tag{1.1.10}$$

对 r 为有限值的点，称为复平面上的有限点.

利用复数的指数形式，作复数的乘、除运算就很方便，有

$$\begin{cases} z_1 z_2 = r_1 r_2 \mathrm{e}^{\mathrm{i}(\theta_1 + \theta_2)}, \\ \dfrac{z_2}{z_1} = \dfrac{r_2}{r_1}\mathrm{e}^{\mathrm{i}(\theta_2 - \theta_1)}. \end{cases} \tag{1.1.11}$$

§ 1.2　复变量函数

1. 一些相关概念与定理

对复变量 $z = x + \mathrm{i}y$，它的复函数 w 之值也是一个复数，有

$$w = w(z) = u(x,y) + \mathrm{i}v(x,y),$$

其中u和v为两个实值的二元函数. 把复平面同$x-y$实平面相对应,同二元实变函数对照,复变函数可看成是一对二元函数的组合. 因此,许多与二元函数有关的概念,以及相关定理和证明,几乎都可照搬过来. 例如:点集、邻域、聚点、孤立点、边界点、内点、开集、闭集、区域(开域)、闭区域(闭域)、单连通区域、复(多)连通区域、序列、极限、连续、一致连续及相关定理都可照搬过来,这里不再专门论述和证明. 在后面用到时,我们将把相关定理直接引用过来.

同二元函数完全类似,复变函数$w(z)$是由复z平面上的区域G到复w平面上的区域D的一个映射. G为$w(z)$的定义域,D为$w(z)$的值域.

最简单的函数之一是倒数函数,即

$$w(z) = \frac{1}{z}.$$

利用复数的指数形式$z = r\mathrm{e}^{\mathrm{i}\theta}$,有

$$w = R\mathrm{e}^{-\mathrm{i}\theta}, \quad R = \frac{1}{r}.$$

不难看出,倒数函数是将z平面上除0点外的所有有限点一对一地映射到w平面上除0点外的所有有限点的一个单值映射:在z平面上,$r<1$的单位圆域内除0点外的全部点,被一对一地映射到w平面上$R>1$的单位圆外区域内的全部有限点;z平面上$r=1$的单位圆周上的全部点,被一对一地映射到w平面上$R=1$的整个单位圆周上;而z平面上$r>1$的全部有限点,则被一对一地映射到w平面上$R<1$的除0点外的单位圆域内的所有点.

这里$z=0$是一个特殊的点,它的模$r=0$. 在复平面中引入无穷远点的概念,即认为是$r=\infty$的点,记作$z=\infty$,这是复平面上唯一的非有限点. 对倒数函数而言,可以认为0点和无穷远点构成了对应. 这时,倒数函数就将z平面上的全部点与w平面上的全部点构成了一一对应. 在这样的意义下,可以认为,倒数函数的定义域和值域都是整个复平面.

对0点而言,辐角已没有明显的含意. 同样地,无穷远点作为复平面上的一个点,对它而言,辐角也同样没有明显的含意. 是复平面上两个具有某种特殊性质的点.

在引入了无穷远点的概念后,有时也将聚点、邻域和极限的概念加以推广:对$M>0$,把$r=|z|>M$称为点∞的M邻域;对无界的无穷序列$\{z_n\}$,点∞被看作是此序列的一个聚点;若对任意$M>0$,存在N,当$n>N$时,均有$|z_n|>M$,则称此序列是以∞为极限,记作

$$\lim_{n\to\infty} z_n = \infty.$$

这样一来,只要$\{z_n\}$是无穷序列,则不管它是否有界,都至少有一个聚点.

2. 一些常见的初等函数

所有在数学分析中的一元常见函数，只需将对应的实变量换成复变量，就可得到相应的复变量函数. 故这里不去一一列举，仅列举几种常见的初等函数，并作相应的说明. 从这里可以看出，复变量函数虽是实变量函数从实数域到复数域的延拓，但并不是实变量函数的简单复制，它们常常会显现出与对应的实变量函数所不同的特性，例如：是否有界，是否存在 0 点，是否具备周期性等等. 因此，在学习和运用复变函数时，千万不要不加区分地把它们对应的实变函数的某些性质照搬过来，以免造成错误.

(1) 指数函数：

$$w = e^z = e^{x+iy} = e^x(\cos y + i\sin y), \tag{1.2.1}$$

这是对 y 以 2π 为周期的函数，即对任意整数 k，有

$$\begin{aligned} e^{z+2k\pi i} &= e^{x+i(y+2k\pi)} = e^x[\cos(y+2k\pi) + i\sin(y+2k\pi)] \\ &= e^x(\cos y + i\sin y) = e^z. \end{aligned} \tag{1.2.2}$$

这种周期性是实指数函数所不具备的，实指数函数是单调的.

在振动与波的研究中，常常会用到复指数函数 $e^{\lambda t}$，这里 t 代表时间，$\lambda = a + ib$ 为复本征值，有 $e^{\lambda t} = e^{at}(\cos bt + i\sin bt)$. 可以看出，$\lambda$ 的虚部 b 代表振型或波型（振动或波的圆频率），而其实部 a 则表示了振动或波的振幅随时间的变化速度，当 $a > 0$ 时发散，当 $a < 0$ 时衰减.

对于具有正实部的本征值对应的振（波）型，由于其振幅会随时间无限放大，对于建筑结构或是运动的物体常常会具有极大的危险性. a 越大，危险性也越大. 对建筑结构而言，这样的振动如果发生，就可能使之受到损毁. 因此，在设计时，要充分研究周围的环境因素，避免这类振动的发生. 而对在轨道上运行的人造卫星，由于其燃料箱中燃料晃动的影响，会引起卫星的晃动. 如果出现发散振型，就必须根据这类振型中发散最快的速度，确定每运行多长时间间隔后，对卫星的运行状态进行调控，使卫星保持在一个正常的可控制的运行状态下.

这里列举几个复函数实际应用的例子，是为了说明引入复数和研究复变函数并不是一种单纯的数学表述，而是有它明确的物理和实际应用背景的，用以帮助我们理解为什么要学习复变函数.

对于两个指数函数的乘积，与实函数一样，有

$$\begin{aligned} e^{z_1} \cdot e^{z_2} &= e^{x_1}(\cos y_1 + i\sin y_1) \cdot e^{x_2}(\cos y_2 + i\sin y_2) \\ &= e^{x_1+x_2}[(\cos y_1\cos y_2 - \sin y_1\sin y_2) + i(\sin y_1\cos y_2 + \cos y_1\sin y_2)] \\ &= e^{x_1+x_2}[\cos(y_1+y_2) + i\sin(y_1+y_2)] \\ &= e^{x_1+x_2+i(y_1+y_2)} = e^{z_1+z_2}. \end{aligned} \tag{1.2.3}$$

周期函数按定义是多叶函数，即将多个不相重叠的定义域映射到同一个值域的函数. 故多叶函数的反函数为多值函数.

(2) 对数函数：

对数函数是指数函数的反函数，即若 $z = \mathrm{e}^w$，则有

$$w = \ln z = \ln r + \mathrm{i}(\theta + 2k\pi) \quad (k = 0, \pm 1, \pm 2, \cdots). \tag{1.2.4}$$

在复变函数中，如果将 ∞ 点也看作是对数函数的定义域和值域中的一个点，则对数函数的定义域是整个复平面. 即使是在实轴上，也可不限制在正半轴上. 在负半轴上，复对数函数也是有意义的. 例如：

$$\ln(-1) = \ln \mathrm{e}^{(2k+1)\pi \mathrm{i}} = (2k+1)\pi \mathrm{i}.$$

在实变函数中，$\ln x$ 是 x 的单值函数. 而在复变函数中，作为多叶函数 e^w 的反函数，$w = \ln z$ 是 z 的多值函数. 对应一个 z，可以有无穷多个 w. 对于任一个整数 k，w 仅在每一个带形区域 $k\pi + \alpha \leqslant \mathrm{Im} w < (k+2)\pi + \alpha$ 内是单值的，这里的 α 为任一给定的实数. 对 $\mathrm{Im} w$ 在 $\alpha = 0$ 和 $k = 0$ 的区域内时之 w 值称为 $w = \ln z$ 的主值.

(3) 三角函数与双曲函数：

在实数域的范围内，三角函数与双曲函数可以说是两类毫无关系的函数. 而在复数域上，二者间有着十分密切的联系，相互间可用对方对应的函数简单地表出. 从复变函数的角度来看，二者基本上没什么差别. 这时，$\sin z$ 和 $\cos z$ 是无界的；而 $\mathrm{sh} z$ 和 $\mathrm{ch} z$ 等双曲函数均具有周期性，且均有无穷多个零点.

在复数域上，不仅双曲函数，而且三角函数都是通过适当的指数函数的组合来定义的. 由(1.1.9)式，将实变量 θ 换成复变量 z，就可给出相应的复变量的三角函数；而双曲函数则只需将实变函数中的定义搬过来，自变量则由实变量换成复变量即可. 由此，有

$$\sin z = \frac{1}{2\mathrm{i}}(\mathrm{e}^{\mathrm{i}z} - \mathrm{e}^{-\mathrm{i}z}) = -\frac{\mathrm{i}}{2}(\mathrm{e}^{\mathrm{i}z} - \mathrm{e}^{-\mathrm{i}z}) = -\mathrm{i}\,\mathrm{sh}(\mathrm{i}z), \tag{1.2.5}$$

$$\cos z = \frac{1}{2}(\mathrm{e}^{\mathrm{i}z} + \mathrm{e}^{-\mathrm{i}z}) = \mathrm{ch}(\mathrm{i}z). \tag{1.2.6}$$

反之，有

$$\mathrm{sh} z = \frac{1}{2}(\mathrm{e}^{z} - \mathrm{e}^{-z}) = \frac{\mathrm{i}}{2\mathrm{i}}(\mathrm{e}^{-\mathrm{i}(\mathrm{i}z)} - \mathrm{e}^{\mathrm{i}(\mathrm{i}z)}) = -\mathrm{i}\sin(\mathrm{i}z), \tag{1.2.7}$$

$$\mathrm{ch} z = \frac{1}{2}(\mathrm{e}^{z} + \mathrm{e}^{-z}) = \frac{1}{2}(\mathrm{e}^{-\mathrm{i}(\mathrm{i}z)} + \mathrm{e}^{\mathrm{i}(\mathrm{i}z)}) = \cos(\mathrm{i}z). \tag{1.2.8}$$

利用上面的结果，知其余的三角函数与相应双曲函数间有如下的关系：

$$\tan z = \frac{\sin z}{\cos z} = \frac{-\mathrm{i}\,\mathrm{sh}(\mathrm{i}z)}{\mathrm{ch}(\mathrm{i}z)} = -\mathrm{i}\,\mathrm{th}(\mathrm{i}z), \tag{1.2.9}$$

$$\mathrm{th} z = \frac{\mathrm{sh} z}{\mathrm{ch} z} = \frac{-\mathrm{i}\sin(\mathrm{i}z)}{\cos(\mathrm{i}z)} = -\mathrm{i}\tan(\mathrm{i}z), \tag{1.2.10}$$

$$\cot z = \frac{1}{\tan z} = \frac{1}{-\mathrm{i}\,\mathrm{th}(\mathrm{i}z)} = \mathrm{i}\,\mathrm{coth}(\mathrm{i}z), \tag{1.2.11}$$

$$\coth z=\frac{1}{\operatorname{th}z}=\frac{1}{-\mathrm{i}\tan(\mathrm{i}z)}=\mathrm{i}\cot(\mathrm{i}z),\tag{1.2.12}$$

$$\sec z=\frac{1}{\cos z}=\frac{1}{\operatorname{ch}(\mathrm{i}z)}=\operatorname{sech}(\mathrm{i}z),\tag{1.2.13}$$

$$\operatorname{sech}z=\frac{1}{\operatorname{ch}z}=\frac{1}{\cos(\mathrm{i}z)}=\sec(\mathrm{i}z),\tag{1.2.14}$$

$$\csc z=\frac{1}{\sin z}=\frac{1}{-\mathrm{i}\operatorname{sh}(\mathrm{i}z)}=\mathrm{i}\operatorname{csch}(\mathrm{i}z),\tag{1.2.15}$$

$$\operatorname{csch}z=\frac{1}{\operatorname{sh}z}=\frac{1}{-\mathrm{i}\sin(\mathrm{i}z)}=\mathrm{i}\csc(\mathrm{i}z).\tag{1.2.16}$$

直接通过上述定义，不难验证原来关于三角函数和双曲函数间的各种运算公式仍然成立.例如，有

$$\cos^2 z+\sin^2 z=1,\quad \operatorname{ch}^2 z-\operatorname{sh}^2 z=1,\tag{1.2.17}$$

$$\cos(z_1\pm z_2)=\cos z_1\cos z_2\mp\sin z_1\sin z_2,\tag{1.2.18}$$

$$\sin(z_1\pm z_2)=\sin z_1\cos z_2\pm\cos z_1\sin z_2,\tag{1.2.19}$$

$$\operatorname{ch}(z_1\pm z_2)=\operatorname{ch}z_1\operatorname{ch}z_2\pm\operatorname{sh}z_1\operatorname{sh}z_2,\tag{1.2.20}$$

$$\operatorname{sh}(z_1\pm z_2)=\operatorname{sh}z_1\operatorname{ch}z_2\pm\operatorname{ch}z_1\operatorname{sh}z_2,\tag{1.2.21}$$

等等.这里就不一一列举了.

利用指数函数是以 $2\pi\mathrm{i}$ 为周期的(1.2.2)式，很容易验证：$\sin z$ 和 $\cos z$ 等仍有实周期 2π，$\operatorname{ch}z$ 和 $\operatorname{sh}z$ 等则有纯虚周期 $2\pi\mathrm{i}$.

(4) 反三角函数与反双曲函数：

由于复变数的三角函数和双曲函数一样，也是通过指数函数来定义的，故反三角函数也和反双曲函数一样，可用某种对数函数的形式表示.作为例子，下面仅给出其中的部分反函数.余下的，可由读者自己导出.

在下面的反函数的表达式中，会含有根式函数 $\sqrt{1-z^2}$ 或 $\sqrt{z^2-1}$.在复数域中，$\sqrt{1-z^2}$ 和 $\sqrt{z^2-1}$ 都是多值函数，不在前面另加“±”号.如果不加特别说明，则可取其两个分支中的任意一支.关于多值函数，将在下一节中作专门讲述.

设 $z=\cos w$，则 $\sin w=\sqrt{1-z^2}$，有

$$\mathrm{e}^{\mathrm{i}w}=\cos w+\mathrm{i}\sin w=z+\mathrm{i}\sqrt{1-z^2}=z+\sqrt{z^2-1},$$

得

$$w=\cos^{-1}z\equiv\arccos z=-\mathrm{i}\ln(z+\sqrt{z^2-1}).\tag{1.2.22}$$

若 $z=\sin w$，则 $\cos w=\sqrt{1-z^2}$，$\mathrm{e}^{\mathrm{i}w}=\sqrt{1-z^2}+\mathrm{i}z$，得

$$w=\sin^{-1}z\equiv\arcsin z=-\mathrm{i}\ln(\sqrt{1-z^2}+\mathrm{i}z).\tag{1.2.23}$$

若 $z=\tan w$，有

$$z=\frac{e^{iw}-e^{-iw}}{i(e^{iw}+e^{-iw})}=\frac{e^{2iw}-1}{i(e^{2iw}+1)}.$$

由此得 $e^{2iw}=\frac{i-z}{i+z}$,

$$w=\tan^{-1}z\equiv\arctan z=-\frac{i}{2}\ln\frac{i-z}{i+z}=\frac{i}{2}\ln\frac{i+z}{i-z}. \tag{1.2.24}$$

对于反双曲函数,同样可以从它们的定义出发,作与上面类似的推导,得到相应的表达式. 推导过程和所得的表达式,除了将实变量换成复变量外,与实变量时完全相同. 故这里就不再推导,而只将相应的表达式直接如下给出:

$$w=\mathrm{ch}^{-1}z=\ln(z+\sqrt{z^2-1}), \tag{1.2.25}$$

$$w=\mathrm{sh}^{-1}z=\ln(z+\sqrt{z^2+1}), \tag{1.2.26}$$

$$w=\mathrm{th}^{-1}z=\frac{1}{2}\ln\frac{1+z}{1-z}. \tag{1.2.27}$$

前面我们已经知道,在复数域中,对数函数是多值函数,有无穷多个值,故不仅反三角函数有无穷多个值,而且反双曲函数也有无穷多个值. 这是与实数域中的情况不同的. 故不论是反三角函数还是反双曲函数,只有规定了适当的取值范围后(例如规定对数函数取主值),才能保证其单值性.

(5) 多项式:

对于任一非负整数和任意 $n+1$ 个复常数 $a_0,a_1,\cdots,a_n$,其中 $a_n\neq 0$,则称

$$p(z)=\sum_{k=0}^{n}a_kz^k \tag{1.2.28}$$

为 n 阶多项式. 零阶多项式就是常值函数.

(6) 有理函数:

设 $P(z)$ 为 m 阶多项式,$Q(z)$ 为 n 阶多项式,称此二多项式之商

$$w(z)=\frac{P(z)}{Q(z)} \tag{1.2.29}$$

为有理函数. 若 $n>m$,则称 $w(z)$ 为有理真分式. 显然,若 $m\geqslant n$,则可将 $w(z)$ 改写为

$$w(z)=P_1(z)+R(z), \tag{1.2.30}$$

其中 $P_1(z)$ 为 $m-n$ 阶多项式,$R(z)$ 为有理真分式. 若 $n=0$,$w(z)$ 就是 m 阶多项式.

(7) 任意指数的幂函数:

对任意常数 s,称按如下形式定义的函数

$$w(z)=z^s=e^{s\ln z} \tag{1.2.31}$$

为指数是 s 的幂函数. 这一定义与实变函数相似.

由定义和对数函数的多值性知应有

$$z^s = e^{s\ln z} = e^{s(\ln r + i\theta) + 2k\pi s i} = e^{s(\ln r + i\theta)} \cdot e^{2k\pi s i},$$

其中 k 可以是任意整数.可以看出,只要 s 不是整数,z^s 就是多值函数.

(8) 代数函数:

设 $P_k(z)$ 为多项式,由代数方程

$$\sum_{k=0}^{n} P_k(z) w^k = 0 \tag{1.2.32}$$

定义的函数 $w(z)$ 称为代数函数.只要 $P_n(z) \neq 0$,(1.2.32) 式就有 n 根,即 $w(z)$ 是有 n 个分支的多值函数(设 $n > 1$).例如 $w(z) = [(z^2+1)/z]^{\frac{1}{2}}$ 就是由代数方程 $zw^2 - (z^2+1) = 0$ 定义的代数函数,它有两个单值分支.

以上这些函数都是初等函数.所谓初等函数,是指凡能由常数、z 和指数函数经过有限次的四则运算、乘方、开方,以及它们有限次的复合或取反函数所能得到的一切函数.初等函数都有一个统一的分析表达式.当然,不是说有分析表达式的函数就是初等函数.例如 $f(z) = \bar{z}$ 就不是初等函数.

初等函数根据其构造可作如下分类:

$$\text{初等函数}\begin{cases}\text{超越函数}\\ \text{代数函数}\begin{cases}\text{无理函数}\\ \text{有理函数}\begin{cases}\text{多项式}\\ \text{有理分式}\end{cases}\end{cases}\end{cases}$$

§1.3　多值函数的相关概念

我们已经看到,同实变函数相比,复变函数中多值函数的类型要广泛得多.同时,还会出现一些新的相关的概念,如支点、黎曼(Riemann) 曲面等.

1. 单值分支

对于多值函数,我们常常需要确定定义域与值域的单值对应关系,这就需要将函数的值域划分成若干个(有限个或无限个) 不相重叠的区域.这每一个区域都和函数的定义域构成单值对应,成为多值函数的一个单值分支.下面就来看几个简单的例子.

例 1　$w = (z-a)^{\frac{1}{3}}$.

令

$$z - a = r e^{i(\theta + 2k\pi)} \quad (0 \leqslant \theta < 2\pi), \tag{1.3.1}$$

$$w = \rho e^{i\alpha} = r^{\frac{1}{3}} e^{\frac{i}{3}\theta + \frac{2}{3}k\pi i}, \tag{1.3.2}$$

即有

$$\rho = r^{\frac{1}{3}}, \quad \alpha = \frac{1}{3}(\theta + 2k\pi),$$

其中 k 为任意整数. 对于不同的 k, w 的模不变,但辐角会发生改变. 对于 k 值,可以看作是复平面上的一个动点 z 绕定点 a 旋转的圈数,逆时针旋转为正,顺时针旋转为负. 每当 z 绕 a 逆时针旋转一圈后回到原点,k 就加 1;而每顺时针绕 a 旋转一圈后回到原点,k 就减 1.

从(1.3.2)式可以看出,若 k 相差为3的倍数,w 之值相同. 这表明,w 有三个单值分支,它们分别对应于 $k=3n, k=3n+1, k=3n+2$,这里的 n 为任意整数. 由于 n 值对 w 之值没有影响,故我们可取 $n=0$,即分别取 k 为 0,1,2 给出 w 的三个单值分支 w_1, w_2, w_3,有

$$w_1 = \rho e^{i\alpha_1} = \rho e^{\frac{1}{3}i\theta},$$

$$w_2 = \rho e^{i\alpha_2} = \rho e^{\frac{1}{3}i\theta + \frac{2}{3}\pi i} = w_1\left(\cos\frac{2}{3}\pi + i\sin\frac{2}{3}\pi\right) = \left(-\frac{1}{2} + i\frac{\sqrt{3}}{2}\right)w_1,$$

$$w_3 = \rho e^{i\alpha_3} = \rho e^{\frac{1}{3}i\theta + \frac{4}{3}\pi i} = \left(-\frac{1}{2} - i\frac{\sqrt{3}}{2}\right)w_1.$$

这表明,在 $w(z)$ 的整个值域平面上,可划分为 $w(z)$ 的三个单值分支. 若将它们的辐角限制在 0 和 2π 之间,则这三个单值分支为三个相连的扇形区域,相应的辐角范围分别为

$$\frac{2}{3}(k-1)\pi \leqslant \alpha_k < \frac{2}{3}k\pi.$$

不难看出,对函数 $w(z) = (z-a)^{\frac{1}{n}}$, n 为大于1的整数,将有 n 个单值分支. 只有 z 绕 a 点 n 圈后回到原来的位置,函数 $w(z)$ 才能回到原来的值.

例 2 $w = \ln(z-a)$.

由(1.3.1)式,有

$$w = \ln(z-a) = \ln r + i(\theta + 2k\pi) \quad (k = 0, \pm 1, \pm 2, \cdots).$$

$w(z)$ 的每个单值分支为以沿虚轴方向宽度为 2π 和沿实轴方向伸向无穷远的带状区域. 当动点 z 每绕固定点 a 一周,$w(z)$ 就从一个单值分支进入下一个相邻的另一个单值分支. 但不论 z 沿一个方向绕 a 多少圈后回到原来的位置,函数 $w(z)$ 都不能回到原来的值. 故 $w(z)$ 有无穷多个单值分支.

2. 支点

在上面的几个例子中可以看出,点 a 具有特殊作用:当动点 z 绕 a 一圈回到原来的位置时,函数 $w(z)$ 不回到原值. 这样的点,称为函数 $w(z)$ 的**支点**.

对有限点 a,若存在 $\delta > 0$,当 $0 < \varepsilon < \delta$ 时,在点 a 的 ε 领域内,当动点 z 任意绕 a 一圈回到原来的位置时,函数 $w(z)$ 不回到原值,则称 a 为 $w(z)$ 的支点. 若顺一个方向绕 n 圈后回到原值,则称 a 为 w 的 $n-1$ 阶支点.

对 $(z-a)^{\frac{1}{n}}$, a 就是 $n-1$ 阶支点;而对 $\ln(z-a)$, a 是无穷阶支点. 无论是对 $(z-a)^{\frac{1}{n}}$,还是 $\ln(z-a)$,除了 a 为支点外,∞ 也是同阶支点. 绕 ∞ 一周,可用沿

一个半径充分大的圆周来表示.要求在此圆周之外,除 ∞ 点外,不再含有任何其他支点.对有限支点,绕行的正向是逆时针方向;而对 ∞ 点,由于 ∞ 点的邻域是圆外区域,而不是内部的区域,故绕行的正向是顺时针方向的.对 $(z-a)^{\frac{1}{n}}$ 和 $\ln(z-a)$,绕 ∞ 一周与反向绕 a 点一周一样,故 ∞ 点是和 a 同阶的支点.这表明,对一个多值函数,在整个 z 平面上,若有支点,则至少有两个支点.

这是否说 ∞ 一定是多值函数的支点呢?不一定.下面就来看两个例子.

例 3　$w=[(z-a)(z-b)]^{\frac{1}{2}}(a\neq b)$.

令

$$z-a=r_1\mathrm{e}^{\mathrm{i}\theta_1},\quad z-b=r_2\mathrm{e}^{\mathrm{i}\theta_2},$$

$$w_1=(z-a)^{\frac{1}{2}}=\rho_1\mathrm{e}^{\mathrm{i}\alpha_1},$$

$$w_2=(z-b)^{\frac{1}{2}}=\rho_2\mathrm{e}^{\mathrm{i}\alpha_2},$$

其中 $\rho_1=\sqrt{r_1},\rho_2=\sqrt{r_2},\alpha_1=\dfrac{\theta_1}{2},\alpha_2=\dfrac{\theta_2}{2}$.

如图 1.3.1 所示,当沿 C_1 逆时针绕行一周回到原位时,θ_1 增加 2π,即 α_1 增加 π,而 θ_2 和 α_2 不变.这时,$w_1\to -w_1$,w_2 不变,$w=w_1w_2\to -w$,不回到原值.同样地,若沿 C_2 逆时针绕行一周,w_1 不变,$w_2\to -w_2$,也有 $w\to -w$,即也不回到原值.a 和 b 都是 w 的一阶支点.但如果沿 C_3 逆时针绕行一周(对 ∞ 这是沿负向绕行),α_1 和 α_2 都增加 π,这时 $w_1\to -w_1$,$w_2\to -w_2$.$(-w_1)(-w_2)=w_1w_2$,即 w 之值不变.故 ∞ 不是支点.

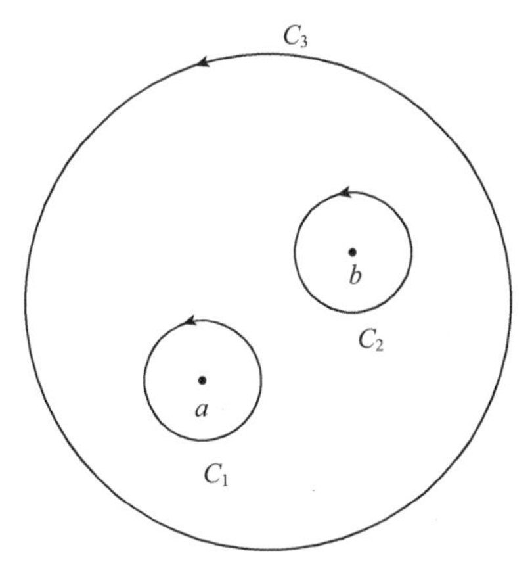

图 1.3.1　对支点的绕行

例 4　$w=(z-a)^{\frac{1}{2}}(z-b)^{\frac{1}{3}}$.

这时 a 为一阶支点,b 为二阶支点.令 $w=w_1w_2$,其中

$$w_1=(z-a)^{\frac{1}{2}}=\rho_1\mathrm{e}^{\mathrm{i}\alpha_1}\quad w_2=(z-b)^{\frac{1}{3}}=\rho_2\mathrm{e}^{\mathrm{i}\alpha_2}.$$

如图 1.3.1 所示,对 ∞ 逆向绕 C_3 一周,即仍沿逆时针方向绕行一周,这时

w_1 的辐角 α_1 增加 π，w_2 的辐角 α_2 增 $\frac{2}{3}\pi$，w 的辐角 $\alpha = \alpha_1 + \alpha_2$ 增加 $\frac{5}{3}\pi$. 故 w 不回到原值. 如果连续的绕行下去，从第一周开始，α 的增加值分别为 $\frac{5}{3}\pi$，$\frac{10}{3}\pi$，5π，$\frac{20}{3}\pi$，$\frac{25}{3}\pi$ 和 $10\pi = 5(2\pi)$. 即直到绕行六周后，w 才回到原值，故 ∞ 为五阶支点. 即 w 共有三个不同阶的支点 a，b 和 ∞.

3. 黎曼(Riemann)曲面

为了形象地描绘多值函数单值分支的划分，以及多值函数如何由一个单值分支进入另一个单值分支，引入黎曼曲面的概念.

从上面的例子可以看出，多值函数的多值在于动点 z 绕支点 a 转动时，辐角变化可以超过 2π，即可以超过一圈. 如果限定 z 绕支点的转动不能超过一圈，就可将多值函数的变化限制在一个单值分支内. 设想复平面是由若干个(有限个或无限个)平面(叶)重叠起来的. 在每个平面上，动点 z 绕任一支点的运动都不允许超过一圈. 这就保证了相应的辐角的变化不会超过 2π. 为此，可在每叶上都将所有的支点用同样的不自相交的简单曲线连接起来，z 在绕支点转动时不能穿越这些曲线. 这就使每一叶对应于函数的每一个单值分支.

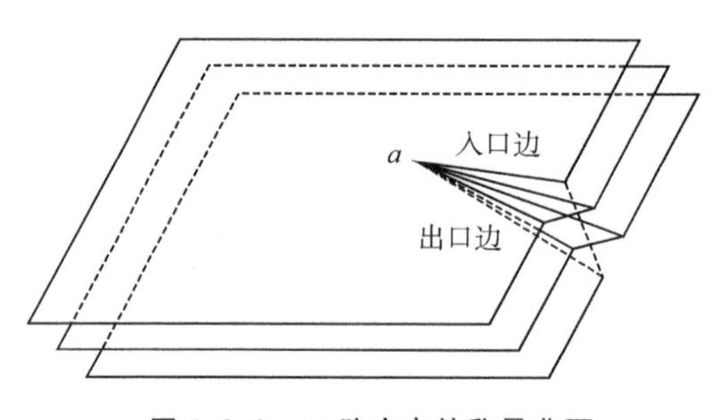

图 1.3.2　二阶支点的黎曼曲面

这时，我们又如何表现多值函数会从一个单值分支进入另一个单值分支呢？可以设想在每一叶上将各支点间的连线切开，一边为该叶的入口边，另一边为出口边. 依次将上一叶的出口边与下一叶的入口边连接起来，使上叶的出口就是下叶的入口. 对一个 $n-1$ 阶的支点，共有 n 叶. 连接从第一叶开始，直至最后一页，再将最后一叶的出口边与第一叶的入口边连接起来. 这样构成的曲面称为**黎曼曲面**. 图 1.3.2 给出了例 1 的黎曼曲面示意图. 在那里，共有两个二阶支点 a 和 ∞. 切口是从 a 一直延伸到无穷远处. 如果是例 3，黎曼曲面只有两叶，切口则是从 a 点到 b 点. 对例 2，a 和 ∞ 均是无穷阶支点，黎曼曲面既无第一叶，也无最后一叶. 因而不存在将第一叶的入口与最后一叶的出口连接起来的问题. 对例 4，黎曼曲面就十分复杂了.

应该注意的是，黎曼曲面在各支点处是连在一起而不可分开的，就像是在支点处加了一个铆钉将各叶都在支点处铆在了一起.

在黎曼曲面上，当动点 z 绕支点 a 从入口开始到达出口时，$z-a$ 的辐角增加 2π，z 也从上一叶进入了下一叶. 如果 a 是个 $n-1$ 阶支点，z 在绕 a 转动 n 圈后，就会从最后一叶的出口走出进入第一叶的入口，回到了原来的位置，函数也就回到了出发时的单值分支. 如果 a 是无穷阶的，则这个绕行可无限地进行下去，永远也不会回到出发的位置，函数也永远不会回到出发时的单值分支，除非是做完全的反向绕行.

由此可见，在黎曼曲面上，多值函数变成了单值函数. 多值函数在其定义域的黎曼曲面上，每一叶仅与值域的一个单值分支相对应.

习　题

1. 写出下列复数的实部、虚部、模和辐角

(1) $\dfrac{1}{1+\mathrm{i}}$；　(2) $\mathrm{e}^{(3+\mathrm{i})\pi}$；　(3) $\ln(-3+2\mathrm{i})$；　(4) $(1-2\mathrm{i})^{\frac{1}{2}}$.

2. 设 $z=x+\mathrm{i}y$，将下列函数的实部和虚部分开，即改写成 $u(x,y)+\mathrm{i}v(x,y)$ 的形式：

(1) $\ln(1+z)$；　(2) $(z^2-1)/(1+2z)$；　(3) $\sin z$；

(4) $\cos z$；　(5) $\operatorname{sh} z$；　(6) $\operatorname{ch} z$.

3. 证明下列恒等式：

(1) $\cos^2 z+\sin^2 z=1$；

(2) $\operatorname{ch}^2 z-\operatorname{sh}^2 z=1$；

(3) $\cos(z_1\pm z_2)=\cos z_1\cos z_2\mp\sin z_1\sin z_2$；

(4) $\sin(z_1\pm z_2)=\sin z_1\cos z_2\pm\cos z_1\sin z_2$；

(5) $\operatorname{ch}(z_1\pm z_2)=\operatorname{ch} z_1\operatorname{ch} z_2\pm\operatorname{sh} z_1\operatorname{sh} z_2$

(6) $\operatorname{sh}(z_1\pm z_2)=\operatorname{sh} z_1\operatorname{ch}_2\pm\operatorname{ch} z_1\operatorname{sh} z_2$；

(7) $|\sin z|^2=\sin^2 x+\operatorname{sh}^2 y$；

(8) $|\cos z|^2=\cos^2 x+\operatorname{sh}^2 y$；

(9) $|\operatorname{sh} z|^2=\operatorname{sh}^2 x+\sin^2 y$；

(10) $|\operatorname{ch} z|^2=\operatorname{sh}^2 x+\cos^2 y$.

4. 指出下列函数是否有支点?如果有，指出该函数的所有支点及它们各是多少阶：

(1) $\sin(z-a)$；　(2) $\sin(\sqrt{z-a})$；　(3) e^{z-a}；

(4) $\mathrm{e}^{\sqrt{z}}$；　(5) $(z-a)(z-b)^{\frac{1}{2}}$；　(6) $(z-a)^{\frac{1}{2}}/(z-b)^{\frac{1}{3}}$，

其中 a 和 b 均为不同的有限常数.

5. 证明：

$$\left|\sum_{k=1}^{n}\alpha_k\beta_k\right|^2\leqslant\sum_{k=1}^{n}|\alpha_k|^2\sum_{k=1}^{n}|\beta_k|^2.$$

6. 求下列方程所有的根：

(1) $z^2+4=0$；　(2) $\operatorname{ch} z=0$；　(3) $\sin z=2$；　(4) $\sec^2 z=\dfrac{1}{4}$.

第二章　解析函数

复变函数论着重研究的是解析函数. 由于解析函数的实部和虚部是互相关联的,并不独立,这就使复变函数论存在某些不同于实变函数的东西. 这些正是复变函数论中所要研究的主要内容. 区分复变函数与实变函数间的这种差异,是在学习过程中应该十分注意的.

§2.1　解析函数的柯西-黎曼条件

1. 复变函数的微商

复变函数微商的定义与一元实变函数完全类似. 设 $w = f(z)$ 在区域 $G \subset \mathbf{C}$ 内单值,$z, z_0 \in G$,若

$$\lim_{z \to z_0} \frac{f(z) - f(z_0)}{z - z_0}$$

存在(有限值),则称 $f(z)$ 在点 z_0 处可微,并记此极限为 $f'(z_0)$,称之为函数 $f(z)$ 在点 z_0 处的微商. 若在 G 内处处可微,则称 $f(z)$ 在 G 内可微. 即在 G 内,对任意 $z, z+\Delta z \in G$,均有

$$\lim_{\Delta z \to 0} \frac{f(z+\Delta z) - f(z)}{\Delta z} = f'(z)$$

存在. $f'(z)$ 也记作$\dfrac{\mathrm{d}f}{\mathrm{d}z}$.

显然,若 $f(z)$ 在 G 内可微,必有

$$f(z+\Delta z) - f(z) = f'(z)\Delta z + o(\Delta z),$$

即此时 $f(z)$ 必在 G 内连续.

2. 解析函数

定义 2.1.1　若存在 $\varepsilon > 0$,$E = \{z \mid |z - z_0| < \varepsilon\}$(即 E 为 z_0 的 ε 邻域),$f(z)$ 在 E 内点点可微,则称 $f(z)$ 在点 z_0 处解析;若 $f(z)$ 在连通区域 $G \subset \mathbf{C}$ 内点点可微,则称 $f(z)$ 在 G 内解析.

由于 G 是开域,故 $f(z)$ 在 G 内点点可微,必也在 G 内点点解析.

从概念上讲,解析和可微代表不同的概念. 可微仅仅要求在一个点上可微,而解析则要求在该点的一个邻域内可微. 尽管这个邻域可以足够小,但不是任意小. 因为任意小就能将除该点外的一切点都排除在外,这是不符合邻域的定义

的.为了说明解析与可微两个概念的区别,让我们来看一个例子.

例 1　考查如下函数 $f(z)$:

$$f(z)=\begin{cases}0, & |z| \text{ 为无理数},\\ |z|^2, & |z| \text{ 为有理数}.\end{cases}$$

不难看出,$f(z)$ 在 0 点处连续可微,但在所有其他点均不连续,更谈不上可微,即在 $z=0$ 处,$f(z)$ 不存在一个点点可微的邻域,因此在 0 点可微但不解析.

由此可见,一个函数可以有孤立的可微点,但没有孤立的解析点.

3. 柯西-黎曼(Cauchy-Riemann) 条件

定理　设 $f(z)=u(x,y)+\mathrm{i}v(x,y)$,$f(z)$ 在区域 G 内解析 $\Leftrightarrow$ 在 G 内 $u(x,y)$ 和 $v(x,y)$ 处处可微,且满足**柯西-黎曼条件**:

$$\frac{\partial u}{\partial x}=\frac{\partial v}{\partial y},\quad \frac{\partial u}{\partial y}=-\frac{\partial v}{\partial x}. \tag{2.1.1}$$

定理中的符号"$\Leftrightarrow$"表示两边等价.柯西-黎曼条件常简称为 **C-R 条件**.

证　令 $\rho=(\Delta x^2+\Delta y^2)^{\frac{1}{2}}=|\Delta z|=|\Delta x+\mathrm{i}\Delta y|$.

$F(x,y)$ 可微 $\Leftrightarrow F(x+\Delta x,y+\Delta y)-F(x,y)=P\Delta x+Q\Delta y+o(\rho)$,

其中 $P=\dfrac{\partial F}{\partial x},Q=\dfrac{\partial F}{\partial y}$.

复变函数 $f(z)$ 可微 $\Leftrightarrow$

$$\begin{aligned}f(z+\Delta z)-f(z)&=(A+\mathrm{i}B)\Delta z+o(\rho)\\&=(A\Delta x-B\Delta y)+\mathrm{i}(A\Delta y+B\Delta x)+o(\rho),\end{aligned}$$

其中 A,B 与 Δx 和 Δy 无关.上式即

$$\begin{aligned}&[u(x+\Delta x,y+\Delta y)-u(x,y)]+\mathrm{i}[v(x+\Delta x,y+\Delta y)-v(x,y)]\\&\quad=(A\Delta x-B\Delta y)+\mathrm{i}(A\Delta y+B\Delta x)+o(\rho)\\&\Leftrightarrow u(x+\Delta x,y+\Delta y)-u(x,y)=A\Delta x-B\Delta y+o(\rho),\\&\quad\ v(x+\Delta x,y+\Delta y)-v(x,y)=B\Delta x+A\Delta y+o(\rho)\end{aligned}$$

$\Leftrightarrow u,v$ 可微,且有

$$\frac{\partial u}{\partial x}=A=\frac{\partial v}{\partial y},\quad \frac{\partial u}{\partial y}=-B=-\frac{\partial v}{\partial x}.$$

即 C-R 条件成立.

应该注意,两偏导数存在并不能保证函数可微.可微的一个充分条件是在点的邻域内偏导数存在且连续,但这不是必要条件.在例 1 中我们已看到只在一点可微的函数.至于 C-R 条件,则只是函数可微的必要条件,并不是充分条件.

1923 年鲁曼(Looman) 证明函数在区域 G 内解析的充要条件是:(1)u,v 连续且它们各自的两个偏导数存在;(2)C-R 条件成立.

若 $f(z)$ 解析,则 $f'(z)$ 存在,并有

$$\frac{\partial f}{\partial x}=f'(z)\frac{\partial z}{\partial x}=f'(z),\quad \frac{\partial f}{\partial y}=f'(z)\frac{\partial z}{\partial y}=\mathrm{i}f'(z).$$

故 C-R 条件也可写作

$$\mathrm{i}\frac{\partial f}{\partial x}=\frac{\partial f}{\partial y}. \tag{2.1.2}$$

利用等号两边实部应等于实部，虚部应等于虚部，由(2.1.2)式就可得到(2.1.1)式.反过来，由(2.1.1)式也可得到(2.1.2)式.即(2.1.1)式和(2.1.2)式完全等价.

利用 $z=re^{\mathrm{i}\theta}$，可以得到在极坐标系下的 C-R 条件.有

$$\frac{\partial f}{\partial r}=f'(z)\frac{\partial z}{\partial r}=\mathrm{e}^{\mathrm{i}\theta}f'(z),\quad \frac{\partial f}{\partial \theta}=f'(z)\frac{\partial z}{\partial \theta}=\mathrm{i}r\mathrm{e}^{\mathrm{i}\theta}f'(z).$$

由此知极坐标系下的 C-R 条件为

$$\mathrm{i}\frac{\partial f}{\partial r}=\frac{1}{r}\frac{\partial f}{\partial \theta}, \tag{2.1.3}$$

即

$$\frac{\partial u}{\partial r}=\frac{1}{r}\frac{\partial v}{\partial \theta},\quad \frac{1}{r}\frac{\partial u}{\partial \theta}=-\frac{\partial v}{\partial r}. \tag{2.1.4}$$

由于

$$f'(z)=\frac{\partial f}{\partial x}=-\mathrm{i}\frac{\partial f}{\partial y}.$$

这表明，关于一元函数中函数与其导函数的关系及各种求导法则，包括对复合函数和隐函数的各种运算法则均成立，都可以照搬过来，这里就不一一验证了.

对函数 $f(z)$，若 $g(\zeta)=f\left(\frac{1}{\zeta}\right)$ 在 $\zeta=0$ 处连续和解析，就称函数 $f(z)$ 在 $z=\infty$ 处连续和解析，这时，有 $f(\infty)=g(0)$.下面来看几个例子：

例 2 考查函数 $f(z)=\mathrm{e}^z=\mathrm{e}^{x+\mathrm{i}y}$，

$$\frac{\partial f}{\partial x}=\mathrm{e}^z,\quad \frac{\partial f}{\partial y}=\mathrm{i}\mathrm{e}^z,$$

有

$$\mathrm{i}\frac{\partial f}{\partial x}=\frac{\partial f}{\partial y},$$

即 C-R 条件成立，而偏导数除 ∞ 点外存在且连续.故在除 ∞ 点外的整个 z 平面上 e^z 解析，并有

$$\frac{\mathrm{d}\mathrm{e}^z}{\mathrm{d}z}=\frac{\partial \mathrm{e}^z}{\partial x}=\mathrm{e}^z.$$

例 3 考查函数 $f(z)=\ln(z-a)$.

采用原点在 $z=a$ 处的平面极坐标系.由于 $f(z)$ 是多值函数，我们可选取其

中的任一单值分支来讨论. 令

$$z-a=re^{\mathrm{i}(\theta+2k\pi)}\quad (k\text{ 为任一给定的整数}),$$

$$f(z)=\ln(z-a)=\ln r+\mathrm{i}(\theta+2k\pi),$$

$$\frac{\partial f}{\partial r}=\frac{1}{r},\quad \frac{\partial f}{\partial \theta}=\mathrm{i},$$

即满足 C-R 条件

$$\mathrm{i}\,\frac{\partial f}{\partial r}=\frac{1}{r}\frac{\partial f}{\partial \theta}.$$

在 a 点(即 $r=0$ 处) 和 ∞ 点函数不连续. 除去这两点外,C-R 条件成立且可微. 故 $\ln(z-a)$ 在整个 z 平面上除去它的两个支点 a 和 ∞ 外解析,并有

$$\frac{\mathrm{d}\ln(z-a)}{\mathrm{d}z}=f'(z)=\mathrm{e}^{-\mathrm{i}\theta}\frac{\partial f}{\partial r}=\frac{1}{r\mathrm{e}^{\mathrm{i}\theta}}=\frac{1}{z-a}.$$

例 4　考查函数 $f(z)=u+\mathrm{i}v=|z|^2=x^2+y^2$,有 $u=x^2+y^2$,$v=0$,且

$$\frac{\partial u}{\partial x}=2x,\quad \frac{\partial u}{\partial y}=2y,\quad \frac{\partial v}{\partial x}=\frac{\partial v}{\partial y}=0.$$

除 ∞ 外,在 z 平面上各偏导数存在且连续. 但除了 0 点外 C-R 条件不成立. 而在 0 点处,C-R 条件成立且可微,有 $f'(0)=0$. 故除了 0 点外,函数 $|z|^2$ 处处不可微,因而函数在包括 0 点在内整个 z 平面上不解析.

例 5　考查函数 $f(z)=\dfrac{1}{z}=\dfrac{1}{r}\mathrm{e}^{-\mathrm{i}\theta}$,有

$$\frac{\partial f}{\partial r}=-\frac{1}{r^2}\mathrm{e}^{-\mathrm{i}\theta},\quad \frac{\partial f}{\partial \theta}=-\mathrm{i}\,\frac{1}{r}\mathrm{e}^{-\mathrm{i}\theta},$$

即有

$$\mathrm{i}\,\frac{\partial f}{\partial r}=\frac{1}{r}\frac{\partial f}{\partial \theta}.$$

由于

$$\lim_{z\to\infty}f(z)=\lim_{z\to\infty}\frac{1}{z}=0,\quad \lim_{z\to\infty}\frac{\partial f}{\partial r}=\lim_{z\to\infty}\frac{\partial f}{\partial \theta}=0.$$

若定义

$$f(\infty)=0,\quad \frac{\partial f(\infty)}{\partial r}=0,\quad \frac{\partial f(\infty)}{\partial \theta}=0,$$

则除了 $z=0$ 处外,包括 ∞ 在内,函数连续可微. 故 $1/z$ 在 z 平面上除 0 点外处处解析,∞ 也是解析点. 并有

$$\frac{\mathrm{d}f}{\mathrm{d}z}=\mathrm{e}^{-\mathrm{i}\theta}\frac{\partial f}{\partial r}=-\frac{1}{(r\mathrm{e}^{\mathrm{i}\theta})^2}=-\frac{1}{z^2}$$

例 6　考查函数

$$f(z)=\begin{cases}\mathrm{e}^{-1/z^4}, & z\neq 0,\\ 0, & z=0.\end{cases}$$

容易验证,除 $z=0$ 外 $f(z)$ 可微,C-R 条件成立,因而解析.下面讨论 $z=0$ 处的性质.

让 z 分别沿实轴和虚轴趋于 0,这时分别有 $z^4=x^4\to 0$ 和 $z^4=(\mathrm{i}y)^4=y^4\to 0$, $-z^{-4}\to -\infty$, $f(z)\to 0$,若让 z 沿 $x=y\to 0$,这时 $z=x(1+\mathrm{i})$, $z^4=(1+\mathrm{i})^4x^4=-4x^4\to 0$, $-z^{-4}\to\infty$, $f(z)\to\infty$.这表明此函数在 0 点不连续,当然也就不可微.但在 0 点处,有

$$\left.\frac{\partial f}{\partial x}\right|_{z=0}=\lim_{x\to 0}\frac{\mathrm{e}^{-1/x^4}-0}{x-0}=0,$$

$$\left.\frac{\partial f}{\partial y}\right|_{z=0}=\lim_{y\to 0}\frac{\mathrm{e}^{-1/y^4}-0}{y-0}=0.$$

可见,在 $z=0$ 处有

$$\mathrm{i}\frac{\partial f}{\partial x}=\frac{\partial f}{\partial y}=0,$$

即 C-R 条件也成立,且对 x 和 y 的偏导数也都存在,但由于在该点处函数不连续,故必不可微.这表明,在 $z=0$ 处函数不解析.

函数不解析的点称为函数的奇点.支点就是函数的一种奇点.

4. 调和函数

对解析函数的实部 $u(x,y)$ 和虚部 $v(x,y)$,由 C-R 条件

$$\frac{\partial u}{\partial x}=\frac{\partial v}{\partial y},\quad \frac{\partial u}{\partial y}=-\frac{\partial v}{\partial x},$$

将前一式对 x 求一次偏导数,后一式对 y 求一次项偏导数,再将二者相加后得

$$\nabla^2 u=\frac{\partial^2 u}{\partial x^2}+\frac{\partial^2 u}{\partial y^2}=0;$$

将前一式对 y 求一次偏导数,后一式对 x 求一次偏导数,再将二者相减后得

$$\nabla^2 v=\frac{\partial^2 v}{\partial x^2}+\frac{\partial^2 v}{\partial y^2}=0.$$

这两个方程通常称为**二维的拉普拉斯**(Laplace)**方程**,算子 ∇^2 也常记作 Δ,称为**拉普拉斯算子**.在直角坐标系下,对二维情况,有

$$\Delta=\nabla^2=\frac{\partial^2}{\partial x^2}+\frac{\partial^2}{\partial y^2}.$$

有连续的一阶偏导数并满足拉普拉斯方程的函数称为**调和函数**.从上面的推导可以看出,解析函数的实部 u 和虚部 v 都是二维调和函数.由于二者有 C-R 条件联系在一起,不是互相独立的.称 u 和 v 为相互共轭的调和函数.任何一个调和函数,都可看作某个解析函数的实部或虚部.

§2.2　复变函数的积分与柯西定理

1. 积分与原函数

(1) 积分的定义：

设 L 为复平面上的一条简单曲线，即不自相交的连续曲线，也称约当(Jordan)曲线，其参数方程为

$$z = z(t) = x(t) + \mathrm{i}y(t) \quad (a \leqslant t \leqslant b).$$

若 L 为闭曲线，则除了 $z(a) = z(b)$ 外别无重点. 沿曲线 L 的积分与实变函数中二元函数的曲线积分类似，但无相应的几何意义.

若 $f(t) = u(t) + \mathrm{i}v(t)$ 为 $t \in [a,b]$ 的复值函数，则它对 t 的积分定义为

$$\int_a^b f(t)\mathrm{d}t = \int_a^b u(t)\mathrm{d}t + \mathrm{i}\int_a^b v(t)\mathrm{d}t.$$

设 L 为复平面上的简单曲线，其参数方程为 $z = z(t)(t \in [a,b])$. 若 L 光滑，即 $z'(t)$ 存在，则复变函数 $f(z)$ 沿 L 的积分定义为

$$\int_L f(z)\mathrm{d}z = \int_a^b f[z(t)]z'(t)\mathrm{d}t = \int_a^b \alpha(t)\mathrm{d}t + \mathrm{i}\int_a^b \beta(t)\mathrm{d}t. \qquad (2.2.1)$$

设 $U(t) = u[x(t), y(t)]$，$V(t) = v[x(t), y(t)]$，由

$$\alpha(t) + \mathrm{i}\beta(t) = f[z(t)]z'(t) = [U(t) + \mathrm{i}V(t)][x'(t) + \mathrm{i}y'(t)]$$

有

$$\begin{cases} \alpha(t) = U(t)x'(t) - V(t)y'(t), \\ \beta(t) = U(t)y'(t) + V(t)x'(t). \end{cases} \qquad (2.2.2)$$

显然，有

$$\begin{cases} \mathrm{Re}\int_L f(z)\mathrm{d}z = \int_L \mathrm{Re}\{f(z)\mathrm{d}z\}, \\ \mathrm{Im}\int_L f(z)\mathrm{d}z = \int_L \mathrm{Im}\{f(z)\mathrm{d}z\}. \end{cases} \qquad (2.2.3)$$

(2) 积分的性质：

二元实变函数曲线积分的所有性质差不多都可以照搬过来：

① 方向性. 设在两点 z_0 和 z_1 之间，L^- 为 L 之反向曲线，即二者为 z 平面上的同一条曲线，但二者的方向相反，当 L 的参数方程为 $z = z_0 + S(t)$ 时，则 L^- 的参数方程为 $z = z_1 - S(t)$. 这时，有

$$\int_{L^-} f(z)\mathrm{d}z = -\int_L f(z)\mathrm{d}z. \qquad (2.2.4)$$

② 若 $L = L_1 + L_2 + \cdots + L_n$，$L_i$ 均为简单曲线，且彼此间除相邻者共有端点外别无其他交点，则有

$$\int_L f(z)\mathrm{d}z = \sum_{k=1}^{n}\int_{L_k} f(z)\mathrm{d}z. \tag{2.2.5}$$

③ 设所有的 α_k 均为常数，

$$f(z) = \sum_{k=1}^{m}\alpha_k f_k(z),$$

则有

$$\int_L f(z)\mathrm{d}z = \sum_{k=1}^{m}\alpha_k\int_L f_k(z)\mathrm{d}z. \tag{2.2.6}$$

④
$$\left|\int_L f(z)\mathrm{d}z\right| \leqslant \int_L |f(z)||\mathrm{d}z|. \tag{2.2.7}$$

证 取

$$\theta_0 = \arg\int_L f(z)\mathrm{d}z,$$

即有

$$\int_L f(z)\mathrm{d}z = \mathrm{e}^{\mathrm{i}\theta_0}\left|\int_L f(z)\mathrm{d}z\right|,$$

$$\begin{aligned}\left|\int_L f(z)\mathrm{d}z\right| &= \mathrm{e}^{-\mathrm{i}\theta_0}\int_L f(z)\mathrm{d}z = \mathrm{Re}\left\{\mathrm{e}^{-\mathrm{i}\theta_0}\int_L f(z)\mathrm{d}z\right\} \\ &= \left|\int_L \mathrm{Re}\{\mathrm{e}^{-\mathrm{i}\theta_0}f(z)\mathrm{d}z\}\right| \leqslant \int_L |\mathrm{Re}\{\mathrm{e}^{-\mathrm{i}\theta_0}f(z)\}||\mathrm{d}z| \\ &\leqslant \int_L |f(z)||\mathrm{d}z|.\end{aligned}$$

这里用到了 $|\mathrm{Re}w| = |u| \leqslant |w| = (u^2+v^2)^{\frac{1}{2}}$，$|\mathrm{e}^{-\mathrm{i}\theta_0}| = 1$ 和

$$\mathrm{e}^{-\mathrm{i}\theta_0}\int_L f(z)\mathrm{d}z = \left|\int_L f(z)\mathrm{d}z\right|$$

为非负实数，而第一个不等式则是二元实变函数曲线积分的已有结论.

⑤ 设 l 为 L 之长度，$|f(z)| \leqslant M$，令 $|\mathrm{d}z| = \mathrm{d}s$，即为曲线之微元弧长，则有

$$\left|\int_L f(z)\mathrm{d}z\right| \leqslant \int_L |f(z)||\mathrm{d}z| \leqslant \int_L M\mathrm{d}s = Ml. \tag{2.2.8}$$

⑥ 若 $f(z) = g'(z)$，$z(a) = A$ 和 $z(b) = B$ 是 L 的两个端点，设 L 的参数方程为 $z = z(t)$，则有

$$\begin{aligned}\int_L f(z)\mathrm{d}z &= \int_a^b \frac{\mathrm{d}g}{\mathrm{d}z}\frac{\mathrm{d}z}{\mathrm{d}t}\mathrm{d}t = \int_a^b \frac{\mathrm{d}g}{\mathrm{d}t}\mathrm{d}t \\ &= g(z(b)) - g(z(a)) = g(B) - g(A).\end{aligned} \tag{2.2.9}$$

若 L 为封闭周线，$g(z)$ 为单值函数，则有

$$\oint_L f(z)\mathrm{d}z = 0.$$

这表明，若 $g(z)$ 为单值函数，则只要积分路径的两个端点给定，由(2.2.9)式给

出的积分值与路径无关. 若 $g(z)$ 为多值函数,则由(2.2.9)式给出的积分值将与积分路径有关.

(3) 不定积分与原函数:

设 z_0 为 z 平面上的定点,z 为动点,若 $f(z)$ 在 G 内连续,且不定积分 $\int_{z_0}^{z} f(\zeta)\mathrm{d}\zeta$ 与路径无关,则由此不定积分定义的函数

$$F(z)=\int_{z_0}^{z} f(\zeta)\mathrm{d}\zeta$$

解析,并称 $F(z)$ 为 $f(z)$ 的原函数,有 $F'(z)=f(z)$.

下面证明 $F(z)$ 的可微性. 设闭域 $\bar{E}\subset G$,E 为 $\bar{E}$ 的内部区域,点 $z,z_0\in E$,$f(z)$ 在 $\bar{E}$ 上一致连续. 又因积分与路径无关,有

$$\begin{aligned}\lim_{\Delta z\to 0}\frac{F(z+\Delta z)-F(z)}{\Delta z}&=\lim_{\Delta z\to 0}\frac{1}{\Delta z}\int_{z}^{z_1+\Delta z} f(\xi)\mathrm{d}\xi\\&=f(z)+\lim_{\Delta z\to 0}\frac{1}{\Delta z}\int_{z}^{z+\Delta z}[f(\xi)-f(z)]\mathrm{d}\xi=f(z).\end{aligned}$$

在上面的极限过程中,利用 $f(z)$ 的一致连续性和与路径无关,从 $z\to z+\Delta z$ 的积分路径取为直线段,其长度为 $|\Delta z|$.

在下一节中我们会看到,若 $F(z)$ 可微,则它的各阶导数均可微,即 $f(z)$ 也必可微. 因此,$f(z)$ 也是 G 上的解析函数.

积分是微分的逆运算. 前面已指出,一元实变函数与它的导数间的对应关系,可以完全照搬到对应的复变函数中来. 故在求积分时,复变函数与它的原函数间的对应关系,也是与相应的一元实变函数及其原函数间的对应关系完全相同,被照搬过来. 下面看几个例子:

例 1　对曲线 L,A 和 B 为其起始点和终止点,a 和 b 为常数,

$$\int_L (az+b)\mathrm{d}z=\frac{1}{2}az^2+bz+c\Big|_A^B=\frac{a}{2}(B^2-A^2)+b(B-A).$$

若 L 为封闭曲线,$A=B$,则有

$$\int_L (az+b)\mathrm{d}z=0.$$

例 2　$\displaystyle\int_L \frac{\mathrm{d}z}{z}=\ln z\Big|_A^B=\ln\frac{B}{A}=\ln\frac{r_B}{r_A}+\mathrm{i}(\theta_B-\theta_A).$

由于 $\ln z$ 为多值函数,$z=0$ 为其支点,对 L 为封闭曲线,如图 2.2.1 所示,要分两种情况讨论:

① $z=0$ 不在封闭曲线 $L=L_a$ 内. 这时,当沿 L_a 从 $A\to B$ 时,$r_B=r_A$,$\theta_B=\theta_A$,积分值为 0.

② $z=0$ 在封闭曲线 $L=L_b$ 内. 这时,当积分沿 L_b 从 $A\to B$ 时,仍有 $r_B=r_A$,但 z 的辐角增加了 2π,$\theta_B=\theta_A+2\pi$,有

$$\int_{L_b}\frac{\mathrm{d}z}{z}=2\pi\mathrm{i}.$$

这表明,此积分与路径有关.

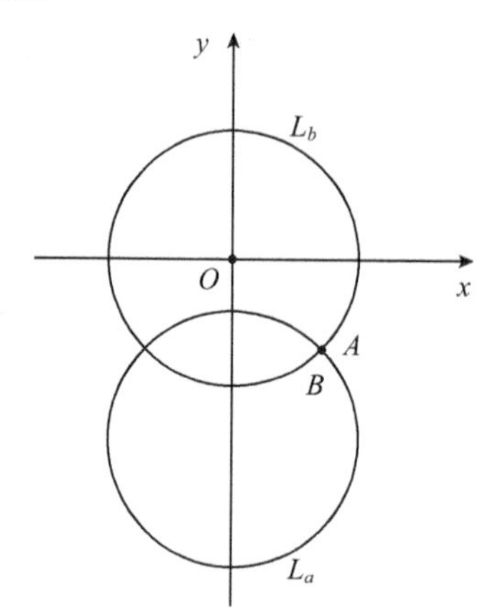

图 2.2.1 多值函数的积分路径

2. 单连通区域上的柯西定理

一般说来,积分值既决定于被积函数,也决定于积分路径.若被积函数解析会是什么情况呢?这可由柯西定理来回答.先讨论单连通区域的柯西定理.

定理 2.2.1 若 $f(z)$ 在单连通区域 G 内解析,则沿任一 G 内的封闭周线 L 的积分

$$\int_L f(z)\mathrm{d}z=0. \tag{2.2.10}$$

或者等价的说,积分$\int_A^B f(z)\mathrm{d}z$ 与路径无关.

证 设 $f(z)$ 在 G 内解析,即 $f'(z)$ 存在.现增加 $f'(z)$ 在 G 内连续假定.在数学分析中已经知道,对于在 x-y 平面的单连通区域 G 内有连续偏导数的二元函数 $P(x,y)$ 和 $Q(x,y)$,积分$\int_A^B(P\mathrm{d}x+Q\mathrm{d}y)$ 与路径无关的充要条件是

$$\frac{\partial P}{\partial y}=\frac{\partial Q}{\partial x}. \tag{2.2.11}$$

对于复变函数积分

$$\int_A^B f(z)\mathrm{d}z=\int_A^B(u\mathrm{d}x-v\mathrm{d}y)+\mathrm{i}\int_A^B(v\mathrm{d}x+u\mathrm{d}y). \tag{2.2.12}$$

当 $f'(z)$ 在 G 内连续,即 u 和 v 在 G 内有连续的偏导数.这时,在上面等号右边的第一个积分(实部)中,把 u 看作 P,$-v$ 看作 Q;而在第二个积分(虚部)中,把 v 看作 P,u 看作 Q.由于 u 和 v 间满足 C-R 条件,则分别对第一个积分和第二个积分有

$$\frac{\partial u}{\partial y}=-\frac{\partial v}{\partial x}(\text{对第一个积分}),\quad \frac{\partial u}{\partial x}=\frac{\partial v}{\partial y}(\text{对第二个积分}),$$

即均满足(2.2.11)式.故知(2.2.12)式等号右边的两个积分与路径无关,因而等号左边的积分也与路径无关.

在上面的证明中,若不假定 $f'(z)$ 在 G 内连续,而只假定在 G 内 $f(z)$ 解析,即只假定 $f'(z)$ 在 G 内存在时,对单连通区域内柯西定理的证明,有兴趣的读者可参看杜珣和唐世敏编的《数学物理方法》中的相关章节.由于过于繁复,这里从略.

若在柯西定理的条件中再加 $f(z)$ 在闭区域 $\overline{G}$ 上连续,则(2.2.10)式对 L 为 G 的封闭边界线时也存立.

证 在 G 内选定一点 z_0,以 z_0 为原点建立极坐标系.为了叙述简便,不妨假定 $z_0=0$(否则仅需作坐标平移,即令 $\zeta=z-z_0$,对复自变量 ζ 作下面的证明即可).在此极坐标系中,对 $z\in L$,有 $z=\rho(\theta)\mathrm{e}^{\mathrm{i}\theta}$.先就 $\rho(\theta)$ 为 θ 的单值函数给以证明.

对一切 $0<a<1$,令 $L_a=\{\zeta=az \mid z\in L\}$,则封闭周线 $L_a\subset G$.故有

$$\int_L f(az)\mathrm{d}z=\frac{1}{a}\int_{L_a}f(\zeta)\mathrm{d}\zeta=0.$$

由于 $f(z)$ 在 $\overline{G}$ 上连续,故必一致连续,且有界.令 l 为边界曲线 L 的总长度,$r=\max\limits_{z\in\overline{G}}\{|z|\}$.则对 $\forall\varepsilon>0$,$\exists r>\delta>0$,$\forall z_1,z_2\in\overline{G}$,当 $|z_1-z_2|\leqslant\delta$ 时,有 $|f(z_1)-f(z_2)|<\dfrac{\varepsilon}{l}$.

取 $a=1-\dfrac{\delta}{r}$,有 $1-a=\dfrac{\delta}{r}>0$,则对 $\forall z\in\overline{G}$,有 $az\in G$,

$$|z-az|=(1-a)|z|\leqslant r\cdot\frac{\delta}{r}=\delta,\quad |f(z)-f(az)|<\frac{\varepsilon}{l}.$$

由此知

$$\left|\int_L f(z)\mathrm{d}z\right|=\left|\int_L f(z)\mathrm{d}z-\int_L f(az)\mathrm{d}z\right|\leqslant\int_L|f(z)-f(az)||\mathrm{d}z|<\varepsilon.$$

由于 ε 可任意的小,故应有

$$\int_L f(z)\mathrm{d}z=0.$$

前面的证明中假定了 $\rho(\theta)$ 为 θ 的单值函数.如果 $\rho(\theta)$ 不是 θ 的单值函数,则如图 2.2.2 所示,将 G 划分成若干个不相重叠的子区域之和.在每个子区域内建立各自的极坐标系,使在各子区域的边界 L_j 上 $z-z_{0j}=\rho_j(\theta)\mathrm{e}^{\mathrm{i}\theta}$,$\rho_j(\theta)$ 是 θ 的单值函数.根据上面的证明,$f(z)$ 沿各子区域边界闭曲线 L_j 的积分为 0,将所有这些积分加起来,对这些边界线,除了构成 L 的整体部分,余下不属于 L 的部分,由于被沿正反两个方向各积分一次,积分之和互相抵消,故此和正好就是 $f(z)$ 沿

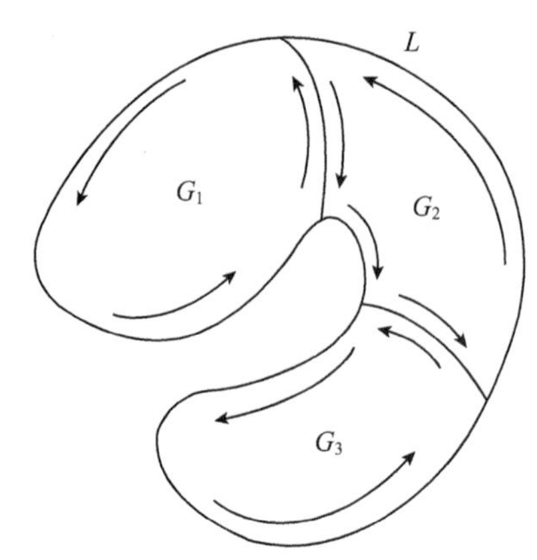

图 2.2.2　$\rho(\theta)$ 不是 θ 单值函数时的分区处理

L 的积分. 由于每一项之值为 0,故其总和为 0. 即结论仍然成立.

3. 多连通区域的柯西定理

(1) 复平面上的 n 连通区域:

若区域 G 的边界被分成 n 个不相连的部分(每一部分都可以是一个点),就称 G 为 n 连通区域. 但对无界域,计算 n 时要注意两点:

① 各自延伸到无穷远的边界线,应认为它们在 ∞ 处相连,因而不能看作是彼此分离的部分. 图 2.2.3 中边界 L_1,L_2 和 L_3 均应认为是在 ∞ 处连在一起,因而 G 是单连通区,而不是三连通区.

② 对无界域,当边界线各部分都有界时,∞ 点应当作一个孤立点,是不相连边界的一部分. 故如图 2.2.4 所示的无界域 G 是一个三连通区,而不是二连通区域.

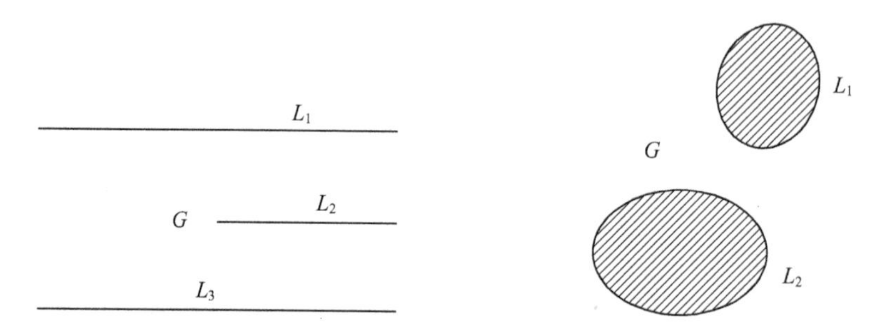

图 2.2.3　边界各段在 ∞ 相连的单连通区域　　图 2.2.4　三连通的无界域

(2) 多连通区域的柯西定理:

定理 2.2.2　若 $f(z)$ 在有界多连通闭域 $\overline{G}$ 上连续,在 G 内解析;边界 L 由简单闭曲线 $L_0, L_1, \cdots, L_n$ 组成,L_0 将 $L_1, \cdots, L_n$ 包于其内,则有

$$\int_{L_0} f(z)\mathrm{d}z = \sum_{k=1}^{n}\int_{L_k} f(z)\mathrm{d}z. \qquad (2.2.13)$$

注意,在此公式中,$L_0,L_1,\cdots,L_n$ 均取逆时针方向为正.若按边界正向的规定,其正向是沿此方向行进时,区域 G 应始终保持在左方.这时,除 L_0 仍是逆时针方向为正向外,$L_1,L_2,\cdots,L_n$ 均是以顺时针方向为正向.(2.2.13) 式就又回到了 (2.2.10) 式,即有

$$\int_L f(z)\mathrm{d}z=\int_{L_0} f(z)\mathrm{d}z+\sum_{k=1}^{n}\int_{L_k^-} f(z)\mathrm{d}z=0,$$

对多连区域的柯西定理,是采用(2.2.10) 式还是(2.2.13) 式,必须与各边界段积分方向的取定一致.

证　如图 2.2.5 所示,用割线 $S_1,S_2,\cdots,S_n$ 将边界线 $L_0,L_1,\cdots,L_n$ 连接起来,使 G 变成一个单连通区域.利用前面的证明,知 $f(z)$ 沿此单连通区域边界的积分值为 0.由于除在边界 L 上的积分值外,在所有割线 $S_1,S_2,\cdots,S_n$ 上均被正反两方向各积分一次,相应的积分值互相抵消,因而所得到的仍然是(2.2.10) 式.注意此时除 L_0 外,所有 $L_1,\cdots,L_n$ 都是沿顺时针方向,即沿 L_k^- 的方向积分.如果将它们的积分方向改为逆时针方向,它们的积分值反号,就得到 (2.2.13) 式.

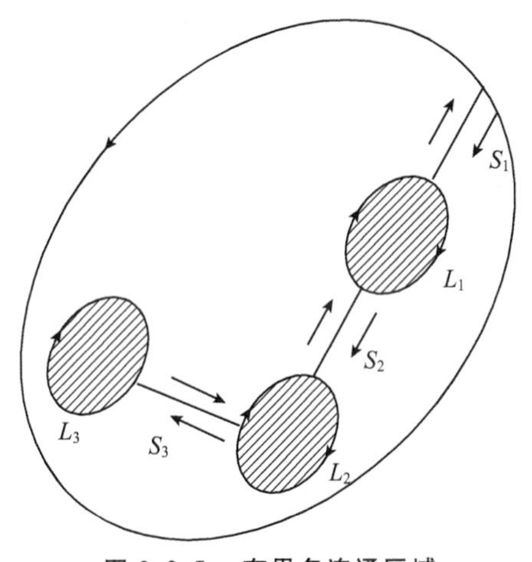

图 2.2.5　有界多连通区域

§2.3　柯西积分公式和解析函数的高阶导数

1. 柯西积分公式

设 $L=\sum_{k=0}^{n}L_k$ 为有限域 G 的全部边界线,$\overline{G}=G\cup L$,$f(z)$ 在 $\overline{G}$ 上连续,在 G 内解析,则对 $\forall z\in G$,有

$$f(z)=\frac{1}{2\pi \mathrm{i}}\int_L \frac{f(\zeta)}{\zeta-z}\mathrm{d}\zeta\,. \tag{2.3.1}$$

证 设 C_δ 是以 z 为圆心、δ 为半径的一个足够小的圆，使以 C_δ 为边界线的 z 点的 δ 邻域 $E_\delta\subset G$. 由于 $f(\zeta)$ 在 G 内解析，故 $\dfrac{f(\zeta)}{\zeta-z}$ 在 $D=G-E_\delta$ 内解析，在 $\overline{D}=\overline{G}-\overline{E}_\delta$ 上连续. 由多连通区域的柯西定理，有

$$\int_L \frac{f(\zeta)}{\zeta-z}\mathrm{d}\zeta=\int_{C_\delta}\frac{f(\zeta)}{\zeta-z}\mathrm{d}\zeta, \tag{2.3.2}$$

这里 C_δ 的积分方向是逆时针的；而沿 L 的正向行进，将保持 G 在左边.

对 $\zeta\in C_\delta$，可令 $\zeta-z=\delta\mathrm{e}^{\mathrm{i}\theta}$ 代入(2.3.2) 式的右端积分中，有

$$\begin{aligned}\int_L \frac{f(\zeta)}{\zeta-z}\mathrm{d}\zeta&=\int_0^{2\pi}\frac{f(z+\delta\mathrm{e}^{\mathrm{i}\theta})}{\delta\mathrm{e}^{\mathrm{i}\theta}}(\mathrm{i}\delta\mathrm{e}^{\mathrm{i}\theta})\mathrm{d}\theta\\&=2\pi\mathrm{i}f(z)+\mathrm{i}\int_0^{2\pi}[f(z+\delta\mathrm{e}^{\mathrm{i}\theta})-f(z)]\mathrm{d}\theta.\end{aligned}$$

令 $\delta\to 0$. 由于 $f(z)$ 在 $\overline{G}$ 上一致连续，故在 $\delta\to 0$ 时，上式第二个等号右端的积分项趋于 0. 于是有

$$f(z)=\frac{1}{2\pi \mathrm{i}}\int_L \frac{f(\zeta)}{\zeta-z}\mathrm{d}\zeta\,.$$

这表明，解析函数完全被它定义域边界上的函数值所决定.

2. 平均值定理

定理 2.3.1 设 $L_R=\{\zeta\,|\,|\zeta-z|=R\}$，即为以 z 为圆心、R 为半径的圆周；$f(\zeta)$ 在由 L_R 所围闭域 $\overline{G}$ 上连续，在 G 内解析. 以 $\mathrm{d}s$ 表示 L_R 上的微元弧长，则有

$$f(z)=\frac{1}{2\pi R}\int_{L_R}f(\zeta)\mathrm{d}s. \tag{2.3.3}$$

证 在圆周 L_R 上，有

$$\zeta-z=R\mathrm{e}^{\mathrm{i}\theta},\quad \mathrm{d}\zeta=\mathrm{i}R\mathrm{e}^{\mathrm{i}\theta}\mathrm{d}\theta,\quad \mathrm{d}s=R\mathrm{d}\theta.$$

由柯西积分公式(2.3.1)，有

$$f(z)=\frac{1}{2\pi \mathrm{i}}\int_{L_R}\frac{f(\zeta)}{\zeta-z}\mathrm{d}\zeta=\frac{1}{2\pi R}\int_{L_R}f(\zeta)\mathrm{d}s.$$

将(2.3.3) 的实部和虚部分开，则有

$$\begin{cases}u(x,y)=\dfrac{1}{2\pi R}\displaystyle\int_{L_R}u(\zeta,\eta)\mathrm{d}s,\\[2ex] v(x,y)=\dfrac{1}{2\pi \ell R}\displaystyle\int_{L_R}v(\zeta,\eta)\mathrm{d}s.\end{cases} \tag{2.3.4}$$

由于任给二元调和函数均可看作是一解析函数的实部或虚部，故对任何调和函数，此平均值公式均成立.

(2.3.3) 式表明，对解析函数(当然也包括调和函数)，圆心上的函数值等于

圆周上函数值的平均值.

3. 二元调和函数的极值原理

极值原理　若 $u(x,y)$ 在连通区域 G 内调和且不为常数，在 $\overline{G}=G\cup L$ 上连续，则 $u(x,y)$ 不可能在 G 内达到最大值和最小值.

证　用反证法. 由于 u 在 $\overline{G}$ 上连续，故必在 $\overline{G}$ 上达到最大值 M 和最小值 m. 设 $a\in G, u(a)=M$.

因为 u 在 G 内不为常数，存在 $b\in G, u(b)<M$. 用曲线 L_1 将 a 和 b 连接起来，并使 $L_1\subset G$，如图 2.3.1 所示.

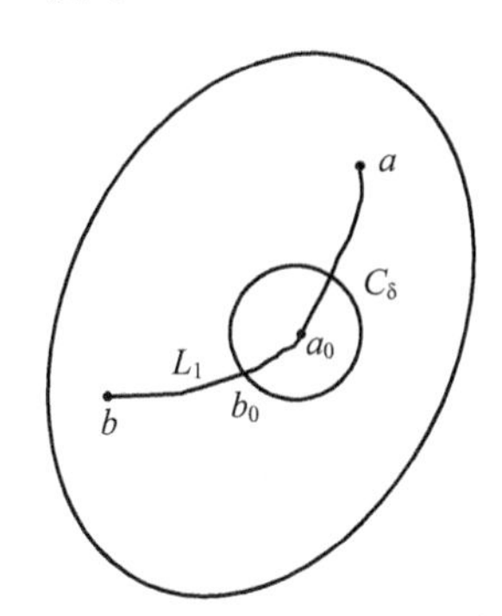

图 2.3.1　极值原理证明示意图

由于 u 在 $\overline{G}$ 上连续，故沿 L_1 由 $b\to a$，至少在到达某个 a_0(此点可以是 a)之前函数值 $u<M$，而 $u(a_0)=M$. 由于 G 是开域，故存在 $\delta>0, \delta<|a_0-b|$，使

$$\overline{D}=\{\zeta=(x,y)\mid|\zeta-a_0|\leqslant\delta\}\subset G.$$

设 C_δ 为 $\overline{D}$ 之边界线，它是以 a_0 为圆心 δ 为半径的圆. 根据 δ 选取的规定，C_δ 必在 a_0 和 b 之间与 L_1 相交于 b_0 点，则 $u(b_0)<M$. 由平均值原理，应有

$$u(a_0)=\frac{1}{2\pi\delta}\int_{C_\delta}u\,\mathrm{d}s=M.$$

由于 M 为 u 之最大值，且 u 在 G 内连续，故要使上式成立，要求对任给 $p\in C_\delta, u(p)=M$. 这与 $b_0\in C_\delta, u(b_0)<M$ 矛盾. 故 u 不可能在 G 内达到最大值.

令 $v=-u$，则 v 也是 G 内不为常数的调和函数，且在 $\overline{G}$ 上连续，故 v 也不能在 G 内达到最大值. 由于 v 的最大值为 $-m$，即 u 的最小值的负值，故 u 也就不可能在 G 内达到最小值. 即 u 的最大值和最小值必能也只能在 G 的边界 L 上达到. 这也同时表明，若 u 在 L 上为常数，则必在 $\overline{G}$ 上为常数.

4. 最大模原理

最大模原理　若 $F(z)$ 在 G 内解析，在 $\overline{G}=G\cup L$ 上连续且不为常数，则 $|F(z)|$ 的最大值只能在 L 上达到.

证　由于 $F(z)$ 在 $\overline{G}$ 上连续，故对任给 $z\in\overline{G}$，存在 $z_1\in\overline{G}$，使

$$|F(z_1)|=M\geqslant|F(z)|.$$

由 $F(z)$ 不是常数可知 $M>0$.

令 $f(z)=F(z)+2F(z_1)$，则 $f(z)$ 在 $\overline{G}$ 上连续，在 G 内解析，有

$$|f(z_1)|=3|F(z_1)|=3M,$$

$$\begin{aligned}|f(z_1)|&=3M\geqslant 2|F(z_1)|+|F(z)|\geqslant|F(z)+2F(z_1)|\\&=|f(z)|\geqslant 2|F(z_1)|-|F(z)|\geqslant M>0,\end{aligned}$$

即 $f(z)$ 在 z_1 处也达到最大模，且在 $\overline{G}$ 上 $f(z)\neq 0$. 这表明 $\ln f(z)$ 在 G 内解析，在 $\overline{G}$ 上连续，$\mathrm{Re}\{\ln f(z)\}=\ln|f(z)|$ 应为调和函数. 故其最大值，也就是 $|f(z)|$ 的最大值只能在 L 上达到，即 z_1 必为边界点，而不是内点.

若 $|F(z)|$ 之最小值 $m>0$，则 $\ln F(z)$ 为解析函数，其实部 $\ln|F(z)|$ 的最大和最小值，从而 $|F(z)|$ 的最大和最小值均只能在 L 上达到.

但是，若 $F(z)$ 在 G 内有 0 点，这时 $m=0$，$\ln F(z)$ 在 G 内有不解析点，则上面关于最小模的讨论不成立. 例如，对 $F(z)=z$，$G=\{z\,|\,|z|<1\}$. $z=0\in G$，有 $F(0)=0$，即在 G 的内点 $z=0$ 处 $|F(z)|$ 达到最小值.

5. 解析函数的高阶导数

(1) 微分和积分交换秩序的定理：

定理 2.3.2 若 $z\in G$，ζ 在简单曲线 L 上变化，$f(z,\zeta)$ 和 $\dfrac{\partial f(z,\zeta)}{\partial z}$ 都是二元连续函数，则 $F(z)=\int_L f(z,\zeta)\mathrm{d}\zeta$ 可微，且

$$F'(z)=\int_L\frac{\partial f(z,\zeta)}{\partial z}\mathrm{d}\zeta. \tag{2.3.5}$$

这可看作是含参变量积分对参量求导的问题，证明与实变函数相应的定理完全类似. 故这里将相应的结论直接引用过来，不再重复证明.

(2) 解析函数的高阶导数：

定理 2.3.3 设 L 为开域 G 的全部边界，$f(z)$ 在 G 内解析，在闭域 $\overline{G}=G\cup L$ 上连续，则 $f(z)$ 在 G 内的任意阶导数均存在，且有

$$f^{(n)}(z)=\frac{n!}{2\pi\mathrm{i}}\int_L\frac{f(\zeta)}{(\zeta-z)^{n+1}}\mathrm{d}\zeta. \tag{2.3.6}$$

证 因为 $\zeta\in L$，即 $\zeta\notin G$，故对任给 $z\in G$，$\zeta-z\neq 0$，则作为 z 的函数，有

$$\frac{\partial}{\partial z}\frac{f(\zeta)}{(\zeta-z)^k}=\frac{kf(\zeta)}{(\zeta-z)^{k+1}}\quad(k=1,2,\cdots)$$

在 G 内解析；作为 ζ 的函数，在 L 上连续.

由柯西积分公式(2.3.1)，对任给 $z\in G$，有

$$f(z)=\frac{1}{2\pi\mathrm{i}}\int_L\frac{f(\zeta)}{\zeta-z}\mathrm{d}\zeta.$$

将此式对 z 求导. 由于符合可交换微分和积分秩序的条件，故在等式的右端可将

微分改在积分号下进行，得

$$f'(z)=\frac{1}{2\pi i}\int_L\frac{f(\zeta)}{(\zeta-z)^2}d\zeta.$$

现设(2.3.6)对 $n=k-1$ 成立，即有

$$f^{(k-1)}(z)=\frac{(k-1)!}{2\pi i}\int_L\frac{f(\zeta)}{(\zeta-z)^k}d\zeta.$$

将上式再对 z 求导. 由于交换微分和积分的条件仍然成立，对上式右端再次交换微分和积分秩序，有

$$f^{(k)}(z)=\frac{k!}{2\pi i}\int_L\frac{f(\zeta)}{(\zeta-z)^{k+1}}d\zeta,$$

即(2.3.6)式对 $n=k$ 也成立. 由数学归纳法知其对一切 n 均成立.

推论　二元调和函数有各阶偏导数.

因为任一二元调和函数都可作为某一解函数的实部和虚部，这一结论是显然的.

6. 柯西不等式和刘维尔(Liouville)定理

(1) 柯西不等式：

设 L 为以 z 为圆心，R 为半径的圆，M 为 $f(\zeta)$ 在 L 上之最大模，则有

$$\begin{aligned}|f^{(n)}(z)|&=\left|\frac{n!}{2\pi i}\int_L\frac{f(\zeta)}{(\zeta-z)^{n+1}}d\zeta\right|=\left|\frac{n!}{2\pi i}\int_0^{2\pi}\frac{f(\zeta)(iRe^{i\theta})}{R^{n+1}e^{i(n+1)\theta}}\right|d\theta\\&\leqslant\frac{n!}{2\pi R^n}\int_0^{2\pi}\frac{|f(\zeta)|}{|e^{in\theta}|}d\theta\leqslant\frac{n!M}{R^n},\end{aligned}$$

即对解析函数有柯西不等式

$$|f^{(n)}(z)|\leqslant\frac{n!M}{R^n}.\tag{2.3.7}$$

(2) 刘维尔定理：

定理 2.3.4　若 $f(z)$ 在全平面解析，则 $f(z)\equiv$ 常数.

证　由于 $f(z)$ 在全平面解析，必在全平面连续，则在全平面的任一点上，包括 ∞ 点，$f(z)$ 必为确定的有限值. 这意味着，存在有限常数 a，使

$$\lim_{z\to\infty}f(z)=f(\infty)=a.$$

令 $|a|=A$，则存在 $R>0$，当 $|z|>R$ 时，有 $|f(z)|<A+1$. 而在闭域 $\bar{G}=\{z\,\big|\,|z|\leqslant R\}$ 上，由于 $f(z)$ 连续，必有界. 即存在 $B>0$，当 $z\in\bar{G}$ 时 $|f(z)|\leqslant B$. 取 $M=\max\{A+1,B\}$. 则在全平面上，有 $|f(z)|\leqslant M$，即 $f(z)$ 在全平面有界.

由柯西不等式，对任给 $z\in G$，$R>0$，均有 $|f'(z)|\leqslant\dfrac{M}{R}$，这里 M 为一已知常数. 则

$$R\to\infty\Rightarrow|f'(z)|\equiv0\Rightarrow f(z)\equiv\text{常数}.$$

习　题

1. 在整个复平面上，对下列函数，指出其在何处不解析：

$$\sqrt{z},\quad |z+1|,\quad \sin z,\quad \text{th}z,\quad e^{\bar{z}},\quad \frac{1}{1+z^2}.$$

2. 已知解析函数的实部 u，求其虚部 v. 下列各式中之 a 和 b 均为实常数.

(1) $u = ax + by$；　　(2) $u = \ln|z+1|$；

(3) $u = a\theta$；　　(4) $u = r^2\sin 2\theta$；

(5) $u = \cos x\,\text{ch}y$；　　(6) $u = \text{sh}x\cos y$.

3. 设 $f(z) = u + \mathrm{i}v$ 在区域 G 上解析，若在 G 上 u 或 v 为常数，则 $f(z)$ 为常数.

4. 若在区域 G 上 $f(z)$ 解析，$|f(z)|$ 为常数，则 $f(z)$ 为常数.

提示：若 $f(z) \neq 0$，则 $f(z)$ 在 G 内无零点，可令 $g(z) = \ln f(z)$.

5. 若在区域 G 上 $f(z)$ 解析，在闭域 $\overline{G} = G \cup L$ 上连续，且 $f(z)$ 在 G 内无零点，而在 G 的边界 L 上 $|f(z)|$ 为常数，则在 $\overline{G}$ 上 $f(z)$ 为常数.

6. 设 $f(z) = u(x,y) + \mathrm{i}v(x,y)$ 解析：

(1) 写出 $f(\bar{z})$，$\overline{f(z)}$ 和 $\bar{f}(z) = \overline{f(\bar{z})}$ 的实部和虚部；

(2) 说明 $f(\bar{z})$ 和 $\overline{f(z)}$ 不是 z 的解析函数，而 $\bar{f}(z)$ 是 z 的解析函数，并有 $\frac{\mathrm{d}}{\mathrm{d}z}\bar{f}(z) = \overline{f'(\bar{z})}$.

7. 设 L_1 为 $|z| = 3$ 的圆周，L_2 为 $|z-2| = 4$ 的圆周，计算下列积分：

(1) $\int_{L_1} \frac{\sin z}{z-\pi}\mathrm{d}z$；　　(2) $\int_{L_1} \frac{\sin(z+1)}{z(z+1)}\mathrm{d}z$；

(3) $\int_{L_1} \frac{e^z}{z^2+4}\mathrm{d}z$；　　(4) $\int_{L_2} \frac{\text{ch}z}{(z+1)(z+3)}\mathrm{d}z$.

8. 设除 ∞ 外 $f(z)$ 在复平面 C 上解析. 如对充分大的 $|z|$，恒有 $|f(z)| < |z|^n$，试证明 $f(z)$ 是不高于 n 阶的多项式.

提示：利用柯西不等式，证明 $f^{(n+1)}(z) = 0$.

第三章　解析函数的幂级数展开

§3.1　复　级　数

1. 数项级数

设$\{a_k = \alpha_k + \mathrm{i}\beta_k\}$为一无穷序列,记其部分和为

$$S_n = \sum_{k=1}^{n} a_k = \sum_{k=1}^{n} \alpha_k + \mathrm{i}\sum_{k=1}^{n} \beta_k,$$

其中$\{\alpha_k\}$和$\{\beta_k\}$均为实数序列. 若$\lim\limits_{n\to\infty} S_n = S = A + \mathrm{i}B$存在(且有限),则称级数**收敛**,并称$S$为其和,否则称级数**发散**.

显然,级数收敛的充分必要条件是它的实部和虚部均收敛,即

$$\text{级数收敛} \Leftrightarrow \lim_{n\to\infty}\sum_{k=1}^{n}\alpha_k = A,\quad \lim_{n\to\infty}\sum_{k=1}^{n}\beta_k = B\text{ 存在且有限}.$$

这表明,复数项级数的收敛性与构成它实部和虚部的两个实数项级数的收敛性等价. 因此,在实数项级数中的有关概念和收敛的判别法都可以平行地照搬过来. 这里就不一一讨论了.

若$\lim\limits_{n\to\infty}\sum\limits_{k=1}^{n}|a_k|$存在,则称级数绝对收敛. 同实数项级数一样,若$\lim\limits_{n\to\infty}\sum\limits_{k=1}^{n}|a_k|$收敛,则$\lim\limits_{n\to\infty}\sum\limits_{k=1}^{n}a_k$必收敛,且级数和$S$与项的求和秩序无关. 若$\lim\limits_{n\to\infty}\sum\limits_{k=1}^{n}|a_k|$和$\lim\limits_{n\to\infty}\sum\limits_{k=1}^{n}|b_k|$收敛,则$\lim\limits_{n\to\infty}\sum\limits_{k=1}^{n}a_k\ \lim\limits_{n\to\infty}\sum\limits_{k=1}^{n}b_k$可逐项相乘.

2. 函数级数

(1) 收敛、绝对收敛和一致收敛:

这几个概念与实变函数级数类似.

对任意$\varepsilon > 0$,存在$N(\varepsilon, z) > 0$,当$n > N$时,对任意正整数p,都有$\left|\sum\limits_{k=n}^{n+p}u_k(z)\right| < \varepsilon$,称函数级数$\sum\limits_{k=v}^{\infty}u_k(z)$**收敛**;若均有$\sum\limits_{k=n}^{n+p}|u_k(z)| < \varepsilon$,则称该级数**绝对收敛**. 若将"存在$N(\varepsilon, z) > 0$"改为"存在$N(\varepsilon) > 0$",则相应的收敛就是**一致收敛**和**绝对一致收敛**.

收敛有在点上收敛和在集合上收敛两种,而一致收敛只是对集合而言.

设 a_k 为非负实数，级数 $\sum\limits_{k=1}^{\infty} a_k$ 收敛. 若 $\exists N>0$，当 $k>N$ 时，均有 $|u_k(z)|\leqslant a_k$，则函数级数 $\sum\limits_{k=1}^{\infty} u_k(z)$ 绝对一致收敛. 此判别法称为**强级数判别法**，与实变函数级数类似. 证明也与实变函数级数相关的证明类似，可完全类比着搬过来，这里就不再详述了.

(2) 函数级数和的性质：

对于复变函数级数的和，有和实变量相似的三条定理，为了后面使用方便，这里会一一列出. 由于证明方法与实变量的证明方法完全类似，这里就不再证明了.

定理 3.1.1　设在连通集 E 上，函数序列 $\{u_k(z)\}$ 的所有元素均连续，函数级数 $\sum\limits_{k=1}^{\infty} u_k(z)$ 一致收敛于和函数 $S(z)$，则在 E 上 $S(z)$ 连续.

这里 E 可以是开集(区域)，也可以是闭集(闭域).

定理 3.1.2　设函数序列 $\{u_k(z)\}$ 的所有元素均在简单曲线 L 上连续，$\sum\limits_{k=1}^{\infty} u_k(z)$ 在 L 上一致收敛于和函数 $S(z)$，则此级数可沿 L 逐项积分，即有

$$\int_L S(z)\mathrm{d}z=\int_L \sum_{k=1}^{\infty} u_k(z)\mathrm{d}z=\sum_{k=1}^{\infty}\int_L u_k(z)\mathrm{d}z\,. \tag{3.1.1}$$

定理 3.1.3　若函数级数 $\sum\limits_{k=1}^{\infty} u_k(z)=S(z)$ 收敛，而其逐项微商后的级数 $\sum\limits_{k=1}^{\infty} u_k'(z)=f(z)$ 一致收敛，则级数可逐项微商，即有

$$S'(z)=\sum_{k=1}^{\infty} u_k'(z)=f(z). \tag{3.1.2}$$

例 1　设

$$u_k(z)=\frac{1}{k}z^k-\frac{1}{k+1}z^{k+1}\quad(|z|\leqslant 1),$$

$$S_n(z)=\sum_{k=1}^{n} u_k(z)=z-\frac{1}{n+1}z^{n+1},$$

$$S(z)=\lim_{n\to\infty}S_n(z)=z,$$

有

$$|S(z)-S_n(z)|=\left|\frac{z^{n+1}}{n+1}\right|\leqslant\frac{1}{n+1}\,.$$

可见此函数在 $|z|\leqslant 1$ 时一致收敛. 但是，由

$$S_n'(z)=\sum_{k=1}^{n} u_k'(z)=\sum_{k=1}^{n}(z^{k-1}-z^k)=1-z^n$$

可以看出，当 $|z|<1$ 时 $\lim\limits_{n\to\infty}S_n'(z)=1$；而当 $|z|=1$ 时，$z=e^{i\theta}$，当 $n\to\infty$ 时 z^n 无极限，此时 $\lim\limits_{n\to\infty}S_n'(z)$ 不存在.

可见，即使函数级数在闭域 $\overline{G}$ 上一致收敛，它的一切项在 G 内处处可微，也不能保证级数可以逐项微分，而只有当逐项微分后的函数级数在 $\overline{G}$ 上一致收敛时才能保证可逐项微分，不过，从上面的例子看，问题仅仅出现在边界线上. 那么，是否只要除掉边界，就可放松对导函数级数收敛性的要求呢?结论是肯定的. 这一结果包含在魏尔斯特拉斯定理中.

(3) 魏尔斯特拉斯(Weierstrass) 定理：

定理 3.1.4(魏尔斯特拉斯定理)　设函数级数的一切项 $u_k(z)$ 均在连通区域 G 内解析，在 $\overline{G}=G\cup L$ 上连续. 若级数 $\sum\limits_{k=1}^{\infty}u_k(z)$ 在 $\overline{G}$ 上一致收敛于 $f(z)$，则对任意闭区域 $\overline{D}\subset G$，级数 $\sum\limits_{k=1}^{\infty}u_k^{(m)}(z)$ 在 $\overline{D}$ 上一致收敛，且在 G 内有

$$f^{(m)}(z)=\sum_{k=1}^{\infty}u^{(m)}(z)\quad(m=0,1,2,\cdots),\tag{3.1.3}$$

即级数在 G 内解析且可逐项求任意阶微商.

证　对任意 $\overline{D}\subset G$，Γ 和 L 分别为 D 和 G 的边界. 由于 $\Gamma\subset G$，故 Γ 与 L 不相交. 以 $\sigma(z)$ 表示 Γ 上的点 z 到 L 的最小距离. 由于 Γ 为闭集，在 Γ 上 $\sigma(z)>0$，故必存在 $\delta>0$，有

$$\delta=\min_{z\in\Gamma}\{\sigma(z)\}>0.$$

于是对任意 $\zeta\in L$，$z\in\overline{D}$，均有 $|z-\zeta|\geqslant\delta$.

由于 $u_k(z)$ 在 G 内解析，在 $\overline{G}$ 上连续，故有

$$u_k^{(m)}(z)=\frac{m!}{2\pi i}\int_L\frac{u_k(\zeta)}{(\zeta-z)^{m+1}}d\zeta\quad(m=0,1,2,\cdots).$$

令

$$\begin{aligned}f_n^{(m)}(z)&=\sum_{k=1}^{n}u_k^{(m)}(z)=\sum_{k=1}^{n}\frac{m!}{2\pi i}\int_L\frac{u_k(\zeta)}{(\zeta-z)^{m+1}}d\zeta\\&=\frac{m!}{2\pi i}\int_L\frac{\sum\limits_{k=1}^{n}u_k(\zeta)d\zeta}{(\zeta-z)^{m+1}}=\frac{m!}{2\pi i}\int_L\frac{f_n(\zeta)d\zeta}{(\zeta-z)^{m+1}}.\end{aligned}$$

以 l 表示 L 的总长度. 由于 $f_n(\zeta)$ 在 L 上一致收敛于 $f(\zeta)=\sum\limits_{k=1}^{\infty}u_k(\zeta)$，故对任意 $\varepsilon>0$，存在 $N>0$，当 $n>N$ 时，有

$$|f(\zeta)-f_n(\zeta)|<2\pi\delta^{m+1}\frac{\varepsilon}{lm!},$$

$$\left|\sum_{k=n+1}^{\infty} \frac{u_k(\zeta)}{(\zeta-z)^{m+1}}\right| = \left|\frac{f(\zeta)-f_n(\zeta)}{(\zeta-z)^{m+1}}\right| < \frac{2\pi\delta^{m+1}\varepsilon}{lm!\delta^{m+1}} = \frac{2\pi\varepsilon}{lm!},$$

即级数$\sum\limits_{k=1}^{\infty} \dfrac{u_k(\zeta)}{(\zeta-z)^{m+1}}$一致收敛于$\dfrac{f(\zeta)}{(\zeta-z)^{m+1}}$,故可逐项积分,有

$$\begin{aligned}
\left|\sum_{k=n+1}^{\infty} u_k^{(m)}(z)\right| &= \left|\sum_{k=1}^{\infty} u_k^{(m)}(z) - f_n^{(m)}(z)\right| \\
&= \left|\sum_{k=1}^{\infty} \frac{m!}{2\pi i}\int_L \frac{u_k(\zeta)\mathrm{d}\zeta}{(\zeta-z)^{m+1}} - f_n^{(m)}(z)\right| \\
&= \left|\frac{m!}{2\pi i}\int_L \frac{\sum\limits_{k=1}^{\infty} u_k(\zeta) - f_n(\zeta)}{(\zeta-z)^{m+1}}\mathrm{d}\zeta\right| = \frac{m!}{2\pi}\left|\int_L \frac{f(\zeta)-f_n(\zeta)}{(\zeta-z)^{m+1}}\mathrm{d}\zeta\right| \\
&\leqslant \frac{m!}{2\pi}\int_L \left|\frac{f(\zeta)-f_n(\zeta)}{(\zeta-z)^{m+1}}\right| |\mathrm{d}\zeta| \\
&< \frac{m!}{2\pi}\frac{2\pi\varepsilon}{lm!}l = \varepsilon.
\end{aligned}$$

这表明在$\overline{D}$上级数$\sum\limits_{k=1}^{\infty} u_k^{(m)}(z)$一致收敛. 故有

$$f^{(m)}(z) = \sum_{k=1}^{\infty} u_k^{(m)}(z),$$

即级数$\sum\limits_{k=1}^{\infty} u_k^{(m)}(z)$在$D$上可做任意项的逐项微商,其和函数$f(z)$在$D$上解析. 由于$\overline{D}$是$G$内的任一闭域,知此级数在$G$内解析,并可逐项求任意次微商.

3. 幂级数

幂级数是函数级数中使用最多的级数之一.

(1) 幂级数的收敛性定理:

定理 3.1.5 若幂级数$\sum\limits_{k=0}^{\infty} a_k(z-b)^k$在$z=z_0$点收敛,则它在圆域$|z-b| \leqslant r < |z_0-b| = R$上绝对一致收敛.

证 由于级数$\sum\limits_{k=0}^{\infty} a_k(z_0-b)^k$收敛,故存在$M>0$,使$|a_k(z_0-b)^k| \leqslant M$对一切$k$均成立. 对$|z-b| \leqslant r < R$,有

$$\sum_{k=0}^{\infty} |a_k(z-b)^k| = \sum_{k=0}^{\infty} |a_k(z_0-b)^k| \left|\left(\frac{z-b}{z_0-b}\right)^k\right| \leqslant M\sum_{k=0}^{\infty}\left(\frac{r}{R}\right)^k.$$

由于$\dfrac{r}{R}<1$,故强级数

$$M\sum_{k=0}^{\infty}\left(\frac{r}{R}\right)^k = \frac{MR}{R-r},$$

即该级数收敛. 由此知 $\sum_{k=0}^{\infty} a_k(z-b)^k$ 在 $|z-b| \leqslant r < R$ 上绝对一致收敛.

推论　若级数在 z_1 处发散,则它在圆 $|z-b| = |z_1-b|$ 外处处发散.

(2) 收敛半径和收敛圆:

若幂级数在 $|z-b| < R$ 内收敛,在 $|z-b| > R$ 时发散,则称 R 为幂级数的收敛半径,区域 $|z-b| < R$ 称为幂级数的收敛圆.

与实变函数的情况完全相似,对幂级数 $\sum_{k=0}^{\infty} a_k(z-b)^k$ 的收敛半径 R,有如下一些公式:

(1) 若 $\lim_{n\to\infty} |a_n|^{\frac{1}{n}} = b$ 存在,则 $R = \dfrac{1}{b}$ 为收敛半径;

(2) 若 $\lim_{n-\infty} \left|\dfrac{a_n}{a_{n+1}}\right| = R$ 存在,则 R 为收敛半径.

由于证明与实数的情况完全相似,这里不再重复.

(3) 幂级数在收敛圆内解析:

设 G 为幂级数 $\sum_{k=0}^{\infty} a_k(z-b)^k$ 的收敛圆域. 对一切 k, $a_k(z-b)^k$ 显然都在 G 内解析. 设 $\overline{D}$ 为 G 内的任一闭域, D 为 $\overline{D}$ 的内部区域, L 为 D 的边界. 由于此幂级数在 $\overline{D}$ 上绝对一致收敛,当然也在 L 上绝对一致收敛. 由魏尔斯特拉斯定理知,此幂级数在 D 上解析,并可逐项作任意次的求导和求积. 由于 D 的任意性,知此幂级数在 G 内解析,且可逐项作任意次的求导和求积.

这就是说,对于幂级数,求导和求积都不会改变其收敛半径. 但在收敛圆的圆周上,求导和求积后收敛性可能发生变化.

例 2　对下列三个幂级数:

$$f_1(z) = \sum_{n=0}^{\infty} z^n, \quad f_2(z) = \sum_{n=1}^{\infty} \frac{1}{n} z^n, \quad f_3(z) = \sum_{n=1}^{\infty} \frac{1}{n(n+1)} z^{n+1}.$$

$f'_3(z) = f_2(z)$, $f'_2(z) = f_1(z)$. 它们的收敛半径均是 1. 但在 $|z| = 1$ 上, $f_1(z)$ 在一切点上均发散; $f_2(z)$ 在有的点上,如 $z = -1$ 上条件收敛,而在有的点上,如 $z = 1$ 上则发散;而 $f_3(z)$ 则在整个圆周上都绝对一致收敛.

在收敛圆的圆周上,微商不会改善幂级数收敛性,而只可能使之变差;反之,作为其逆运算的求积,则不会使在收敛圆圆周上的收敛性变差,而只可能使之得到改善.

对复等比级数 $f_1(z)$,与实数域上的情况类似,在收敛圆内有

$$f_1(z) = \sum_{k=0}^{\infty} z^k = \frac{1}{1-z} \quad (|z| < 1).$$

§3.2 解析函数的泰勒级数和洛朗级数

与实变函数时的情况类似，泰勒级数是只有非负幂次项的级数. 泰勒级数的展开域是单连通的圆形区域. 洛朗级数是泰勒级数的推广，是含有负幂次项的级数，展开域为复连通的圆环形区域.

1. 泰勒(Taylor)级数

(1) 泰勒定理：

定理 3.2.1(泰勒定理) 若 $f(z)$ 在圆周 $L=\{z\,|\,|z-b|=R\}$ 上及 L 所围区域 G 内解析，则对任意 $z\in G$，$f(z)$ 在 b 点的泰勒展开式为

$$f(z)=\sum_{k=0}^{\infty}a_k(z-b)^k, \tag{3.2.1}$$

其中

$$a_k=\frac{f^{(k)}(b)}{k!}=\frac{1}{2\pi\mathrm{i}}\int_L\frac{f(\zeta)\mathrm{d}\zeta}{(\zeta-b)^{k+1}} \tag{3.2.2}$$

称为展开式的泰勒系数.

证 设 $\zeta\in L$，对任意 $z\in G$，有

$$\left|\frac{(z-b)}{(\zeta-b)}\right|=\frac{|z-b|}{R}<1\,.$$

故有

$$\sum_{k=0}^{\infty}\left(\frac{z-b}{\zeta-b}\right)^k=\frac{1}{1-(z-b)/(\zeta-b)}\,.$$

且此级数在 L 上对 ζ 绝对一致收敛(此时 z 是作为参数，是在 G 内任意给定的).

由柯西积分公式，有

$$\begin{aligned}f(z)&=\frac{1}{2\pi\mathrm{i}}\int_L\frac{f(\zeta)\mathrm{d}\zeta}{\zeta-z}=\frac{1}{2\pi\mathrm{i}}\int_L\frac{f(\zeta)\mathrm{d}\zeta}{(\zeta-b)-(z-b)}\\&=\frac{1}{2\pi\mathrm{i}}\int_L\frac{f(\zeta)}{\zeta-b}\frac{\mathrm{d}\zeta}{1-\dfrac{(z-b)}{\zeta-b}}=\frac{1}{2\pi\mathrm{i}}\int_L\frac{f(\zeta)}{\zeta-b}\sum_{k=0}^{\infty}\left(\frac{z-b}{\zeta-b}\right)^k\mathrm{d}\zeta\\&=\sum_{k=0}^{\infty}\frac{(z-b)^k}{2\pi\mathrm{i}}\int_L\frac{f(\zeta)\mathrm{d}\zeta}{(\zeta-b)^{k+1}}=\sum_{k=0}^{\infty}a_k(z-b)^k,\end{aligned}$$

即有

$$a_k=\frac{1}{2\pi\mathrm{i}}\int_L\frac{f(\zeta)\mathrm{d}\zeta}{(\zeta-b)^{k+1}}=\frac{f^{(k)}(b)}{k!}\,.$$

必须指出，泰勒定理的条件可以放宽，只要 $f(z)$ 在 L 所围区域 G 内解析即可. 这时对任意 $z\in G$，总可以以 b 为圆心做一圆周 L'，将 z 包围在内且 $z\notin L'$. 于是，可在 L' 及其所围区域上应用上述结论. 另外，泰勒系数 a_k 是唯一的，因而展开式

也是唯一的. 事实上,设

$$f(z)=\sum_{k=0}^{\infty}a_k(z-b)^k,$$

则

$$f^{(n)}(b)=n!a_n \Rightarrow a_n=\frac{f^{(n)}(b)}{n!}.$$

由于$\frac{\mathrm{d}f}{\mathrm{d}z}=\frac{\partial f}{\partial x}$,可见各种解析函数的泰勒展开式与它们对应的实变函数的泰勒展开式有完全相似的形式. 例如:

$$\mathrm{e}^z=\sum_{k=0}^{\infty}\frac{z^k}{k!},\quad \mathrm{e}^{-z}=\sum_{k=0}^{\infty}(-1)^k\frac{z^k}{k!}.$$

利用上面的两个展开式以及双曲函数和三角函数的定义,有

$$\mathrm{sh}z=\frac{1}{2}(\mathrm{e}^z-\mathrm{e}^{-z})=\sum_{k=0}^{\infty}\frac{1}{(2k+1)!}z^{2k+1},$$

$$\mathrm{ch}z=\frac{1}{2}(\mathrm{e}^z+\mathrm{e}^{-z})=\sum_{k=0}^{\infty}\frac{1}{(2k)!}z^{2k},$$

$$\sin z=\frac{1}{2\mathrm{i}}(\mathrm{e}^{\mathrm{i}z}-\mathrm{e}^{-\mathrm{i}z})=\sum_{k=0}^{\infty}\frac{(-1)^k}{(2k+1)!}z^{2k+1},$$

$$\cos z=\frac{1}{2}(\mathrm{e}^{\mathrm{i}z}+\mathrm{e}^{-\mathrm{i}z})=\sum_{k=0}^{\infty}\frac{(-1)^k}{(2k)!}z^{2k}.$$

这些级数除 ∞ 点外在全 z 平面收敛,即收敛半径 $R=\infty$.

对于多值函数 $\ln(1-z)$,由

$$\frac{\mathrm{d}}{\mathrm{d}z}\ln(1-z)=-\frac{1}{1-z}$$

和 §1.3 中例 2 知,有

$$\ln(1-z)=2k\pi\mathrm{i}-\int_0^z\frac{\mathrm{d}z}{1-z},$$

其中 k 为一任意整数. 因 $z=1$ 为 $\ln(1-z)$ 的奇点,故当将 $\ln(1-z)$ 在 $z=0$ 处作泰勒展开时,应要求 $|z|<1$. 这时,有

$$\ln(1-z)=2k\pi\mathrm{i}-\int_0^z\frac{\mathrm{d}z}{1-z}=2k\pi\mathrm{i}-\sum_{k=0}^{\infty}\int_0^z z^k\mathrm{d}z=2k\pi\mathrm{i}-\sum_{k=1}^{\infty}\frac{z^k}{k}\quad(|z|<1),$$

级数的收敛半径为 1. 由于要求 $|z|<1$,故动点 z 不可能绕支点 $z=1$ 旋转,$\ln(1-z)$ 被限制在一个单值分支内,即 k 应取定值.

令 $\xi=1-z$,则由 $|1-\xi|=|z|<1$ 知:ξ 的取值范围为以 $\xi=1$ 为圆心,$r=1$ 为半径的圆内区域,如图 3.2.1 所示. 由此不难看出,当取 $k=0$ 时,对 $|z|<1$,应有 $|\mathrm{Im}\ln(1-z)|=|\arg\xi|<\frac{\pi}{2}$.

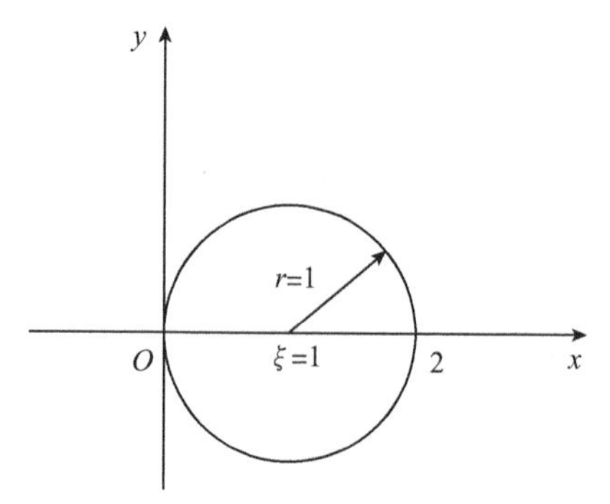

图 3.2.1 $|1-\xi|<1$ **时的取值域**

$$\frac{1}{1+z^2}=\sum_{k=0}^{\infty}(-1)^k z^{2k}\quad(|z|<1).$$

此函数在 $z=\pm\mathrm{i}$ 处有奇性,级数的收敛半径也是 1.

(2) 无穷远点的泰勒展开:

若 $f\left(\frac{1}{\xi}\right)$在 $\xi=0$ 处解析,则称 $f(z)$ 在 $z=\infty$ 解析. 只要将 z 换成$\frac{1}{\xi}$,对函数在 $\xi=0$ 处作泰勒展开,就知 $f(z)$ 在 ∞ 的泰勒展开的一般形式为

$$f(z)=\sum_{k=0}^{\infty}a_k z^{-k}\quad(|z|>R).$$

例如 $f(z)=\mathrm{e}^{1/z^2}$,由

$$f\left(\frac{1}{\xi}\right)=\mathrm{e}^{\xi^2}=\sum_{k=0}^{\infty}\frac{1}{k!}\xi^{2k}\quad(|\xi|<\infty)$$

得

$$\mathrm{e}^{1/z^2}=\sum_{k=0}^{\infty}\frac{1}{k!}z^{-2k}\quad(|z|>0).$$

2. 洛朗(Laurent) 级数

(1) 洛朗定理:

定理 3.2.2(洛朗定理) 设 $f(z)$ 在环形闭域 $\overline{G}=\{z|R_1\leqslant|z-b|\leqslant R_2\}$上单值解析,则对任意 $z\in G=\{z|R_1<|z-b|<R_2\}$,有

$$f(z)=\sum_{k=-\infty}^{\infty}a_k(z-b)^k,\tag{3.2.3}$$

其中

$$a_k=\frac{1}{2\pi\mathrm{i}}\int_L\frac{f(\zeta)\mathrm{d}\zeta}{(\zeta-b)^{k+1}},\tag{3.2.4}$$

L 为 $\overline{G}$ 中将 b 点包围在内的任一简单闭曲线.

此级数称为函数在 b 点展开的**洛朗级数**,也称**双边幂级数**.

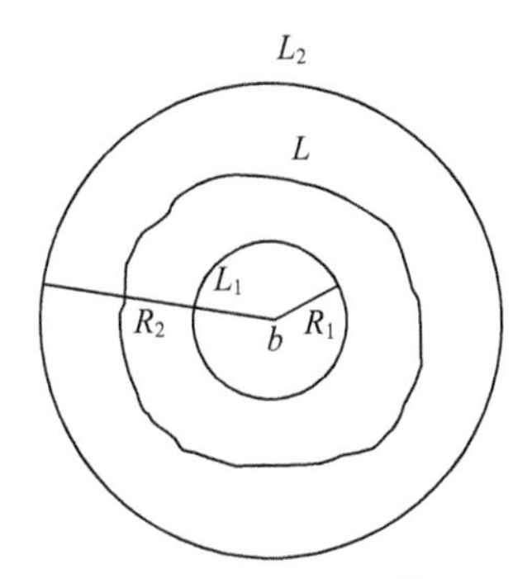

图 3.2.2　洛朗级数展开的环形区域

证　令 $L_1=\{z \mid |z-b|=R_1\}$, $L_2=\{z \mid |z-b|=R_2\}$，由复连通区域的柯西积分公式，对任意 $z\in G$，有

$$\begin{aligned} f(z) &= \frac{1}{2\pi i}\int_{L_2}\frac{f(\zeta)\,d\zeta}{\zeta-z}-\frac{1}{2\pi i}\int_{L_1}\frac{f(\zeta)\,d\zeta}{\zeta-z} \\ &= f_2(z)+f_1(z). \end{aligned} \tag{3.2.5}$$

对 $\zeta\in L_2$, $|(z-b)/(\zeta-b)|<1$,

$$\frac{1}{\zeta-z}=\frac{1}{(\zeta-b)-(z-b)}=\frac{1/(\zeta-b)}{1-\dfrac{z-b}{\zeta-b}}=\frac{1}{\zeta-b}\sum_{k=0}^{\infty}\left(\frac{z-b}{\zeta-b}\right)^k; \tag{3.2.6}$$

对 $\zeta\in L_1$, $|(\zeta-b)/(z-b)|<1$,

$$\begin{aligned} \frac{1}{\zeta-z} &= -\frac{1/(z-b)}{1-\dfrac{\zeta-b}{z-b}}=-\frac{1}{z-b}\sum_{k=0}^{\infty}\left(\frac{\zeta-b}{z-b}\right)^k \\ &= -\frac{1}{\zeta-b}\sum_{k=1}^{\infty}\left(\frac{\zeta-b}{z-b}\right)^k=-\frac{1}{\zeta-b}\sum_{k=-\infty}^{-1}\left(\frac{z-b}{\zeta-b}\right)^k. \end{aligned} \tag{3.2.7}$$

这两个级数在 G 内的任一闭域 $\overline{D}$ 上均绝对一致收敛.

将(3.2.6) 和(3.2.7) 式代入(3.2.5) 式中，得

$$f_1(z)=\sum_{k=-\infty}^{-1}a_k(z-b)^k \quad \left(a_k=\frac{1}{2\pi i}\int_{L_1}\frac{f(\zeta)\,d\zeta}{(\zeta-b)^{k+1}}\right),$$

$$f_2(z)=\sum_{k=0}^{\infty}a_k(z-b)^k \quad \left(a_k=\frac{1}{2\pi i}\int_{L_2}\frac{f(\zeta)\,d\zeta}{(\zeta-b)^{k+1}}\right).$$

对任意 $\zeta\in\overline{G}$ 和任意整数 k, $f(\zeta)/(\zeta-b)^{k+1}$ 在 G 内解析，在 $\overline{G}$ 上连续. 对 $\overline{G}$ 上将 b 点包围在内的任一简单闭曲线 L，设 G_1 为由 L_1 和 L 围成的复连通区域，G_2 为由 L_2 和 L 围成的复连通区域. 分别对 $\overline{G}_1$ 和 $\overline{G}_2$ 使用复连通区域上的柯西积分定理，知有

$$\int_{L_j}\frac{f(\zeta)\,d\zeta}{(\zeta-b)^{k+1}}=\int_L\frac{f(\zeta)\,d\zeta}{(\zeta-b)^{k+1}} \quad (j=1,2).$$

故对级数 $f_1(z)$ 和 $f_2(z)$ 中的系数 a_k，均可统一写作

$$a_k = \frac{1}{2\pi i}\int_L \frac{f(\zeta)}{(\zeta-b)^{k+1}}d\zeta,$$

这正是(3.2.4)式.特别地，L 可以是 L_1 或 L_2.和泰勒定理一样，本定理的条件也可放宽为：$f(z)$ 在 $G=\{z\,|\,R_1<|z-b|<R_2\}$ 内单值解析.

$f_2(z)$ 称为函数 $f(z)$ 的洛朗级数的正则部分，$f_1(z)$ 称为主要部分.主要部分为0的洛朗级数就是泰勒级数.这也表明，对泰勒级数系数的公式(3.2.2)，L 也可是 G 内将 b 围于其内的任一简单闭曲线.

注意，由于 $b\notin G$，$f(b)$ 可能不存在，故即使对 $k\geqslant 0$，也不能将 a_k 写成 $\dfrac{f^{(k)}(b)}{k!}$.

上面的证明可以看出，洛朗级数在 $R_1<r_1\leqslant|z-b|\leqslant r_2<R_2$ 上绝对一致收敛，且 r_1 和 r_2 可分别任意趋近于 R_1 和 R_2，故洛朗级数可逐项任意次求导和求积.

(2) 洛朗级数的唯一性：

展开式(3.2.3)是唯一的，即 a_k 必满足(3.2.4)式.

证 以 $(z-b)^{n+1}$ 除展开式两边，得

$$\frac{f(z)}{(z-b)^{n+1}} = \sum_{k=-\infty}^{\infty} a_k (z-b)^{k-n-1}.$$

此式等号左边为在 $\bar{G}$ 上连续，在 G 内解析的函数，等号右边为其洛朗级数.故此级数仍可逐项积分.设 L 为 $\bar{G}$ 上将 b 点包含在内的任一简单闭曲线，有

$$\int_L \frac{f(\zeta)}{(\zeta-b)^{n+1}}d\zeta = \sum_{k=-\infty}^{\infty} a_k\int_L (\zeta-b)^{k-n-1}d\zeta. \tag{3.2.8}$$

由于 $(\zeta-b)^{k-n-1}$ 在 G 内解析，在 $\bar{G}$ 上连续，故有

$$\int_L (\zeta-b)^{k-n-1}d\zeta = \int_{L_1}(\zeta-b)^{k-n-1}d\zeta = iR_1^{k-n}\int_0^{2\pi} e^{i(k-n)\theta}d\theta = \begin{cases}0, & k\neq n,\\ 2\pi i, & k=n.\end{cases}$$

以此代入(3.2.8)中，得

$$\int_L \frac{f(\zeta)}{(\zeta-b)^{k+1}}d\zeta = 2\pi i a_k.$$

以 $2\pi i$ 除等式两边就可得(3.2.4)，即 a_k 必满足(3.2.4)式.

同样地，以 $f\left(\dfrac{1}{\xi}\right)$ 做类似的处理，也可对 ∞ 为中心的环形区域给出 $f(z)$ 的洛朗级数.

例1 将 $f(z)=1/(1-z)$ 在 $z=0$ 处展成泰勒级数或洛朗级数.

此函数的唯一奇点为 $z=1$，故在 $|z|<1$ 和 $|z|>1$ 内均为解析函数.

对 $|z|<1$，有

$$f(z)=\sum_{k=0}^{\infty}z^k,$$

其主要部分不存在，即为泰勒级数.

对 $|z|>1$，改用$\frac{1}{z}$展开，有

$$\frac{1}{1-z}=-\frac{1}{z}\frac{1}{1-\frac{1}{z}}=-\frac{1}{z}\sum_{k=0}^{\infty}\left(\frac{1}{z}\right)^k=-\sum_{k=-\infty}^{-1}z^k,$$

为只有主要部分而无正则部分的洛朗级数.

例 2　将 $f(z)=\frac{1}{(z-1)(z-2)}$ 在 $z=0$ 处展开，得

$$f(z)=\frac{1}{(z-1)(z-2)}=\frac{1}{z-2}-\frac{1}{z-1}.$$

$f(z)$ 有两个奇点：$z=1$ 和 $z=2$，需分三个区域分别展开：

① $|z|<1$：

$$f(z)=\frac{1}{1-z}-\frac{1}{2-z}=\frac{1}{1-z}-\frac{1}{2}\frac{1}{1-\frac{z}{2}}$$

$$=\sum_{k=0}^{\infty}z^k-\frac{1}{2}\sum_{k=0}^{\infty}\left(\frac{z}{2}\right)^k=\sum_{k=0}^{\infty}\left[1-\left(\frac{1}{2}\right)^{k+1}\right]z^k$$

只有正则部分，没有主要部分；

② $1<|z|<2$：

$$f(z)=-\sum_{k=-\infty}^{-1}z^k-\sum_{k=0}^{\infty}\frac{1}{2^{k+1}}z^k$$

既有正则部分，也有主要部分；

③ $|z|>2$：

$$f(z)=\frac{1}{z}\frac{1}{1-\frac{2}{z}}+\frac{1}{1-z}=\sum_{k=0}^{\infty}\frac{2^k}{z^{k+1}}-\sum_{k=-\infty}^{-1}z^k=\sum_{k=-\infty}^{-2}[2^{-(k+1)}-1]z^k$$

只有主要部分，没有正则部分.

从上面的两个例子可以看出，将函数展成泰勒级数或洛朗级数的主要步骤是：① 找出函数的奇点；② 以展开点为中心，根据奇点的分布，将区域划分为不同的环形展开区域，使每个展开区域内均无函数的奇点；③ 以展开点为中心，将函数分区展开.

例 3　将 $f(z)=\cos\frac{1}{z-2}$ 在 $z=2$ 处展开.

令 $\zeta=\frac{1}{z-2}$，利用 $\cos\zeta$ 的展开式，可得

$$\cos\frac{1}{z-2}=\sum_{k=0}^{\infty}\frac{(-1)^k}{(2k)!}\frac{1}{(z-2)^{2k}}\quad(|z-2|>0).$$

这里正则部分为 1,有主部.由于 $z=2$ 为奇点,故展开式要求 $|z-2|>0$.

§3.3 一致性定理与解析开拓

1. 解析函数的一致性定理

设 $E=\{z\mid f(z)=0\}$,称 E 的聚点为 $f(z)$ 零点的聚点.

定理 3.3.1(一致性定理) 设 $f(z)$ 在 G 内解析,若 G 中有一个 $f(z)$ 的零点的聚点,则在 G 内,$f(z)\equiv 0$.

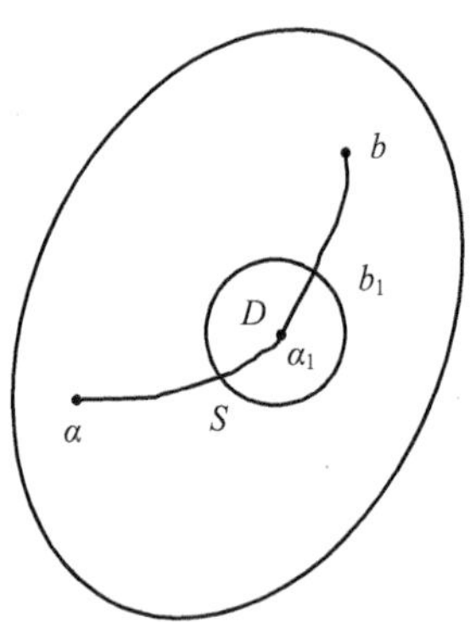

图 3.3.1 定理证明示意图

解析函数的一致性定理也称为唯一性定理,下面给出定理的证明.

证 用反证法.设在 G 内,α 是 $f(z)$ 的一个零点的聚点,且 $f(z)$ 不恒为 0.则存在 $b\in G$,$f(b)\neq 0$.用一条简单曲线 $S\subset G$ 将 α 和 b 连接起来,如图 3.3.1 所示.沿 S 由 b 至 α,将第一个遇到的 $f(z)$ 的 0 点的聚点记为 α_1.由于 G 为开域,存在 $r>0$, $r<|\alpha_1-b|$,使以 α_1 为圆心,r 为半径的圆域 $D\subset G$.令 b_1 为圆周 $|\alpha_1-z|=r$ 与曲线 S 在 b 和 α_1 间的交点.按 α_1 的选取,b_1 不是 $f(z)$ 的零点的聚点.

由于 $f(z)$ 在 G 内连续,α_1 为 $f(z)$ 的 0 点的聚点,且 $\alpha_1\in G$,故应有 $f(\alpha_1)=0$.

将 $f(z)$ 在 $z=\alpha_1$ 处作泰勒展开,有

$$f(z)=\sum_{k=0}^{\infty}a_k(z-\alpha_1)^k\quad(z\in D).\tag{3.3.1}$$

由于 $f(\alpha_1)=0$,则必有 $a_0=0$.设在此展开式中,已知 $a_0,a_1,\cdots,a_n$ 均为 0,有

$$f(z)=(z-\alpha_1)^{n+1}\sum_{k=0}^{\infty}a_{n+k+1}(z-\alpha_1)^k=(z-\alpha_1)^{n+1}g(z),$$

$$g(z)=a_{n+1}+a_{n+2}(z-\alpha_1)+\cdots=\begin{cases}\dfrac{f(z)}{(z-\alpha_1)^{n+1}}, & z\neq\alpha_1,\\ a_{n+1}, & z=\alpha_1.\end{cases}$$

显然,$g(z)$ 在 G 内解析.

由于 α_1 是 $f(z)$ 的零点的聚点,即存在无穷点列 $\{z_n\}$,$z_n\in D$,$z_n\neq\alpha_1$,$|z_n-\alpha_1|<r$,$\lim\limits_{n\to\infty}z_n=\alpha_1$,使 $f(z_n)=0$,则也有

$$g(z_n)=\frac{f(z_n)}{(z_n-\alpha_1)^{n+1}}=0,$$

$$\lim_{n\to\infty}g(z_n)=g(\alpha_1)=a_{n+1}=0.$$

由数学归纳法知，级数(3.3.1)的全部系数均为0，即在D内$f(z)\equiv 0$. 由于$b_1\in G$，是D的边界点，故b_1也应是$f(z)$零点的聚点，这与b_1不是$f(z)$零点的聚点的假设矛盾. 故在G内$f(z)\equiv 0$.

推论　若$f_1(z)$和$f_2(z)$在G内一个有聚点的无穷集E上相等，则$f_1(z)\equiv f_2(z)$.

证　令$g(z)=f_1(z)-f_2(z)$，则$g(z)$在E上为$0\Rightarrow g(z)$在G内至少有一个0点的聚点$\Rightarrow$在G内$g(z)\equiv 0\Rightarrow f_1(z)\equiv f_2(z)$.

例1　证明：$[\ln(\ln z)]'=\dfrac{1}{z\ln z}\ (|z|>0, z\neq\infty)$.

令$F(z)=[\ln(\ln z)]'$，则$|z|>0, z\neq\infty$时$F(z)$解析，$\dfrac{1}{z\ln z}$也解析. 由于在正实轴上$F(z)=\dfrac{1}{z\ln z}$，由一致性定理知在$|z|>0, z\neq\infty$上此式也成立.

例2　证明：$1+\cos 2z=2\cos^2 z$.

同样地，利用一致性定理，因此式在实轴上成立，故在全z平面(除$z=\infty$)成立.

有了一致性定理，知在实变函数中导函数和原函数间的对应关系及各种运算法则均可不变地照搬过来.

2. 解析开拓(延拓)

解析开拓，就是将解析函数的定义域扩大. 即若在连通区域G_1上定义了一个解析函数$f(z)$，能否在一个更广泛的连通区域$G=G_1\cup G_2$上找到一个解析函数$F(z)$，使在G_1内$F(z)\equiv f(z)$?若$F(z)$存在，则称$F(z)$为$f(z)$向G的解析开拓. 由一致性定理知，这个开拓是唯一的.

例3　函数

$$f(z)=\sum_{k=0}^{\infty}z^k\quad(|z|<1)$$

与函数$F(z)=\dfrac{1}{(1-z)}(z\neq 1)$在$|z|<1$上完全相等. 在$|z|>1$时，$f(z)$无意义(级数发散)，但$F(z)$除了$z=1$外均解析. 因此，称$F(z)$是$f(z)$从$|z|<1$向除$z=1$外的整个平面的解析开拓.

§3.4 广义积分与 Γ 函数

1. 广义积分

关于广义积分收敛、一致收敛等的定义，与实变函数相似.

定义 3.4.1 设 $a \leqslant t \leqslant b$，$t$ 为实变数. 若 a 和 b 中至少有一个为无穷，或在 a 点和 b 点中至少有一处使 $f(z,t)$ 无界，则称积分 $\int_a^b f(z,t)\mathrm{d}t$ 为**带参变量的广义积分**.

若 $t_0 \in (a,b)$，$f(z,t)$ 在 $t=t_0$ 处无界，也是一种广义积分，无非是将积分看作是两个广义积分之和，有

$$\int_a^b f(z,t)\mathrm{d}t = \int_a^{t_0} f(z,t)\mathrm{d}t + \int_{t_0}^b f(z,t)\mathrm{d}t.$$

定义 3.4.2 设在 $[a,b]$ 内给定两序列 $\{a_k\}$ 和 $\{b_k\}$，$\lim\limits_{k\to\infty} a_k = a$，$\lim\limits_{k\to\infty} b_k = b$. 令

$$F_k(z) = \int_{a_k}^{b_k} f(z,t)\mathrm{d}t.$$

若序列 $\{F_k(z)\}$ 收敛，则称广义积分 $\int_a^b f(z,t)\mathrm{d}t$ 收敛，否则称为发散；若 $\{F_k(z)\}$ 一致收敛，则称广义积分一致收敛.

定理 3.4.1 设 $t \in [a,b] \subset \mathbf{R}$，$z \in G \subset \mathbf{C}$. 若 $f(z,t)$ 和 $\dfrac{\partial f}{\partial z}$ 均是 z 和 t 在 $(a,b)\times G$ 上的连续函数，且积分 $\int_a^b f(z,t)\mathrm{d}t$ 在 G 内任一闭域 $\overline{D}$ 上一致收敛，则 $F(z) = \int_a^b f(z,t)\mathrm{d}t$ 在 G 内解析，且有

$$F'(z) = \int_a^b \frac{\partial f(z,t)}{\partial z}\mathrm{d}t.$$

证 设对序列 $\{a_n\}$ 和 $\{b_n\}$，$a_n \downarrow a$，$b_n \uparrow b$，$a_n < b_n$. 令

$$F_n(z) = \int_{a_n}^{b_n} f(z,t)\mathrm{d}t.$$

根据可交换微分和积分秩序的定理，有

$$F_n'(z) = \int_{a_n}^{b_n} \frac{\partial f(z,t)}{\partial z}\mathrm{d}t,$$

即 $F_n(z)$ 在 G 内解析，且在 G 内任一闭域 $\overline{D}$ 上一致收敛于 $F(z)$.

令

$$S_1 = F_1(z),\quad S_k(z) = F_k(z) - F_{k-1}(z)\quad (k \geqslant 2).$$

显然 $S_k(z)$ 在 G 内解析，且级数

$$F_n(z) = \sum_{k=1}^{n} S_k(z)$$

在 G 内任一闭域 $\overline{D}$ 上一致收敛于 $F(z)$，即在 $\overline{D}$ 上满足魏尔斯特拉斯定理. 故 $F(z)$ 在 D 内解析，且可逐项微分，即有

$$\begin{aligned} F'(z) &= \sum_{k=1}^{\infty} S'_k(z) = \lim_{n\to\infty}\sum_{k=1}^{n} S'_k(z) = \lim_{n\to\infty} F'_n(z) \\ &= \lim_{n\to\infty}\int_{a_n}^{b_n} \frac{\partial f(z,t)}{\partial z}\mathrm{d}t = \int_a^b \frac{\partial f(z,t)}{\partial z}\mathrm{d}t\,. \end{aligned}$$

由于 $\overline{D}$ 是 G 内任一闭域，故上面的结论对任意 $z \in G$ 均成立.

2. Γ 函数

实 Γ 函数的定义为

$$\Gamma(x) = \int_0^{\infty} \mathrm{e}^{-t} t^{x-1}\,\mathrm{d}t \quad (x > 0).$$

将其推广到复数，定义为

$$\Gamma(z) = \int_0^{\infty} \mathrm{e}^{-t} t^{z-1}\,\mathrm{d}t. \tag{3.4.1}$$

由此定义的 Γ 函数，对任意 $R > \delta > 0$，$\overline{G} = \{z \mid \delta \leqslant \mathrm{Re}z \leqslant R,\ |\mathrm{Im}z| \leqslant R\}$，有如下性质：

(1) $\Gamma(z)$ 在 $\overline{G}$ 内一致收敛；

(2) $\Gamma(z)$ 在 $\mathrm{Re}z > 0$ 时解析；

(3) $\Gamma(z+1) = z\Gamma(z)$.

证　(1) 取两无穷正实数序列 $\{a_n\}$ 和 $\{b_n\}$，$1 > a_n \downarrow 0$，$1 < b_n \uparrow \infty$. 令

$$F_n(z) = \int_{a_n}^{b_n} \mathrm{e}^{-t} t^{z-1}\,\mathrm{d}t.$$

下证在 $\overline{G}$ 上 $F_n(z)$ 一致收敛于 $\Gamma(z)$：由于

$$|t^{z-1}| = |\mathrm{e}^{(z-1)\ln t}| = |\mathrm{e}^{(x-1)\ln t}|\,|\mathrm{e}^{\mathrm{i}y\ln t}| = \mathrm{e}^{(x-1)\ln t} = t^{x-1},$$

对 $0 < t < 1$，$x \geqslant \delta$，有 $0 < t^{x-1} \leqslant t^{\delta-1}$；而对 $t > 1$，设 k 为有限正整数，并有 $k \leqslant R \leqslant k+1$，则在 $\overline{G}$ 上，有 $t^{x-1} \leqslant t^{R-1} \leqslant t^k$. 由此可见，当 $n \to \infty$ 时，有

$$\begin{aligned} |\Gamma(z) - F_n(z)| &= \left|\int_0^{\infty} \mathrm{e}^{-t} t^{z-1}\,\mathrm{d}t - \int_{a_n}^{b_n} \mathrm{e}^{-t} t^{z-1}\,\mathrm{d}t\right| \\ &= \left|\int_0^{a_n} \mathrm{e}^{-t} t^{z-1}\,\mathrm{d}t + \int_{b_n}^{\infty} \mathrm{e}^{-t} t^{z-1}\,\mathrm{d}t\right| \\ &\leqslant \int_0^{a_n} \mathrm{e}^{-t}\,|t^{z-1}|\,\mathrm{d}t + \int_{b_n}^{\infty} \mathrm{e}^{-t}\,|t^{z-1}|\,\mathrm{d}t \\ &< \int_0^{a_n} t^{\delta-1}\,\mathrm{d}t + \int_{b_n}^{\infty} \mathrm{e}^{-t} t^k\,\mathrm{d}t \\ &= \frac{1}{\delta}a_n^{\delta} + \left(\sum_{m=0}^{k} \frac{k!}{m!} b_n^m\right)\mathrm{e}^{-b_n} \to 0, \end{aligned}$$

即 $F_n(z)$ 一致收敛于 $\Gamma(z)$.

(2) $\Gamma(z)$ 在 $\mathrm{Re}z > 0$ 时解析. 由于

$$\frac{\partial}{\partial z}(\mathrm{e}^{-t}t^{z-1}) = \mathrm{e}^{-t}t^{z-1}\ln t$$

和 $\mathrm{e}^{-t}t^{z-1}$ 在 $0 < t < \infty$ 时都是 z 和 t 的连续函数,且在 $\mathrm{Re}z > 0$ 的任一闭域 $\overline{G}$ 内,积分 $\int_0^\infty \mathrm{e}^{-t}t^{z-1}\mathrm{d}t$ 一致收敛,由定理 3.4.1 知 $\Gamma(z)$ 在 $\mathrm{Re}z > 0$ 的区域内解析.

(3) 只需作一次分部积分即可证明:

$$\Gamma(z+1) = \int_0^\infty \mathrm{e}^{-t}t^z\mathrm{d}t = -\mathrm{e}^{-t}t^z\Big|_0^\infty + z\int_0^\infty \mathrm{e}^{-t}t^{z-1}\mathrm{d}t = z\Gamma(z).$$

3. Γ 函数的解析开拓

上面给出的 Γ 函数的定义域为 $\mathrm{Re}z > 0$ 的半平面,现将其解析开拓到除了某些奇点外的整个 z 平面.

考虑到对任意 $z \in D = \{z \mid \mathrm{Re}z > 1\}$,级数

$$\sum_{k=0}^\infty \frac{(-1)^k}{k!}t^{k+z-1} = t^{z-1}\sum_{k=0}^\infty \frac{1}{k!}(-t)^k = \mathrm{e}^{-t}t^{z-1}$$

在 $t \in [0,1]$ 时对 t 一致收敛,故可逐项积分,有

$$\int_0^1 \mathrm{e}^{-t}t^{z-1}\mathrm{d}t = \sum_{k=0}^\infty \frac{(-1)^k}{k!}\int_0^1 t^{k+z-1}\mathrm{d}t = \sum_{k=0}^\infty \frac{(-1)^k}{k!(k+z)} = f(z).$$

除了点列 $z_k = -k(k = 0,1,2,\cdots)$ 外,$\dfrac{(-1)^k}{k!(k+z)}$ 处处解析.

对任意正整数 n 和 $\dfrac{1}{2} > \delta > 0$,$n+\delta < R < n+1$,令 $L_0 = \{z \mid |z| = R\}$ 和 $L_m = \{z \mid |z+m-1| = \delta\}(m = 1,2,\cdots,n)$. $\overline{D}$ 为以 $L_0, L_1, \cdots, L_n$ 为边界围成的 $n+1$ 连通的闭域. 对任意 $z \in \overline{D}$,有

$$\left|\frac{(-1)^k}{k!(k+z)}\right| \leqslant \frac{1}{\delta k!}, \quad \sum_{k=0}^\infty \left|\frac{(-1)^k}{k!(k+z)}\right| \leqslant \frac{1}{\delta}\sum_{k=0}^\infty \frac{1}{k!} = \frac{\mathrm{e}}{\delta},$$

即级数

$$f(z) = \sum_{k=0}^\infty \frac{(-1)^k}{k!(k+z)}$$

在 $\overline{D}$ 内一致收敛,故 $f(z)$ 在 D 内解析. 由于 n 和 δ 的任意性,知 $f(z)$ 在除无穷点列 $\{z_k = -k\}$ 之外的整个复平面上解析. 因在 $\mathrm{Re}z > 1$ 时有

$$\Gamma(z) = \int_0^1 \mathrm{e}^{-t}t^{z-1}\mathrm{d}t + \int_1^\infty \mathrm{e}^{-t}t^{z-1}\mathrm{d}t = f(z) + \int_1^\infty \mathrm{e}^{-t}t^{z-1}\mathrm{d}t.$$

而等式右端除无穷点列 $\{z_k = -k\}$ 外处处解析,根据解析开拓定理,可将等式右端看作是 Γ 函数在除点列 $\{z_k\}$ 之外的全复平面的解析开拓,并仍以 $\Gamma(z)$ 表之. 即在全 z 平面上,定义 Γ 函数为

$$\Gamma(z)=\sum_{k=0}^{\infty}\frac{(-1)^k}{k!(k+z)}+\int_1^{\infty}e^{-t}t^{z-1}dt,\qquad(3.4.2)$$

它的奇点为 $z=z_k=-k(k=0,1,2,\cdots)$.

由于 $\Gamma(z+1)$ 和 $z\Gamma(z)$ 都在除点列 $\{z_k=-k\}$ 外的全复平面上解析,而在 $Re z>0$ 时有如下的递推公式

$$\Gamma(z+1)=z\Gamma(z).\qquad(3.4.3)$$

由一致性定理,知(3.4.3)式在整个 Γ 函数解析开拓后的定义域上也成立.

利用(3.4.3)式,很容易得到

$$\Gamma(z)=\frac{\Gamma(z+n)}{\prod_{k=0}^{n-1}(z+k)}\quad(n\geqslant 1).\qquad(3.4.4)$$

关于 Γ 函数的一些常用公式可参见附录一.

习　　题

1. 判断下列函数级数的收敛性:

(1) $\sum_{k=0}^{\infty}e^{-kz}$;　(2) $\sum_{k=0}^{\infty}\frac{1}{k!}e^{kz}$;　(3) $\sum_{k=0}^{\infty}2^k\sin\frac{z}{3^k}$.

2. 判断下列幂级数的收敛性:

(1) $\sum_{k=1}^{\infty}\frac{1}{k^2}\left(\frac{z}{3}\right)^k$;　(2) $\sum_{k=1}^{\infty}k\left(\frac{z-a}{2}\right)^k$;　(3) $\sum_{k=1}^{\infty}k!\left(\frac{z}{2}\right)^k$

3. 求下列函数在 z_0 处的泰勒级数,并指出其收敛半径:

(1) $\frac{1}{4+z^2}\quad(z_0=1)$;　(2) $\ln(3+z)\quad(z_0=1+i)$

(3) $\begin{cases}\frac{\sin z}{\pi-z}, & z\neq\pi,\\ 1, & z=\pi\end{cases}\quad(z_0=\pi)$;　(4) $\sin^{-1}z\quad(z_0=0)$.

4. 将下列函数在 $z=z_0$ 处展成洛朗级数,并指出其收敛范围:

(1) $\frac{1}{1+z^2}\quad(z_0=0)$;　(2) $\frac{1}{(z+1)(z-5)}\quad(z_0=-1)$;

(3) $\frac{1}{z^2(1+z^3)}\quad(z_0=0)$;　(4) $z\sin\frac{1}{z}\quad(z_0=0)$;

(5) $z^3e^{\frac{1}{z^2}}\quad(z_0=0)$;　(6) $\frac{\mathrm{sh}z}{z-\pi}\quad(z_0=\pi)$.

5. 用一致性定理说明下列三角恒等式成立:

$$\tan(z_1+z_2)=\frac{\tan z_1+\tan z_2}{1-\tan z_1\tan z_2}\quad\left(z_1+z_2\neq\left(k+\frac{1}{2}\right)\pi\right).$$

6. 设函数 $f(z)$ 和 $g(z)$ 分别以点 z_0 为 m 阶和 n 阶零点,试问对下列函数而

言，z_0 是何种性质的点？

(1) $f(z)g(z)$； (2) $\dfrac{f(z)}{g(z)}$； (3) $f(z)+g(z)$.

7. 求下列函数在 $z=a$ 处泰勒级数的前三项和收敛半径：

(1) $\dfrac{1}{\cos z}$ $(a=0)$； (2) $\dfrac{2}{\operatorname{sh} z}$ $\left(a=\dfrac{\pi}{2}\right)$；

(3) $\ln(1+e^z)$ $(a=1)$； (4) $\dfrac{(z^2+1)}{(1-z+z^2)}$ $(a=0)$.

8. 求下列函数在以 $z=a$ 为中心且最靠近 a 的环形域内的洛朗级数中最靠近零次幂的三项，并指出该环形区域：

(1) $\dfrac{1}{e^z-1}$ $(a=0)$； (2) $\dfrac{\sin z}{(z+1)(z^2+1)}$ $(a=-1)$；

(3) $\dfrac{z}{\operatorname{ch} z}$ $(a=\pi i/2)$； (4) $\coth z$ $(a=0)$.

第四章　留数理论

§4.1　孤立奇点

1. 孤立奇点及其分类

定义 4.1.1　若 $f(z)$ 在点 b 不可微，但存在 $\delta>0$，在 $0<|z-b|<\delta$ 内 $f(z)$ 为单值解析函数，则称 b 为 $f(z)$ 的**孤立奇点**.

例 1　设 a,b 均为常数，对函数 $f(z)=\dfrac{1}{(z-a)(z-b)^2}$，$a$ 和 b 均为孤立奇点.

例 2　对 $f(z)=\dfrac{1}{\mathrm{sh}(1/z)}$，$z_k=\dfrac{\mathrm{i}}{k\pi}(k=\pm1,\pm2,\cdots)$ 均为孤立奇点. $z=0$ 也是奇点，但它是奇点的聚点，故不是孤立奇点.

例 3　对函数 $f(z)=\ln(z-a)$，a 是奇点，但 a 是支点，$f(z)$ 在 a 的任一邻域内多值(不能分为单值分支)，故不是上述意义下的孤立奇点.

若 b 为 $f(z)$ 的孤立奇点，而在 $|z-b|<r$ 内 $f(z)$ 无其他奇点，则在环形区域 $0<|z-b|<r$ 内 $f(z)$ 可展成洛朗级数

$$f(z)=\sum_{k=-\infty}^{\infty}a_k(z-b)^k. \tag{4.1.1}$$

定义 4.1.2　在 $f(z)$ 的洛朗级数展开式(4.1.1)中，若无负幂次项，即对一切 $k<0$，均有 $a_k=0$，称 b 为 $f(z)$ 的可去奇点；若存在正整数 m，$a_{-m}\neq0$，而对一切 $k<-m$，$a_k=0$，称 b 为 $f(z)$ 的 m **阶极点**；若有无穷多个负幂次项，则称 b 为 $f(z)$ 的**本性奇点**.

例 4　$f(z)=\dfrac{\mathrm{ch}z-1}{z^2}=\displaystyle\sum_{k=1}^{\infty}\frac{1}{(2k)!}z^{2(k-1)}$.

$z=0$ 就是可去奇点. 只需定义 $f(0)=\dfrac{1}{2}$，就可将奇点去掉.

例 5　$f(z)=\dfrac{\cos z}{z}=\displaystyle\sum_{k=0}^{\infty}\frac{(-1)^k}{(2k)!}z^{2k-1}$.

这时 $m=1$，$z=0$ 为一阶极点. 一阶极点又称**简单极点**.

例 6　$f(z)=(z+1)\sin\dfrac{1}{z+1}=\displaystyle\sum_{k=0}^{\infty}\frac{(-1)^k}{(2k+1)!}(z+1)^{-2k}$.

$z=-1$ 为本性奇点.

2. 孤立奇点类型判别的定理

对一个函数的孤立奇点,如何判断它属于哪种类型呢?下面的三个定理给出了相应的结论.

定理 4.1.1 设 b 为孤立奇点,则下面的三种提法等价:(1) b 是可去奇点;(2) $\lim\limits_{z\to b}f(z)$ 存在(有限);(3) 存在 $\delta>0$,在 $0<|z-b|\leqslant\delta$ 内 $f(z)$ 有界.

证 由于 b 是孤立奇点,$\exists\,\delta>0$,$f(z)$ 在 $D=\{z\mid 0<|z-b|<\delta\}$ 内解析,在 $0<|z-b|\leqslant\delta$ 上连续.$f(z)$ 在此环形区域内可展成洛朗级数(4.1.1).

若 b 为可去奇点,由于无负幂次项,有 $\lim\limits_{z\to b}f(z)=a_0$,即极限存在.若定义 $f(z)=a_0$,则 $f(z)$ 在闭域 $|z-b|\leqslant\delta$ 上连续,故必有界,即由(1) → (2) → (3).现只需再证明:若 $f(z)$ 在 D 内有界,则 b 点必为可去奇点,即由(3) → (1).

设在 D 内,$|f(z)|\leqslant M$. $\forall\ \varepsilon>0,\varepsilon<\delta$,令 $L_\varepsilon=\{z\,\big|\,|z-b|=\varepsilon\}$.则对(4.1.1)式中的系数 a_k,有

$$a_k=\frac{1}{2\pi\mathrm{i}}\int_{L_\varepsilon}\frac{f(z)\mathrm{d}z}{(z-b)^{k+1}}=\frac{\varepsilon^{-k}}{2\pi}\int_0^{2\pi}f(\varepsilon\mathrm{e}^{\mathrm{i}\theta}+b)\mathrm{e}^{-\mathrm{i}k\theta}\mathrm{d}\theta,$$

$$|a_k|=\frac{1}{2\pi}\left|\int_{L_\varepsilon}\frac{f(z)\mathrm{d}z}{(z-b)^{k+1}}\right|\leqslant\frac{1}{2\pi}\varepsilon^{-k}\int_0^{2\pi}|f(\varepsilon\mathrm{e}^{\mathrm{i}\theta}+b)|\mathrm{d}\theta\leqslant\varepsilon^{-k}M.$$

对一切 $k<0$,令 $\varepsilon\to 0\Rightarrow a_k=0$,即 b 为 $f(z)$ 的可去奇点.

定理 4.1.2 孤立奇点 b 是极点的充要条件是 $\lim\limits_{z\to b}f(z)=\infty$.

证 由于在(4.1.1)式中有有限的负幂次项,必要性是显然的,故只需证明充分性.

因 b 是 $f(z)$ 的孤立奇点,且 $\lim\limits_{z\to b}f(z)=\infty$,故存在 $\delta>0$,使当

$$z\in D=\{z\,|\,0<|z-b|<\delta\}$$

时 $f(z)$ 解析,且有 $|f(z)|\geqslant M>0$;令 $L=\{z\,\big|\,|z-b|=\delta\}$,则 $f(z)$ 在 $D\cup L$ 上连续.令 $g(z)=\dfrac{1}{f(z)}$,则在 D 上 $|g(z)|\leqslant\dfrac{1}{M}$,且 $g(z)$ 在 D 上解析,故 b 为 $g(z)$ 之可去奇点,并有

$$\lim_{z\to b}g(z)=\lim_{z\to b}\frac{1}{f(z)}=0.$$

令 $g(b)=0$.则 $g(z)$ 在 $G=\{z\,\big|\,|z-b|<\delta\}$ 解析,在 $\overline{G}=D\cup L$ 上连续,且 b 为 $g(z)$ 在 $\overline{G}$ 上的唯一零点.

设 b 为 $g(z)$ 的 m 阶零点,$m\geqslant 1$,则可在 G 上将 $g(z)$ 对 b 展成如下形式的泰勒级数:

$$g(z)=(z-b)^m\sum_{k=0}^{\infty}b_k(z-b)^k=(z-b)^m\varphi(z),$$

其中 $\varphi(b)=b_0\neq 0$.

由于 b 是 $g(z)$ 在 $\overline{G}$ 上的唯一零点，且 $g(z)$ 在 $\overline{G}$ 上有限，故 $\varphi(z)$ 在 G 内解析，在 $\overline{G}$ 上连续且不为 0. 于是在 G 上，有

$$f(z)=\frac{1}{g(z)}=\frac{\psi(z)}{(z-b)^m},$$

其中 $\psi(z)=\dfrac{1}{\varphi(z)}$ 在单连通区域 G 内解析，在 $\overline{G}$ 上连续且不为 0，因而在 G 上可将 $\psi(z)$ 展成泰勒级数，有

$$\psi(z)=\sum_{k=0}^{\infty}a_k(z-b)^k\quad(a_0\neq 0).$$

故在 G 上有

$$f(z)=\frac{a_0}{(z-b)^m}+\sum_{k=1}^{\infty}a_k(z-b)^{k-m},$$

即 b 点为 $f(z)$ 的 m 阶极点($m\geqslant 1$).

例 7　讨论下列函数奇点的类型：

$$f(z)=\frac{z-\sin z}{z\sin z}=\frac{1}{\sin z}-\frac{1}{z}.$$

解　由于 $\pm k\pi(k=1,2,\cdots)$ 都是 $\sin z$ 的一阶 0 点，但不是 z 的 0 点，故均为 $f(z)$ 的一阶极点. 而对 $z=0$，由于

$$z-\sin z=z^3\sum_{k=1}^{\infty}\frac{(-1)^{k+1}}{(2k+1)!}z^{2(k-1)},\quad z\sin z=z^2\sum_{k=0}^{\infty}\frac{(-1)^k}{(2k+1)!}z^{2k}.$$

故有 $\lim\limits_{z\to 0}f(z)=0$，即 $z=0$ 为 $f(z)$ 的可去奇点.

定理 4.1.3　孤立奇点是本性奇点的充分必要条件是：任给复数 A(可以是 ∞)，必存在无穷点列 $\{z_k\}$，当 $z_k\to b$ 时，$f(z_k)\to A$.

证　先证充分性. 将 $f(z)$ 对 b 点展成洛朗级数后，由于 $\lim\limits_{z\to b}f(z)$ 不存在(包括 ∞)且无界，因而既不可能是可去奇点，也不可能是极点，即级数有负幂次项，且不可能只有有限个负幂次项. 这表明 b 点必为本性奇点.

再证必要性. 若 $A=\infty$，由于 b 不是可去奇点，则当 $z\to b$ 时，$f(z)$ 无界. 由此可知，存在 $\{z_k\}$，当 $z_k\to b$ 时，$f(z_k)\to\infty$.

若 A 为任一有限实数. 用反证法，设对任一无穷序列 $\{z_k\}$，当 $z_k\to b$ 时，$f(z_k)$ 均不趋于 A. 则存在 $\delta>0$，$\alpha>0$，令

$$L=\{z\,|\,|z-b|=\delta\},\quad D=\{z\mid 0<|z-b|<\delta\},$$

当 $z\in D\cup L$ 时，$|f(z)-A|\geqslant\alpha$. 令 $g(z)=\dfrac{1}{f(z)-A}$，则

$$|g(z)|=\frac{1}{|f(z)-A|}\leqslant\frac{1}{\alpha},$$

即 $g(z)$ 在 D 内解析，在 $D\cup L$ 上有界．故 b 为 $g(z)$ 的可去奇点．即有

$$\lim_{z\to b} g(z)=\frac{1}{\lim\limits_{z\to b}[f(z)-A]}=B$$

存在．这要求 $\lim\limits_{z\to b}f(z)$ 存在（包括为 ∞）．这表明，b 或是 $f(z)$ 的可去奇点，或是极点．这与 b 是本性奇点的假设矛盾．由此可知，存在 $\{z_k\}$，当 $z_k\to b$ 时，$f(z_k)\to A$．

例 8 $f(z)=e^{\frac{1}{z}}=\sum\limits_{k=0}^{\infty}\frac{1}{k!}z^{-k}$．

$z=0$ 为 $f(z)$ 的本性奇点．当 z 沿正实轴趋于 0 时，$f(z)\to\infty$；当 z 沿负实轴趋于 0 时，$f(z)\to 0$．对任一非零有限复数 A，若取

$$z_k=\frac{1}{\ln A+2k\pi i},\quad \lim_{k\to\infty}z_k=0,$$

有

$$e^{\frac{1}{z_k}}=e^{\ln A+2k\pi i}=Ae^{2k\pi i}=A.$$

§4.2 留　　数

1. 留数的定义

以 $G-b$ 表示单连通区域 G 中除去 b 点外的区域．设 $f(z)$ 在 $G-b$ 内解析，L 为 G 中将 b 点包含在其内部的任一简单闭曲线，称

$$B=\frac{1}{2\pi i}\int_L f(z)dz \tag{4.2.1}$$

为 $f(z)$ 在 b 点的**留数**（留数也被译作残数），记作 $\mathrm{Res}\{f(z)\}_{z=b}$ 或 $\mathrm{Res}(f,b)$．

将 $f(z)$ 在以 b 为中心的某一环形域内展成洛朗级数．设 L 为区域内任一将 b 点包含于其内的简单闭曲线，有

$$f(z)=\sum_{k=-\infty}^{\infty}a_k(z-b)^k,\quad a_k=\frac{1}{2\pi i}\int_L\frac{f(z)dz}{(z-b)^{k+1}}.$$

取 $k=-1$，即有

$$B=\frac{1}{2\pi i}\int_L f(z)dz=a_{-1}. \tag{4.2.2}$$

2. 留数定理

定理 4.2.1 若 $f(z)$ 在简单闭曲线 L 内除 m 个孤立奇点 $b_1,b_2,\cdots,b_m$ 外解析且连续至边界 L，则

$$\int_L f(z)dz=2\pi i\sum_{k=1}^{m}\mathrm{Res}(f,b_k). \tag{4.2.3}$$

证 存在 $\delta>0$，使所有的封闭圆周线 $L_k=\{z\,|\,|z-b_k|=\delta\}$ 均在 L 之内，

且在 L_k 内除 b_k 外无其他奇点. 这时, 在由 $L, L_1, \cdots, L_m$ 所围成之多连通区域内 $f(z)$ 解析且连续到边界. 由柯西定理, 有

$$\int_L f(z)\mathrm{d}z = \sum_{k=1}^{m}\int_{L_k} f(z)\mathrm{d}z = 2\pi \mathrm{i}\sum_{k=1}^{m}\mathrm{Res}(f, b_k).$$

3. 极点留数的计算

设 b 是 $f(z)$ 的 m 阶极点, 有

$$f(z) = \sum_{k=-m}^{\infty} a_k (z-b)^k.$$

由(4.2.2)知, 计算 b 点的留数, 实际上是求展式中的系数 a_{-1} 之值. 令

$$F(z) = (z-b)^m f(z) = \sum_{k=-m}^{\infty} a_k (z-b)^{k+m} = \sum_{k=0}^{\infty} a_{k-m}(z-b)^k.$$

这时, b 为 $F(z)$ 的可去奇点. 若定义 $F(b) = a_{-m}$, 则 $F(z)$ 在 b 点解析, 在 b 的一个邻域内, 有

$$\frac{\mathrm{d}^{m-1}F(z)}{\mathrm{d}z^{m-1}} = (m-1)!\cdot a_{-1} + \sum_{k=0}^{\infty}\frac{(k+m)!}{k!}a_k(z-b)^{k+1}.$$

由此可得求 m 阶极点留数的公式为

$$\begin{aligned}\mathrm{Res}(f, b) = a_{-1} &= \frac{1}{(m-1)!}F^{(m-1)}(b) \\ &= \frac{1}{(m-1)!}\lim_{z\to b}\frac{\mathrm{d}^{m-1}}{\mathrm{d}z^{m-1}}[(z-b)^m f(z)]. \qquad (4.2.4)\end{aligned}$$

当 $m = 1$ 时, 有

$$\mathrm{Res}(f, b) = \lim_{z\to b}[(z-b)f(z)].$$

例 1　求函数 $f(z) = \dfrac{1}{\mathrm{sh}z}$ 极点的留数.

解　先找出函数的极点, 并确定其阶数, 也就是找出 $\mathrm{sh}z$ 的零点及其阶数. 利用 $\mathrm{sh}z = -\sin(\mathrm{i}z)$ 知其有如下的无穷多个一阶极点 $z_k = k\pi\mathrm{i}(k = 0, \pm 1, \pm 2, \cdots)$. 相应的留数为

$$\mathrm{Res}(f, k\pi\mathrm{i}) = \lim_{z\to k\pi\mathrm{i}}\frac{z-k\pi\mathrm{i}}{\mathrm{sh}z}.$$

运用求不定式极限的洛必达(L'Hospital)法则, 有

$$\mathrm{Res}(f, k\pi\mathrm{i}) = \lim_{z\to k\pi\mathrm{i}}\frac{(z-k\pi\mathrm{i})'}{(\mathrm{sh}z)'} = \frac{1}{\mathrm{ch}(k\pi\mathrm{i})} = \frac{1}{\cos k\pi} = (-1)^k.$$

例 2　求 $f(z) = \dfrac{1}{z(1-\cos z)}$ 极点的留数.

解　函数的极点为 $2k\pi(k = 0, \pm 1, \pm 2, \cdots)$. 由于 $2k\pi$ 为 $1-\cos z$ 的二阶零点, 故除 $z = 0$ 为函数的三阶极点外, 其余均为二阶极点.

(1) 求 $z=0$ 点的留数:

法一 直接采用公式(4.2.4)计算,有

$$\operatorname{Res}(f,0)=\frac{1}{2!}\frac{\mathrm{d}^2}{\mathrm{d}z^2}\left(\frac{z^2}{1-\cos z}\right)_{z=0}=\frac{1}{2}\lim_{z\to0}\frac{2(1-\cos z)-4z\sin z+z^2(2+\cos z)}{(1-\cos z)^2}$$

$$=\frac{1}{2}\lim_{z\to0}\frac{\left(\frac{1}{2}-\frac{1}{12}+\frac{2}{3}-1\right)z^4+O(z^6)}{\frac{1}{4}z^4+O(z^6)}=\frac{1}{6}.$$

法二 通过直接求 $f(z)$ 在 $z=0$ 处洛朗级数的前几项给出 a_{-1}:

$$f(z)=\frac{1}{z^3\left(\frac{1}{2}-\frac{1}{24}z^2+\cdots\right)}=\frac{2}{z^3}\frac{1}{\left(1-\frac{1}{12}z^2+\cdots\right)}$$

$$=\frac{2}{z^3}\left[1+\frac{1}{12}z^2+O(z^4)\right]=\frac{2}{z^3}+\frac{1}{6}\frac{1}{z}+O(z).$$

同样,得 $\operatorname{Res}(f,0)=\frac{1}{6}$.

(2) 求 $\operatorname{Res}(f,2k\pi)$ $(k\neq0)$:

令 $\zeta=z-2k\pi$,得

$$f(z)=F_k(\zeta)=\frac{1}{(\zeta+2k\pi)(1-\cos\zeta)}=\frac{1}{2k\pi}\frac{1}{(1-\cos\zeta)(1+\zeta/2k\pi)}$$

$$=\frac{1}{k\pi\zeta^2}\frac{1}{\left[1-\frac{1}{12}\zeta^2+O(\zeta^4)\right](1+\zeta/2k\pi)}$$

$$=\frac{1}{k\pi\zeta^2}\left[1-\frac{\zeta}{2k\pi}+O(\zeta^2)\right]$$

$$=\frac{1}{k\pi\zeta^2}-\frac{1}{2k^2\pi^2\zeta}+O(1).$$

由此可得

$$\operatorname{Res}(f,2k\pi)=\operatorname{Res}(F_k,0)=-\frac{1}{2k^2\pi^2}.$$

也可直接用(4.2.4)式,对 $k\neq0$,有

$$\operatorname{Res}(f,2k\pi)=\lim_{z\to2k\pi}\frac{\mathrm{d}}{\mathrm{d}z}\left[\frac{(z-2k\pi)^2}{z(1-\cos z)}\right]=\lim_{\zeta\to0}\frac{\mathrm{d}}{\mathrm{d}\zeta}\frac{\zeta^2}{(\zeta+2k\pi)(1-\cos\zeta)}$$

$$=\lim_{\zeta\to0}\frac{\zeta(\zeta+4k\pi)(1-\cos\zeta)-\zeta^2(\zeta+2k\pi)\sin\zeta}{(\zeta+2k\pi)^2(1-\cos\zeta)^2}$$

$$=\lim_{\zeta\to0}\frac{\zeta^3\left(2k\pi+\frac{1}{2}\zeta\right)-\zeta^3(2k\pi+\zeta)+O(\zeta^5)}{k^2\pi^2[\zeta^4+O(\zeta^5)]}$$

$$=-\frac{1}{2k^2\pi^2}.$$

§4.3　应用留数定理计算定积分

用留数定理可有效地计算某些特殊的定积分,有的是用其他方法难于计算的.

1. 计算 $I=\int_0^{2\pi}R(\sin\theta,\cos\theta)\mathrm{d}\theta$ 型积分,其中 $R(x,y)$ 为有理函数

设 L 为 $|z|=1$ 的封闭圆周线. 在 L 上,令 $z=\mathrm{e}^{\mathrm{i}\theta}$,有

$$\cos\theta=\frac{1}{2}\left(z+\frac{1}{z}\right),\quad \sin\theta=\frac{1}{2\mathrm{i}}\left(z-\frac{1}{z}\right)\quad (z\in L).$$

代入上式中,注意到 $\mathrm{d}\theta=\dfrac{\mathrm{d}z}{\mathrm{i}\mathrm{e}^{\mathrm{i}\theta}}=\dfrac{\mathrm{d}z}{\mathrm{i}z}$,并令

$$f(z)=\frac{R\left[\frac{1}{2\mathrm{i}}(z-z^{-1}),\frac{1}{2}(z+z^{-1})\right]}{\mathrm{i}z},$$

$$I=\int_L f(z)\mathrm{d}z=2\pi\mathrm{i}\sum_{k=1}^{m}\mathrm{Res}(f,b_k),\tag{4.3.1}$$

其中$\{b_k\}$为 $f(z)$ 在圆 $|z|=1$ 内的全部奇点.

例 1　设 $0<\varepsilon<1$,计算定积分

$$I=\int_0^{2\pi}\frac{\mathrm{d}\theta}{1-2\varepsilon\cos\theta+\varepsilon^2}.$$

解　令 $\cos\theta=\dfrac{1}{2}(z+z^{-1}),z=\mathrm{e}^{\mathrm{i}\theta}$ 代入上式中,得

$$\begin{aligned}I&=\int_{|z|=1}\frac{\mathrm{d}z}{[1+\varepsilon^2-\varepsilon(z+z^{-1})](\mathrm{i}z)}\\&=\frac{1}{\mathrm{i}}\int_{|z|=1}\frac{\mathrm{d}z}{(z-\varepsilon)(1-\varepsilon z)}=\frac{1}{\mathrm{i}}\int_{|z|=1}f(z)\mathrm{d}z.\end{aligned}$$

由于 $0<\varepsilon<1$,$f(z)$ 在 $|z|=1$ 内有唯一的奇点 $z=\varepsilon$,为一阶极点,故得

$$I=2\pi\mathrm{i}\mathrm{Res}(f,\varepsilon)=\frac{2\pi}{1-\varepsilon^2}.$$

2. 计算无穷积分 $I=\int_{-\infty}^{\infty}f(x)\mathrm{d}x$

为了用留数定理计算这类积分,需要先证明相关的定理.

引理　若 $f(z)$ 在全复平面上除了有限个奇点外解析,且 $\lim\limits_{z\to\infty}zf(z)=0$,设 L_R 为 $|z|=R$ 的圆周上的任一部分,则有 $\lim\limits_{R\to\infty}\int_{L_R}|f(z)\mathrm{d}z|=0$.

证　取足够大的 R,使 $f(z)$ 所有的奇点都在 $|z|=R$ 的圆内. 在 L_R 上,$0\leqslant$

$\theta_1 \leqslant \theta \leqslant \theta_2 \leqslant 2\pi, z = Re^{i\theta}, dz = iRe^{i\theta}d\theta = izd\theta$,

$$\lim_{z\to\infty} |zf(z)| = \lim_{R\to\infty} |zf(z)| = 0.$$

故有

$$\lim_{R\to\infty}\int_{L_R} |f(z)dz| = \lim_{R\to\infty}\int_{\theta_1}^{\theta_2} |zf(z)|\, d\theta = \int_{\theta_1}^{\theta_2} \lim_{R\to\infty} |zf(z)|\, d\theta = 0.$$

定理 4.3.1 若 $f(z)$ 在上半平面内除了有限个奇点外处处解析，在实轴上无奇点，且 $\lim\limits_{z\to\infty} zf(z) = 0$，则

$$\int_{-\infty}^{\infty} f(x)dx = 2\pi i \sum{}^{+} \operatorname{Res} f(z), \tag{4.3.2}$$

其中 $\sum^{+} \operatorname{Res} f(z)$ 表示上半平面所有奇点的留数之和.

证 取足够大的 R，L_R 为以 $|z| = R$，$\operatorname{Im} z > 0$ 的上半圆，L 为由 L_R 和实轴的相应部分构成的封闭周线，使 $f(z)$ 在上半平面的全部奇点均包含在 L 内. 由留数定理，有

$$\int_L f(z)dz = \int_{L_R} f(z)dz + \int_{-R}^{R} f(x)dx = 2\pi i \sum{}^{+} \operatorname{Res} f(z).$$

令 $R\to\infty$，根据引理，沿 L_R 的积分部分趋于 0，即有

$$\int_{-\infty}^{\infty} f(x)dx = 2\pi i \sum{}^{+} \operatorname{Res} f(z).$$

将定理中的上半平面换成下半平面，以 $\sum^{-} \operatorname{Res} f(z)$ 表示 $f(z)$ 在下半平面内全部奇点的留数和，其他条件不变，则(4.3.2) 式可改为

$$\int_{-\infty}^{\infty} f(x)dx = -2\pi i \sum{}^{-} \operatorname{Res} f(z). \tag{4.3.3}$$

注意这里等式右端有负号. 证明留作课外作业，有兴趣的读者可试证一下. 证明中要注意在下半平面内 L 的正向及其在实轴上的积分方向.

例 2 计算广义积分

$$I = \int_{-\infty}^{\infty} \frac{x^2 dx}{(1+x^2)^2}.$$

这个积分由求原函数的方法也不难求得，有

$$I = \frac{1}{2}\left[\arctan x - \frac{x}{1+x^2}\right]_{-\infty}^{\infty} = \frac{\pi}{2}.$$

下面用留数定理来计算此积分. 这时，$f(z) = \dfrac{z^2}{(1+z^2)^2}$，在上半平面只有一个二阶极点 i，有

$$\operatorname{Res}(f, i) = \lim_{z\to i} \frac{d}{dz}[(z-i)^2 f(z)] = \frac{d}{dz}\frac{z^2}{(z+i)^2}\bigg|_{z=i} = \frac{2iz}{(z+i)^3}\bigg|_{z=i} = \frac{1}{4i},$$

得
$$I = 2\pi i \operatorname{Res}(f, i) = \frac{\pi}{2}.$$

若不用(4.3.2)式，而改用(4.3.3)式，由于在下半平面也只有一个二阶极点 $-\mathrm{i}$，

$$\operatorname{Res}(f,-\mathrm{i})=\lim_{z\to-\mathrm{i}}\frac{\mathrm{d}}{\mathrm{d}z}[(z+\mathrm{i})^2f(z)]=\frac{\mathrm{d}}{\mathrm{d}z}\frac{z^2}{(z-\mathrm{i})^2}\bigg|_{z=\mathrm{i}}=\frac{-2\mathrm{i}z}{(z-\mathrm{i})^3}\bigg|_{z=\mathrm{i}}=-\frac{1}{4\mathrm{i}}.$$

同样得

$$I=-2\pi\mathrm{i}\operatorname{Res}(f,-\mathrm{i})=\frac{\pi}{2}.$$

3. 计算复值广义积分

$$I=\int_{-\infty}^{\infty}f(x)\mathrm{e}^{\mathrm{i}\alpha x}\mathrm{d}x=\int_{-\infty}^{\infty}f(x)\cos\alpha x\,\mathrm{d}x+\mathrm{i}\int_{-\infty}^{\infty}f(x)\sin\alpha x\,\mathrm{d}x$$

为了用留数定理计算这类积分，同样需先证明下面的相关定理：

约当(Jordan)引理　若 $f(z)$ 在全平面上除了有限个奇点外处处解析，且有 $\lim\limits_{z\to\infty}f(z)=0$，则有 $\lim\limits_{R\to\infty}\int_{L_R}f(z)\mathrm{e}^{\mathrm{i}\alpha z}\mathrm{d}z=0$，其中 α 为非零的实常数. 若 $\alpha>0$，L_R 为 $|z|=R,\operatorname{Im}z\geqslant0$ 的上半圆周；若 $\alpha<0$，L_R 则为 $|z|=R,\operatorname{Im}z\leqslant0$ 的下半圆周.

证　由于 $\lim\limits_{z\to\infty}f(z)=0$，故其在 ∞ 点的泰勒展开式为

$$f(z)=\sum_{k=1}^{\infty}\frac{a_k}{z^k}\quad(|z|\geqslant R),$$

其中 R 要取得足够大，使 $f(z)$ 的全部奇点均在 $|z|=R$ 的圆内.

注意到当 $\alpha>0$ 时，L_R 为 $|z|=R$ 的上半圆，沿它正向积分时的起点为 $z=R$，终点为 $z=-R$；若 $\alpha<0$，L_R 为下半圆，则起止点要倒过来，即起点为 $z=-R$，终点为 $z=R$. 由此，有

$$\int_{L_R}f(z)\mathrm{e}^{\mathrm{i}\alpha z}\mathrm{d}z=-\frac{1}{\mathrm{i}|\alpha|}f(z)\mathrm{e}^{\mathrm{i}\alpha z}\bigg|_{-R}^{R}-\frac{1}{\mathrm{i}\alpha}\int_{L_R}f'(z)\mathrm{e}^{\mathrm{i}\alpha z}\mathrm{d}z.$$

令
$$g(z)=f'(z)\mathrm{e}^{\mathrm{i}\alpha z}=-\frac{1}{z}\mathrm{e}^{\mathrm{i}\alpha z}\sum_{k=1}^{\infty}\frac{ka_k}{z^k},$$

由于 $|\mathrm{e}^{\mathrm{i}\alpha z}|=\mathrm{e}^{-\alpha y}$，当 $\alpha>0$ 时，L_R 在上半平面，$y\geqslant0$；当 $\alpha<0$ 时，L_R 在下半平面，$y\leqslant0$. 均有 $|\mathrm{e}^{\mathrm{i}\alpha z}|\leqslant1$. 故有

$$\lim_{z\to\infty}|zg(z)|\leqslant\lim_{z\to\infty}|zf'(z)|=\lim_{z\to\infty}\left|\sum_{k=1}^{\infty}\frac{-ka_k}{z^k}\right|=0.$$

由于 $|\mathrm{e}^{\pm\mathrm{i}\alpha R}|=1$，$\lim\limits_{R\to\infty}f(\pm R)=0$，利用前面的引理，有

$$\lim_{R\to\infty}\int_{L_R}f(z)\mathrm{e}^{\mathrm{i}\alpha z}\mathrm{d}z=\frac{-1}{\mathrm{i}|\alpha|}\lim_{R\to\infty}f(z)\mathrm{e}^{\mathrm{i}\alpha z}\bigg|_{-R}^{R}-\frac{1}{\mathrm{i}\alpha}\lim_{z\to\infty}\int_{L_R}g(z)\mathrm{d}z=0.$$

定理 4.3.2　设 α 为实常数，$f(z)$ 在实轴上无奇点，$\lim\limits_{z\to\infty}f(z)=0$. 若 $\alpha>0$，$f(z)$ 在上半平面内除了有限个奇点外处处解析，则

$$\int_{-\infty}^{\infty} f(x)\mathrm{e}^{\mathrm{i}\alpha x}\,\mathrm{d}x = 2\pi\mathrm{i}\sum{}^{+}\ \mathrm{Res}\{f(z)\mathrm{e}^{\mathrm{i}\alpha z}\};\tag{4.3.4}$$

若 $\alpha<0$，$f(z)$ 在下半平面内除了有限个奇点外处处解析，则

$$\int_{-\infty}^{\infty} f(x)\mathrm{e}^{\mathrm{i}\alpha x}\,\mathrm{d}x = -2\pi\mathrm{i}\sum{}^{-}\ \mathrm{Res}\{f(z)\mathrm{e}^{\mathrm{i}\alpha z}\}.\tag{4.3.5}$$

证 仅讨论 $\alpha<0$ 的情况. 对 $\alpha>0$，证明完全类似.

令 L_R 为 $|z|=R$ 且 $\mathrm{Im}z\leqslant 0$ 的下半圆周，L 为实轴的相应部分和 L_R 围成的封闭周线. 这里 R 足够大，使 $f(z)$ 在下半平面内的全部奇点均在 L 内.

沿 L 的积分方向如图 4.3.1 所示. 利用约当引理，对 $\alpha<0$，有

$$\begin{aligned}2\pi\mathrm{i}\sum{}^{-}\ \mathrm{Res}\{f(z)\mathrm{e}^{\mathrm{i}\alpha z}\} &= \lim_{R\to\infty}\int_L f(z)\mathrm{e}^{\mathrm{i}\alpha z}\,\mathrm{d}z\\ &= \lim_{R\to\infty}\int_{-R}^{R} f(x)\mathrm{e}^{\mathrm{i}\alpha x}\,\mathrm{d}x + \lim_{R\to\infty}\int_{L_R} f(z)\mathrm{e}^{\mathrm{i}\alpha z}\,\mathrm{d}z\\ &= -\int_{-\infty}^{\infty} f(x)\mathrm{e}^{\mathrm{i}\alpha x}\,\mathrm{d}x.\end{aligned}$$

即对 $\alpha<0$，有

$$\int_{-\infty}^{\infty} f(x)\mathrm{e}^{\mathrm{i}\alpha x}\,\mathrm{d}x = -2\pi\mathrm{i}\sum{}^{-}\ \mathrm{Res}\{f(z)\mathrm{e}^{\mathrm{i}\alpha z}\}.$$

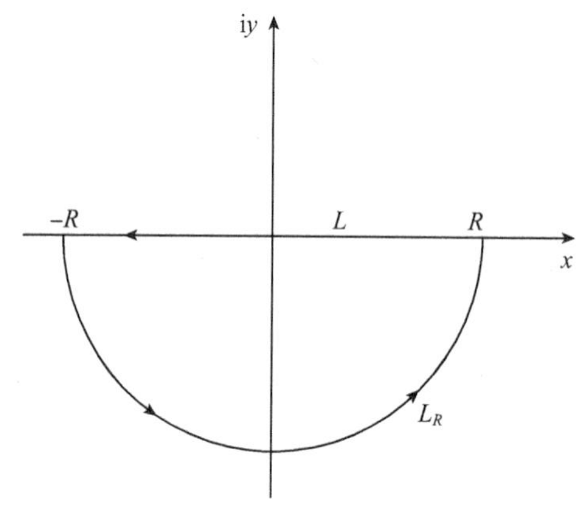

图 4.3.1 沿 L 的积分方向

由此可知

$$\int_{-\infty}^{\infty} f(x)\cos\alpha x\,\mathrm{d}x = \mathrm{Re}\left[\pm 2\pi\mathrm{i}\sum{}^{\pm}\ \{f(z)\mathrm{e}^{\mathrm{i}\alpha z}\}\right],\tag{4.3.6}$$

$$\int_{-\infty}^{\infty} f(x)\sin\alpha x\,\mathrm{d}x = \mathrm{Im}\left[\pm 2\pi\mathrm{i}\sum{}^{\pm}\ \{f(z)\mathrm{e}^{\mathrm{i}\alpha z}\}\right].\tag{4.3.7}$$

例 3 设 α 为实常数，计算广义积分

$$I=\int_0^{\infty}\frac{x\sin\alpha x}{1+x^2}\,\mathrm{d}x\ .$$

由于$\frac{x\cos\alpha x}{1+x^2}$为奇函数，$\frac{x\sin\alpha x}{1+x^2}$为偶函数，有

$$\int_{-\infty}^{\infty}\frac{x\cos\alpha x}{1+x^2}\mathrm{d}x=0,$$

$$\int_{-\infty}^{\infty}\frac{x\sin\alpha x}{1+x^2}\mathrm{d}x=2\int_{0}^{\infty}\frac{x\sin\alpha x}{1+x^2}\mathrm{d}x,$$

$$I=\int_{0}^{\infty}\frac{x\sin\alpha x}{1+x^2}\mathrm{d}x=\frac{1}{2\mathrm{i}}\int_{-\infty}^{\infty}\frac{\mathrm{i}x\sin\alpha x}{1+x^2}\mathrm{d}x$$

$$=\frac{1}{2\mathrm{i}}\int_{-\infty}^{\infty}\frac{x(\cos\alpha x+\mathrm{i}\sin\alpha x)}{1+x^2}\mathrm{d}x=\frac{1}{2\mathrm{i}}\int_{-\infty}^{\infty}f(x)\mathrm{e}^{\mathrm{i}\alpha x}\mathrm{d}x,$$

其中$f(z)=\frac{z}{1+z^2}$，$\lim\limits_{z\to\infty}f(z)=0$. 由定理4.3.2，有

$$I=\begin{cases}\pi\mathrm{Res}\{f(z)\mathrm{e}^{\mathrm{i}\alpha z},\mathrm{i}\}=\frac{\pi}{2}\mathrm{e}^{-\alpha}, & \alpha>0,\\ -\pi\mathrm{Res}\{f(z)\mathrm{e}^{\mathrm{i}\alpha z},-\mathrm{i}\}=-\frac{\pi}{2}\mathrm{e}^{\alpha}, & \alpha<0.\end{cases}$$

例 4　计算下列两个广义积分：

$$I_1=\int_{-\infty}^{\infty}\frac{x\cos x\mathrm{d}x}{x^2-2x+10},\quad I_2=\int_{-\infty}^{\infty}\frac{x\sin x\mathrm{d}x}{x^2-2x+10}.$$

令

$$I=I_1+\mathrm{i}I_2=\int_{-\infty}^{\infty}\frac{x\mathrm{e}^{\mathrm{i}x}\mathrm{d}x}{x^2-2x+10}=\int_{-\infty}^{\infty}f(x)\mathrm{e}^{\mathrm{i}x}\mathrm{d}x,$$

这里$\alpha=1>0$，积分回路应在上半平面内. $f(z)=\frac{z}{z^2-2z+10}$，在上半平面内只有一个奇点$z=1+3\mathrm{i}$. 故有

$$I=2\pi\mathrm{i}\mathrm{Res}\{f(z)\mathrm{e}^{\mathrm{i}z},1+3\mathrm{i}\}=\left.\frac{\mathrm{i}2\pi z\mathrm{e}^{\mathrm{i}z}}{z-1+3\mathrm{i}}\right|_{z=1+3\mathrm{i}}$$

$$=\frac{1}{3}\pi\mathrm{e}^{-3}[(\cos1-3\sin1)+\mathrm{i}(3\cos1+\sin1)],$$

$$I_1=\mathrm{Re}I=\frac{1}{3}\pi\mathrm{e}^{-3}(\cos1-3\sin1),$$

$$I_2=\mathrm{Im}I=\frac{1}{3}\pi\mathrm{e}^{-3}(3\cos1+\sin1).$$

4. 在实轴上有一阶极点的广义积分的计算

(1) 柯西主值：

设$a<c<b$(a可以是$-\infty$，b可以是∞)，$f(x)$在c点有奇性，且分段积分$\int_a^c f(x)\mathrm{d}x$和$\int_c^b f(c)\mathrm{d}x$均发散，但$\lim\limits_{\varepsilon\to0}\left(\int_a^{c-\varepsilon}f(x)\mathrm{d}x+\int_{c+\varepsilon}^b f(x)\mathrm{d}x\right)$存在，则称此积分在柯西主值的意义下存在. 对实轴上有一阶极点的实函数的广义积分，就是在

柯西主值的意义下来讨论的.

(2) 实轴上有一阶极点的广义积分的计算：

设 $f(z)$ 在实轴上只有 n 个一阶极点 $b_1, b_2, \cdots, b_n$ 而无其他奇点，其他条件与定理 4.3.1 相同. 在柯西主值的意义下计算积分

$$I = \int_{-\infty}^{\infty} f(x)\mathrm{d}x.$$

如图 4.3.2 所示，取足够大的 R，使实轴上所有的极点都在 $(-R, R)$ 之间，而上半平面的所有奇点都在 $|z| < R$ 的上半圆内. 设 L_R^+ 为 $|z| = R$ 且 $\mathrm{Im}z \geqslant 0$ 的上半圆周

$$\delta_k^+ = \{z \mid |z - b_k| = \varepsilon, \mathrm{Im}z \geqslant 0\} \quad (k = 1, 2, \cdots, n)$$

为 n 个分别以 b_k 为心，ε 为半径的上半圆弧. ε 取得足够小，使所有 δ_k^+ 均在 $|z| < R$ 的上半圆内，且互不相交；实轴上的 $n+1$ 个直线段分别为

$$l_0 = \{z \mid -R \leqslant z \leqslant b_1 - \varepsilon\},$$

$$l_k = \{z \mid b_k + \varepsilon \leqslant z \leqslant b_{k+1} - \varepsilon\} \quad (k = 1, 2, \cdots, n-1),$$

$$l_n = \{z \mid b_n + \varepsilon \leqslant z \leqslant R\}.$$

这时，由 L_R^+，$\{l_k\}$ 和 $\{\delta_k^+\}$ 构成的闭合回路将上半平面的奇点完全包含于其中，而实轴上的极点则全在回路之外. 由柯西定理，注意到沿 δ_k^+ 的积分方向，有

$$\int_{L_R^+} f(z)\mathrm{d}z + \sum_{k=0}^{n}\int_{l_k} f(z)\mathrm{d}z - \sum_{k=1}^{n}\int_{\delta_k^+} f(z)\mathrm{d}z = 2\pi\mathrm{i}\sum{}^{+} \mathrm{Res}\{f(z)\}. \tag{4.3.8}$$

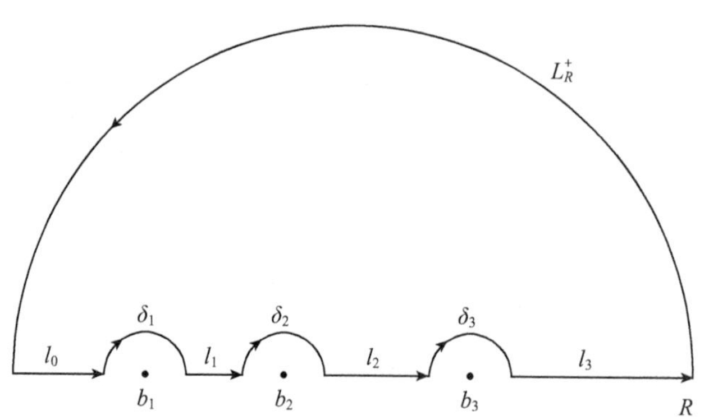

图 4.3.2　实轴上有一阶极点的积分回路

令 $R \to \infty$，$\varepsilon \to 0$. 这时，上式中左端的第一个积分趋于 0，而第二项的分段积分之和在柯西主值的意义下趋于 $\int_{-\infty}^{\infty} f(z)\mathrm{d}z$. 现在来讨论沿每个 δ_k^+ 的积分.

由于 b_k 为一阶极点，$f(z)$ 在 b_k 处的洛朗级数展开式为

$$f(z) = \frac{a_{-1}^{(k)}}{z - b_k} + \sum_{j=0}^{\infty} a_j^{(k)}(z - b_k)^j.$$

在 δ_k^+ 上，$z-b_k=\varepsilon e^{i\theta}, dz=i\varepsilon e^{i\theta}d\theta$，有

$$\int_{\delta_k^+}^{+} f(z)dz = i\int_0^{\pi} a_{-1}^{(k)} d\theta + i\varepsilon\int_0^{\pi}\sum_{j=0}^{\infty} a_j^{(k)}\varepsilon^j e^{ij\pi} d\theta = \pi i a_{-1}^{(k)} + O(\varepsilon).$$

令 $\varepsilon\to 0$，得

$$\lim_{\varepsilon\to 0}\int_{\delta_k^+} f(z)dz = \pi i a_{-1}^{(k)} = \pi i \mathrm{Res}(f,b_k).$$

由此知，对(4.3.8)式，令 $R\to\infty, \varepsilon\to 0$，即得到在柯西主值意义下的相应积分公式：

$$I=\int_{-\infty}^{\infty} f(x)dx = 2\pi i\sum{}^{+}\mathrm{Res}\{f(z)\} + \pi i\sum_{k=1}^{n}\mathrm{Res}(f,b_k). \quad (4.3.9)$$

在(4.3.8)式中，以对应的下半圆 L_R^- 和 $\{\delta_k^-\}$ 代替 L_R^+ 和 $\{\delta_k^+\}$ 来构造闭合回路. 由定理 4.3.1 前的引理知，在 $\lim\limits_{z\to\infty} zf(z)=0$ 的条件下，无论是对 L_R^+，还是对 L_R^-，均有 $\lim\limits_{R\to\infty}\int_{L_R^{\pm}} f(z)dz=0$. 作完全类似的推导，可以得到

$$\int_{-\infty}^{\infty} f(x)dx = -\pi i\left[2\sum{}^{-}\mathrm{Res}\{f(z)\} + \sum_{k=1}^{n}\mathrm{Res}(f,b_k)\right]. \quad (4.3.10)$$

(4.3.9) 和(4.3.10) 式相加，则得

$$\int_{-\infty}^{\infty} f(x)dx = \pi i\left[\sum{}^{+}\mathrm{Res}\{f(z)\}\right] - \sum{}^{-}\mathrm{Res}\{f(z)\}. \quad (4.3.11)$$

在 $\lim\limits_{z\to 0} zf(z)=0$ 的条件下，(4.3.9)，(4.3.10) 和(4.3.11) 三个公式是等价的，可以视具体问题而灵活选用. 如果此时所有的奇点都在实轴上，在柯西主值的意义下，由(4.3.11) 式就知此积分为 0.

例 5 在柯西主值的意义下计算积分

$$I=\int_{-\infty}^{\infty}\frac{dx}{x^4-1}.$$

解 $f(z)=\dfrac{1}{z^4-1}$ 在实轴上有两个一阶极点 $z=\pm 1$，而在上、下半平面上各有一个一阶极点 $z=\pm i$，有

$$f(z)=\frac{1}{(z+i)(z-i)(z+1)(z-1)}.$$

这时，有 $\mathrm{Res}(f,\pm i)=\mp\dfrac{1}{4i}, \mathrm{Res}(f,\pm 1)=\pm\dfrac{1}{4}$. 以此代入(4.3.9)，(4.3.10) 和(4.3.11) 三者中的任一式，都可得 $I=-\pi/2$. 不同的仅是，对(4.3.9) 和(4.3.10) 两式，要计算三点的留数，而对(4.3.11) 式，则只需计算两点的留数.

(3) 设 $f(z)$ 在实轴上只有 n 个一阶极点 $b_1,b_2,\cdots,b_n$ 而无其他奇点，其他条件与定理 4.3.2 相同，在柯西主值的意义下计算广义积分.

$$I=\int_{-\infty}^{\infty} f(z)e^{i\alpha x}dx.$$

除了必须注意，$\alpha>0$ 闭合回路应取在上半平面内，$\alpha<0$ 闭合回路应取在下半平面内外，其余的讨论与(2) 中完全类似，并得与(4.3.9) 和(4.3.10) 类似的公式：

$$I=2\pi\mathrm{i}\sum{}^{+}\mathrm{Res}\{f(z)\mathrm{e}^{\mathrm{i}\alpha z}\}+\pi\mathrm{i}\sum_{k=1}^{n}\mathrm{Res}(f_{(z)}\mathrm{e}^{\mathrm{i}\alpha z},b_k)\quad(\alpha>0),\qquad(4.3.12)$$

$$I=-\pi\mathrm{i}\left[2\sum{}^{-}\mathrm{Res}\{f(z)\mathrm{e}^{\mathrm{i}\alpha z}\}+\sum_{k=1}^{n}\mathrm{Res}(f(z)\mathrm{e}^{\mathrm{i}\alpha z},b_k)\right]\quad(\alpha<0).$$

(4.3.13)

但不同于(4.3.9) 和(4.3.10) 式的是，这两个公式不能对一个 α 同时成立，故不能有与(4.3.11) 对应的公式.

例 6 计算积分 $I=\int_0^{\infty}\frac{\sin x}{x}\mathrm{d}x$.

这个积分在数学分析中已用其他方法求得. 但采用留数定理求解，就显得比较简单了. 因 $\frac{\cos x}{x}$ 是奇函数，故有

$$I=\int_0^{\infty}\frac{\sin x}{x}\mathrm{d}x=\frac{1}{2}\int_{-\infty}^{\infty}\frac{\sin x}{x}\mathrm{d}x=\frac{1}{2\mathrm{i}}\int_{-\infty}^{\infty}\frac{\mathrm{e}^{\mathrm{i}x}}{x}\mathrm{d}x.$$

由于 $f(z)=\frac{1}{z}$ 仅在实轴上有唯一的为一阶极点的奇点 $z=0$，故有

$$I=\frac{\pi\mathrm{i}}{2\mathrm{i}}\mathrm{Res}\left(\frac{1}{z}\mathrm{e}^{\mathrm{i}z},0\right)=\frac{\pi}{2}\mathrm{e}^0=\frac{\pi}{2}.$$

例 7 计算广义积分 $I_1=\int_{-\infty}^{\infty}\frac{\cos x}{x(1+x)}\mathrm{d}x, I_2=\int_{-\infty}^{\infty}\frac{\sin x}{x(1+x)}\mathrm{d}x$.

解 由于

$$I=\int_{-\infty}^{\infty}\frac{\mathrm{e}^{\mathrm{i}x}}{x(1+x)}\mathrm{d}x=\pi\mathrm{i}\left[\mathrm{Res}\left(\frac{\mathrm{e}^{\mathrm{i}z}}{z(1+z)},0\right)+\mathrm{Res}\left(\frac{\mathrm{e}^{\mathrm{i}z}}{z(1+z)},-1\right)\right]$$

$$=\pi\mathrm{i}\left[\frac{\mathrm{e}^{\mathrm{i}z}}{1+z}\bigg|_{z=0}+\frac{\mathrm{e}^{\mathrm{i}z}}{z}\bigg|_{z=-1}\right]=\pi[-\sin 1+\mathrm{i}(1-\cos 1)],$$

得

$$I_1=\mathrm{Re}I=-\pi\sin 1,\quad I_2=\mathrm{Im}I=\pi(1-\cos 1).$$

例 8 计算积分 $I=\int_0^{\infty}\frac{\cos^2 x}{1-x^2}\mathrm{d}x$.

解 由于被积函数为偶函数，故有

$$I=\frac{1}{2}\int_{-\infty}^{\infty}\frac{\cos^2 x}{1-x^2}\mathrm{d}x=\frac{1}{4}\int_{-\infty}^{\infty}\frac{1+\cos 2x}{1-x^2}\mathrm{d}x$$

$$=\frac{1}{4}\int_{-\infty}^{\infty}\frac{\mathrm{d}x}{1-x^2}+\frac{1}{4}\int_{-\infty}^{\infty}\frac{\mathrm{e}^{2\mathrm{i}x}}{1-x^2}\mathrm{d}x.$$

由(4.3.11) 知第一个积分为 0，故有

$$I=\frac{1}{4}\int_{-\infty}^{\infty}\frac{e^{2ix}}{1-x^2}dx=\frac{\pi i}{4}\left\{\mathrm{Res}\left(\frac{e^{2iz}}{1-z^2},1\right)+\mathrm{Res}\left(\frac{e^{2iz}}{1-z^2},-1\right)\right\}$$

$$=\frac{\pi i}{4}\left(\lim_{z\to 1}\frac{z-1}{1-z^2}e^{2iz}+\lim_{z\to -1}\frac{z+1}{1-z^2}e^{2iz}\right)=\frac{\pi}{4}\sin 2.$$

(4) 存在支点的情况：

如果被积函数存在支点，则复变函数具有多值性. 这时，积分总是要限定在一个单值分支上进行. 在第一章中我们已经知道，为了保证被积函数的单值性，需用简单曲线(通常采用直线) 将各支点连接起来，并沿此连线将复平面割开，使积分保持在其黎曼曲面的一叶上进行.

例 9　设 $0<p<1$，计算积分

$$I=B(p,1-p)=\int_0^1 y^{p-1}(1-y)^{-p}dy,$$

其中 $B(p,q)$ 为 β 函数.

解　作变换 $y=\dfrac{x}{1+x}$，积分变为

$$I=\int_0^{\infty}\frac{x^{p-1}}{1+x}dx\quad (0<p<1).$$

对被积函数

$$f(z)=\frac{z^{p-1}}{1+z},$$

$z=-1$ 为一阶极点，$z=0$ 和 ∞ 为支点，并有

$$\lim_{z\to\infty}zf(z)=\lim_{z\to\infty}\frac{z^p}{1+z}=0.$$

如图 4.3.3 所示，沿正实轴从支点 $z=0$ 到支点 $z=\infty$ 将 z 平面切开. 取足够大的 R 和足够小的 ε，L_R 和 L_ε 分别为以 R 和 ε 为半径，$z=0$ 为圆心的圆，L_1 和 L_2 分别表示上、下切口在此二圆间的直线段，由此四条曲线构成闭合回路 L. 在此闭合回路内，被积函数 $f(z)$ 仅有为一阶极点的奇点 $z=-1=e^{i\pi}$，有

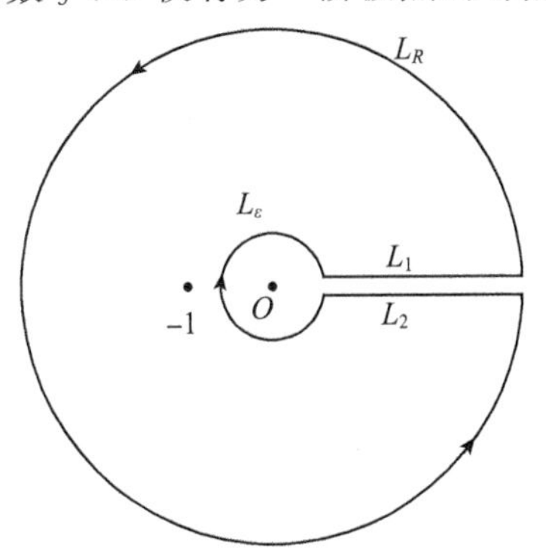

图 4.3.3　有支点情况的处理

$$\int_L f(z)\mathrm{d}z = \int_{L_R} f(z)\mathrm{d}z - \int_{L_\varepsilon} f(z)\mathrm{d}z + \int_{L_1} f(z)\mathrm{d}z - \int_{L_2} f(z)\mathrm{d}z$$
$$= 2\pi\mathrm{i}\mathrm{Res}\left(\frac{z^{p-1}}{1+z}, -1\right)$$
$$= 2\pi\mathrm{i}\mathrm{e}^{(p-1)\pi\mathrm{i}}$$
$$= -2\pi\mathrm{i}\mathrm{e}^{p\pi\mathrm{i}}.$$

在 L_1 上，z 的复角为 0，$z = x$，$z^{p-1} = x^{p-1}$；在 L_2 上，z 的辐角为 2π，$z = x\mathrm{e}^{2\pi\mathrm{i}}$，$z^{p-1} = x^{p-1}\mathrm{e}^{2\pi(p-1)\mathrm{i}} = x^{p-1}\mathrm{e}^{2p\pi\mathrm{i}}$，即

$$f(z) = \frac{x^{p-1}}{1+x}\quad (\text{在 } L_1 \text{ 上}),$$

$$f(z) = x^{p-1}\frac{\mathrm{e}^{2p\pi\mathrm{i}}}{1+x}\quad (\text{在 } L_2 \text{ 上}).$$

令 $R\to\infty$，$\varepsilon\to 0$. 由定理 4.3.1 知，沿 L_R 的积分值趋于 0. 沿 L_1 的积分在此极限过程中趋于 I，而沿 L_2 的积分则趋于 $\mathrm{e}^{2p\pi\mathrm{i}}I$. 在 L_ε 上，$z = \varepsilon\mathrm{e}^{\mathrm{i}\theta}$，有

$$\int_{L_\varepsilon} f(z)\mathrm{d}z = \int_0^{2\pi}\frac{\mathrm{i}\varepsilon^p\mathrm{e}^{\mathrm{i}p\theta}}{1+\varepsilon\mathrm{e}^{\mathrm{i}\theta}}\mathrm{d}\theta.$$

由于 $p > 0$，当 $\varepsilon\to 0$ 时，此积分也 $\to 0$. 故最后得

$$I = \frac{-2\pi\mathrm{i}\mathrm{e}^{p\pi\mathrm{i}}}{1-\mathrm{e}^{2p\pi\mathrm{i}}} = \frac{\pi}{\left(\dfrac{\mathrm{e}^{p\pi\mathrm{i}}-\mathrm{e}^{-p\pi\mathrm{i}}}{2\mathrm{i}}\right)}$$

$$= \frac{\pi}{\sin p\pi}.$$

若 $p = \frac{1}{2}$，则 $I = \pi$；若 $p = \frac{1}{4}$，则 $I = \sqrt{2}\pi$.

5. 某些不能使用定理 4.3.1 和定理 4.3.2 的积分的计算：

例 10　设 $0 < p < 1$，计算积分 $I = \int_{-\infty}^{\infty}\frac{\mathrm{e}^{px}}{1+\mathrm{e}^x}\mathrm{d}x$.

解　对 $f(z) = \frac{\mathrm{e}^{pz}}{1+\mathrm{e}^z}$，$z = (2k+1)\pi\mathrm{i}\,(k = 0, \pm 1, \pm 2, \cdots)$ 均是 $f(z)$ 的一阶极点，即 ∞ 为奇点的聚点，这就不可能满足定理 4.3.1 的条件，也就难于采用前面那种形状的闭合回路来处理此积分的计算. 对于这个积分，可采用图 4.3.4 那样的闭合回路 L，它由下面的四条直线段组成：

$$L_1 = \{z \mid |\mathrm{Re}z| \leqslant R, \mathrm{Im}z = 0\},$$
$$L_2 = \{z \mid \mathrm{Re}z = R, 0 \leqslant \mathrm{Im}z \leqslant 2\pi\},$$
$$L_3 = \{z \mid |\mathrm{Re}z| \leqslant R, \mathrm{Im}z = 2\pi\},$$
$$L_4 = \{z \mid \mathrm{Re}z = -R, 0 \leqslant \mathrm{Im}z \leqslant 2\pi\}.$$

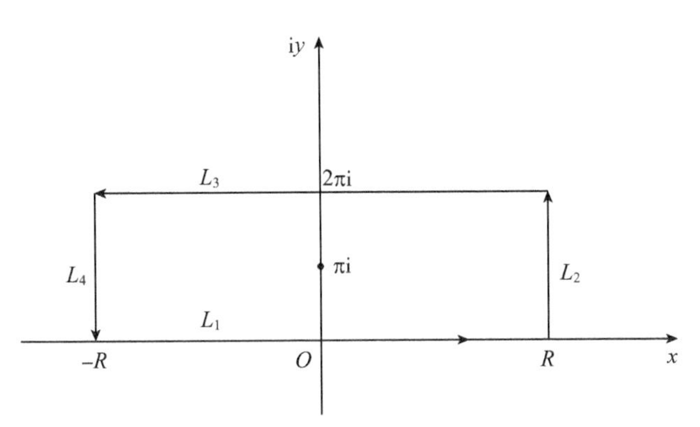

图 4.3.4　矩形闭合回路

这时,在 L 内只有一个一阶奇点 $z=\pi i$,故有

$$\int_L f(x)\mathrm{d}x=\sum_{k=1}^{4}\int_{L_k} f(z)\mathrm{d}z=2\pi i(f,\pi i)$$
$$=\lim_{z\to\pi i}\frac{2\pi i e^{pz}(z-\pi i)}{1+e^z}=2\pi i e^{(p-1)\pi i}=-2\pi i e^{p\pi i},$$

沿各 L_k 的积分方向如图 4.3.4 所示. 令 $I_k=\int_{L_k} f(z)\mathrm{d}z$,有

$$\lim_{R\to\infty} I_1=\lim_{R\to\infty}\int_{L_1} f(z)\mathrm{d}z=\lim_{R\to\infty}\int_{-R}^{R} f(x)\mathrm{d}x=I,$$
$$\lim_{R\to\infty} I_3=\lim_{R\to\infty}\int_{R}^{-R}\frac{e^{px+2p\pi i}}{1+e^{x+2\pi i}}\mathrm{d}x$$
$$=\lim_{R\to\infty}\left(-e^{2p\pi i}\int_{-R}^{R}\frac{e^{px}}{1+e^x}\mathrm{d}x\right)$$
$$=-e^{2p\pi i}\lim_{R\to\infty} I_1=-e^{2p\pi i} I,$$
$$I_2=\int_0^{2\pi}\frac{e^{pR+ipy}}{1+e^{R+iy}}\mathrm{d}(iy),$$
$$|I_2|\leqslant\int_0^{2\pi}\frac{|e^{pR+ipy}|}{|e^{R+iy}+1|}\mathrm{d}y<\int_0^{2\pi}\frac{e^{pR}}{|e^{R+iy}|-1}\mathrm{d}y$$
$$=\int_0^{2\pi}\frac{e^{pR}}{e^R-1}\mathrm{d}y=\frac{2\pi e^{pR}}{e^R-1}.$$

由于 $p<1$,故有 $\lim\limits_{R\to\infty} I_2=0$.

对 I_4,有

$$|I_4|=\left|\int_{2\pi}^{0}\frac{ie^{-pR+ipy}}{1+e^{-R+iy}}\mathrm{d}y\right|\leqslant\int_0^{2\pi}\frac{|e^{-pR+ipy}|}{|1+e^{-R+iy}|}\mathrm{d}y$$
$$<\int_0^{2\pi}\frac{e^{-pR}}{1-e^{-R}}\mathrm{d}y=\frac{2\pi e^{-pR}}{1-e^{-R}}.$$

因 $p>0$,同样有 $\lim\limits_{R\to\infty} I_4=0$.

最后,得$(1-e^{2p\pi i})I=-2\pi i e^{p\pi i}$,即

$$I=\frac{-2\pi i e^{p\pi i}}{1-e^{2p\pi i}}=\frac{\pi}{\left(\frac{e^{p\pi i}-e^{-p\pi i}}{2i}\right)}=\frac{\pi}{\sin p\pi}.$$

例 11 计算积分

$$I_c=\int_0^{\infty}\cos x^2\,dx,\quad I_s=\int_0^{\infty}\sin x^2\,dx.$$

解 令$I=I_c+iI_s=\int_0^{\infty}e^{ix^2}\,dx$.采用如图 4.3.5 所示的扇形回路来求此积分.其中

$$L_1=\{z\mid 0\leqslant \operatorname{Re}z\leqslant R,\operatorname{Im}z=0\},$$

$$L_2=\{z\mid z=Re^{i\theta},0\leqslant\theta\leqslant\frac{\pi}{4}\},$$

$$L_3=\{z\mid z=re^{i\pi/4},0\leqslant r\leqslant R\}.$$

令$I_k=\int_{L_k}e^{iz^2}\,dz$,它们各自的积分方向如图 4.3.5 所示.由于在此闭合回路内e^{iz^2}无任何奇点,故有$I_1+I_2+I_3=0$.

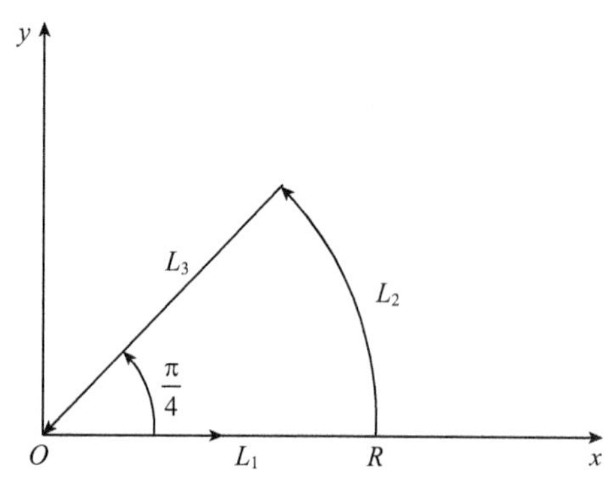

图 4.3.5 扇形闭合回路

下面分别讨论I_1,I_2和I_3在$R\to\infty$时的极限值.

$$I_1=\int_0^{R}e^{ix^2}\,dx,\quad \lim_{R\to\infty}I_1=I.$$

对I_3,令$z=\frac{\sqrt{2}}{2}(1+i)r$,得

$$I_3=\int_{\frac{\sqrt{2}}{2}R(1+i)}^{0}e^{iz^2}\,dz=-\frac{\sqrt{2}}{2}(1+i)\int_0^{R}e^{-r^2}\,dr,$$

$$\lim_{R\to\infty}I_3=-\frac{\sqrt{2\pi}}{4}(1+i).$$

当 $0\leqslant\varphi\leqslant\frac{\pi}{2}$ 时,$\varphi\leqslant\tan\varphi$,等号仅在 $\varphi=0$ 时成立,故

$$\left(\frac{\sin\varphi}{\varphi}\right)'=\frac{\cos\varphi}{\varphi^2}(\varphi-\mathrm{tg}\varphi)\leqslant 0.$$

由此知在 $0\leqslant\varphi\leqslant\frac{\pi}{2}$ 时 $\frac{\sin\varphi}{\varphi}\geqslant\frac{2}{\pi}$. 对 I_2, $z=R\mathrm{e}^{\mathrm{i}\theta}$,有

$$I_2=\int_0^{\frac{\pi}{4}}\mathrm{e}^{\mathrm{i}R^2\mathrm{e}^{2\mathrm{i}\theta}}\mathrm{i}\mathrm{e}^{\mathrm{i}\theta}R\,\mathrm{d}\theta=\frac{\mathrm{i}R}{2}\int_0^{\frac{\pi}{2}}\mathrm{e}^{\mathrm{i}R^2(\cos\varphi+\mathrm{i}\sin\varphi)}\mathrm{e}^{\frac{\mathrm{i}\varphi}{2}}\mathrm{d}\varphi,$$

$$|I_2|\leqslant\frac{R}{2}\int_0^{\frac{\pi}{2}}\mathrm{e}^{-R^2\sin\varphi}\mathrm{d}\varphi<\frac{R}{2}\int_0^{\frac{\pi}{2}}\mathrm{e}^{-\frac{2}{\pi}R^2\varphi}\mathrm{d}\varphi=\frac{\pi}{4R}(1-\mathrm{e}^{-R^2}),$$

$$\lim_{R\to\infty}I_2=0.$$

最后得

$$I=-\lim_{R\to\infty}I_3=\frac{\sqrt{2\pi}}{4}(1+\mathrm{i})\quad I_c=I_s=\frac{\sqrt{2\pi}}{4}.$$

在用留数定理计算积分时,特别是在使用定理 4.3.1 和定理 4.3.2 时,一定要仔细考察被积函数是否满足定理的条件,从而才能判断能否保证沿大圆 L_R 的积分在 $R\to\infty$ 时趋于 0. 否则就可能出错. 下面看一个例子.

例 12　讨论下面积分的计算:

$$I(a,b)=\int_{-\infty}^{\infty}\frac{1-\mathrm{e}^{-ax^2}}{x^2}\cos bx\,\mathrm{d}x\quad(a>0).$$

解　利用被积函数是 x 的偶函数,有

$$\frac{\partial I}{\partial a}=\int_{-\infty}^{\infty}\mathrm{e}^{-ax^2}\cos bx\,\mathrm{d}x=\int_{-\infty}^{\infty}\mathrm{e}^{-ax^2+\mathrm{i}bx}\mathrm{d}x$$

$$=\mathrm{e}^{-\frac{b^2}{4a}}\int_{-\infty}^{\infty}\mathrm{e}^{-a\left(x+\frac{\mathrm{i}b}{2a}\right)^2}\mathrm{d}x=B\mathrm{e}^{-\frac{b^2}{4a}}.$$

设 L 由如下的回路组成(设 $b>0$):

$$L_1=\{z\,|\,|x|\leqslant R,y=0\},$$

$$L_2=\left\{z\,\middle|\,x=R,0\leqslant y\leqslant\frac{b}{2a}\right\},$$

$$L_3=\left\{z\,\middle|\,|x|\leqslant R,y=\frac{b}{2a}\right\},$$

$$L_4=\left\{z\,\middle|\,x=-R,0\leqslant y\leqslant\frac{b}{2a}\right\}.$$

由于 e^{-az^2} 无任何有限奇点,对如下积分,有

$$S=\int_L\mathrm{e}^{-az^2}\mathrm{d}z=\sum_{k=1}^4S_k=\sum_{k=1}^4\int_{L_k}\mathrm{e}^{-az^2}\mathrm{d}z=0,$$

沿各 L_k 的积分方向如图 4.3.6 所示. 有

$$S_1 = \int_{-R}^{R} e^{-ax^2} dx, \quad \lim_{R\to\infty} S_1 = \sqrt{\frac{\pi}{a}};$$

$$S_3 = \int_{R}^{-R} e^{-a\left(x+\frac{ib}{2a}\right)^2} dx, \quad \lim_{R\to\infty} S_3 = -B;$$

$$S_2 = i\int_0^{\frac{b}{2a}} e^{-a(R+iy)^2} dy = i\int_0^{\frac{b}{2a}} e^{-a(R^2-y^2)-2iay} dy;$$

$$S_4 = i\int_{\frac{b}{2a}}^{0} e^{-a(-R+iy)^2} dy = -i\int_0^{\frac{b}{2a}} e^{-a(R^2-y^2)+2iay} dy;$$

$$\lim_{R\to\infty} S_2 = \lim_{R\to\infty} S_4 = 0.$$

由此得 $B = \sqrt{\frac{\pi}{a}}$.

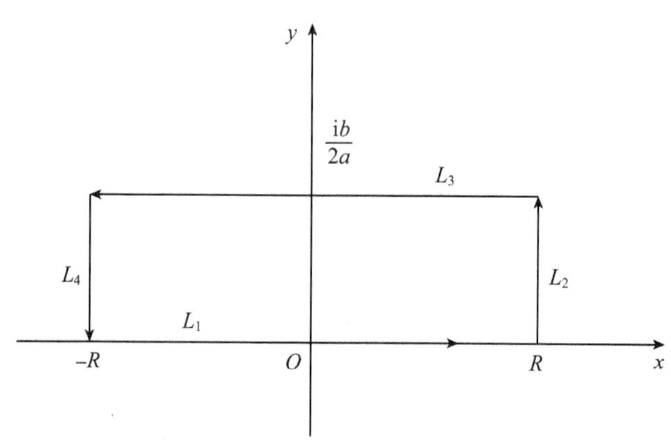

图 4.3.6 矩形回路

不难看出,上面的讨论对 $b<0$ 也可得到同样的结果. 这表明,对任一实数 b 均有

$$\int_{-\infty}^{\infty} e^{-a(x+ib)^2} dx = \int_{-\infty}^{\infty} e^{-ax^2} dx = \sqrt{\frac{\pi}{a}}; \tag{4.3.14}$$

$$\int_{-\infty}^{\infty} e^{-ax+ibx} dx = e^{-\frac{b^2}{4a}} \int_{-\infty}^{\infty} e^{-a\left(x-\frac{ib}{2a}\right)^2} dx = \sqrt{\frac{\pi}{a}} e^{-\frac{b^2}{4a}}. \tag{4.3.15}$$

注意到 $\lim_{a\to 0^+} I(a,b) = 0$,则最后可得

$$I = \int_0^a \sqrt{\frac{\pi}{\eta}} e^{-\frac{b^2}{4\eta}} d\eta.$$

如果我们不仔细考虑,认为由于

$$\lim_{x\to\pm\infty} \frac{1-e^{-ax^2}}{x^2} = \lim_{x\to\pm\infty} f(x) = 0,$$

$$I = \int_{-\infty}^{\infty} f(x)\cos bx\, dx = \int_{-\infty}^{\infty} f(x) e^{ibx} dx,$$

错误地以为 $f(z)$ 符合定理 4.3.2 的条件. 而 $f(z)$ 除 $z=0$ 为可去奇点外,在由上半圆 $L_R=\{z \mid |z|=R, \mathrm{Im}z \geqslant 0\}$ 和实轴围成的区域内无任何其他奇点. 从而给出错误的结果:

$$I=\lim_{R\to\infty}\int_{-R}^{R} f(x)\mathrm{e}^{ibx}\,\mathrm{d}x=-\lim_{R\to\infty}\int_{L_R} f(z)\mathrm{e}^{ibz}\,\mathrm{d}z=0.$$

这里的问题在于定理的条件不是 $\lim\limits_{x\to\infty} f(x)=0$,而是 $\lim\limits_{z\to\infty} f(z)=0$. 这个条件在这里是不满足的. 事实上,对 $z=\mathrm{i}y$, $\mathrm{e}^{-az^2}=\mathrm{e}^{ay^2}$, $a>0$,当 z 沿正虚轴 $\to\infty$ 时,即 $y\to\infty$ 时, $f(z)\to\infty$,因而得不出沿 L_R 积分 $\to 0$ 的结论.

§4.4　关于零点个数的定理

这里所说的零点,实际上是包含零点和极点. 为了区分起见,零点被称为正零点,极点称为负零点. 一个 m 阶的零点,被看作是 m 个零点;一个 m 阶的极点,则被看作是 $-m$ 个零点. 这里所说的零点的个数,实际上是指零点阶数之总和.

1. 辐角原理

定理 4.4.1(辐角原理)　设 $f(z)$ 在区域 G 内除有限个极点外处处解析, L 为 G 内的一条简单闭曲线. 在 L 上, $f(z)$ 无零点和奇点,则有

$$\frac{1}{2\pi\mathrm{i}}\int_L \frac{f'(z)}{f(z)}\mathrm{d}z=N, \tag{4.4.1}$$

其中 N 为 $f(z)$ 在 L 内的零点总个数,即 L 内所有正、负零点的阶数的总和.

证　由于在 L 上 $f(z)\neq 0$,故在 G 内 $f(z)$ 不恒等于 0. 由一致性定理知,在 G 内,从而在 L 所围的区域内, $f(z)$ 只能有有限个正零点. 而按假设,负零点也只有限个.

设 a_k 是 $f(z)$ 在 L 内的一个 m_k 阶零点, m_k 可正可负,有

$$f(z)=(z-a_k)^{m_k}\varphi(z),$$

$$f'(z)=m_k(z-a_k)^{m_k-1}\varphi(z)+(z-a_k)^m\varphi'(z),$$

$\varphi(a_k)\neq 0$,故存在 a_k 的一个邻域,在此邻域内 $\varphi(z)$ 解析且不为 0,因而 $\varphi'(z)/\varphi(z)$ 在此邻域内解析,并有

$$F(z)=\frac{f'(z)}{f(z)}=\frac{m_k}{z-a_k}+\frac{\varphi'(z)}{\varphi(z)},$$

即不论 m_k 是正是负, a_k 都是 $F(z)$ 的一阶极点.

设 $\{a_k\}$ 为 $f(z)$ 在 L 内全部正的和负的零点组成的有限点列,它们都是 $F(z)$ 的一阶极点. $f(z)$ 在除去点列 $\{a_k\}$ 的 L 内的整个区域解析且不为 0,故 $F(z)$ 除去点列 $\{a_k\}$ 外在 L 内部别无其他奇点. 由留数定理,有

$$\frac{1}{2\pi\mathrm{i}}\int_L \frac{f'(z)}{f(z)}\mathrm{d}z=\frac{1}{2\pi\mathrm{i}}\int_L F(z)\mathrm{d}z=\sum \mathrm{Res}(F,a_k)=\sum m_k=N.$$

由于

$$\int \frac{f'(z)}{f(z)}\,\mathrm{d}z = \ln f(z) = \ln|f(z)| + \mathrm{i}\arg f(z),$$

以 $\Delta\arg f(z)$ 表示动点 z 绕封闭周线 L 一周后辐角的增量. 在绕 L 一周后, $\ln|f(z)|$ 不变,故有

$$\frac{1}{2\pi\mathrm{i}}\int_L \frac{f'(z)}{f(z)}\mathrm{d}z = \frac{1}{2\pi}\Delta\arg f(z) = N = N_0 - N_\infty,$$

即有

$$\Delta\arg f(z) = 2\pi N = 2\pi(N_0 - N_\infty), \tag{4.4.2}$$

其中 N_0 表示正零点阶数之总和,$-N_\infty$ 为负零点阶数之总和. 这里用 N_∞ 是因任一有限点作为 m 阶极点,都使 ∞ 作为零点的阶数增加 m. 故 N_∞ 实际上代表了 ∞ 作为零点的阶数的总和. 由于可按沿封闭周线运动一周后函数 $f(z)$ 辐角的改变量来计算零点的个数,故称此定理为辐角原理.

2. 罗奇(Rouche)定理

定理 4.4.2(罗奇定理)　设 $f(z)$ 和 $g(z)$ 均在区域 G 内解析,$D\subset G$,在 D 之边界 L 上 $|f(z)|>|g(z)|$,则 $f(z)$ 与 $f(z)+g(z)$ 在区域 D 内的零点个数相同.

证　令

$$W(z) = 1 + \frac{g(z)}{f(z)},$$

即

$$f(z) + g(z) = W(z)f(z).$$

由于两个函数乘积的辐角为两函数辐角之和,故有

$$\Delta\arg[f(z) + g(z)] = \Delta\arg f(z) + \Delta\arg W(z).$$

以周线 Γ 表示 z 平面上的周线 L 在 W 平面上的象. 在 L 上有

$$\left|\frac{g(z)}{f(z)}\right| = \frac{|g(z)|}{|f(z)|} < 1,$$

故

$$|W(z) - 1| = \left|\frac{g(z)}{f(z)}\right| < 1.$$

这说明 Γ 在 $|W-1|<1$ 的圆内,从而使 $W=0$ 和 W 为 ∞ 不在其内部,即在 Γ 内无 $W(z)$ 的零点. 这表明,当 z 绕 L 一周后,$\Delta\arg W(z) = 0$,即有

$$\Delta\arg[f(z) + g(z)] = \Delta\arg f(z).$$

由辐角原理,知二者在 L 内的零点个数相同.

习　题

1. 确定下列函数的奇点及其类型，并求函数在奇点处的留数.

(1) $\dfrac{\operatorname{ch}z-1}{z^2}$；　(2) $\tan z$；　(3) $\dfrac{e^z}{z^2+a^2}$；

(4) $\dfrac{1-\cos z}{z^5}$；　(5) $\dfrac{z}{(z+1)\sin z}$；　(6) $ze^{-\frac{1}{z^2}}$；

(7) $\dfrac{\pi+z+\sin z}{(1+\cos z)^2}$；　(8) $\dfrac{1}{z^4+1}$.

2. 计算下列回路积分：

(1) $\displaystyle\int_{|z|=3}\frac{dz}{z^2(z^2+4)}$；　(2) $\displaystyle\int_{|z|=2}\frac{\operatorname{sh}z\,dz}{(z+1)(z^2+2)}$；

(3) $\displaystyle\int_{|z|=2}\frac{e^z\,dz}{(z^2-1)(z+3)^2}$；　(4) $\displaystyle\int_{|z|=4}\frac{z\,dz}{1+\operatorname{ch}z}$；

(5) $\displaystyle\int_{|z|=3}\frac{e^z\,dz}{\sin^2 z+3}$；　(6) $\displaystyle\int_{|z|=2}e^{\frac{1}{z^2}}\,dz$.

3. 用留数定理计算下列定积分：

(1) $\displaystyle\int_0^{2\pi}\frac{dx}{2+\cos x}$；　(2) $\displaystyle\int_0^{\pi}\frac{dx}{1+\sin^2 x}$；

(3) $\displaystyle\int_0^{2\pi}\cos^{2n}x\,dx$（$n$ 为正整数）；　(4) $\displaystyle\int_0^{\pi/2}\frac{dx}{a^2+\cos^2 x}$（$a>0$）.

4. 用留数理论计算下列广义积分：

(1) $\displaystyle\int_0^{\infty}\frac{x^2+1}{(x^2-1)(x^2+9)}dx$；　(2) $\displaystyle\int_{-\infty}^{\infty}\frac{\cos x}{x^2+2x+2}dx$；

(3) $\displaystyle\int_{-\infty}^{\infty}\frac{dx}{(1+x^2)^n}$（$n$ 为正整数）；　(4) $\displaystyle\int_{-\infty}^{\infty}\frac{\sin ax}{x(x^2+b^2)}dx$（$a$ 为实数）；

(5) $\displaystyle\int_0^{\infty}\frac{1}{x}e^{-ax^2}\sin bx\,dx$（$a>0,b>0$）；　(6) $\displaystyle\int_0^{\infty}\frac{x^{\alpha-1}}{1+x^2}dx$（$0<\alpha<2$）.

5. 在定理 4.3.1 的条件下证明(4.3.3) 式：

$$\int_{-\infty}^{\infty}f(x)\,dx=-2\pi i\sum{}^{-}\operatorname{Res}\{f(z)\}.$$

第五章　函 数 空 间

偏微分方程作为某种客观现象的合理的数学描述，它的解应存在且唯一. 但是，在很多情况下，在狭义的函数概念的范围内，却找不到这样的解. 因此，有必要将函数概念的范围加以推广，引入广义函数（或者说分布）的概念，给微分方程解的存在性建立一个更为有效的理论基础. 引入函数空间，就是为了解决广义函数的定义域、极限、微商等问题. 在用近似方法解微分方程定解问题时，讨论数值解的收敛性及作误差分析等，也要用到函数空间的概念.

§5.1　抽象空间的概念

所谓空间，是指具有一定的内部结构的元素（或者说点）的集合，即对集合中的元素定义了某种运算或映射（对应），而这些运算和映射满足某种公理或法则. 例如，在平面和空间几何中，我们已了解了二维和三维欧氏空间；在线性代数学中，我们已经知道了 n 维线性空间（n 维向量空间）等.

1. 线性空间（向量空间）

由于线性空间的知识在高等代数课中已作详细的论述，为了下面使用的方便，这里仅简单地复习一下.

(1) 线性空间中的运算及其规则：

令 L 为线性空间. 设任给 $x,y,z \in L$，它们称为 L 中的元素或点，或称为向量. 设 α 和 β 为任意的两个数，若定义了元素间的加法运算和与数间的乘法运算，并满足如下的运算法则：

① $\alpha x + \beta y = \beta y + \alpha x \in L$；

② $x + (y + z) = (x + y) + z$；

③ 存在 $0 \in L$，使得 $x + 0 = x$；

④ 存在 $-x \in L$，使得 $x + (-x) = 0$；

⑤ $\alpha(\beta x) = (\alpha\beta)x$；

⑥ $\alpha(x + y) = \alpha x + \alpha y$；

⑦ $(\alpha + \beta)x = \alpha x + \beta x$，

称 L 为线性空间. 若 $\alpha,\beta \in \mathbf{R}$（实数域），称 L 为实数域上的线性空间；若 $\alpha,\beta \in \mathbf{C}$（复数域），则称 L 为复数域上的线性空间.

(2) 线性相关与线性无关：

若 $x_1, x_2, \cdots, x_m \in L$，对 $\sum_{k=1}^{m} \alpha_k x_k = 0$，当只有所有的 α_k 都为 0 时才成立，称 $\{x_k\}$ 是线性无关的；否则，称 $\{x_k\}$ 是线性相关的.

(3) 线性空间的维数和基：

若在 L 中存在 $x_1, x_2, \cdots, x_n$，它们线性无关，但空间中任意 $n+1$ 个向量的向量组都线性相关，则称 L 为 n 维线性空间，记为 $\dim L = n$. 由任意 n 个线性无关的向量 $\{x_k\}$ 构成的向量组，称为是 L 的一组基. 这时，对任意 $x \in L$，存在数组 $\{\alpha_k\}$，使

$$x = \sum_{k=1}^{n} \alpha_k x_k,$$

即 L 中的任一向量都可用这组基唯一的线性表出.

(4) 线性流形：

L 的线性流形 M，就是 L 的线性子空间. 即有 $M \subset L$，对任意 $u, v \in M$，$\alpha, \beta \in \mathbf{R}$(或 $\mathbf{C}$)，均有 $\alpha u + \beta v \in M$.

(5) 生成集：

设 $E \subset L$，由 E 中全体向量的任意有限线性组合构成的集合 $S(E)$ 称为 E 的(代数) 生成集. 显然，$S(E) \subset L$. 若 E 中最大线性无关向量的个数为 k，则 $\dim S(E) = k$，$S(E)$ 是 L 的一个线性流形.

例如，L 为三维线性空间，x, y, z 为 L 的一组基. E 是由三个向量 $a_1 = x + y$，$a_2 = 2x - y$，$a_3 = 3x$ 构成的集合. 这三个向量中只有两个线性无关，有 $a_3 = a_1 + a_2$. 故 $S(E)$ 中的任一向量 a，均有

$$a = \alpha_1 a_1 + \alpha_2 a_2 = (\alpha_1 + 2\alpha_2)x + (\alpha_1 - \alpha_2)y = \beta_1 x + \beta_2 y,$$

即 $S(E)$ 为 x 和 y 所在之平面，是 L 的二维线性子空间.

2. 距离空间 (X, d)

(1) 距离的三个法则：

对集合 X，对任意 $x, y \in X$，可以定义两者的距离 $d(x, y)$，d 应满足如下的三个法则：

① 正定性：$d(x, y) \geqslant 0$，等号仅在 $x = y$ 时成立；

② 对称性：$d(x, y) = d(y, x)$；

③ 三角不等式：对 $x, y, z \in X$，$d(x, z) \leqslant d(x, y) + d(y, z)$.

距离所必须满足的这三条法则，是我们在平面和空间几何里所遇到的二维和三维欧式空间中距离的一种抽象和推广.

这种定义了距离的空间 X，称为**距离空间**. 如果 X 同时满足线性空间的要求，则称 X 为**线性距离空间**. 定义不同的距离，就得到不同的距离空间.

例 1 n 维欧氏空间.

设 $x=(x_1,x_2,\cdots,x_n)$，$y=(y_1,y_2,\cdots,y_n)$，若这里$\{x_k\}$和$\{y_k\}$均为实数，对实数域上的 n 维欧氏空间 $\mathbf{R}^n$，距离定义为

$$d(x,y)=\Big[\sum_{k=1}^{n}(x_k-y_k)^2\Big]^{\frac{1}{2}}. \tag{5.1.1}$$

若$\{x_k\}$和$\{y_k\}$均为复数，对复数域上的 n 维欧氏空间 $\mathbf{C}^n$，距离定义为

$$d(x,y)=\Big[\sum_{k=1}^{n}(x_k-y_k)(\bar{x}_k-\bar{y}_k)\Big]^{\frac{1}{2}}, \tag{5.1.2}$$

其中 $\bar{x}_k$ 和 $\bar{y}_k$ 为 x_k 和 y_k 的共轭复数.

这是通常的物理空间中距离到 n 维空间的直接推广. 这样定义的距离显然满足距离三法则的前两条：对称性和正定性. 下面用数学归纳法证明 $\mathbf{R}^n$ 中距离的定义满足三角不等式的要求. 而对 $\mathbf{C}^n$ 中距离的定义满足三角不等式的证明，可以完全类似地处理.

以 $d^{(n)}$ 表示 $\mathbf{R}^n$ 中按(5.1.1)定义的距离. 对于 $n=1$，$x=x_1$，$y=y_1$ 和 $z=z_1$，有

$$d^{(1)}(x,y)=|x_1-y_1|,\quad d^{(1)}(x,z)=|x_1-z_1|,\quad d^{(1)}(y,z)=|y_1-z_1|,$$

显然满足

$$d^{(1)}(x,y)\leqslant d^{(1)}(x,z)+d^{(1)}(y,z).$$

现设 $n=m-1$ 时三角不等式成立，即对

$$a=d^{(m-1)}(x,y)=\Big[\sum_{k=1}^{m-1}(x_k-y_k)^2\Big]^{\frac{1}{2}},\quad b=d^{(m-1)}(x,z),\quad c=d^{(m-1)}(y,z)$$

有 $a\leqslant b+c$. 令 $f=|x_m-y_m|$，$g=|x_m-z_m|$，$h=|y_m-z_m|$，则有

$$a^2\leqslant(b+c)^2,\quad f^2\leqslant(g+h)^2,$$

$$d^{(m)}(x,y)=(a^2+f^2)^{\frac{1}{2}},\quad d^{(m)}(x,z)=(b^2+g^2)^{\frac{1}{2}},\quad d^{(m)}(y,z)=(c^2+h^2)^{\frac{1}{2}}.$$

由于

$$\begin{aligned}(b^2+g^2)(c^2+h^2)&=b^2c^2+g^2h^2+(bh)^2+(gc)^2\\&\geqslant b^2c^2+g^2h^2+2(bc)(gh)=(bc+gh)^2,\end{aligned}$$

即

$$2(b^2+g^2)^{\frac{1}{2}}(c^2+h^2)^{\frac{1}{2}}\geqslant 2(bc+gh),$$

则可知

$$\begin{aligned}&[d^{(m)}(x,z)+d^{(m)}(y,z)]^2=b^2+g^2+c^2+h^2+2(b^2+g^2)^{\frac{1}{2}}(c^2+h^2)^{\frac{1}{2}}\\&\geqslant b^2+c^2+g^2+h^2+2(bc+gh)=(b+c)^2+(g+h)^2\\&\geqslant a^2+f^2=[d^{(m)}(x,y)]^2\\&\Rightarrow d^{(m)}(x,z)+d^{(m)}(y,z)\geqslant d^{(m)}(x,y),\end{aligned}$$

即对 $n=m$ 也成立. 由此知对一切 n 均有

$$d(x,y) \leqslant d(x,z) + d(y,z).$$

可见由此定义的距离符合距离的三个法则.

也可按其他方式定义距离. 例如可定义

$$d(x,y) = \sum_{k=1}^{n} |x_k - y_k| \tag{5.1.3}$$

或

$$d(x,y) = \max_{1\leqslant k\leqslant n}\{|x_k - y_k|\} \tag{5.1.4}$$

等. 按(5.1.3)和(5.1.4)式定义的距离显然是符合距离的三法则的.

例 2　在$[a,b]$上全体连续函数的集合 X 构成的空间 $C[a,b]$.

设 $f,g \in X, x \in [a,b]$,常用的有三种关于距离的定义,它们可看成是有限维空间的相关定义向无限维的推广. 为了区别起见,分别以下标"1""2"和"∞"表示,有

$$d_1(f,g) = \frac{1}{b-a}\int_a^b |f(x) - g(x)|\,\mathrm{d}x; \tag{5.1.5}$$

$$d_2(f,g) = \left[\frac{1}{b-a}\int_a^b |f(x) - g(x)|^2\,\mathrm{d}x\right]^{\frac{1}{2}}. \tag{5.1.6}$$

一般地,对正整数 m,有

$$d_m(f,g) = \left[\frac{1}{b-a}\int_a^b |f(x) - g(x)|^m\,\mathrm{d}x\right]^{\frac{1}{m}}. \tag{5.1.7}$$

让 $m \to \infty$,得

$$d_\infty(f,g) = \lim_{m\to\infty} d_m(f,g) = \max_{x\in[a,b]}\{|f(x) - g(x)|\}. \tag{5.1.8}$$

$d_1(f,g)$ 和 $d_\infty(f,g)$ 满足距离的三法则是显然的,而 $d_2(f,g)$ 满足正定性和对称性也是显然的. 下面证明 $d_2(f,g)$ 满足三角不等式.

设 $f,g,h \in X$,令 $\Delta x = \dfrac{b-a}{n}$, $x_k = a + k\Delta x$, $f_k = f(x_k)$, $g_k = g(x_k)$, $h_k = h(x_k)$. 由上面的证明知

$$\left[\frac{1}{n}\sum_{k=1}^{n}|f_k - g_k|^2\right]^{\frac{1}{2}} \leqslant \left[\frac{1}{n}\sum_{k=1}^{n}|f_k - h_k|^2\right]^{\frac{1}{2}} + \left[\frac{1}{n}\sum_{k=1}^{n}|g_k - h_k|^2\right]^{\frac{1}{2}}.$$

令 $n \to \infty$,有

$$\begin{aligned}
d_2(f,g) &= \left[\frac{1}{b-a}\int_a^b |f-g|^2\,\mathrm{d}x\right]^{\frac{1}{2}} = \lim_{n\to\infty}\left[\frac{\Delta x}{b-a}\sum_{k=1}^{n}|f_k - g_k|^2\right]^{\frac{1}{2}} \\
&= \lim_{n\to\infty}\left[\frac{1}{n}\sum_{k=1}^{n}|f_k - g_k|^2\right]^{\frac{1}{2}} \\
&\leqslant \lim_{n\to\infty}\left[\frac{1}{n}\sum_{k=1}^{n}|f_k - h_k|^2\right]^{\frac{1}{2}} + \lim_{n\to\infty}\left[\frac{1}{n}\sum_{k=1}^{n}|g_k - h_k|^2\right]^{\frac{1}{2}} \\
&= d_2(f,h) + d_2(g,h).
\end{aligned}$$

(2) 柯西序列、极限、收敛和完备性：

定义 5.1.1 设$\{x_k\}$为距离空间(X,d)中的一个无穷序列，对任意$\varepsilon>0$，存在$N>0$，只要$m,n>N$，就有$d(x_m,x_n)<\varepsilon$，则称$\{x_k\}$为(X,d)的柯西序列，也称为本来收敛的序列. 若当$k>N$时，就有$d(x_k,y)<\varepsilon$，则称y为序列$\{x_k\}$的极限，或称此序列收敛于y，记作$\lim\limits_{k\to\infty}x_k=y$. 若$X$的每个柯西序列的极限都属于$X$，则称$X$为**完备的距离空间**.

由于是否是柯西序列与距离的定义有关，故空间的完备性也与距离的定义有关.

例 3 在实数域上的n维欧式空间$\mathbf{R}^n$.

由实数域的完备性，容易证明$\mathbf{R}^n$是完备的. 事实上，设$a_k=(x_1^{(k)},x_2^{(k)},\cdots x_n^{(k)})$，$a=(x_1,x_2,\cdots,x_n)$，$x_j^{(k)}\in\mathbf{R}$，$j=1,2,\cdots,n$，可知

$$\lim_{k\to\infty}a_k=a\Leftrightarrow\lim_{k\to\infty}x_j^{(k)}=x_j.$$

由于实数域是完备的，知$x_j\in\mathbf{R}$，故$a\in\mathbf{R}^n$.

同样地，由复数域的完备性知$\mathbf{C}^n$也是完备的.

对有限维距离空间，完备性不依赖于距离的定义. 这是因对有限维距离空间中，按一种定义$d(x_k,y)\to0$，按另一种定义同样有$d(x_k,y)\to0$. 因此，在有限维距离空间中，是否是柯西序列也与距离的定义无关. 但如果是无限维的，如在例 2 中提到的函数空间，是否是柯西序列，从而空间的完备性是与距离的定义有关的.

例 4 设(X,d)为在$[-1,1]$上的连续函数空间，考察无穷序列$\{f_n(x)\}$，

$$f_n(x)=\begin{cases}(1+x)^n-1, & -1\leqslant x<0,\\ 1-(1-x)^n, & 0\leqslant x\leqslant1.\end{cases}$$

容易验证，对(X,d_1)和(X,d_2)，$\{f_n(x)\}$为柯西序列；而对(X,d_∞)，$\{f_n(x)\}$不是柯西序列. 事实上，当$m>n\geqslant N$时，

$$\begin{aligned}d_1(f_n,f_m)&=\int_{-1}^{1}|f_n(x)-f_m(x)|\,\mathrm{d}x\\&=\int_{-1}^{0}(1+x)^n[1-(1+x)^{m-n}]\mathrm{d}x\\&\quad+\int_{0}^{1}(1-x)^n[1-(1-x)^{m-n}]\mathrm{d}x\\&<\int_{-1}^{0}(1+x)^n\mathrm{d}x+\int_{0}^{1}(1-x)^n\mathrm{d}x=\frac{2}{n+1}\leqslant\frac{2}{N+1},\end{aligned}$$

$$\begin{aligned}d_2^2(f_n,f_m)&=\int_{-1}^{1}|f_n(x)-f_m(x)|^2\mathrm{d}x\\&=\int_{-1}^{0}(1+x)^{2n}[1-(1+x)^{m-n}]^2\mathrm{d}x\end{aligned}$$

$$+\int_0^1 (1-x)^{2n}[1-(1-x)^{m-n}]^2 dx$$

$$<\int_{-1}^0 (1+x)^{2n} dx + \int_0^1 (1-x)^{2n} dx = \frac{2}{2n+1},$$

即

$$d_2(f_n, f_m) < \sqrt{\frac{2}{2N+1}}.$$

当 $N \to \infty$ 时，$d_1(f_n, f_m) \to 0$，$d_2(f_n, f_m) \to 0$. 但

$$f(x) = \lim_{n\to\infty} f_n(x) = \begin{cases} -1, & -1 \leqslant x < 0, \\ 0, & x = 0, \\ 1, & 0 < x \leqslant 1, \end{cases}$$

即 $f(x) \notin X$. 故 (X, d_1) 和 (X, d_2) 是不完备的. 这也表明，在 d_1 和 $d_2 \to 0$ 意义下的收敛不能保证一致收敛.

在 (X, d_∞) 中，$\{f_n(x)\}$ 不是柯西序列. 事实上，对任意 $N > 0$，取 $m = N+1$，$n = 2m$，$x_0 = 1 - \left(\frac{1}{2}\right)^{\frac{1}{m}}$，即 $0 < x_0 < 1$，则有

$$f_m(x_0) = 1 - \frac{1}{2} = \frac{1}{2}, \quad f_n(x_0) = 1 - \left(\frac{1}{2}\right)^2 = \frac{3}{4},$$

$$\max_{x\in[0,1]} |f_m(x) - f_n(x)| > |f_m(x_0) - f_n(x_0)| = 0.25,$$

即当 $N \to \infty$ 时，$d_\infty(f_m, f_n)$ 不趋于 0. 这表明，在 (X, d_∞) 中，$\{f_n(x)\}$ 不是柯西序列.

在 $[a,b]$ 上的连续函数空间 (X, d_∞) 是完备的距离空间，因为在 d_∞ 意义下的收敛显然是一致收敛的，故连续函数序列的极限函数也是连续函数，即属于 (X, d_∞).

在距离空间中，如果没有按线性空间的要求定义加法和数乘运算，这个距离空间就不是线性空间；反之，如果在线性空间中没有定义距离，此线性空间也不是距离空间.

3. 赋范空间 $(X, \|\cdot\|)$

在空间 X 中，对任意 $x, y \in X$，α 为数域中的任一个数，当按下列三个法则定义了范数 $\|\cdot\|$：

(1) $\|x\| \geqslant 0$，当且仅当 $x = 0$ 时 $\|x\| = 0$；

(2) $\|\alpha x\| = \|\alpha\| \cdot \|x\|$；

(3) $\|x+y\| \leqslant \|x\| + \|y\|$，

称 X 为**赋范空间**. 如果 X 是线性空间，则称 X 为**线性赋范空间**. 以后都是在线性空间的基础上来讨论赋范空间的，故在下面提到赋范空间时，总是指线性赋范空间.

如定义 $d(x,y) = \|x - y\|$，容易看出，这样定义的距离是满足距离的三法

则的.这样一来,赋范空间就是一种距离空间,这样定义的距离称为自然距离.但线性距离空间可以不是赋范空间.距离和范数定义的差别主要在第二点上.对范数,只要取 $\alpha=-1$,就可知用范数定义的距离满足对称性的要求.但对距离,只要求对称性 $d(x,y)=d(y,x)$,并不要求 $d(\alpha x,\alpha y)$ 与 $|\alpha|\,d(x,y)$ 相等;而对于范数,由于要求 $\|\alpha x\|=|\alpha|\cdot\|x\|$,则有

$$\|\alpha x-\alpha y\|=\|\alpha(x-y)\|=|\alpha|\cdot\|x-y\|.$$

因此,(线性)距离空间不一定是赋范空间.只有哪些距离的定义满足要求 $d(\alpha x,\alpha y)=|\alpha|\,d(x,y)$ 的距离空间才可看作是赋范空间.因为这时,我可以令 $\|x\|=d(x,0)$,即可用距离来定义范数.赋范空间可以看作是一种特殊的距离空间.故在距离空间中关于柯西序列、极限、收敛和完备性的定义,只要采用自然距离,就都成了赋范空间中的相关定义.

例如,设 (X,d) 为距离空间,这里 X 为定义在实数域上的全体三维数列构成的集合,即 $X=\{x=(x_1,x_2,x_3)\mid x_k\in R,k=1,2,3\}$.定义距离为

$$d(x,y)=\sum_{k=1}^{3}\frac{|x_k-y_k|}{1+|x_k-y_k|}.$$

不难验证,此定义符合关于距离的三法则.但只要 $|\alpha|\neq 1$,且 $x\neq y$,就有

$$d(\alpha x,\alpha y)=\sum_{k=1}^{3}\frac{|\alpha||x_k-y_k|}{1+|\alpha||x_k-y_k|}\neq|\alpha|\,d(x,y).$$

故此 (X,d) 不是赋范空间.

完备的赋落空间称为**巴拿赫(Banach)空间**.

例 5 对实数域上的 n 维欧氏空间 $\mathbf{R}^n$,$x=(x_1,x_2,\cdots,x_n)\in\mathbf{R}^n$,最常用的三类范数分别为

$$\|x\|_1=\frac{1}{n}\sum_{k=1}^{n}|x_k|,\quad \|x\|_2=\left[\frac{1}{n}\sum_{k=1}^{n}x_k^2\right]^{\frac{1}{2}},\quad \|x\|_\infty=\max_{1\leqslant k\leqslant n}\{|x_k|\}.$$

通常分别称这三种范数为 1- 范数,2- 范数和 ∞- 范数.与这三种范数对应的赋范空间都是完备的.事实上,赋范空间作为一种特殊的距离空间,故有限维的赋范空间是否完备将与范数的定义无关.但如果是无限维的赋范空间,则完备性将与范数的定义有关.

例 6 对在 $[a,b]$ 上的全体连续函数构成的连续函数空间 $C[a,b]$,$f(x)\in C[a,b]$,若定义范数为

$$\|f(x)\|=\|f(x)\|_\infty=\max_{x\in[a,b]}\{|f(x)|\},$$

即采用 ∞- 范数,则 $C[a,b]$ 是完备的赋范空间,即为巴拿赫空间.

但若定义范数为

$$\|f(x)\|=\|f(x)\|_1=\frac{1}{b-a}\int_a^b|f(x)|\,\mathrm{d}x,$$

或

$$\|f(x)\| = \|f(x)\|_2 = \left[\frac{1}{b-a}\int_a^b |f(x)|^2 \mathrm{d}x\right]^{\frac{1}{2}},$$

即采用 1- 范数或 2- 范数，则 $C[a,b]$ 是不完备的，即不是巴拿赫空间.

以上结论，只要我们采用自然距离的定义，由赋范空间是一个特殊的距离空间和前面在距离空间中的相关讨论，就可得到上述的结论.

4. 内积空间 H

所谓内积，是指建立空间 H 到实数域 $\mathbf{R}$ 或复数域 $\mathbf{C}$ 的一个映射. 即设 $x,y\in H$，在 H 内定义了内积 $(x,y)=\beta$，$\beta\in\mathbf{R}$ 或 $\beta\in\mathbf{C}$，并满足如下四点要求：

(1) $(x,y)=\overline{(y,x)}$；

(2) $(x+y,z)=(x,z)+(y,z)$；

(3) $(x,\alpha y)=\alpha(x,y)$（或规定 $(\alpha x,y)=\alpha(x,y)$）；

(4) $(x,x)\geqslant 0$，等号仅当 $x=0$ 时成立，

则称 H 为实的或复的**内积空间**. 完备的内积空间称为**希尔伯特(Hilbert)空间**.

由于有限维空间总是完备的，故通常巴拿赫空间和希尔伯特空间都是指无限维空间，例如函数空间.

对 n 维实内积空间 $\mathbf{R}^n$，$x,y\in\mathbf{R}^n$，$x=(x_1,x_2,\cdots,x_n)$，$y=(y_1,y_2,\cdots,y_n)$ $(x_k,y_k\in\mathbf{R},k=1,2,\cdots,n)$，通常使用的 n 维向量的标量积（点乘）就是 n 维内积空间中的一种内积的定义，即有

$$(x,y)=\sum_{k=1}^{n}x_k y_k,$$

这时 $\mathbf{R}^n$ 就是 n 维实内积空间.

若 $x,y\in\mathbf{C}^n$，即 $x_k,y_k\in\mathbf{C}(k=1,2,\cdots,n)$，当规定 $(x,\alpha y)=\alpha(x,y)$ 时，定义

$$(x,y)=\sum_{k=1}^{n}\bar{x}_k y_k;$$

当规定 $(\alpha x,y)=\alpha(x,y)$ 时，定义

$$(x,y)=\sum_{k=1}^{n}x_k\bar{y}_k,$$

这时，$\mathbf{C}^n$ 为 n 维复内积空间.

下面均采用 $(x,\alpha y)=\alpha(x,y)$ 的规定. 由内积法则的(1)—(3)，有

(1) $(\alpha x,y)=\overline{(y,\alpha x)}=\overline{\alpha(y,x)}=\bar{\alpha}\,\overline{(y,x)}=\bar{\alpha}(x,y)$；

(2) $(\alpha x+\beta y,z)=(\alpha x,z)+(\beta y,z)=\bar{\alpha}(x,z)+\bar{\beta}(y,z)$；

(3) $(\alpha x,\beta y)=\bar{\alpha}\beta(x,y)$；

(4) $(x,\alpha y+\beta z)=\alpha(x,y)+\beta(x,z)$.

§5.2 一些与内积相关的概念和性质

1. 自然范数

在内积空间中，可用内积来定义范数：

$$\|x\| = [(x,x)]^{\frac{1}{2}}. \tag{5.2.1}$$

这样定义的范数称为**自然范数**. 它显然符合范数的前两条要求，即 $\|x\| \geqslant 0$，等号仅在 $x=0$ 时成立和 $\|\alpha x\| = |\alpha| \cdot \|x\|$. 对满足范数的第三条要求留到稍后再证明.

在定义了自然范数后，内积空间就是一个特殊的线性赋范空间，从而也是一个特殊的距离空间. 这时，用内积定义的距离为自然距离，有

$$d(x,y) = [(x-y,x-y)]^{\frac{1}{2}} = \|x-y\|. \tag{5.2.2}$$

2. 两个函数的内积

设 L 为 $[a,b]$ 上全体平方可积函数的集合，$f(x),g(x) \in L$，定义两个函数的内积为

$$(f,g) = \int_a^b \rho(x)\,\overline{f(x)}g(x)\mathrm{d}x, \tag{5.2.3}$$

其中 $f(x)$ 和 $g(x)$ 为实变量的实函数或复值函数；$\rho(x) \geqslant 0$ 为连续的实函数，等号仅在个别孤立点上成立. $\rho(x)$ 通常被称为**权函数**. 规定 $\rho(x)$ 非负且仅有有限个零点是因要求对一切 $f(x) \in L$，应有

$$(f,f) = \int_a^b \rho(x)\,\overline{f(x)}f(x)\mathrm{d}x = \int_a^b \rho(x)\,|f(x)|^2\mathrm{d}x \geqslant 0,$$

且等号仅在 $f(x)=0$（允许在点列上为非零有限值）时成立.

这样规定了内积后，由于 $\rho(x)$ 连续，由积分中值定理，有

$$(f,f) = \rho(c)\int_a^b |f(x)|^2\mathrm{d}x \quad (a \leqslant c \leqslant b).$$

这时自然范数与 2- 范数等价，此内积空间是完备的. 而对于 $[a,b]$ 上全体连续函数构成的空间 $C[a,b]$，在这样定义了内积后，也是一个内积空间，但是不完备的. 这是因为在 2- 范数下，$C[a,b]$ 作为赋范空间是不完备的，因而作为内积空间也是不完备的.

3. 施瓦茨不等式

对内积有如下的施瓦茨不等式：

$$|(x,y)| = |\overline{(x,y)}| \leqslant \|x\| \cdot \|y\|. \tag{5.2.4}$$

证 对任意 $\alpha \in C$，有

$$\begin{aligned}(\alpha x+y,\alpha x+y) &= (\alpha x,\alpha x)+(\alpha x,y)+(y,\alpha x)+(y,y)\\ &= |\alpha|^2(x,x)+\bar{\alpha}(x,y)+\alpha\,\overline{(x,y)}+(y,y) \geqslant 0.\end{aligned}$$

取 $\alpha = -\dfrac{(x,y)}{(x,x)}$,代入上式中得

$$\frac{(x,y)\overline{(x,y)}}{(x,x)} - \frac{2(x,y)\overline{(x,y)}}{(x,x)} + (y,y) = \frac{(x,x)(y,y) - |(x,y)|^2}{(x,x)}$$
$$= \frac{[\|x\|^2 \cdot \|y\|^2 - |(x,y)|^2]}{\|x\|^2}$$
$$\geqslant 0,$$

即得
$$|(x,y)| \leqslant \|x\| \cdot \|y\|.$$

由此,可引入角度的概念.对任意 $x,y \in H$,将二者间的夹角 θ 定义为

$$\cos\theta = \frac{(x,y)}{\|x\| \cdot \|y\|}. \tag{5.2.5}$$

若 $(x,y)=0$,则称二者正交.如果内积空间为平方可积函数空间 L,内积由(5.2.3)定义,则称 $(f,g)=0$ 为二者关于权函数 $\rho(x)$ 正交,也称加权正交.

4. 正交归一化

对内积空间中的向量 $\{x_k\}$,若

$$(x_k,x_j) = \delta_{kj} = \begin{cases} 1, & k=j, \\ 0, & k \neq j, \end{cases} \tag{5.2.6}$$

则称 $\{x_k\}$ 为**正交归一化的向量簇**.这里 $\delta_{kj} = \delta_{jk}$ 通常称为**克罗内克(Kronecker)**δ,这是为了和后面讲到的 δ 函数相区别.δ 函数常称为**狄拉克(Dirac)**δ **函数**.

对一组有限个或无限个线性无关的向量簇 $\{x_k\}$,可采用如下的格雷姆(Gram)-施密特(Schmidt)正交归一化程序:

$$\begin{cases} y_1 = x_1,\ e_j = \dfrac{y_j}{\|y_j\|},\ y_j \neq 0, & j=1,2,\cdots, \\ y_j = x_j - \displaystyle\sum_{k=1}^{j-1}(e_k,x_j)e_k, & j=2,3,\cdots, \end{cases} \tag{5.2.7}$$

得到一组正交归一化的向量簇.这里的 y_j 就是将向量 x_j 在所有 $k<j$ 的 e_k 上的正投影部分 $(e_k,x_j)e_k$ 减掉,使 y_j 与所有 $k<j$ 的 e_k 正交.在此过程中,如果出现 $y_j=0$,表明此 x_j 与 $x_1,x_2,\cdots,x_{j-1}$ 线性相关,应除去,只保留那些使 y_j 不为0的来完成上面的正交归一化过程.这时,所得到的 $\{e_k\}$ 就是一组正交归一化的向量簇.这是不难验证的.

首先,对一切 j,均有

$$(e_j,e_j) = \frac{(y_j,y_j)}{\|y_j\|^2} = 1.$$

故下面只需证明 y_j 与一切 $k<j$ 的 e_k 正交.

首先,对 $j=2$,有

$$(e_1,y_2)=(e_1,x_2)-(e_1,x_2)(e_1,e_1)=(e_1,x_2)-(e_1,x_2)=0,$$

从而有$(e_1,e_2)=0$.

现设对一切 $k\leqslant m<j$,有

$$(e_k,e_m)=\begin{cases}1, & k=m,\\ 0, & k\neq m,\end{cases}$$

则有

$$(e_m,y_j)=(e_m,x_j)-\sum_{k=1}^{j-1}(e_k,x_j)(e_m,e_k)=(e_m,x_j)-(e_m,x_j)=0.$$

可见,(5.2.7)式确实给出了$\{x_k\}$的正交归一化程序.若$\{x_k\}$为内积空间的一组最大无关向量簇,则由此可得到内积空间中的一组正交归一化基$\{x_k\}$.

5. 三角不等式

在上面谈到用内积来定义范数时,只说到这样定义的范数称自然范数,满足范数三法则中的(1)和(2).下面证明自然范数也满足范数的第三条要求,即满足**三角不等式**.

为了书写方便,对自然范数,在证明其为范数之前,即在证明其满足三角不等式之前,就用范数的符号来表示它.

证 由施瓦茨不等式,有

$$\begin{aligned}|(x,y)+(y,x)|&=|(x,y)+\overline{(x,y)}|=2|\mathrm{Re}(x,y)|\\&\leqslant 2|(x,y)|\leqslant 2\|x\|\cdot\|y\|,\end{aligned}$$

$$\begin{aligned}\|x+y\|^2&=(x+y,x+y)=(x,x)+(x,y)+(y,x)+(y,y)\\&=\|x\|^2+(x,y)+\overline{(x,y)}+\|y\|^2\\&\leqslant\|x\|^2+2\|x\|\cdot\|y\|+\|y\|^2\\&=(\|x\|+\|y\|)^2,\end{aligned}$$

即满足

$$\|x+y\|\leqslant\|x\|+\|y\|.$$

可见用内积定义的自然范数是符合范数的三法则的.

6. 平行四边形公式

对自然范数,有

$$\|x+y\|^2+\|x-y\|^2=2(\|x\|^2+\|y\|^2).$$

证

$$\begin{aligned}\|x+y\|^2+\|x-y\|^2&=(x+y,x+y)+(x-y,x-y)\\&=2(x,x)+2(y,y)\\&=2(\|x\|^2+\|y\|^2).\end{aligned}$$

若 x,y 为二维实向量,这相当于一平行四边形四边长度的平方和等于其两对角线的平方和.故称为**平行四边形公式**.

可以证明,赋范空间可以是内积空间的充分必要条件是范数满足平行四边

形公式,即这时可以用范数来定义内积. 相关证明见附录二.

7. 内积的连续性

任给内积空间的柯西序列$\{x_n\}$和$\{y_n\}$,若$\lim\limits_{n\to\infty}x_n = x$, $\lim\limits_{n\to\infty}y_n = y$,则有$\lim\limits_{n\to\infty}(x_n, y_n) = (x, y)$. 这就是内积的连续性.

证　因为

$$\begin{aligned}|(x_n,y_n)-(x,y)| &\leqslant |(x_n,y_n)-(x_n,y)|+|(x_n,y)-(x,y)| \\ &= |(x_n,y_n-y)|+|(x_n-x,y)| \\ &\leqslant \|x_n\|\cdot\|y_n-y\|+\|y\|\cdot\|x_n-x\| \\ &\leqslant (\|x_n-x\|+\|x\|)\|y_n-y\|+\|y\|\cdot\|x_n-x\|.\end{aligned}$$

又由于$\|x\|$和$\|y\|$为确定的有限量,即

$$\lim_{x\to\infty}\|x_n-x\| = \lim_{x\to\infty}\|y_n-y\| = 0.$$

故有

$$\lim_{x\to\infty}|(x_n,y_n)-(x,y)| = 0,$$

即

$$\lim_{x\to\infty}(x_n,y_n) = (x,y).$$

§5.3　算子和线性算子

1. 算子和泛函

定义 5.3.1　设X和Y分别是赋范空间E_1和E_2的两个子集,$u\in X$, $v\in Y$,若以一定的法则建立了X中的元素到Y中元素的某种对应关系或者说X到Y的映射$v = Lu$,则称映射L为**算子**. 称X为L的定义域,Y为L的值域. 若Y为数域(实的或复的),X为函数空间,则称L为在X上的**泛函**.

以后,用$X\to Y$表示由X到Y的映射.

例如,平方算子$Lu = u^2$,恒等算子$Iu = u$,微分算子

$$Lu = \frac{\partial^2 u}{\partial x^2}+\frac{\partial^2 u}{\partial y^2},$$

积分算子

$$Lu = \int_a^b \rho(x)u(x,t)\,\mathrm{d}x = v(t)$$

等就都不是泛函.

另外,像$m\times n$阶矩阵$\mathbf{A}$, $\mathbf{A}\in\mathbf{R}^{m\times n}$, $x\in\mathbf{R}^n$, $y\in\mathbf{R}^m$,有$\mathbf{A}x = y$. $\mathbf{A}$作为建立了由$\mathbf{R}^n$到$\mathbf{R}^m$的一个映射,也是一种算子,但同样也不是泛函.

而诸如算子$Lu = u(0)$和

$$Lu = \int_a^b \rho(x)u(x)\mathrm{d}x = \alpha$$

就都是泛函.

2. 算子的加法、乘法和逆运算

对算子的加法运算,有

$$(L_1 + L_2)u = L_1 u + L_2 u.$$

由此知

$$\begin{aligned} L_1 + L_2 &= L_2 + L_1, \\ L_1 + L_2 + L_3 &= (L_1 + L_2) + L_3 \\ &= L_1 + (L_2 + L_3) \\ &= L_2 + (L_1 + L_3). \end{aligned}$$

对算子的乘法运算,有

$$L_1 L_2 u = L_1 (L_2 u).$$

通常,两算子相乘是不能交换次序的. 一般说来,$L_1 L_2 \neq L_2 L_1$. 因为,$L_1 L_2$ 是有意义的不能说 $L_2 L_1$ 就有意义;且即使 $L_2 L_1$ 有意义,$L_1 L_2$ 和 $L_2 L_1$ 也可以代表两个不同的映射.

例如,对矩阵 $\boldsymbol{A}$ 和 $\boldsymbol{B}$,一般说 $\boldsymbol{AB} \neq \boldsymbol{BA}$. 如果 $\boldsymbol{A} \in \mathbf{R}^{mn}$,$\boldsymbol{B} \in \mathbf{R}^{m}$,$m \neq n$,则 $\boldsymbol{AB}$ 有意义,$\boldsymbol{BA}$ 就没有意义. 又如

$$L_1 u = u^2, \quad L_2 u = \frac{\partial u}{\partial x},$$

$$L_1 L_2 u = L_1 \left(\frac{\partial u}{\partial x}\right) = \left(\frac{\partial u}{\partial x}\right)^2, \quad L_2 L_1 u = \frac{\partial u^2}{\partial x}, \quad L_1 L_2 \neq L_2 L_1.$$

若存在算子 M,使 $MLu = u$,即 $ML = I$,I 为恒等算子,则称 M 为 L 的逆算子,一般记作 L^{-1}. 若 L 存在逆算子,则称 L 是可逆算子. 若 L 为可逆算子,$Lu = v$,$L^{-1} v = u (u, v \in X)$,即 L 是 X 到 X 自身的映射,有

$$I_1 u = L^{-1} L u = L^{-1} v = u, \quad I_2 v = L L^{-1} v = Lu = v,$$

即有 I_1 和 I_2 均为 X 上的恒等算子. 只有这时,LL^{-1} 才具有可交换性.

若 L 的值域为 Y,与 X 不同,$u \in X$,$v \in Y$,则 I_1 和 I_2 分别是 X 上和 Y 上的恒等算子. 它们定义在不同的域上,当然是不同的算子. 这时 L^{-1} 和 L 的乘积是不具有可交换性的.

例如 $X = \left\{x \,\middle|\, |x| \leqslant \frac{\pi}{2}\right\}$,$Y = \left\{y \,\middle|\, |y| \leqslant 1\right\}$,$y = Lx = \sin x$,$x = L^{-1} y = \arcsin y$,$L^{-1} L x = I_1 x = x$,$LL^{-1} y = I_2 y = y$. I_1 是域$\left[-\frac{\pi}{2}, \frac{\pi}{2}\right]$上的恒等算子,$I_2$ 是$[-1,1]$上的恒等算子,在 $1 < |y| \leqslant \frac{\pi}{2}$ 上,I_2 是无意义的,当然不能与 I_1 等同.

并不是所有的算子都有逆算子.例如,$Lu = u(1)$ 不存在逆算子.又如对于矩阵,只有方阵才可能有逆矩阵,但不是只要是方阵就可逆.只有矩阵的行列式不为 0 才有逆矩阵.这是我们在线性代数中早已熟知的.

3. 连续算子与连续泛函

定义 5.3.2　设 X 和 Y 均为赋范空间,L 是 $X \to Y$ 的算子,$u \in X$.对 X 中任一收敛于 u 的无穷序列$\{u_n\}$,均有 $Lu_n \in Y$,$\lim\limits_{n\to\infty} Lu_n = Lu \in Y$,就称算子 L 在点 u 处**连续**.若 L 在 X 内的一切点上连续,则称 L 为 X 上的**连续算子**.若 X 为函数空间,Y 为数域,则称 L 为 X 上的**连续泛函**.

不言而喻,若 L 为 X 上的连续算子,暗含着 X 的每一个点都是聚点.

4. 线性算子

若对任意两个常数 C_1 和 C_2,算子 L 均满足

$$L(C_1u_1 + C_2u_2) = C_1Lu_1 + C_2Lu_2,$$

则称 L 为**线性算子**.在前面提到的各种算子中,除平方算子外都是线性算子.

对线性算子,以下命题成立:

(1) 线性算子一定将定义域中的 0 元素映射到值域中的 0 元素.

(2) 若 L_1 和 L_2 为线性算子,则 $L_1 + L_2$,L_1L_2,L_2L_1 均为线性算子,这里假定 L_1L_2 和 L_2L_1 均有意义.

以上两点都不难证明.将留给有兴趣的读者自己去完成.

(3) 若 L 为线性可逆算子,则其逆算子 L^{-1} 也是线性算子.

证　设 C_1 和 C_2 为两任意常数,L 为线性可逆算子,有

$$Lu_j = v_j,\quad L^{-1}v_j = u_j\quad (j = 1,2);$$

$$\begin{aligned} L^{-1}(C_1v_1 + C_2v_2) &= L^{-1}(C_1Lu_1 + C_2Lu_2) = L^{-1}[L(C_1u_1 + C_2u_2)] \\ &= L^{-1}L(C_1u_1 + C_2u_2) = C_1u_1 + C_2u_2 \\ &= C_1L^{-1}v_1 + C_2L^{-1}v_2, \end{aligned}$$

即 L^{-1} 也是线性算子

(4) 若级数 $\sum\limits_{k=0}^{\infty} C_ku_k$ 收敛,线性算子 L 连续,则

$$L\Big[\sum_{k=0}^{\infty} C_ku_k\Big] = \sum_{k=0}^{\infty} C_kLu_k.$$

证　令

$$v_n = \sum_{k=0}^{n} C_ku_k,\quad v = \lim_{n\to\infty} v_n = \sum_{k=0}^{\infty} C_ku_k.$$

由于 L 为线性算子,有

$$Lv_n = L\Big(\sum_{k=0}^{n} C_ku_k\Big) = \sum_{k=0}^{n} C_kLu_k,$$

又因为 L 为连续算子,则有 $\lim\limits_{n\to\infty} Lv_n = Lv$,故有

$$\sum_{k=0}^{\infty} C_k L u_k = \lim_{n\to\infty}\sum_{k=0}^{n} C_k L u_k = \lim_{n\to\infty} L v_n = Lv = L\sum_{k=0}^{\infty} C_k u_k.$$

(5) 若 L 为线性连续算子,则

$$L\int_a^b f(x,\xi)\,\mathrm{d}\xi = \int_a^b Lf(x,\xi)\,\mathrm{d}\xi.$$

证 用有限和取极限,与(4) 类似地证明. 令

$$\Delta\xi = \frac{b-a}{n},\quad v_n = \sum_{k=1}^{n} f(x,\xi_k)\Delta\xi,\quad \lim_{n\to\infty} v_n = v = \int_a^b f(x,\xi)\,\mathrm{d}\xi,$$

则有

$$\begin{aligned}\int_a^b Lf(x,\xi)\,\mathrm{d}\xi &= \lim_{n\to\infty}\sum_{k=1}^{n} Lf(x,\xi_k)\Delta\xi = \lim_{n\to\infty} L\sum_{k=1}^{n} f(x,\xi_k)\Delta\xi \\ &= \lim_{n\to\infty} L v_n = Lv = L\int_a^b f(x,\xi)\,\mathrm{d}\xi.\end{aligned}$$

5. 线性微分算子

定义如下特定内容的算子:

$$D_{x_k} = \frac{\partial}{\partial x_k},\quad D_x^{m_k} = \frac{\partial^{m_k}}{\partial x_1^{k_1}\cdots\partial x_n^{k_n}},$$

其中 $k_1,\cdots,k_n$ 和 m_k 均为非负整数,且有

$$\sum_{j=1}^{n} k_j = m_k.$$

而算子 F_k 作用于 u 表示 F_k 和 u 相乘,即

$$F_k u = F_k(x)u(x),$$

其中 $F_k(x)$ 为已知的确定函数. $D_x^{m_k}$ 和 F_k 显然均为线性算子. 把一切 F_k 和 $D_x^{m_k}$ 相乘和相加的算子

$$L = \sum_{k=1}^{n} F_k D_x^{m_k}$$

都称为**线性微分算子**. 例如

$$Lu = a(x,y)\frac{\partial u}{\partial x} + b(x,y)\frac{\partial^2 u}{\partial y^2} + f(x,y)u = (aD_x + bD_y^2 + f)u,$$

$$L = aD_x + bD_y^2 + f$$

就是线性微分算子. 当然,这里 a,b 和 f 也可以是常数.

6. 有界线性算子

定义 5.3.3 设 A 为线性算子,它的定义域 G 和值域 S 都是同一赋范空间,即采用了同一定义的范数. 若存在常数 $C>0$,对任意 $u\in G$,都有 $\|Au\|\leqslant C\|u\|$,则称 A 为**有界线性算子**. 在此不等式中最小的 C 值称为算子 A 的**范数**,

记作 $\|A\|$. 若 $\|A\|=0$,则称 A 为**零算子**.

根据算子范数的定义,有

$$\|A\| = \sup_{\|u\|\neq 0} \frac{\|Au\|}{\|u\|} = \sup_{\|u\|=1} \|Au\|. \tag{5.3.1}$$

由此知

$$\|Au\| \leqslant \|A\| \cdot \|u\|. \tag{5.3.2}$$

定理 5.3.1 若线性算子 A 在 0 点连续,则 A 在其定义域 G 上连续.

证 由于 A 在 0 点连续,故对 G 内的无穷序列 $\{v_n\}$,只要 $\lim\limits_{n\to\infty} v_n = 0$,就有 $\lim\limits_{n\to\infty} Av_n = 0$.

对任意 $u\in G$,$\{u_n\}$ 为 G 内的无穷序列,$\lim\limits_{n\to\infty} u_n = u$. 令 $v_n = u_n - u$,则有

$$\lim_{n\to\infty} v_n = 0,$$

$$\lim_{n\to\infty}(Au_n - Au) = \lim_{n\to\infty} A(u_n - u) = \lim_{n\to\infty} Av_n = 0,$$

即 $\lim\limits_{n\to\infty} Au_n = Au$. 这表明 A 在 u 处连续. 由于 u 的任意性,知 A 在 G 上连续.

定理 5.3.2 设 A 为线性算子,则 A 连续与 A 有界等价.

证 设 A 有界,若当 $n\to\infty$ 时,$u_n\to u$,即 $\|u_n - u\|\to 0$,则有

$$\|Au - Au_n\| = \|A(u-u_n)\| \leqslant \|A\| \cdot \|u_n - u\| \to 0,$$

即 $\lim\limits_{n\to\infty} Au_n = Au$. 故 A 连续.

若 A 连续,用反证法证明 A 有界.

设 A 无界,即存在 $\{u_n\}$,使当 $n\to\infty$ 时,$\|Au_n\|\to\infty$. 则存在正整数数列 $\{k_n\}$ $(k_n\to\infty)$,有 $\|Au_n\| > k_n\|u_n\|$.

令 $v_n = \dfrac{u_n}{k_n\|u_n\|}$,则当 $n\to\infty$ 时,$\|v_n\| = \dfrac{1}{k_n}\to 0$,即 $v_n\to 0$,但

$$\|Av_n\| = \frac{\|Au_n\|}{k_n\|u_n\|} > 1,$$

这与 A 在 0 点连续矛盾. 故 A 必有界.

例 1 设 $x(t)\in C[a,b]$,对积分算子 T,

$$Tx = \int_a^b k(s,t)x(t)\,\mathrm{d}t \quad (c\leqslant s\leqslant d),$$

其中 $k(s,t)$ 称为积分的核. 若 k 连续,则 T 有界.

证 因为 k 在闭域 $\bar{G} = [c,d]\times[a,b]$ 上连续,故必有界. 对任意 $x(t)\in C[a,b]$,设 $|k(s,t)|\leqslant K$,$(s,t)\in G$,取 $\|\cdot\|_\infty$ 作为范数,即取

$$\|x\| = \max_{t\in[a,b]}\{|x(t)|\}, \quad \|Tx\| = \max_{s\in[c,d]}\{|Tx|\},$$

则有

$$|Tx| = \left|\int_a^b k(s,t)x(t)\,\mathrm{d}t\right| \leqslant \int_a^b |k(s,t)|\,|x(t)|\,\mathrm{d}t$$

$$\leqslant \int_a^b K \| x \| \mathrm{d}t = K \| x \| (b-a),$$

$$\| Tx \| = \max_{s \in [c,d]} \{ | Tx | \} \leqslant K \| x \| (b-a),$$

$$\| T \| = \operatorname{Sup}_{x \in C[a,b]} \frac{\| Tx \|}{\| x \|} \leqslant \frac{K \| x \| (b-a)}{\| x \|} = K(b-a),$$

即 T 有界.

例 2 微分算子 A:

$$Au = \frac{\mathrm{d}u}{\mathrm{d}x} = u'(x).$$

设 $u(x) \in C^1[0,1]$,则 $u' \in C[0,1]$. 取 $\| u \| = \max\limits_{x \in [0,1]} \{ | u | \}$. 对任意正整数 n,考查函数 $u_n = \frac{1}{n^2} x^n \in C^1[0,1]$,有

$$Au_n = u'_n = \frac{1}{n} x^{n-1}, \quad \| u_n \| = \frac{1}{n^2}, \quad \| Au_n \| = \frac{1}{n},$$

$$\| A \| = \operatorname{Sup}_{u \in C^1[a,b]} \frac{\| Au \|}{\| u \|} \geqslant \frac{\| Au_n \|}{\| u_n \|} = n.$$

由于 n 可任意大,A 必无界. 可见微分算子不是有界线性算子,因而也就不是连续算子.

7. 伴随线性算子

定义 5.3.4 设 G 和 G^* 均为内积空间 H 的子空间,$\boldsymbol{A}$ 和 $\boldsymbol{A}^*$ 分别为 G 和 G^* 上的线性算子,$\boldsymbol{A}$ 和 $\boldsymbol{A}^*$ 的值域都在 H 中,若对任意 $u \in G, v \in G^*$,均恒有 $(\boldsymbol{A}u, v) = (u, \boldsymbol{A}^* v)$,则称 $\boldsymbol{A}$ 与 $\boldsymbol{A}^*$ 互为**伴随线性算子**. 若 $(\boldsymbol{A}u, v) = (u, \boldsymbol{A}v)$,则称 $\boldsymbol{A}$ 为**自伴线性算子**.

例 3 对 n 维复内积空间 $\mathbf{C}^n$, $\boldsymbol{x}, \boldsymbol{y} \in \mathbf{C}^n$, $\boldsymbol{x} = (x_1, x_2, \cdots, x_n)^{\mathrm{T}}$, $\boldsymbol{y} = (y_1, y_2, \cdots, y_n)^{\mathrm{T}}$. 设 $\boldsymbol{A}$ 为 $n \times n$ 阶矩阵,$\boldsymbol{A}^*$ 是 $\boldsymbol{A}$ 的转置共轭矩阵,有

$$\boldsymbol{A} = (a_{k,j})_{n \times n}, \quad \boldsymbol{A}^* = (a^*_{k,j})_{n \times n}, \quad a^*_{j,k} = \bar{a}_{k,j},$$

$$(\boldsymbol{Ax}, \boldsymbol{y}) = \sum_{k=1}^n \Big(\sum_{j=1}^n \bar{a}_{k,j} \bar{x}_j \Big) y_k = \sum_{j=1}^n \bar{x}_j \Big(\sum_{k=1}^n \bar{a}_{k,j} y_k \Big)$$

$$= \sum_{j=1}^n \bar{x}_j \Big(\sum_{k=1}^n a^*_{j,k} y_k \Big) = (\boldsymbol{x}, \boldsymbol{A}^* \boldsymbol{y}),$$

即 $\boldsymbol{A}$ 和它的转置共轭矩阵互为伴随线性算子. 若 $\boldsymbol{A}$ 为实对称矩阵,$\boldsymbol{A}^* = \boldsymbol{A}$. 故实对称矩阵为自伴线性算子.

命题 若 $\boldsymbol{A}$ 和 $\boldsymbol{A}^*$, $\boldsymbol{B}$ 和 $\boldsymbol{B}^*$ 分别互为伴随线性算子,其定义域和值都是同一内积空间,则合成算子 $\boldsymbol{AB}$ 的伴随算子 $(\boldsymbol{AB})^* = \boldsymbol{B}^* \boldsymbol{A}^*$.

证 $(\boldsymbol{AB}u, v) = (\boldsymbol{A}(\boldsymbol{B}u), v) = (\boldsymbol{B}u, \boldsymbol{A}^* v) = (u, \boldsymbol{B}^* \boldsymbol{A}^* v)$,

即 $(\boldsymbol{AB})^* = \boldsymbol{B}^* \boldsymbol{A}^*$.

§5.4　广义傅里叶级数

1. 正交函数族

设 $f(x),g(x)\in C[a,b]$，均为实数域上的复值函数. 若

$$(f,g)=\int_a^b \rho(x)\,\overline{f(x)}\,g(x)\,\mathrm{d}x=0,$$

则称 f 和 g（加权）正交.

定义 5.4.1　对函数族$\{\varphi_n(x)\}$，$\varphi_n(x)\in C[a,b]$，若对任意正整数 m 和 n，只要 $m\neq n$，均有$(\varphi_m,\varphi_n)=0$，就称$\{\varphi_n(x)\}$为正交函数族. 若除了 $f(x)\equiv 0$ 外，不存在 $f(x)\in C[a,b]$，使对一切 n 均有$(f,\varphi_n)=0$，则称$\{\varphi_n\}$为 $C[a,b]$ 上完备的**正交函数族**. 若有

$$(\varphi_m,\varphi_n)=\delta_{mn}=\begin{cases}1, & m=n,\\ 0, & m\neq n,\end{cases}$$

则称$\{\varphi_n\}$为 $C[a,b]$ 上的**正交归一函数族**.

例如$\{\mathrm{e}^{\mathrm{i}nx}\ (n=0,\pm1,\pm2,\cdots)\}$在$[0,2\pi]$上是完备的函数族. 这时，权函数 $\rho(x)\equiv 1$，有

$$(\mathrm{e}^{\mathrm{i}mx},\mathrm{e}^{\mathrm{i}nx})=\int_0^{2\pi}\mathrm{e}^{\mathrm{i}(n-m)x}\,\mathrm{d}x=2\pi\delta_{mn}.$$

故

$$\left\{\frac{1}{\sqrt{2\pi}}\mathrm{e}^{\mathrm{i}nx}\right\}\quad (n=0,\pm1,\pm2,\cdots)$$

为正交归一的完备函数族.

2. 广义傅里叶(Fourier)级数

我们知道，在$[0,2\pi]$上，复数形式的傅里叶级数为

$$f(x)=\sum_{n=-\infty}^{\infty}C_n\mathrm{e}^{\mathrm{i}nx},$$

$$C_n=\frac{1}{2\pi}\int_0^{2\pi}f(x)\mathrm{e}^{-\mathrm{i}nx}\,\mathrm{d}x=\frac{(\mathrm{e}^{\mathrm{i}nx},f(x))}{(\mathrm{e}^{\mathrm{i}nx},\mathrm{e}^{\mathrm{i}nx})}.$$

这是狭义的傅里叶级数，权函数 $\rho(x)\equiv 1$.

一般地，若$\{\varphi_n(x)\}$是 $C[a,b]$ 上完备的正交函数族，$f(x)\in C[a,b]$，称

$$C_n=\frac{(\varphi_n,f)}{(\varphi_n,\varphi_n)}\tag{5.4.1}$$

为 $f(x)$ 的**广义傅里叶系数**. 若级数 $\sum\limits_{n=1}^{\infty}C_n\varphi_n(x)$ 在$[a,b]$上一致收敛，则必有

$$f(x)=\sum_{n=1}^{\infty}C_n\varphi_n(x),\tag{5.4.2}$$

此级数称为在$[a,b]$上$f(x)$的**广义傅里叶级数**.

证 设$f(x)\in C[a,b]$,令

$$g(x)=\sum_{n=1}^{\infty}C_n\varphi_n(x),\quad C_n=\frac{(\varphi_n,f)}{(\varphi_n,\varphi_n)},$$

则要证$S(x)=f(x)-g(x)\equiv 0$.

由于$\{\varphi_n(x)\}$是连续的正交函数族,而级数又一致收敛,故$g(x)$必在$[a,b]$上连续,从而$S(x)$也在$[a,b]$上连续.并且对任意的n,级数

$$\rho(x)\overline{\varphi_n(x)}g(x)=\sum_{m=1}^{\infty}C_m\rho(x)\overline{\varphi_n(x)}\varphi_m(x)$$

可逐项积分,有

$$\int_a^b\rho(x)\overline{\varphi_n(x)}g(x)\mathrm{d}x=(\varphi_n,g)=\sum_{m=1}^{\infty}C_m(\varphi_n,\varphi_m)=C_n(\varphi_n,\varphi_n)=(\varphi_n,f),$$

$$(\varphi_n,S)=(\varphi_n,f-g)=(\varphi_n,f)-(\varphi_n,g)=0,$$

即$S(x)$与一切$\varphi_n(x)$正交.由于$\{\varphi_n(x)\}$为完备正交系,故应有$S(x)\equiv 0$,$g(x)\equiv f(x)$.

3. 贝塞尔(Bessel)不等式

在$[a,b]$上,若对$f(x)$用完备的正交函数族$\{\varphi_k\}$去逼近,即取$f(x)$的近似表达式为

$$f_k(x)=\sum_{n=1}^{k}C_{1n}\varphi_n(x).\tag{5.4.3}$$

当取$C_{1n}=C_n=(\varphi_n,f)$时,在2-范数的意义下为最佳逼近.即令

$$d_k=d(f,f_k)=[(f-f_k,f-f_k)]^{\frac{1}{2}}\geqslant 0,\tag{5.4.4}$$

则d_k在给定的k值下最小.

为了讨论的方便,设$\{\varphi_n\}$是已归一化了的,即有

$$(\varphi_n,\varphi_m)=\delta_{nm}.$$

证 由(5.4.3)和(5.4.4)式,有

$$d_k^2=(f-f_k,f-f_k)=(f,f)-(f_k,f)-(f,f_k)+(f_k,f_k),$$

$$(f_k,f)=\Big(\sum_{n=1}^{k}C_{1n}\varphi_n,f\Big)=\sum_{n=1}^{k}(C_{1n}\varphi_n,f)=\sum_{n=1}^{k}\overline{C}_{1n}(\varphi_n,f)=\sum_{n=1}^{k}\overline{C}_{1n}C_n,$$

$$(f,f_k)=\sum_{n=1}^{k}(f,C_{1n}\varphi_n)=\sum_{n=1}^{k}C_{1n}\overline{(\varphi_n,f)}=\sum_{n=1}^{k}C_{1n}\overline{C}_n,$$

$$\begin{aligned}(f_k,f_k)&=\Big(\sum_{m=1}^{k}C_{1m}\varphi_m,\sum_{n=1}^{k}C_{1n}\varphi_n\Big)=\sum_{n=1}^{k}C_{1n}\Big[\sum_{m=1}^{k}\overline{C}_{1m}(\varphi_m,\varphi_n)\Big]\\&=\sum_{m=1}^{k}C_{1n}\overline{C}_{1n}=\sum_{n=1}^{k}|C_{1n}|^2,\end{aligned}$$

$$d_k^2=(f,f)+\sum_{n=1}^{k}(C_n\overline{C}_n-C_{1n}\overline{C}_n-\overline{C}_{1n}C_n+C_{1n}\overline{C}_{1n})-\sum_{n=1}^{k}C_n\overline{C}_n$$
$$=(f,f)-\sum_{k=1}^{n}|C_n|^2+\sum_{n=1}^{k}(C_n-C_{1n})(\overline{C}_n-\overline{C}_{1n})$$
$$=(f,f)-\sum_{k=1}^{n}|C_n|^2+\sum_{n=1}^{k}|C_n-C_{1n}|^2.$$

因前两项与 C_{1n} 的选择无关,故知当取 $C_{1n}=C_n$ 时 d_k^2 最小,也即 d_k 最小.

由于不论 k 取何值,均有 $d_k^2\geqslant 0$,故知对一切 k,均应有

$$(f,f)\geqslant\sum_{n=1}^{k}|C_n|^2.$$

令 $k\to\infty$ 即得贝塞尔不等式

$$(f,f)\geqslant\sum_{n=1}^{\infty}|C_n|^2. \tag{5.4.5}$$

若 $\lim\limits_{k\to\infty}f_k=f$,即级数 $\sum\limits_{n=1}^{\infty}C_n\varphi_n$ 收敛于 f,则有 $\lim\limits_{k\to\infty}d_k=0$. 这时(5.4.5)式中等号成立,有

$$(f,f)=\sum_{n=1}^{\infty}|C_n|^2.$$

4. 多变量的情形

设 $x=(x_1,x_2,\cdots,x_n)$,$\{U_m(x)\}$ 是 n 维空间的区域 V 上完备的连续函数族,$\mathrm{d}x=\mathrm{d}x_1\mathrm{d}x_2\cdots\mathrm{d}x_n$ 为 n 维体积微元. 若

$$\int_V\rho(x)\,\overline{U_m(x)}U_k(x)\mathrm{d}x=(U_m,U_k)=\delta_{mk},$$

则称 $\{U_m(x)\}$ 是区域 V 上完备的正交归一函数族. 若

$$f(x)=\sum_{m=1}^{\infty}C_mU_m(x), \tag{5.4.6}$$

则称 $f(x)$ 按 $\{U_m(x)\}$ 展为广义的傅里叶级数,其中

$$C_m=\int_V\rho(x)f(x)\,\overline{U_m(x)}\mathrm{d}x=(U_m,f). \tag{5.4.7}$$

习　题

1. 在 $[0,1]$ 上绝对可积的实函数空间上,分别就 1- 范数、2- 范数和 ∞- 范数,判断下列无穷函数序列 $\{\varphi_k(x)\}$ 是否是相应的赋范空间里的柯西序列(对结论要给以证明),其中

$$\varphi_k(x)=\begin{cases}\left(x+\dfrac{1}{k}\right)^{-\alpha}, & 0<x\leqslant 1,\\ 0, & x=0.\end{cases}$$

(1)$\alpha = \dfrac{1}{3}$； (2)$\alpha = \dfrac{1}{2}$； (3)$\alpha = 1$.

2. 设 $L_2[a,b]$ 为 $[a,b]$ 上全体平方可积函数构成的函数空间. 试证明在 2-范数下是完备的，同时举一反例，说明 $L_2[a,b]$ 在 1-范数下是不完备的.

3. 设 $L_1[a,b]$ 为 $[a,b]$ 上全体绝对可积函数构成的函数空间. 证明：$L_1[a,b]$ 在 1-范数下是完备的.

提示：关于 2-范数下的完备性的证明，先利用在 2-范数下 $L_1[a,b]$ 的柯西序列的极限函数 $y(t)$ 必属于 $L_2[a,b]$；再利用施瓦茨不等式，取

$$x(t) = \begin{cases} 1, & y(t) \geqslant 0, \\ -1, & y(t) < 0, \end{cases} \quad a \leqslant t \leqslant b.$$

证明：若 $y(t) \in L_2[a,b]$，则必属于 $L_1[a,b]$.

4. 证明：线性算子必将定义域中的 0 元素映射到值域中的 0 元素，并由此说明平移算子 $Lu = u + c,\ c \neq 0$ 不是线性算子.

5. 若 L_1 和 L_2 均为线性算子，且它们的乘积 L_1L_2 和 L_2L_1 均有意义. 证明：$L_1 + L_2$，L_1L_2 和 L_2L_1 均为线性算子.

6. 对线性算子 L，证明线性叠加原理：若 u_k 为线性方程 $Lu = f_k (k = 1,2,\cdots,n)$ 的解，则对任一组常数 $C_1,C_2,\cdots,C_n$，$\sum\limits_{k=1}^{n} C_k u_k$ 为线性方程 $Lu = \sum\limits_{k=1}^{n} C_k f_k$ 的解.

7. 利用上题的线性叠加原理证明，对线性连续算子 L，有：

(1) 若一切 u_k 均是 $Lu = 0$ 的解，则收敛级数 $\sum\limits_{k=1}^{\infty} C_k u_k$ 也是 $Lu = 0$ 的解；

(2) 若 $u(x,\lambda)$ 是 $Lu = 0$ 的解，参数 λ 与 L 无关，且积分

$$v(x) = \int_a^b f(\lambda) u(x,\lambda) \mathrm{d}\lambda$$

存在，则 v 也是 $Lu = 0$ 的解.

8. 设 $x \in [a,b]$，$\{\varphi_k(x)\}$ 是正交归一函数族，$\rho(x)$ 为权函数，$g(x)$ 绝对平方可积，

$$\alpha_k = (\varphi_k, g) = \int_a^b \rho(x) \overline{\varphi_k(x)} g(x) \mathrm{d}x, C_k = (\varphi_k, f) = \int_a^b \rho(x) \overline{\varphi_k(x)} f(x) \mathrm{d}x.$$

若级数 $\sum\limits_{k=1}^{\infty} C_k \varphi_k(x)$ 平均收敛（即在自然范数的意义下收敛）于 $f(x)$，试证明：

$$(g,f) = \int_a^b \rho(x) \overline{g(x)} f(x) \mathrm{d}x = \sum_{k=1}^{\infty} \bar{\alpha}_k C_k.$$

提示：利用施瓦茨不等式，对任意正整数 n，有

$$\left| (g,f) - \sum_{k=1}^{n} \bar{\alpha} C_k \right| = \left| \int_a^b \rho(x) \overline{g(x)} \left[f(x) - \sum_{k=1}^{n} C_k \varphi_k(x) \right] \mathrm{d}x \right|$$

$$= \left|(g, f - \sum_{k=1}^{n} C_k \varphi_k)\right|$$
$$\leqslant \|g\| \left[\int_a^b \rho(x) \left|f(x) - \sum_{k=1}^{n} C_k \varphi_k(x)\right|^2 dx\right]^{\frac{1}{2}}.$$

9. 设 $f(x)$ 是以 $2l$ 为周期的实连续函数：

(1) $f(x)$ 的复数形式的傅里叶级数为

$$f(x) = \sum_{k=-\infty}^{\infty} C_k e^{ik\alpha x} \quad \left(\alpha = \frac{\pi}{l}\right).$$

证明：相应的傅里叶系数为

$$C_k = \frac{1}{2l}\int_{-l}^{l} f(x) e^{-ik\alpha x} dx,$$

并由此说明 $C_{-k} = \overline{C}_k$.

(2) 当 $f(x)$ 为奇函数和偶函数时，写出相应的傅里叶级数和傅里叶系数.

(3) 证明：级数 $\sum_{k=1}^{\infty} |C_k|^2$ 收敛.

10. 设 $f(x)$ 是以 $2l$ 为周期的实函数，$f^{(n)}(x)$ 连续，$f^{(n+1)}(x)$ 分段连续且平方可积，$f^{(m)}(x)$ 的复数形式的傅里叶级数为

$$f^{(m)}(x) = \sum_{k=-\infty}^{\infty} C_k^{(m)} e^{-ik\alpha x} \quad \left(\alpha = \frac{\pi}{l}, m = 0, 1, \cdots, n+1\right);$$
$$C_k^{(m)} = \frac{1}{2l}\int_{-l}^{l} f^{(m)}(x) e^{-ik\alpha x} dx, \quad C_k^{(0)} = C_k.$$

(1) 用分部积分法证明：

$$C_k^{(m+1)} = ik\alpha C_k^{(m)} = (ik\alpha)^{m+1} C_k^{(0)} = (ik\alpha)^{m+1} C_k.$$

(2) 证明：

$$\sum_{k=-\infty}^{\infty} |(ik\alpha)^m C_k e^{ik\alpha x}| = \frac{1}{\alpha}\sum_{k=1}^{\infty} \frac{2|C_k^{(m+1)}|}{k} \leqslant \frac{1}{\alpha}\sum_{k=1}^{\infty}\left[\frac{1}{k^2} + |C_k^{(m+1)}|^2\right].$$

(3) 证明：傅里叶级数

$$f(x) = \sum_{k=-\infty}^{\infty} C_k e^{ik\alpha x}$$

可逐项微分 n 次，且

$$f^{(m)}(x) = \sum_{k=-\infty}^{\infty} (ik\alpha)^m C_k e^{ik\alpha x} \quad (m = 1, 2, \cdots, n)$$

一致收敛.

第六章　广义函数简介

§6.1　问题的提出

1. 物理和数学背景

在处理一些物理和工程问题时，会遇上诸如点电荷，集中力之类的物理量，但这类量无法用传统的函数来表示和作相应的数学运算. 另外，在传统函数的范围内，不能完满地解决函数的极限、微分方程解的存在性等问题. 因此，有必要将传统的函数概念加以推广，引入广义函数（或者说分布）的概念.

例 1　弯曲梁的集中载荷.

如图 6.1.1 所示，在横梁上悬挂一重为 F 的重物，求由此引起的梁的变形. 这时，首先要确定作用力在梁上的分布函数 $q(x)$，这是一个相当复杂的问题. 由于力的作用区域非常狭小，如果将载荷看作是作用于一个点上的集中力，就可免除上面的困难，使问题的求解得到极大的简化. 除了在该作用点附近的一个极小范围内，这样处理所产生的影响是可以忽略的. 由于

$$F=\int_a^b q(x)\mathrm{d}x,\quad \int_a^b \frac{q(x)}{F}\mathrm{d}x=1\quad (x=0\in[a,b]).$$

当假定悬挂区域集中为一个点 $x=0$ 时，就是假定 $q(x)$ 在其他点上为 0，而在 $x=0$ 处为 ∞，但其沿整个梁的积分值为 F.

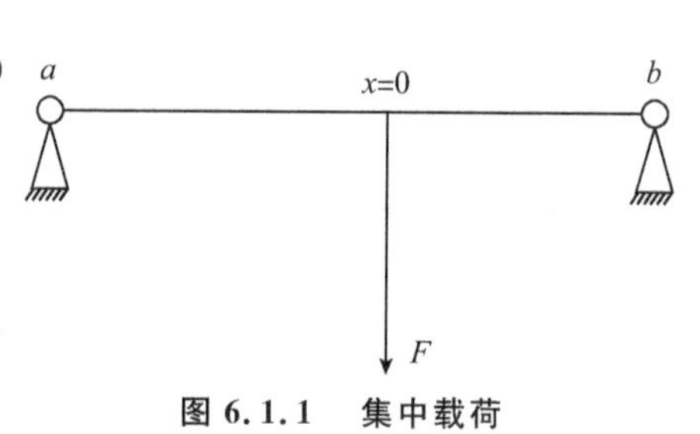

图 6.1.1　集中载荷

另外，像脉冲电流、脉冲电压、打击力的冲量等等也可做类似的抽象. 但这种抽象在传统函数的范围内是不允许的和无法处理的.

例 2　设在 $x=0, y=0$ 处有一个泉眼，它在单位时间内流出的不可压流体的体积流量为 Q，求它所形成的二维平面流动. 由于泉眼同要考察的区域相比很小，通常把此泉眼看作是集中于 0 点处的一个点源（若 $Q<0$，就是一个点汇）. 它的速度势为

$$\varphi=\frac{Q}{2\pi}\ln r\quad (r=(x^2+y^2)^{\frac{1}{2}}),$$

$\mathbf{V}=\nabla\varphi$ 为速度矢量.

设 C 为任一封闭周线，A 为 C 内的整个区域，$\boldsymbol{n}_C$ 为 C 的单位外法向(即矢量 $\boldsymbol{n}_C$ 的长度为 1)，$\frac{\partial}{\partial n}$ 表示沿 $\boldsymbol{n}_C$ 的正向的导数. 这时，通过 C 的面积流量为

$$Q_C=\int_C \boldsymbol{n}_C\cdot \boldsymbol{V}\mathrm{d}l=\int_C \boldsymbol{n}_C\cdot\nabla\varphi\mathrm{d}l=\int_C\frac{\partial\varphi}{\partial n}\mathrm{d}l=\iint_A\nabla^2\varphi\mathrm{d}s.$$

容易验证，除 $r=0$ 外，有 $\nabla^2\varphi=0$. 当 $r=0$ 不在 C 内，也不在 C 上时，则 φ 在整个 A 内为调和函数，$Q_C=0$. 若 $r=0$ 在 C 内，则可取一足够小的 δ，使以 δ 为半径，$r=0$ 为圆心的圆周 C_δ 完全在 C 内，如图 6.1.2 所示. 以 A_1 表示 C 和 C_δ 之间的整个内部区域，由于 $r=0\notin A_1$，有

$$0=\iint_{A_1}\nabla^2\varphi\mathrm{d}s=\int_C\frac{\partial\varphi}{\partial n}\mathrm{d}l-\int_{C_\delta}\frac{\partial\varphi}{\partial n}\mathrm{d}l.$$

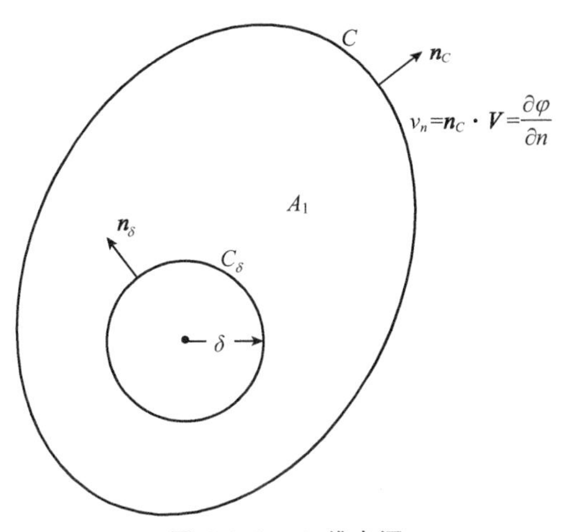

图 6.1.2　二维点源

对 C_δ，$\frac{\partial}{\partial n}=\frac{\partial}{\partial r}$，$\mathrm{d}l=\delta\mathrm{d}\theta$，有

$$Q_c=\int_C\frac{\partial\varphi}{\partial n}\mathrm{d}l=\int_{C_\delta}\frac{\partial\varphi}{\partial n}\mathrm{d}l=\frac{Q}{2\pi}\int_0^{2\pi}\frac{\partial}{\partial r}\ln r\Big|_{r=\delta}\delta\mathrm{d}\theta=\frac{Q}{2\pi}\int_0^{2\pi}\mathrm{d}\theta=Q,$$

即有

$$\iint_A\nabla^2\left(\frac{1}{2\pi}\ln r\right)\mathrm{d}x\mathrm{d}y=\begin{cases}1, & r=0\in A,\\0, & r=0\notin A.\end{cases}\qquad(6.1.1)$$

对

$$\nabla^2\left(\frac{1}{2\pi}\ln r\right)=\begin{cases}0, & r\neq 0,\\ \text{有奇性}, & r=0,\end{cases}$$

并要求满足(6.1.1)式，这也是用传统的函数无法定义的.

例 3 强度为 Q 并处于 $r=0$ 处的三维点源，它的速度势为

$$\varphi=-\frac{Q}{4\pi r}\quad (r=(x^2+y^2+z^2)^{\frac{1}{2}});$$

当 $r\neq 0$ 时，有

$$\nabla^2\varphi=\left(\frac{\partial^2}{\partial x^2}+\frac{\partial^2}{\partial y^2}+\frac{\partial^2}{\partial z^2}\right)\left(-\frac{Q}{4\pi r}\right)=0.$$

设 Ω_R 是以 $r=0$ 为心、R 为半径的球形区域，即 $r=0$ 在 Ω_R 内. S_R 为 Ω_R 的边界面，在 S_R 上，$\mathrm{d}s=R^2\sin\theta\mathrm{d}\theta\mathrm{d}\varphi$. 由此，有

$$\iiint_{\Omega_R}\nabla^2\varphi\mathrm{d}\Omega=\iint_{S_R}\frac{\partial\varphi}{\partial n}\mathrm{d}s=\iint_{S_R}\frac{\partial\varphi}{\partial r}\mathrm{d}s=\int_0^{2\pi}\int_0^{\pi}\frac{Q}{4\pi}\left(\frac{1}{r^2}\right)_{r=R}R^2\sin\theta\mathrm{d}\theta\mathrm{d}\varphi=Q.$$

由于除 $r=0$ 外处处 $\nabla^2\varphi=0$，故对任何三维区域 Ω 都有

$$\iiint_{\Omega}\nabla^2\left(-\frac{1}{4\pi r}\right)\mathrm{d}\Omega=\begin{cases}1, & \text{当 } r=0\in\Omega \text{ 时},\\ 0, & \text{当 } r=0\notin\Omega \text{ 时}.\end{cases}\tag{6.1.2}$$

同样地，我们也无法在传统函数的范围内来定义 $\nabla^2\left(-\frac{1}{4\pi r}\right)$.

对于例 2 和例 3，若 Q 代表的是点电荷的带电量，则 φ 就代表了由处于 $r=0$ 处的该点电荷形成的电场的电位势.

2. 狄拉克 δ 函数

上面三个例子中出现了一种不能用常义下的函数来表示的非常义函数，它被称为**狄拉克(Dirac)δ 函数**. 设 $x\in\mathbf{R}^n$，$\mathrm{d}x=\mathrm{d}x_1\cdots\mathrm{d}x_n$ 为 n 维体积元. 对 n 维 δ 函数 $\delta(x)$，有

(1) 当 $x\neq 0$ 时，$\delta(x)=0$； (6.1.3)

(2) $$\int_{\Omega}\delta(x)\mathrm{d}x=\begin{cases}1, & \text{当 } x\in\Omega \text{ 时},\\ 0, & \text{当 } x\notin\Omega \text{ 时},\end{cases}\quad \Omega\subset\mathbf{R}^n.\tag{6.1.4}$$

这种非常义函数，可以看作是某些常义函数序列的极限形式. 例如，设 $x\in\mathbf{R}$，对序列 $\{f_m(x)\}$，

$$f_m(x)=\begin{cases}0, & |x|>\frac{1}{m},\\ \frac{m}{2}, & |x|\leqslant\frac{1}{m};\end{cases}\tag{6.1.5}$$

$$\int_{-\infty}^{\infty}f_m(x)\mathrm{d}x=\int_{-\frac{1}{m}}^{\frac{1}{m}}\frac{m}{2}\mathrm{d}x=1.$$

有 $\delta(x)=\lim\limits_{m\to\infty}f_m(x)$. 在常义下，这个极限是不存在的.

在上面的三个例子中，例 1 的 $\frac{q(x)}{F}$ 是一维 δ 函数，例 2 中的 $\nabla^2\left(\frac{1}{2\pi}\ln r\right)$ 是二维 δ 函数，例 3 中的 $\nabla^2\left(-\frac{1}{4\pi r}\right)$ 为三维 δ 函数.

δ 函数具有十分广泛的应用价值，但它不同于常义函数. 因此，有必要建立一种理论体系来推广原有的函数概念，使诸如 δ 函数这类广义函数与常义函数统一起来，有同等的地位. 下面介绍的是 L. 施瓦茨(L. Schwarz) 的分布理论.

§6.2　几个重要的函数空间

下面介绍 n 维实数域 $\mathbf{R}^n$ 上的三个重要的函数空间. 它们的元素可以是实数域上的复值函数. 在介绍这些函数空间之前，先给出下面要用到的几个符号的定义.

设 $x=(x_1,x_2,\cdots,x_n)\in\mathbf{R}^n$，$k_1,k_2,\cdots,k_n$ 为非负整数，$\tilde{k}=(k_1,k_2,\cdots,k_n)$，令

$$k=\sum_{j=1}^{n}k_j,\quad |x|^2=\sum_{j=1}^{n}x_j^2;\tag{6.2.1}$$

$$x^k=\prod_{j=1}^{n}x_j^{k_j},\quad D_x^k=\frac{\partial^k}{\partial x_1^{k_1}\partial x_2^{k_2}\cdots\partial x_n^{k_n}},\tag{6.2.2}$$

k 称为重指标.

1. 无穷可微的连续函数空间 $E(\mathbf{R}^n)$

它是由在 $\mathbf{R}^n$ 上无限可微的连续函数的全体构成的空间，即若 $\varphi(x)\in E(\mathbf{R}^n)$，则 $D_x^k\varphi(x)\in E(\mathbf{R}^n)$. $E(\mathbf{R}^n)$ 也常记作 $C^\infty(\mathbf{R}^n)$. $E(\mathbf{R}^n)$ 显然是线性空间.

定义 6.2.1　设 $\{\varphi_m(x)\}\in E(\mathbf{R}^n)$，若对任意的重指标 k 和任意有界闭集 $\bar{\Omega}\subset\mathbf{R}^n$，有

$$\lim_{m\to\infty}D_x^k\varphi_m(x)=0$$

在 $\bar{\Omega}$ 上一致成立，则称函数序列 $\{\varphi_m(x)\}$ 为 $E(\mathbf{R}^n)$ 上之**零序列**，并称在 $E(R^n)$ 上 $\varphi_m(x)\to 0$. 若 $\{\varphi_m(x)\}$ 和 $\varphi(x)$ 均属于 $E(\mathbf{R}^n)$，$\psi_m(x)=\varphi(x)-\varphi_m(x)$，$\{\psi_m(x)\}$ 为零序列，则称 $\{\varphi_m(x)\}$ 以 $\varphi(x)$ 为**极限**，记作 $\varphi_m(x)\to\varphi(x)$，或记作 $\lim\limits_{m\to\infty}\varphi_m(x)=\varphi(x)$.

2. 有支柱(集)的无限可微函数空间 $D(\mathbf{R}^n)$

(1) $D(\mathbf{R}^n)$ 空间的定义：

定义 6.2.2　设 $\Omega=\{x\mid x\in\mathbf{R}^n, f(x)\neq 0\}$ 为一有界区域，Ω 与其边界构成的闭集 $\bar{\Omega}$ 称为 $f(x)$ 的**支柱**(或称**支集**).

$D(\mathbf{R}^n)$ 是由 $\mathbf{R}^n$ 上全体有支柱(集)的无限可微函数构成的空间. 即 $\forall\varphi(x)\in D(\mathbf{R}^n)$，则 $\varphi(x)\in E(\mathbf{R}^n)$，且在某个有界区域 Ω 外 $\varphi(x)$ 恒为 0，即 $\varphi(x)$ 有支柱 $\bar{\Omega}$.

满足这样条件的函数称为 $D(\mathbf{R}^n)$ 空间中的检验函数，或称试函数. $D(\mathbf{R}^n)$ 也常记作 $C_0^\infty(\mathbf{R}^n)$.

例 1 函数

$$\varphi(x)=\begin{cases}\exp\{1/(x^2-1)\}, & |x|<1,\\ 0, & |x|\geqslant 1\end{cases}$$

为 $D(\mathbf{R})$ 中的检验函数,其支柱为 $|x|\leqslant 1$.

$$\varphi(x)=\begin{cases}\exp\left\{\dfrac{1}{\prod\limits_{j=1}^{n}(x_j^2-a_j^2)}\right\}, & |x_j|<a_j,\\ 0, & |x_j|\geqslant a_j,\end{cases}\quad j=1,2,\cdots,n$$

为 $D(\mathbf{R}^n)$ 中的检验函数,其支柱为 n 维长方体 $|x_j|\leqslant a_j(j=1,2,\cdots,n)$.

(2)$D(\mathbf{R}^n)$ 空间的性质:

由定义知,$D(\mathbf{R}^n)$ 空间有如下性质:

①$D(\mathbf{R}^n)$ 是实数域上的线性空间.

事实上,对任意 $\alpha,\beta\in\mathbf{R},\Omega_1\subset\mathbf{R}^n,\Omega_2\subset\mathbf{R}^n,\varphi(x)$ 和 $\psi(x)\in D(\mathbf{R}^n)$,它们分别为 Ω_1 和 Ω_2 外恒为 0 的无限可微函数,则 $f(x)=\alpha\varphi(x)+\beta\varphi(x)$ 在 $\mathbf{R}^n$ 上无限可微,在 $\Omega=\Omega_1\cup\Omega_2$ 之外恒为 0,即 $f(x)\in D(\mathbf{R}^n)$. 至于满足线性空间的其他各条则是显然的,这里就不再一一验证了.

② 若 $\varphi(x)\in D(\mathbf{R}^n)$,则对任意 $a>0,\varphi\left(\dfrac{x-x_0}{a}\right)\in D(\mathbf{R}^n)$.

③ 若 $\varphi(x)\in D(\mathbf{R}^n)$,则对任意重指标 $k,D_x^k\varphi(x)\in D(\mathbf{R}^n)$.

④ 若 $\varphi(x)\in D(\mathbf{R}^n),f(x)\in E(\mathbf{R}^n)$,则 $f(x)\varphi(x)\in D(\mathbf{R}^n)$.

⑤ 若 $m<n,\varphi(x_1,x_2,\cdots,x_m)\in D(\mathbf{R}^m),\psi(x_{m+1},\cdots,x_n)\in D(\mathbf{R}^{n-m})$,则 $f(x)=\varphi(x_1,\cdots x_m)\psi(x_{m+1},\cdots,x_n)\in D(\mathbf{R}^n)$.

这里,$f(x)$ 在 $\mathbf{R}^n$ 上无限可微是显然的. 设 φ 在 $\Omega_1\subset\mathbf{R}^m$ 外恒为 0,ψ 在 $\Omega_2\subset\mathbf{R}^{n-m}$ 外恒为 0,则 $f(x)$ 在 $\Omega=\Omega_1\times\Omega_2=\{x\mid(x_1,\cdots,x_m)\in\Omega_1;(x_{m+1},\cdots,x_n)\in\Omega_2\}\subset\mathbf{R}^n$ 之外恒为 0,故 $f(x)\in D(\mathbf{R}^n)$. $\mathbf{R}^n$ 为 $\mathbf{R}^m$ 和 $\mathbf{R}^{n-m}$ 的积空间.

例 2 已知函数

$$\varphi(x)=\begin{cases}\exp\left(\dfrac{1}{x^2-4}\right), & |x|<2,\\ 0, & |x|\geqslant 2;\end{cases}$$

$$\psi(y,z)=\begin{cases}z\exp\left(\dfrac{1}{y^2+z^2-1}\right), & |y^2+z^2|<1,\\ 0 & |y^2+z^2|\geqslant 1.\end{cases}$$

则 $\varphi(x)\in D(\mathbf{R}^1),\quad \psi(y,z)\in D(\mathbf{R}^2),\quad f(x,y,z)=\varphi(x)\psi(y,z)\in D(\mathbf{R}^3)$.

(3)$D(\mathbf{R}^n)$ 上的零序列与极限:

定义 6.2.3 若 $D(\mathbf{R}^n)$ 中的检验函数序列 $\{\varphi_m(x)\}$ 满足:

(1) 存在一个公共的有界区域 $\Omega\subset\mathbf{R}^n$,在 Ω 外一切 $\varphi_m(x)\equiv 0$;

(2) 对任意重指标 k，有

$$\lim_{m\to\infty}\max_{x\in\mathbf{R}^n}\{|D_x^k\varphi_m(x)|\}=0,$$

则称$\{\varphi_m(x)\}$为 $D(\mathbf{R}^n)$ 空间中的**零序列**. 记作$\lim\limits_{m\to\infty}\varphi_m(x)=0$ 或 $\varphi_m(x)\to 0$.

若$\{\varphi_m(x)\}\in D(\mathbf{R}^n)$，$\varphi(x)\in D(\mathbf{R}^n)$，$\psi_m(x)=\varphi(x)-\varphi_m(x)$，$\{\psi_m(x)\}$为零序列，则称在$D(\mathbf{R}^n)$上$\varphi_m(x)$以$\varphi(x)$为极限，记作$\lim\limits_{m\to\infty}\varphi_m(x)=\varphi(x)$或$\varphi_m(x)\to\varphi(x)$.

3. 速降函数空间 $S(\mathbf{R}^n)$

(1) 速降函数与缓增函数：

若 $\varphi(x)$ 满足如下要求：

① $\varphi(x)\in E(\mathbf{R}^n)$；

② 对任意重指 k 和 α，有

$$\lim_{|x|\to\infty}x^\alpha D_x^k\varphi(x)=0,$$

或者说有界(这二者是等价的，这是由 α 的任意性决定的)，则称 $\varphi(x)$ 为**速降函数**，$S(\mathbf{R}^n)$ 为全体速降函数的集合. $\varphi(x)$ 作为**速降函数**，也称为 $S(\mathbf{R}^n)$ 空间上的检验函数. 例如 $\mathrm{e}^{-ax^2}(a>0)$，$A/\mathrm{ch}x$(A 为常数) 等均是一维速降函数.

若 $f(x)$ 连续，且存在正整数 p 和某个常数C，使$|f(x)|\leqslant C(1+|x|^2)^p$，则称 $f(x)$ 为**缓增函数**.

(2)$S(\mathbf{R}^n)$ 上的零序列和极限：

定义 6.2.4　设 $\{\varphi_m(x)\}\in S(\mathbf{R}^n)$，若对任意重指标 k 和 α，均有$\lim\limits_{m\to\infty}x^\alpha D_x^k\varphi_m(x)=0$在$\mathbf{R}^n$上一致成立，则称函数序列$\{\varphi_m(x)\}$为$S(\mathbf{R}^n)$上的**零序列**，记作$\lim\limits_{m\to 0}\varphi_m(x)=0$ 或 $\varphi_m(x)\to 0$.

若$\{\psi_m(x)\}$，$\psi(x)\in S(\mathbf{R}^n)$，$\varphi_m(x)=\psi(x)-\psi_m(x)$，$\{\varphi_m(x)\}$为零序列，则称 $\psi_m(x)$ 以 $\psi(x)$ 为**极限**，记作$\lim\limits_{m\to\infty}\psi_m(x)=\psi(x)$ 或 $\psi_m(x)\to\psi(x)$.

(3)$S(\mathbf{R}^n)$ 的几点性质：

对 $S(\mathbf{R}^n)$，也有如下几点与 $D(\mathbf{R}^n)$ 类似的性质：

①$S(\mathbf{R}^n)$ 是实数域上的线性空间；

② 若 $\varphi(x)\in S(\mathbf{R}^n)$，则对任意 $a>0$，$\varphi\left(\dfrac{x-x_0}{a}\right)\in S(\mathbf{R}^n)$；

③ 若 $\varphi(x)\in S(\mathbf{R}^n)$，对任意重指标 k，$D_x^k\varphi(x)\in S(\mathbf{R}^n)$；

④ 若 $\varphi(x)\in S(\mathbf{R}^n)$，$\psi(x)\in E(\mathbf{R}^n)$，且对任一重指 k，$D_x^k\psi(x)$ 均为缓增函数，则 $f(x)=\varphi(x)\psi(x)\in S(\mathbf{R}^n)$；

⑤ 若 $\varphi(x_1,\cdots,x_m)\in S(\mathbf{R}^m)$，$\psi(x_{m+1},\cdots,x_n)\in S(\mathbf{R}^{n-m})(m<n)$，则

$$f(x)=\varphi(x_1,\cdots,x_m)\psi(x_{m+1},\cdots,x_n)\in S(\mathbf{R}^n).$$

显然 $D(\mathbf{R}^n)\subset S(\mathbf{R}^n)\subset E(\mathbf{R}^n)$.

4. 几个函数空间上极限过程的差异

这只需考察这几个函数空间上 $\varphi_m(x)\to 0$ 的差异，也就是零序列 $\{\varphi_m(x)\}$ 定义的差异. 若 $\{\varphi_m(x)\}$ 为 $D(\mathbf{R}^n)$ 上的零序列，因此在一确定的有界区域 Ω 上，有 $\lim\limits_{m\to\infty}D_x^k\varphi_m(x)=0$，而在 Ω 外 $D_x^k\varphi_m(x)\equiv 0$. 注意到连续性，故 $\{\varphi_m(x)\}$ 必在闭域 $\bar{\Omega}$ 上一致收敛于 0，这表明，在 $\mathbf{R}^n$ 上必有 $\lim\limits_{m\to\infty}D_x^k\varphi_m(x)=0$ 一致成立，当然也就在任一有界闭域上一致成立. 故 $\{\varphi_m(x)\}$ 必是 $S(\mathbf{R}^n)$ 上的零序列，当然也是 $E(\mathbf{R}^n)$ 上的零序列.

若 $\{\psi_m(x)\}$ 是 $S(\mathbf{R}^n)$ 的零序列，$D_x^k\varphi_m(x)$ 在 $\mathbf{R}^n$ 上一致趋于 0，故必在任一有界闭域上一致趋于 0，因而也是 $E(\mathbf{R}^n)$ 上的零序列. 但此 $\{\varphi_m(x)\}$ 不能保证在一个确定的有界区域外恒为 0，故它可以不是 $D(\mathbf{R}^n)$ 上的零序列. 例如 $\varphi_m(x)=\dfrac{e^{-x^2}}{(1+m^2)}$，$x\in\mathbf{R}$，是 $S(\mathbf{R})$ 上的零序列，但不是 $D(\mathbf{R})$ 上的零序列.

若 $\{\varphi_m(x)\}$ 是 $E(\mathbf{R}^n)$ 上的零序列，因只要求在任一有界闭域上一致趋于 0，不能保证在 $\mathbf{R}^n$ 上一致趋于 0，故此 $\{\varphi_m(x)\}$ 可以不是 $S(\mathbf{R}^n)$ 上的零序列，因而更可以不是 $D(\mathbf{R}^n)$ 上的零序列.

例 3 设 $a>0$ 为常数，

$$\varphi_m(x)=\begin{cases}\exp\{a^2/[(x-2m\pi)^2-a^2]\}, & |x-2m\pi|<a,\\ 0, & |x-2m\pi|\geqslant a.\end{cases}$$

设 $\bar{\Omega}$ 是任一有界闭域，当 $m\to\infty$ 时，由于 $\varphi_m(x)$ 仅在 $2m\pi\pm a$ 内不为 0，故当 M 足够大，$m\geqslant M$ 时，所有 $\varphi_m(x)$ 的支柱均在 $\bar{\Omega}$ 外，即在 $\bar{\Omega}$ 内为 0，故此 $\{\varphi_m(x)\}$ 是 $E(\mathbf{R})$ 上的零序列. 但所有 $\varphi_m(x)$ 的最大值均是 $\varphi_m(2m\pi)=\dfrac{1}{e}$，故它在 $\mathbf{R}^n$ 上并不一致趋于 0，因而不是 $S(\mathbf{R})$ 中的零序列，当然更不是 $D(\mathbf{R})$ 中的零序列.

例 4 函数

$$\psi_m(x)=\begin{cases}\exp\{x^2/[(x-m)^2-1]\}, & |x-m|<1,\\ 0, & |x-m|\geqslant 1.\end{cases}$$

其最大值为 $\psi_m\left(m-\dfrac{1}{m}\right)=e^{-(m^2-1)}$. 故 $\{\psi_m(x)\}$ 在 $\mathbf{R}$ 上一致趋于 0，因而是 $S(\mathbf{R})$ 中的零序列，当然也是 $E(\mathbf{R})$ 中的零序列. 但由于 $\varphi_m(x)$ 的支柱为 $|x-m|\leqslant 1$，故不可能所有的 $\varphi_m(x)$ 都能在一个给定的区域外恒为 0，因而不是 $D(\mathbf{R})$ 上的零序列.

§6.3　广义函数(分布)

1. 线性连续泛函与广义函数

(1) 广义函数的定义：

设 $F(\mathbf{R}^n)$ 为 $\mathbf{R}^n$ 上的某一函数空间，$\varphi(x) \in F(\mathbf{R}^n)$，令

$$(f,\varphi) = \int_{\mathbf{R}^n} \overline{f(x)}\varphi(x)\mathrm{d}x. \tag{6.3.1}$$

定义 6.3.1　设在函数空间 $F(\mathbf{R}^n)$ 上，若对任给的零序列 $\{\varphi_m(x)\}$，均有 $\lim\limits_{m\to\infty}(f,\varphi_m) = 0$，则对 $\varphi(x) \in F(\mathbf{R}^n)$，$(f,\varphi)$ 定义了 $F(\mathbf{R}^n)$ 上的一个线性连续泛函，并称 f 是该空间上的一个**广义函数**，或称 f 是该空间上的一个**分布**.

这里，虽然 f 也是到数域的映射，但它不是强调将 $\mathbf{R}^n$ 上的点 x 映射到数域上，而是强调将函数空间 $F(\mathbf{R}^n)$ 中的点，即检验函数 $\varphi(x)$ 映射到数域上. 从 (6.3.1) 式和定义可以看出，广义函数与常义函数的区别在于不看重两个映射将 R^n 中的每个点映射到值域的对应上是否有差异，而是看重对 $F(\mathbf{R}^n)$ 中的每个函数 $\varphi(x)$ 到数域上的对应表现出的总体积分效果是否有差异.

在后面的讨论中，都只涉及以 n 维实数域 $\mathbf{R}^n$ 上的函数空间为其定义域的广义函数，但它们的值域可以是复的.

(2) $E(\mathbf{R}^n)$，$S(\mathbf{R}^n)$ 和 $D(\mathbf{R}^n)$ 上广义函数间的相互关系：

从前面关于三个函数空间 $E(\mathbf{R}^n)$，$S(\mathbf{R}^n)$ 和 $D(\mathbf{R}^n)$ 中的零序列的关系知，若 $f(x)$ 是 $E(\mathbf{R}^n)$ 上的广义函数，则对 $E(\mathbf{R}^n)$ 中的任一零序列 $\{\varphi_m(x)\}$，均有 $(f,\varphi_m) \to 0$. 由于 $S(\mathbf{R}^n)$ 中的任一零序列 $\{\psi_m(x)\}$ 和 $D(\mathbf{R}^n)$ 中的任一零序列 $\{\rho_m(x)\}$ 都是 $E(\mathbf{R}^n)$ 中的零序列，因而也有 $(f,\psi_m) \to 0$ 和 $(f,\rho_m) \to 0$. 这表明 $f(x)$ 也必是 $S(\mathbf{R}^n)$ 和 $D(\mathbf{R}^n)$ 上的广义函数.

由于 $E(\mathbf{R}^n)$ 中的零序列可以不是 $S(\mathbf{R}^n)$ 中的零序列，而 $D(\mathbf{R}^n)$ 中的零序列必是 $S(\mathbf{R}^n)$ 中的零序列，故若 $f(x)$ 是 $S(\mathbf{R}^n)$ 上的广义函数，则也必是 $D(\mathbf{R}^n)$ 上的广义函数，但可以不是 $E(\mathbf{R}^n)$ 上的广义函数. 类似地知，$f(x)$ 是 $D(\mathbf{R}^n)$ 上的广义函数，可以不是 $S(\mathbf{R}^n)$ 上的广义函数，当然更可以不是 $E(\mathbf{R}^n)$ 上的广义函数.

以 $E'(\mathbf{R}^n)$，$S'(\mathbf{R}^n)$ 和 $D'(\mathbf{R}^n)$ 分别表示 $E(\mathbf{R}^n)$，$S(\mathbf{R}^n)$ 和 $D(\mathbf{R}^n)$ 上全体广义函数的集合，则有

$$E'(\mathbf{R}^n) \subset S'(\mathbf{R}^n) \subset D'(\mathbf{R}^n). \tag{6.3.2}$$

这与

$$E(\mathbf{R}^n) \supset S(\mathbf{R}^n) \supset D(\mathbf{R}^n). \tag{6.3.3}$$

正好相反.

例 设 $x \in \mathbf{R}^n, x^2 = \sum_{j=1}^{n} x_j^2, f(x) = \mathrm{e}^{2x^2}$，考察此函数是否可看作 $E(\mathbf{R}^n)$，$S(\mathbf{R}^n)$ 和 $D(\mathbf{R}^n)$ 上的广义函数.

设 $\{\varphi_m(x)\}$ 为 $D(\mathbf{R}^n)$ 中之零序列，则可找到一个共同的有界域 Ω，在此 Ω 之外，一切 $\varphi_m(x) \equiv 0$，有

$$(f, \varphi_m) = \int_{\mathbf{R}^n} f(x)\varphi_m(x)\mathrm{d}x = \int_{\Omega} f(x)\varphi_m(x)\mathrm{d}x \to 0,$$

这是因在 Ω 上 $f(x)$ 有界. 故 $f(x)$ 是在 $D(\mathbf{R}^n)$ 上的广义函数，$f(x) \in D'(R^n)$.

下面证明 $f(x) \notin S'(\mathbf{R}^n)$. 为了简略起见，设 $n = 1$. 取 §6.2 中例 4 所给定的零序列 $\{\psi_m(x)\}$，采用坐标平移 $y = x - m$，有

$$(f, \psi_m) = \int_{-\infty}^{\infty} f(x)\psi_m(x)\mathrm{d}x = \int_{m-1}^{m+1} \mathrm{e}^{x^2\left[2-\frac{1}{1-(x-m)^2}\right]}\mathrm{d}x = \int_{-1}^{1} \mathrm{e}^{(y+m)^2(1-2y^2)/(1-y^2)}\mathrm{d}y$$

$$> \int_0^{\frac{1}{2}} \mathrm{e}^{(y+m)^2(1-2y^2)/(1-y^2)}\mathrm{d}y > \int_0^{\frac{1}{2}} \mathrm{e}^{m^2\left[1-y^2/(1-y^2)\right]}\mathrm{d}y$$

$$> \int_0^{\frac{1}{2}} \mathrm{e}^{\frac{2}{3}m^2}\mathrm{d}y = \frac{1}{2}\mathrm{e}^{2m^2/3} \to \infty \quad (m \to \infty).$$

故 $f(x)$ 不是 $S(\mathbf{R}^n)$ 上的广义函数，即 $f(x) \notin S'(\mathbf{R}^n)$，当然更不是 $E(\mathbf{R}^n)$ 上的广义函数.

(3) 两广义函数的相等：

定义 6.3.2 对两个函数 $f_1(x)$ 和 $f_2(x)$，若对任意 $\varphi(x) \in F(\mathbf{R}^n)$，均有 $(f_1, \varphi) = (f_2, \varphi)$，则称此二函数作为函数空间 $F(\mathbf{R}^n)$ 上的广义函数是**相等**的，即可看作同一个广义函数.

这就是说，如果 $f_1(x)$ 和 $f_2(x)$ 作为常义函数，它们可以在有限个甚至是无限个但可排序的点列上不相等，因而可以说是两个不同的常义函数. 但作为广义函数，则被看作是相同的. 但如果两个常义函数在任一个连续的区域上不相等，则它们定义的将是不同的广义函数. 例如，设在一个连续区域 Ω 上 $f_1 \neq f_2$. 为了讨论方便，不妨假定 f_1 和 f_2 均为实值函数，且 $f_1 > f_2$. 则存在 $b \in \Omega$ 和 $a > 0$，使在此 b 为中心，a 为半径的 n 维球形区域内 $f_1 > f_2$. 取检验函数

$$\varphi_b(x) = \begin{cases} \exp\left\{\dfrac{1}{(x-b)^2 - a^2}\right\}, & |x-b| < a, \\ 0, & |x-b| \geqslant a, \end{cases}$$

则有

$$(f_1 - f_2, \varphi_b) = \int_{|x-b| \leqslant a} (f_1 - f_2)\varphi_b(x)\mathrm{d}x > 0,$$

即 $(f_1, \varphi_b) > (f_2, \varphi_b)$. 故作为广义函数，同样有 $f_1 \neq f_2$.

由此可见，如果 $f_1(x)$ 和 $f_2(x)$ 是两个常义下的连续函数，当它们作为

$F(\mathbf{R}^n)$ 上的广义函数相等，则它们作为 $\mathbf{R}^n$ 上的连续常义函数也相等，即为同一常义函数.

定义 6.3.3　对 $\mathbf{R}^n$ 上的任意函数 $f(x)$，若在 $\mathbf{R}^n$ 中的任一有界域 Ω 上 $\int_\Omega |f(x)|\,\mathrm{d}x$ 存在，且有 $\lim\limits_{\Omega\to 0}\int_\Omega |f(x)|\,\mathrm{d}x = 0$，则称 $f(x)$ **局部可积.**

定理 6.3.1　若 $f(x)$ 为 $\mathbf{R}^n$ 上的局部可积函数，$\varphi \in D(\mathbf{R}^n)$，则

$$(f,\varphi) = \int_{\mathbf{R}^n} \overline{f(x)}\varphi(x)\mathrm{d}x \tag{6.3.4}$$

定义了 $D(\mathbf{R}^n)$ 上的一个 n 维广义函数.

证　显然，(6.3.4) 式定义了一个线性泛函，故只需证明其连续性.

设 $\{\varphi_m(x)\}$ 为 $D(\mathbf{R}^n)$ 的任一零序列，则存在一个有界域 $\Omega \subset \mathbf{R}^n$，在此 Ω 外 $\varphi_m(x) = 0$，而在 $\overline{\Omega}$ 上 $\varphi_m(x)$ 一致趋于 0. 由于 $f(x)$ 在 $\mathbf{R}^n$ 上局部可积，则

$$\int_\Omega |f(x)|\,\mathrm{d}x = M,$$

M 应为有限数.

$$\begin{aligned}|(f,\varphi_m)| &= \left|\int_{\mathbf{R}^n}\overline{f}\varphi_m\mathrm{d}x\right| = \left|\int_\Omega \overline{f}\varphi_m\mathrm{d}x\right| \\ &\leqslant \max_{x\in\Omega}\{|\varphi_m(x)|\}\int_\Omega |f(x)|\,\mathrm{d}x \\ &= M\max_{x\in\Omega}\{|\varphi_m(x)|\}\end{aligned}$$

由于在 Ω 上 $\varphi_m(x)$ 一致趋于 0，故有 $\lim\limits_{m\to\infty}(f,\varphi_m) = 0$，即 $f(x) \in D'(\mathbf{R}^n)$，此定理不适用于 $S'(\mathbf{R}^n)$. 即 $f(x)$ 在 $\mathbf{R}^n$ 上局部可积，但 $f(x)$ 可以不属于 $S'(\mathbf{R}^n)$.

定义 6.3.4　对于由 (f,φ) 定义的广义函数，若 $f(x)$ 局部可积，称为**正则的**；否则，称为**奇异的.**

2. 作为广义函数的 δ 函数

(1) δ 函数的定义：

以 $F(\mathbf{R}^n)$ 表示在 $\mathbf{R}^n$ 上的某类函数空间，它可以是前面所提到的三类中任何一类. 设对任意 $\xi \in \mathbf{R}^n$，定义泛函：

$$(\delta_\xi,\varphi) = \int_{\mathbf{R}^n}\delta_\xi(x)\varphi(x)\mathrm{d}x = \varphi(\xi), \tag{6.3.5}$$

其中 $\varphi(x) \in F(\mathbf{R}^n)$ 是任给的. 下面证明 $\delta_\xi(x)$ 是广义函数.

显然，这是一个线性泛函. 故只需证明其连续性. 根据前面关于三类函数空间上零序列和广义函数间相互关系的讨论，只需在 $E(\mathbf{R}^n)$ 上证明其连续性即可.

设 $\{\varphi_m(x)\}$ 为 $E(\mathbf{R}^n)$ 中之任意零序列. 对任意 $\xi \in \mathbf{R}^n$，存在闭集 $\overline{K} \subset \mathbf{R}^n$，使 $\xi \in \overline{K}$. 在 $\overline{K}$ 上，应有 $\varphi_m(x)$ 一致趋于 0，故有

$$\lim_{m\to\infty}(\delta_\xi,\varphi_m)=\lim_{m\to\infty}\varphi_m(\xi)=0,$$

即(6.3.5)式定义了 $E(\mathbf{R}^n)$ 上，从而也是 $S(\mathbf{R}^n)$ 和 $D(\mathbf{R}^n)$ 上的一个线性连续泛函．故 $\delta_\xi(x)$ 是上述三类函数空间上的广义函数，即

$$\delta_\xi(x)\in E'(\mathbf{R}^n)\subset S'(\mathbf{R}^n)\subset D'(\mathbf{R}^n).$$

为了叙述简便，以后当采用 $F(\mathbf{R}^n)$ 和 $F'(\mathbf{R}^n)$ 时，表示是上述三类函数空间中的任何一类及相应的广义函数空间．

(2) 广义函数序列的极限：

定义 6.3.5 对 $F(\mathbf{R}^n)$ 上的广义函数序列 $\{f_m(x)\}$ 和广义函数 $f(x)$，若对任意 $\varphi(x)\in F(R^n)$，均有 $\lim\limits_{m\to\infty}(f_m,\varphi)=(f,\varphi)$，则称 $\{f_m(x)\}$ 以 $f(x)$ 为**极限**，记作 $\lim\limits_{m\to\infty}f_m(x)=f(x)$．

对 $x=(x_1,x_2,\cdots,x_n)\in\mathbf{R}^n$，考察下述函数序列

$$f_m(x)=\begin{cases}0, & \text{对任一 } |x_j|>\dfrac{1}{m},\\ \left(\dfrac{m}{2}\right)^n, & \text{对一切 } |x_j|\leqslant\dfrac{1}{m},\end{cases}\quad j=1,2,\cdots,n$$

的极限．显然，作为常义函数，这个极限函数是不存在的．那么，作为广义函数，这个极限是否存在呢？如果存在，它当然就是在 §6.1 中提到的 $\delta(x)$，并满足由(6.1.3)和(6.1.4)式给定的两条性质．下面证明，按广义函数序列极限的定义，这个极限作为广义函数是存在的，并有

$$\delta(x)=\delta_0(x). \tag{6.3.6}$$

证 对任意 $\varphi(x)\in F(\mathbf{R}^n)$，由于连续性知，对任意 $\varepsilon>0$，存在 M，当一切 $|x_j|\leqslant\dfrac{1}{M}$ 时，$|\varphi(x)-\varphi(0)|<\varepsilon$．故当 $m\geqslant M$ 时，有

$$(f_m,\varphi)=(f_m,\varphi(0))+(f_m,\varphi(x)-\varphi(0)),$$

$$(f_m,\varphi(0))=\int\limits_{\substack{|x_j|\leqslant\frac{1}{m}\\ j=1,2,\cdots,n}}\varphi(0)\left(\frac{m}{2}\right)^n\mathrm{d}x=\varphi(0),$$

$$|(f_m,\varphi(x)-\varphi(0))|=\left|\int\limits_{\substack{|x_j|\leqslant\frac{1}{m}\\ j=1,2,\cdots,n}}\left(\frac{m}{2}\right)^n(\varphi(x)-\varphi(0))\mathrm{d}x\right|$$

$$\leqslant\varepsilon\int\limits_{\substack{|x_j|\leqslant\frac{1}{m}\\ j=1,2,\cdots,n}}\left(\frac{m}{2}\right)^n\mathrm{d}x=\varepsilon.$$

由此知

$$\lim_{m\to 0}(f_m,\varphi)=(\delta,\varphi)=\varphi(0)=(\delta_0,\varphi),$$

即有 $\delta(x)=\delta_0(x)$．

以后我们就将 $\delta_0(x)$ 改记为 $\delta(x)$，即将下标"0"去掉. 由性质(6.1.4)，知对任意 $\Omega\subset\mathbf{R}^n$，只要 $x=0\in\Omega$，就有(6.1.4)式成立，即有

$$\lim_{\varepsilon\to 0}\int_{|x|\leqslant\varepsilon}\delta(x)\mathrm{d}x=1.$$

因此 $\delta(x)$ 不是局部可积的，是奇异的广义函数.

以 $\delta(x)$ 为极限的函数序列可以有无穷多个. 例如，铃形洛伦兹(Lorentz)序列

$$f_m(x)=\frac{1}{\pi}\frac{m}{1+m^2x^2},$$

$f_m(x)$ 显然是 $S(\mathbf{R})$ 上的广义函数，但不是 $E(\mathbf{R}^n)$ 上的广义函数. 对 $E(\mathbf{R}^n)$ 取零序列为

$$\begin{cases} mx^2\mathrm{e}^{\frac{1}{(x-m)^2-1}}, & |x-m|<1,\\ 0, & |x-m|\geqslant 1\end{cases}$$

即可证明. 由于

$$\int_{-\infty}^{\infty}f_m(x)\mathrm{d}x=\frac{1}{\pi}\int_{-\infty}^{\infty}\frac{\mathrm{d}mx}{1+(mx)^2}=\frac{1}{\pi}\arctan(mx)\Big|_{-\infty}^{\infty}=1.$$

又当 $x\neq 0$ 时，

$$\lim_{\substack{m\to\infty\\ x\neq 0}}f_m(x)=\lim_{\substack{m\to\infty\\ x\neq 0}}\frac{m}{1+m^2x^2}=0,$$

即在 $S(\mathbf{R})$ 空间上，序列 $\{f_m(x)\}$ 的极限是 $\delta(x)$.

又如高斯序列 $\{f_m(x)\}$：

$$f_m(x)=\frac{m}{\sqrt{\pi}}\mathrm{e}^{-m^2x^2},$$

$$\int_{-\infty}^{\infty}f_m(x)\mathrm{d}x=\frac{1}{\sqrt{\pi}}\int_{-\infty}^{\infty}\mathrm{e}^{-(mx)^2}\mathrm{d}mx=1,\quad \lim_{\substack{m\to\infty\\ x\neq 0}}f_m(x)=\lim_{\substack{m\to\infty\\ x\neq 0}}\frac{m}{\sqrt{\pi}}\mathrm{e}^{-(mx)^2}=0,$$

同样也是以 $\delta(x)$ 为极限.

(3) 广义函数级数的极限：

定义 6.3.6　设给定广义函数簇 $\{u_k(x)\}$，令

$$f_m(x)=\sum_{k=1}^{m}u_k(x).$$

若 $\lim\limits_{m\to\infty}(f_m,\varphi)=(f,\varphi)$，则称无穷级数 $\sum\limits_{k=1}^{\infty}u_k(x)$ 收敛于 $f(x)$，记作 $\sum\limits_{k=1}^{\infty}u_k(x)=f(x)$.

同样地，在通常意义下，此级数可能不收敛. 例如，在前面的几个例子中，若令 $u_1(x)=f_1(x)$，$u_k(x)=f_k(x)-f_{k-1}(x)(k=2,3,\cdots)$，则各无穷序列就成了

对应的无穷级数.这些级数都收敛于 $\delta(x)$.

3. $e^{\pm i\omega\cdot x}$ **是** $S(\mathbf{R}^n)$ **上的广义函数,但不是** $E(\mathbf{R}^n)$ **上的广义函数**

对任意 $\omega, x \in \mathbf{R}^n$,$\omega$ 是一个参数,有

$$\omega = (\omega_1, \omega_2, \cdots, \omega_n), \quad x = (x_1, x_2, \cdots, x_n),$$
$$\omega \cdot x = \omega_1 x_1 + \omega_2 x_2 + \cdots + \omega_n x_n,$$

下面将证明 $e^{\pm i\omega\cdot x}$ 是 $S(\mathbf{R}^n)$ 上,当然也是 $D(\mathbf{R}^n)$ 上的广义函数,但不是 $E(\mathbf{R}^n)$ 上的广义函数.为了叙述简单起见,仅就 $n=1$ 给以证明.

证 设 $\{\varphi_m(x)\}$ 是 $S(\mathbf{R})$ 的零序列,则有 $(1+x^2)\varphi_m(x)$ 在 $\mathbf{R}$ 上一致趋于 0.令

$$F^{\pm}\varphi(x) = (e^{\pm i\omega\cdot x}, \varphi(x)) = \int_{-\infty}^{\infty} \varphi(x) e^{\mp i\omega\cdot x} dx.$$

对任意 $\varepsilon > 0$,存在 $M > 0$,当 $m > M$ 时,有 $|(1+x^2)\varphi_m(x)| < \frac{\varepsilon}{\pi}$,即

$$|\varphi_m(x)| < \frac{\varepsilon}{\pi(1+x^2)},$$
$$|F^{\pm}\varphi_m| = \left|\int_{-\infty}^{\infty} e^{\mp i\omega\cdot x}\varphi_m(x)dx\right| \leqslant \int_{-\infty}^{\infty} |\varphi_m(x)| dx$$
$$< \int_{-\infty}^{\infty} \frac{\varepsilon dx}{\pi(1+x^2)} = \frac{\varepsilon}{\pi}\arctan x\Big|_{-\infty}^{\infty} = \varepsilon.$$

则

$$\lim_{m\to\infty}(e^{\pm i\omega\cdot x}, \varphi_m(x)) = 0,$$

这表明,$F^{\pm}$ 为 $S(\mathbf{R})$ 上的线性连续算子,$e^{\pm i\omega\cdot x}$ 是 $S(\mathbf{R})$ 上的广义函数.

下面证明 $F^{\pm}$ 不是 $E(\mathbf{R})$ 上的线性连续算子.

对 $E(\mathbf{R})$ 中的零序列 $\{\varphi_m(x)\}$,

$$\varphi_m(x) = \begin{cases} \exp\left\{\dfrac{a^2}{(x-b_m)^2 - a^2}\right\}, & |x-b_m| < a, \\ 0, & |x-b_m| \geqslant a, \end{cases}$$

其中 $a = \frac{\pi}{2|\omega|}$,$b_m = \frac{2m\pi}{|\omega|}$.则

$$|F^{\pm}\varphi_m| = \left|\int_{-\infty}^{\infty} \varphi_m(x) e^{\mp i\omega\cdot x} dx\right| = \left|\int_{b_m-a}^{b_m+a} \exp\left\{\frac{a^2}{(x-b_m)^2 - a^2} \mp i\omega\cdot x\right\} dx\right|.$$

令 $y = \frac{x-b_m}{a}$,代入积分公式中,得

$$|F^{\pm}\varphi_m| = \left|a e^{i\omega b_m}\int_{-1}^{1} e^{-\frac{1}{1-y^2}}(\cos a\omega y \mp i\sin a\omega y)dy\right|$$
$$= \frac{\pi}{2|\omega|}\int_{-1}^{1} e^{-\frac{1}{1-y^2}} \cos\frac{\pi}{2}y dy > \frac{\pi}{2|\omega|}\int_{-\frac{1}{2}}^{\frac{1}{2}} e^{-\frac{1}{1-y^2}} \cos\frac{\pi}{2}y dy$$

$$> \frac{\pi}{2|\omega|}\mathrm{e}^{-\frac{4}{3}}\int_{-\frac{1}{2}}^{\frac{1}{2}}\cos\frac{\pi}{2}y\mathrm{d}y = \frac{\sqrt{2}}{|\omega|}\mathrm{e}^{-\frac{4}{3}},$$

即对一切 m，均有

$$|F^{\pm}\varphi_m(x)| > \frac{\sqrt{2}}{|\omega|}\mathrm{e}^{-\frac{4}{3}}.$$

这表明 $F^{\pm}$ 不是 $E(\mathbf{R})$ 上的线性连续算子，故 $\mathrm{e}^{\pm\mathrm{i}\omega\cdot x}$ 不是 $E(\mathbf{R})$ 上的广义函数.

由于 $\mathrm{e}^{\pm\mathrm{i}\omega\cdot x} = \mathrm{e}^{\pm\mathrm{i}\omega_1\cdot x_1}\mathrm{e}^{\pm\mathrm{i}\omega_2\cdot x_2}\cdots\mathrm{e}^{\pm\mathrm{i}\omega_n\cdot x_n}$，以上的证明很容易推广到 $n>1$ 的情况.

4. $\delta(\omega)$ 与 $\mathrm{e}^{\pm\mathrm{i}\omega\cdot x}$ 的关系

$\delta(\omega)$ 与 $\mathrm{e}^{\pm\mathrm{i}\omega\cdot x}$ 间有如下的关系：

$$\delta(\omega) = \frac{1}{(2\pi)^n}\int_{\mathbf{R}^n}\mathrm{e}^{\pm\mathrm{i}\omega\cdot x}\mathrm{d}x. \tag{6.3.7}$$

以下仍只以 $n=1$ 来讨论. 对 $n>1$，证明相似，差别仅仅是增加积分的重数而已.

(1) 作为广义函数，有

$$\lim_{|\omega|\to\infty}\mathrm{e}^{\pm\mathrm{i}\omega\cdot x} = 0. \tag{6.3.8}$$

仅就 $n=1$ 给以证明. 由于 $\mathrm{e}^{\pm\mathrm{i}\omega\cdot x}$ 不是 $E(\mathbf{R})$ 上的广义函数，故以下的证明将在 $S(\mathbf{R})$ 上进行. 由于 $D(\mathbf{R})\subset S(\mathbf{R})$，不言而喻，此结论在 $D(\mathbf{R})$ 上也是有效的.

证　对任意 $\varphi(x)\in S(\mathbf{R})$，存在 $c>0$，使 $|\varphi'(x)| < \frac{c}{1+x^2}$. 由于 $\varphi(x)$ 是速降函数，故 $\varphi(\pm\infty)=0$. 又由于

$$\begin{aligned}
|(\mathrm{e}^{\pm\mathrm{i}\omega\cdot x},\varphi)| &= \left|\int_{-\infty}^{\infty}\varphi(x)\mathrm{e}^{\mp\mathrm{i}\omega\cdot x}\mathrm{d}x\right| \\
&= \left|\frac{1}{\mp\mathrm{i}\omega}\mathrm{e}^{\mp\mathrm{i}\omega\cdot x}\varphi(x)\right|_{-\infty}^{\infty} \pm \frac{1}{\mathrm{i}\omega}\int_{-\infty}^{\infty}\varphi'(x)\mathrm{e}^{\mp\mathrm{i}\omega\cdot x}\mathrm{d}x\Big| \\
&= \frac{1}{|\omega|}\left|\int_{-\infty}^{\infty}\varphi'(x)\mathrm{e}^{\mp\mathrm{i}\omega\cdot x}\mathrm{d}x\right| \leqslant \frac{1}{|\omega|}\int_{-\infty}^{\infty}|\varphi'(x)|\mathrm{d}x \\
&< \frac{1}{|\omega|}\int_{-\infty}^{\infty}\frac{c}{1+x^2}\mathrm{d}x = \frac{c\pi}{|\omega|},
\end{aligned}$$

即有

$$\lim_{|\omega|\to\infty}(\mathrm{e}^{\pm\mathrm{i}\omega\cdot x},\varphi) = 0 \quad (\forall\varphi\in S(\mathbf{R})),$$

故作为 $S(\mathbf{R})$ 上的广义函数，(6.3.8) 式成立.

显然，对 $\mathrm{e}^{\pm\mathrm{i}\omega\cdot x}$，$x$ 和 ω 处于完全对等的地位，作为 ω 的广义函数，同样有

$$f(\omega) = \lim_{|x|\to\infty}|x|^p\mathrm{e}^{\pm\mathrm{i}\omega\cdot x} = 0. \tag{6.3.9}$$

作为常义下的函数，$\lim\limits_{|\omega|\to\infty}\mathrm{e}^{\pm\mathrm{i}\omega\cdot x}$ 是不存在的. 但作为 $S'(\mathbf{R}^n)$ 中和 $D'(\mathbf{R}^n)$ 中的广义函数，这个极限为 0.

类似地，通过多次分部积分，可以证明，对一切实常数 p，有

$$\lim_{|\omega|\to\infty} |\omega|^p e^{\pm i\omega\cdot x} = 0. \tag{6.3.9}$$

(2) 证明

$$\int_{\mathbf{R}^n} e^{\pm i\omega\cdot x} dx = (2\pi)^n \delta(\omega). \tag{6.3.10}$$

同样只就 $n=1$ 给予证明. 对于 $n>1$,证明作为习题,留给读者自己完成.

证　当 $\omega \neq 0$ 时,有

$$\int_{-\infty}^{\infty} e^{\pm i\omega\cdot x} dx = \frac{1}{\pm i\omega} e^{\pm i\omega\cdot x}\Big|_{-\infty}^{\infty} = 0.$$

由此知,对任意 $a>0$,有

$$\begin{aligned}\int_{-\infty}^{\infty}\left(\int_{-\infty}^{\infty} e^{\pm i\omega\cdot x} dx\right) d\omega &= \int_{-a}^{a}\left(\int_{-\infty}^{\infty} e^{\pm i\omega\cdot x} dx\right) d\omega = \int_{-a}^{a} \lim_{R\to\infty}\int_{-R}^{R} e^{\pm i\omega\cdot x} dx d\omega \\ &= \lim_{R\to\infty} 2\int_{-a}^{a} \frac{\sin\omega R}{\omega} d\omega = \lim_{R\to\infty} 2\int_{-aR}^{aR} \frac{\sin y}{y} dy \\ &= 2\int_{-\infty}^{\infty} \frac{\sin y}{y} dy = 2\pi,\end{aligned}$$

即有

$$\int_{-\infty}^{\infty} e^{\pm i\omega\cdot x} dx = 2\pi\delta(\omega).$$

完全类似地,可以证明:

$$\lim_{x\to\infty} \pm \frac{e^{\pm i\omega\cdot x}}{i\omega} = \pi\delta(\omega), \quad \lim_{x\to-\infty} \pm \frac{e^{\pm i\omega\cdot x}}{i\omega} = -\pi\delta(\omega). \tag{6.3.11}$$

§6.4　广义函数的运算性质

1. 平移

$$\begin{aligned}(f(x-a),\varphi(x)) &= \int_{\mathbf{R}^n} \overline{f(x-a)}\varphi(x) dx = \int_{\mathbf{R}^n} \overline{f(x)}\varphi(x+a) dx \\ &= (f(x),\varphi(x+a)).\end{aligned} \tag{6.4.1}$$

由此,有

$$\begin{aligned}(\delta_\xi(x),\varphi(x)) = \varphi(\xi) &= \int_{\mathbf{R}^n} \delta(x)\varphi(x+\xi) dx \\ &= \int_{\mathbf{R}^n} \delta(x-\xi)\varphi(x) dx = (\delta(x-\xi),\varphi(x)) \\ &\Rightarrow \delta_\xi(x) = \delta(x-\xi).\end{aligned} \tag{6.4.2}$$

2. 相似变换

设 $\alpha\in\mathbf{R}$,$\xi=\alpha x$,即 $\xi_j=\alpha x_j$. 注意在定积分中,为保持积分下限小于上限,dx_j 和 $d\xi_j$ 均取正值,有

$$\mathrm{d}x = \mathrm{d}x_1\mathrm{d}x_2\cdots\mathrm{d}x_n = \frac{1}{|\alpha|^n}\mathrm{d}|\alpha|x_1\mathrm{d}|\alpha|x_2\cdots\mathrm{d}|\alpha|x_n$$
$$= \frac{1}{|\alpha|^n}\mathrm{d}\xi_1\mathrm{d}\xi_2\cdots\mathrm{d}\xi_n = \frac{1}{|\alpha|^n}\mathrm{d}\xi.$$

由此有

$$(f(\alpha x),\varphi(x)) = \int_{\mathbf{R}^n}\overline{f(\alpha x)}\varphi(x)\mathrm{d}x = \frac{1}{|\alpha|^n}\int_{\mathbf{R}^n}\overline{f(x)}\varphi\left(\frac{x}{\alpha}\right)\mathrm{d}x$$
$$= \frac{1}{|\alpha|^n}\left(f(x),\varphi\left(\frac{x}{\alpha}\right)\right). \tag{6.4.3}$$

对 $\alpha=-1$,有

$$(f(-x),\varphi(x)) = (f(x),\varphi(-x)),$$
$$(\delta(-x),\varphi(x)) = (\delta(x),\varphi(-x)) = \varphi(0) = (\delta(x),\varphi(x))$$
$$\Rightarrow\delta(-x) = \delta(x). \tag{6.4.4}$$

3. 广义函数与无限可微函数的乘积

设 $g(x)$ 为无限可微的实函数,

$$(gf,\varphi) = \int_{\mathbf{R}^n}\overline{f(x)}g(x)\varphi(x)\mathrm{d}x = (f,g\varphi). \tag{6.4.5}$$

对于速降函数空间,为保证 $g\varphi\in S(\mathbf{R}^n)$,$g(x)$ 还应是缓增函数.

对 δ 函数,有

$$(g\delta,\varphi) = (\delta,g\varphi) = g(0)\varphi(0) = g(0)(\delta,\varphi) = (g(0)\delta,\varphi)$$
$$\Rightarrow g(x)\delta(x) = g(0)\delta(x). \tag{6.4.6}$$

4. 广义函数的直接乘积

(1) 若 $\varphi(x_1,x_2)\in F(\mathbf{R}^2)$,$f_1(x_1)$ 为 $F(\mathbf{R})$ 上的广义函数,即 $f_1(x_1)\in F'(\mathbf{R})$,则

$$g(x_2) = (f_1(x_1),\varphi(x_1,x_2))\in F(\mathbf{R}).$$

证 由于$(f_1(x_1),\varphi(x_1,x_2))$定义的是一个线性连续泛函,故 $g(x_2)$ 必连续.又

$$\frac{\mathrm{d}g(x_2)}{\mathrm{d}x_2} = \lim_{\Delta x_2\to 0}\frac{g(x_2+\Delta x_2)-g(x_2)}{\Delta x_2}$$
$$= \lim_{\Delta x_2\to 0}\left(f_1(x_1),\frac{\varphi(x_1,x_2+\Delta x_2)-\varphi(x_1,x_2)}{\Delta x_2}\right)$$
$$= \lim_{\Delta x_2\to 0}\int_{\mathbf{R}}\overline{f_1(x_1)}\left[\frac{\partial\varphi(x_1,x_2)}{\partial x_2}+\frac{\partial^2\varphi(x_1,x_2+\theta\Delta x_2)}{\partial x_2^2}\Delta x_2\right]\mathrm{d}x_1$$
$$= \int_{\mathbf{R}}\overline{f_1(x_1)}\frac{\partial\varphi(x_1,x_2)}{\partial x_2}\mathrm{d}x_1 + \lim_{\Delta x_2\to 0}\Delta x_2\int_{\mathbf{R}}\overline{f_1(x_1)}\frac{\partial^2\varphi(x_1,x_2+\theta\Delta x_2)}{\partial x_2^2}\mathrm{d}x_1$$
$$= \int_{\mathbf{R}}f_1(x_1)\frac{\partial\varphi(x_1,x_2)}{\partial x_2}\mathrm{d}x_1 = \left(f_1(x_1),\frac{\partial\varphi(x_1,x_2)}{\partial x_2}\right).$$

用数学归纳法不难证明，对任意正整数 k，有

$$\frac{\mathrm{d}^k g(x_2)}{\mathrm{d}x_2^k} = \int_{\mathbf{R}} \overline{f(x_1)} \frac{\partial^k \varphi(x_1,x_2)}{\mathrm{d}x_2^k}\mathrm{d}x_1 = \left(f_1(x_1),\frac{\partial^k \varphi(x_1,x_2)}{\partial x_2^k}\right)$$

显然，若 $\varphi \in S(\mathbf{R}^2)$ 或 $\varphi \in D(\mathbf{R}^2)$，则 $g(x_2) \in S(\mathbf{R})$ 或 $g_2(x) \in D(\mathbf{R})$；若 $\{\varphi_m\}$ 是 $F(\mathbf{R}^2)$ 上的零序列；则 $\{g_m(x_2)\}$ 是 $F(\mathbf{R})$ 上的零序列.

(2) 若 $f_1(x_1)$ 和 $f_2(x_2)$ 为 $F(\mathbf{R})$ 上的广义函数，则 $f(x_1,x_2) = f_1(x_1)f_2(x_2)$ 是 $F(\mathbf{R}^2)$ 上的广义函数.

(f,φ) 为 $F(\mathbf{R}^2)$ 上的线性泛函是显然的，故只需证明其连续性. 事实上，

$$\begin{aligned}(f(x_1,x_2),\varphi(x_1,x_2)) &= \int_{-\infty}^{\infty}\int_{-\infty}^{\infty} f_2(x_2)f_1(x_1)\varphi(x_1,x_2)\mathrm{d}x_1\mathrm{d}x_2 \\ &= \int_{-\infty}^{\infty} f_2(x)\int_{-\infty}^{\infty} f_1(x_1)\varphi(x_1,x_2)\mathrm{d}x_1\mathrm{d}x_2 \\ &= \int_{-\infty}^{\infty} f_2(x_2)g(x_2)\mathrm{d}x_2 = (f_2(x_2),g(x_2)).\end{aligned}$$

由于 $g(x_2) \in F(\mathbf{R})$，$f_2(x_2) \in F'(\mathbf{R})$，故由 (f_2,g) 的连续性知 (f,φ) 也是连续的. 这表明 (f,φ) 定义了 $F(\mathbf{R}^2)$ 上的一个广义函数 $f(x_1,x_2) = f_1(x_1)f_2(x_2)$.

以上情况不难推广到 $f(x_1,x_2,\cdots,x_n) = f(x) = f_1(x_1)\cdots f_n(x_n)$ 的情况.

利用这一结果，很容易证明，对 $x \in \mathbf{R}^n$，有

$$\delta(x) = \delta(x_1)\delta(x_2)\cdots\delta(x_n). \tag{6.4.7}$$

事实上，对 $f(x) = \delta(x_1)\delta(x_2)\cdots\delta(x_n)$，有

$$\begin{aligned}(f,\varphi) &= \int_{\mathbf{R}^n}\delta(x_1)\delta(x_2)\cdots\delta(x_n)\varphi(x_1,x_2,\cdots,x_n)\mathrm{d}x_1\mathrm{d}x_2\cdots\mathrm{d}x_n \\ &= \int_{\mathbf{R}^{n-1}}\delta(x_2)\cdots\delta(x_n)\varphi(0,x_2,\cdots,x_n)\mathrm{d}x_2\cdots\mathrm{d}x_n \\ &= \varphi(0) = (\delta(x),\varphi(x)),\end{aligned}$$

即有

$$\delta(x) = f(x) = \delta(x_1)\delta(x_2)\cdots\delta(x_n).$$

5. 微分运算

(1) 关于广义函数的微分运算：

设 $x \in \mathbf{R}$，对于广义函数 $f(x)$，由于

$$(f(x),\varphi(x)) = \int_{-\infty}^{\infty} \overline{f(x)}\varphi(x)\mathrm{d}x$$

存在，故必有

$$\lim_{|x|\to\infty} \overline{f(x)}\varphi(x) = 0.$$

由此，若作为常义函数 $f'(x)$ 存在，利用分部积分法，有

$$(f'(x),\varphi(x))=\int_{-\infty}^{\infty}\overline{f'(x)}\varphi(x)\mathrm{d}x=\overline{f(x)}\varphi(x)\Big|_{-\infty}^{\infty}-\int_{-\infty}^{\infty}\overline{f(x)}\varphi'(x)\mathrm{d}x$$

$$=-\int_{-\infty}^{\infty}\overline{f(x)}\varphi'(x)\mathrm{d}x=-(f(x),\varphi'(x)).$$

对于一般的广义函数,如果从常义函数的角度看 $f'(x)$ 可能是在一系列点上不存在,甚至本身就是无意义的.因为不仅有点点不连续的函数,也有点点连续,点点不可微的函数.但作为广义函数,则认为 $f(x)$ 是无限可微的,并由

$$(f'(x),\varphi(x))=-(f(x),\varphi'(x)),\quad\cdots,$$
$$(f^{(k)}(x),\varphi(x))=(-1)^k(f(x),\varphi^{(k)}(x))\tag{6.4.8}$$

来定义它的各阶导数.

(2) 阶跃函数(Heaviside 函数)及其导数:

阶跃函数 $H(x)$ 的定义为

$$H(x)=\begin{cases}1, & x>0,\\ 0, & x<0.\end{cases}\tag{6.4.9}$$

$H(x)$ 是 $S(\mathbf{R})$ 和 $D(\mathbf{R})$ 上的广义函数,但不是 $E(\mathbf{R})$ 上的广义函数.这一点,采用 $E(\mathbf{R}^n)$ 中的零序列

$$\varphi_m(x)=\begin{cases}\exp\left\{\dfrac{-(x-m)^2}{1-(x-m)^2}\right\}, & |x-m|<1,\\ 0, & |x-m|\geqslant 1.\end{cases}$$

很容易证明.故以下的讨论仅在 $S(\mathbf{R})$ 和 $D(\mathbf{R})$ 上有意义.

由广义函数导数的定义,有

$$(H'(x),\varphi(x))=-(H(x),\varphi'(x))=-\int_0^{\infty}\varphi'(x)\mathrm{d}x$$
$$=-\varphi(x)\Big|_{-\infty}^{\infty}=\varphi(0)=(\delta(x),\varphi(x)),$$

即作为广义函数,阶跃函数的导数为 $\delta(x)$,

$$H'(x)=\delta(x).\tag{6.4.10}$$

§6.5　广义函数的坐标变换

1. 坐标变换

设 $x=(x_1,x_2,\cdots,x_n)$ 和 $y=(y_1,y_2,\cdots,y_n)$ 为 $\mathbf{R}^n$ 中的两个不同坐标系,$y=y(x)$.当由坐标系 x 转换到坐标系 y 时,同一广义函数,它在此二不同坐标系下的表达形式间有什么关系呢?

设 x 对 y 之雅可比(Jacobi)行列式

$$J=\frac{Dx}{Dy}=\frac{D(x_1,x_2,\cdots,x_n)}{D(y_1,y_2,\cdots,y_n)}=\begin{vmatrix}\frac{\partial x_1}{\partial y_1} & \frac{\partial x_2}{\partial y_1} & \cdots & \frac{\partial x_n}{\partial y_1}\\ \vdots & \vdots & & \vdots\\ \frac{\partial x_1}{\partial y_n} & \frac{\partial x_2}{\partial y_n} & \cdots & \frac{\partial x_n}{\partial y_n}\end{vmatrix}$$

恒不为 0,则有

$$\begin{aligned}(f,\varphi)&=\int_{\mathbf{R}^n}f(x)\varphi(x)\mathrm{d}x=\int_{R^n}p(y)\psi(y)\,|J|\,\mathrm{d}y\\&=\int_{\mathbf{R}^n}P(y)\psi(y)\mathrm{d}y=(P,\psi),\end{aligned}$$

其中

$$p(y)=p(y(x))=f(x),\quad \psi(y)=\psi(y(x))=\varphi(x),\quad P(y)=|J|\,p(y).$$

由此得

$$f(x)=\frac{P(y)}{|J|}.\tag{6.5.1}$$

特别地,对 $f(x)=\delta(x-\xi)$,设 $y=y(x)$,$\eta=y(\xi)$,则有

$$(\delta(x-\xi),\varphi(x))=\varphi(\xi)=\psi(\eta)=\int_{\mathbf{R}^n}P(y)\psi(y)\mathrm{d}y=(\delta(y-\eta),\psi(y)),$$

即 $P(y)=\delta(y-\eta)$. 由此可知,有

$$\delta(x-\xi)=\frac{\delta(y-\eta)}{|J|}=\frac{\delta(y-\eta)}{|J_0|},\tag{6.5.2}$$

其中 J_0 表示 J 在 $y=\eta$,也就是在 $x=\xi$ 之值.

在上面的讨论中,如果 $g(x)=y-\eta$ 不止一个一阶零点,而是有 m 个一阶零点,应如何计算积分

$$I=\int_{\mathbf{R}^n}\delta(g(x))\varphi(x)\mathrm{d}x=(\delta(g(x)),\varphi(x))$$

之值呢?下面仅就 $n=1$ 给以说明. 对 $n>1$,利用 $\delta(y-\eta)=\delta(y_1-\eta_1)\cdots\delta(y_n-\eta_n)$,不难得到相关的结果.

对 $n=1$,设 $g(x)$ 有 m 个零点 $\xi_1,\xi_2,\cdots,\xi_m$. 这时,

$$|J|=\left|\frac{\mathrm{d}x}{\mathrm{d}y}\right|=\frac{1}{|g'(x)|}.$$

设 $b_0=-\infty$,$b_m=\infty$,$\xi_j<b_j<\xi_{j+1}(j=1,2,\cdots,m-1)$. 有

$$\begin{aligned}I&=\sum_{j=1}^m\int_{b_{j-1}}^{b_j}\delta(g(x))\varphi(x)\mathrm{d}x=\sum_{j=1}^m\int_{b_{j-1}}^{b_j}|J|\,\delta(x-\xi_j)\varphi(x)\mathrm{d}x\\&=\sum_{j=1}^m\int_{b_{j-1}}^{b_j}\frac{\delta(x-\xi_j)}{|g'(x)|}\varphi(x)\mathrm{d}x=\sum_{j=1}^m\int_{-\infty}^{\infty}\frac{\delta(x-\xi_j)}{|g'(\xi_j)|}\varphi(x)\mathrm{d}x\\&=\sum_{j=1}^m\frac{\varphi(\xi_j)}{|g'(\xi_j)|}=\left(\sum_{j=1}^m\frac{\delta(x-\xi_j)}{|g'(\xi_j)|},\varphi(x)\right),\end{aligned}$$

即对 $g(x)$ 有 m 个一阶零点 $\xi_1,\xi_2,\cdots,\xi_m$ 时，有

$$\delta(g(x))=\sum_{j=1}^{m}\frac{\delta(x-\xi_j)}{|g'(\xi_j)|}. \tag{6.5.3}$$

类似地，对于高维的情况，有 $g=(g_1,g_2,\cdots,g_n)$，若对 $\xi_j=(\xi_{1j},\xi_{2j},\cdots,\xi_{mj})(j=1,2,\cdots,m)$，$g(\xi_j)=0$，均为一阶零点，且 $g(x)$ 无其他零点，则有

$$\delta(g(x))=\sum_{j=1}^{m}|J_j|\delta(x-\xi_j), \tag{6.5.4}$$

其中

$$J_j=\frac{Dx}{Dg}\bigg|_{x=\xi_j}=\frac{D(x_1,x_2,\cdots,x_n)}{D(g_1,g_2,\cdots,g_n)}\bigg|_{x=\xi_j}. \tag{6.5.5}$$

2. $\delta(x)$ 与在 $x=0$ 处连续的函数的积分值

$$\begin{aligned}\int_{-\infty}^{\infty}\delta(x)f(x)\mathrm{d}x&=\lim_{m\to\infty}\int_{-\frac{1}{m}}^{\frac{1}{m}}\frac{m}{2}f(x)\mathrm{d}x\\&=\lim_{m\to\infty}\left[\int_{-\frac{1}{m}}^{\frac{1}{m}}f(0)\cdot\frac{m}{2}\mathrm{d}x+\frac{m}{2}\int_{-\frac{1}{m}}^{\frac{1}{m}}(f(x)-f(0))\mathrm{d}x\right]\\&=f(0)+\lim_{m\to\infty}\frac{m}{2}\int_{-\frac{1}{m}}^{\frac{1}{m}}(f(x)-f(0))\mathrm{d}x\\&=f(0).\end{aligned} \tag{6.5.6}$$

这里利用了 $f(x)$ 在 0 点连续.

这一结论，不难推广到高维的情况. 同样地，利用(6.5.4)式，若 $g(x)$ 有 m 个一阶零点 $\xi_1,\xi_2,\cdots,\xi_m$，且 $f(x)$ 在 $\xi_1,\xi_2,\cdots,\xi_m$ 处连续，则有

$$\begin{aligned}\int_{\mathbf{R}^n}\delta(g(x))f(x)\mathrm{d}x&=\sum_{j=1}^{m}\int_{\mathbf{R}^n}|J_1|\delta(x-\xi_j)f(x)\mathrm{d}x\\&=\sum_{j=1}^{m}|J_j|f(\xi_j).\end{aligned} \tag{6.5.7}$$

例 1　计算积分

$$I=\int_{-\infty}^{\infty}\delta(9x^2+4)f(x)\mathrm{d}x.$$

解　由于 $g(x)=9x^2+4$ 没有零点，$\delta(g(x))=0$，故有 $I=0$.

例 2　计算积分

$$I=\int_{-\infty}^{\infty}\delta(x^3-x^2-2x)\mathrm{ch}x\mathrm{d}x.$$

解　$g(x)=x^3-x^2-2x=x(x+1)(x-2)$，有三个一阶零点 $x=-1,0$ 和 2，$g'(x)=3x^2-2x-2$，则

$$I=\frac{\mathrm{ch}(-1)}{|g'(-1)|}+\frac{\mathrm{ch}0}{|g'(0)|}+\frac{\mathrm{ch}2}{|g'(2)|}=\frac{\mathrm{ch}1}{3}+\frac{1}{2}+\frac{\mathrm{ch}2}{6}.$$

3. 不同坐标系下的 δ 函数

前面都是在直角坐标系下给出的 δ 函数，但在解题过程中，可能会采用别的形式的坐标系，其中最常见的有平面极坐标系、柱坐标系和球坐标系. 由于平面极坐标系可由柱坐标系去掉 z 轴坐标给出，故下面只就柱坐标系和球坐标系作相应推导.

(1) 柱坐标系下的 δ 函数：

如图 6.5.1 所示，设 $x=(x_1,x_2,x_3)=(\rho,\theta,z)\in\mathbf{R}^3$，有

$$\begin{cases} x_1=\rho\cos\theta, \\ x_2=\rho\sin\theta, \\ x_3=z, \end{cases}$$

$$J=\frac{D(x_1,x_2,x_3)}{D(\rho,\theta,z)}=\begin{vmatrix} \cos\theta & \sin\theta & 0 \\ -\rho\sin\theta & \rho\cos\theta & 0 \\ 0 & 0 & 1 \end{vmatrix}=\rho.$$

由于 $\rho\geqslant 0$，故 $|J|=J=\rho$. 由(6.5.2)式，有

$$\delta(x-x')=\frac{1}{\rho}\delta(\rho-\rho')\delta(\theta-\theta')\delta(z-z')\quad(\rho'\neq 0), \tag{6.5.8}$$

此式在 $\rho'\neq 0$ 时适用.

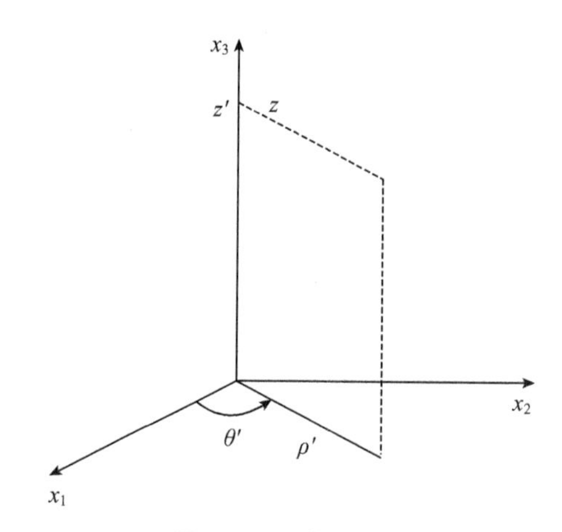

图 6.5.1 柱坐标系

当 $x'=(0,0,x'_3)$ 时，奇点在 $z=z'$，$\rho'=0$ 处，即在 z 轴上. 这时 $\delta(x)$ 具有轴对称性，与角度 θ 无关. 据此，有

$$\begin{aligned}\int_{\mathbf{R}^3}\delta(x-x')\mathrm{d}x&=\int_0^{2\pi}\int_{-\infty}^{\infty}\int_0^{\infty}\rho\delta(x-x')\mathrm{d}\rho\mathrm{d}z\mathrm{d}\theta \\ &=2\pi\int_{-\infty}^{\infty}\int_0^{\infty}\rho\delta(x-x')\mathrm{d}\rho\mathrm{d}z\end{aligned}$$

$$= 1 = \int_{-\infty}^{\infty}\int_{0}^{\infty}\delta(\rho)\delta(z-z')\mathrm{d}\rho\mathrm{d}z.$$

由此知，当 x' 处于 z 轴上时，有

$$\delta(x-x') = \frac{\delta(\rho)\delta(z-z')}{2\pi\rho} \quad (\rho' = 0). \tag{6.5.9}$$

在(6.5.8)和(6.5.9)式中，去掉 $\delta(z-z')$，就得到平面极坐标系下 δ 函数的相应结果.

(2) 球坐标系下的 δ 函数：

如图 6.5.2 所示，对球坐标系 $x = (x_1, x_2, x_3) = (r,\theta,\psi)$，有

$$\begin{cases} x_1 = r\cos\psi\sin\theta, \\ x_2 = r\sin\psi\sin\theta, \\ x_3 = r\cos\theta; \end{cases}$$

$$J = \frac{D(x_1,x_2,x_3)}{D(r,\theta,\psi)} = \begin{vmatrix} \cos\psi\sin\theta & \sin\psi\sin\theta & \cos\theta \\ r\cos\psi\cos\theta & r\sin\psi\cos\theta & -r\sin\theta \\ -r\sin\psi\sin\theta & r\cos\psi\sin\theta & 0 \end{vmatrix}$$

$$= r^2\sin\theta \geqslant 0 \quad (0 \leqslant \theta \leqslant \pi);$$

$$|J| = r^2\sin\theta;$$

$$\delta(x-x') = \frac{1}{r^2\sin\theta}\delta(r-r')\delta(\theta-\theta')\delta(\psi-\psi'), \tag{6.5.10}$$

其中(6.5.10)式在 $r' \neq 0, \theta' \neq 0$ 或 π 时适用.

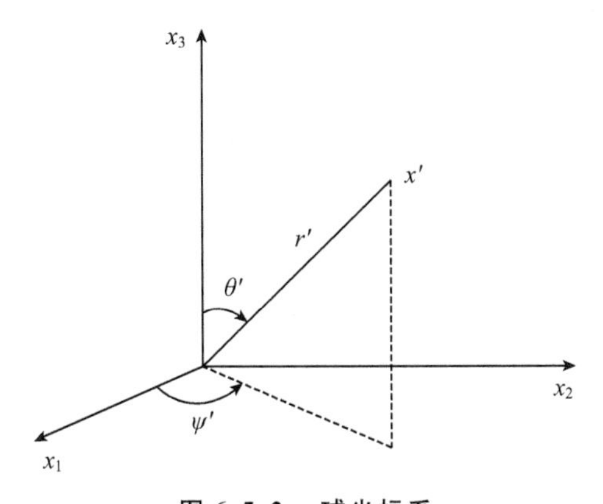

图 6.5.2　球坐标系

若 $r' = 0$，即奇点在原点 $x' = 0$ 处，$\delta(x)$ 具有球对称性，即与 θ 和 ψ 无关，有

$$\int_{\mathbf{R}^3}\delta(x)\mathrm{d}x = \int_0^{2\pi}\int_0^{\pi}\int_0^{\infty}\delta(x)r^2\sin\theta\mathrm{d}r\mathrm{d}\theta\mathrm{d}\psi$$

$$= 4\pi\int_0^{\infty}r^2\delta(x)\mathrm{d}r = 1 = \int_0^{\infty}\delta(r)\mathrm{d}r.$$

故有

$$\delta(x)=\frac{\delta(r)}{4\pi r^2}. \tag{6.5.11}$$

若 $r'\neq 0,\theta'=0$ 或 π，即奇点在 x_3 轴上，$\delta(x-x')$ 与 ψ 无关，有

$$\begin{aligned}\int_{\mathbf{R}^3}\delta(x-x')\mathrm{d}x&=\int_0^{2\pi}\int_0^{\pi}\int_0^{\infty}r^2\delta(x-x')\sin\theta\mathrm{d}r\mathrm{d}\theta\mathrm{d}\psi\\&=2\pi\int_0^{\pi}\int_0^{\infty}r^2\delta(x-x')\sin\theta\mathrm{d}r\mathrm{d}\theta\\&=1=\int_0^{\pi}\int_0^{\infty}\delta(r-r')\delta(\theta-\theta')\mathrm{d}r\mathrm{d}\theta.\end{aligned}$$

由此知应有

$$\delta(x-x')=\frac{1}{2\pi r^2\sin\theta}\delta(r-r')\delta(\theta-\theta'). \tag{6.5.12}$$

习　　题

1. 对三个函数空间 $E(\mathbf{R})$，$S(\mathbf{R})$ 和 $D(\mathbf{R})$，下列函数可分别看作是什么函数空间上的广义函数?请试证明：

(1) $\sin x$ 和 $\cos x$；　(2) $\mathrm{sh}x$ 和 $\mathrm{ch}x$；　(3) $x\mathrm{e}^{x^2}$；　(4) $1+x^2$；

(5) $f(x)=\begin{cases}1, & |x|\leqslant 1,\\ 0, & |x|>1.\end{cases}$

2. 设 n 为任一正整数，$f_n(x)$ 为任一 n 次多项式，试证明 $f_n(x)\in S'(\mathbf{R})$，但 $f_n(x)\notin E'(\mathbf{R})$.

3. 设 $f(x)\in E(\mathbf{R})$，试证明

$$\int_{-\infty}^{\infty}\delta^{(m)}(x)f(x)\mathrm{d}x=(-1)^m f^{(m)}(0).$$

4. 若 $f(x)$ 在 $x=0$ 有左极限 $f(0^+)$ 和右极限 $f(0^-)$，且 $f(0^+)\neq f(0^-)$，对 $a<0<b$. 证明：

$$\int_a^b f(x)\delta(x)\mathrm{d}x=\frac{1}{2}[f(0^+)+f(0^-)].$$

5. 对 $n>1,x,\omega\in\mathbf{R}^n$，利用 $\delta(x)=\delta(x_1)\delta(x_2)\cdots\delta(x_n)$，$x\omega=x_1\omega_1+x_2\omega_2+\cdots+x_n\omega_n$，$\mathrm{d}\omega=\mathrm{d}\omega_1\mathrm{d}\omega_2\cdots\mathrm{d}\omega_n$. 证明：

$$\int_{\mathbf{R}^n}\mathrm{e}^{\pm\mathrm{i}\omega\cdot x}\mathrm{d}\omega=(2\pi)^n\delta(x).$$

6. 计算下列积分，其中 $f(x)\in E(\mathbf{R})$：

(1) $\int_{-\infty}^{\infty}f(x)\delta(3x^2+1)\mathrm{d}x$；　(2) $\int_{-\infty}^{\infty}f(x)\delta(x^3-6x^2+11x-6)\mathrm{d}x$；

(3) $\int_{-\infty}^{\infty}f(x)\delta(\mathrm{sh}x)\mathrm{d}x$；　(4) $\int_{-\infty}^{\infty}f(x)\delta(\mathrm{ch}x-2x-1)\mathrm{d}x$；

(5) $\int_{-\infty}^{\infty} f(x)\delta'(x+1)\mathrm{d}x$；　　(6) $\int_{-\infty}^{\infty} f(x)\dfrac{\mathrm{d}^2\delta(x^2-1)}{\mathrm{d}x^2}\mathrm{d}x$.

7. 设

$$f(x)=\begin{cases}x, & x>0,\\ 3x, & x<0.\end{cases}$$

计算积分

$$\int_{-\infty}^{\infty} f(x)\delta'(x)\mathrm{d}x.$$

8. 在广义函数的意义下，证明：

$$\nabla^2\left(\frac{1}{r}\right)=-4\pi\delta(x),$$

其中 $x\in\mathbf{R}^3$，$r=|x|=(x_1^2+x_2^2+x_3^2)^{\frac{1}{2}}$，$\nabla^2$ 为三维拉普拉斯算子，有

$$\nabla^2=\frac{\partial^2}{\partial x_1^2}+\frac{\partial^2}{\partial x_2^2}+\frac{\partial^2}{\partial x_3^2}.$$

9. 对速降函数空间 $S(\mathbf{R})$ 上的广义函数，计算下列积分：

(1) $\int_{-\infty}^{\infty} \mathrm{e}^{\mathrm{i}(\omega-1)\cdot x}\mathrm{d}x$；　　(2) $\int_{-\infty}^{\infty} \mathrm{e}^{\mathrm{i}\omega\cdot x}\cos\alpha x\,\mathrm{d}x$；

(3) $\int_{-\infty}^{\infty} \mathrm{e}^{-\mathrm{i}\omega\cdot x}\sin 3x\mathrm{d}x$；　　(4) $\int_{-\infty}^{\infty} x\mathrm{e}^{\mathrm{i}\omega\cdot x}\mathrm{d}x$.

第七章　二阶常微分方程的级数解法和本征值问题

二阶常微分方程的级数解法和本征值问题，是用分离变量法求解二阶线性偏微分方程的理论基础.用分离变量法求解线性偏微分方程时，是将偏微分方程按自变量分解成对不同自变量的常微分方程定解问题，再通过求解不同常微分方程的本征值问题得到相应的本征函数族，最后给出偏微分方程定解问题的解.而这样处理的依据就是可将解函数按本征函数族作广义傅里叶展开.

§7.1　二阶常微分方程的级数解法

对二阶线性齐次常微分方程

$$Ly = y'' + a(x)y' + b(x)y = 0, \tag{7.1.1}$$

将其解在某点展开成级数，然后代入方程(7.1.1)中，得到级数系数的递推公式，最后给出级数解，是常采用的求解方法之一.当然，这个级数解有一个收敛半径，即它的适用范围.在这个收敛范围之外，该级数不再适用.

1. 方程的常点和奇点

定义 7.1.1　对方程(7.1.1)，若在点 x_0 处 $a(x)$ 和 $b(x)$ 都解析，称 x_0 为该方程的**常点**，否则称为**奇点**.若 x_0 为方程的奇点，但是 $(x-x_0)a(x)$ 和 $(x-x_0)^2b(x)$ 的解析点(或可去奇点)，则称 x_0 为(7.1.1)的**正则奇点**，否则称为**非正则奇点**.

若 x_0 为 ∞，可引入变换 $x=\dfrac{1}{\zeta}$，将(7.1.1)式变为

$$\frac{d^2y}{d\zeta^2} + p(\zeta)\frac{dy}{d\zeta} + q(\zeta)y = 0. \tag{7.1.2}$$

若 $\zeta=0$ 是(7.1.2)式的常点，则 $x=\infty$ 就是(7.1.1)式的常点；若 $\zeta=0$ 是(7.1.2)的某类奇点，则 $x=\infty$ 就是(7.1.1)式的同类奇点.

2. 刘维尔定理

定理 7.1.1　设 $y_1(x)$ 为方程(7.1.1)的一个已知解，则对与 $y_1(x)$ 线性无关的另一个解 $y_2(x)$，有

$$\frac{d}{dx}\left(\frac{y_2(x)}{y_1(x)}\right) = \frac{A}{y_1^2(x)}e^{-\int a(x)dx}, \tag{7.1.3}$$

其中 A 为任意常数.

证　因 y_1 和 y_2 均满足(7.1.1)式,故有

$$\begin{aligned}y_1Ly_2-y_2Ly_1&=y_1y''_2-y_2y''_1+a(x)(y_1y'_2-y_2y'_1)\\&=(y_1y'_2-y_2y'_1)'+a(x)(y_1y'_2-y_2y'_1)\\&=0.\end{aligned}$$

由于 y_1 和 y_2 线性无关,故有 $y_1y'_2-y_2y'_1\neq 0$,得

$$\frac{(y_1y'_2-y_2y'_1)'}{y_1y'_2-y_2y'_1}=\frac{\mathrm{d}}{\mathrm{d}x}\ln|y_1y'_2-y_2y'_1|=-a(x).$$

将上式两边积分后,再同除以 y_1^2 就可得到(7.1.3).

3. 常点附近的级数解

在(7.1.1)式中,若 x_0 为常点,则 $a(x)$ 和 $b(x)$ 在 x_0 处解析,可将 $a(x)$ 和 $b(x)$ 在 x_0 处展成泰勒级数,即有

$$a(x)=\sum_{k=0}^{\infty}a_k(x-x_0)^k,\quad b(x)=\sum_{k=0}^{\infty}b_k(x-x_0)^k.\tag{7.1.4}$$

现在看看解函数 $y(x)$ 能否也在 x_0 处展成泰勒级数.可先假定

$$y(x)=\sum_{k=0}^{\infty}C_k(x-x_0)^k.\tag{7.1.5}$$

以此代入(7.1.1)中,看能否有解.若有解,则 x_0 也是解函数的解析点.

将(7.1.4)和(7.1.5)式代入(7.1.1)中,得

$$\begin{aligned}&\sum_{k=0}^{\infty}(k+1)(k+2)C_{k+2}(x-x_0)^k+\left[\sum_{l=0}^{\infty}a_l(x-x_0)^l\right]\left[\sum_{k=0}^{\infty}(k+1)C_{k+1}(x-x_0)^k\right]\\&\qquad+\left[\sum_{l=0}^{\infty}b_l(x-x_0)^l\right]\left[\sum_{k=0}^{\infty}C_k(x-x_0)^k\right]\\&=\sum_{k=0}^{\infty}\left\{(k+1)(k+2)C_{k+2}+\sum_{l=0}^{k}\left[(k+1-l)a_lC_{k+1-l}+b_lC_{k-l}\right](x-x_0)^k\right\}\\&=0.\end{aligned}$$

由于上式对 x_0 的一个有限邻域内的一切 x 均成立,故应要求所有 $(x-x_0)^k$ 项的系数均为0,即应有

$$(k+1)(k+2)C_{k+2}+\sum_{l=0}^{k}\left[(k+1-l)a_lC_{k+1-l}+b_lC_{k-l}\right]=0.$$

由此得对 C_k 的递推公式

$$C_{k+2}=-\frac{1}{(k+1)(k+2)}\sum_{l=0}^{k}\left[(k+1-l)a_lC_{k+1-l}+b_lC_{k-l}\right]\quad(k=0,1,2,\cdots).\tag{7.1.6}$$

这时,只要给定 C_0 和 C_1,就可用(7.1.6)式确定所有余下的 C_k 值.由于 C_0 和 C_1 是可任意选定的常数,故可由选定两组不同的 C_0 和 C_1,例如可分别取 $C_0=1,C_1=0$ 和 $C_0=0,C_1=1$,得到(7.1.1)式的两个线性无关解,从而可给出(7.1.1)

式的通解. 由此可见,x_0 也是解函数的解析点.

4. 正则奇点附近的级数解

设 x_0 分别为 $a(x)$ 和 $b(x)$ 的 m 阶和 n 阶极点,在点 x_0 附近,可将 $a(x)$ 和 $b(x)$ 分别展成如下的洛朗级数:

$$a(x)=\sum_{k=-m}^{\infty}a_k(x-x_0)^k,\quad b(x)=\sum_{k=-n}^{\infty}b_k(x-x_0)^k, \qquad (7.1.7)$$

其中 $a_{-m}\neq 0, b_{-n}\neq 0$. 此时能否将 $y(x)$ 展成

$$y(x)=(x-x_0)^s\sum_{k=0}^{\infty}C_k(x-x_0)^k \quad (C_0\neq 0) \qquad (7.1.8)$$

的形式呢?

将(7.1.7)和(7.1.8)式代入(7.1.1)中,在约去公因子 $(x-x_0)^s$ 之后,得

$$\sum_{k=0}^{\infty}(k+s)(k+s-1)C_k(x-x_0)^{k-2}+\left[\sum_{l=-m}^{\infty}a_l(x-x_0)^l\right]\left[\sum_{k=0}^{\infty}(k+s)C_k(x-x_0)^{k-1}\right]$$
$$+\left[\sum_{l=-n}^{\infty}b_l(x-x_0)^l\right]\left[\sum_{k=0}^{\infty}C_k(x-x_0)^k\right]=0. \qquad (7.1.9)$$

若 $n>m+1$ 且 $n>2$,这时(7.1.9)式的最低幂次项为 $(x-x_0)^{-n}$,其系数 C_0b_{-n} 应为0. 但按假设 $C_0\neq 0, b_{-n}\neq 0$,故(7.1.9)不可能成立,即不可能有形如(7.1.8)的解.

若 $m\geqslant n-1$ 且 $m>1$,则(7.1.9)中最低幂次为 $(x-x_0)^{-(m+1)}$,这时,由其系数为0,得

$$sC_0a_{-m}=0 \quad (m>n-1)$$

或

$$C_0(sa_{-m}+b_{-n})=0 \quad (m=n-1).$$

由此可得到 $s=0$ 或 $s=-\dfrac{b_{-n}}{a_{-m}}$,即只能有一个 s 值使(7.1.8)式成立.

这表明,当 $m>1$ 或 $n>2$ 时,对 s 或无解,或只能有一个解.

(1) 正则奇点附近级数解的指标方程:

若 $m\leqslant 1, n\leqslant 2$,即 x_0 为方程的正则奇点,这时,有

$$\begin{cases}a(x)=\dfrac{a_{-1}}{x-x_0}+\displaystyle\sum_{k=0}^{\infty}a_k(x-x_0)^k=\dfrac{a_{-1}}{x-x_0}+p(x),\\ b(x)=\dfrac{b_{-2}}{(x-x_0)^2}+\dfrac{b_{-1}}{x-x_0}+\displaystyle\sum_{k=0}^{\infty}b_k(x-x_0)^k=\dfrac{b_{-2}}{(x-x_0)^2}+\dfrac{b_{-1}}{x-x_0}+q(x),\end{cases}$$
$$(7.1.10)$$

其中 $p(x), q(x)$ 在点 $x=x_0$ 处解析,$|a_{-1}|+|b_{-1}|+|b_{-2}|>0$. 这时(7.1.9)式变为

$$[s^2+(a_{-1}-1)s+b_{-2}]C_0(x-x_0)^{-2}+\sum_{k=-1}^{\infty}\Big\{[(k+2+s)(k+1+s+a_{-1})+b_{-2}]C_{k+2}$$
$$+\sum_{l=0}^{k+1}[(k+1+s-l)a_l+b_{l-1}]C_{k+1-l}\Big\}(x-x_0)^k=0. \tag{7.1.11}$$

这里的最低幂次项为$(x-x_0)^{-2}$，由其系数为零给出确定 s 的方程为

$$s^2+(a_{-1}-1)s+b_{-2}=0. \tag{7.1.12}$$

此方程称为(7.1.1)的指标方程，它可以给出两个 s 的值 s_1 和 s_2：

$$s_1=\frac{1}{2}\left[1-a_{-1}+\sqrt{(1-a_{-1})^2-4b_{-2}}\right],$$

$$s_2=\frac{1}{2}\left[1-a_{-1}-\sqrt{(1-a_{-1})^2-4b_{-2}}\right],$$

则有 $\mathrm{Re}s_1\geqslant \mathrm{Re}s_2$.

利用 s 满足的指标方程，可将$(x-x_0)^{-1}$的系数简化为

$$(2s+a_{-1})C_1+(sa_0+b_{-1})C_0=0.$$

(2) 当 $b_{-2}=0$ 时，在正则奇点的邻域内有解析解：

若 $b_{-2}=0$，即 x_0 是 $b(x)$ 一阶极点，则(7.1.12)式变为

$$s[s-(1-a_{-1})]=0,$$

这时，s_1 和 s_2 中有一个为 0，有一个为 $1-a_{-1}$.

对 $s=0, m=n=-1$，(7.1.11)式变为

$$\frac{a_{-1}C_1+b_{-1}C_0}{x-x_0}+\sum_{k=0}^{\infty}\Big\{(k+1+a_{-1})(k+2)C_{k+2}+b_kC_0$$
$$+\sum_{j=0}^{k}[(k+1-j)a_j+b_{j-1}]C_{k+1-j}\Big\}(x-x_0)^k$$
$$=0.$$

由此得

$$a_{-1}C_1+b_{-1}C_0=0; \tag{7.1.13}$$

$$(k+1+a_{-1})(k+2)C_{k+2}+b_kC_0+\sum_{j=0}^{k}[(k+1-j)a_j+b_{j-1}]C_{k+1-j}=0$$
$$(k=0,1,2,\cdots). \tag{7.1.14}$$

只要 a_{-1} 不是非正整数，即 $-a_{-1}\neq 0,1,2,\cdots$，则由(7.1.13)式得

$$C_1=-\frac{b_{-1}C_0}{a_{-1}}. \tag{7.1.15}$$

而由(7.1.14)式可得求其他 C_k 的递推公式

$$C_{k+2}=\frac{-1}{(k+1+a_{-1})(k+2)}\Big\{b_kC_0+\sum_{j=0}^{k}[b_{j-1}+(k+1-j)a_j]C_{k+1-j}\Big\}$$
$$(k=0,1,2,\cdots), \tag{7.1.16}$$

其中 C_0 可为任意非零常数.

这表明,只要 a_{-1} 不是非正的整数和 $b_{-2}=0$,(7.1.1) 式在其正则奇点 x_0 处存在解析解

$$y(x)=\sum_{k=0}^{\infty}C_k(x-x_0)^k \quad (C_0\neq 0), \tag{7.1.17}$$

其系数在给定 C_0 后,可由(7.1.15) 和 (7.1.16) 式给定.

若 $a_{-1}=-m$,m 为非负整数,这时 $1-a_{-1}=1+m\geqslant 1$,$s_1=1+m$. 由(7.1.14) 式知 C_{m+1} 任意,且除特殊情况外,要求 $C_0=C_1=\cdots=C_m=0$. 而其他系数,即当 $k\geqslant m$ 时,所有的 C_{k+2} 仍由(7.1.16) 式给出. 这时,一般不能得到形如(7.1.17) 的解,而能得到级数解

$$y_1(x)=(x-x_0)^{m+1}\sum_{k=0}^{\infty}\alpha_k(x-x_0)^k \quad (\alpha_0\neq 0), \tag{7.1.18}$$

其中 $\alpha_k=C_{m+1+k}$. 此解在 $x=x_0$ 处解析.

(3) 正则奇点附近的级数解:

上面已经看到,虽然由指标方程(7.1.12) 可以解得两个根,但不能保证由此二根给出两个形如(7.1.8) 式的线性无关解. 那么,什么情况下能够得到形如(7.1.8) 式的两个独立解,什么情况下不能?如果不能,是否可以得到一个?如果是,另一个与之线性无关的解应是什么形式?下面就来推导出相关的结论.

设 s_1 和 s_2 是指标方程(7.1.12) 式的两个根,且有 $\mathrm{Re}s_1\geqslant\mathrm{Re}s_2$. 令 $y=(x-x_0)^{s_1}u$,并和(7.1.10) 式代入(7.1.1) 式中,注意到 s_1 满足(7.1.12) 式,得

$$u''+\left[\frac{2s_1+a_{-1}}{x-x_0}+p(x)\right]u'+\left[\frac{s_1p(x)+b_{-1}}{x-x_0}+q(x)\right]u=0. \tag{7.1.19}$$

由于 $p(x)$ 和 $q(x)$ 在 x_0 处解析,x_0 分别为 u' 和 u 的系数函数的一阶极点. (7.1.19) 式即为上述(2) 所讨论的情况. 那里的 a_{-1} 与这里的 $2s+a_{-1}$ 相对应. 由 s_1,s_2 所满足的方程(7.1.12) 和 $\mathrm{Re}s_1\geqslant\mathrm{Re}s_2$ 知,$\mathrm{Re}(2s_1+a_{-1})=\mathrm{Re}(1+s_1-s_2)\geqslant 1$. 这表明,$2s_1+a_{-1}$ 不可能为非正的整数,故(7.1.19) 式必有级数解

$$u_1=\sum_{k=0}^{\infty}\alpha_{1k}(x-x_0)^k \quad (\alpha_{10}\neq 0).$$

由刘维尔定理,对与 u_1 线性无关的解 u_2,应有

$$\frac{\mathrm{d}}{\mathrm{d}x}\left(\frac{u_2}{u_1}\right)=\frac{A}{u_1^2}\mathrm{e}^{-\int\left[\frac{1+s_1-s_2}{x-x_0}+p(x)\right]\mathrm{d}x}=\frac{f_1(x)}{(x-x_0)^{1+s_1-s_2}}, \tag{7.1.20}$$

其中 A 为一任意非 0 常数,

$$f_1(x)=\frac{A\mathrm{e}^{-\int p(x)\mathrm{d}x}}{u_1^2}.$$

由于 $p(x)$ 在 x_0 处解析,故其原函数 $h(x)=\int p(x)\mathrm{d}x$ 在 x_0 处也解析,

$Ae^{-h(x)}$ 在 $x=x_0$ 处不为0.由于 $u_1(x_0)=\alpha_{10}\neq 0$,知 x_0 为 $f_1(x)$ 的解析点,且 $f_1(x)$,因而可将 $f_1(x)$ 在 x_0 处展成如下形式的泰勒级数

$$f_1(x)=A\sum_{k=0}^{\infty}\beta_k(x-x_0)^k \quad (\beta_0\neq 0). \tag{7.1.21}$$

代(7.1.21)入(7.1.20)中,有

$$\frac{\mathrm{d}}{\mathrm{d}x}\left(\frac{u_2}{u_1}\right)=A\sum_{k=0}^{\infty}\beta_k(x-x_0)^{k+s_2-1-s_1},$$

只要 s_1-s_2 不是非负的整数,(7.1.20)式右边就不会出现 $(x-x_0)^{-1}$ 项.将上式积分,得

$$u_2(x)=(x-x_0)^{s_2-s_1}f_2(x)u_1(x)+Cu_1(x),$$

其中 $f_2(x)$ 在 $x=x_0$ 处解析,并有

$$f_2(x)=\sum_{k=0}^{\infty}\frac{A\beta_k}{k+s_2-s_1}(x-x_0)^k.$$

由于只是求一个与 $u_1(x)$ 线性无关的解,故可取 $C=0$.

由此给出(7.1.1)的两个线性无关的独立解

$$\begin{cases}y_1(x)=(x-x_0)^{s_1}u_1(x)=(x-x_0)^{s_1}\displaystyle\sum_{k=0}^{\infty}\alpha_{1k}(x-x_0)^k,\\ y_2(x)=(x-x_0)^{s_1}u_2(x)=(x-x_0)^{s_2}\displaystyle\sum_{k=0}^{\infty}\alpha_{2k}(x-x_0)^k.\end{cases} \tag{7.1.22}$$

由于 $\beta_0\neq 0, u_1(x_0)\neq 0$,知 $f_2(x_0)u_1(x_0)\neq 0$,故 $f_2(x)u_1(x)$ 在 x_0 处的泰勒展开式中必有 $\alpha_{20}\neq 0$.

由此可见,只要 $s_1-s_2\neq m$,m 为非负整数,(7.1.1)式就可以利用指标方程的两个根,得到由(7.1.22)式给出的两个线性无关解.

若 $s_1-s_2=m$,这时在(7.1.20)的右端,会出现 $\dfrac{A\beta_m}{x-x_0}$ 这一项,当将(7.1.20)式两边积分后,得

$$u_2(x)=A\beta_m u_1(x)\ln(x-x_0)+u_1(x)(x-x_0)^{-m}\sum_{k=0}^{\infty}C_k(x-x_0)^k,$$

其中

$$C_k=\frac{A\beta_k}{k-m} \quad (k\neq m),$$

而 C_m 则可任意给定.

这时,得(7.1.1)式的两个线性无关解为

$$\begin{cases}y_1(x)=(x-x_0)^{s_1}\displaystyle\sum_{k=0}^{\infty}\alpha_1 k(x-x_0)^k,\\ y_2(x)=Cy_1(x)\ln(x-x_0)+(x-x_0)^{s_2}\displaystyle\sum_{k=0}^{\infty}\alpha_{2k}(x-x_0)^k,\end{cases} \tag{7.1.23}$$

其中 $C = A\beta_m$. 只要 $\beta_m \neq 0$,由于 A 为一任意非 0 常数,C 也就是一任意非 0 常数. 若 $\beta_m = 0$,则 $C = 0$,(7.1.23) 式又回到(7.1.22) 式.

特别地,当 $s_1 = s_2$ 时,(7.1.12) 式有重根,即 $m = 0$ 时,由于 $\beta_0 \neq 0$,故 $C \neq 0$. 这表明,如果 $s_1 = s_2$,则它的两个线性无关解必具有由(7.1.23) 式给定的形式.

(7.1.22) 和(7.1.23) 式给出了方程(7.1.12) 在正则奇点附近的级数解的形式. 这里,s_1 和 s_2 可以是实数,也可以是共轭复数. 当 s_1 和 s_2 为共轭复数时,即 $s_1 = s_r + \mathrm{i}s_i$,$s_2 = s_r - \mathrm{i}s_i$,有

$$\begin{aligned}(x-x_0)^{s_r \pm \mathrm{i}s_i} &= (x-x_0)^{s_r} \mathrm{e}^{\pm \mathrm{i}s_i \ln(x-x_0)} \\ &= (x-x_0)^{s_r}\{\cos[s_i \ln(x-x_0)] + \mathrm{i}\sin[s_i \ln(x-x_0)]\}.\end{aligned}$$

也可将(7.1.22) 式的 $(x-x_0)^{s_1}$ 和 $(x-x_0)^{s_2}$ 分别换成 $(x-x_0)^{s_r}\cos[s_i\ln(x-x_0)]$ 和 $(x-x_0)^{s_r}\sin[s_i\ln(x-x_0)]$,给出(7.1.12) 式的两个线性无关解.

§7.2 施图姆-刘维尔型方程的本征值问题

1. S-L 型方程

施图姆-刘维尔(Sturm-Liouville) 型方程,通常简写为 **S-L 型方程**,它的一般形式为

$$Ly = \frac{\mathrm{d}}{\mathrm{d}x}[p(x)y'] - q(x)y = -\lambda\rho(x)y, \tag{7.2.1}$$

其中 λ 为参数.

对于(7.1.1) 式,若 $b(x) = \lambda b_1(x) + b_2(x)$,则可令

$$\begin{cases} p(x) = \mathrm{e}^{\int a(x)\mathrm{d}x}, \\ \rho(x) = p(x)b_1(x),\ q(x) = -p(x)b_2(x), \end{cases} \tag{7.2.2}$$

就可将(7.1.1) 式化作 S-L 型方程(7.2.1).

在求解偏微分方程的分离变量法中,遇到的都是 S-L 型方程的本征值问题. 方程(7.2.1) 中的参量 λ,就是在一定条件下要确定的本征值. 下面列举其中常遇到的几类方程.

(1) $u'' + \lambda u = 0$. $\quad$ (7.2.3)

这相当于在方程(7.2.1) 中取 $p(x) = \rho(x) = 1$,$q(x) = 0$.

(2) 贝塞尔型方程.

若在(7.2.1) 式中取 $p(x) = x$,$q(x) = \dfrac{\mu^2}{x}$,$\rho(x) = x$,所得方程是**贝塞尔型方程**. 若 $\lambda = 1$,以 x 除方程两边后,方程变为

$$y'' + \frac{1}{x}y' + \left(1 - \frac{\mu^2}{x^2}\right)y = 0, \tag{7.2.4}$$

此方程称为 μ 阶贝塞尔方程.

若 $\lambda = k^2 (k \neq 1)$，方程变为

$$y'' + \frac{1}{x}y' + \left(k^2 - \frac{\mu^2}{x^2}\right)y = 0, \tag{7.2.5}$$

称为 μ 阶的变形贝塞尔方程. 作变换 $\zeta = kx$，(7.2.5) 式就变成贝塞尔方程

$$\frac{\mathrm{d}^2 y}{\mathrm{d}\zeta^2} + \frac{1}{\zeta}\frac{\mathrm{d}y}{\mathrm{d}\zeta} + \left(1 - \frac{\mu^2}{\zeta^2}\right)y = 0.$$

可见，若 $y(x)$ 为(7.2.4) 式的解，则 $y(kx)$ 就是(7.2.5) 式的解.

可以看出，$x = 0$ 是贝塞尔型方程的正则奇点.

(3) 勒让德(Legendre) 方程.

若取 $p(x) = 1 - x^2, q(x) = 0, \rho(x) = 1, \lambda = \mu > 0$，则方程

$$\frac{\mathrm{d}}{\mathrm{d}x}\left[(1 - x^2)\frac{\mathrm{d}y}{\mathrm{d}x}\right] + \mu y = 0 \quad (|x| < 1) \tag{7.2.6}$$

称为**勒让德方程**. $x = \pm 1$ 为勒让德方程的正则奇点.

对 S-L 型方程(7.2.1)，设 $p(x) \in C^1[a,b]$，与(7.1.1) 式相比，有

$$a(x) = \frac{p'(x)}{p(x)}, \quad b(x) = \frac{\lambda\rho(x) - q(x)}{p(x)}.$$

若 x_0 不是 $p(x)$ 的零点，也不是 $q(x)$ 和 $\rho(x)$ 的奇点，则 x_0 为方程的常点；若 $p(x_0) = 0$，则 x_0 为 $\dfrac{p'(x)}{p(x)}$ 的一阶极点，故为方程的奇点. 若 x_0 只是 $p(x)$ 的一阶零点，且是 $q(x)$ 和 $\rho(x)$ 的解析点，或最多只是一阶极点，则 x_0 为方程的正则奇点. 例如 $x = 0$ 对贝塞尔方程和 $x = \pm 1$ 对勒让德方程就都属于这种情况.

2. S-L 型方程的本征值问题

用分离变数法解二阶线性偏微分方程时，常常会遇到求解某类 S-L 型方程的本征值问题，例如贝塞尔方程(在柱坐标系下) 和勒让德方程(在球坐标系下) 的本征值问题. 故在下面的论述中，当涉及方程的奇点时，总假定它是 $p(x)$ 的零点，是方程的正则奇点.

对 S-L 方程

$$Ly = \frac{\mathrm{d}}{\mathrm{d}x}\left[p(x)\frac{\mathrm{d}y}{\mathrm{d}x}\right] - q(x)y = -\lambda\rho(x)y \quad (a < x < b)$$

在两个边界点 a 和 b 处，若 a 和 b 均是方程的常点，可在两边界点处给定适当类型的齐次边条件

$$\begin{cases} B_1 y(a) = \alpha_1 y'(a) + \beta_1 y(a) = 0, & \alpha_1^2 + \beta_1^2 > 0, \\ B_2 y(b) = \alpha_2 y'(b) + \beta_2 y(b) = 0, & \alpha_2^2 + \beta_2^2 > 0, \end{cases} \tag{7.2.7}$$

其中 $\alpha_1, \alpha_2, \beta_1$ 和 β_2 均为常数. $\alpha_j = 0, \beta_j \neq 0$，称为第一类边条件；$\alpha_j \neq 0, \beta_j = 0$，称为第二类边条件；$\alpha_j\beta_j \neq 0$，则称第三类边条件.

若 a 和 b 中有方程的奇点，则在奇点处改为要求解函数在该处有界. 此种边条件称为自然边条件.

对边条件均由齐次边条件和自然边条件给定的边值问题，即对定解问题

$$\begin{cases} Ly = -\lambda\rho(x)y, & a < x < b, \\ B_1 y(a) = 0 & (\text{或自然边条件}), \\ B_2 y(b) = 0 & (\text{或自然边条件}), \end{cases} \tag{7.2.8}$$

使之有非零解的 λ 称为定解问题(7.2.8) 的本征值，相应的非零解为对应于该本征值的本征函数.

设 $f(x) \in C^1[a,b]$，且在 $[a,b]$ 上分段有连续的二阶偏导数，并满足(7.2.8) 式中相应的边条件，$S[a,b]$ 为 $[a,b]$ 上全部 $f(x)$ 的集合构成的函数空间，$p(x) \in C^1[a,b]$，$p(x) \geqslant 0$，等号最多在边界点上成立；$\rho(x) \in C[a,b]$，$\rho(x) \geqslant 0$，等号最多仅在有限个孤立点上成立；$q(x) \geqslant 0$，在 $[a,b]$ 上连续，或最多在边界点上有不超过一阶的奇性；边界点为方程的常点或正则奇点. 当为奇点时，在该点上 $p(x) = 0$. 在以上条件下，S-L 型方程的本征值有如下的共同性质：

(1)(7.2.8) 有无限个可排序的实本征值 $\lambda_1 \leqslant \lambda_2 \leqslant \cdots$ 和相应的本征函数 $y_1(x), y_2(x), \cdots$.

这里不作一般性证明，而是在后面对贝塞尔方程和勒让德方程分别给以说明.

(2) 对应于任两不同本征值 λ_m 和 λ_n 的本征函数 $y_m(x)$ 和 $y_n(x)$ 在 $[a,b]$ 上关于权函数 $\rho(x)$ 正交，即有

$$\int_a^b \rho(x) y_m(x) y_n(x) \mathrm{d}x = 0 \quad (m \neq n). \tag{7.2.9}$$

证 由于 $y_m(x)$ 和 $y_n(x)$ 分别满足

$$\frac{\mathrm{d}}{\mathrm{d}x}\left(p(x)\frac{\mathrm{d}y_m}{\mathrm{d}x}\right) - q(x)y_m = -\lambda_m \rho(x) y_m, \tag{7.2.10}$$

$$\frac{\mathrm{d}}{\mathrm{d}x}\left(p(x)\frac{\mathrm{d}y_n}{\mathrm{d}x}\right) - q(x)y_n = -\lambda_n \rho(x) y_n. \tag{7.2.11}$$

将(7.2.10) 和(7.2.11) 的两边分别乘以 $y_n(x)$ 和 $y_m(x)$ 然后相减，再在 $[a,b]$ 上积分后得

$$\begin{aligned} &(\lambda_n - \lambda_m)\int_a^b \rho(x) y_m(x) y_n(x) \mathrm{d}x \\ &= \int_a^b \left\{ y_n(x)\frac{\mathrm{d}}{\mathrm{d}x}[p(x)y'_m(x)] - y_m(x)\frac{\mathrm{d}}{\mathrm{d}x}[p(x)y'_n(x)] \right\} \mathrm{d}x \\ &= \int_a^b \frac{\mathrm{d}}{\mathrm{d}x}\{p(x)[y_n(x)y'_m(x) - y_m(x)y'_n(x)]\} \mathrm{d}x \\ &= F(b) - F(a), \end{aligned} \tag{7.2.12}$$

其中

$$F(x)=p(x)(y_n(x)y'_m(x)-y_m(x)y'_n(x)).$$

在 $x=a$ 处，若为第一类边条件，有 $y_m(a)=y_n(a)=0$；若为第二类边条件，有 $y'_m(a)=y'_n(a)=0$；若为自然边条件，则有 $p(a)=0$；若为第三类边条件，则有

$$y'_n(a)y_m(a)=-\frac{\beta_1}{\alpha_1}y_n(a)y_m(a)=y_n(a)y'_m(a).$$

总之，均有 $F(a)=0$. 同理知 $F(b)=0$. 故有

$$(\lambda_n-\lambda_m)\int_a^b\rho(x)y_m(x)y_n(x)\mathrm{d}x=0.$$

由于 $\lambda_m\neq\lambda_n$，得

$$\int_a^b\rho(x)y_m(x)y_n(x)\mathrm{d}x=0,$$

即 $y_m(x)$ 和 $y_n(x)$ 关于权函数 $\rho(x)$ 正交.

(3) 对一、二类边条件，所有本征值 $\lambda_n\geqslant 0$. 而对第三类边条件，则仅在 $x=a$ 处 $\frac{\beta_1}{\alpha_1}<0$ 和在 $x=b$ 处 $\frac{\beta_2}{\alpha_2}>0$ 时才能保证一切 $\lambda_n\geqslant 0$. 下面的证明中，对第三类边条件，就是假定 α_1,β_1 和 α_2,β_2 满足这一要求.

证　设 $y_n(x)$ 为对应于本征值 λ_n 的本征函数，即 $y_n(x)$ 满足(7.2.11)式. 以 $y_n(x)$ 乘以(7.2.11)式两边后在 $[a,b]$ 上积分，有

$$\begin{aligned}\lambda_n\int_a^b\rho(x)y_n^2(x)\mathrm{d}x&=-\int_a^b y_n(x)\frac{\mathrm{d}}{\mathrm{d}x}[p(x)y'_n(x)]\mathrm{d}x+\int_a^b q(x)y_n^2(x)\mathrm{d}x\\&=\int_a^b[p(x)y'^2_n(x)+q(x)y_n^2(x)]\mathrm{d}x+G(a)-G(b),\end{aligned}\tag{7.2.13}$$

其中 $G(x)=p(x)y_n(x)y'_n(x)$.

若在边界点 a 上给定的是第一类、第二类或自然边条件，则有 $G(a)=0$，若给定的是第三类边条件，由于 $-\frac{\beta_1}{\alpha_1}>0$，则有

$$G(a)=-\frac{\beta_1}{\alpha_1}p(a)y_n^2(a)\geqslant 0.$$

同理知 $-G(b)\geqslant 0$. 故有

$$\lambda_n\int_a^b\rho(x)y_n^2(x)\mathrm{d}x\geqslant\int_a^b[p(x)y'^2_n(x)+q(x)y_n^2(x)]\mathrm{d}x\geqslant 0.$$

由于 $\rho(x)\geqslant 0$，且最多只有有限个 0 点，$y_n(x)$ 为非零解，故 $\int_a^b\rho(x)y_n^2(x)\mathrm{d}x>0$. 由此知 $\lambda_n\geqslant 0$. 从(7.2.13)式知等号仅为 $q(x)=0$ 或 $y_n(x)$ 为常数时才能成立. 这时对应的不能有第一类和第三类齐次边条件.

(4) 在函数空间 $B[a,b]$ 上，本征函数族 $\{y_n(x)\}$ 是完备的. 即对任意 $f(x) \in B[a,b]$，均可将 $f(x)$ 按 $\{y_n(x)\}$ 在 $[a,b]$ 上作广义傅里叶展开. 这时，相关级数是绝对一致收敛的，并有

$$f(x) = \sum_{n=1}^{\infty} c_n y_n(x), \tag{7.2.14}$$

其中 c_n 为广义傅里叶系数，有

$$c_n = \frac{(y_n, f)}{(y_n, y_n)}, \tag{7.2.15}$$

$$(y_n, f) = \int_a^b \rho(x) f(x) y_n(x) \mathrm{d}x. \tag{7.2.16}$$

对这一条性质，这里不作证明.

对某些 S-L 型方程，本征值问题的数学提法，边条件可改为使用周期边条件，即使

$$\begin{cases} \dfrac{\mathrm{d}}{\mathrm{d}x}\left(p(x)\dfrac{\mathrm{d}y}{\mathrm{d}x}\right) - q(x)y = -\lambda\rho(x)y, \quad a < x < b, \\ y(a) = y(b), \quad y'(a) = y'(b) \end{cases} \tag{7.2.17}$$

有非零解的 λ 和相应的非零解，被分别称为(7.2.17)式的本征值和本征函数. 在柱坐标系和球坐标系的分离变量法中，常常会遇到这类本征值问题. 例如，要求使

$$\begin{cases} y'' + \lambda y = 0, \quad 0 < x < 2\pi, \\ y(0) = y(2\pi), \quad y'(0) = y'(2\pi) \end{cases}$$

有非零解的本征值 λ 和相应的本征函数.

对这类本征值问题，前面关于本征值的四条性质仍然成立. 事实上，对这类问题，由于应有 $p(a) = p(b)$ 和 $G(a) = G(b)$. 因此，在前面对第二和第三条性质的证明不受影响，结论仍然成立. 至于第一和第四条性质，结论也是成立的. 由于本来就未对这两条性质给予证明，这里也就不多解释了.

§7.3 贝塞尔方程的级数解

对于 μ 阶的贝塞尔方程(7.2.4)，相对于 $a(x) = \dfrac{1}{x}, b(x) = -\dfrac{\mu^2}{x^2}$. 不失一般性，假定 $\mu \geq 0$. $x = 0$ 为方程的奇点. 考虑(7.2.4) 在 $x = 0$ 附近的级数形式的解. 这时，指标方程(7.1.12) 变为 $s^2 - \mu^2 = 0$，即有 $s_1 = \mu, s_2 = -\mu$.

1. 贝塞尔方程的第一解

由(7.1.22) 知(7.2.4) 式有如下形式的解

$$y_1 = x^\mu \sum_{n=0}^{\infty} a_n x^n \quad (a_0 \neq 0).$$

以此代入(7.2.4)中,得

$$x^\mu \left\{ (1+2\mu)a_1 x + \sum_{n=2}^{\infty} [n(n+2\mu)a_n + a_{n-2}]x^n \right\} = 0.$$

由于 x 的任意性,应有

$$\begin{cases} (1+2\mu)a_1 = 0, \\ a_{n-2} = -n(n+2\mu)a_n, \quad n = 2,3,\cdots. \end{cases} \tag{7.3.1}$$

由此知应有 $a_1 = 0$. 再利用数学归纳法和(7.3.1)式,立即有

$$a_{2n-1} = 0,$$

$$a_{2n} = -\frac{a_{2n-2}}{4n(n+\mu)} = \cdots = \frac{(-1)^n a_0}{4^n n!(n+\mu)(n-1+\mu)\cdots(1+\mu)}$$

$$= \frac{(-1)^n a_0 \Gamma(1+\mu)}{4^n n! \Gamma(n+1+\mu)}.$$

不失一般性,取 $a_0 = \dfrac{1}{2^\mu \Gamma(\mu+1)}$,这时,得方程的第一解为

$$y_1(x) = J_\mu(x) = \sum_{n=0}^{\infty} \frac{(-1)^n}{n!\Gamma(n+1+\mu)} \left(\frac{x}{2}\right)^{2n+\mu}, \tag{7.3.2}$$

其中 $J_\mu(x)$ 称为 μ 阶的贝塞尔函数. 当 $\mu = m$ 为非负整数时,有

$$J_m(x) = \sum_{n=0}^{\infty} \frac{(-1)^n}{n!(n+m)!} \left(\frac{x}{2}\right)^{2n+m}, \tag{7.3.3}$$

称之为整阶的贝塞尔函数.

容易看出,有 $J_0(0) = 1, J_\mu(0) = 0 (\mu > 0)$.

2. 贝塞尔方程的第二解

(1) 2μ 不是整数.

由(7.1.22)式知有

$$y_2(x) = x^{-\mu} \sum_{n=0}^{\infty} a_n x^n. \tag{7.3.4}$$

与求 $y_1(x)$ 同样地处理,只需将(7.3.1)式中的 μ 换作 $-\mu$,即有

$$\begin{cases} (1-2\mu)a_1 = 0, \\ a_{n-2} = -n(n-2\mu)a_n, \quad n = 2,3,\cdots. \end{cases} \tag{7.3.5}$$

这时同样有

$$a_{2n-1} = 0,$$

$$a_{2n} = \frac{(-1)^n a_0 \Gamma(1-\mu)}{4^n n! \Gamma(n+1-\mu)}.$$

类似地,取 $a_0 = \dfrac{2^\mu}{\Gamma(1-\mu)}$,则可得

$$y_2(x) = J_{-\mu}(x) = \sum_{n=0}^{\infty} \frac{(-1)^n}{n!\Gamma(n+1-\mu)}\left(\frac{x}{2}\right)^{2n-\mu} \tag{7.3.6}$$

为 $-\mu$ 阶的贝塞尔函数. 同(7.3.2)式相比,两者形式完全相似,只不过是将该式中的 μ 改为 $-\mu$ 即可.

下面讨论 2μ 为整数的情况,并设 m 为非负整数.

(2) $\mu = m + \frac{1}{2}$.

现在看是否 $y_2(x)$ 仍可由(7.3.4)式给出. 这时,由(7.3.5)式,有 $a_{n-2} = -n(n-2m-1)a_n$. 由此知,当 $k \leqslant m$ 时,有 $a_{2k-1} = 0$,而 a_{2m+1} 可任取. 另外,a_0 也可任取. 如果取 $a_{2m+1} = 0$,则仍可得(7.3.6)式. 若取 $a_{2m+1} \neq 0$,得到的是

$$y_2(x) = J_{-\left(m+\frac{1}{2}\right)}(x) + CJ_{m+\frac{1}{2}}(x),$$

这相当于 §7.1 中 $\beta_m = 0$ 的情况. 常数 C 由 a_{2m+1} 的选取确定.

由此可见,对 $\mu = m + \frac{1}{2}$,由(7.3.2)和(7.3.6)式给定的 $J_\mu(x)$ 和 $J_{-\mu}(x)$ 仍可作为方程的两个独立解,即我们仍可用(7.3.6)式给定贝塞尔方程的第二解.

(3) $\mu = m$.

这时,由(7.3.1)式知,仍有一切 $a_{2n+1} = 0$,且当 $n < m$ 时,$a_{2n} = 0$,而 a_{2m} 可任取. 在适当给定 a_{2m} 后,有

$$\begin{aligned} J_{-m}(x) &= \sum_{n=m}^{\infty} \frac{(-1)^n}{n!\Gamma(n+1-m)}\left(\frac{x}{2}\right)^{2n-m} \\ &= \sum_{n=0}^{\infty} \frac{(-1)^{n+m}}{(n+m)!\Gamma(n+1)}\left(\frac{x}{2}\right)^{2n+m} \\ &= (-1)^m J_m(x) = J_m(-x). \end{aligned} \tag{7.3.7}$$

这表明,$J_{-m}(x)$ 不能作为方程的第二解,因为 $J_m(x)$ 和 $J_{-m}(x)$ 不是两个独立解.

对于 $\mu = m$,由(7.1.23)式中知,第二解应取作

$$y_2(x) = aJ_m(x)\left(\ln\frac{x}{2} + C\right) + \sum_{n=0}^{\infty} b_n \left(\frac{x}{2}\right)^{2n-m}. \tag{7.3.8}$$

以此代入方程(7.2.4)式中,并注意到 $J_m(x)$ 是方程(7.2.4)的解,可得

$$2axJ'_m(x) + \sum_{n=1}^{\infty} [4n(n-m)b_n + b_{n-1}]\left(\frac{x}{2}\right)^{2n-m} = 0. \tag{7.3.9}$$

以 $J_m(x)$ 的表达式(7.3.3)式代入上式中,可以定出 b_n,给出 $y_2(x)$. 这时,有三个常数 a,C 和 b_0 可任意选定,但要求 $a \neq 0$. 它的一个常用的具体形式将在下一节中给出.

从上面的讨论中可以看出,当 μ 不是整数时,由(7.3.6)式给出的 $J_{-\mu}(x)$ 为

与 $J_\mu(x)$ 无关的第二个独立解. 这时, μ 阶贝塞尔方程解的一般形式为

$$y = C_1 J_\mu(x) + C_2 J_{-\mu}(x), \tag{7.3.10}$$

其中的 C_1 和 C_2 为两个待定常数. 而当 μ 为整数时, $J_{-\mu}(x)$ 与 $J_\mu(x)$ 线性相关, 不能作为第二解. 这时第二解可采用由(7.3.8)式给出的形式. 可以看出, 在 $x=0$ 处, 不论采用(7.3.6)(μ 不是整数)还是(7.3.8)式, 第二解在 $x=0$ 处都是无界的.

§7.4　柱　函　数

柱函数是指满足贝塞尔方程的函数. 在用分离变量法解二阶线性偏微分方程时, 只在采用柱坐标时才会出现贝塞尔方程; 在线性波动问题中, 可用柱函数来描述柱面波.

1. 三类柱函数

第一类柱函数就是由(7.3.2)和(7.3.6)式给定的贝塞尔函数 $J_\mu(x)$ 和 $J_{-\mu}(x)$.

第二类柱函数通常称为**纽曼(Neumann)函数**.

在(7.3.10)中, 取 $C_1 = \dfrac{\cos\mu\pi}{\sin\mu\pi}, C_2 = -\dfrac{1}{\sin\mu\pi}$, 就给出了 μ 阶的纽曼函数. 即 μ 阶的纽曼函数定义为

$$Y_\mu(x) = \frac{\cos\mu\pi J_\mu(x) - J_{-\mu}(x)}{\sin\mu\pi}. \tag{7.4.1}$$

在上一节中我们知道, 若 μ 不是整数, $J_\mu(x)$ 和 $J_\mu(x)$ 是贝塞尔方程的两个独立解, 故 $J_\mu(x)$ 和 $Y_\mu(x)$ 也是两个互相独立的解. 而当 $\mu = m$ 为整数时, $J_{-m}(x) = (-1)^m J_m(x)$, 即二者线性相关, $J_{-m}(x)$ 不能作为第二个独立解. 那么, 对于纽曼函数又会怎样呢?

当 $\mu = m$ 为整数时, $\cos m\pi = (-1)^m$, $\sin m\pi = 0$, $J_{-m}(x) = (-1)^m J_m(x)$. 这时, 在(7.4.1)式的右边, 分子和分母均为 0, 成为不定式.

为了确定 $Y_m(x)$, 令 $\mu \to m$, 并利用对不定式的洛必达(L'Hospital)法则, 可得

$$\begin{cases} Y_m(x) = \dfrac{2}{\pi} J_m(x)\left(\ln\dfrac{x}{2} + C\right) - \dfrac{1}{\pi}\displaystyle\sum_{n=0}^{m-1} \dfrac{(m-n-1)!}{n!}\left(\dfrac{x}{2}\right)^{2n-m} \\ \qquad\qquad - \dfrac{1}{\pi}\displaystyle\sum_{n=0}^{\infty} \dfrac{(-1)^n}{n!(n+m)!} a_{mn}\left(\dfrac{x}{2}\right)^{2n+m}, \quad m \geqslant 1, \\ Y_0(x) = \dfrac{2}{\pi} J_0(x)\left(\ln\dfrac{x}{2} + C\right) - \dfrac{2}{\pi}\displaystyle\sum_{n=1}^{\infty} \dfrac{(-1)^n}{(n!)^2}\left(\displaystyle\sum_{k=1}^{n} \dfrac{1}{k}\right)\left(\dfrac{x}{2}\right)^{2n}, \end{cases} \tag{7.4.2}$$

其中

$$\begin{cases} a_{00} = 0, \quad a_{0n} = 2\sum_{k=1}^{n} \frac{1}{k}, \\ a_{m0} = \sum_{k=1}^{n} \frac{1}{k}, \quad a_{mn} = 2\sum_{k=1}^{n} \frac{1}{k} + \sum_{k=n+1}^{n+m} \frac{1}{k}, \end{cases} \quad n \geqslant 1. \tag{7.4.3}$$

$Y_m(x)$ 相当于在(7.3.8)式中取 $a = \frac{2}{\pi}$，C 为欧拉常数和 $b_0 = -\frac{1}{\pi}2^m(m-1)!$. 详细推导见附录三.

显然，在 $x=0$ 处，Y_μ 是无界的：对 $\mu = 0$，即 $Y_0(x)$，在 $x=0$ 处有对数奇性；而对 $\mu > 0$，$Y_\mu(x)$ 在 $x=0$ 处有 x 的 $-\mu$ 阶奇性.

第三类柱函数，通常称为**汉克尔(Hankel)函数**，定义为

$$H_\mu^{(1)}(x) = J_\mu(x) + \mathrm{i}Y_\mu(x), \quad H_\mu^{(2)}(x) = J_\mu(x) - \mathrm{i}Y_\mu(x), \tag{7.4.4}$$

$H_\mu^{(1)}(x)$ 和 $H_\mu^{(2)}(x)$ 分别称为第一类和第二类 μ 阶汉克尔函数. 由于 $J_\mu(x)$ 和 $Y_\mu(x)$ 互相独立，故 $H_\mu^{(1)}(x)$ 和 $H_\mu^{(2)}(x)$ 也互相独立.

采用实变量的复值函数，在处理某些数学物理问题，特别是求解线性波动问题时，常常有着特殊的方便之处. 在描述柱面波的运动时，常常会遇到汉克尔函数.

2. 递推公式

在不同阶的柱函数间存在着某些递推公式. 下面仅就第一类柱函数 $J_\mu(x)$ 来证明这些递推公式. 不难看出，对第二类和第三类柱函数，这些递推公式也是同样成立的，因为第二类和第三类柱函数均是通过 $J_\mu(x)$ 和 $J_{-\mu}(x)$ 的线性组合来定义的.

对 $J_\mu(x)$ 的递推公式，可以通过 $J_\mu(x)$ 的级数表达式(7.3.2)来证明. 对 $J_{-\mu}(x)$，证明完全类似.

(1) $$\frac{\mathrm{d}}{\mathrm{d}x}\left(\frac{J_\mu(x)}{x^\mu}\right) = -x^{-\mu}J_{\mu+1}(x). \tag{7.4.5}$$

由(7.3.2)式，有

$$\begin{aligned} \frac{\mathrm{d}}{\mathrm{d}x}\left(\frac{J_\mu(x)}{x^\mu}\right) &= \frac{\mathrm{d}}{\mathrm{d}x}\left[2^{-\mu}\sum_{n=0}^{\infty}\frac{(-1)^n}{n!\Gamma(n+\mu+1)}\left(\frac{x}{2}\right)^{2n}\right] \\ &= 2^{-\mu}\sum_{n=1}^{\infty}\frac{(-1)^n}{(n-1)!\Gamma(n+\mu+1)}\left(\frac{x}{2}\right)^{2n-1} \\ &= 2^{-\mu}\sum_{k=0}^{\infty}\frac{(-1)^{k+1}}{k!\Gamma(k+\mu)}\left(\frac{x}{2}\right)^{2k+1} \\ &= -x^{-\mu}\sum_{k=0}^{\infty}\frac{(-1)^k}{k!\Gamma(k+\mu)}\left(\frac{x}{2}\right)^{2k+\mu+1} \\ &= -x^{-\mu}J_{\mu+1}(x). \end{aligned}$$

(2) $\dfrac{d}{dx}(x^{\mu}J_{\mu}(x))=x^{\mu}J_{\mu-1}(x).$ (7.4.6)

推导过程与上面完全类似，这里从略.

(3) $xJ'_{\mu}(x)=\mu J_{\mu}(x)-xJ_{\mu+1}(x).$ (7.4.7)

完成(7.4.5)等式左边的微分运算，消除公因子 $x^{-(\mu+1)}$，即得此式.

(4) $xJ'_{\mu}(x)=-\mu J_{\mu}(x)+xJ_{\mu-1}(x).$ (7.4.8)

类似地，此式可由(7.4.6)式导出.

(5) $2\mu J_{\mu}(x)=x[J_{\mu-1}(x)+J_{\mu+1}(x)]$; (7.4.9)

(6) $2J'_{\mu}(x)=J_{\mu-1}(x)-J_{\mu+1}(x).$ (7.4.10)

将(7.4.7)和(7.4.8)两式相减、加后可分别得到上二式.

(7) $\left(\dfrac{d}{xdx}\right)^{n}[x^{-\mu}J_{\mu}(x)]=x^{-(\mu+n)}J_{\mu+n}(x)$; (7.4.11)

(8) $\left(\dfrac{d}{xdx}\right)^{n}[x^{\mu}J_{\mu}(x)]=x^{\mu-n}J_{\mu-n}(x)$, (7.4.12)

其中 n 为正整数. 此二式可分别由(7.4.5)和(7.4.6)两式用数学归纳法证明.

在以上这些公式的推导过程中，并没有要求假定 $\mu\geqslant 0$. 故在上述各式中，只需将 μ 换成 $-\mu$，就可得到对 $J_{-\mu}(x)$ 的相应递推公式.

3. $x\to\infty$ 时的渐近式

当 x 足够大时，各类柱函数有如下的渐近表达式：

$$\begin{aligned}J_{\pm\mu}(x)&=\sqrt{\frac{2}{\pi x}}\sin\left(x\mp\frac{\mu\pi}{2}+\frac{\pi}{4}\right)+O(x^{-\frac{3}{2}})\\&=\sqrt{\frac{2}{\pi x}}\cos\left(x\mp\frac{\mu\pi}{2}-\frac{\pi}{4}\right)+O(x^{-\frac{3}{2}}),\end{aligned}\tag{7.4.13}$$

因为

$$\begin{aligned}\cos\left(x+\frac{\mu\pi}{2}-\frac{\pi}{4}\right)&=\cos\left(x-\frac{\mu\pi}{2}-\frac{\pi}{4}+\mu\pi\right)\\&=\cos\left(x-\frac{\mu\pi}{2}-\frac{\pi}{4}\right)\cos\mu\pi-\sin\left(x-\frac{\mu\pi}{2}-\frac{\pi}{4}\right)\sin\mu\pi,\end{aligned}$$

由此有

$$\begin{aligned}Y_{\mu}(x)&=\sqrt{\frac{2}{\pi x}}\frac{\cos\mu\pi\cos\left(x-\frac{\mu\pi}{2}-\frac{\pi}{4}\right)-\cos\left(x+\frac{\mu\pi}{2}-\frac{\pi}{4}\right)}{\sin\mu\pi}+O(x^{-\frac{3}{2}})\\&=\sqrt{\frac{2}{\pi x}}\sin\left(x-\frac{\mu\pi}{2}-\frac{\pi}{4}\right)+O(x^{-\frac{3}{2}}).\end{aligned}\tag{7.4.14}$$

利用(7.4.13)，(7.4.14)式和 $H_{\mu}^{(1)}(x)$ 与 $H_{\mu}^{(2)}(x)$ 的定义(7.4.4)式，立即给出第三类柱函数的渐近表达式为

$$H_{\mu}^{(1)}(x) = J_{\mu}(x) + \mathrm{i}\bar{Y}_{\mu}(x) = \sqrt{\frac{2}{\pi x}}\mathrm{e}^{\mathrm{i}\left(x-\frac{\mu\pi}{2}-\frac{\pi}{4}\right)} + O(x^{-\frac{3}{2}}), \quad (7.4.15)$$

$$H_{\mu}^{(2)}(x) = J_{\mu}(x) - \mathrm{i}Y_{\mu}(x) = \sqrt{\frac{2}{\pi x}}\mathrm{e}^{-\mathrm{i}\left(x-\frac{\mu\pi}{2}-\frac{\pi}{4}\right)} + O(x^{-\frac{3}{2}}). \quad (7.4.16)$$

关于 $J_{\pm\mu}(x)$ 的渐近公式的详细推导可参看文献[2].

从渐近式可以看出,柱函数为振荡函数,第一类和第二类柱函数在实轴上有无穷个0点.

§7.5 贝塞尔方程的本征值问题

1. 本征值问题的数学提法

常见的贝塞尔方程本征值问题的数学提法为使下列定解问题有非零解:

$$\begin{cases} y'' + \frac{1}{r}y' + \left(k^2 - \frac{\mu^2}{r^2}\right)y = 0, \quad a = 0 < r < b, \\ y(0) \text{ 有界}, \\ \alpha y'(b) + \beta y(b) = 0, \quad \alpha^2 + \beta^2 > 0. \end{cases} \quad (7.5.1)$$

此问题满足在 $x = 0$ 处的有界解为 $y(r) = CJ_{\mu}(kr)$,其中的 k 由边条件

$$\alpha y'(b) + \beta y(b) = \alpha k J'_{\mu}(kb) + \beta J_{\mu}(kb) = 0 \quad (7.5.2)$$

确定.当确定了本征值 k^2 后,$J_{\mu}(kr)$ 就是相应于本征值 k^2 的本征函数.

应当指出,(7.5.1)式并非贝塞尔方程本征值问题的唯一数学提法.例如,在无界域中对圆柱体的波的绕射问题,a 代表了圆柱的半径,即 $a > 0$,因而应在 $r = a$ 处给定某类齐次边条件,相应的本征函数应是 $J_{\mu}(kr)$ 与 $Y_{\mu}(kr)$ 的某种线性组合.如果是无界域,$b = \infty$,相应的无穷远边条件称为辐射边条件.此条件要求扰动波必须是从扰动源向外发散开去的发散波,而不应是向扰动源汇聚的聚敛波.这时,采用汉克尔函数为本征函数族常常更方便.下面将仅对(7.5.1)式的本征值和本征函数问题作进一步的说明.

2. 本征值和本征函数族

根据 §7.2 中的结论,知 $k^2 = 0$ 仅在 $q(x) = \frac{\mu^2}{x} = 0$,即 $\mu = 0$ 和第二类边条件下才是本征值,对应的本征函数为 $y(x) \equiv C$(常数),通常取 $C = 1$.故下面只就本征值 $k^2 > 0$ 进行讨论.

对 $k^2 > 0$,令 $x = kb$.这时,在 b 处的边条件变为

$$\frac{\alpha}{b}xJ'_{\mu}(x) + \beta J_{\mu}(x) = 0. \quad (7.5.3)$$

利用大 x 下的渐近展开式可以说明(7.5.3)式有无穷多个正实根,它们可顺序排列为 $0 < x_1 < x_2 < \cdots$,且 $\lim\limits_{n\to\infty} x_n = \infty$.

(1)$\alpha=0,\beta\neq 0$：

由 $J_\mu(x)$ 的渐近表达式(7.4.13)，即

$$J_\mu(x)=\sqrt{\frac{2}{\pi x}}\sin\left(x-\frac{\mu\pi}{2}+\frac{\pi}{4}\right)+O(x^{-\frac{3}{2}}),$$

知 $J_\mu(x)=0$ 有无穷多个正实根 $x_1<x_2<\cdots$，且 $\lim\limits_{n\to\infty}x_n=\infty$.

(2)$\alpha\neq 0$：

利用递推公式(7.4.7)，(7.5.3) 式变为

$$J_{\mu+1}(x)-\left(\mu+\frac{b\beta}{\alpha}\right)\frac{1}{x}J_\mu(x)=0, \tag{7.5.4}$$

即(7.5.3) 与(7.5.4) 式有同样的根. 对(7.5.4) 式，当 x 足够大时，利用渐近表达式(7.4.13)，有

$$\begin{aligned}J_{\mu+1}(x)-\left(\mu+\frac{b\beta}{\alpha}\right)\frac{1}{x}J_\mu(x)&=\sqrt{\frac{2}{\pi x}}\sin\left(x-\frac{(\mu+1)\pi}{2}+\frac{\pi}{4}\right)+O(x^{-\frac{3}{2}})\\&=\sqrt{\frac{2}{\pi x}}\sin\left(x-\frac{\mu\pi}{2}-\frac{\pi}{4}\right)+O(x^{-\frac{3}{2}})=0.\end{aligned}$$

这表明(7.5.4) 式有无穷多个可排序的正根 $x_1<x_2<\cdots$，且 $\lim\limits_{n\to\infty}x_n=\infty$. 从而(7.5.3) 式也有同样的无穷多个可排序的正根.

将 $x=kb$ 代入(7.5.3) 中，知 $k_n=\dfrac{x_n}{b}$ 为方程(7.5.2)：

$$\alpha kJ'_\mu(kb)+\beta J_\mu(kb)=0$$

的根. 即方程(7.5.2) 有无穷多个正实根 $k_1<k_2<\cdots<k_n<\cdots$，且 $\lim\limits_{n\to\infty}k_n=\infty$.

以上结果表明，对(7.5.1) 式，有一个无穷的本征值序列 $\{k_n\}$ 和相应的本征函数族 $\{J_\mu(k_nr)\}$.

在 §7.2 中我们已知，对贝塞尔方程，$\rho(r)=r$，$\{J_\mu(k_nr)\}$ 是关于权函数 $\rho(r)$ 正交的完备函数族，只要 $m\neq n$，就有

$$\int_a^b rJ_\mu(k_mr)J_\mu(k_nr)\mathrm{d}r=0\quad(m\neq n). \tag{7.5.5}$$

若 $k^2<0$，即 $k=\mathrm{i}\alpha$，则对应的解函数称为虚宗量的贝塞尔函数，以 $I_m(\alpha r)$ 表示，有

$$I_\mu(\alpha r)=\frac{J_\mu(\mathrm{i}\alpha r)}{(-1)^\mu}=\sum_{m=0}^{\infty}\frac{1}{(m+n)!(m+\mu+1)}\left(\frac{\alpha r}{2}\right)^{2m+\mu}.$$

3. 本征函数的归一化因子

对本征函数 $J_\mu(k_jr)$，以 N_j 表示其归一化因子，有

$$N_j^2=\int_0^b rJ_\mu^2(k_jr)\mathrm{d}r=\int_0^b ry_j^2(r)\mathrm{d}r,$$

其中 y_j 是(7.5.1) 式的解. 以 r 乘(7.5.1) 的方程后，知 y_j 满足方程

$$\frac{\mathrm{d}}{\mathrm{d}r}(ry'_j)-\frac{\mu^2}{r}y_j=-k_j^2ry_j. \tag{7.5.6}$$

将(7.5.6)两边同乘以 ry'_j 后在$[0,b]$上积分得

$$\begin{aligned}\frac{1}{2}[by'_j(b)]^2&=\int_0^b(\mu^2-k_j^2r^2)y_jy'_j\mathrm{d}r\\&=\frac{1}{2}(\mu^2-k_j^2b^2)y_j^2(b)+k_j^2\int_0^b ry_j^2(r)\mathrm{d}r,\end{aligned}$$

这里利用了当 $\mu>0$ 时，$y_j(0)=J_\mu(0)=0$. 故当 $\mu\geqslant 0$ 时，有 $\mu^2y_j(0)=0$.

由此，得

$$\begin{aligned}N_j^2&=\int_0^b ry_j^2(r)\mathrm{d}r=\frac{b^2}{2k_j^2}\left\{[y'_j(b)]^2+\left(k_j^2-\frac{\mu^2}{b^2}\right)y_j^2(b)\right\}\\&=\frac{b^2}{2}\left\{[J'_\mu(k_jb)]^2+\left(1-\frac{\mu^2}{k_j^2b^2}\right)J_\mu^2(k_jb)\right\}.\end{aligned} \tag{7.5.7}$$

注意这里的 $J'_\mu(kx)$ 表示将 kx 看作自变量求导，即

$$J'_\mu(kx)=\frac{\mathrm{d}}{k\mathrm{d}x}[J_\mu(kx)].$$

下面，就在 b 处给定的三类不同边条件，将上式作进一步的简化.

(1)$\alpha=0,\beta\neq 0$，为第一类边条件. 有 $y_j(b)=J_\mu(k_jb)=0$. 利用递推公式(7.4.7)，将 x 换成 k_jb，有

$$k_jbJ'_\mu(k_jb)=\mu J_\mu(k_jb)-k_jbJ_{\mu+1}(k_jb)=-k_jbJ_{\mu+1}(k_jb),$$

代入(7.5.7)中，得

$$N_j^2=\frac{b^2}{2}[J'_\mu(k_jb)]^2=\frac{b^2}{2}J_{\mu+1}^2(k_jb). \tag{7.5.8}$$

(2)$\beta=0,\alpha\neq 0$，称为第二类边条件. 有 $y'_j(b)=k_jJ'_\mu(k_jb)=0$. 代入(7.5.7)式中得

$$N_j^2=\frac{1}{2}\left(b^2-\frac{\mu^2}{k_j^2}\right)J_\mu^2(k_jb). \tag{7.5.9}$$

(3)$\alpha\beta\neq 0$，为第三类边条件. 有 $y'_j(b)=-\dfrac{\beta}{\alpha}y_j(b)=-\dfrac{\beta}{\alpha}J_\mu(k_jb)$，

$$N_j^2=\frac{1}{2k_j^2}\left[\left(k_j^2+\frac{\beta^2}{\alpha^2}\right)b^2-\mu^2\right]J_\mu^2(k_jb). \tag{7.5.10}$$

在求得 N_j 后，$\left\{\dfrac{J_\mu(k_jr)}{N_j}\right\}$就是正交归一化了的本征函数族. 这是一类在$[0,b]$上以 r 为权函数的正交归一化函数族. 在$[0,b]$上具有连续的一阶导数和分段连续的二阶导数，且与$\{J_\mu(k_jr)\}$满足同样边条件的函数空间中，$\left\{\dfrac{J_\mu(k_jr)}{N_j}\right\}$是完备的.

4. 按本征函数族展开

设 $f(r)$ 在 $[0,b]$ 上可按完备的正交函数族 $\{J_\mu(k_j r)\}$ 作广义的傅里叶展开，即有

$$f(r) = \sum_{j=1}^{\infty} C_j J_\mu(k_j r). \tag{7.5.11}$$

利用 $\{J_\mu(k_j r)\}$ 的正交性，有

$$C_j = \frac{1}{N_j^2}\int_0^b r f(r) J_\mu(k_j r)\,\mathrm{d}r. \tag{7.5.12}$$

在 §7.2 中已经指出，若 $f(r)$ 在 $[0,b]$ 上具有连续的一阶导数和分段连续的二阶导数，且与本征函数族 $\{J_\mu(k_j r)\}$ 满足同样的边条件，则 $f(r)$ 在 $[0,b]$ 上可展成(7.5.11)式，且级数是绝对一致收敛的.

§7.6　勒让德方程的级数解

在球坐标系下用分离变数法求解偏微分方程时，会遇到如下的常微分方程：

$$\sin\theta \frac{\mathrm{d}}{\mathrm{d}\theta}\left(\sin\theta \frac{\mathrm{d}y}{\mathrm{d}\theta}\right) + \mu y \sin^2\theta = 0, \tag{7.6.1}$$

其中 $\mu \geqslant 0$ 为参数. 令 $x = cos\theta$，上式变为勒让德方程

$$\frac{\mathrm{d}}{\mathrm{d}x}\left[(1-x^2)\frac{\mathrm{d}y}{\mathrm{d}x}\right] + \mu y = 0 \quad (|x| < 1). \tag{7.6.2}$$

上式也可写作

$$(1-x^2)y'' - 2xy' + \mu y = 0. \tag{7.6.3}$$

1. 勒让德方程的级数解

$x = 0$ 为勒让德方程的常点. 设在 $x = 0$ 附近，勒让德方程可展成如下的级数形式

$$y = \sum_{k=0}^{\infty} a_k x^k. \tag{7.6.4}$$

以此代入(7.6.3)式中，得

$$\sum_{k=0}^{\infty}\{(k+2)(k+1)a_{k+2} - [k(k+1)-\mu]a_k\}x^k = 0.$$

利用 x 的任意性，由此可得递推公式

$$a_{k+2} = \frac{k(k+1)-\mu}{(k+1)(k+2)}a_k \quad (k = 0,1,2,\cdots). \tag{7.6.5}$$

由此可见，当取 $a_0 \neq 0, a_1 = 0$ 时，所有的 $a_{2k+1} = 0$，得

$$y_0(x) = \sum_{k=0}^{\infty} a_{2k} x^{2k} = \sum_{k=0}^{\infty} b_k x^{2k}. \tag{7.6.6}$$

而当取 $a_0=0, a_1\neq 0$ 时，则所有的 $a_{2k}=0$，得

$$y_1(x)=\sum_{k=0}^{\infty}a_{2k+1}x^{2k+1}=\sum_{k=0}^{\infty}c_kx^{2k+1}. \tag{7.6.7}$$

有 $b_0=a_0, c_0=a_1$，

$$\begin{cases} b_{k+1}=\dfrac{2k(2k+1)-\mu}{2(k+1)(2k+1)}b_k, \\ c_{k+1}=\dfrac{2(k+1)(2k+1)-\mu}{2(k+1)(2k+3)}c_k, \end{cases} \quad k=0,1,2,\cdots. \tag{7.6.8}$$

$y_0(x)$ 和 $y_1(x)$ 为勒让德方程的两个独立解.

2. 级数解的收敛性问题

由(7.6.8)式可以看出，若 $\mu=m(m+1)$，m 为一非负整数，当 $m=2n$ 时，有 $b_{n+1}=0$，从而当 $k\geqslant n+1$ 时，一切 $b_k=0$，$y_0(x)$ 退化为一个 $2n$ 阶多项式；当 $m=2n+1$ 时，则有 $c_{n+1}=0$，从而当 $k>n$ 时，一切 $c_k=0$，$y_1(x)$ 退化为一个 $2n+1$ 阶多项式. 除此之外，即只要 $\mu\neq m(m+1)$，b_0 和 c_0 不取为 0，$y_0(x)$ 和 $y_1(x)$ 就都是无穷级数.

当 $y_0(x)$ 和 $y_1(x)$ 都是无穷级数时，它们各自的收敛性如何呢？由于

$$\begin{cases} \dfrac{b_{k+1}}{b_k}=1-\dfrac{1}{k}+O\left(\dfrac{1}{k^2}\right), \\ \dfrac{c_{k+1}}{c_k}=1-\dfrac{1}{k}+O\left(\dfrac{1}{k^2}\right), \end{cases} \tag{7.6.9}$$

这表明此二级数的收敛半径都是 1.

由高斯(Gauss)判别法，对数项级数 $\sum\limits_{k=0}^{\infty}a_k$，若

$$\frac{a_{k+1}}{a_k}=1-\frac{1}{k}-\frac{\beta}{k\ln k}+o\left(\frac{1}{k\ln k}\right),$$

则当 $\beta>1$ 时级数收敛，$\beta<1$ 时级数发散. 在(7.6.9)中相当于 $\beta=0<1$，故知此二级数在 $x=\pm 1$ 处均发散. 即 $y_0(x)$ 和 $y_1(x)$ 只要不退化为多项式，则当 $|x|<1$ 时收敛，$|x|\geqslant 1$ 时发散.

3. 级数解在 $x=\pm 1$ 处的性质

令 $\xi=\dfrac{1}{2}(1+x)$ 或 $\xi=\dfrac{1}{2}(1-x)$，代入(7.6.2)式中，方程均变为

$$\frac{\mathrm{d}}{\mathrm{d}\xi}\left[\xi(1-\xi)\frac{\mathrm{d}y}{\mathrm{d}\xi}\right]+\mu y=0 \quad (0<\xi<1), \tag{7.6.10}$$

这时，$\xi=0$ 相应于 $x=-1$ 或 1，$\xi=1$ 相应于 $x=1$ 或 -1. 这为 S-L 型方程中 $q(x)\equiv 0$ 的情况，$\xi=0$ 和 1 均为方程的正则奇点.

将 y 在 $\xi=0$ 处展成

$$y(x)=\xi^S\sum_{k=0}^{\infty}a_k\xi^k,$$

代入(7.6.10)式中，得指标方程为 $S^2=0$，即有两个实重根 $S_1=S_2=0$. 由§7.1知，$y(\xi)$ 的两个线性无关解为

$$y_1(\xi)=\sum_{k=0}^{\infty}a_k\xi^k,\quad y_2(\xi)=Cy_1(\xi)\ln\xi+\sum_{k=0}^{\infty}b_k\xi^k. \tag{7.6.11}$$

这表明 $y_1(\xi)$ 在 $\xi=0$ 处解析，而任何与 $y_1(\xi)$ 线性无关的解在 $\xi=0$ 处必有对数奇性. 那么，$y_1(\xi)$ 能否在 $\xi=0$ 和 $\xi=1$ 两个端点处都解析呢？

代 $y_1(\xi)$ 的级数表达式入(7.6.10)式中，得

$$\sum_{k=1}^{\infty}\{k^2a_k-[k(k-1)-\mu]a_{k-1}\}\xi^{k-1}=0.$$

由此得递推公式

$$a_k=\frac{k(k-1)-\mu}{k^2}a_{k-1}\quad(k=1,2,\cdots). \tag{7.6.12}$$

若对某一非负整数 m，$\mu=m(m+1)$. 由上式知，对一切 $k>m$，有 $a_k=0$，即 $y_1(\xi)$ 退化为 m 阶多项式. 此时 $y_1(\xi)$ 在 $\xi=1$ 处当然也解析，即存在在两个端点处都解析的解.

若对一切非负整数 m，均有 $\mu\neq m(m+1)$，则(7.6.11)式为一无穷级数. 这时，$y_1(\xi)$ 在 $\xi=1$ 处是否还收敛呢？即是否仍存在在两个端点处都解析的解呢？

由(7.6.12)，有 $\dfrac{a_k}{a_{k-1}}=1-\dfrac{1}{k}-\dfrac{\mu}{k^2}$. 这相当于高斯判别法中 $\beta=0<1$ 的情况. 故此级数的收敛半径为1，在 $|\xi|<1$ 时收敛，但在 $\xi=1$ 处发散. 从前面的讨论知，$y_1(\xi)$ 在 $\xi=1$ 处将有对数奇性.

这表明，对勒让德方程，只有对某一非负整数 m，$\mu=m(m+1)$ 时才有在两个端点 $x=\pm1$ 处都解析的解. 这时，解退化为 m 阶多项式. 若对一切 m，均有 $\mu\neq m(m+1)$，则勒让德方程不存在在 $x=\pm1$ 处均有界的解.

§7.7　勒让德方程的本征值问题

1. 勒让德方程本征值问题的数学提法

对勒让德方程，使在 $x=\pm1$ 处满足自然边条件时，下列定解问题

$$\begin{cases}(1-x^2)y''-2xy'+\mu y=0, & |x|<1,\\ y(\pm1)\text{ 有界}\end{cases} \tag{7.7.1}$$

有非零解的 μ 值，称为勒让德方程的**本征值**，相应的解为与 μ 对应的**本征函数**.

在§7.6中我们已经知道，只有当 $\mu=m(m+1)$，$m=0,1,2,\cdots$ 时，(7.7.1)式才有非零解. 由此知勒让德方程的本征值为

$$\mu_m = m(m+1),$$

相应的本征函数都是 m 阶多项式，称为 m 阶的勒让德多项式，记作 $P_m(x)$.

利用递推公式(7.6.5)，有

$$P_m(x) = \sum_{k=0}^{\left[\frac{m}{2}\right]} \frac{(-1)^k (2m-2k)!}{2^m k!(m-k)!(m-2k)!} x^{m-2k}, \qquad (7.7.2)$$

其中$\left[\frac{m}{2}\right]$表示对$\frac{m}{2}$取整数部分，即当 $m=2n$ 或 $2n+1$ 时，均有$\left[\frac{m}{2}\right]=n$.

在导出(7.7.2)式时，对(7.6.5)式中作了如下取值规定：

$$\begin{cases} a_0 = 1, & m = 0, \\ a_m = (2m-1)!!/m!, & m \geqslant 1. \end{cases}$$

勒让德多项式是一类球函数.

2. 勒让德多项式的微分表达式

罗德里格斯(Rodrigues)给出了勒让德多项式的微分表达式，称为**罗德里格斯公式**，即

$$P_m(x) = \frac{1}{2^m m!} \frac{\mathrm{d}^m}{\mathrm{d}x^m}(x^2-1)^m. \qquad (7.7.3)$$

利用二项式定理，有

$$(x^2-1)^m = \sum_{k=0}^{m} \frac{(-1)^k m!}{k!(m-k)!} x^{2m-2k}.$$

由此有

$$\begin{aligned} \frac{1}{2^m m!} \frac{\mathrm{d}^m}{\mathrm{d}x^m}(x^2-1)^m &= \sum_{k=0}^{m} \frac{(-1)^k}{2^m k!(m-k)!} \frac{\mathrm{d}^m}{\mathrm{d}x^m} x^{2m-2k} \\ &= \sum_{k=0}^{\left[\frac{m}{2}\right]} \frac{(-1)^k (2m-2k)!}{2^m k!(m-k)!(m-2k)!} x^{m-2k} \\ &= P_m(x), \end{aligned}$$

即由(7.7.3)式给出的 $P_m(x)$ 与(7.7.2)式是一致的.

例 利用罗德里格斯公式计算 $P_m(\pm 1)$.

解

$$\begin{aligned} \frac{\mathrm{d}^m}{\mathrm{d}x^m}(x^2-1)^m &= \frac{\mathrm{d}^m}{\mathrm{d}x^m}[(x-1)^m(x+1)^m] \\ &= m![(x+1)^m+(x-1)^m] + \sum_{k=1}^{m-1} C_k (x-1)^k (x+1)^{m-k}, \end{aligned}$$

$$C_k = \frac{(m!)^2}{k!(m-k)!} C_k^m = \frac{(m!)^3}{[k!(m-k)!]^2},$$

其中 C_k^m 为二项式展开系数. 由此有

$$\frac{\mathrm{d}^m}{\mathrm{d}x^m}(x^2-1)^m\bigg|_{x=\pm1}=(\pm1)^m 2^m m!,$$

代入罗德里格斯公式中，得 $P_m(\pm1)=(\pm1)^m$.

3. 勒让德多项式的归一化因子

以 N_m 表示勒让德多项式 $P_m(x)$ 的归一化因子，令 $b=\frac{1}{2^{2m}}(m!)^2$. 对勒让德方程，$\rho(x)\equiv1$，故有

$$\begin{aligned}N_m^2&=\int_{-1}^1 P_m^2(x)\mathrm{d}x=b\int_{-1}^1\left[\frac{\mathrm{d}^m}{\mathrm{d}x^m}(x^2-1)^m\right]\left[\frac{\mathrm{d}^m}{\mathrm{d}x^m}(x^2-1)^m\mathrm{d}x\right]\\&=b\frac{\mathrm{d}^{m-1}}{\mathrm{d}x^{m-1}}(x^2-1)^m\frac{\mathrm{d}^m}{\mathrm{d}x^m}(x^2-1)^m\bigg|_{-1}^1\\&\quad-b\int_{-1}^1\left[\frac{\mathrm{d}^{m-1}}{\mathrm{d}x^{m-1}}(x^2-1)^m\right]\left[\frac{\mathrm{d}^{m+1}}{\mathrm{d}x^{m+1}}(x^2-1)^m\right]\mathrm{d}x.\end{aligned}$$

由于 $(x^2-1)^m=(x-1)^m(x+1)^m$，故对一切 $1\leqslant k\leqslant m$，均有

$$\frac{\mathrm{d}^{m-k}}{\mathrm{d}x^{m-k}}(x^2-1)^m\bigg|_{-1}^1=0.$$

又因 $(x^2-1)^m$ 是首项系数为 1 的 $2m$ 阶多项式，故有

$$\frac{\mathrm{d}^{2m}}{\mathrm{d}x^{2m}}(x^2-1)=(2m)!.$$

将上面的分部积分过程进行下去，得

$$\begin{aligned}N_m^2&=(-1)^m b\int_{-1}^1(x^2-1)^m\frac{\mathrm{d}^{2m}}{\mathrm{d}x^{2m}}(x^2-1)^m\mathrm{d}x\\&=(-1)^m b(2m)!\int_{-1}^1(x-1)^m(x+1)^m\mathrm{d}x.\end{aligned}$$

再对上式作 m 次分部积分，使其中一个因子，例如 $(x+1)^m$ 的幂次不断升高，而另一个因子 $(x-1)^m$ 的幂次不断下降直至为 0，最后得

$$N_m^2=\frac{1}{2^{2m}}\int_{-1}^1(x+1)^{2m}\mathrm{d}x=\frac{2}{2m+1}.$$

故 $\left\{\frac{P_m(x)}{N_m}\right\}=\left\{P_m(x)\sqrt{\frac{2m+1}{2}}\right\}$ 为完备的正交归一化函数族，有

$$\frac{1}{N_mN_n}\int_{-1}^1 P_mP_n(x)\mathrm{d}x=\delta_{mn}=\begin{cases}1, & m=n,\\0, & m\neq n,\end{cases}\tag{7.7.4}$$

$$N_m=\left(\frac{2}{2m+1}\right)^{\frac{1}{2}}.\tag{7.7.5}$$

若 $f(x)\in C^1[-1,1]$ 且有分段连续的二阶导数，则可在 $[-1,1]$ 上将 $f(x)$ 按 $\{P_m(x)\}$ 展成广义的傅里叶级数

$$
\begin{cases}
f(x)=\sum_{m=0}^{\infty}C_mP_m(x),\\
C_m=\dfrac{2m+1}{2}\int_{-1}^{1}f(x)P_m(x)\mathrm{d}x.
\end{cases}
\tag{7.7.6}
$$

4. 积分表达式

利用 $P_m(x)$ 的微分表达式

$$
P_m(x)=\frac{1}{2^m m!}\frac{\mathrm{d}^m}{\mathrm{d}x^m}(x^2-1)^m
$$

和对解析函数任意阶导数的柯西积分公式

$$
f^{(m)}(z)=\frac{m!}{2\pi\mathrm{i}}\int_L\frac{f(\zeta)}{(\zeta-z)^{m+1}}\mathrm{d}\zeta,
$$

立即可得 $P_m(x)$ 的积分表达式为

$$
P_m(x)=\frac{1}{2\pi\mathrm{i}}\int_L\frac{(\zeta^2-1)^m}{2^m(\zeta-x)^{m+1}}\mathrm{d}\zeta,
\tag{7.7.7}
$$

其中 L 是将 $z=x$ 包围在其中的任一闭合回路.

利用这一公式,可以证明 $|P_m(x)|\leqslant 1$,等号仅在 $x=\pm 1$ 时成立. 前面已证明 $P_m(\pm 1)=(\pm 1)^m$,故下面假定 $|x|<1$.

取 L 为以 $z=x$ 为中心,$\sqrt{1-x^2}$ 为半径的圆. 这时,在 L 上,有

$$
\begin{aligned}
\zeta-x&=(1-x^2)^{\frac{1}{2}}\mathrm{e}^{\mathrm{i}\psi}\quad(0\leqslant\psi<2\pi),\\
\zeta^2-1&=(\zeta-x)^2+2x(\zeta-x)-(1-x^2)\\
&=(1-x^2)\mathrm{e}^{2\mathrm{i}\psi}+2x\sqrt{1-x^2}\mathrm{e}^{\mathrm{i}\psi}+x^2-1.
\end{aligned}
$$

以此代入 $P_m(x)$ 的积分表达式(9.7.7)中,得

$$
\begin{aligned}
P_m(x)&=\frac{1}{2^{m+1}\pi}\int_0^{2\pi}\frac{\left[(1-x^2)\mathrm{e}^{2\mathrm{i}\psi}+2x\sqrt{1-x^2}\mathrm{e}^{\mathrm{i}\psi}+x^2-1\right]^m}{(1-x^2)^{\frac{m}{2}}\mathrm{e}^{\mathrm{i}m\psi}}\mathrm{d}\psi\\
&=\frac{1}{2^{m+1}\pi}\int_0^{2\pi}\left[(1-x^2)^{\frac{1}{2}}(\mathrm{e}^{\mathrm{i}\psi}-\mathrm{e}^{-\mathrm{i}\psi})+2x\right]^m\mathrm{d}\psi\\
&=\frac{1}{2\pi}\int_0^{2\pi}\left[x+\mathrm{i}(1-x^2)^{\frac{1}{2}}\sin\psi\right]^m\mathrm{d}\psi.
\end{aligned}
\tag{7.7.8}
$$

故对 $|x|<1$,有

$$
\begin{aligned}
|P_m(x)|&\leqslant\frac{1}{2\pi}\int_0^{2\pi}\left|x+\mathrm{i}(1-x^2)^{\frac{1}{2}}\sin\psi\right|^m\mathrm{d}\psi\\
&=\frac{1}{2\pi}\int_0^{2\pi}\left[x^2+(1-x^2)\sin^2\psi\right]^{\frac{m}{2}}\mathrm{d}\psi\\
&=\frac{1}{2\pi}\int_0^{2\pi}\left[1-(1-x^2)\cos^2\psi\right]^{\frac{m}{2}}\mathrm{d}\psi\\
&<\frac{1}{2\pi}\int_0^{2\pi}\mathrm{d}\psi=1.
\end{aligned}
$$

由于 $|P_m(\pm 1)| = 1$,故有 $|P_m(x)| \leqslant 1$,等号仅在 $x = \pm 1$ 时成立.

不难看出,(7.7.8) 对 $x = \pm 1$ 时也是对的,即对 $|x| \leqslant 1$ 都是对的,是 $P_m(x)$ 的另一种积分表达形式.

5. 生成公式

$$\psi(x,t) = (1 - 2xt + t^2)^{-\frac{1}{2}} = \sum_{m=0}^{\infty} P_m(x) t^m \quad (|t| < 1,\ |x| \leqslant 1) \tag{7.7.9}$$

称为 $P_m(x)$ 的生成公式,$\psi(x,t)$ 称为 $P_m(x)$ 的生成函数或母函数. 这可通过令 $\xi = t(2x - t)$,将 $\psi(x,t)$ 对 $\xi = 0$ 作泰勒展开,然后将 $(2x - t)^n$ 作二项式展开,再归并 t^m 的同类项来证明.

§7.8　连带的勒让德方程

1. 连带的勒让德方程

S-L 型方程

$$\frac{\mathrm{d}}{\mathrm{d}x}[(1 - x^2) y'] + \left(\mu - \frac{n^2}{1 - x^2}\right) y = 0 \tag{7.8.1}$$

称为**连带的勒让德方程**,其中 μ 为参数,n 为给定的整数. $n = 0$ 时就是勒让德方程.

令

$$y = (1 - x^2)^{\frac{n}{2}} u_n(x),$$

以此代入(7.8.1) 式中,得

$$(1 - x^2) u_n'' - 2(n + 1) x u_n' + [\mu - n(n + 1)] u_n = 0. \tag{7.8.2}$$

以 $n - 1$ 代替 n,则上式变为

$$(1 - x^2) u_{n-1}'' - 2nx u_{n-1}' + [\mu - n(n - 1)] u_{n-1} = 0. \tag{7.8.3}$$

将上式对 x 求导一次得

$$(1 - x^2)(u_{n-1}')'' - 2(n + 1) x (u_{n-1}')' + [\mu - n(n + 1)](u_{n-1}') = 0. \tag{7.8.4}$$

比较(7.8.2) 和(7.8.4) 两式,知应有

$$u_n = \frac{\mathrm{d}}{\mathrm{d}x}(u_{n-1}) = \cdots = \frac{\mathrm{d}^n u_0}{\mathrm{d}x^n}. \tag{7.8.5}$$

注意到当 $n = 0$ 时,$u_0(x)$ 即为勒让德方程的解,有

$$u_0(x) = C_0 y_0(x) + C_1 y_1(x), \tag{7.8.6}$$

其中 C_0 和 C_1 为二任意常数,而 $y_0(x)$ 和 $y_1(x)$ 则为由(7.6.6) 和(7.6.7) 两式给出的勒让德方程的两个独立解. 由此知连带的勒让德方程的解为

$$y=(1-x^2)^{\frac{n}{2}}u_n(x)=(1-x^2)^{\frac{n}{2}}\frac{\mathrm{d}^n}{\mathrm{d}x^n}u_0(x). \tag{7.8.7}$$

2. 连带的勒让德方程的本征值问题

本征值问题的数学提法与勒让德方程相同，即使连带的勒让德方程有在 $x=\pm1$ 有界的非零解的 μ 称为连带的勒让德方程的本征值，相应的非零解为本征函数.

由于 $u_0(x)$ 为勒让德方程的解，故当 $\mu\neq m(m+1)$ 时（m 为非负整数），$u_0(x)$ 至少在 $x=\pm1$ 中的一个点上具有对数奇性，故该点为 $u_0^{(n)}(x)$ 的 n 阶极点. 由(7.8.7)式知，连带的勒让德方程的解 $y(x)$ 在该点附近无界. 可见，对连带的勒让德方程的本征值仍为 $\mu=m(m+1)$，相应的本征函数为

$$P_m^n(x)=(1-x^2)^{\frac{n}{2}}\frac{\mathrm{d}^n}{\mathrm{d}x^n}P_m(x)\quad(m\geqslant n). \tag{7.8.8}$$

这是因为 $P_m(x)$ 为 m 阶多项式，当 $n>m$ 时，$P_m(x)$ 的 n 阶导数恒为 0，即此时 $P_m^n(x)\equiv0$，不可能有非零解.

3. 本征函数族的归一化

作为一类 S-L 型方程的本征函数族，$\{P_m^n(x)\}$ 是完备的正交函数族. 与勒让德方程一样，权函数 $\rho(x)\equiv1$，归一化因子为

$$\begin{aligned}(N_m^n)^2&=\int_{-1}^1[P_m^n(x)]^2\mathrm{d}x\\&=\int_{-1}^1(1-x^2)^nP_m^{(n)}(x)P_m^{(n)}(x)\mathrm{d}x\\&=(1-x^2)^nP_m^{(n-1)}(x)P_m^{(n)}(x)\Big|_{-1}^1\\&\quad-\int_{-1}^1P_m^{(n-1)}(x)\frac{\mathrm{d}}{\mathrm{d}x}[(1-x^2)^nP_m^{(n)}(x)]\mathrm{d}x\\&=-\int_{-1}^1(1-x^2)^{n-1}P_m^{(n-1)}(x)[(1-x^2)P_m^{(n+1)}(x)-2nxP_m^{(n)}(x)]\mathrm{d}x.\end{aligned} \tag{7.8.9}$$

对 $\mu=m(m+1)$，并注意到 $u_n(x)=P_m^{(n)}(x)$，由(7.8.3)，有

$$(1-x^2)P_m^{(n+1)}(x)-2nxP_m^{(n)}(x)=-[m(m+1)-n(n-1)]P_m^{(n-1)}(x).$$

以此代入(7.8.9)式中，得如下递推公式：

$$\begin{aligned}(N_m^n)^2&=\int_{-1}^1(1-x^2)^nP_m^{(n)}(x)P_m^{(n)}(x)\mathrm{d}x\\&=(m+n)(m+1-n)\int_{-1}^1(1-x^2)^{n-1}[P_m^{(n-1)}(x)]^2\mathrm{d}x\\&=\frac{(m+n)!}{m!}\frac{m!}{(m-n)!}\int_{-1}^1P_m^2(x)\mathrm{d}x\\&=\frac{(m+n)!}{(m-n)!}\frac{2}{2m+1}.\end{aligned} \tag{7.8.10}$$

在同一 n 下，$\left\{\dfrac{P_m^n(x)}{N_m^n}\right\}$为一完备的正交归一化函数族. 由(7.8.10)式，归一化因子为

$$N_m^n=\left[\frac{(m+n)!}{(m-n)!}\frac{2}{2m+1}\right]^{\frac{1}{2}}\quad(m\geqslant n).\tag{7.8.11}$$

这是轴对称条件下的球函数族，m 为它的阶数.

习　　题

1. 证明：贝塞尔方程的解在 $x\to\infty$ 的渐近式为

$$y=\frac{A}{\sqrt{x}}\cos(x+\alpha),$$

其中 A 和 α 为常数. 当 $\mu=\pm\dfrac{1}{2}$ 时，这也是解的准确形式.

提示：令 $y=\dfrac{u}{\sqrt{x}}$，则贝塞尔方程(7.2.4)化作

$$u''+\left(1-\frac{\mu^2-\frac{1}{4}}{x^2}\right)u=0.$$

当 x 充分大以后，近似地满足 $u''+u=0$.

2. 证明整阶贝塞尔函数的生成公式

$$e^{\frac{x}{2}\left(t-\frac{1}{t}\right)}=\sum_{m=-\infty}^{\infty}J_m(x)t^m.$$

提示：令 $\xi=\dfrac{tx}{2}$，$\eta=\dfrac{x}{2t}$，利用 e^{ξ} 和 $e^{-\eta}$ 的泰勒展开式，归并 t^m 项的系数后可证.

3. 证明：$J_m(x)$ 的积分表达式为

$$\begin{aligned}J_m(x)&=\frac{1}{2\pi}\int_{-\pi}^{\pi}\cos(x\sin\theta-m\theta)\,d\theta\\&=\frac{1}{2\pi}\int_{-\pi}^{\pi}e^{\pm i(x\sin\theta-m\theta)}\,d\theta\\&=\frac{1}{2\pi}e^{\mp\frac{im\pi}{2}}\int_0^{2\pi}e^{\pm i(x\cos\psi+m\psi)}\,d\psi.\end{aligned}$$

提示：在生成公式中令 $t=e^{i\theta}$，并将等式两边同乘以 $e^{-im\theta}$ 后再在$[-\pi,\pi]$上对 θ 积分.

4. 利用 $J_m(x)$ 的积分表达式证明：

(1) $|J_m(x)|\leqslant 1$，等号仅在 $x=0$ 且 $m=0$ 时成立；

(2) $\displaystyle\int_0^{\infty}e^{-ax}J_0(bx)=\frac{2a}{\pi}\int_0^{\frac{\pi}{2}}\frac{d\theta}{a^2+b^2\sin^2\theta}=\frac{1}{\sqrt{a^2+b^2}}\quad(a>0).$

5. 利用贝塞尔函数微分形式的递推公式，试证下列贝塞尔函数积分形式的递推公式：

(1) $\int x^n J_m(x)\,\mathrm{d}x = x^n J_{m+1}(x) + (m+1-n)\int x^{n-1} J_{m+1}(x)\mathrm{d}x$；

(2) $\int x^n J_m(x)\,\mathrm{d}x = -x^n J_{m-1}(x) + (m+n-1)\int x^{n-1} J_{m-1}(x)\mathrm{d}x$.

并由此计算 $\int xJ_0(x)\mathrm{d}x$ 和 $\int x^3 J_0(x)\mathrm{d}x$.

6. 证明勒让德多项式的生成公式

$$(1-2xt+t^2)^{-\frac{1}{2}} = \sum_{m=0}^{\infty} P_m(x)t^m \quad (|t|<1,\ |x|\leqslant 1).$$

提示：令 $\xi = t(2x-t)$ 将生成函数在 $\xi=0$ 处作泰勒展开，再将 $(2x-t)^n$ 作二项式展开后对 t^m 归并同类项. 虽然展开时要求 $|\xi|<1$，在给定的 x 和 t 的范围内，等式两边都是 t 的解析函数，由解析延拓定理知此等式对一切 $|x|\leqslant 1$，$|t|<1$ 均成立.

7. 试证 $P_m(x)$ 如下的递推公式：

(1) $(m+1)P_{m+1} - (2m+1)xP_m + mP_{m-1} = 0$；

(2) $xP'_m - P'_{m-1} = mP_m$；

(3) $P'_{m+1} = xP'_m + (m+1)P_m$；

(4) $P'_{m+1} - P'_{m-1} = (2m+1)P_m$.

8. 用数学归纳法证明，当 $k\leqslant m$ 时，

$$u_m^{(k)}(x) = \frac{\mathrm{d}^k}{\mathrm{d}x^k}(x^2-1)^m$$

在 $(-1,1)$ 内有 k 个不同的零点，从而证明 $P_m(x)$ 在 $(-1,1)$ 内有 m 个不同的零点.

9. 证明 $\{P_{2m}(x)\}$ 和 $\{P_{2m+1}(x)\}$ 均为 $[0,1]$ 上的正交函数集，并求归一化因子.

10. 将二阶常微分方程

$$a_2(x)y'' + a_1(x)y' + a_0(x)y = \lambda b(x)y \quad (\lambda\text{ 为参数})$$

化作 S-L 型方程

$$\frac{\mathrm{d}}{\mathrm{d}x}\left[p(x)\frac{\mathrm{d}y}{\mathrm{d}x}\right] - q(x)y = -\lambda\rho(x)y,$$

即给出 $p(x)$，$q(x)$ 和 $\rho(x)$ 与 $a_0(x)$，$a_1(x)$，$a_2(x)$ 和 $b(x)$ 的关系式.

11. 求方程 $y''+\lambda y=0$ 在下列边界条件下的全部本征值和本征函数：

(1) $y(0)=y(\pi)=0$；　(2) $y(a)=y(b)=0$；

(3) $y'(a)=y'(b)=0$；　(4) $y(a)=y'(b)=0$；

(5) $y(a) = y(b), y'(a) = y'(b)$.

这里假定 $a < b$.

12. 求下列边值问题的本征值和相应的本征函数，并说明该本征函数族关于什么权函数正交和求归一化因子：

(1) $\begin{cases} u'' + u' + (1+\lambda)u = 0, \quad 0 < x < 1, \\ u(0) = u(1) = 0; \end{cases}$

(2) $\begin{cases} x^2 u'' + xu' + (\lambda x - 1)u = 0, \\ \text{在 } x = 0 \text{ 处有界}, u(1) = 0. \end{cases}$

提示：令 $\xi = 2\sqrt{x}$，将方程化作贝塞尔方程.

13. 求下列定解问题的本征值和本征函数族：

$$\begin{cases} x^2 u'' + xu' + \lambda x^2 u = 0, \\ u(0) \text{ 有界}, u'(1) + u(1) = 0, \end{cases}$$

并将 $f(x) = 2 - x^2$ 在$[0,1]$上用本征函数族展开.

第八章 偏微分方程引论

§8.1 引 言

偏微分方程，是多元函数的微分方程，是在各类物理和工程实际中遇到的最为广泛的方程. 如何从客观实际问题中抽象出一个合理的数学模型，建立一个正确的定解问题，以及如何有效地对此求解，内容是十分博大丰富的，有许多问题仍处于探索之中. 这些，远不是本门课程所能概括得了的. 在本门课程中，只能介绍一些最基本的概念和原理，并主要针对三类最常见的经典的二阶线性偏微分方程：

波动方程：$u_{tt} - a^2 \Delta u = f$； (8.1.1)

热传导方程：$u_t - a^2 \Delta u = f$； (8.1.2)

泊松(Poisson) 方程：$\Delta u = f$. (8.1.3)

介绍一些常见的解法. 这里 $\Delta = \nabla^2$ 为拉普拉斯算子. 对三维空间，在直角坐标系下，有

$$\Delta = \frac{\partial^2}{\partial x^2} + \frac{\partial^2}{\partial y^2} + \frac{\partial^2}{\partial z^2}.$$

当然，由于实际问题的复杂性，即使是对这些方程，能求得解析解的情况也是很有限的，更大量的需要用各种不同的数值方法求解. 尽管如此，这些方法仍然是很有用处的.

首先，在一些较简单的问题中，可以用这些方法求得相应的解析解，这使我们了解该问题解的特性、变化趋势、各种参数的影响等会比数值解简单和更加明确，对计算结果的精度也能更有效地估计和控制. 另外，如果对某类方程，能就一些相对较简单的定解问题得到一个解析解，这时，就可用这一解析解来检验解该类方程的一些数值方法的有效性，特别是当缺乏可靠的实验数据用来检验比较的情况，这类解析解就显得更有价值了.

其次，在许多情况下，虽不能求得最终的解析解，但利用这些方法，可以简化问题，使用数值方法求解变得较为简捷易行. 例如，在有些情况下，可通过这些方法降低方程的维度，从而可大大简化数值求解的过程，使计算量和难度大为降低.

再次，有些方法，是一些重要的数值方法的理论基础. 例如，格林(Green) 函

数法是边界元法的理论基础,分离变数法是谱方法的理论基础等.

最后,也是最为重要的是,课程中所介绍的一些基本概念与原理,是建立任何一个正确有效的数值方法所必须了解与遵循的.任何一个有效的数值方法,都必须以相关定解问题有一个正确的数学提法为前提.从一个不正确的数学提法的定解问题出发而建立的任何数值方法都是无本之木,无源之水,是毫无意义的.而像特征线(面)、依赖区和影响区等概念,则是建立一个解双曲型方程的正确数值方法所不能回避的.

与常微分方程一样,偏微分方程也有一些完全相似的概念.

1. 方程(组)的阶数

单个方程的**阶数**是指方程中所含未知函数偏导数的最高阶数.例如方程

$$u_t = k^2 u_{xx} \tag{8.1.4}$$

是二阶的.

一个方程组的阶数,则是所有各个方程阶数之总和.例如方程组

$$\begin{cases} u_x - v_y = 0, \\ u_y + v_x = 0 \end{cases} \tag{8.1.5}$$

就是二阶方程组.

2. 齐次与非齐次

如果方程(组)中不含有自变量单独的已知函数项,就是**齐次**的,否则就是**非齐次**的.上面的方程(8.1.4)和(8.1.5)都是齐次的,而方程

$$u_t + uu_x = f(x,t) \tag{8.1.6}$$

就是非齐次的.这里 f 为 x 和 t 的已知函数.

这种齐次和非齐次的定义也可出现在定解条件中,故定解条件也有齐次和非齐次之分.

3. 线性和非线性

如果方程(组)和定解条件中均只含有未知函数的线性项,定解问题就是**线性**的,否则就是**非线性**的.对非线性问题,如果未知函数最高阶项是线性的,而只存在较低阶导数的非线性项,则称该定解问题是**拟线性**的.

4. 通解

对含 m 个自变量的 n 阶方程,其解的表达式包含有 $m-1$ 个自变量的、n 个独立的和满足一定可微要求的任意函数称为方程的**通解**;否则称为**特解**.这里的 $m-1$ 个自变量,可以是原自变量中的 $m-1$ 个,也可是原 m 个自变量的 $m-1$ 个独立组合构成的自变量.通解就是包含方程一切解在内的解的一般形式.

例 1　对一阶偏微分方程

$$xu_x + u = \cos x + y,$$

将上式改写为

$$(xu)_x = \cos x + y,$$

再两边对 x 积分后得

$$u = \frac{\sin x}{x} + y + \frac{1}{x}F(y),$$

这就是方程的通解,这里 $F(y)$ 是 y 的任意函数.若 $F(y)$ 取一确定的形式,例如取 $F(y) \equiv 0$ 和 $F(y) = \mathrm{e}^{-y}$,则 $u_0 = \frac{1}{x}\sin x + y$ 和 $u_1 = \frac{1}{x}(\sin x + \mathrm{e}^{-y}) + y$ 就都是特解.

例 2 对二阶偏微分方程 $u_{xy} = 0$,将上式先后对 x 和 y 积分可得

$$u = F(x) + G(y),$$

其中 $F(x)$ 和 $G(y)$ 分别是 x 和 y 的任意函数.这就是方程的通解,而 $F(x)$ 和 $G(y)$ 中只要有一个取给定的形式,就是方程的特解.

例 3 对三阶偏微分方程 $u_{xyz} = 0$,其通解为

$$u(x,y,z) = F_1(x,y) + F_2(y,z) + F_3(x,z),$$

其中 F_1,F_2,F_3 都是任意函数.但对包含三个任意函数 F_1,F_2 和 f 的解

$$u(x,y,z) = F_1(x,y) + F_2(y,z) + f(x),$$

就只能说是特解,因这里的 f 虽是任意函数,但它只依赖于一个自变量,而不是两个自变量.

例 4 对二阶偏微分方程

$$a^2u_{xx} - u_{yy} = 0$$

作变量替换

$$\xi = x + ay, \quad \eta = x - ay.$$

方程在新的变量下变为 $u_{\xi\eta} = 0$.这就是例 2 的情况,通解为

$$u(x,y) = F(\xi) + G(\eta) = F(x + ay) + G(x - ay).$$

这里虽然 $x + ay$ 和 $x - ay$ 都分别包含了两个自变量 x 和 y,但它们都是以 x 和 y 的固定组合的形式各自构成一个新的自变量 ξ 和 η.

§8.2 一阶偏微分方程

对只含一个未知函数的一阶偏微分方程,它的通解是存在的,且可化为求解常微分方程组问题.下面仅以三维齐次线性和二维拟线性一阶偏微分方程为例进行讨论.这一求解的基本方法,不难推广到更高维度的情况.此求解方法,与物理问题中的向量线和向量面的概念有密切关系.

1. 一阶偏微分方程与一阶常微分方程组解间的对应关系

这一对应关系,可通过向量场中向量线和向量面间方程的对应关系来说明.

设给定三维向量场

$$\boldsymbol{W}(x,y,z) = (P(x,y,z),Q(x,y,z),R(x,y,z)) \tag{8.2.1}$$

在向量场中处处皆与向量相切的曲线和曲面称为向量线和向量面.例如,磁场中的磁力线和磁力面,流体速度场中的流线和流面就都是这样的向量线和向量面.

由于向量线处处与向量相切,即其任一点的切线方向均与该点向量$\boldsymbol{W}$的方向一致,故它应满足如下的常微分方程组:

$$\frac{\mathrm{d}x}{P} = \frac{\mathrm{d}y}{Q} = \frac{\mathrm{d}z}{R}. \tag{8.2.2}$$

设向量面的方程为

$$u(x,y,z) = c, \tag{8.2.3}$$

其中c为常数,则有

$$\boldsymbol{W} \cdot \nabla u = P\frac{\partial u}{\partial x} + Q\frac{\partial u}{\partial y} + R\frac{\partial u}{\partial z} = 0, \tag{8.2.4}$$

即u为一阶齐次线性偏微分方程(8.2.4)的解.

把向量面方程改为显式$z = z(x,y)$.将方程(8.2.3)分别对x和y求导,得

$$\frac{\partial u}{\partial x} + \frac{\partial u}{\partial z}\frac{\partial z}{\partial x} = 0, \quad \frac{\partial u}{\partial y} + \frac{\partial u}{\partial z}\frac{\partial z}{\partial y} = 0.$$

以此代入(8.2.4)式中,消除$\frac{\partial u}{\partial x}$和$\frac{\partial u}{\partial y}$后可得

$$P(x,y,z)\frac{\partial z}{\partial x} + Q(x,y,z)\frac{\partial z}{\partial y} = R(x,y,z). \tag{8.2.5}$$

方程(8.2.5)是一个二维的一阶拟线性偏微分方程.它的每一个显式解$z = z(x,y)$或隐式解$u(x,y,z) = c$都代表了由(8.2.1)给定的向量场中的一个向量面,而$u(x,y,z)$也就是(8.2.4)式的解.

设由参数方程

$$x = f(t), y = g(t), z = h(t) \tag{8.2.6}$$

给定了一条非向量曲线,过每一条非向量曲线的向量面是唯一的.如果要求过此曲线的向量面$z = z(x,y)$,则(8.2.6)式就是方程(8.2.5)的定解条件,方程(8.2.5)满足(8.2.6)式的解是唯一的.但如果(8.2.6)式给定的是一条向量线,由于过一条向量线的向量面有无穷多个,(8.2.6)式就不能作为方程(8.2.5)的定解条件,因这时不能确定唯一解.

若$u_1(x,y,z)$和$u_2(x,y,z)$是(8.2.4)式的两个独立解,对任给的两个常数C_1和C_2,$u_1 = C_1$和$u_2 = C_2$就给出了方程(8.2.5)的两个隐式的独立解,为两个向量面,它们的交线

$$\begin{cases} u_1(x,y,z) = C_1, \\ u_2(x,y,z) = C_2 \end{cases} \tag{8.2.7}$$

就给出了(8.2.2)式的通解.这里的 $u_1(x,y,z)=C_1$ 和 $u_2(x,y,z)=C_2$ 称为(8.2.2)式的两个独立的第一积分.

定义 8.2.1 若对函数 $u(x,y,z)$,当其中的 x, y, z 由常微分方程组(8.2.2)的解代入后,有 $u\equiv C$(常数),则称 $u(x,y,z)=C$ 为方程组(8.2.2)的第一积分.

从上面的讨论可以看出,向量线方程,即常微分方程组(8.2.2)的第一积分就是向量面.

前面,我们完全从向量场的角度说明了(8.2.2)和(8.2.4),(8.2.5)式的解间的关系.下面将直接通过数学推导来给以验证.令

$$L=P\frac{\partial}{\partial x}+Q\frac{\partial}{\partial y}+R\frac{\partial}{\partial z},$$

$$\Delta_1=\frac{\partial(u_1,u_2)}{\partial(x,y)}=\frac{\partial u_1}{\partial x}\frac{\partial u_2}{\partial y}-\frac{\partial u_1}{\partial y}\frac{\partial u_2}{\partial x},$$

$$\Delta_2=\frac{\partial(u_1,u_2)}{\partial(y,z)}=\frac{\partial u_1}{\partial y}\frac{\partial u_2}{\partial z}-\frac{\partial u_1}{\partial z}\frac{\partial u_2}{\partial y},$$

$$\Delta_3=\frac{\partial(u_1,u_2)}{\partial(z,x)}=\frac{\partial u_1}{\partial z}\frac{\partial u_2}{\partial x}-\frac{\partial u_1}{\partial x}\frac{\partial u_2}{\partial z}.$$

若 u_1 和 u_2 是(8.2.4)的两个独立解,即有

$$\begin{cases}Lu_1=P\dfrac{\partial u_1}{\partial x}+Q\dfrac{\partial u_1}{\partial y}+R\dfrac{\partial u_1}{\partial z}=0,\\ Lu_2=P\dfrac{\partial u_2}{\partial x}+Q\dfrac{\partial u_2}{\partial y}+R\dfrac{\partial u_2}{\partial z}=0.\end{cases}\tag{8.2.8}$$

且在 $\Delta_1,\Delta_2,\Delta_3$ 中至少有一个不为0.为了确定起见,假定至少是 $\Delta_2\neq 0$.

由(8.2.7)式,有

$$\begin{cases}\dfrac{\mathrm{d}u_1}{\mathrm{d}x}=\dfrac{\partial u_1}{\partial x}+\dfrac{\partial u_1}{\partial y}\dfrac{\mathrm{d}y}{\mathrm{d}x}+\dfrac{\partial u_1}{\partial z}\dfrac{\mathrm{d}z}{\mathrm{d}x}=0,\\ \dfrac{\mathrm{d}u_2}{\mathrm{d}x}=\dfrac{\partial u_2}{\partial x}+\dfrac{\partial u_2}{\partial y}\dfrac{\mathrm{d}y}{\mathrm{d}x}+\dfrac{\partial u_2}{\partial z}\dfrac{\mathrm{d}z}{\mathrm{d}x}=0.\end{cases}\tag{8.2.9}$$

从(8.2.8)和(8.2.9)式中分别解出 $\dfrac{Q}{P},\dfrac{R}{P},\dfrac{\mathrm{d}y}{\mathrm{d}x}$ 和 $\dfrac{\mathrm{d}z}{\mathrm{d}x}$,得

$$\begin{cases}\dfrac{\mathrm{d}y}{\mathrm{d}x}=\dfrac{\Delta_3}{\Delta_2}=\dfrac{Q}{P},\\ \dfrac{\mathrm{d}z}{\mathrm{d}x}=\dfrac{\Delta_1}{\Delta_2}=\dfrac{R}{P}.\end{cases}\tag{8.2.10}$$

这正是常微分方程组(8.2.2).这表明(8.2.7)式的确给出了(8.2.2)式的解,而 $u_1=C_1$ 和 $u_2=C_2$ 则为(8.2.2)式的两个独立的第一积分.

反之,若 $u_1=C_1$ 和 $u_2=C_2$ 是(8.2.2)式的两个独立的第一积分,这时

(8.2.9) 和(8.2.10) 式均成立. 将(8.2.10) 式代入(8.2.9) 式中,得 $Lu_1 = 0$ 和 $Lu_2 = 0$,即 u_1 和 u_2 是(8.2.4) 式的两个独立解. 从前面由(8.2.4) 导出(8.2.5) 式的过程可知,$u_1 = C_1$ 和 $u_2 = C_2$ 正好给出了(8.2.5) 的两个独立解.

2. 一阶偏微分方程通解的求法

对齐次线性偏微分方程(8.2.4),它的解有这样的性质:设 $F(u)$ 是 u 的任意的连续可微函数. 若 u 是方程(8.2.4) 的解,则 $F(u)$ 也是方程(8.2.4) 的解. 这是很容易验证的,因为若有 $Lu = 0$,则有 $LF(u) = F'(u)Lu = 0$.

从前面的讨论可以推想到:求一阶偏微分方程(8.2.4) 和(8.2.5) 的通解,会与求常微分方程组(8.2.2) 的第一积分有关. 下面的定理给出了相关的结论.

定理 8.2.1　若 $u_1(x,y,z) = C_1$ 和 $u_2(x,y,z) = C_2$ 是常微分方程组(8.2.2) 的两个独立的第一积分,则 $u = F(u_1,u_2)$ 就是齐次线性一阶偏微分方程(8.2.4) 的通解,而 $u_1 = F_1(u_2)$ 或 $u_2 = F_2(u_1)$ 就是拟线性一阶偏微分方程(8.2.5) 的通解. 这里的 F,F_1 和 F_2 都是各自变量的任意的可微函数.

证　u 是(8.2.4) 式的解是很容易验证的. 事实上,由于 $u_1 = C_1$ 和 $u_2 = C_2$ 作为常微分方程组(8.2.2) 的两个独立的第一积分,故 u_1 和 u_2 就是(8.2.4) 式的两个独立解,即有 $Lu_1 = Lu_2 = 0$,进而有

$$Lu = \frac{\partial F}{\partial u_1}Lu_1 + \frac{\partial F}{\partial u_2}Lu_2 = 0.$$

又由于 F 是依赖于两个独立变量 u_1 和 u_2 的任意可微函数,故 $u = F(u_1,u_2)$ 是(8.2.4) 式的通解.

由于 $u = u_1 - F_1(u_2)$ 是 $u = F(u_1,u_2)$ 的一种特殊形式,故知 $u = u_1 - F_1(u_2) = 0$ 就是一阶二维拟线性偏微分方程(8.2.5) 的解. 又由于这里 $F_1(u_2)$ 是变量 u_2 的任意函数,故 $u_1 = F_1(u_2)$ 是方程(8.2.5) 的通解. 同理,$u_2 = F_2(u_1)$ 也是方程(8.2.5) 的通解.

3. 算例

例 1　解定解问题

$$\begin{cases} x^2\dfrac{\partial u}{\partial x} + y\dfrac{\partial u}{\partial y} = 0, \\ u(1,y) = y. \end{cases}$$

解　先解常微分方程

$$\frac{\mathrm{d}x}{x^2} = \frac{\mathrm{d}y}{y},$$

即

$$\mathrm{d}\left(\frac{1}{x} + \ln y\right) = 0.$$

得其第一积分为$\frac{1}{x}+\ln y=C$(C为常数). 由此得对应偏微分方程的通解为

$$u=f\left(\frac{1}{x}+\ln y\right).$$

由定解条件 $u(1,y)=f(1+\ln y)=y=\mathrm{e}^{\ln y}$ 得

$$f(\xi)=\mathrm{e}^{\xi-1},\quad u=\mathrm{e}^{\ln y+\frac{1}{x}-1}=y\mathrm{e}^{\frac{1}{x}-1}.$$

例 2 求下列一阶偏微分方程的通解

$$(xy^3-2x^4)\frac{\partial z}{\partial x}+(2y^4-x^3y)\frac{\partial z}{\partial y}=3z(x^3-y^3).$$

解 先求常微分方程组

$$\frac{\mathrm{d}x}{x(y^3-2x^3)}=\frac{\mathrm{d}y}{y(2y^3-x^3)}=\frac{\mathrm{d}z}{3z(x^3-y^3)}$$

的第一积分. 由上式,有

$$\frac{\mathrm{d}y}{\mathrm{d}x}=\frac{y(2y^3-x^3)}{x(y^3-2x^3)}.$$

令 $t=\frac{y}{x}$,有

$$\frac{\mathrm{d}y}{\mathrm{d}x}=\frac{\mathrm{d}xt}{\mathrm{d}x}=x\frac{\mathrm{d}t}{\mathrm{d}x}+t,$$

代入上式中得

$$\frac{\mathrm{d}x}{x}=\frac{t^3-2}{t(t^3+1)}\mathrm{d}t=\frac{3t^2\mathrm{d}t}{t^3+1}-\frac{2\mathrm{d}t}{t}=\mathrm{d}\ln\frac{t^3+1}{t^2}.$$

得到微分方程组的一个第一积分

$$\frac{t^3+1}{xt^2}=\frac{y^3+x^3}{x^2y^2}=c_1.$$

另一个微分方程为

$$\frac{\mathrm{d}z}{z}=\frac{3(x^3-y^3)}{y^3-2x^3}\frac{\mathrm{d}x}{x}=\frac{3(1-t^3)}{t(t^3+1)}\mathrm{d}t=\left(\frac{3}{t}-\frac{6t^2}{t^3+1}\right)\mathrm{d}t.$$

得另一个第一积分为

$$\frac{z(t^3+1)^2}{t^3}=c.$$

利用前一个第一积分,可将此第一积分改换成

$$\frac{\dfrac{z(t^3+1)^2}{t^3}}{\dfrac{(t^3+1)^2}{x^2t^4}}=x^2tz=xyz=\frac{c}{c_1^2}=c_2.$$

这两个第一积分是互相独立的. 故最后得方程的通解为

$$z=\frac{1}{xy}f\left(\frac{x^3+y^3}{x^2y^2}\right),$$

其中 $f(\xi)$ 为 ξ 的任意函数.

例 3　求下列一阶偏微分方程的通解

$$xz\frac{\partial u}{\partial x}+yz\frac{\partial u}{\partial y}+xy\frac{\partial u}{\partial z}=0.$$

解　先求下列常微分方程组的第一积分

$$\frac{\mathrm{d}x}{xz}=\frac{\mathrm{d}y}{yz}=\frac{\mathrm{d}z}{xy}. \tag{8.2.11}$$

由前一个等式,得

$$\frac{\mathrm{d}x}{x}-\frac{\mathrm{d}y}{y}=\mathrm{d}\ln\frac{x}{y}=0.$$

由此得一个第一积分 $\frac{x}{y}=c_1$.

将(8.2.11)式用 xyz 通乘后得 $y\mathrm{d}x=x\mathrm{d}y=z\mathrm{d}z$,即有

$$y\mathrm{d}x+x\mathrm{d}y-2z\mathrm{d}z=\mathrm{d}(xy-z^2)=0.$$

得另一个第一积分为 $xy-z^2=c_2$. 这两个第一积分显然是互相独立的. 故最后得方程的通解为

$$u=F\left(\frac{x}{y},xy-z^2\right).$$

§8.3　偏微分方程定解问题的建立

数学物理方程的定解问题是由某些物理模型简化抽象而得出的数学模型,而物理模型又是从一些更复杂、更实际的物理问题和现象简化抽象而来的. 典型的数学物理方程包括波动方程、输运方程及位势方程,它们分别描述三类不同的物理现象:波动(声波和电磁波等)、输运过程(热传导和扩散等)和状态平衡(静电场分布、平衡温度场分布和速度势等). 从方程本身看,它们对应三类不同的方程,即双曲型、抛物型和椭圆型方程,这些方程在很多情况下是二阶线性偏微分方程. 本节将建立这三类重要的偏微分方程定解问题.

1. 偏微分方程的导出

(1) 弦的横振动方程:

考察一根完全柔软的弦的横振动. 假设弦是均匀的,且平衡时沿一条水平直线绷紧,取此直线为 x 轴,以坐标 x 表弦各点的位置. 从某时刻开始,由于外加激励的作用,使弦在铅直平面内作小振动,以 $u(x,t)$ 表示弦的 x 点在 t 时刻的位移. 现取出弦的一小段 $(x,x+\mathrm{d}x)$ 来分析其运动,设 ρ 为弦的线密度,则这一小段弦的运动方程为

$$\rho \frac{\partial^2 u}{\partial t^2}\mathrm{d}x = T_2 \sin\theta_2 - T_1 \sin\theta_1,$$

$$0 = T_2 \cos\theta_2 - T_1 \cos\theta_1,$$

其中 T_1 和 T_2 分别表示在 x 和 $x+\mathrm{d}x$ 点的张力,θ_1 和 θ_2 为相应的倾角,如图 8.3.1 所示. 由于假定了弦是完全柔软的,故张力沿弦的切线方向. 上面第一个方程略去了重力的作用,而第二个方程表示在 x 方向弦是平衡的,因已假定弦作横振动.

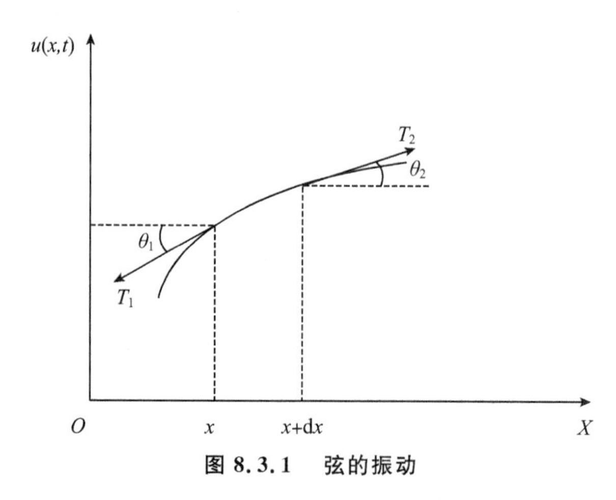

图 8.3.1 弦的振动

在小振动近似下,可设 θ 角很小,有

$$\cos\theta_1 \approx \cos\theta_2 \approx 1,$$

$$\sin\theta_1 \approx \tan\theta_1,$$

$$\sin\theta_2 \approx \tan\theta_2.$$

于是,由运动方程第二式得 $T_1 = T_2 = T$,即沿 x 方向弦中各点的张力相等. 运动方程第一式变为

$$\rho \frac{\partial^2 u}{\partial t^2}\mathrm{d}x = T(\sin\theta_2 - \sin\theta_1) \approx T(\tan\theta_2 - \tan\theta_1)$$

$$= T\left[\left(\frac{\partial u}{\partial x}\right)_{x+\mathrm{d}x} - \left(\frac{\partial u}{\partial x}\right)_x\right] = T\frac{\partial^2 u}{\partial x^2}\mathrm{d}x,$$

即

$$\rho \frac{\partial^2 u}{\partial t^2} = T\frac{\partial^2 u}{\partial x^2}$$

或

$$\frac{\partial^2 u}{\partial t^2} - a^2 \frac{\partial^2 u}{\partial x^2} = 0, \tag{8.3.1}$$

其中 $a = \sqrt{\frac{T}{\rho}}$. 另外,在 θ 角很小的假定下,$\left|\frac{\partial u}{\partial x}\right| \ll 1$,由

$$\mathrm{d}s-\mathrm{d}x=\sqrt{(\mathrm{d}u)^2+(\mathrm{d}x)^2}-\mathrm{d}x$$
$$=\left[\sqrt{1+\left(\frac{\partial u}{\partial x}\right)^2}-1\right]\mathrm{d}x=O\left(\left(\frac{\partial u}{\partial x}\right)^2\right).$$

若略去$\left(\frac{\partial u}{\partial x}\right)^2$，则弦的伸长可略去. 由此，弦中张力 T 在任何时刻都一样，而 a 为一常数.

若弦还受到外力(如重力)的作用，单位长度所受的力为 $F(x,t)$，方向垂直于 x 向，则运动方程变为

$$\rho\frac{\partial^2 u}{\partial t^2}-T\frac{\partial^2 u}{\partial x^2}=F(x,t)$$

或

$$\frac{\partial^2 u}{\partial t^2}-a^2\frac{\partial^2 u}{\partial x^2}=f(x,t),\tag{8.3.2}$$

其中 $f(x,t)=\frac{F(x,t)}{\rho}$. 这就是弦的**受迫振动方程**，$f(x,t)\equiv 0$ 时称为弦的**自由振动方程**.

(2) 热传导方程：

当一个物体内部各点的温度不一样时，热量就会从高温区域向低温区域传递，这就是热传导现象. 下面推导热传导过程中温度 $u(x,y,z,t)$ 随地点 (x,y,z) 和时间 t 变化所满足的微分方程，即热传导方程. 为简单起见，假设物体为均匀且是各向同性的，热量的传递服从傅里叶定律，即

$$\boldsymbol{q}=-k\nabla u,$$

其中 $\boldsymbol{q}$ 表示热流密度矢量，其方向为热传导的方向，$k>0$ 为热传导系数. 式中的负号表示热量是从高温区域向低温区域传递.

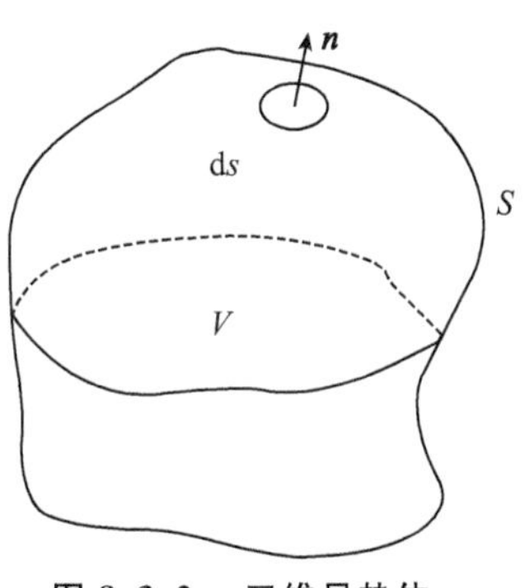

图 8.3.2　三维导热体

现于物体内任选一体积 V，则单位时间内由于温度的升高导致 V 内的能量增加为

$$\iiint\limits_V \rho c\frac{\partial u}{\partial t}\mathrm{d}V,$$

其中 ρ 为物体的密度，c 为物体的比热. 单位时间内通过 V 的边界 S 传入 V 内的热量为

$$-\iint\limits_S q_n\mathrm{d}S,$$

其中下标 n 表示 $\boldsymbol{q}$ 在面元 $\mathrm{d}S$ 的法向 $\boldsymbol{n}$ 上的热流密度，有 $q_n=\boldsymbol{n}\cdot\boldsymbol{q}$，如图 8.3.2

所示. 如果物体内有热源,设其密度为 $F(x,y,z,t)$,则在单位时间内 V 中热源放出的热量为

$$\iiint_V F(x,y,z,t)\mathrm{d}V.$$

根据能量守恒定律,体积 V 内能量的增加等于 V 中热源放出的热量以及通过边界 S 传入 V 内的热量的总和,即

$$\iiint_V \rho c\,\frac{\partial u}{\partial t}\mathrm{d}V = -\iint_S q_n\mathrm{d}S + \iiint_V F(x,y,z,t)\mathrm{d}V.$$

利用傅里叶公式和高斯(Gauss) 公式,上式的面积分可以改写为

$$-\iint_S q_n\mathrm{d}S = k\iint_S \frac{\partial u}{\partial n}\mathrm{d}S = k\iiint_V \nabla^2 u\mathrm{d}V.$$

由此,有

$$\iiint_V \rho c\,\frac{\partial u}{\partial t}\mathrm{d}V = k\iiint_V \nabla^2 u\mathrm{d}V + \iiint_V F(x,y,z,t)\mathrm{d}V.$$

由于 V 的任意性,最后得

$$\rho c\,\frac{\partial u}{\partial t} = k\nabla^2 u + F(x,y,z,t)$$

或

$$\frac{\partial u}{\partial t} - \alpha\nabla^2 u = f(x,y,z,t), \tag{8.3.3}$$

其中 $\alpha = \dfrac{k}{\rho c}$ 称为热扩散系数,$f(x,y,z,,t) = \dfrac{F(x,y,z,t)}{\rho c}$.

(3) 泊松方程和拉普拉斯方程:

对于上面的热传导方程,当源项 f 不依赖于时间 t,且物体的温度达到定常状态时,$\dfrac{\partial u}{\partial t} = 0$,则热传导方程成为稳定温度场的方程:

$$\nabla^2 u = -\frac{f(x,y,z)}{\alpha}. \tag{8.3.4}$$

此方程即为**泊松方程**. 如果 $f(x,y,z) \equiv 0$,则有

$$\nabla^2 u = 0. \tag{8.3.5}$$

此方程称为**拉普拉斯方程**.

2. 定解条件

有了微分方程,还不足以确定方程的解,因为未知量随空间和时间的变化还与其初始状态和边界情况有关. 换句话说,一个微分方程有无穷多的解,即其通解中含有若干个任意常数或函数,而初始状态和边界情况则是确定这些任意常数或函数的初始条件和边界条件. 求一个微分方程在一定的初始条件和边界条件下的解的问题称为定解问题. 下面讨论微分方程的定解条件的形式.

(1) 初始条件:

对于热传导方程,初始条件就是给出初始时刻($t=0$) 的温度分布

$$u(x,y,x,0)=\varphi(x,y,z). \tag{8.3.6}$$

而对于弦的横振动方程,为了唯一确定方程的解,初始条件应包括初始时刻($t=0$) 的位移和速度分布,即

$$u(x,0)=\varphi(x),\quad u_t(x,0)=\psi(x). \tag{8.3.7}$$

泊松方程和拉普拉斯方程仅涉及变量在定常状态的分布,故不需要初始条件.

(2) 边界条件:

以热传导方程为例,边界条件有以下三种不同的形式:

① 在边界 S 上的温度分布已知

$$u|_S=g_1(x,y,z,,t). \tag{8.3.8}$$

此类边界条件称为**狄利克雷(Dirichlet) 型边界条件**或**第一型边界条件**.

② 在边界 S 上已知的是热通量密度,即已知温度沿边界的法向导数

$$\left.\frac{\partial u}{\partial n}\right|_S=g_2(x,y,z,t). \tag{8.3.9}$$

此类边界条件称为**纽曼型边界条件**或**第二型边界条件**.

③ 在边界 S 上已知热通量密度与界面温度 $u|_S$ 和外界温度 u_0 之差成比例

$$-k\left.\frac{\partial u}{\partial n}\right|_S=h(u|_S-u_0), \tag{8.3.10}$$

其中 $h>0$ 为常数. 此类边界条件称为**拉宾(Rubin) 型边界条件**或**第三型边界条件**.

§8.4　二阶线性偏微分方程的分类

对二阶偏微分方程,有着多种不同的类型. 对不同类型的方程,在定解条件的提法,如何求解(包括数值求解),以及解的特性等方面都存在着许多重大的甚至是本质性的差异. 对这种差异,特别是像本章开头提到的三类最常见的方程间的差异,我们必须清楚地了解. 因此,我们首先要清楚地知道:二阶偏微分方程有哪些类型?如何区分方程的类型?

1. 两个自变量的情形

方程的一般形式为

$$Au_{xx}+2Bu_{xy}+Cu_{yy}+Du_x+Eu_y+Fu=G, \tag{8.4.1}$$

其中 A,B,C,D,E,F 和 G 都是 x 和 y 的已知函数. 上式中包含二阶偏导数的项称为方程的主部.

令

$$\nabla_x = \left(\frac{\partial}{\partial x}, \frac{\partial}{\partial y}\right), \quad \boldsymbol{P} = \begin{pmatrix} A & B \\ B & C \end{pmatrix},$$

∇_x^{T} 为 ∇_x 的转置. 方程的主部可写成矩阵乘积的形式$(\nabla_x \boldsymbol{P} \nabla_x^{\mathrm{T}})u$. 在运算过程中,只作矩阵的乘积运算,而不同时对 $\boldsymbol{P}$ 作微分运算. 也就是说,在此运算过程中,$\boldsymbol{P}$ 是作为“常量”来处理的.

由于 $\boldsymbol{P}$ 为实对称矩阵,故它的本征值,即 $\det(\boldsymbol{P}-\lambda \boldsymbol{I})=0$ 的根都是实的. 这里的 $\boldsymbol{I}$ 为相应的单位矩阵. 设在 $\boldsymbol{P}$ 的本征值中,正值有 α 个,负值有 β 个,0 值有 γ 个,$\alpha,\beta,\gamma \geqslant 0$,$\alpha+\beta+\gamma=2$. 如果是重根,$k$ 重根算作 k 个. 由于 $\boldsymbol{P}$ 的各元素依赖于点的坐标(x,y),故 α,β 和 γ 之值也依赖于(x,y),称方程在给定的点为(α,β,γ) 型.

以 -1 乘(8.4.1) 式,则 $\boldsymbol{P} \to -\boldsymbol{P}$,相应的本征值 $\lambda_k \to -\lambda_k$. 这时,正本征值的个数为 β 个,负本征值为 α 个,0 本征值个数不变,仍为 γ 个. 故(α,β,γ) 型和(β,α,γ) 型为同一类型,简记为$(\alpha,\beta,\gamma)=(\beta,\alpha,\gamma)$. 定义$(2,0,0)=(0,2,0)$ 型为椭圆型,$(1,1,0)$ 型为双曲型,$(1,0,1)=(0,1,1)$ 型为抛物型.

由本征值方程

$$\det(\boldsymbol{P}-\lambda \boldsymbol{I}) = \begin{vmatrix} A-\lambda & B \\ B & C-\lambda \end{vmatrix} = \lambda^2-(A+C)\lambda+AC-B^2=0$$

可求得两个本征值为

$$\lambda_{1,2} = \frac{A+C \pm \sqrt{(A+C)^2+4\Delta}}{2} = \frac{A+C \pm [(A-C)^2+4B^2]^{\frac{1}{2}}}{2},$$

其中 $\Delta=-\lambda_1\lambda_2=B^2-AC$. 则有 $\Delta>0$,λ_1 和 λ_2 反号,为$(1,1,0)$ 型,即双曲型;$\Delta<0$,λ_1 和 λ_2 同号,为$(2,0,0)=(0,2,0)$ 型,即为椭圆型;$\Delta=0$,$B^2=AC$,由于 A,B,C 不能同时为 0,此时 A 和 C 不会异号,$A+C\neq 0$,故 λ_1 和 λ_2 中有一个为 0,一个为 $A+C\neq 0$,为$(1,0,1)=(0,1,1)$ 型,即抛物型.

2. 多个自变量的情形

方程的一般形式为

$$\sum_{i,j=1}^{n} a_{i,j} \frac{\partial^2 u}{\partial x_i \partial x_j} + \sum_{k=1}^{n} b_k \frac{\partial u}{\partial x_k} + cu = f, \tag{8.4.2}$$

其中 $u=u(x)=u(x_1,x_2,\cdots,x_n)$,$x\in \mathbf{R}^n$;$a_{i,j}(x)$,$b_k(x)$,$c(x)$ 和 $f(x)$ 均已知,并取 $a_{i,j}=a_{j,i}$. 令

$$\boldsymbol{P}=(a_{i,j})_{n\times n}, \quad \nabla_x = \left(\frac{\partial}{\partial x_1}, \frac{\partial}{\partial x_2}, \cdots, \frac{\partial}{\partial x_n}\right).$$

同样地,可将(8.4.2) 式的主部写作$(\nabla_x \boldsymbol{P} \nabla_x^{\mathrm{T}})u$. 由于 $\boldsymbol{P}$ 为一 $n\times n$ 阶实对称矩阵,它的全部本征值也都是实的. 仍以 α 记正本征值的个数,β 为负本征值的个数,γ 为 0 本征值的个数,k 重根算作 k 个,即 $\alpha+\beta+\gamma=n$. 仍称方程为(α,β,γ)

型. 与两个自变数的情形一样,有$(\alpha,\beta,\gamma)=(\beta,\alpha,\gamma)$,即二者为同一类型.

对$n=2$,前面已知可分为双曲型、椭圆型和抛物型. 对$n\geqslant 4$,可分为如下六大类:

(1)$(n,0,0)=(0,n,0)$为椭圆型;

(2)$(n-1,1,0)=(1,n-1,0)$为双曲型;

(3)$(n-1,0,1)=(0,n-1,1)$为抛物型;

(4)$\gamma\geqslant 2,(\alpha,0,\gamma)=(0,\beta,\gamma)$为椭圆抛物型;

(5)α,β,γ全不为0,(α,β,γ)为双曲抛物型;

(6)$\alpha\geqslant 2,\beta\geqslant 2,\gamma=0,(\alpha,\beta,0)=(\beta,\alpha,0)$为超双曲型.

对于$n=3$,除第六种类型外,前五种均可能出现,故可分为五种类型.

正如前面已指出的,由于α,β,γ可能会在不同的区域有不同的值,故对二阶变系数方程,它可能在不同的区域内为不同的类型.

例 1　三维波动方程

$$u_{tt}-a^2(u_{xx}+u_{yy}+u_{zz})=0.$$

令$x_1=x,x_2=y,x_3=z,x_4=t$,$\boldsymbol{P}$为对角矩阵,即有

$$\boldsymbol{P}=\mathrm{diag}(-a^2,-a^2,-a^2,1),\quad \det(\boldsymbol{P}-\lambda\boldsymbol{I})=(\lambda+a^2)^3(\lambda-1)=0,$$

即$\alpha=1,\beta=3,\gamma=0$,为双曲型.

例 2　三维拉普拉斯方程

$$u_{xx}+u_{yy}+u_{zz}=0.$$

可知

$$\boldsymbol{P}=\mathrm{diag}(1,1,1),\quad \det(\boldsymbol{P}-\lambda\boldsymbol{I})=(1-\lambda)^3=0,$$

则$\alpha=3,\beta=0,\gamma=0$,为椭圆型.

例 3　三维热传导方程

$$u_t+a^2(u_{xx}+u_{yy}+u_{zz})=0.$$

可知

$$\boldsymbol{P}=\mathrm{diag}(-a^2,-a^2,-a^2,0),\quad \det(\boldsymbol{P}-\lambda\boldsymbol{I})=\lambda(\lambda+a^2)^3=0,$$

则$\alpha=0,\beta=3,\gamma=1$,为抛物型.

例 4　判别下列方程的类别:

$$u_{tt}+u_{xx}-2u_{xy}+u_{yy}-u_{zz}-3u_x+yzu_y+u=f(x,y,z,t).$$

可知

$$\boldsymbol{P}=\begin{pmatrix}1&-1&0&0\\-1&1&0&0\\0&0&-1&0\\0&0&0&1\end{pmatrix},$$

$$\det(\boldsymbol{P}-\lambda\boldsymbol{I})=\lambda(\lambda-1)(\lambda+1)(\lambda-2),$$

则 $\alpha=2,\beta=1,\gamma=1$,为双曲抛物型.

在我们通常遇到的线性二阶偏微分方程中,描叙振动与波的传播的是双曲型方程;描叙热传导、扩散及输运等现象的是抛物型方程;描叙平衡、稳定态现象的是椭圆型方程. 在流体力学中,研究定常跨音速绕流中遇到的则是混合型方程:在亚音速流区域是椭圆型的,在超音速流区域是双曲型的,而在音速线(面)上则是抛物型的.

§8.5 定解问题

所谓定解问题,就是使相关问题的解能以一个确定的函数形式被唯一给出的数学问题. 它包括相关问题在解域 V 上所应满足的控制方程和定解条件两部分. 其一般形式为:

$$\begin{cases} Lu=f, & x\in V,\ t>0\ (\text{控制方程}), \\ M_k u=\varphi_k, & k=1,2,\cdots,m,\ t>0 \\ u(x,0)=g(x), & x\in V \end{cases} \left.\begin{matrix} \\ \\ \end{matrix}\right\}(\text{定解条件}), \tag{8.5.1}$$

其中 Γ 为解域 V 的边界,u 为未知数,L 为某种给定的微分算子,f 为已知函数项. 定解条件包括边条件($x\in\Gamma$)和初条件($t=0$)两类,相应的算子 M_k 称为边界算子和初始算子,φ_k 为在边界 Γ 上或 $t=0$ 的初始时刻给定的已知函数. 若 L 和 M_k 均为线性算子,则整个定解问题就是线性定解问题. 否则,就是非线性定解问题.

1. 线性定解问题的叠加原理

在求解线性定解问题时,常常用到叠加原理. 这一原理是说,对线性定解问题,若 u_j 是如下定解问题

$$\begin{cases} Lu_j=f_j, & j=1,2,\cdots,n,\ x\in V,t>0, \\ M_k u_j=\varphi_{kj}, & k=1,2,\cdots,m \end{cases}$$

的解,则 $\sum_{j=1}^{n}c_j u_j$ 是定解问题

$$\begin{cases} Lu=\sum_{j=1}^{n}c_j f_j, & x\in V,t>0, \\ M_k u=\sum_{j=1}^{n}c_j\varphi_{kj}, & k=1,2,\cdots,m \end{cases}$$

的解. 这可由 L 和所有的 M_k 均为线性算子立即得出.

叠加原理只适用于线性定解问题,不能用于非线性定解问题,故常常更直接地称之为线性叠加原理.

由线性叠加原理,立即可得到下面的两个推论:

推论 1　若 u_0 是定解问题

$$\begin{cases} Lu = f, \\ M_k u = 0, \quad k = 1,2,\cdots,m \end{cases}$$

的解,而 u_j 是定解问题

$$\begin{cases} Lu = 0, \\ M_k u_j = \varphi_k \delta_{k,j}, \quad k,j = 1,2,\cdots,m \end{cases}$$

的解,则 $u = u_0 + \sum_{j=1}^{m} u_j$ 就是定解问题

$$\begin{cases} Lu = f, \\ M_k u = \varphi_k \delta_{k,j}, \quad k,j = 1,2,\cdots,m \end{cases}$$

的解,其中 $\delta_{k,j}$ 为克罗内克符号.

推论 2　非齐次方程(8.5.1)解的唯一性与相应齐次方程只有零解等价.

2. 定解问题的适定性

定解问题(8.5.1)是**适定**的是指:

(1) 解存在且唯一;

(2) 解对定解问题中给定的函数 g_j 具有连续依赖性,也就是解的稳定性.这里的给定函数 g_j 包括算子中给定的系数、非齐次项 f 和 φ_k 等.

这就是说,若定解问题的解存在、唯一且稳定,该定解问题就是适定的;否则就是不适定的.

为了给定解问题的稳定性一个确切的定义,需要在函数空间中引入范数.在引入函数的范数后,就可定义解的稳定性.

定义 8.5.1　令 Δg_j 为定解问题中各种给定函数 $g_j (j = 1,2,\cdots,n)$ 的改变量,Δu 表示由于这些改变而引起的解函数 u 的相应改变量.若 $\forall \varepsilon > 0, \exists \delta > 0$,只要对一切 $j = 1,2,\cdots,n$,当 $\| \Delta g_j \| < \delta$ 时,就有 $\| \Delta u \| < \varepsilon$,则称该定解问题是稳定的.

由于解的稳定性是在一定的范数的意义下定义的,因而依赖于范数的定义.不同范数意义的稳定性是有差别的.

定解问题是否适定,与在什么函数空间内研究很有关系.例如,有的定解问题的解有间断性,如果局限在连续函数空间内研究解就不存在.在经典解的范围内,对解的光滑性要求很高.因此,在经典解的意义下,某些定解问题的解可能不存在,但该定解问题对应的实际问题却可能是有解的.因此需要突破此局限性,寻求光滑程度较低,但仍能反映物理现象的广义解.建立广义解有多种途径.在近代微分方程理论中,使用的最基本方式就是把解函数看作是定义在某种函数空间上的广义函数.

对于本课程而言,研究的是适定的数学问题.而我们通常所要处理的各类物理问题,绝大多数情况下解都具有适定性.因此,了解如何保证定解问题的适定性是十分必要的.对不同类型的方程,为了保证定解问题的适定性,定解条件的提法是不同的.例如,对椭圆型方程,要在封闭的边界上提边条件,而不能提柯西初条件;对双曲型方程,可适当提柯西初值,但不能在封闭边界上提定解条件.否则,定解问题将是不适定的.因此,分清方程的类型,了解各种类型的方程应该如何正确地给定定解条件是十分必要的.

由于稳定性与范数的定义有关,故适定性也与范数的定义有关.

例 1 设在方形区域 $0 \leqslant x \leqslant 1$ 和 $0 \leqslant y \leqslant 1$ 的边界上给定边条件 $u(0,y) = 1, u(1,y) = 1-y, u(x,0) = 1$ 和 $u(x,1) = 1-x$.

对椭圆型方程 $u_{xx}+u_{yy}=0$,解存在且唯一,为 $u=1-xy$.而对双曲型方程 $u_{xx}-u_{yy}=0$,则解存在但不唯一.例如,有解

$$u=\begin{cases}1-\dfrac{1}{4n}[(x+y)^{2n}-(x-y)^{2n}], & 0 \leqslant x+y<1, \\ 2-(x+y)-\dfrac{1}{4n}[(2-x-y)^{2n}-(x-y)^{2n}], & 1 \leqslant x+y \leqslant 2,\end{cases}$$

其中 n 可为任意正整数,即有无穷多个解.

如果定解条件改为 $u(x,1)=1-x^2$,其他三个边条件不变,对椭圆型方程 $u_{xx}+u_{yy}=0$ 解仍存在且唯一.而对双曲型方程 $u_{xx}-u_{yy}=0$,解不存在.事实上,这时的 u 的通解为(见 §8.1 例 4) $u=f(x+y)+g(x-y)$,这里的 $f(x)$ 和 $g(x)$ 为 x 的两个任意函数.

利用边条件 $u(0,y)=u(x,0)=1$ 得,

$$f(x)+g(x)=1, \quad f(y)+g(-y)=1.$$

由于 x 和 y 均在 $[0,1]$ 内变化,故可将上式中两个式子的变量看成是只采用了不同的符号,可将它们用同一个自变量 ξ 表示.这时,由上二式知应有 $g(-\xi) = g(\xi)$.

利用边条件 $u(1,y)=1-y, \quad u(x,1)=1-x^2$,得

$$f(y+1)+g(1-y)=1-y, \quad f(x+1)+g(x-1)=1-x^2$$

与上面同样地处理,得

$$g(\eta-1)-g(1-\eta)=\eta(1-\eta).$$

令 $\xi=\eta-1$,得

$$g(\xi)=g(-\xi)-\xi(\xi+1).$$

这与要求 $g(\xi)=g(-\xi)$ 矛盾,即该定解问题无解.

例 2 给定柯西初值

$$u(x,0)=0, \quad u_t(x,0)=\frac{1}{n}\sin(nx) \quad (-\infty<x<\infty).$$

对双曲型方程 $u_{tt}-u_{xx}=0,t>0$,由其通解 $u=f(x+t)+g(x-t)$ 和初始条件得

$$f(x)+g(x)=0,\quad f'(x)-g'(x)=\frac{1}{n}\sin(nx),$$

即

$$g(x)-f(x)=\frac{1}{n^2}\cos(nx)+2c,$$

$$g(x)=\frac{1}{2n^2}\cos(nx)+c,\quad f(x)=-\frac{1}{2n^2}\cos(nx)-c,$$

其中 c 为一任意常数,它在给出解 $u(x,y)$ 时会抵消掉,即对解是没有用的.最后得

$$u(x,t)=f(x+t)+g(x-t)=\frac{1}{2n^2}\{\cos[n(x-t)]-\cos[n(x+t)]\}$$

$$=\frac{1}{n^2}\sin(nx)\sin(nt).$$

当 $n\to\infty$ 时,$u(x,0)\to 0,u_t(x,0)\to 0,u(x,t)\to 0$,解稳定.定解问题是适定的.

对椭圆型方程 $u_{tt}+u_{xx}=0(-\infty<x<\infty)$,解为

$$u(x,t)=\frac{1}{n^2}\mathrm{sh}(nt)\sin(nx).$$

虽然解存在且唯一,但当 $n\to\infty$ 时,$u(x,t)\to\infty$,对初条件不具有连续依赖性,解不稳定.故定解问题是不适定的.

以上例子表明,必须根据方程类型来提定解条件.

§8.6　热传导方程的极值原理及其应用

1. 极值原理

下面讨论线性常系数热传导方程的极值原理.

设 $x\in V\subset\mathbf{R}^n$,$S$ 为 V 的边界,

$\bar{V}=V\cup S,\quad \Omega=\{(x,t)\mid x\in V,0<t<T\}$,

$\Sigma=S\times[0,T]=\{(x,t)\mid x\in S,0\leqslant t\leqslant T\},\quad \Gamma=\Sigma\cup V.$

图 8.6.1 为 $n=2$ 的情况,Γ 为三维时空中的柱面,包括下底面,但不包括上表面. $\nabla^2=\sum_{k=1}^{n}\frac{\partial^2}{\partial x_k^2}$ 为 n 维拉普拉斯算子.

下面,在给定初条件和第一类边条件的情况下,讨论热传导方程解的唯一性和对数据(非齐次项)的连续依赖性.这样一来,当我们用任何方法求出了相关定解问题的解后,就可以肯定此类定解问题只有此解,且解是稳定的,从而也就

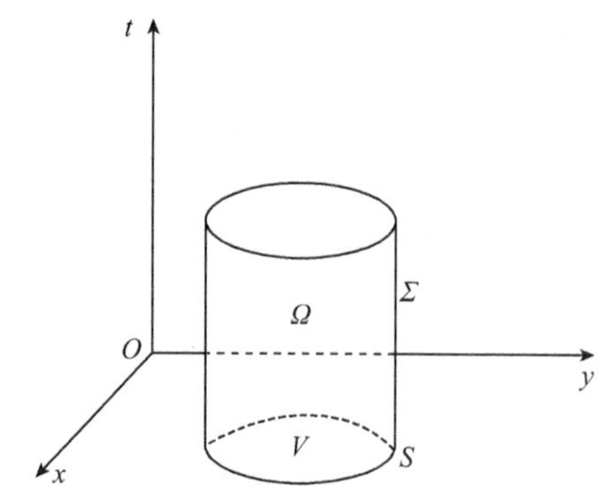

图 8.6.1 热传导方程的解域

证明了此类定解问题是适定的.

相关定解问题的数学提法为

$$\begin{cases} u_t - a^2 \nabla^2 u = f(x,t), & (x,t) \in \Omega, \\ u(x,0) = \varphi(x), & x \in V \quad (\text{初条件}), \\ u(x,t) = \psi(x,t), & (x,t) \in \Sigma \quad (\text{边条件}). \end{cases} \tag{8.6.1}$$

引理 设 $v(x,t)$ 在 $\bar{\Omega}$ 上连续,并在 Ω 内满足 $v_t - a^2 \nabla^2 v < 0$,则 v 之极大值必在且仅在 Γ 上达到.

证 用反证法. 因 v 在 $\bar{\Omega}$ 上连续,故必在 $\bar{\Omega}$ 上达到极大值. 若极大值在内点 $(x,t) \in \Omega$ 处达到,则在该点处应有 $\nabla v = 0, v_t = 0$,对一切 x_k 均有 $\dfrac{\partial^2 v}{\partial x_k^2} \leqslant 0$,从而有 $\nabla^2 v \leqslant 0$. 即在该点处应有 $v_t - a^2 \nabla^2 v \geqslant 0$. 这与题设矛盾.

若在点 $(x,T), x \in V$ 处达到极大值,上面已证明 v 不可能在 Ω 内达到极大值,故对此 x, $\exists \varepsilon > 0$,使当 $t \in (T-\varepsilon, T)$ 时,v 非减,即有 $v_t \geqslant 0, \nabla^2 v \leqslant 0$. 则在该点附近的 Ω 内,有 $v_t - a^2 \nabla^2 v \geqslant 0$,也与题设矛盾.

综上所述,知 v 之极大值点必在且仅在 Γ 上,因而其最大值必在也仅在 Γ 上达到.

定理 8.6.1(最大值原理) 若 u 在 $\bar{\Omega}$ 上连续,M 为 u 在 Γ 上之最大值,且在 Ω 内满足 $u_t - a^2 \nabla^2 u \leqslant 0$,则在 $\bar{\Omega}$ 上恒有 $u \leqslant M$.

证 因 V 为有界域,$\exists R > 0$, $B(0,R)$ 是以原点为中心、R 为半径的 n 维球,使 $V \subset B(0,R)$ 中.

$\forall \varepsilon > 0$,令 $v(x,t) = u(x,t) + \varepsilon |x|^2$,其中 $|x|^2 = \sum\limits_{k=1}^{n} x_k^2$. 则有

$$v_t - a^2 \nabla^2 v = u_t - a^2 \nabla^2 u - 2na^2 \varepsilon < 0.$$

由引理及 v 的定义,在 $\bar{\Omega}$ 上,有

$$u(x,t) \leqslant v(x,t) \leqslant \max_{(x,t)\in\Gamma} \{v\} \leqslant \varepsilon R^2 + \max_{(x,t)\in\Gamma} \{u\} = \varepsilon R^2 + M.$$

由于 R 为一确定的有限值，令 $\varepsilon \to 0$，知在 $\bar{\Omega}$ 上，应有 $u \leqslant M$.

推论(最小值原理)　若 u 在 $\bar{\Omega}$ 上连续，在 Γ 上 $u \geqslant m$(m 为常数)，且在 Ω 内满足 $u_t - a^2 \nabla^2 u \geqslant 0$，则在 $\bar{\Omega}$ 上 $u \geqslant m$.

证　令 $w = -u$，则在 Γ 上 $w \leqslant -m$，并在 Ω 内有 $w_t - a^2 \nabla^2 w \leqslant 0$. 由定理 8.6.1 知，在 $\bar{\Omega}$ 上，$w = -u \leqslant -m$，即在 $\bar{\Omega}$ 上，$u \geqslant m$.

定理 8.6.2　若 u 在 $\bar{\Omega}$ 上连续，在 Ω 内有 $u_t - a^2 \nabla^2 u = 0$，且对两常数 m 和 M，在 Γ 上 $m \leqslant u \leqslant M$，则在 $\bar{\Omega}$ 上恒有 $m \leqslant u \leqslant M$.

利用定理 8.6.1 及其推论立即可证.

2. 定解问题的唯一性与稳定性

定理 8.6.3(比较定理)　设

$$\begin{cases} u_{it} - a^2 \nabla^2 u_I = f_i(x,t), & (x,t) \in \Omega, \\ u_i(x,0) = \varphi_i(x), & x \in V, i = 1,2. \\ u_I = \psi_i(x,t), & (x,t) \in \Sigma, \end{cases} \tag{8.6.2}$$

若 f_2, φ_2, ψ_2 分别强于 f_1, φ_1, ψ_1，也就是在 Ω 内 $f_2 \geqslant f_1$，在 V 上 $\varphi_2 \geqslant \varphi_1$，在 Σ 上 $\psi_2 \geqslant \psi_1$，即在 Γ 上 $u_2 > u_1$，则在 $\bar{\Omega}$ 上 $u_2 \geqslant u_1$.

证　令 $v = u_1 - u_2$，则有

$$\begin{cases} v_t - a^2 \nabla v = f_1 - f_2 \leqslant 0, & (x,t) \in \Omega, \\ v \leqslant 0, & (x,t) \in \Gamma. \end{cases}$$

由定理 8.6.1 知在 $\bar{\Omega}$ 上 $u_1 - u_2 \leqslant 0$，即 $u_1 \leqslant u_2$.

有了以上的定理，就可用来证明定解问题(8.6.1)解的唯一性和稳定性.

定理 8.6.4(唯一性定理)　非齐次热传导方程的定解问题(8.6.1)至多有一个解.

证　设 u_1 和 u_2 均为定解问题(8.6.1)的解. 令有

$$\begin{cases} v_t - a^2 \nabla^2 v = 0, & (x,t) \in \Omega, \\ v = 0, & (x,t) \in \Gamma. \end{cases}$$

由定理 8.6.2 知 $v = u_1 - u_2 \equiv 0$，即 $u_1 \equiv u_2$.

定理 8.6.5(对数据的连续依赖性)　若在(8.6.2)式中，在 Ω 上 $|f| = |f_1 - f_2| < \alpha$，在 Γ 上 $|u_1 - u_2| < \beta$，则在 $\bar{\Omega}$ 上有 $|u_1 - u_2| < \alpha T + \beta$.

证　令 $u = u_1 - u_2 = v + w$，$f = f_1 - f_2$，$\varphi = \varphi_1 - \varphi_2$，$\psi = \psi_1 - \psi_2$，且 v 和 w 分别满足

$$\begin{cases} v_t - a^2 \nabla^2 v = 0, & (x,t) \in \Omega, \\ v(x,0) = \varphi(x), & x \in V, \\ v(x,t) = \psi(x,t), & (x,t) \in \Sigma, \end{cases}$$

和

$$\begin{cases} w_t - a^2 \nabla^2 w = f, & (x,t) \in \Omega, \\ w = 0, & (x,t) \in \Gamma. \end{cases}$$

由于在 Γ 上 $|v| < \beta$，由定理 8.6.2 知在 $\bar{\Omega}$ 上 $|v| < \beta$.

令 $w_1 = \alpha t, \quad w_2 = -\alpha t$，则有

$$\begin{cases} w_{1t} - a^2 \nabla^2 w_1 = \alpha > f, & (x,t) \in \Omega, \\ w_1 \geqslant 0, & (x,t) \in \Gamma \end{cases}$$

和

$$\begin{cases} w_{2t} - a^2 \nabla^2 w_2 = -\alpha < f, & (x,t) \in \Omega, \\ w_2 \leqslant 0, & (x,t) \in \Gamma. \end{cases}$$

由定理 8.6.3 知 $w_2 \leqslant w \leqslant w_1$，即有 $|w| \leqslant \alpha T$. 进而有

$$|u_1 - u_2| = |u| \leqslant |v| + |w| < \alpha T + \beta,$$

这表明，对任意一个给定的 T，只要 α 和 β 足够小，u_1 和 u_2 之差就足够小.

由此知，定解问题(8.6.1)若有解，则解是稳定的.

§8.7 椭圆型方程的极值原理及其应用

下面将针对线性椭圆型方程中最常见的两类方程——泊松方程和拉普拉斯方程来讨论相关性质. 拉普拉斯方程是泊松方程的齐次形式，即方程 $\nabla^2 u = 0$.

1. 调和函数的基本性质

所谓调和函数，就是满足拉普拉斯方程的函数. 对二元调和函数，可作为解析函数的实部或虚部. 它的基本性质我们已在复变函数中讨论过了. 下面仅就三元调和函数作相应的讨论. 讨论中将会用到奥-高公式：

$$\int_S \left(w \frac{\partial u}{\partial n} - u \frac{\partial w}{\partial n} \right) \mathrm{d}S = \int_V (w \nabla^2 u - u \nabla^2 w) \mathrm{d}V, \tag{8.7.1}$$

其中 S 为包围三维区域 V 在内的封闭边界，$\frac{\partial}{\partial n}$ 为沿 S 的外法向求导，如图 8.7.1 所示.

设 u 在 Ω 内调和，$V \subset \Omega \subset \mathbf{R}^3$，则 u 有如下一些性质：

(1) 积分

$$\int_S \frac{\partial u}{\partial n} \mathrm{d}S = 0 \tag{8.7.2}$$

在(8.7.1)式中取 $w = 1$，并注意到 $\nabla^2 u = 0$，立即可得上式.

(2) $\forall x_0 \in V$，令 $r = |x - x_0|$，有

$$u(x_0) = \frac{1}{4\pi} \int_S \left[\frac{1}{r} \frac{\partial u}{\partial n} - u \frac{\partial}{\partial n} \left(\frac{1}{r} \right) \right] \mathrm{d}S. \tag{8.7.3}$$

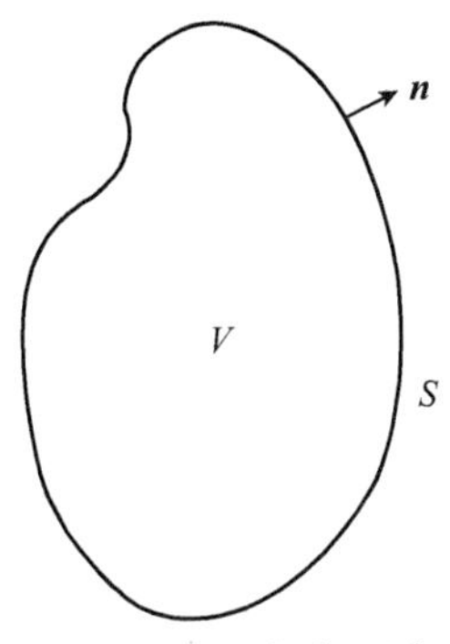

图 8.7.1　积分区域

证　在(8.7.1)中,取 $w=\dfrac{1}{4\pi r}$,则在 V 内有 $-\nabla^2 w=\delta(x-x_0)$,$\nabla^2 u=0$. 由(8.7.1),即得

$$u(x_0)=\int_V \frac{1}{4\pi}\left[\frac{1}{r}\nabla^2 u-u\nabla^2\left(\frac{1}{r}\right)\right]\mathrm{d}V$$
$$=\frac{1}{4\pi}\int_S\left[\frac{1}{r}\frac{\partial u}{\partial n}-u\frac{\partial}{\partial n}\left(\frac{1}{r}\right)\right]\mathrm{d}S.$$

由此可得平均值原理:若 S_R 为以 $R=|x-x_0|$ 为半径的球面,有

$$u(x_0)=\frac{1}{4\pi R^2}\int_{S_R}u\,\mathrm{d}S. \tag{8.7.4}$$

注意到在 S_R 上 $r=R$ 为常量,并有 $\dfrac{\partial}{\partial n}=\dfrac{\partial}{\partial r}$,由(8.7.2)式,有

$$\int_{S_R}\frac{1}{r}\frac{\partial u}{\partial n}\mathrm{d}S=\frac{1}{R}\int_{S_R}\frac{\partial u}{\partial n}\mathrm{d}S=0.$$

以此代入(8.7.3)式中,即可得(8.7.4)式.

推论1(球内平均值公式)　设 $B(x_0,R)$ 为以 x_0 为心,R 为半径的球体,其体积为 $\dfrac{4}{3}\pi R^3$,有

$$u(x_0)=\frac{3}{4\pi R^3}\int_{B(x_0,R)}u\,\mathrm{d}V. \tag{8.7.5}$$

证　设 $S(x_0,r)$ 是以 x_0 为心,r 为半径的球面,由平均值原理(8.7.4),有

$$\frac{3}{4\pi R^3}\int_{B(x_0,R)}u(x)\mathrm{d}V=\frac{3}{R^3}\int_0^R\frac{1}{4\pi}\int_{S(x_0,r)}u\,\mathrm{d}S\mathrm{d}r=\frac{3}{R^3}\int_0^R r^2u(x_0)\mathrm{d}r$$
$$=\frac{3u(x_0)}{R^3}\int_0^R r^2\mathrm{d}r=u(x_0)$$

推论2　若 $u_0=u(x_0)=\max\limits_{x\in S(x_0,R)}\{u(x)\}$ 或 $u_0=\min\limits_{x\in S(x_0,R)}\{u(x)\}$,则在 $S(x_0,R)$ 上 $u(x)\equiv u_0$;若 $u_0=\max\limits_{x\in\overline{B}(x_0,R)}\{u(x)\}$ 或 $u_0=\min\limits_{x\in\overline{B}(x_0,R)}\{u(x)\}$,则在闭

球 $\bar{B}(x_0,R)$ 上 $u(x)\equiv u_0$.

这可由球面和球内的平均值公式(8.7.4)和(8.7.5)立即得出.

(3) 强极值原理:

定理 8.7.1 设 V 为连通区域, u 在 V 内调和且不为常数, 则 u 在 V 内不能达到最大值和最小值.

证明留给读者自己去完成. 仅需将其中的 $\bar{D}$ 由圆形闭域改为相应的球形闭域, 用反证法和推论 2 即可. 证明与二元调和函数时的证明完全类似.

2. 弱极值原理

定理 8.7.2 设 S 为 V 的全部边界, u 在 $\bar{V}=V\cup S$ 上连续, $M=\max\limits_{x\in S}\{u\}$, $m=\min\limits_{x\in S}\{u\}$, $V\subset\mathbf{R}^n$, 在 V 内,

(1) 若 $\nabla^2 u\geqslant 0$, 则在 $\bar{V}$ 上 $u\leqslant M$;

(2) 若 $\nabla^2 u\leqslant 0$, 则在 $\bar{V}$ 上 $u\geqslant m$;

(3) 若 $\nabla^2 u=0$, 则在 $\bar{V}$ 上有 $m\leqslant u\leqslant M$.

证 先证(1). $\forall\varepsilon>0$, 令 $w=u+\varepsilon r^2$, $r=|x|$, 则有

$$\nabla^2 w=\nabla^2 u+2n\varepsilon>0\quad(x\in V).$$

因 V 有界, 故存在有限数 $R>0$, 使 $\bar{V}\subset B(0,R)$. 这里 $B(0,R)$ 是以 0 为心, R 为半径的 n 维球体.

令 $M_1=\max\limits_{x\in S}\{w\}$. 显然 w 不能在 V 内达到极大值, 否则, 在该点处应有 $\nabla^2 w\leqslant 0$, 这与 $\nabla^2 w>0$ 矛盾. 当然, w 也就不可能在 V 内达到最大值. 即在 $\bar{V}$ 上, 有 $w\leqslant M_1$.

由于在 S 上, $w\leqslant u+\varepsilon R^2$. 即有 $M_1\leqslant M+\varepsilon R^2$, 故在 $\bar{V}$ 上, 有 $u\leqslant w\leqslant M_1\leqslant M+\varepsilon R^2$. 令 $\varepsilon\to 0$, 即知在 $\bar{V}$ 上应有 $u\leqslant M$.

再证(2). 令 $w=-u$. 则在 V 内, 有 $\nabla^2 w\geqslant 0$; 而在 S 上, 有 $w\leqslant -m$. 由(1)知, 对 $x\in\bar{V}$, $w\leqslant -m$. 故知在 $\bar{V}$ 上, $u\geqslant m$.

由(1)和(2)可得(3). 实际上, 这时 u 是调和函数. 对 $n=2$ 和 3, 由已证明的强极值原理知: u 的最大值和最小值必在且仅在边界上达到.

3. 比较定理

定理 8.7.3 对两个定解问题

$$\begin{cases}\nabla^2 u_i=-f_i(x), & x\in V\subset\mathbf{R}^n,\\ u_i=h_i(x), & x\in S,\end{cases}\quad i=1,2. \tag{8.7.6}$$

若 $\forall x\in V$ 时均有 $f_1(x)\geqslant f_2(x)$, 对 $\forall x\in S$ 时均有 $h_1(x)\geqslant h_2(x)$, 则 $\forall x\in\bar{V}$, 均有 $u_1(x)\geqslant u_2(x)$.

证 令 $u=u_1-u_2$, 则有

$$\begin{cases}\nabla^2 u\leqslant 0, & x\in V,\\ u\geqslant 0, & x\in S.\end{cases}$$

由弱极值原理(2)知对 $\forall x\in\bar{V}, u\geqslant 0$,即 $u_1\geqslant u_2$.

4. 唯一性定理

定理 8.7.4　对定解问题

$$\begin{cases}\nabla^2 u=-f(x), & x\in V,\\ u=h(x), & x\in S\end{cases}\tag{8.7.7}$$

最多只有一个解.

证　由弱极值原理(3)知,对相应的齐次定解问题只能有零解,故知此非齐次定解问题若有解,则解必唯一.

5. 定解问题(8.7.7)对数据的连续依赖性

定理 8.7.5　对由(8.7.6)式给定的两个定解问题,若当 $x\in V$ 时有 $|f_1-f_2|\leqslant\varepsilon$,当 $x\in S$ 时有 $|h_1-h_2|\leqslant\varepsilon$,则 $\exists\alpha>0$,当 $x\in\bar{V}\subset\mathbf{R}^n$ 时,有 $|u_1-u_2|\leqslant\alpha\varepsilon$,其中 α 为只依赖于区域 V 的尺度的有限量.

证　令 $u=u_1-u_2, f=f_1-f_2, h=h_1-h_2, u=v+w$, v 和 w 分别满足如下定解问题:

$$\begin{cases}\nabla^2 v=0, \quad \nabla^2 w=f, \quad x\in V,\\ v=h, \quad w=0, \quad x\in S.\end{cases}$$

$\forall x\in V$,有 $|f|\leqslant\varepsilon$; $\forall x\in S$, $|h|\leqslant\varepsilon$.

由于 $-\varepsilon\leqslant h\leqslant\varepsilon$,由弱极值原理(3)知 $\forall x\in V$, $|v|\leqslant\varepsilon$.

设 $r=|x|, R=\max\limits_{x\in S}\{r\}$. 令

$$w_1=-\frac{\varepsilon}{2n}(r^2-R^2), \quad w_2=\frac{\varepsilon}{2n}(r^2-R^2),$$

则有

$$\begin{cases}\nabla^2 w_1=-\varepsilon<0, & x\in V,\\ w_1\geqslant 0, & x\in S;\end{cases}\qquad \begin{cases}\nabla^2 w_2=\varepsilon>0, & x\in V,\\ w_2\leqslant 0, & x\in S.\end{cases}$$

由于 $r\geqslant 0$,故有 $w_1\leqslant\frac{\varepsilon R^2}{2n}, w_2\geqslant-\frac{\varepsilon R^2}{2n}$. 由弱极值原理知 $0\leqslant w_1\leqslant\frac{\varepsilon R^2}{2n}, 0\geqslant w_2\geqslant-\frac{\varepsilon R^2}{2n}$. 由比较定理知 $w_1\geqslant w\geqslant w_2$,即有 $|w|\leqslant\frac{\varepsilon R^2}{2n}$,则

$$|u|\leqslant|v|+|w|\leqslant\left(1+\frac{R^2}{2n}\right)\varepsilon=\alpha\varepsilon.$$

由于 α 为一有限数,故只要 ε 足够小, u_1 和 u_2 之差就可足够小.

§8.8　能量积分与三维波动方程定解问题的唯一性

由于双曲型方程不存在极值原理,故只能通过其他方法来讨论双曲型方程定解问题的唯一性等问题. 下面采用所谓“能量积分”的方法来讨论三维线性波

动方程解的唯一性.三维线性波动方程是四元变量的线性常系数双曲型方程.

对三维波动方程定解问题

$$\begin{cases} u_{tt} - a^2 \nabla u = f(x,t), \quad x = (x_1,x_2,x_3) \in V, \quad t > 0, \\ u(x,0) = \varphi_1(x), \quad u_t(x,0) = \varphi_2(x), \quad x \in V, \\ u(x,t) = \varphi_3(x,t) \text{ 或 } \dfrac{\partial u}{\partial n} = \varphi_3(x,t), \quad x \in S, t > 0, \end{cases}$$

若其有解,则解必唯一.这里 $V \subset \mathbf{R}^3$,S 为 V 的全部封闭边界面.

只需证明齐次定解问题只有零解.

证 对齐次定解问题,令

$$E(t) = \int_V \frac{1}{2}\left(u_{x_1}^2 + u_{x_2}^2 + u_{x_3}^2 + \frac{1}{a^2}u_t^2\right)dx. \tag{8.8.1}$$

此积分称为能量积分.

由齐次的初条件 $u(x,0) = 0$,知 $\nabla u(x,0) = 0$,又 $u_t(x,0) = 0$,故有$E(0) = 0$.

对 $E(t)$ 求一次导数,并利用 u 所满足的齐次方程,有

$$\begin{aligned} E'(t) &= \int_V \left[\nabla u \cdot \nabla u_t + u_t\left(\frac{1}{a^2}u_{tt}\right)\right]dx \\ &= \int_V (\nabla u \cdot \nabla u_t + u_t \nabla^2 u)dx \\ &= \int_V \nabla \cdot (u_t \nabla u)dx \\ &= \int_S u_t \frac{\partial u}{\partial n} ds. \end{aligned}$$

对 $x \in S$,或由 $u = 0$,则有 $u_t = 0$,或$\dfrac{\partial u}{\partial n} = 0$.故均有 $E'(t) = 0$,即 $E(t) = E(0) = 0$.

对于(8.8.1)式,积分号下的各项均非负.作为连续函数,要使整个体积分为0,则必有 $u_{x_1} = u_{x_2} = u_{x_3} = u_t = 0$.即有 $u(x,t) = u(x,0) = 0$.这表明,相应的齐次定解问题只有零解.

这一方法,也可用来讨论某些热传导方程的定解问题和泊松方程边值问题解的唯一性.这里就不一一列举了.

习　题

1. 求下列一阶偏微分方程的通解:

(1)$xu_x + yu_y + zu_z = 0$;

(2)$x^2 \dfrac{\partial z}{\partial x} + y^2 \dfrac{\partial z}{\partial y} = z^2$;

(3) $\frac{\partial u}{\partial x}+a\frac{\partial u}{\partial y}+b\frac{\partial u}{\partial z}=xyz$，$a$ 和 b 为常数；

(4) $(y+z+u)\frac{\partial u}{\partial x}+(z+u+x)\frac{\partial u}{\partial y}+(u+x+y)\frac{\partial u}{\partial z}=x+y+z$.

2. 求下列一阶偏微分方程定解问题的解：

(1) $\begin{cases} u_x-yu_y=u, & |x|<\infty,\ y>1, \\ u(x,1)=x^2; \end{cases}$

(2) $\begin{cases} yu_x-xu_y=0, \\ u(0,y)=\sin y^2; \end{cases}$

(3) $\begin{cases} (x^2-2u)u_x+2xyu_y=-2xu, & x>0,\ |y|<\infty, \\ u(0,y)=y; \end{cases}$

(4) $\begin{cases} u_t+uu_x=0, & t>0, \\ u(x,0)=x; \end{cases}$

(5) $\begin{cases} u(x+u)u_x-y(y+u)u_y=0, & y>0,\ x>1, \\ u(1,y)=\sqrt{y}. \end{cases}$

3. 判断下列方程的类型：

(1) $u_{xx}-2u_{xy}+4u_{yy}+3u_x-5u_y=f(x,y)$；

(2) $u_{xx}-2u_{xy}+u_{yy}+u_y=f(x,y)$；

(3) $2u_{xx}+4u_{xy}+u_{yy}+u=f(x,y)$；

(4) $u_x-u_{yy}+2u_{yz}-2u_{zz}=f(x,y,z)$；

(5) $u_{xx}-4u_{xy}+3u_{yy}+u_{zz}+u_y-2u_z=f(x,y,z)$；

(6) $(x^2+y^2+1)u_{xx}+2xyu_{yy}+zu_{zz}+u_z=0$；

4. 对下列各方程，就给定的四类定解条件，分别指出对其肯定不合适的定解条件，并说明原因：

(1) $u_{xx}+2u_{yy}=0$；

(2) $u_{xx}-u_{yy}=0$；

(3) $u_x-a^2u_{yy}=0$，a 为非零常量.

四类定解条件为(设 $x>0$，$|y|<1$)：

(1) $u(0,y)=0, u(x,-1)=\sin x, u(x,1)=0$；

(2) $u(0,y)=\cos y, \lim\limits_{x\to\infty}u(x,y)=0, u(x,-1)=1, u(x,1)=\mathrm{e}^{-x}$；

(3) $u(0,y)=0, u_x(0,y)=y^2, u(x,-1)=\sin x, u(x,1)=\mathrm{e}^{-x}+1$；

(4) $u(0,y)=\cos y, \lim\limits_{x\to\infty}u(x,y)=0, u_x(0,y)=0, u(x,1)=0$.

5. 设在平面有限区域 A 内调和，C 为 A 的全部封闭边界线，$\frac{\partial}{\partial n}$ 为沿 C 外法向 $\boldsymbol{n}$ 求导，$r=|x-x_0|$，$x_0\in A$，$C(x_0,r)$ 是以 x_0 为心和以 r 为半径的圆周，这里

$A(x_0,R)$ 是以 x_0 为心，R 为半径的圆面. 证明二维调和函数如下的性质：

(1) $\int_C \frac{\partial u}{\partial n}\mathrm{d}l = 0$；　(2) $u(x_0) = \frac{1}{2\pi}\int_C \left(u\frac{\partial \ln r}{\partial n} - \ln r\frac{\partial u}{\partial n}\right)\mathrm{d}l$；

(3) $u(x_0) = \frac{1}{2\pi r}\int_{C(x_0,r)} u\mathrm{d}l$；　(4) $u(x_0) = \frac{1}{\pi R^2}\int_{A(x_0,R)} u\mathrm{d}x$.

6. 证明调和函数的强极值原理，即定理 8.7.1.

第九章　保角变换法

对拉普拉斯方程的二维定解问题,保角变换是求解的有效方法.这是因为此类定解问题的解函数都是二元调和函数,总可看作某一解析函数的实部或虚部.

利用保角变换,可将平面上具有较复杂边界形状的物理问题,化成某种有较简单的边界形状的问题,从而使数值方法变得较为简单易行.这就是数值方法中的贴体坐标系法.

§9.1　简单的保角变换

1. 保角性与保角变换

设 $w = w(z) = u(x,y) + \mathrm{i}v(x,y)$ 在点 z_0 处解析,且 $w'(z_0) \neq 0$.则存在一个 z_0 的邻域 B,在此 B 内 $w'(z) \neq 0$.这时,由 C-R 条件,有

$$|w'(z)|^2 = \left(\frac{\partial u}{\partial x}\right)^2 + \left(\frac{\partial v}{\partial x}\right)^2 = \frac{\partial u}{\partial x}\frac{\partial v}{\partial y} - \frac{\partial u}{\partial y}\frac{\partial v}{\partial x} = \frac{\partial(u,v)}{\partial(x,y)} > 0.$$

由二元函数反函数的存在定理知在 B 内,$x(u,v)$ 和 $y(u,v)$ 存在.设 D 为像平面中与 B 相对应的 $w_0 = w(z_0)$ 的邻域,则 D 中的点与 B 中的点构成了一一对应.

将 $w(z)$ 在 B 内对点 z_0 作泰勒展开,当 B 充分小时,可略掉高阶小量,有 $w - w_0 \approx w'(z_0)(z - z_0)$.令 $w - w_0 = R\mathrm{e}^{\mathrm{i}\varphi}, z - z_0 = r\mathrm{e}^{\mathrm{i}\theta}, w'(z_0) = \rho\mathrm{e}^{\mathrm{i}\alpha}, \rho = |w'(z_0)|, \alpha = \arg w'(z_0)$,则在 z_0 的一个充分小的邻域内有 $R\mathrm{e}^{\mathrm{i}\varphi} = \rho r\mathrm{e}^{\mathrm{i}(\theta+\alpha)}$.

这表明,由解析函数 $w(z)$ 给出的由 z 平面到 w 平面上对应区域的变换中,将过任一点 z_0 的有向微元弧段 z_0z 变到 w 平面的弧段 w_0w,当 $w'(z_0) \neq 0$ 时,将引起如下变化:

(1) 模数被放大了 $\rho = |w'(z_0)|$ 倍,ρ 被称为变换在点 z_0 处的伸缩率;

(2) 辐角被转动了 α,α 称为变换在点 z_0 处的旋转角.

对 $w'(z_0) \neq 0$,过 z_0 的任二微元弧段经此变换后,它们在 w 平面上的象间的夹角保持不变,因为二者在变换后都旋转了一个相同的角度.这种由单叶解析函数给出的保持二相交曲线间夹角不变的变换(映射)称为保角变换(映射).$w'(z_0) = 0$ 的点,称为变换的奇点.

可以证明,对于复平面上的任一单连通区域,都可经过保角变换变成另一个任意形状的单连通区域.这一定理称为黎曼定理.由于证明过于繁复,这里从略.有兴趣的读者,可参看杜珣、唐世敏的《数学物理方法》.

2. 一些简单的保角变换

(1) 线性变换 $w = az + b, a = \rho e^{i\alpha} \neq 0$:

a 和 b 均为复常数. 它可看作是下列三种变换的合成:

① 相似变换: $w_1 = \rho z, \rho > 0$;

② 旋转变换: $w_2 = w_1 e^{i\alpha}$;

③ 平移变换: $w = w_2 + b$.

这三种变换都把圆变为圆,直线变为直线,故它们的组合也把圆变为圆,直线变为直线. 事实上,线性变换保持了图形的相似性.

(2) 倒数变换 $w = \dfrac{1}{z}$:

倒数变换也称反演变换. 除 $z = 0$ 外 $w(z)$ 处处解析,且有 $w'(z) = -\dfrac{1}{z^2} \neq 0 (z \neq \infty)$. 故除 $z = 0$ 和 $z = \infty$ 外处处保角. 如果把直线看作是半径趋于 ∞ 的圆,则倒数变换具有保圆性,即把圆(包括直线) 变为圆(包括直线). 当然,这包括可能将圆变为直线和把直线变为圆.

证 对 z 平面上的圆和直线,可统一用如下方程表示:

$$pz\bar{z} + \bar{a}z + a\bar{z} + q = 0, \tag{9.1.1}$$

其中 p 和 q 为实常数,$a = a_r + ia_i$ 为复常数,并有 $|a|^2 > pq$. 以 $z = x + iy$ 代入后得

$$p(x^2 + y^2) + 2(a_r x + a_i y) + q = 0.$$

若 $p = 0$,这是一条直线;若 $p \neq 0$,上式可改写为

$$(x + \frac{a_r}{p})^2 + (y + \frac{a_i}{p})^2 = \frac{|a|^2}{p^2} - \frac{q}{p} = R^2,$$

是以 $z_0 = -\dfrac{a}{p}$ 为心,R 为半径的圆.

以 $z\bar{z}$ 除(9.1.1) 式,并利用 $w = \dfrac{1}{z}, \bar{w} = \dfrac{1}{\bar{z}}$,有

$$q w\bar{w} + \bar{a}\bar{w} + aw + p = 0.$$

$q \neq 0$ 时为 w 平面上的圆,$q = 0$ 时则为 w 平面上的直线. 可见倒数变换具有保圆性. 由于 $q = 0$ 代表 z 平面上的圆或直线经过原点,而 $q \neq 0$ 表示圆或直线不经过原点,故倒数变换把所有过原点的圆和直线都变成直线,而把所有不过原点的直线和圆都变成圆.

(3) 幂次变换 $w = z^p, p > 0, p \neq 1$:

令 $z = re^{i\theta}$. 在变换定义域的黎曼曲面上,除 $z = 0$ 外处处解析,有 $w = r^p e^{ip\theta}$. 这一变换将 z 平面上的圆 $|z| = r$ 变为 w 平面上的圆 $|w| = r^p$;z 平面上从原点发出的射线 $\arg z = \theta$ 变为 w 平面上从原点发出的射线 $\arg w = p\theta$.

所谓变换是单叶的，是指变换 $w(z)$ 将其黎曼曲面一叶上的区域 G 变换到对应的区域 $w(G)$ 时，$w(G)$ 也要处于 $z(w)$ 的黎曼曲面的一叶上，从而保证了变换和逆变换都是单值的. 故单叶变换，就是一一对应的变换. 对幂次变换，为了保证变换的单叶性，当 $p > 1$ 时，应要求 $0 < \theta \leqslant 2\pi/p$；而当 $0 < p < 1$ 时，则要求 $0 < \theta \leqslant 2\pi$.

显然，这一变换可将顶点在 $z = 0$ 处的一个角形区域的顶角的大小改变 p 倍.

(4) 指数变换 $w = e^z$，$|w| = e^x$，$\arg w = y$：

此变换将 z 平面上的直线族 $x = c$(实常数) 变为同心圆族 $|w| = e^c$，直线族 $y = c$ 变为 w 平面上的射线族 $\arg w = c$.

这一变换将 z 平面上任何平行于 x 轴的宽度为 2π 的条带区域，例如 $0 \leqslant y < 2\pi$(或 $-\pi \leqslant y < \pi$ 等) 变为整个 w 平面. 其中 $x > 0$ 和 $x < 0$ 两个半条带区域分别变到 w 平面上 $|w| = 1$ 的单位圆的外部和内部，相应的直线段 $x = 0$ 变为 $|w| = 1$ 的单位圆.

(5) 对数变换 $w = \ln z = u + iv = \ln r + i\theta$：

对数变换是指数变换的逆变换，即正好将上面的情况倒过来：z 平面上的同心圆 $|z| = r =$ 常数 > 0 变为 w 平面上与虚轴平行的直线段 $u = \ln r =$ 常数，z 平面上的射线 $\arg z = \theta =$ 常数变为 w 平面上与实轴平行的直线 $v = \theta =$ 常数. z 平面上单位圆的外部 $|z| = r > 1$ 和内部 $|z| = r < 1$，$2k\pi \leqslant \theta < 2(k+1)\pi$ 分别变为 w 平面上的半条带区域 $u > 0$ 和 $u < 0$，$2k\pi \leqslant v < 2(k+1)\pi$.

§9.2　分式线性变换

1. 分式线性变换及其性质

分式线性变换是指下列形式的变换：

$$w(z) = Lz = \frac{az + b}{cz + d} \quad (ad - bc \neq 0). \tag{9.2.1}$$

除了不解析点 $z = -\dfrac{d}{c}$ 外，有

$$w'(z) = \frac{ad - bc}{(cz + d)^2} \neq 0.$$

故在所有解析点上均保角. 当 $c = 0$，$a \neq 0$，$d \neq 0$ 时即为线性变换.

分式线性变换有如下一些性质.

(1) 保圆性：

当 $c \neq 0$ 时，分式线性变换可化为

$$w(z)=\frac{a}{c}+\frac{A}{z+d/c},\quad A=\frac{bc-ad}{c^2}.$$

故变换可看平移变换 $w_1=z+\frac{d}{c}$,倒数变换 $w_2=\frac{1}{w_1}$ 和线性变换 $w=Aw_2+\frac{a}{c}$ 的合成.可见分式线性变换与这三种变换一样也具有保圆性.

(2) 逆变换

$$z=L^{-1}w=\frac{-dw+b}{cw-a}$$

也是分式线性变换.

(3) 复合变换:

令

$$L_k=\begin{pmatrix}a_k & b_k\\ c_k & d_k\end{pmatrix},\quad L_k\zeta=\frac{a_k\zeta+b_k}{c_k\zeta+d_k}\quad (a_kd_k-b_kc_k\neq 0),$$

则复合变换 $w=Lz=L_2(L_1z)$ 也是分式线性变换.

这两点性质,作为作业,由读者自行导出.

(4) 把圆的对称点仍变为圆的对称点:

圆的对称点:若过两点 P 和 Q 的任何圆 K 都与圆 C 正交,则称点 P 和 Q 关于圆 C 对称.

由于直线可看作是半径为 ∞ 的圆,故过 P 和 Q 两点的直线也应与 C 圆正交.这表明,点 P,Q 和 C 圆的圆心 O 必三点共线.设 K 为过 P 和 Q 两点的圆.由于 K 圆与 C 圆正交,设 T 为交点之一,则 OT 必与圆 K 相切,如图 9.2.1 所示.由于弦切角等于圆周角,即有

$$\angle OTP=\angle OQT,\quad \triangle OTP\backsim\triangle OQT,\quad OP/OT=OT/OQ.$$

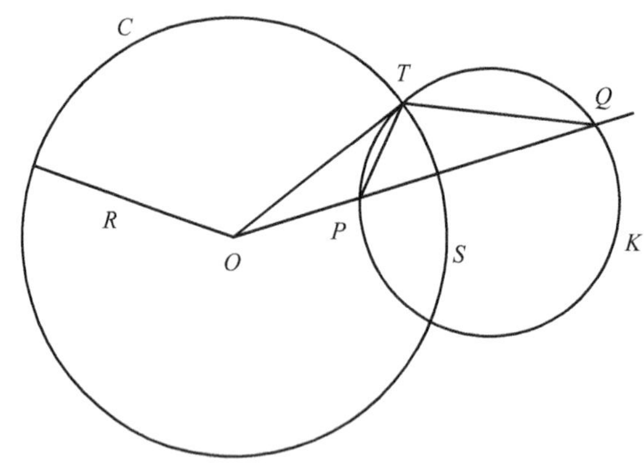

图 9.2.1 圆的对称点

以 R 表示 C 圆之半径,即 $OT=R$,则有 $OP\cdot OQ=OT^2=R^2$.由此可见,

P 和 Q 两点必有一在 C 圆内,一在 C 圆外,且 $\overrightarrow{OP}$ 和 $\overrightarrow{OQ}$ 在同一方向. 因为若二者不同向,O 点就在 K 圆内,OT 就不可能与 K 圆相切,即 K 圆不可能与 C 正交.

根据上面的结论,若在复平面上有两点 z_P 和 z_Q 关于以 z_0 为心,R 为半径的圆对称,则有

$$z_P - z_0 = r_1 e^{i\theta}, \quad z_Q - z_0 = r_2 e^{i\theta}, \quad r_1 r_2 = R^2.$$

同时还可看出,对圆心 z_0 而言,与之对圆 C 对称的点是 ∞.

分式线性变换(9.2.1)具有保圆性:它将除过奇点 $z=-\dfrac{d}{c}$ 外所有的圆和直线都变成圆,而将所有过 $z=-\dfrac{d}{c}$ 的圆和直线均变为直线. 前面已经说明,由于直线可看作半径为 ∞ 的特殊的圆,在说到保圆性时,并不区分是圆还是直线,而是统一称为圆. 可以看出,关于圆的对称点的定义,是包含了两点对直线对称这一极限情况在内的. 故在下面的讨论中提到的圆,就包含了可能是直线这种特殊情况在内.

对于变换(9.2.1),它的奇点 $z=-\dfrac{d}{c}$ 的像点为 w 平面上的 ∞ 远点. 除了 ∞ 点外,变换(9.2.1) 在像平面 w 上处处都具有保角性.

设 Γ 为 C 圆的像圆,P^* 和 Q^* 分别为 P 和 Q 的像点. 所有过 P 和 Q 两点的圆,它们的像也都是过 P^* 和 Q^* 两点的圆,且均与 Γ 圆相交. 由于变换的保角性,它们也都与 Γ 圆正交,即 P^* 和 Q^* 关于 Γ 对称.

(5) 分式线性变换的不动点,即 $w=z$ 的点:

由

$$w = \frac{az+b}{cz+d} = z$$

得不动点满足的方程为

$$cz^2 - (a-d)z - b = 0.$$

由此可知,除了 $b=c=0, a=d$ 的恒等变换外,分式线性变换最多只有两个不动点. 因此,有三个不动点的变换一定是恒等变换.

(6) 三对对应点唯一地确定一个分式线性变换:

证　对任一分式线性变换

$$w = \frac{az+b}{cz+d}, \quad (ad-bc \neq 0).$$

由于 c 和 d 不能同时为 0,故必可改成下面两种等价形式之一:

$$w = \frac{A_1 z + B_1}{z + D_1}, \quad A_1 = \frac{a}{c},\ B_1 = \frac{b}{c},\ D_1 = \frac{d}{c}. \tag{9.2.2}$$

或

$$w=\frac{A_2z+B_2}{C_2z+1},\quad A_2=\frac{a}{d},\ B_2=\frac{b}{d},\ C_2=\frac{c}{d}\,. \tag{9.2.3}$$

当给定三对对应点 $z_k\leftrightarrow w_k$，$k=1,2,3$，由(9.2.2)和(9.2.3)式可分别得到如下两个代数方程组

$$z_kA_1+B_1-w_kD_1=w_kz_k\quad(k=1,2,3) \tag{9.2.4}$$

或

$$z_kA_2+B_2-w_kz_kC_2=w_k\quad(k=1,2,3). \tag{9.2.5}$$

(9.2.4)式的系数矩阵的行列式为

$$\Delta_1=(z_2-z_1)(w_3-w_1)-(z_3-z_1)(w_2-w_1).$$

(9.2.5)式的系数矩阵的行列式则为

$$\begin{aligned}\Delta_2&=-z_2(z_3-z_1)(w_2-w_1)+z_3(z_2-z_1)(w_3-w_1)\\&=z_3\Delta_1+(z_3-z_1)(z_3-z_2)(w_2-w_1).\end{aligned}$$

当 $\Delta_1\neq0$ 时，由(9.2.4)式可给出 A_1，B_1 和 D_1 的唯一解，从而可唯一地确定分式线性变换.而当 $\Delta_1=0$ 时，则有

$$\Delta_2=(z_3-z_1)(z_3-z_2)(w_2-w_1)\neq0.$$

这是因为 z_1，z_2，z_3 是三个不同的原象点，w_1 和 w_2 是两个不同的像点.这时，可由(9.2.5)式将 A_2，B_2，C_2 唯一的解出，同样将分式线性变换唯一确定.

可见，只要给定三对对应点，就可唯一地确定一个分式线性变换.

2. 分式线性变换的例子

例 1 将上半平面 $\mathrm{Im}z\geqslant0$ 变到圆 $|w|=R$ 内.

显然，这个变换不可能是线性变换.按变换的要求，原象区域的边界对应于像区域的边界，即要求将直线 $\mathrm{Im}z=0$ 变为 $|w|=R$ 的圆.根据分式线性变换的保圆性，变换可写作

$$w=\frac{K(z-\alpha)}{z-\beta}\,.$$

这时，有如下的对应关系：$w=0\Leftrightarrow z=\alpha$，$w=\infty\Leftrightarrow z=\beta$.按变换的要求，是将 $\mathrm{Im}z\geqslant0\Leftrightarrow|w|\leqslant R$.由于 $w=0$ 是 $|w|\leqslant R$ 圆域的圆心，故它的对应点 $z=\alpha$ 应在上半平面内，即应有 $\mathrm{Im}\alpha>0$.

由于分式线性变换保持对圆(包括直线)的对称点的对称性不变，而 $w=0$ 和 $w=\infty$ 是关于圆 $|w|=R$ 的一对对称点，故 α 和 β 应关于实轴对称，即应有 $\beta=\bar{\alpha}$，

$$w=\frac{K(z-\alpha)}{z-\bar{\alpha}}.$$

由边界对应，注意到 $\left|\dfrac{x-\alpha}{x-\bar{\alpha}}\right|=1$，由

$$|w| = R = \left|\frac{K(x-\alpha)}{(x-\bar{\alpha})}\right| = |K|$$

得

$$K = R\mathrm{e}^{\mathrm{i}\theta_0} \quad (0 \leqslant \theta_0 < 2\pi).$$

故此变换为

$$w = R\mathrm{e}^{\mathrm{i}\theta_0}\frac{z-\alpha}{z-\bar{\alpha}}. \tag{9.2.6}$$

当 α 给定后，只需再定一对对应点，就可确定 θ_0.

如果是将 $\mathrm{Im}z \geqslant 0$ 变为 $|w| \geqslant R$，则 $w=0$ 的对应点应在 $\mathrm{Im}z<0$ 的半平面内，即要求 $\mathrm{Im}\alpha<0$.

如果变换的对应是倒过来的，即要求将 $|z| \leqslant R$ 的圆内区域变为 $\mathrm{Im}w \geqslant 0$ 的上半平面，则只需将变换(9.2.6)中 w 和 z 的位置对调，再反解出 w 来即可. 这时，有

$$z=0 \Leftrightarrow w=\alpha \quad (\mathrm{Im}\alpha>0;\ z=\infty \Leftrightarrow w=\bar{\alpha}),$$

变换为

$$w = \frac{\bar{\alpha}z - R\mathrm{e}^{\mathrm{i}\theta_0}\alpha}{z - R\mathrm{e}^{\mathrm{i}\theta_0}} \quad (\mathrm{Im}\alpha>0, 0 \leqslant \theta_0 < 2\pi).$$

例 2　将圆 $|z| \leqslant r$ 变为圆 $|w| \leqslant R$.

设变换为

$$w = \frac{a(z-\alpha)}{z-\beta}. \tag{9.2.7}$$

由于 $w=0$ 和 ∞ 关于圆 $|w|=R$ 对称，故 α 与 β 关于圆 $|z|=r$ 对称. 设 $\alpha = \rho_1\mathrm{e}^{\mathrm{i}\theta}$，则有 $\beta=\rho_2\mathrm{e}^{\mathrm{i}\theta}$，$\bar{\alpha}\beta=\rho_1\rho_2=r^2$，由此得 $\beta=\frac{r^2}{\bar{\alpha}}$. 代入(9.2.7)式中，得

$$w = \frac{K(z-\alpha)}{\bar{\alpha}z - r^2}, \quad K = a\bar{\alpha}.$$

又当 $|w|=R$ 时，$|z|=r$，$r^2=z\bar{z}$. 代入上式中，得

$$\begin{aligned} R &= \left.\frac{|K||z-\alpha|}{|\bar{\alpha}z - z\bar{z}|}\right|_{|z|=r} = \frac{|K|}{|z|}\left|\frac{z-\alpha}{\bar{z}-\bar{\alpha}}\right|_{|z|=r} \\ &= \frac{|K|}{r}, \end{aligned}$$

即有 $K = Rr\mathrm{e}^{\mathrm{i}\theta_0}$，$0 \leqslant \theta_0 < 2\pi$，

$$w = Rr\mathrm{e}^{\mathrm{i}\theta_0}\frac{(z-\alpha)}{\bar{\alpha}z - r^2}. \tag{9.2.8}$$

由于点 $z=\alpha$ 应在圆 $|z|=r$ 的内部，故有 $|\alpha|<r$. 这里有二个待定常数 α 和 θ_0 可通过指定两对对应点来确定.

§9.3 儒科夫斯基变换

儒科夫斯基(Жуковский)变换为

$$w=\frac{1}{2}\left(z+\frac{l^2}{z}\right). \tag{9.3.1}$$

就整个 z 平面和 w 平面的对应而言,这一变换不是单叶的.

设 z_1 和 z_2 关于圆 $|z|=l$ 对称,令

$$z_1=r_1\mathrm{e}^{\mathrm{i}\theta_1},\quad z_2=r_2\mathrm{e}^{\mathrm{i}\theta_1}=\frac{l^2}{r_1}\mathrm{e}^{\mathrm{i}\theta_1},$$

则有

$$\bar{z}_2=\frac{l^2}{r_1}\mathrm{e}^{-\mathrm{i}\theta_1}=\frac{l^2}{z_1},z_1=\frac{l^2}{\bar{z}_2}.$$

由此可知:

$$w=\frac{1}{2}\left(z_1+\frac{l^2}{z_1}\right)=\frac{1}{2}\left(\frac{l^2}{\bar{z}_2}+\bar{z}_2\right).$$

可见,变换将 z_1 和 $\bar{z}_2$ 对应于同一个 w.

对应于 $z=l\mathrm{e}^{\mathrm{i}\theta}$,有 $w=l\cos\theta$.这表明,此变换将 $|z|=l$ 的上半圆和下半圆均变为实轴上的同一直线段$[-l,l]$.而对 $|z|<l$ 的圆内区域和 $|z|>l$ 的圆外区域,则均变为整个 w 平面上除直线段$[-l,l]$外的部分.对 $|z|<l$ 或 $|z|>l$,变换将是单叶的.

设 $z=r\mathrm{e}^{\mathrm{i}\theta}$.代入变换(9.3.1)中,得

$$w=\frac{1}{2}\left(r\mathrm{e}^{\mathrm{i}\theta}+\frac{l^2}{r}\mathrm{e}^{-\mathrm{i}\theta}\right)=\frac{1}{2}\left(r+\frac{l^2}{r}\right)\cos\theta+\frac{\mathrm{i}}{2}\left(r-\frac{l^2}{r}\right)\sin\theta=u+\mathrm{i}v,$$

即

$$u=\frac{1}{2}\left(r+\frac{l^2}{r}\right)\cos\theta,\quad v=\frac{1}{2}\left(r-\frac{l^2}{r}\right)\sin\theta.$$

对 r 为常数的圆,令

$$a=\frac{1}{2}\left(r+\frac{l^2}{r}\right),\quad b=\frac{1}{2}\left(r-\frac{l^2}{r}\right).$$

当 $r>l$ 时 $b>0$,$r<l$ 时 $b<0$.由此得 $u=a\cos\theta,v=b\sin\theta$,

$$\frac{u^2}{a^2}+\frac{v^2}{b^2}=1,$$

即其为长短轴分别是 a 和 $|b|$ 的椭圆.设其焦距为 c,有 $c^2=a^2-b^2=l^2$.即椭圆的焦点在实轴上的 $\pm l$ 处.这表明,儒科夫斯基变换将 z 平面上以原点为心的同心圆簇变为 w 平面上具有共同焦点的椭圆簇.

对于过坐标原点的每一条直线,$\theta=$ 常数.令 $a=l\cos\theta,b=l\sin\theta$,

$$u=\frac{a}{2l}\left(r+\frac{l^2}{r}\right),\quad v=\frac{b}{2l}\left(r-\frac{l^2}{r}\right),$$

有

$$\frac{u^2}{a^2}-\frac{v^2}{b^2}=1,\quad a^2+b^2=l^2.$$

由此可见,儒科夫斯基变换将 z 平面上过原点的直线簇变为有共同焦点 $w=\pm l$ 的双曲线簇.

儒科夫斯基变换可将儒科夫斯基翼剖面和圆建立对应关系,故可用此变换及其逆变换解诸如椭圆、平板和儒科夫斯基翼剖面的二维位势绕流问题.

§9.4　多边形区域与上半平面间的保角变换

此变换通常称施瓦兹(Schwarz)变换,或称施瓦兹-克里斯托弗(Christoffel)变换.

1. n 边形的边角关系

设多边形的顶点按沿边线行进的正方向(即逆时针方向)顺序排号. 以 A_k 表示第 k 个顶点,记 $L_k=\overrightarrow{A_kA_{k+1}}$,$\beta_k$ 为 A_k 处顶角之内角,$\alpha_k=\pi-\beta_k$,φ_k 为 L_k 的有向倾角,即由 x 正向至 L_k 的有向角. 从图 9.4.1 中不难看出,有

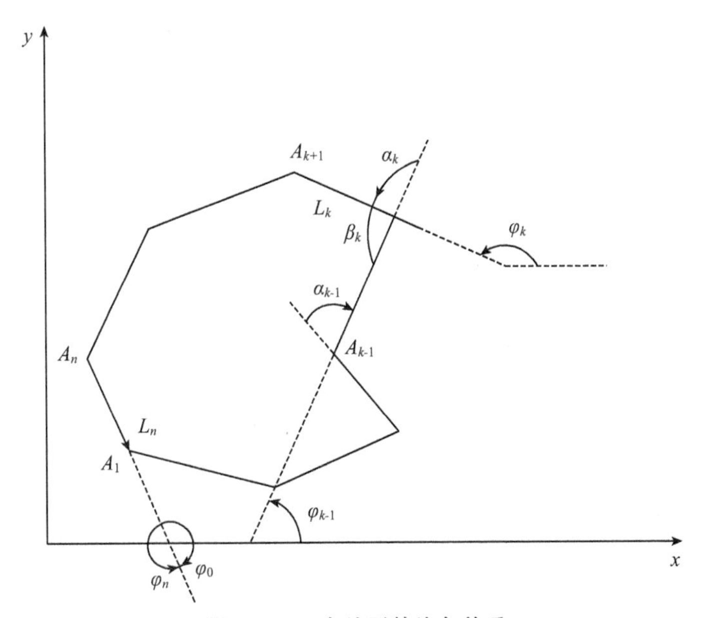

图 9.4.1　多边形的边角关系

$$\alpha_k = \varphi_k - \varphi_{k-1}, \quad \sum_{k=1}^{m} \alpha_k = \varphi_m - \varphi_0,$$

其中 α_k 是L_{k-1} 到L_k 时所转过的角度，以逆时针方向为正，顺时针方向为负，图中 α_{k-1} 为负，α_k 为正；φ_0 是从 x 轴正向转向$L_n = \overrightarrow{A_nA_1}$ 的有向角，是起始角，在图中为负值.

对一 n 边形，其内角 β_k 之总和为$(n-2)\pi$. 当 $m = n$ 时，有

$$\sum_{k=1}^{n} \alpha_k = \sum_{k=1}^{n} (\pi - \beta_k) = n\pi - \sum_{k=1}^{n} \beta_k = 2\pi = \varphi_n - \varphi_0,$$

其中 φ_n 表示在沿封闭周线行进一圈后L_n 的倾角，比 φ_0 增加了 2π.

以 z_k 表示 A_k 的坐标，$z_k = x_k + \mathrm{i}y_k$，$l_k = |L_k|$. 令 $z_{n+1} = z_1$，有 $z_{k+1} - z_k = l_k \mathrm{e}^{\mathrm{i}\varphi_k}$. 故对封闭的多边形，有

$$\sum_{k=1}^{n} (z_{k+1} - z_k) = \sum_{k=1}^{n} l_k \mathrm{e}^{\mathrm{i}\varphi_k} = z_{n+1} - z_1 = 0.$$

以 $\mathrm{e}^{-\mathrm{i}\varphi_0}$ 乘上式两边，得

$$\sum_{k=1}^{n} l_k \mathrm{e}^{\mathrm{i}(\varphi_k - \varphi_0)} = 0.$$

将上式分成实部和虚部，并注意到

$$\varphi_k - \varphi_0 = \sum_{m=1}^{k} \alpha_m, \quad \sum_{m=1}^{n} \alpha_m = \varphi_n - \varphi_0 = 2\pi. \tag{9.4.1}$$

得到 n 边形边角间的两个关系式：

$$\begin{cases} \sum_{k=1}^{n} l_k \cos\left(\sum_{m=1}^{k} \alpha_m\right) = l_n + \sum_{k=1}^{n-1} l_k \cos\left(\sum_{m=1}^{k} \alpha_m\right) = 0, \\ \sum_{k=1}^{n-1} l_k \sin\left(\sum_{m=1}^{k} \alpha_m\right) = 0. \end{cases} \tag{9.4.2}$$

这里利用了

$$\cos\left(\sum_{m=1}^{n} \alpha_m\right) = \cos 2\pi = 1, \quad \sin\left(\sum_{m=1}^{n} \alpha_m\right) = \sin 2\pi = 0.$$

2. 上半平面到多角形内部的保角变换

(1) 施瓦兹-克里斯托弗变换公式：

设变换 $z = F(\zeta)$ 建立了如下的一一对应关系：z 平面上的n 边形对应于ζ 平面的上半平面；z 平面上 n 边形的周线对应于 ζ 平面的实轴；按逆时针方向顺序排列的 n 边形的顶点 z_k 对应于 ζ 平面实轴上的点 ζ_k，并有 $-\infty < \zeta_1 < \zeta_2 < \cdots < \zeta_n < \infty$. 这一变换可由施瓦兹-克里斯托弗变换

$$z = F(\zeta) = A\int_0^{\zeta} \prod_{k=1}^{n} (\eta - \zeta_k)^{-\frac{\alpha_k}{\pi}} \mathrm{d}\eta + C \tag{9.4.3}$$

来实现. 这里 α_k 的含意如前, A 和 C 为待定常数. 由于

$$F'(\zeta)=A\prod_{k=1}^{n}(\zeta-\zeta_k)^{-\frac{\alpha_k}{\pi}}$$

表明此变换在 $\alpha_k\neq 0$ 时, $F'(\zeta_k)$ 或为 $0(\alpha_k<0)$, 或为 $\infty(\alpha_k>0)$. 因此, 在这些点上, 变换是不保角的. 但除了这些点外, 变换都具有保角性. 而在 ζ_k 点附近, $F'(\zeta)=B(\zeta-\zeta_k)^{-\frac{\alpha_k}{\pi}}$. 我们在前面已经知道, 幂次函数 $(\zeta-\zeta_k)^p$ 将使过 ζ_k 的两条射线间的夹角放大 p 倍. 在 ζ 平面上, 在 ζ_k 处, 两射线间的夹角为 π. 在 z 平面上 ζ_k 的像点 z_k 处, 两射线间的夹角为 β_k. 故有 $p=\dfrac{\beta_k}{\pi}$. 这就是说, 在 ζ_k 附近, 应有

$$F(\zeta)=B(\zeta)(\zeta-\zeta_k)^{\frac{\beta_k}{\pi}}$$

这里 $B(\zeta)$ 在 ζ_k 附近应解析且不为 0. 这时, 有

$$\begin{aligned}F'(\zeta)&=(\zeta-\zeta_k)^{\frac{\beta_k}{\pi}-1}\left[B(\zeta)+B'(\zeta)(\zeta-\zeta_k)\right]\\&\approx B(\zeta)(\zeta-\zeta_k)^{\frac{\beta_k}{\pi}-1}=B(\zeta)(\zeta-\zeta_k)^{-\frac{\alpha_k}{\pi}}\end{aligned}$$

可见由(9.4.2) 给出的变换在 z_k 处符合多边形内角的要求. 至于各边的长度, 则可由 $\zeta_1,\zeta_2,\cdots,\zeta_n$ 的位置来保证.

在公式(9.4.3) 中, 若 ζ_k 中有一个是 ∞, 则对应的因子不出现. 例如, 若 $\zeta_n=\infty$, 则(9.4.3) 变为

$$z=F(\zeta)=A\int_0^{\zeta}\prod_{k=1}^{n-1}(\eta-\zeta_k)^{-\frac{\alpha_k}{\pi}}\mathrm{d}\eta+C. \tag{9.4.4}$$

证　先利用变换(9.4.3), 建立 z 平面上的 n 边形与过渡的 τ 平面的上半平面的对应:

$$z=G(\tau)=B\int_0^{\tau}\prod_{k=1}^{n}(t-\tau_k)^{-\frac{\alpha_k}{\pi}}\mathrm{d}t+C_1, \tag{9.4.5}$$

其中 $\tau_1,\tau_2,\cdots,\tau_n$ 均为有限实数. 再用下面的变换

$$\tau=\tau_n-\frac{1}{\zeta},\quad \tau_k=\tau_n-\frac{1}{\zeta_k}\quad (k=1,2,\cdots,n-1). \tag{9.4.6}$$

将 $\mathrm{Im}\tau\geqslant 0$ 变到 $\mathrm{Im}\zeta\geqslant 0$. 这时, $\tau=\tau_n$ 与 $\zeta=\infty$ 对应.

把(9.4.6) 式代入(9.4.5) 式中, 并注意到 $\displaystyle\sum_{k=1}^{n}\frac{\alpha_k}{\pi}=2$, 就可得到(9.4.4) 式, 这里

$$F(\zeta)=G\left(\tau_n-\frac{1}{\zeta}\right),$$

$$A=(-1)^{\frac{\alpha_n}{\pi}}B\prod_{k=1}^{n-1}\zeta_k^{\frac{\alpha_k}{\pi}},$$

$$C=C_1-A\int_0^{\frac{1}{\tau_n}}\prod_{k=1}^{n-1}(\eta-\zeta_k)^{-\frac{\alpha_k}{\pi}}\mathrm{d}\eta.$$

如果 A_k 中有一个是 ∞,公式的形式不变,仍是(9.4.3) 式. 不妨设是 A_n 为 ∞,这时,对应地,有

$$\alpha_n = 2\pi - \sum_{k=1}^{n-1}\alpha_k,$$

即(9.4.1) 式仍然成立. 这可以这样来理解:如图 9.4.2 所示,取对应两点 A'_n 和 A''_n. 对此 $n+1$ 边形,(9.4.1) 和(9.4.3) 式均成立. 这时,对应的两个因子为

$$(\zeta-\zeta'_n)^{-\frac{\alpha'_n}{\pi}}(\zeta-\zeta''_n)^{-\frac{\alpha''_n}{\pi}}.$$

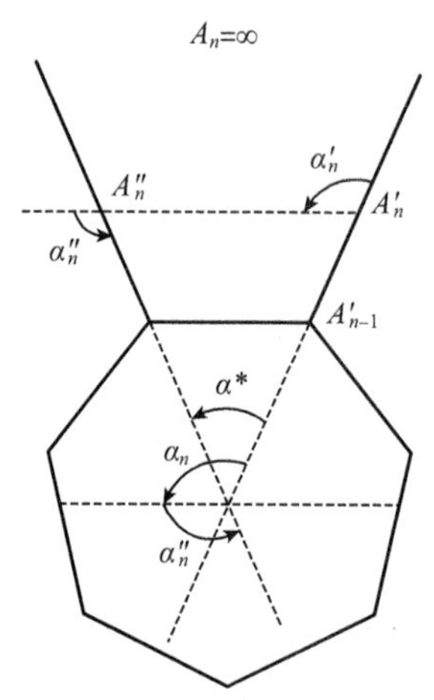

图 9.4.2 顶点 A_n 在 ∞

令 A'_n 和 $A''_n\to\infty$,则 $\zeta'_n\to\zeta''_n\to\zeta_n$,对应的因子就变为

$$(\zeta-\zeta_n)^{-(\alpha'_n+\alpha''_n)/\pi}=(\zeta-\zeta_n)^{-\alpha_n/\pi},$$

有

$$\alpha_n=\alpha'_n+\alpha''_n=2\pi-\sum_{k=1}^{n-1}\alpha_k.$$

如图 9.4.2 所示,以 α^* 表示对应两边的夹角,则有 $\alpha_n=\pi+\alpha^*$.

(2) 变换 $F(\zeta)$ 中参数的确定:

在(9.4.3) 式中,C 为与 $\zeta=0$ 对应的 z 值. 设 $A=re^{i\psi}$,r 的改变只使多边形在相似条件下比例尺度发生变化,ψ 则只引起多边形的旋转变化. 因此,当(9.4.3) 式中的积分部分完成后,可利用对应顶点 z_k 值给定 r 和 ψ.

令 $z_{n+1}=z_1,\zeta_{n+1}=\zeta_1$,有

$$l_k=|z_{k+1}-z_k|=|F(\zeta_{k+1})-F(\zeta_k)|\quad(k=1,2,\cdots,n),$$

$$\frac{|F(\zeta_{k+1})-F(\zeta_k)|}{|F(\zeta_2)-F(\zeta_1)|}=\frac{l_k}{l_1}\quad(k=2,3,\cdots,n).\tag{9.4.7}$$

这里一共有 $n-1$ 个方程. 在(9.4.7) 中 A 和 C 已经消除,故其中共含有 n 个待定

量 $\zeta_1,\zeta_2,\cdots,\zeta_n$. 另外,由于 n 边形边角间应满足由(9.4.2)给定的两个边角关系式,这表明在(9.4.7)的 $n-1$ 个方程中只有 $n-3$ 个独立的. 因此 $\zeta_1,\zeta_2,\cdots,\zeta_n$ 中,有三个可以任取,余下的则要由求解(9.4.7)中互相独立的 $n-3$ 个方程给出. 通常,为了简化表达式,在 ζ_k 中,把可指定的三个点取为 0,1 和 ∞.

§9.5　用保角变换解二元调和函数边值问题的例子

1. 对求解方法的简单说明

在实际应用中,一些问题常常可简化为求解二元调和函数边值问题,也就是解函数 $u(x,y)$ 满足拉普拉斯方程的边值问题,即 u 为下列定解问题的解:

$$\begin{cases}\nabla^2 u = 0, & (x,y)\in D,\\ Bu = g(L), & \text{在边界 } L \text{ 上},\end{cases}$$

其中 B 称为边界算子,代表了某种边界运算.

由于二元调和函数总可看作某一解析函数的实部(或虚部),因此,可用保角变换来给出此解析函数,再由其实部(或虚部)给出问题的解答. 这里分两种情况:

(1) 当用保角变换 $w(z)=u(x,y)+\mathrm{i}v(x,y)$ 将 z 面上的边界曲线 L 映射到 w 平面上的边界曲线 $w(L)$ 时,边界对应直接满足了边条件 $B\{\mathrm{Re}w(L)\}=g(L)$. 由于 $\mathrm{Re}w(z)=u$ 满足拉普拉斯方程,故 u 即为所求之解.

(2) 引入中间变换 $\zeta(z)=\xi(x,y)+\mathrm{i}\eta(x,y)$, $\zeta(z)$ 为 z 的解析函数. 在 z 平面上,边界 L 的形状较复杂,难于直接求解. 而 L 在 ζ 平面上的像 $\Gamma=\zeta(L)$ 形状简单,对应问题易于求出 $w(\zeta)$. 这时,同样由 $w(\zeta(z))$ 的实部(或虚部)给出相关的解.

由于 $\zeta(z)=\xi(x,y)+\mathrm{i}\eta(x,y)$ 是 z 的解析函数,故 ξ 和 η 均满足二维拉普拉斯方程,即有 $\nabla^2\xi=\nabla^2\eta=0$. 同时,$\xi$ 和 η 间满足 C-R 条件

$$\frac{\partial\xi}{\partial x}=\frac{\partial\eta}{\partial y},\quad \frac{\partial\xi}{\partial y}=-\frac{\partial\eta}{\partial x},$$

因而有

$$\left(\frac{\partial\xi}{\partial x}\right)^2+\left(\frac{\partial\xi}{\partial y}\right)^2=\left(\frac{\partial\eta}{\partial x}\right)^2+\left(\frac{\partial\eta}{\partial y}\right)^2>0\quad(\text{当 }\zeta'(z)\neq 0\text{ 时}),\tag{9.5.1}$$

$$\frac{\partial\xi}{\partial x}\frac{\partial\eta}{\partial x}+\frac{\partial\xi}{\partial y}\frac{\partial\eta}{\partial y}=0.\tag{9.5.2}$$

由此,有

$$\nabla^2 u=\frac{\partial^2 u}{\partial x^2}+\frac{\partial^2 u}{\partial y^2}$$

$$= \left[\left(\frac{\partial \xi}{\partial x}\right)^2 + \left(\frac{\partial \xi}{\partial y}\right)^2\right]\frac{\partial^2 u}{\partial \xi^2} + \frac{\partial u}{\partial \xi}\nabla^2 \xi + \left[\left(\frac{\partial \eta}{\partial x}\right)^2 + \left(\frac{\partial \eta}{\partial y}\right)^2\right]\frac{\partial^2 u}{\partial \eta^2} + \frac{\partial u}{\partial \eta}\nabla^2 \eta$$

$$+ 2\left(\frac{\partial \xi}{\partial x}\frac{\partial \eta}{\partial x} + \frac{\partial \xi}{\partial y}\frac{\partial \eta}{\partial y}\right)\frac{\partial^2 u}{\partial \xi \partial \eta}$$

$$= \left[\left(\frac{\partial \xi}{\partial x}\right)^2 + \left(\frac{\partial \xi}{\partial y}\right)^2\right]\left(\frac{\partial^2 u}{\partial \xi^2} + \frac{\partial^2 u}{\partial \eta^2}\right).$$

可见,若 u 在 z 平面上满足拉普拉斯方程,则在 ζ 平面也满足拉普拉斯方程;反之亦然,即有

$$\frac{\partial^2 u}{\partial x^2} + \frac{\partial^2 u}{\partial y^2} = 0 \Leftrightarrow \frac{\partial^2 u}{\partial \xi^2} + \frac{\partial^2 u}{\partial \eta^2} = 0.$$

设边条件经变换后的对应关系为 $Bu = g(L) \Leftrightarrow Fu = f(\Gamma)$. 这时,解 z 平面上的原定解问题就变成了解 ζ 平面上的定解问题

$$\begin{cases} \dfrac{\partial^2 u}{\partial \xi^2} + \dfrac{\partial^2 u}{\partial \eta^2} = 0, & (\xi, \eta) \in G, \\ Fu = f(\Gamma), & (\xi, \eta) \in \Gamma. \end{cases}$$

在固体边界上,特别是在绕流问题中,通常会遇到 $\dfrac{\partial u}{\partial n} = 0$ 的边条件.

设在 z 平面和 ζ 平面对应的边界 L 和 Γ 分别由方程 $F(x,y) = C$ 和 $G(\xi,\eta) = C$ 给出,这里 C 为一常量,有

$$F(x,y) = G(\xi(x,y), \eta(x,y)).$$

以 $\boldsymbol{n} = (n_x, n_y)^{\mathrm{T}}$ 和 $\boldsymbol{n}_1 = (n_\xi, n_\eta)^{\mathrm{T}}$ 分别表示 L 和 Γ 的法方向,$\dfrac{\partial u}{\partial n}$ 和 $\dfrac{\partial u}{\partial n_1}$ 分别表示沿 L 和 Γ 法向的导数,有

$$n_x = \frac{\dfrac{\partial F}{\partial x}}{B},\ n_y = \frac{\dfrac{\partial F}{\partial y}}{B},\ n_\xi = \frac{\dfrac{\partial G}{\partial \xi}}{B_1},\ n_\eta = \frac{\dfrac{\partial G}{\partial \eta}}{B_1},$$

其中

$$B = \left[\left(\frac{\partial F}{\partial x}\right)^2 + \left(\frac{\partial F}{\partial y}\right)^2\right]^{\frac{1}{2}}, \quad B_1 = \left[\left(\frac{\partial G}{\partial \xi}\right)^2 + \left(\frac{\partial G}{\partial \eta}\right)^2\right]^{\frac{1}{2}};$$

$$\frac{\partial u}{\partial n} = n_x\frac{\partial u}{\partial x} + n_y\frac{\partial u}{\partial y}, \quad \frac{\partial u}{\partial n_1} = n_\xi\frac{\partial u}{\partial \xi} + n_\eta\frac{\partial u}{\partial \eta};$$

$$\frac{\partial F}{\partial x} = \frac{\partial G}{\partial \xi}\frac{\partial \xi}{\partial x} + \frac{\partial G}{\partial \eta}\frac{\partial \eta}{\partial x}, \quad \frac{\partial F}{\partial y} = \frac{\partial G}{\partial \xi}\frac{\partial \xi}{\partial y} + \frac{\partial G}{\partial \eta}\frac{\partial \eta}{\partial y}.$$

利用(9.5.1)和(9.5.2)两式,可得

$$B\frac{\partial u}{\partial n} = B_1\left[\left(\frac{\partial \xi}{\partial x}\right)^2 + \left(\frac{\partial \xi}{\partial y}\right)^2\right]^{\frac{1}{2}}\frac{\partial u}{\partial n_1}.$$

这表明,有

$$\frac{\partial u}{\partial n}=0,z\in L\Leftrightarrow\frac{\partial u}{\partial n_1}=0,\zeta\in\Gamma. \tag{9.5.3}$$

2. 例子

例 1　如图 9.5.1 所示的一平板，边界是由两个大小不同并相切的圆组成的，小圆套在大圆内. 设小圆的半径为 r_1，大圆的半径为 r_2，$r_1<r_2$. 在小圆周和大圆周上分别保持恒温 T_1 和 T_2，求在经过一个长时间过程达到稳定态时平板上的温度分布.

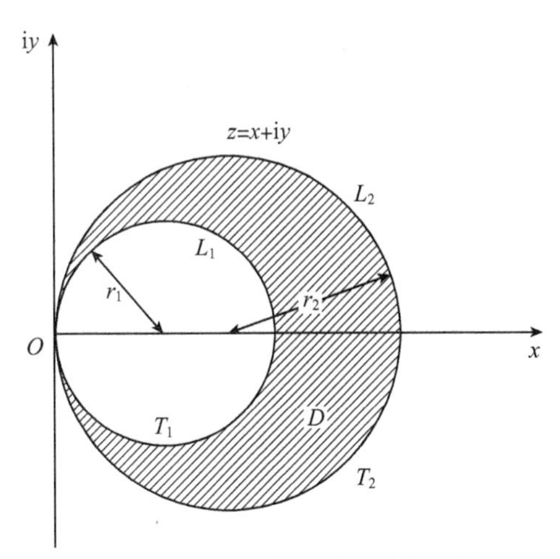

图 9.5.1　两圆构成的单连通区域

以 T 表示温度场. 由于已达稳定态，T 与时间无关. 这时，在图示的坐标系下，方程和定解条件为

$$\begin{cases}\nabla^2T=0, & (x,y)\in D,\\ T=T_1, & \text{在 } L_1:(x-r_1)^2+y^2=r_1^2 \text{ 上},\\ T=T_2, & \text{在 } L_2:(x-r_2)^2+y^2=r_2^2 \text{ 上}.\end{cases}$$

解　T 可看作是解析函数 $w(z)=T+\mathrm{i}S$ 的实部(当然也可当作虚部). 如果能找到一个变换 $w(z)=T(x,y)+\mathrm{i}S(x,y)$，它将 z 平面上的圆 $L_1=\{z\mid |z-r_1|=r_1\}$ 变为 w 平面上与虚轴平行的直线 $\Gamma_1=w(L_1)=\{w\mid w=T_1+\mathrm{i}S\}$，圆 $L_2=\{z\mid |z-r_2|=r_2\}$ 变为与虚轴平行的直线 $\Gamma_2=w(L_2)=\{w\mid w=T_2+\mathrm{i}S\}$，就可使问题得到解决. 这时，$T$ 作为解析函数的实部，满足方程 $\nabla^2T=0$. 而在 L_1 和 L_2 上，分别有 $T(L_1)=\mathrm{Re}w(L_1)=T_1$，$T(L_2)=\mathrm{Re}w(L_2)=T_2$. 即 T 同时满足了方程和给定的边界条件，就是所要求的解.

由于圆 L_1 和 L_2 均过原点 $z=0$，可用倒数变换 a/z 将两个圆变成两条互相平行的直线. 并可适当选取 a，使两直线平行于虚轴，且两者相距为 $|T_2-T_1|$，这可分别由 a 的辐角和模来实现. 然后，再作平移，使 $\mathrm{Re}w(L_1)=T_1$，$\mathrm{Re}w(L_2)=$

T_2. 综上所述，可采用变换

$$w(z)=b+\frac{a}{z}. \tag{9.5.4}$$

由给定的点的对应关系：$w(2r_1)=T_1$ 和 $w(2r_2)=T_2$，得 a 和 b 满足方程

$$b+\frac{a}{2r_1}=T_1,\quad b+\frac{a}{2r_2}=T_2,$$

可解得

$$a=\frac{2(T_1-T_2)}{r_2-r_1}r_1r_2,\quad b=\frac{T_2r_2-T_1r_1}{r_2-r_1}.$$

由于 a 和 b 都是实数，知变换(9.5.4)式将 z 平面上的实轴变换为 w 平面上的实轴，将实轴上的两点 $z_1=2r_1$ 和 $z_2=2r_2$ 对应到 w 平面实轴上的两点 $w_1=T_1$ 和 $w_2=T_2$，并将过 z_1 和 z_2 的两圆 L_1 和 L_2 分别变成了过点 w_1 和 w_2 的两条直线. 由变换的保角性，知 L_1 和 L_2 的像 Γ_1 和 Γ_2 与实轴垂直，即为两条与虚轴平行的直线. 在 Γ_1 和 Γ_2 上，它们的实部分别为 T_1 和 T_2，即有 $\mathrm{Re}w(L_1)=w(2r_1)=T_1$，$\mathrm{Re}w(L_2)=w(2r_2)=T_2$. 故 $w(z)$ 的实部满足了边条件的要求. 将(9.5.1)式取实部即得所要之解为

$$T(x,y)=\mathrm{Re}\left(\frac{a}{z}+b\right)=\mathrm{Re}\left[\frac{a(x-\mathrm{i}y)}{x^2+y^2}+b\right]=\frac{ax}{x^2+y^2}+b.$$

例 2 绕无限长圆柱 $|z|=R$ 的理想不可压流体的无环量流动. 以 φ 表示速度势，$\boldsymbol{V}=\nabla\varphi$ 表示速度. 问题归结为求下列定解问题

$$\begin{cases}\nabla^2\varphi=0, & x^2+y^2>R^2,\\ \dfrac{\partial\varphi}{\partial n}=0, & \text{在柱面 } x^2+y^2=R^2 \text{ 上},\\ \left.\dfrac{\partial\varphi}{\partial x}\right|_{x\to\infty}=v_\infty, & \left.\dfrac{\partial\varphi}{\partial y}\right|_{x\to\infty}=0,\end{cases}$$

其中 $\dfrac{\partial}{\partial n}$ 表示沿圆柱面的外法向 $\boldsymbol{n}$ 求导，v_∞ 为 ∞ 来流速度，如图 9.5.2 所示.

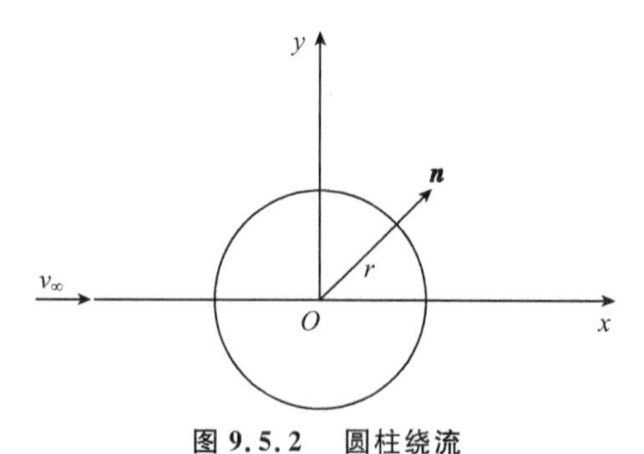

图 9.5.2 圆柱绕流

解　令

$$w(z)=\varphi(x,y)+\mathrm{i}\psi(x,y).$$

作保角变换 $\zeta=\zeta(z)$，把 $|z|>R$ 的圆外区域变为 ζ 平面上除去实轴上的一段 $[-2R,2R]$ 以外的全部区域，而圆 $|z|=R$ 的上半圆和下半圆均变为 ζ 平面上实轴的一段 $[-2R,2R]$. 这个变换就是儒科夫斯基变换

$$\zeta=z+R^2/z=\xi+\mathrm{i}\eta\quad(|z|\geqslant R).\tag{9.5.5}$$

对 $|z|\geqslant R$，此变换在除去 $z=\pm R$ 的两个点外均有 $\zeta'(z)\neq 0$，故除去此二点之外处处有保角性. 这表明，$|z|=R$ 的法向相应于 ζ 平面上直线段 $(-2R,2R)$ 的法向，即沿 η 轴方向. 这时

$$\frac{\partial\varphi}{\partial n}=0\quad(z\in|z|=R).$$

对应于

$$\mathrm{Re}\left(\frac{\partial w}{\partial\eta}\right)=\frac{\partial\varphi}{\partial\eta}=0\quad(\zeta\in(-2R,2R)).$$

变换(9.5.5) 将 z 平面中圆外实轴 $|x|>R,y=0$ 对应于 ζ 平面上的实轴 $|\xi|>2R,\eta=0$；$x\to-\infty$ 对应于 $\xi\to-\infty$.

由于

$$\begin{aligned}\frac{\mathrm{d}w}{\mathrm{d}z}&=\frac{\partial\varphi}{\partial x}+\mathrm{i}\frac{\partial\psi}{\partial x}=\frac{\partial\varphi}{\partial x}-\mathrm{i}\frac{\partial\varphi}{\partial y}=\frac{\mathrm{d}w}{\mathrm{d}\zeta}\frac{\mathrm{d}\zeta}{\mathrm{d}z}\\&=\left(1-\frac{R^2}{z^2}\right)\frac{\mathrm{d}w}{\mathrm{d}\zeta}=\left(1-\frac{R^2}{z^2}\right)\left(\frac{\partial\varphi}{\partial\xi}-\mathrm{i}\frac{\partial\varphi}{\partial\eta}\right).\end{aligned}$$

当 $x\to-\infty$ 时，$\xi\to-\infty$，$\dfrac{R^2}{z^2}\to 0$. 故由上式可以看出，有

$$\lim_{x\to-\infty}\frac{\partial\varphi}{\partial x}=\lim_{\xi\to-\infty}\frac{\partial\varphi}{\partial\xi}=v_\infty,\quad \lim_{x\to-\infty}\frac{\partial\varphi}{\partial y}=\lim_{\xi\to-\infty}\frac{\partial\varphi}{\partial\eta}=0.$$

于是，在 ζ 平面上，相应的定解问题变为

$$\begin{cases}\dfrac{\partial^2\varphi}{\partial\xi^2}+\dfrac{\partial^2\varphi}{\partial\eta^2}=0, & \text{在直线段 }\Gamma:|\xi|\leqslant 2R,\eta=0\text{ 外},\\ \dfrac{\partial\varphi}{\partial\eta}=0, & \text{在 }\Gamma\text{ 上},\\ \left.\dfrac{\partial\varphi}{\partial\xi}\right|_{\xi\to-\infty}=v_\infty, & \left.\dfrac{\partial\varphi}{\partial\eta}\right|_{\xi\to-\infty}=0.\end{cases}$$

在 ζ 平面上，这相当于负无穷远处有一个以平行于 ξ 轴的速度为 V_∞ 的来流，绕在 ξ 轴的 $(-2R,2R)$ 处有一个无限薄的与来流平行的平板的流动. 除在点 $\zeta=\pm R$ 处外，这个平板不会对流场产生任何扰动. 故在 ζ 平面上，这是一个速度为 V_∞ 的平行于 ξ 轴的均匀平行流，即有

$$w(\zeta)=V_\infty\zeta+c=V_\infty(z+R^2/z)+c,$$

其中任意常数 C 对计算流场的各物理参量没有任何价值，故通常取为 0.

对上式，在略掉 C 后再取实部，即可得到绕圆柱无环量流动的解为

$$\varphi(x,y)=\mathrm{Re}\left[V_\infty\left(z+\frac{R^2}{z}\right)\right]=V_\infty x\left(1+\frac{R^2}{r^2}\right)$$
$$=V_\infty\cos\theta\left(r+\frac{R^2}{r}\right)\quad(r\geqslant R).$$

这里采用了极坐标系 $z=re^{i\theta}$. 在物面上，$r=R$，得 $\varphi=2V_\infty R\cos\theta$.

这一结果在低流速下是一个极好的近似. 但对高流速，由于黏性效应，会在圆柱避风面出现涡旋和脱体流动，存在一个尾迹区. 这时，在物面附近和尾迹区内，位势流的结果不再适用.

例 3 如图 9.5.3 所示，$x=0$ 为一无限长固壁(河底)，在 $z=0$ 处有一高为 h 并与底部垂直的挡板. 从 $x=-\infty$ 处有一均匀低速来流，流速为 V_∞. 求整个流场的流动状态. 这时，问题归结为求解如下的定解问题：

$$\begin{cases}\nabla^2\varphi=0\quad(\text{在整个流域内}),\\ \dfrac{\partial\varphi}{\partial n}=0\quad(\text{在底部与挡板上}),\\ \left.\dfrac{\partial\varphi}{\partial x}\right|_{x\to\infty}=v_\infty,\quad\left.\dfrac{\partial\varphi}{\partial y}\right|_{x\to\infty}=0.\end{cases}$$

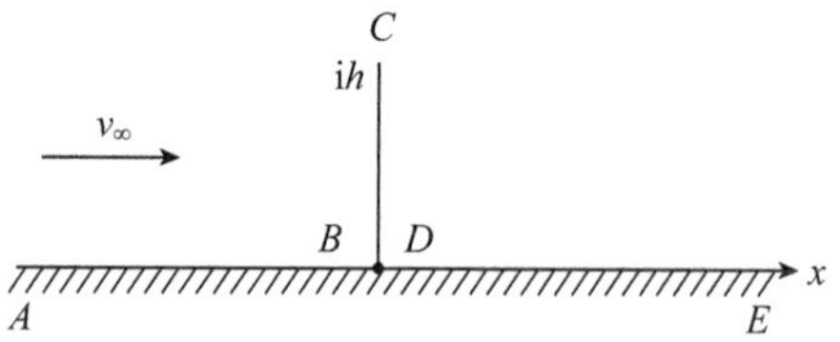

图 9.5.3 有垂直挡板的底部

解 设 $w=\varphi+i\psi$. 先作保角变换 $\zeta=\zeta(z)$，将多边形 $ABCDE$ 的边界对应于 ζ 平面的实轴，并使 $z=\infty$ 对应 $\zeta=\infty$，$z=0^-$ 对应于 $\zeta=-h$，$z=ih$ 对应于 $\zeta=0$. 由变换的对称性，知 $z=0^+$ 对应于 $\zeta=h$. 采用施瓦兹-克里斯托弗变换.

在 $z=0^\pm$ 时，$\alpha_B=\dfrac{\pi}{2}$，$\alpha_D=\dfrac{\pi}{2}$；在 $z_c=ih$ 处，$\alpha_c=-\pi$. $z_A=z_E=\infty$ 对应于 $\zeta=\infty$，相应的因子不出现. 这时，由施瓦兹-克里斯托弗变换，有

$$z=A\int\zeta(\zeta+h)^{-\frac{1}{2}}(\zeta-h)^{-\frac{1}{2}}d\zeta+C$$
$$=A\int\frac{\zeta d\zeta}{(\zeta^2-h^2)^{\frac{1}{2}}}+C=A(\zeta^2-h^2)^{\frac{1}{2}}+C.$$

由 $\zeta=\pm h$ 时 $z=0$，得 $C=0$；由 $\zeta=0$ 时 $z=ih$ 得 $A=1$. 最后，得

$$z=(\zeta^2-h^2)^{\frac{1}{2}},\quad\zeta=(z^2+h^2)^{\frac{1}{2}},\quad\mathrm{Im}\zeta\geqslant0.$$

与上题讨论相同,在 ζ 平面上,有

$$\begin{cases}\dfrac{\partial^2\varphi}{\partial\xi^2}+\dfrac{\partial^2\varphi}{\partial\eta^2}=0, & \mathrm{Im}\zeta>0,\\ \left.\dfrac{\partial\varphi}{\partial\eta}\right|_{\eta=0}=0, \quad \lim\limits_{\xi\to-\infty}\dfrac{\partial\varphi}{\partial\xi}=v_\infty, & \lim\limits_{\xi\to-\infty}\dfrac{\partial\varphi}{\partial\eta}=0.\end{cases}$$

同样有 $w=v_\infty\zeta$,即有

$$w(z)=v_\infty(z^2+h^2)^{\frac{1}{2}},\quad \varphi=\mathrm{Re}w=v_\infty r^{\frac{1}{2}}\cos\frac{\theta}{2}.$$

这里设 $z^2+h^2=r\mathrm{e}^{\mathrm{i}\theta}=x^2+h^2-y^2+2\mathrm{i}xy$. 有

$$r=[(x^2-y^2+h^2)^2+4x^2y^2]^{\frac{1}{2}}.$$

再由

$$\cos\theta=2\cos^2\frac{\theta}{2}-1=\frac{x^2-y^2+h^2}{r}$$

得

$$\cos\frac{\theta}{2}=\pm\left(\frac{x^2-y^2+h^2+r}{2r}\right)^{\frac{1}{2}},$$

$x>0$ 取正号,$x<0$ 取负号. 这是因为 $y\geqslant 0$,故当 $x>0$ 时,$\mathrm{Im}(r\mathrm{e}^{\mathrm{i}\theta})\geqslant 0$,$0\leqslant\theta<\pi$,$0\leqslant\dfrac{\theta}{2}<\dfrac{\pi}{2}$;当 $x<0$ 时,$\mathrm{Im}(r\mathrm{e}^{\mathrm{i}\theta})\leqslant 0$,$\pi\leqslant\theta<2\pi$,$\dfrac{\pi}{2}\leqslant\dfrac{\theta}{2}<\pi$.

最后得解为

$$\varphi(x,y)=\frac{\pm v_\infty}{\sqrt{2}}\left[(x^2-y^2+h^2)+\sqrt{(x^2-y^2+h^2)^2+4x^2y^2}\right]^{\frac{1}{2}},$$

其中 $x>0$ 取正号,$x<0$ 取负号.

由于 $\sqrt{(x^2-y^2+h^2)^2+4x^2y^2}=r\geqslant 0$,对 $x=0$,应有

$$r=\begin{cases}h^2-y^2, & y<h,\\ y^2-h^2, & y\geqslant h.\end{cases}$$

则由上式给出

$$\varphi(0^\pm,y)=\begin{cases}0, & y\geqslant h,\\ \pm\sqrt{2}v_\infty(h^2-y^2), & y<h.\end{cases}$$

由于 $(0^\pm,y<h)$ 正好是立板的两个侧面. 故除去奇点 $(0,h)$,解在整个流场内是没有间断的.

习　　题

1. 指出下列给定变换 $w(z)$ 的不保角的点列,并说明它们各自将 z 平面上给定的区域及其边界曲线变为 w 平面上什么样的区域和边界曲线?

(1) $\cos z$,$\sin z$,半无界的带状区域 $0<\mathrm{Re}z<\pi$,$\mathrm{Im}z>0$;

(2)ch$z$,sh$z$,无界的带状区域 $-\frac{\pi}{2}<\mathrm{Im}z<\frac{\pi}{2}$.

2.用矩阵表示分式线性变换：

$$w=Lz=\frac{az+b}{cz+d},\quad L=\begin{pmatrix}a&b\\c&d\end{pmatrix},\quad ad-bc\neq 0.$$

若矩阵相差一个常数因子,即

$$\begin{pmatrix}a&b\\c&d\end{pmatrix}\quad 和\quad \begin{pmatrix}ra&rb\\rc&rd\end{pmatrix}$$

被认为是同一个变换.

(1) 证明分式线性变换的逆变换 $L^{-1}w=z$ 也是分式线性变换,且 L^{-1} 由相应的逆矩阵给出；

(2) 若有两个分式线性变换

$$L_1=\begin{pmatrix}a_1&b_1\\c_1&d_1\end{pmatrix},\quad L_2=\begin{pmatrix}a_2&b_2\\c_2&d_2\end{pmatrix},$$

则其复合变换 $Lz=L_1(L_2z)$ 也是分式线性变换,且有

$$L=L_1L_2=\begin{pmatrix}a_1&b_1\\c_1&d_1\end{pmatrix}\begin{pmatrix}a_2&b_2\\c_2&d_2\end{pmatrix}.$$

3.按要求用保角变换 $w(z)$ 将下列区域变为上半平面：

(1) $|z|\leqslant 1,\mathrm{Im}z\geqslant 0$ 的上半圆,要求

$$z=1\Leftrightarrow w=1,z=-1\Leftrightarrow w=0,z=\mathrm{i}\Leftrightarrow w=\infty.$$

(2) 弓形区域 $\mathrm{Im}z\geqslant 1$, $|z|\leqslant 2$,要求

$$z=\sqrt{3}+\mathrm{i}\Leftrightarrow w=0,\quad z=-\sqrt{3}+\mathrm{i}\Leftrightarrow w=\infty.$$

(3) 下图所示之 z 平面上的折线 $AOBC$ 上部区域 D,要求

$$z=\infty\Leftrightarrow w=\infty,\quad z=h\mathrm{i}\Leftrightarrow w=1,\quad z=0\Leftrightarrow w=-1.$$

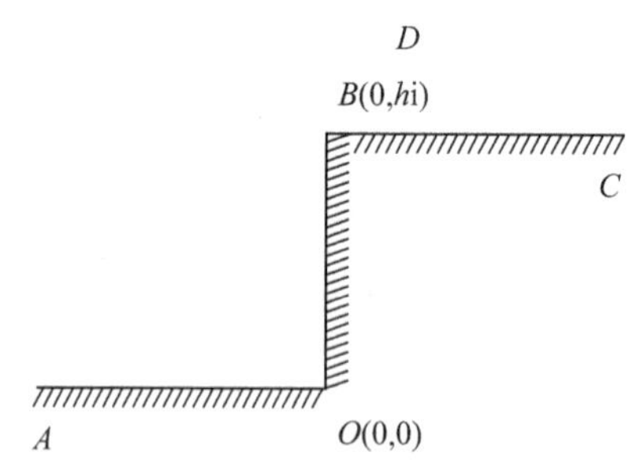

(4)z 平面上的上半平面除掉单位圆 $|z-\mathrm{i}|=1$ 内部后的区域,要求

$$z=\infty\Leftrightarrow w=1,\quad z=2\mathrm{i}\Leftrightarrow w=-1.$$

4. 证明单位圆 $|w|\leqslant 1$ 到 z 平面上 n 边形内部区域的保角变换为

$$z=F(w)=A\int_0^w \prod_{k=1}^{n}(w-w_k)^{-\frac{\alpha_k}{\pi}}\mathrm{d}w+B,$$

其中 A 和 B 为常数，w_k 在圆周 $|w|=1$ 上，$w_k\Leftrightarrow z_k$. α_k 是经过 z_k 时多边形边线的转角.

提示：先作变换 $\zeta=\zeta(w)$ 将 $|w|\leqslant 1\Leftrightarrow \mathrm{Im}\zeta\geqslant 0$.

5. 求在区域 $D=\{(x,y)\mid x>0,0<y<b\}$ 内的调和函数 $u(x,y)$，要求满足边界条件：在 $y=0$ 和 $y=b$ 上，$u=A$；在 $x=0,0<y<b$ 上，$u=B$.

6. 试问下列变换将给定区域变为 z 平面上的什么区域？

(1) $z=\int_0^\zeta \dfrac{\mathrm{d}\zeta}{(1-\zeta^2)^{2/3}},\quad \mathrm{Im}\zeta\geqslant 0$；

(2) $z=\int_0^\zeta \dfrac{\mathrm{d}\zeta}{(1-\zeta^4)^{1/2}},\quad |\zeta|\leqslant 1$.

第十章　特征线(面)与一维波动方程的求解

§10.1　特征线(面)

特征线(面)是一个很重要的数学物理概念.对于双曲型方程,特征线(面)具有很特殊的数学物理性质.例如,对于飞行器的超音速飞行,波的传播等等,特征线(面)都具有特殊的意义.无论是用理论方法还是用数值方法求解双曲型方程,都必须注意到特征线(面)的这些特殊性质.在特征线(面)概念的基础上,已发展出来一些十分重要的数值方法.

两个自变量时称为特征线,三个及以上的自变量称为特征面.下面主要讲特征线.

1. 柯西问题和特征线(面)

给定一条曲线(面)及其上物理量的初始分布(简称柯西初值),求满足方程与此初值之解的定解问题,称为柯西初值问题.对一阶方程,柯西初值为物理量本身;对二阶方程,柯西初值还需加上曲线(面)上物理量的非切向导数的分布,通常这个非切向取为给定曲线(面)的法向.

定义 10.1.1　若在曲线(面)上给定物理量的柯西初值后,不能由方程(组)唯一地确定该曲线(面)上各物理量的非切向的、与方程(组)中出现的最高阶导数同阶的偏导数时,称该曲线(面)为**特征线(面)**.

由于给定了物理量沿曲线(面)的分布,相应的切向偏导数均可由此完全确定而直接给出.故在定义中强调是非切向导数.

例 1　对一阶拟线性偏微分方程

$$au_x + bu_y = c, \tag{10.1.1}$$

其中 $a = a(x,y,u)$, $b = b(x,y,u)$, $c = c(x,y,u)$,均为给定形式.在曲线 Γ: $y = y(x)$ 上给定柯西初值 $u(x,y) = u_0(x)$,看什么样的曲线 $y = y(x)$ 为(方程10.1.1)的特征线.

解　在 Γ 上对给定的初值求导得

$$u_x + y'u_y = u_0'(x). \tag{10.1.2}$$

将(10.1.1)和(10.1.2)式联立,在 Γ 上求解 u_x 和 u_y.令

$$M = \begin{vmatrix} a & b \\ 1 & y' \end{vmatrix}, \quad M_1 = \begin{vmatrix} a & c \\ 1 & u_0' \end{vmatrix}.$$

若 $M \neq 0$,在 Γ 上 u_x 和 u_y 可唯一确定.故 Γ 若为特征线,必有 $M = 0$,即 Γ 曲线的斜率为

$$y' = \frac{b}{a}. \tag{10.1.3}$$

这时,要使问题有解,应有 $M_1 = 0$,即应有

$$au_0'(x) - c = 0 \quad (x \in \Gamma). \tag{10.1.4}$$

这表明,若 Γ 是特征线,$u_0(x)$ 不能随便给定,而必须满足方程(10.1.4).否则,在 Γ 上 u_x 和 u_y 无解.给定特征线斜率的方程(10.1.3)称为方程(10.1.1)的特征线方程,而在特征线上物理量必须满足的方程(10.1.4)称为特征线关系式.

对于二元一阶拟线性方程(10.1.1),只有由(10.1.3)给定的一簇特征线,相应地也只有一个特征线关系式(10.1.4).也许有人会问,要使在特征线 Γ 上 u_x 和 u_y 有解,还应要求

$$M_2 = \begin{vmatrix} c & b \\ u_0' & y' \end{vmatrix} = cy' - bu_0' = 0.$$

但如果注意到特征线方程(10.1.3),立即可以看出,上式和(10.1.4)式等价.

例 2　给定二阶拟线性偏微分方程组

$$\begin{cases} a_1 u_x + b_1 u_y + c_1 v_x + d_1 v_y = f_1, \\ a_2 u_x + b_2 u_y + c_2 v_x + d_2 v_y = f_2, \end{cases} \tag{10.1.5}$$

其中 $a_j, b_j, c_j, d_j, f_j (j = 1,2)$ 均是 u, v, x, y 的已知函数.

在曲线 $\Gamma: y = y(x)$ 上给定柯西初值

$$u(x, y(x)) = u_0(x), \quad v(x, y(x)) = v_0(x).$$

求方程(10.1.5)的特征线方程及相应的特征线关系式.

解　在 Γ 上对柯西初值求导后得

$$u_x + y'u_y = u_0'(x), \quad v_x + y'v_y = v_0'(x). \tag{10.1.6}$$

把(10.1.6)式代入(10.1.5)式中消除两个偏导数,例如消除 u_x 和 v_x 后得

$$\begin{cases} (b_1 - a_1 y')u_y + (d_1 - c_1 y')v_y = f_1 - a_1 u_0' - c_1 v_0', \\ (b_2 - a_2 y')u_y + (d_2 - c_2 y')v_y = f_2 - a_2 u_0' - c_2 v_0'. \end{cases} \tag{10.1.7}$$

若 Γ 为特征线,应有

$$M = \begin{vmatrix} b_1 - a_1 y' & d_1 - c_1 y' \\ b_2 - a_2 y' & d_2 - c_2 y' \end{vmatrix} = Ay'^2 - 2By' + C = 0,$$

其中

$$\begin{cases} A = a_1 c_2 - a_2 c_1, \\ B = \dfrac{1}{2}(a_1 d_2 - a_2 d_1 + b_1 c_2 - b_2 c_1), \\ C = b_1 d_2 - b_2 d_1. \end{cases}$$

由此可得到特征线方程为

$$y' = \frac{B \pm \sqrt{B^2 - AC}}{A}. \tag{10.1.8}$$

若 $\Delta = B^2 - AC > O$,给出两簇实特征线,这时称方程组(10.1.5)为双曲型方程组;若 $\Delta = 0$,只有一簇实特征线,称方程组(10.1.5)为抛物型方程组;若 $\Delta < 0$,无实特征线,称方程组(10.1.5)为椭圆型方程组.

同样地

$$M_1 = \begin{vmatrix} b_1 - a_1 y' & f_1 - a_1 u'_0 - c_1 v'_0 \\ b_2 - a_2 y' & f_2 - a_2 u'_0 - c_2 v'_0 \end{vmatrix} = 0 \tag{10.1.9}$$

为特征线关系式.

对双曲型方程,令

$$y'_1 = \frac{1}{A}(B + \sqrt{B^2 - AC}), \quad y'_2 = \frac{1}{A}(B - \sqrt{B^2 - AC})$$

代表两簇特征线方程. 以 y'_1 和 y'_2 分别代替(10.1.9)式中的 y',可得到沿特征线 $y' = y'_1$ 和 $y' = y'_2$ 的特征线关系式.

对抛物型方程,特征线只有一簇,特征线关系式也只有相应的一个. 对椭圆型方程,没有(实)特征线,也就没有相应的特征线关系式.

例 3 给定二阶拟线性偏微分方程

$$Au_{xx} + 2Bu_{xy} + Cu_{yy} = F, \tag{10.1.10}$$

其中 A,B,C,F 均为 u,u_x,u_y,x,y 的已知函数. 在曲线 $\Gamma: y = y(x)$ 上给定柯西初值

$$u(x,y(x)) = \varphi(x), \quad \frac{\partial u(x,y(x))}{\partial n} = \psi(x),$$

其中 $\frac{\partial}{\partial n}$ 表示沿 Γ 的法向 n 求导,求其特征线方程和特征线关系式.

解 设 $\boldsymbol{n} = (n_x, n_y)^{\mathrm{T}}$,有

$$n_x = \frac{-y'}{(1+y'^2)^{\frac{1}{2}}}, \quad n_y = \frac{1}{(1+y'^2)^{\frac{1}{2}}}.$$

由给定的初值,沿 Γ 有

$$\begin{cases} u_x + y'u_y = \varphi'_0(x), \\ \dfrac{\partial u}{\partial n} = u_x n_x + u_y n_y = \dfrac{1}{(1+y'^2)^{\frac{1}{2}}}(u_y - y'u_x) = \psi(x). \end{cases}$$

由此,在 Γ 上可解得:

$$\begin{cases} u_x = \dfrac{\varphi'_0 - y'(1+y'^2)^{\frac{1}{2}}\psi}{1+y'^2} = \varphi_1(x), \\ u_y = \dfrac{y'\varphi'_0 + (1+y'^2)^{\frac{1}{2}}\psi}{1+y'^2} = \varphi_2(x). \end{cases}$$

沿 Γ 对上二式求导得

$$\begin{cases} u_{xx} + y' u_{xy} = \varphi_1', \\ u_{xy} + y' u_{yy} = \varphi_2'. \end{cases} \tag{10.1.11}$$

将(10.1.11)与(10.1.10)式联立,得关于 u_{xx}, u_{xy}, u_{yy} 的方程组.要使解不唯一,应要求系数矩阵行列式为0,即

$$M = \begin{vmatrix} A & 2B & C \\ 1 & y' & 0 \\ 0 & 1 & y' \end{vmatrix} = Ay'^2 - 2By' + C = 0.$$

则得到特征线方程为

$$y' = \frac{(B \pm \sqrt{B^2 - AC})}{A}. \tag{10.1.12}$$

同样地,若 $\Delta = B^2 - AC > 0$,为双曲型方程,有两簇实特征线;$\Delta = 0$,为抛物型方程,有一簇实特征线;$\Delta < 0$,为椭圆型方程,无(实)特征线.

由(10.1.12)式求得特征线的斜率 y' 后,$\varphi_1(x)$ 和 $\varphi_2(x)$ 就是已知的.同样地,由

$$M_1 = \begin{vmatrix} A & F & C \\ 1 & \varphi_1' & 0 \\ 0 & \varphi_2' & y' \end{vmatrix} = (A\varphi_1' - F)y' + C\varphi_2' = 0 \tag{10.1.13}$$

可得相应的特征线关系式.

对双曲型方程,$\Delta = B^2 - AC > 0$.由(10.1.12)式可得两簇特征线.为了明确起见,通常称由方程

$$y_1' = \frac{B + \sqrt{B^2 - AC}}{A}$$

给出的为第一簇特征线,而由方程

$$y_2' = \frac{B - \sqrt{B^2 - AC}}{A}$$

给出的为第二簇特征线.

例 4　求三维波动方程

$$u_{tt} - a^2(u_{x_1x_1} + u_{x_2x_2} + u_{x_3x_3}) = 0 \tag{10.1.14}$$

的特征面 S 的方程 $t = f(x_1, x_2, x_3)$(四维时空中的超曲面).

设在 S 上给定柯西初值:$u = \varphi(x_1, x_2, x_3)$, $u_t = \psi(x_1, x_2, x_3)$.将 u 沿 S 对 $x_k (k = 1,2,3)$ 求一阶和二阶偏导数,得

$$u_{x_k} = \varphi_{x_k} - u_t f_{x_k} = \varphi_{x_k} - \psi f_{x_k} = g_k(x_1, x_2, x_3),$$

$$u_{x_kx_k} + u_{tx_k} f_{x_k} = \frac{\partial g_k}{\partial x_k}. \tag{10.1.15}$$

将 u_t 沿 S 对 x_k 求一次偏导数得

$$u_{tx_k} + u_{tt} f_{x_k} = \psi_{x_k}. \tag{10.1.16}$$

联立方程(10.1.15)和(10.1.16),消除 u_{tx_k} 项后得

$$u_{x_k x_k} = \frac{\partial g_k}{\partial x_k} - f_{x_k}\psi_{x_k} + f_{x_k}^2 u_{tt} \quad (k = 1,2,3).$$

以此代入方程(10.1.14)中得

$$\left(1 - a^2 \sum_{k=1}^{3} f_{x_k}^2\right) u_{tt} = a^2 \sum_{k=1}^{3} \left(\frac{\partial g_k}{\partial x_k} - f_{x_k}\psi_{x_k}\right).$$

由此知特征面方程为

$$\sum_{k=1}^{3} f_{x_k}^2 = \frac{1}{a^2}, \tag{10.1.17}$$

特征面关系式为

$$\sum_{k=1}^{3} \left(\frac{\partial g_k}{\partial x_k} - f_{x_k}\psi_x\right) = 0. \tag{10.1.18}$$

对(10.1.17)式,所给出的四维时、空中的超曲面是多种多样的,例如超锥面

$$a^2(t - t_o)^2 = (x_1 - b_1)^2 + (x_2 - b_2)^2 + (x_3 - b_3)^2$$

和超平面 $t = \dfrac{x_k - b_k}{a}$ 等都是特征面,其中 b_1, b_2, b_3 均为常数.

可以看出,作为定解问题,是不能在特征线(面)上给定柯西初值的.在特征线(面)上,物理量是不能随便给的,它必须满足特征线(面)关系式.否则,定解问题将无解.当所给之物理量满足相应的关系式时,定解问题有解,但解是不唯一的.这也就是第八章中我们在说双曲型方程可提柯西初值时要加"适当"二字.所谓适当,就是要在非特征线(面)上提柯西初值,而不能在特征线(面)上提柯西初值.这一点,是我们在给双曲型方程提定解条件时必须特别注意的.

2. 弱间断线(面)

定义 10.1.2 如果穿过某曲线(面)时,物理量本身发生间断,就称该曲线(面)为**强间断线(面)**.如果穿过该曲线(面)时物理量本身连续,而物理量的某阶导数发生间断,则称该曲线(面)为**弱间断线(面)**.若发生间断的导数的最低阶数为 n,就称为 n **阶间断**.即 $n = 0$ 的 0 阶间断为强间断,$n \geqslant 1$ 的间断为弱间断.

定理 10.1.1 对拟线性偏微分方程,其系数均解析,在无限光滑的非特征线(面)Γ 上给定的柯西初值也都解析,则柯西问题解的所有各阶偏导数在 Γ 上被唯一确定.

为了叙述的确定和简便,下面仅以只有两个自变数的二阶拟线性偏微分方程来证明.对于具有更多的自变数和更高阶导数的偏微分方程,证明完全类似,

只不过是书写烦冗些而已.

证　设二阶拟线性方程为(10.1.10),即

$$Au_{xx}+2Bu_{xy}+Cu_{yy}=F,$$

其中 A,B,C 和 F 均为 u,u_x,u_y,x 和 y 的已知函数. 令

$$\boldsymbol{V}=(u_{xx},u_{xy},u_{yy})^{\mathrm{T}}.$$

在例 3 中已经看到,利用在曲线 $\Gamma: y=f(x)$ 上的柯西初值,可得

$$\boldsymbol{MV}=\begin{pmatrix}F\\ \varphi'_1\\ \varphi'_2\end{pmatrix},\quad \boldsymbol{M}=\begin{pmatrix}A & 2B & C\\ 1 & f' & 0\\ 0 & 1 & f'\end{pmatrix}.$$

由于 $y=f(x)$ 不是特征线,$\det\boldsymbol{M}\neq 0$,u_{xx},u_{xy} 和 u_{yy} 在 Γ 上唯一确定.

现设所有不超过 n 阶的偏导数在 Γ 上都是唯一确定的,即在 Γ 上有

$$\frac{\partial^n u}{\partial x^k\partial y^{n-k}}=\psi_k(x)\quad(k=0,1,\cdots,n).$$

在 ψ_k 中可能包含有 u 的低于 n 阶的偏导数,$f(x)$ 的相应的各阶导数,以及方程的系数和初值等的相应各阶(偏) 导数. 由于这些都是可微的,故在 Γ 上有

$$\frac{\partial^{n+1} u}{\partial x^{k+1}\partial y^{n-k}}+f'(x)\frac{\partial^{n+1} u}{\partial x^k\partial y^{n+1-k}}=\psi'_k(x)\quad(k=0,1,\cdots,n).\tag{10.1.19}$$

将方程(10.1.10) 分别对 x 求 m 阶、对 y 求 $n-m-1$ 阶($m=0,1,\cdots,n-1$) 偏导数,并将式左端所有 u 的低于 $n+1$ 阶的偏导数均移至等式的右端,再与(10.1.19) 式中 $k=m$ 和 $k=m+1$ 的两方程联立得

$$\begin{cases}A\dfrac{\partial^{n+1}u}{\partial x^{m+2}\partial y^{n-m-1}}+2B\dfrac{\partial^{n+1}u}{\partial x^{m+1}\partial y^{n-m}}+C\dfrac{\partial^{n+1}u}{\partial x^{m}\partial y^{n+1-m}}=G,\\ \dfrac{\partial^{n+1}u}{\partial x^{m+2}\partial y^{n-m-1}}+f'(x)\dfrac{\partial^{n+1}u}{\partial x^{m+1}\partial y^{n-m}}=\psi'_{m+1},\\ \dfrac{\partial^{n+1}u}{\partial x^{m+1}\partial y^{n-m}}+f'(x)\dfrac{\partial^{n+1}u}{\partial x^{m}\partial y^{n+1-m}}=\psi'_{m}.\end{cases}$$

方程右端的系数矩阵正是 $\boldsymbol{M}$. 由于 $\boldsymbol{M}\neq\boldsymbol{O}$,故 u 的所有 $n+1$ 阶偏导数都在 Γ 上存在且唯一. 由数学归纳法即知 u 的一切任意阶偏导数均在 Γ 上存在唯一.

推论 1　在非特征线(面)Γ 附近柯西问题的解唯一确定.

这只需将解在 Γ 附近作泰勒展开即可. 由于各阶偏导数在 Γ 上都是唯一确定的,故展式,也就是解也是唯一确定的.

推论 2　只有特征线(面) 才可能是弱间断线(面).

这一点是显然的. 因为在一切非特征线上,u 的所有各阶偏导数均唯一存在,故必须连续,不可能发生间断.

例 5 解柯西初值问题

$$u_x + u_y = 0, \quad u(x,0) = \begin{cases} 0, & x \leqslant 0, \\ x, & x > 0. \end{cases}$$

解 容易得到与此方程相关的常微分方程的第一积分为 $x - y = c$. 由例 1 知,$x - y = c$ 也正好是此方程的特征线簇. 由此知方程的通解为 $u = f(x - y)$. 以此代入初条件中,得:

$$f(x) = u(x,0) = \begin{cases} 0, & x \leqslant 0, \\ x, & x > 0; \end{cases}$$

$$u(x,y) = f(x - y) = \begin{cases} 0, & x \leqslant y, \\ x - y, & x > y. \end{cases}$$

对特征线 $x - y = c$,当 $c < 0$ 时,$u \equiv 0$,有 $u_x = u_y = 0$;而当 $c > 0$ 时,$u = x - y$, $u_x = 1$,$u_y = -1$. 可以看出,穿过特征线 $x - y = 0$ 时,u 连续,而 u_x 和 u_y 有间断,即特征线 $x - y = 0$ 为弱间断线. 而对于其他特征线,即对 $x - y = c$,$c \neq 0$,穿过它们时 u_x 和 u_y 均连续,故不是弱间断线.

从这个例子可以看出,虽然弱间断线(面)一定是特征线(面),但特征线(面)可以不是弱间断线(面). 事实上,在通常的物理问题中,只有某些特征线(面)才是弱间断线(面). 故不可将二者混为一谈.

§10.2 将二元二阶偏微分方程化为标准型

所谓化标准型,就是通过适当的坐标变换,将二元二阶偏微分方程

$$Au_{xx} + 2Bu_{xy} + Cu_{yy} = F \tag{10.2.1}$$

化作标准形式:

$u_{\xi\xi} + u_{\eta\eta} = G$, 对椭圆型方程;

$u_{\xi\xi} - u_{\eta\eta} = G$ 或 $u_{\xi\eta} = G$, 对双曲型方程;

$u_{\xi\xi} = G$, 对抛物型方程.

上面的 $F = F(u, u_x, u_y, x, y)$,$G = G(u, u_\xi, u_\eta, \xi, \eta)$. A, B, C 中应不含 u 的任何二阶偏导数项.

1. 化标准型的一般方法

作坐标变换 $\xi = \xi(x,y)$, $\eta = \eta(x,y)$. 为了叙述简便,令 $x = x_1$, $y = x_2$. 有

$$u_{x_j} = \xi_{x_j} u_\xi + \eta_{x_j} u_\eta,$$

$$u_{x_i x_j} = \xi_{x_i}\xi_{x_j} u_{\xi\xi} + (\xi_{x_i}\eta_{x_j} + \xi_{x_j}\eta_{x_i}) u_{\xi\eta} + \eta_{x_i}\eta_{x_j} u_{\eta\eta} + \xi_{x_i x_j} u_\xi + \eta_{x_i x_j} u_\eta,$$

其中 $i, j = 1, 2$. 以此代入(10.2.1) 式中,得

$$au_{\xi\xi} + 2bu_{\xi\eta} + cu_{\eta\eta} = \varphi(\xi, \eta, u, u_\xi, u_\eta), \tag{10.2.2}$$

其中

$$\begin{cases} a = A\xi_x^2 + 2B\xi_x\xi_y + C\xi_y^2, \\ b = A\xi_x\eta_x + B(\xi_x\eta_y + \xi_y\eta_x) + C\xi_y\eta_y, \\ c = A\eta_x^2 + 2B\eta_x\eta_y + C\eta_y^2. \end{cases} \tag{10.2.3}$$

令 $\Delta = B^2 - AC$,特征线方程为 $Ay'^2 - 2By' + C = 0$:

(1)$\Delta > 0$,为双曲型方程,有两簇特征线 $\xi(x,y) = c_1$, $\eta(x,y) = c_2$. 沿此二簇特征线,分别有

$$\xi_x + y_1'\xi_y = 0, \quad \eta_x + y_2'\eta_y = 0.$$

以此代入(10.2.3)式中,分别消除 ξ_x 和 η_x. 注意到 y_1' 和 y_2' 均满足特征线方程,得

$$a = (Ay_1'^2 - 2By_1' + C)\xi_y^2 = 0, \quad c = (Ay_2'^2 - 2By_2' + C)\eta_y^2 = 0.$$

若 $A = 0$,则必有 $B \neq 0$(否则,方程就是抛物型的). 这时,有一簇特征线为 $\xi = x = c_1$,(相应于 $y_1' = \infty$),另一簇则由 $y_2' = \dfrac{C}{2B}$ 给出为 $\eta(x,y) = c_2$,有

$$\xi_x = 1, \quad \xi_y = 0, \quad \eta_x + \frac{C}{2B}\eta_y = 0.$$

这时有 $b = B\eta_y \neq 0$. 若 $A \neq 0$,则有 $b = -\dfrac{2\Delta\xi_y\eta_y}{A}$,同样有 $b \neq 0$.

总之,对双曲型方程,采用特征线坐标,都将方程化成标准型

$$u_{\xi\eta} = F_1(\xi, \eta, u, u_\xi, u_\eta). \tag{10.2.4}$$

若再令 $\alpha = \xi + \eta$, $\beta = \xi - \eta$,有

$$\frac{\partial}{\partial\xi} = \frac{\partial}{\partial\alpha} + \frac{\partial}{\partial\beta}, \quad \frac{\partial}{\partial\eta} = \frac{\partial}{\partial\alpha} - \frac{\partial}{\partial\beta},$$

就可将(10.2.4)化成另一种标准型

$$u_{\alpha\alpha} - u_{\beta\beta} = F_2(\alpha, \beta, u, u_\alpha, u_\beta).$$

(2)$\Delta < 0$,为椭圆型方程,无(实)特征线.

考虑特征线方程的复形式的解. 两解分别为

$$\xi(x,y) + \mathrm{i}\eta(x,y) = c_1, \quad \xi(x,y) - \mathrm{i}\eta(x,y) = c_2,$$

有 $\xi_x \pm \mathrm{i}\eta_x + y'(\xi_y \pm \mathrm{i}\eta_y) = 0$,

$$y_1' = -\frac{\xi_x + \mathrm{i}\eta_x}{\xi_y + \mathrm{i}\eta_y}, \quad y_2' = -\frac{\xi_x - \mathrm{i}\eta_x}{\xi_y - \mathrm{i}\eta_y}.$$

代入特征线方程中得

$$A(\xi_x \pm \mathrm{i}\eta_x)^2 + 2B(\xi_x \pm \mathrm{i}\eta_x)(\xi_y \pm \mathrm{i}\eta_y) + C(\xi_y \pm \mathrm{i}\eta_y)^2 = 0.$$

由其实部为零得

$$A\xi_x^2 + 2B\xi_x\xi_y + C\xi_y^2 = A\eta_x^2 + 2B\eta_x\eta_y + C\eta_y^2; \tag{10.2.5}$$

由其虚部为零得

$$A\xi_x\eta_x + B(\xi_x\eta_y + \xi_y\eta_x) + C\xi_y\eta_y = 0. \qquad (10.2.6)$$

由此可见，若取 ξ 和 η 为新的坐标变量，由(10.2.5)和(10.2.6)式知在(10.2.3)式中 $a = c, b = 0$. 这时，方程化作标准型：

$$u_{\xi\xi} + u_{\eta\eta} = F_1(\xi, \eta, u, u_\xi, u_\eta).$$

(3) $\Delta = 0$，为抛物型，有一簇实特征线.

这时，若 A 或 C 为零，则由 $\Delta = B^2 - AC = 0$ 知必有 $B = 0$，只需用 C 或 A 除等式两边，就可将方程化作标准型. 故以下假定 A, B, C 均不为 0. 此时，特征线方程为 $y' = \dfrac{B}{A}$，可解得特征线簇为 $\xi(x, y) = c_1$. 由此有

$$\xi_x + y'\xi_y = \xi_x + \frac{B}{A}\xi_y = 0,$$

$$A\xi_x^2 + 2B\xi_x\xi_y + C\xi_y^2 = \left(C - \frac{B^2}{A}\right)\xi_y^2 = -\frac{\Delta}{A}\xi_y^2 = 0.$$

若再取 $\eta = x$(或 $\eta = y$)，有 $\eta_x = 1$(或 $\eta_y = 1$)，$\eta_y = 0$(或 $\eta_x = 0$)，有

$$A\xi_x\eta_x + B(\xi_x\eta_y + \xi_y\eta_x) + C\xi_y\eta_y = A\xi_x + B\xi_y = 0.$$

由此可见，只要取 ξ 和 η($\eta = x$ 或 $\eta = y$)为新的坐标变量，就可使(10.2.3)中的 $a = b = 0$，将方程化作标准型

$$u_{\eta\eta} = F_1(\xi, \eta, u, u_\xi, u_\eta).$$

2. 通过化标准型求通解的例子

对二阶偏微分方程，通常是很难求其通解的. 但对某些双曲型和抛物型方程而言，可通过化标准型的方法来求其通解.

例 1 求二阶偏微分方程 $x^2u_{xx} + 2xyu_{xy} + y^2u_{yy} = 0$ 的通解.

解 $\Delta = (xy)^2 - x^2y^2 = 0$，为抛物型，有一簇特征线，方程为

$$y' = \frac{xy}{x^2} = \frac{y}{x}.$$

可得

$$\mathrm{d}\ln y - \mathrm{d}\ln x = \mathrm{d}\ln\frac{y}{x} = 0,$$

即特征线为 $\dfrac{y}{x} = c$. 可取新坐标系为 $\xi = x, \eta = \dfrac{y}{x}$. 相应地有

$$u_{xx} = u_{\xi\xi} - \frac{2y}{x^2}u_{\xi\eta} + \frac{2y}{x^3}u_\eta + \frac{y^2}{x^4}u_{\eta\eta},$$

$$u_{xy} = -\frac{1}{x^2}u_\eta + \frac{1}{x}u_{\xi\eta} - \frac{y}{x^3}u_{\eta\eta}, \quad u_{yy} = \frac{1}{x^2}u_{\eta\eta}.$$

以此代入方程中，可将方程化成标准型 $u_{\xi\xi} = 0$. 由此得方程的通解为

$$u = g(\eta) + \xi f(\eta) = g\left(\frac{y}{x}\right) + xf\left(\frac{y}{x}\right),$$

其中 f 和 g 分别为 η 二次可微的任意函数.

例 2　常系数偏微分方程 $4u_{xx}+5u_{xy}+u_{yy}+u_x+u_y=2$ 的通解.

解　$\Delta=2.5^2-4\times 1=2.25>0$,为双曲型,有两簇特征线

$$y'_1=\frac{2.5+1.5}{4}=1\Rightarrow x-y=c_1,$$

$$y'_2=\frac{2.5-1.5}{4}=\frac{1}{4}\Rightarrow \frac{1}{4}x-y=c_2.$$

取新坐标系为 $\xi=x-y,\eta=\frac{1}{4}x-y$,方程化作

$$\frac{\partial^2 u}{\partial\xi\,\partial\eta}+\frac{1}{3}\frac{\partial u}{\partial\eta}=\frac{\partial}{\partial\eta}\left(\frac{\partial u}{\partial\xi}+\frac{1}{3}u\right)=-\frac{8}{9},$$

等式两边同乘以 $e^{\frac{\xi}{3}}$ 后得

$$\frac{\partial^2}{\partial\eta\partial\xi}(ue^{\frac{\xi}{3}})=-\frac{8}{9}e^{\frac{\xi}{3}}.$$

将上式分别对 η 和 ξ 积分一次后得

$$ue^{\frac{\xi}{3}}=-\frac{8}{3}\eta e^{\frac{\xi}{3}}+f_1(\xi)+g(\eta).$$

令 $f_1(\xi)=f(\xi)e^{\frac{\xi}{3}}$,得通解为

$$\begin{aligned}u&=-\frac{8}{3}\eta+f(\xi)+g(\eta)e^{-\frac{\xi}{3}}\\&=\frac{2}{3}(4y-x)+f(x-y)+g\left(\frac{1}{4}x-y\right)e^{\frac{-(x-y)}{3}},\end{aligned}$$

其中 $f(\xi)$ 和 $g(\eta)$ 分别为 ξ 和 η 的任意函数.

例 3　求下列柯西问题的解:

$$\begin{cases}3u_{xx}+10u_{xy}+3u_{yy}=6, & x>0,-\infty<y<\infty,\\ u(0,y)=1, & u_x(0,y)=0.\end{cases}$$

解　$\Delta=25-9=16>0$,为双曲型,两条特征线分别为

$$y'_1=3,\quad 得\quad \xi=y-3x;$$

$$y'_2=\frac{1}{3},\quad 得\quad \eta=y-\frac{1}{3}x.$$

方程化为 $u_{\zeta\eta}=-\frac{9}{32}$,得

$$\begin{aligned}u&=-\frac{9}{32}\zeta\eta+f(\zeta)+g(\eta)\\&=-\frac{3}{32}(3x-y)(x-3y)+f(y-3x)+g\left(y-\frac{1}{3}x\right).\end{aligned}$$

由初条件得

$$u(0,y)=-\frac{9}{32}y^2+f(y)+g(y)=1,$$

$$u_x(0,y)=\frac{15}{16}y-3f'(y)-\frac{1}{3}g'(y)=0.$$

将后一个方程积分一次得

$$\frac{15}{32}y^2-3f(y)-\frac{1}{3}g(y)=c.$$

将此与前一式联立后，最后解得

$$f(y)=\frac{9}{64}y^2-\frac{1}{8}-\frac{3}{8}c,\quad g(y)=\frac{9}{64}y^2+\frac{9}{8}+\frac{3}{8}c,$$

$$u(x,y)=-\frac{3}{32}(3x-y)(x-3y)+f(y-3x)+g\left(y-\frac{1}{3}x\right)$$
$$=1+x^2.$$

从上面的解题过程中可以看出，积分常数对 f 和 g 取值的影响正好相反，在给出解的最后结果时互相抵消. 故在解题过程中，可视解题的方便而适当选取，例如取 $c=0$. 这不会对最后结果有任何影响.

§10.3 一维波动方程的达朗贝尔解

这里所谓的一维，是指对空间变数 x 而言的. 就时-空变数而言则是二维的. 这一方程可用来描叙弦的线性振动.

1. 一维齐次波动方程的通解

波动方程是双曲型方程，对二元问题，存在特征线. 对一维齐次波动方程

$$u_{tt}-a^2u_{xx}=0,\tag{10.3.1}$$

其中 a 为常数，不妨假定 $a>0$. 令 $\xi=x+at$，$\eta=x-at$，即采用特征线坐标，可将方程化作 $u_{\xi\eta}=0$，它的通解为

$$u=F_1(\xi)+F_2(\eta)=F_1(x+at)+F_2(x-at),\tag{10.3.2}$$

其中 $x+at=c_1$ 和 $x-at=c_2$ 分别代表两簇特征线，F_1 和 F_2 均为任意函数. $F_1(x+at)$ 和 $F_2(x-at)$ 分别代表了以相速度 a 向 x 的负向和正向传播的波.

2. 柯西初值问题的达朗贝尔(d'Alembert) 解

对无界弦的自由振动，定解问题是柯西初值问题，方程和定解条件为

$$\begin{cases}u_{tt}-a^2u_{xx}=0, & -\infty<x<\infty,t>0,\\ u(x,0)=\varphi(x), & u_t(x,0)=\psi(x),\end{cases}\tag{10.3.3}$$

其中 u 代表了弦在与弦的方向(即 x 方向) 垂直的微小位移.

利用方程的通解(10.3.2)，得

$$F_1(x)+F_2(x)=\varphi(x),\tag{10.3.4}$$

$$F'_1(x)-F'_2(x)=\frac{1}{a}\psi(x).\tag{10.3.5}$$

将(10.3.5)式积分得

$$F_1(x)-F_2(x)=\frac{1}{a}\int_c^x\psi(s)\mathrm{d}s,\tag{10.3.6}$$

其中 c 为一任意常数.

联立(10.3.4)和(10.3.6)后得

$$F_1(x)=\frac{1}{2}\varphi(x)+\frac{1}{2a}\int_c^x\psi(s)\mathrm{d}s,$$

$$F_2(x)=\frac{1}{2}\varphi(x)-\frac{1}{2a}\int_c^x\psi(s)\mathrm{d}s.$$

由此给出初值问题的达朗贝尔解：

$$u(x,t)=\frac{1}{2}[\varphi(x+at)+\varphi(x-at)]+\frac{1}{2a}\int_{x-at}^{x+at}\psi(s)\mathrm{d}s.\tag{10.3.7}$$

从此解可以看出:若给定的初值连续,则解连续;若给定的初值有间断,则由该间断点出发的两条特征线的两侧解也有间断.

3. 奇函数和偶函数

弦总是有界的.为了能解有界弦的振动,引入奇函数和偶函数的概念,从而可将达朗贝尔解推广到半无界弦和有界弦的振动中去.

定义 10.3.1　若 $f(c+x)=f(c-x)$,称函数 f 为关于 c 点的**偶函数**,或称 f 关于 c 点**对称**;若 $f(c+x)=-f(c-x)$,则称 f 为关于点 c 的**奇函数**,或称 f 关于点 c **反对称**.

这一定义,是常义下的奇函数和偶函数的推广.常义下的奇函数和偶函数是相应于 $c=0$,即关于原点的奇函数和偶函数.这样定义的奇、偶函数与通常意义下的奇、偶函数有完全相同的性质:

(1) 若 $f(x)$ 是关于 c 点的奇函数且在 c 点连续,则有 $f(c)=0$;

(2) 若 $f(x)$ 是关于 c 点的偶函数,且 $f'(x)$ 在 c 点连续,则有 $f'(c)=0$.

这只需对函数 $f(x)$ 作一坐标平移 $\xi=x-c$,就将 f 关于 $x=c$ 点的对称和反对称变为了 $f(\xi)$ 关于 $\xi=0$ 点的对称和反对称,就可知上述关于奇、偶函数的性质成立.

引理　若初值 $\varphi(x)$ 和 $\psi(x)$ 都是关于 c 点的奇或偶函数,则由(10.3.7)式给定的达朗贝尔解对变量 x 而言,也是关于 c 点的奇或偶函数.

证　设 $\varphi(x)$ 和 $\psi(x)$ 都是关于 c 点的奇或偶函数,则有

$$\int_{(c+x)-at}^{(c+x)+at}\psi(s)\mathrm{d}s\xlongequal{s=c+\sigma}\int_{x-at}^{x+at}\psi(c+\sigma)\mathrm{d}\sigma=\mp\int_{x-at}^{x+at}\psi(c-\sigma)\mathrm{d}\sigma\xlongequal{s=c-\sigma}\mp\int_{(c-x)-at}^{(c-x)+at}\psi(s)\mathrm{d}s,$$

再由达朗贝尔公式,有

$$u(c+x,t)=\frac{1}{2}[\varphi(c+x+at)+\varphi(c+x-at)]+\frac{1}{2a}\int_{(c+x)-at}^{(c+x)+at}\psi(s)\mathrm{d}s$$
$$=\mp\left\{\frac{1}{2}[\varphi(c-x-at)+\varphi(c-x+at)]+\frac{1}{2a}\int_{(c-x)-at}^{(c-x)+at}\psi(s)\mathrm{d}s\right\}$$
$$=\mp u(c-x,t),$$

即 $u(x,t)$ 也是关于 c 点的奇或偶函数.

4. 半无界弦的自由振动

定解问题的数学提法为:

$$\begin{cases}u_{tt}-a^2u_{xx}=0, & x>0,t>0,\\ u(x,0)=\varphi(x), \quad u_t(x,0)=\psi(x), & x>0,\\ u(0,t)=0(\text{固定端})\ \text{或}\ u_x(0,t)=0(\text{自由端}), & t>0.\end{cases}$$

按引理,为了保证在端点 $x=0$ 处的齐次边条件得到满足,对固定端,将 $\varphi(x)$ 和 $\psi(x)$ 对端点 $x=0$ 作奇开拓,即令 $\varphi(-x)=-\varphi(x)$,$\psi(-x)=-\psi(x)$;对自由端,则将 $\varphi(x)$ 和 $\psi(x)$ 对 $x=0$ 作偶开拓,即令 $\varphi(-x)=\varphi(x)$,$\psi(-x)=\psi(x)$. 然后,由(10.3.7)式给出的就是相应的半无界弦的自由振动的解. 对 $x\geqslant at$,解的形式不发生任何变化,仍为(10.3.7)式;对 $x<at$,则(10.3.7)式变为

$$u=\frac{1}{2}[\varphi(x+at)\mp\varphi(at-x)]+\frac{1}{2a}\left[\int_0^{x+at}\psi(s)\mathrm{d}s\mp\int_0^{at-x}\psi(s)\mathrm{d}s\right]. \quad (10.3.8)$$

对固定端上式中取负号,对自由端,上式中取正号.

对奇开拓,当 $\varphi(0)\neq 0$,解在从点(0,0)出发的特征线 $x-at=0$ 两侧发生解本身的间断.

5. 有界弦的自由振动

定解问题的提法为

$$\begin{cases}u_{tt}-a^2u_{xx}=0, & 0<x<l,\ t>0,\\ u(x,0)=\varphi(x), \quad u_t(x,0)=\psi(x), & 0\leqslant x\leqslant l,\\ u(0,t)=u(l,t)=0\ \text{或}\ u_x(0,t)=u_x(l,t)=0. \end{cases}$$

同样地,可通过对两个端点作奇(或偶)开拓,将初值开拓到整个 x 轴上去,再由达朗贝尔解(10.3.7)给出定解问题的解.

以 $f(x)$ 表示要作开拓的函数,这时有

$$f(-x)=\mp f(x), \quad f(l+x)=\mp f(l-x).$$

在上式中将 $l+x\rightarrow x$,相应地将 $l-x\rightarrow 2l-x$,得

$$f(x)=\mp f(2l-x)=\mp f(-x),$$

即有

$$f(2l-x)=f(-x).$$

这表明,当对两端同时作奇开拓或同时作偶开拓,开拓后 $f(x)$ 将变成以 $2l$

为周期的函数. 即经开拓后,初值变为

$$\begin{cases}\varphi(2kl+x)=\varphi(x),\\ \varphi(2kl-x)=\pm\varphi(x),\end{cases}\quad 0\leqslant x\leqslant l, k=0,1,2,\cdots;$$

$$\begin{cases}\psi(2kl+x)=\psi(x),\\ \psi(2kl-x)=\pm\psi(x),\end{cases}\quad 0\leqslant x\leqslant l, k=0,1,2,\cdots.$$

在上面各式中,对端点作奇开拓时取负号,作偶开拓时取正号.

同样地,对奇开拓,只有在 $\varphi(0)=\varphi(l)=0$ 时,解函数才是连续的. 否则,经开拓后 $\varphi(x)$ 在 $x=kl, k=0\pm1,\pm2,\cdots$ 处均有间断,解也必然在从相应点出发的特征线两侧发生间断.

若在给定的齐次边条件中,一端为固定端,一端为自由端,则可分别对自由端作偶开拓,对固定端作奇开拓. 这时,当对一端,例如 $x=l$ 作奇或偶开拓后,则在 $x=0$ 和 $x=2l$ 处或均为自由端,或均为固定端. 由此可见,在经开拓后,必为以 $4l$ 为周期的函数. 以 $g(x)$ 表示 $\varphi(x)$ 或 $\psi(x)$. 对边条件为 $u(0,t)=u_x(l,t)=0$,即 $x=0$ 处为固定端,$x=l$ 处为自由端,经开拓后变为

$$\begin{cases}g(4kl+x)=g(x),\quad g(4kl+l+x)=g(l-x),\\ g(4kl-x)=-g(x),\quad g(4kl-l-x)=-g(l-x),\end{cases}$$

其中 $k=0,1,2,\cdots,0\leqslant x\leqslant l$.

同样地,在开拓后,再用达朗贝尔解(10.3.7)就可以给出定解问题的解.

6. 无界弦的强迫振动

这时,方程为非齐次的,初条件为齐次的,定解问题的提法为

$$\begin{cases}u_{tt}-a^2u_{xx}=f(x,t),\quad -\infty<x<\infty,\ t>0,\\ u(x,0)=0,\quad u_t(x,0)=0.\end{cases}$$

如图 10.3.1 所示,设点 M 的坐标为 (x,t),AM 和 BM 为过点 M 的两条特征线,它们的方程分别为 $\xi-a\tau=x-at$ 和 $\xi+a\tau=x+at$. A 和 B 均在 x 轴上,也就是 ξ 轴上. 设由三边 AM, BM, AB 所围之三角形区域为 R, Γ 为 R 之边界线,有

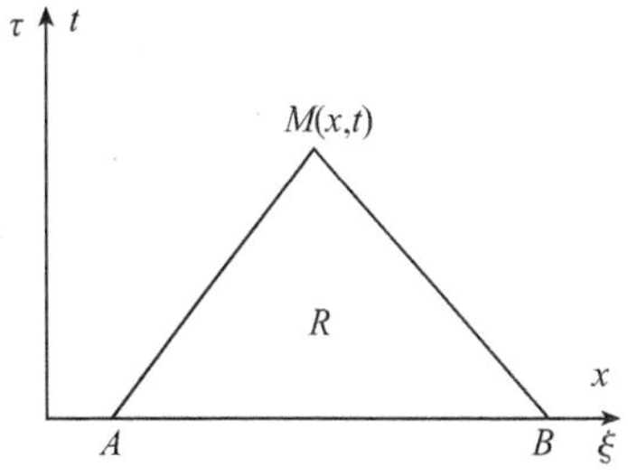

图 10.3.1　方程非齐次项的积分区

$$\int_R(u_{\tau\tau}-a^2u_{\xi\xi})\mathrm{d}\xi\mathrm{d}\tau=\int_R f(\xi,\tau)\mathrm{d}\xi\mathrm{d}\tau.$$

由格林(Green)公式

$$\int_R\left(\frac{\partial P}{\partial\xi}-\frac{\partial Q}{\partial\tau}\right)\mathrm{d}\xi\mathrm{d}\tau=\int_\Gamma(Q\mathrm{d}\xi+P\mathrm{d}\tau).$$

取 $P=-a^2u_\xi, Q=-u_\tau$,则有

$$\int_R(u_{\tau\tau}-a^2u_{\xi\xi})\mathrm{d}\xi\mathrm{d}\tau=-\int_\Gamma(u_\tau\mathrm{d}\xi+a^2u_\xi\mathrm{d}\tau).$$

这时 Γ 的积分方向为沿三角形边界逆时针方向进行.

由初条件,沿 AB, $\tau=0$, $\mathrm{d}\tau=0$, $u_\tau=0$,故积分为 0. 沿 MA, $\mathrm{d}\xi=a\mathrm{d}\tau$,积分方向由 $M\to A$,有

$$
\begin{aligned}
-\int_M^A (u_\tau \mathrm{d}\xi + a^2 u_\xi \mathrm{d}\tau) &= a\int_A^M (u_\tau \mathrm{d}\tau + u_\xi \mathrm{d}\xi) = a\int_A^M \mathrm{d}u \\
&= a[u(M)-u(A)] \\
&= au(M),
\end{aligned}
$$

这是因为由于初条件,有 $u(A)=u(x_A,0)=u(x_B,0)=0$.

同理,沿 BM, $\mathrm{d}\xi=-a\mathrm{d}\tau$,积分方向由 $B\to M$,有

$$
\begin{aligned}
-\int_B^M (u_\tau \mathrm{d}\xi + a^2 u_\xi \mathrm{d}\tau) &= a\int_B^M (u_\xi \mathrm{d}\xi + u_\tau \mathrm{d}\tau) \\
&= au(M) .
\end{aligned}
$$

由此得定解问题的解为

$$
u(x,t)=\frac{1}{2a}\int_0^t \int_{x-a(t-\tau)}^{x+a(t-\tau)} f(\xi,\tau)\mathrm{d}\xi\mathrm{d}\tau. \tag{10.3.8}
$$

从上式也可以看出,若 $f(x,t)$ 对 x 关于点 $x=c$ 为奇函数或偶函数,则 $u(x,t)$ 也将是关于 c 的奇函数或偶函数. 有关推导与前面相同,这里不再重复. 故对有界弦的强迫振动,同样可以通过对两个端点作奇开拓(对固定端)或偶开拓(对自由端),将 $f(x,t)$ 开拓到整个 x 轴上去,再用无界弦强迫振动的公式(10.3.8)给出相应的解.

上式也表明,点 M 的状态只依赖于区域 R 内的 f 值. 若初值是非齐次的,则 M 点的值还依赖于 AB 上的初值. 区域 R 称为点 M 的依赖区.

7. 一维波动方程的一般定解问题

对第一类边条件,即在两端点给定未知函数值,定解问题的提法为

$$
\begin{cases}
u_{tt}-a^2u_{xx}=f_1(x,t), & 0<x<l,t>0, \\
u(x,0)=g_1(x), \quad u_t(x,0)=g_2(x), & 0<x<l, \\
u(0,t)=k_1(t), \quad u(l,t)=k_2(t), & t>0.
\end{cases} \tag{10.3.9}
$$

先将边条件齐次化,可用如下的变换来实现

$$
u(x,t)=\frac{1}{l}(l-x)k_1(t)+\frac{x}{l}k_2(t)+v(x,t).
$$

代入(10.3.9)式中,就可将定解问题变为

$$
\begin{cases}
v_{tt}-a^2v_{xx}=f(x,t), & 0<x<l,t>0, \\
v(x,0)=\varphi(x), \quad v_t(x,0)=\psi(x), & 0\leqslant x\leqslant l, \\
v(0,t)=v(l,t)=0, & t>0,
\end{cases} \tag{10.3.10}
$$

其中

$$\begin{cases} f(x,t) = f_1(x,t) - \dfrac{1}{l}[(l-x)k''_1(t) + xk''_2(t)], \\ \varphi(x) = g_1(x) - \dfrac{1}{l}[(l-x)k_1(0) + xk_2(0)], \\ \psi(x) = g_2(x) - \dfrac{1}{l}[(l-x)k'_1(0) + xk'_2(0)]. \end{cases}$$

利用线性叠加原理,可令 $v = v_1 + v_2$,这里 v_1 为非齐次方程和齐次定解条件的解,v_2 为齐次方程和非齐次初条件的解.将 $f(x,t)$,$\varphi(x)$ 和 $\psi(x)$ 分别对两端点作奇开拓,再由(10.3.8)式给出 v_1 和(10.3.7)式给出 v_2,从而得

$$v(x.t) = \frac{1}{2}[\varphi(x+at) + \varphi(x-at)] + \frac{1}{2a}\int_{x-at}^{x+at}\psi(s)\mathrm{d}s + \frac{1}{2a}\int_0^t\int_{x-a(t-\tau)}^{x+a(t-\tau)} f(\zeta,\tau)\mathrm{d}\zeta\mathrm{d}\tau. \tag{10.3.11}$$

若均为第二类边条件 $u_x(0,t) = k_1(t)$ 和 $u_x(l,t) = k_2(t)$,则可令

$$u(x,t) = v(x,t) + \frac{1}{2l}[x^2k_2(t) - (l-x)^2k_1(t)],$$

将边条件齐次化,余下与前面相同,只不过是要将 $f(x,t)$,$\varphi(x)$ 和 $\psi(x)$ 对两端点作偶开拓.这里,有

$$\begin{cases} f(x,t) = f_1(x,t) + \dfrac{a^2}{l}[k_2(t) - k_1(t)] - \dfrac{1}{2l}[x^2k''_2(t) - (l-x)^2k''_1(t)], \\ \varphi(x) = g_1(x) - \dfrac{1}{2l}[x^2k_2(0) - (l-x)^2k_1(0)], \\ \psi(x) = g_2(x) - \dfrac{1}{2l}[x^2k'_2(0) - (l-x)^2k'_1(0)]. \end{cases}$$

如果一端为第一类边条件,另一端为第二类边条件,例如为 $u(0,t) = k_1(t)$ 和 $u_x(l,t) = k_2(t)$,则可采用下面的变换将边条件齐次化:

$$u(x,t) = \frac{1}{l^2}(l-x)^2k_1(t) + \frac{x^2}{2l}k_2(t) + v(x,t),$$

分别将 f,φ 和 ψ 对 $x = 0$ 作奇开拓,对 $x = l$ 作偶开拓,然后用(10.3.11)式给出 $v(x,t)$,进而求得相应的解.

以上这种对边界点作奇、偶开拓求解的方法难于用于第三类边值问题.

§10.4　影响区、决定区和依赖区

1. 影响区、决定区和依赖区

这是在求解双曲型方程定解问题时才出现的概念.它们对双曲型方程的求解,特别是在用数值方法求解时有着特殊重要的意义.

对二阶双曲型方程,当在一个非特征线(面)Γ 上给定柯西初值后,由定理

10.1.1 知，在 Γ 附近解被唯一确定. 那么，这个"附近"有多大？当方程是齐次的，即不考虑方程的非齐次项的影响时，Γ 上的初值能决定多大范围内的解值？这时，这个解值被 Γ 上的初值决定的区域称为 Γ 的决定区，Γ 称为其决定区的依赖区间. 如果改变 Γ 上的初值，又会使多大范围内的解受到影响？这个受影响的范围就称为 Γ 的影响区. 显然，决定区是影响区的一部分.

如果方程是非齐次的，即存在强迫项，解除了依赖于初值外，还要依赖方程的强迫项. 从上一节中我们已经看到，解只依赖于局部范围内的初值和强迫项. 这个局部区域就是解的依赖区.

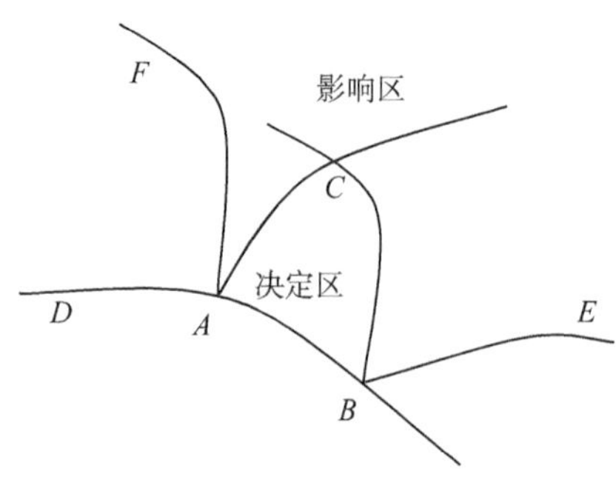

图 10.4.1 决定区和影响区

这三种区域是与特征线（面）紧密联系在一起的. 为了简单起见，仍只就两个自变量的情况来说明.

如图 10.4.1 所示，AB 为一条非特征线，AF 和 AC 为从 A 点出发的两条特征线，BC 和 BE 为从 B 点出发的两条特征线. AF 和 BC 同簇，AC 和 BE 同簇. AC 和 BC 相交于 C. 这里，由 AB、AC 和 BC 围成的曲边三角形区域为 AB 的决定区，而由 AB 和另两条不同簇的特征线 AF 和 BE 界定的扇形区域则是 AB 的影响区. 下面先对此作一直观说明.

将 AB 沿非特征线延长，例如由 A 点延长至 D. 当改变 AD 上的运动状态而保持 AB 上的状态不变时，AB 的决定区内的状态应不受影响（否则，就不是决定区了），而 AB 决定区外的某部分区域的解将受到影响而改变. 因此，在 AB 的决定区和 AD 的影响区的分界线两边就可能发生某阶非切向导数的间断. 这表明，此分界线只能是从 A 出发的两条特征线中的一条. 由于 AB 的决定区总是在其影响区的内部，故这条特征线就只能是 AC 而不能是 AF. 而 AF 和 AC 间的区域，则是 AB 和 AD 的影响区的公共部分. 同样的理由，知决定区的另一条边界一定是特征线 BC，而特征线 BE 则是 AB 影响区的另一条边界线. 关于这一结论，用一维波动方程的达朗贝尔解就可以完全看清楚了.

对一维波动方程

$$\begin{cases} u_{tt} - a^2 u_{xx} = 0, & |x| < \infty, t > 0, \\ u(x,0) = \varphi(x), \quad u_t(x,0) = \psi(x), & |x| < \infty. \end{cases}$$

在图 10.4.2 中，$t = 0$（即 x 轴）是一条非特征线，AB 为 x 轴上的一段. 设 AC 和 AF 为由 A 点出发的两条特征线，BC 和 BE 为由 B 点出发的两条特征线，AC 和 BC 相交于 C. 按前面的讨论，$\triangle ABC$ 内部为 AB 的决定区，扇形区域 $FABE$ 为 AB 的影响区.

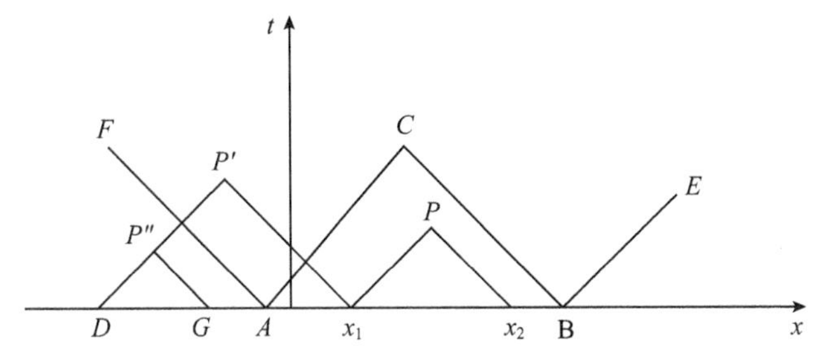

图 10.4.2　影响区、决定区和依赖区

设 P,P',P'' 分别处于 AB 的决定区内、决定区外但在影响区内和影响区外，如图 10.4.2 所示. 经 P 点的两条特征线分别为 $x-at=x_1$ 和 $x+at=x_2$，它们分别交 x 轴于$(x_1,0)$ 和$(x_2,0)$. 由达朗贝尔解(10.3.7)，有

$$\begin{aligned}u(P)&=\frac{1}{2}[\varphi(x_p-at_p)+\varphi(x_p+at_p)]+\frac{1}{2a}\int_{x_p-at_p}^{x_p+at_p}\psi(s)\mathrm{d}s\\&=\frac{1}{2}[\varphi(x_1)+\varphi(x_2)]+\frac{1}{2a}\int_{x_1}^{x_2}\psi(s)\mathrm{d}s,\end{aligned}$$

这表明 P 点的解值 $u(P)$ 由在 x_1 和 x_2 处 u 的初值和在$[x_1,x_2]$ 间 u_t 的初值所完全决定，即由 AB 上的一部分 x_1x_2 上的初始状态所完全决定.

从上面的讨论可以看出，对于 p' 点的 u 值将由 Dx_1 上的初值所决定，即不仅依赖于 AB 上的一部分 Ax_1 上的初值，也依赖于 AB 外的 DA 上的初值. 这就是说，AB 上的初值对 P' 点的状态有影响，但不能完全决定 P' 点的状态. 而对点 P''，它的状态完全由 AB 之外的 DG 上的初值所决定，而与 AB 上的初值毫无关系.

以上结果，是与前面指出的 AB 的决定区和影响区的范围完全一致的.

应该指出，如果方程是非齐次的，由上一节中的第 7 部分给出的公式(10.3.8)，有

$$u(P)=\frac{1}{2}[\varphi(x_1)+\varphi(x_2)]+\frac{1}{2a}\left[\int_{x_1}^{x_2}\psi(s)\mathrm{d}s+\int_0^{t_p}\int_{x_1+a\tau}^{x_2-a\tau}f(\zeta,\tau)\mathrm{d}\zeta\mathrm{d}\tau\right],$$

即对点 P，它的依赖区是由 x_1x_2，x_2P 和 Px_1 三边围成的三角形区域. 上式表明，对 AB 的决定区内的任一点 P，它的状态不仅依赖于 AB 上的一部分 x_1x_2 段上的初值，还依赖于 P 点的依赖区内的强迫项. 也就是说，这时 AB 上的初值并不能完全决定其决定区内一点的状态. 决定区内任一点的状态将由该点的依赖区内的非齐次项之值和 AB 上处于依赖区内的一部分 x_1x_2 上的初值所决定. 故对存在强迫项的定解问题，更应该注意依赖区的概念.

从物理上来看，特征线具有很特殊的物理性质，这可从达朗贝尔解中明显看出来. 例如对图中的 A 点，当物理量本身产生扰动时，此扰动会分别沿着特征线

AF 和 AC 传播开去. 从这点上看,可以说特征线(面)是物理量扰动的传播线. 如果是物理量对时间的导数出现扰动,则它将会对同 AC 和 AF 界定的 A 点的影响区内的任一点的状态产生影响. 从这点上看,特征线(面)又是扰动影响区的边界线(面). 这就是特征线(面)为什么会成为依赖区、影响区和决定区边界的物理本质. 双曲型方程的这一特点,在构造求解双曲型方程的数值方法时有着决定性的意义.

2. 椭圆型与双曲型方程的原则区别

不同类型的方程,性质有很大差别. 对椭圆型和双曲型方程,从已讲过的内容中可知有如下几点原则性的区别.

(1) 特征线(面)、依赖区、影响区和决定区:

对双曲型方程,存在特征线(面),因而存在依赖区、影响区和决定区,一点的状态只依赖一个局部区域,也只对一个局部区域有影响. 而对椭圆型方程,则不存在特征线(面),因而不存在依赖区、影响区和决定区. 一点的状态的变化将会对整个区域有影响;反过来,整个区域上的任一点状态的变化也都会对该点有影响.

(2) 解的光滑度:

椭圆型方程不存在弱间断线(面),解即使在边界上不光滑,在区域内也是充分光滑的. 而对双曲型方程,即使解在边界上充分光滑,解在区域内部也可能出现间断.

(3) 极值原理:

椭圆型方程有极值原则,双曲型方程则没有.

(4) 定解问题的提法:

① 关于边条件的给定.

椭圆型方程可在任意解域的封闭边界或有限边界加无穷远处给定边条件,而双曲型方程则不能在任何封闭边界上给定边条件.

② 关于柯西初值.

对双曲型方程,可在任一非特征线(面)上提柯西初值. 而对椭圆型方程则不允许提柯西初值.

§10.5 波动方程的分区解法

对用第一、二类边条件的线性定解问题,可在奇或偶开拓的基础上,用达朗贝尔解求解. 但这不适用于第三类边条件. 分区解法则对一、二、三类边条件都适用.

1. 二元二次双曲型方程的基本初-边值问题.

对二元二次双曲型方程有如下三种基本初-边值问题.

(1) 柯西问题:

在一条非特征线 AB 上给定柯西初值，求其决定区 R 内的解，如图 10.5.1 所示.

(2) 古莎(Goursat) 问题:

在两条不同簇的特征线 AB 和 AC 上给定解函数，求由四条特征线 AB，AC，BD 和 CD 所围成的曲边四边形势区域 R 内的解，如图 10.5.2 所示. 这里必须注意：由于在特征线上必须满足相应的特征线关系式，在 AB 和 AC 上的边值不能随便给.

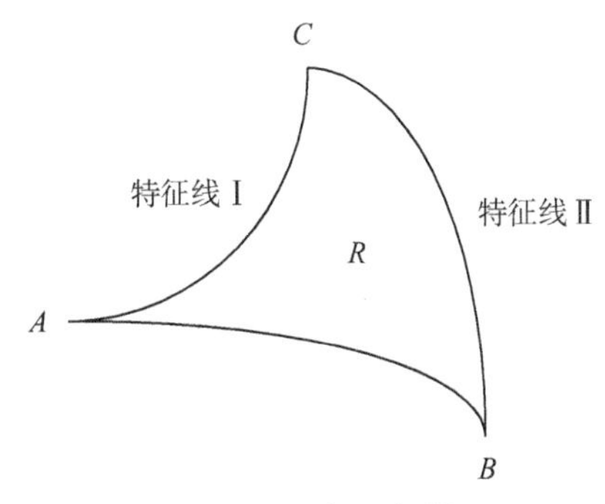

图 10.5.1　柯西问题

(3) 混合问题:

在一条非特征线 AB 上给定边条件，而在一条特征线上，例如 BC 上的解已知，当然它应满足特征线关系式. AC 为从 A 点出发的另一条特征线，求曲边三角形 ABC 内的区域 R 上的解(见图 10.5.3).

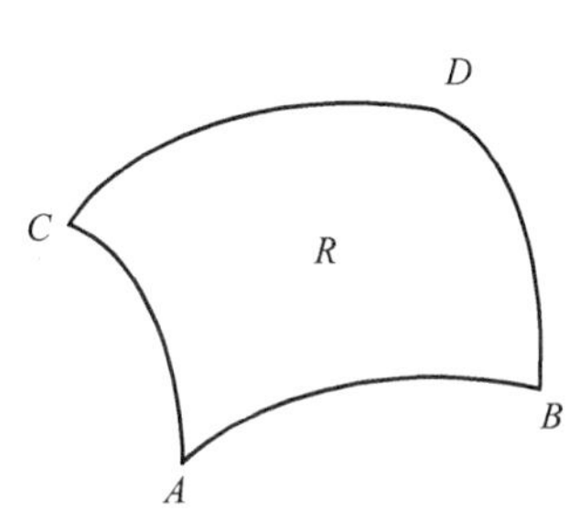

图 10.5.2　古莎问题

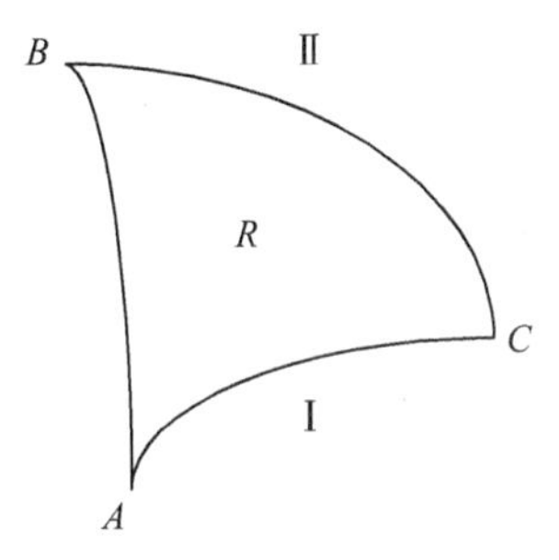

图 10.5.3　混合问题

一般二元二次双曲型定解问题可分成上述三类区域，然后逐块分区求解.

2. 用分区求解法求解的例子

例 1　用分区法求解给定初始位移的有界弦的自由振动，其定解问题为

$$\begin{cases} u_{tt} - a^2 u_{xx} = 0, & |x| < l, l > 0, \\ u(x,0) = l^2 - x^2, \quad u_t(x,0) = 0, & |x| \leqslant l, \\ u(-l,t) = u(l,t) = 0, & t > 0. \end{cases}$$

解　如图 10.5.4 所示，用相应的特征线 AE，BD，DH，EG，… 将 $|x| < l$ 和 $t > 0$ 划分成不同的区域，分区求解. 由于两端点给定的是固定端边条件，而给定的初值 $u(x,0) = l^2 - x^2$ 在两个端点 $x = \pm l$ 处为 0，从奇开拓的角度看，知解函数不会发生间断. 故在下面作分区求解时，能够采用在 AE，BD，… 特征线上解

连续的条件. 如果 $u(x,0)$ 在两端点处不为 0,则在这些特征线上解有间断. 在这种情况下,就不能使用在这些特征线上解连续的条件. 这是在使用分区解法时必须注意的.

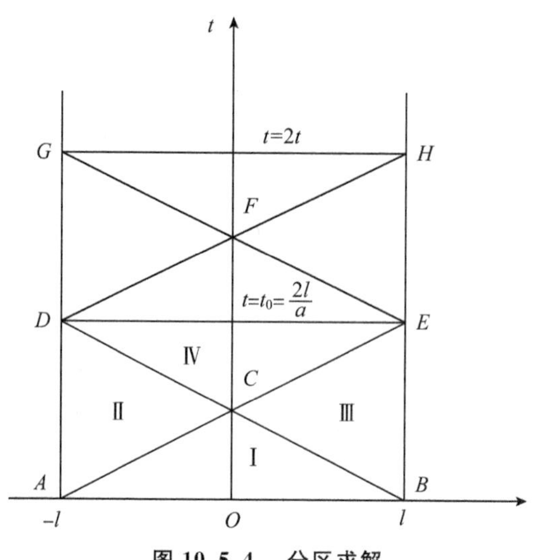

图 10.5.4　分区求解

下面就来说明分区求解的过程:

在 I 区内为柯西问题. 由达朗贝尔解和 $\varphi(x)=l^2-x^2,\psi(x)=0$ 有

$$
\begin{aligned}
u_1(x,t) &= \frac{1}{2}[\varphi(x-at)+\varphi(x+at)]+\frac{1}{2a}\int_{x-at}^{x+at}\psi(s)\mathrm{d}s \\
&= \frac{1}{2}[l^2-(x-at)^2+l^2-(x+at)^2] \\
&= l^2-(x^2+a^2t^2) \quad \left(0<t<\frac{l}{a}=\frac{t_0}{2},\ |x|\leqslant l-at\right).
\end{aligned}
$$

在 Ⅱ 和 Ⅲ 区为混合问题. 在 Ⅱ 区内,有 $-l<x<0,\dfrac{l+x}{a}<t<\dfrac{l-x}{a}$; 在 Ⅲ 区内,则有 $0<x<l,\dfrac{l-x}{a}<t<\dfrac{l+x}{a}$.

对 Ⅱ 区,通解为 $u_2(x,t)=F_2(at+x)+G_2(at-x)$. 由在 AD 上($x=-l$ 处)的边条件,有

$$F_2(at-l)+G_2(at+l)=0.$$

在特征线 AC 上,即在 $at-x=l$ 上解连续,有

$$F_2(2at-l)+G_2(l)=l^2-[a^2t^2+(at-l)^2]=2at(l-at).$$

在 §10.2 的例 3 的求解中我们知道,$F_2(x)$ 和 $G_2(x)$ 的取值可差一个任意常数,且在对其中的一个取定后,另一个中这个常数将自动取为相反的值,因而

不会影响最后的解题结果.故为了方便起见,在这里不妨取 $G_2(l)=0$.然后再令 $\zeta=2at-l$,代入上式中得

$$F_2(\zeta)=2at(l-at)=\frac{1}{2}(l^2-\zeta^2),$$

$$G_2(at+l)=-F_2(at-l)=-\frac{1}{2}[l^2-(at-l)^2]$$

$$=-\frac{1}{2}(at+l-l)[3l-(at+l)],$$

即得

$$G(\eta)=\frac{1}{2}(l-\eta)(3l-\eta),$$

从而有

$$u_2(x,t)=F_2(at+x)+G_2(at-x)$$
$$=\frac{1}{2}[l^2-(at+x)^2+(l+x-at)(3l+x-at)]$$
$$=2(l+x)(l-at)\quad\left(0>x>-l,\frac{l-x}{a}>t>\frac{l+x}{a}\right).$$

对于 Ⅲ 区,用在特征线 BC 上 u 连续和 $u(l,t)=0$,做类似的处理得

$$u_3(x,t)=2(l-x)(l-at)\quad\left(0<x<l,\frac{l-x}{a}<t<\frac{l+x}{a}\right).$$

Ⅳ 区为古莎问题.当 $l<at<2l$ 时,$|x|\leqslant at-l$;当 $2l<at<3l$ 时,$|x|\leqslant 3l-at$.通解为

$$u_4(x,t)=F_4(x+at)+G_4(x-at).$$

在特征线 CD 上,$x+at=l$,解连续,即 $u_4=u_2$,得

$$F_4(l)+G_4(2x-l)=2x(l+x).$$

取 $F_4(l)=0,\eta=2x-l$ 得

$$G_4(\eta)=\frac{1}{2}(l+\eta)(3l+\eta).$$

在特征线 CE 上,$x-at=-l,u_4=u_3$,得

$$F_4(2x+l)+G_4(-l)=F_4(2x+l)=-2x(l-x).$$

令 $\xi=2x+l$,得

$$F_4(\xi)=\frac{1}{2}(l-\xi)(3l-\xi),$$

$$u_4=F_4(x+at)+G_4(x-at)=x^2-l^2+(2l-at)^2.$$

在上式中,令 $t_0=\frac{2l}{a}$,有

$$u(x,t_0)=x^2-l^2=-u(x,0),\quad u_t(x,t_0)=0=-u_t(x,0).$$

由此可见，若以 t_0 为初始时刻，此时的柯西初值正好与在 $t=0$ 时之值反号. 因此由 $t=t_0$ 开始重复上面的过程，到 $t=2t_0$ 为止，所得之解正好与上面各相应区域之解反号. 而到 $t=2t_0$，u 又回初 $t=0$ 时之值，这表明，$u(x,t)$ 对 t 是以 $T=\frac{4l}{a}$ 为周期的周期函数.

例 2 求下列定解问题

$$\begin{cases} u_{tt}-u_{xx}=0, \quad 0<x<\pi, t>0, \\ u(x,0)=0, \quad u_t(x,0)=\cos x, \quad 0<x<\pi, \\ u_x(0,t)-u(0,t)=\cos t, \quad u_x(\pi,t)=\mathrm{e}^{-t}. \end{cases}$$

解 如图 10.5.5 所示，用相应的特征线 $AE, BD, DH, EG, \cdots$ 将解域划分成不同的区域 Ⅰ, Ⅱ, Ⅲ, …，然后分区求解.

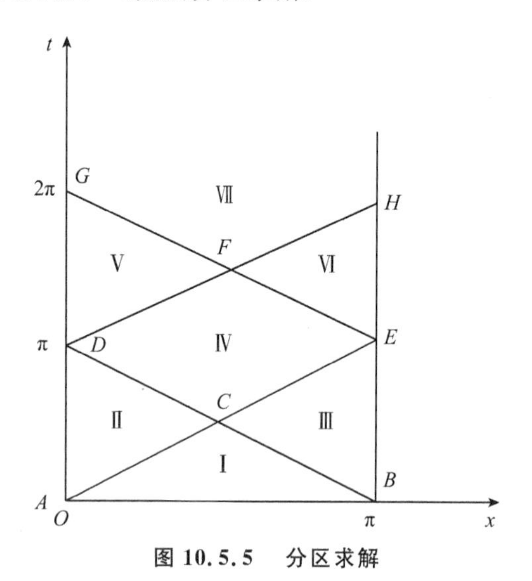

图 10.5.5 分区求解

解的一般形式为

$$u(x,t)=f(x+t)+g(x-t),$$

对 $x+t=C_1$，$f(x+t)=f(C_1)$ 不变. 同样地，对 $x-t=C_2$，$g(x-t)=g(C_2)$ 不变. 下面，用下标“j”表示 j 区的解，有

$$u_j(x,t)=f_j(x+t)+g_j(x-t).$$

对 Ⅰ 区，解仍然由达朗贝尔解给出为

$$u_1(x,t)=\frac{1}{2}\int_{x-t}^{x+t}\cos s\mathrm{d}s=\frac{1}{2}[\sin(x+t)-\sin(x-t)].$$

取

$$f_1(x+t)=\frac{1}{2}\sin(x+t), \quad g_1(x-t)=-\frac{1}{2}\sin(x-t).$$

对 Ⅱ 区,应有(也可差一个常量)

$$f_2(x+t)=f_1(x+t)=\frac{1}{2}\sin(x+t).$$

由在 $x=0$ 处的边条件,有

$$u_x(0,t)-u(0,t)=f_2'(t)+g_2'(-t)-f_2(t)-g_2(-t)=\cos t,$$

即有

$$g_2'(-t)-g_2(-t)=-f_2'(t)+f_2(t)+\cos t=\frac{1}{2}(\cos t+\sin t).$$

令 $\xi=-t$,则得

$$g_2'(\xi)-g_2(\xi)=\frac{1}{2}(\cos\xi-\sin\xi),$$

$$(g_2(\xi)\mathrm{e}^{-\xi})'=\frac{1}{2}(\cos\xi-\sin\xi)\mathrm{e}^{-\xi}=\frac{1}{2}(\mathrm{e}^{-\xi}\sin\xi)',$$

$$g_2(\xi)=\frac{1}{2}\sin\xi+g_2(0)\mathrm{e}^{-\xi}.$$

由此得

$$u_2(x,t)=\frac{1}{2}[\sin(x+t)+\sin(x-t)]+g_2(0)\mathrm{e}^{x-t}.$$

由在 $x=t$ 上解连续有

$$u_2(x,x)=\frac{1}{2}\sin2x+g_2(0)=u_1(x,x)=\frac{1}{2}\sin2x,$$

即应有

$$g_2(0)=0,$$

$$g_2(x-t)=\frac{1}{2}\sin(x-t),$$

$$u_2(x,t)=\frac{1}{2}[\sin(x+t)+\sin(x-t)].$$

对 Ⅲ 区,有

$$g_3(x-t)=g_1(x-t)=-\frac{1}{2}\sin(x-t). \tag{10.5.1}$$

再由在 $x=\pi$ 处的边条件,应有

$$f_3(\pi+t)=\mathrm{e}^{-t}+\frac{1}{2}\sin(\pi-t).$$

令 $\pi+t=\xi$,得

$$f_3(\xi)=\mathrm{e}^{\pi-\xi}+\frac{1}{2}\sin(2\pi-\xi)=\mathrm{e}^{\pi-\xi}-\frac{1}{2}\sin\xi, \tag{10.5.2}$$

即

$$f_3(x+t)=\mathrm{e}^{\pi-(x+t)}-\frac{1}{2}\sin(x+t),$$

$$u_3(x,t)=\mathrm{e}^{\pi-x-t}-\frac{1}{2}[\sin(x+t)+\sin(x-t)]. \tag{10.5.3}$$

在特征线 BD 上，即 $x+t=\pi$ 上，

$$u_1=-\frac{1}{2}\sin(x-t),\quad u_3=1-\frac{1}{2}\sin(x-t)=u_1+1.$$

这表明，在 $x+t=\pi$ 的两侧解是有间断的，它们的值相差一个固定常数 1. 这一间断正是来源于在 B 点 $(\pi,0)$ 处，由边条件给定的解函数值与由初条件给定的解函数值在该点处不连续，差值为 1. 这正好验证了在 §10.4 中所指出的特征线的物理特性：此间断沿着由 B 点出发的特征线 $x+t=\pi$ 传播出去.

在 Ⅳ 区，应有

$$f_4(x+t)=f_3(x+t)=\mathrm{e}^{\pi-x-t}-\frac{1}{2}\sin(x+t),$$

$$g_4(x-t)=g_2(x-t)=\frac{1}{2}\sin(x-t),$$

$$u_4(x,t)=\mathrm{e}^{\pi-x-t}-\frac{1}{2}[\sin(x+t)-\sin(x-t)].$$

可以看出，在特征线 $x=t$ 上，$u_4=u_3=\mathrm{e}^{\pi-2x}-\frac{1}{2}\sin 2x$，即保持解的连续性；而在特征线 $x+t=\pi$ 上，$u_4=1+\frac{1}{2}\sin(x-t)=u_2+1$，即解在此特征线上不连续，两边之差仍为 1.

在 Ⅴ 区，有

$$f_5(x+t)=f_4(x+t)=\mathrm{e}^{\pi-x-t}-\frac{1}{2}\sin(x+t).$$

再由 $x=0$ 处的边条件，与求 $g_2(\xi)$ 类似，得

$$(g_5(\xi)\mathrm{e}^{-\xi})'=2\mathrm{e}^{\pi}+\frac{1}{2}\mathrm{e}^{-\xi}(\sin\xi+3\cos\xi).$$

将上式两边在 $[-\pi,\xi]$ 上积分，得：

$$g_5(\xi)=[g_5(-\pi)+(2\xi+2\pi-1)]\mathrm{e}^{\pi+\xi}+\frac{1}{2}\sin\xi-\cos\xi.$$

由此有

$$u_5(x,t)=\mathrm{e}^{\pi-x-t}+[g_5(-\pi)+(2x-2t+2\pi-1)]\mathrm{e}^{\pi+x-t}$$
$$+\frac{1}{2}[\sin(x-t)-\sin(x+t)]-\cos(x-t).$$

由在 $x-t=-\pi$ 上 $u_5=u_4$ 得 $g_5(-\pi)=0$，则

$$g_5(x,t)=[2(\pi+x-t)-1]\mathrm{e}^{\pi+x-t}+\frac{1}{2}\sin(x-t)-\cos(x-t),$$

$$u_5(x,t)=\mathrm{e}^{\pi-x-t}+[2(\pi+x-t)-1]\mathrm{e}^{\pi+x-t}-\cos(x-t)$$

$$+\frac{1}{2}[\sin(x-t)-\sin(x+t)].$$

在Ⅵ区，

$$g_6(x-t)=g_4(x-t)=\frac{1}{2}\sin(x-t),$$

由 $x=\pi$ 处边条件，得

$$f_6(\pi+t)=\mathrm{e}^{-t}-\frac{1}{2}\sin(\pi-t),$$

$$f_6(\xi)=\mathrm{e}^{\pi-\xi}-\frac{1}{2}\sin(2\pi-\xi)=\mathrm{e}^{\pi-\xi}+\frac{1}{2}\sin\xi,$$

$$u_6(x,t)=\mathrm{e}^{\pi-x-t}+\frac{1}{2}[\sin(x+t)+\sin(x-t)].$$

在特征线 $x+t=2\pi$ 上，$u_6=u_4=\mathrm{e}^{-\pi}+\frac{1}{2}\sin(x-t)$，即解连续.

由于在 $x=\pi$ 处的边条件不是 t 的周期函数，故解函数 u 不可能是 t 的周期函数. 因此，如果我们需要知道更长时间内 u 的值，就需要不断地作分区求解，直到得出所关心的时刻区间内的解为止.

从上面的求解中可以看出，如果给定的是第一类边条件，则不能随便说由该边界点出发的特征线上解连续，而要看由初、边条件给定的函数值在该点是否连续来定. 如果两者给定的值连续，则解函数在该特征线上连续；如果不连续，则解函数在该特征线上也不连续，相应的间断量为一常数，这就是由初边条件给定的函数值之差，如本例中在特征线 BD 上一样. 如果给定的是第二或第三类边条件，则解在相应特征线上连续，但一阶偏导数可能有间断，这要视在相应边界点上初、边条件给定的情况而定. 由此可知，在本例中，解函数只在特征线 BD 上有间断，在其他特征线上，解本身均连续.

有趣的是，如果我们在 BD 上按解连续的方法求解，即假定在特征线 $x+t=\pi$ 上有

$$u_3(x,t)=f_3(\pi)+g_3(x-t)=f_1(\pi)+g_1(x-t)$$

$$=g_1(x-t)-\frac{1}{2}\sin(x-t).$$

取 $f_3(\pi)=0$，得

$$g_3(x-t)=g_1(x-t)=-\frac{1}{2}\sin(x-t).$$

即仍是(10.5.1)式. 由此，由边条件解得之 $f_3(\xi)$ 和由此给出之 $u_3(x,t)$ 仍是(10.5.2)式和(10.5.3)式，即最后所得之解仍是正确的. 但是由(10.5.2)式给出之 $f_3(\pi)=1\neq 0$. 这与上面取定的 $f_3(\pi)=0$ 相矛盾. 这一矛盾说明取 $f_3(\pi)=0$ 是不恰当的. 实际上，(10.5.1)式给出的 $g_3(x-t)$ 不是因取 $f_3(\pi)=0$ 得到

的，而是由 $g_3(x-t)=g_1(x-t)$ 得到的.

例 3 求定解问题

$$\begin{cases} u_{tt}-a^2u_{xx}=e^{-t}\sin x, & |x|<\pi,\ t>0, \\ u(x,0)=\cos x, \quad u_t(x,0)=a\sin x, & |x|<\pi, \\ u_x(-\pi,t)=u_x(\pi,t)=e^{-t}, & t>0. \end{cases}$$

解 令 $u=v+w$，v 和 w 分别满足：

$$\begin{cases} v_{tt}-a^2v_{xx}=0, & |x|<\pi,\ t>0, \\ v(x,0)=\cos x, \quad v_t(x,0)=a\sin x, & |x|<\pi, \\ v_x(-\pi,t)=v_x(\pi,t)=e^{-t}, & t>0; \end{cases}$$

$$\begin{cases} w_{tt}-a^2w_{xx}=e^{-t}\sin x, & |x|<\pi,\ t<0, \\ w(x,0)=w_t(x,0)=0, & |x|<\pi, \\ w_x(-\pi,t)=w_x(\pi,t)=0, & t>0. \end{cases}$$

在 Ⅰ 区，

$$v_1(x,t)=f_1(x+at)+g_1(x-at)=\frac{1}{2}[\cos(x+at)+\cos(x-at)]$$

$$+\frac{a}{2a}\int_{x-at}^{x+at}\sin x\mathrm{d}x=\cos(x-at),$$

$$f_1(x+at)=0, \quad g_1(x-at)=\cos(x-at).$$

在 Ⅱ 区，

$$f_2(x+at)=f_1(x+at)=0, \quad v_{2x}(-\pi,t)=g_2(-\pi-at)=e^{-t}.$$

令 $\xi=-(\pi+at)$，即 $t=-\dfrac{1}{a}(\xi+\pi)$，得

$$g_2'(\xi)=e^{\frac{(\xi+\pi)}{a}}\Rightarrow g_2(\xi)=ae^{\frac{(\xi+\pi)}{a}}+C.$$

其中 C 为一待定常数，有

$$v_2(x,t)=g_2(x-at)=ae^{-t+\frac{x+\pi}{a}}+C$$

在 $x-at$ 上解连续，即有

$$v_2=v_1\Rightarrow g(-\pi)=a+C=\cos(-\pi)=-1\Rightarrow C=-1-a.$$

$$v_2(x,t)=g_2(x-at)=ae^{\frac{(x-at+\pi)}{a}}-a-1.$$

在 Ⅲ 区，

$$v_3(x,t)=f_3(x+at)+g_3(x-at),$$

$$g_3(x-at)=g_1(x-at)=\cos(x-at).$$

在 $x=\pi$ 处，有

$$v_{3x}(\pi,t)=f'_3(\pi+at)-\sin(\pi-at)=e^{-t}.$$

令 $\pi+at=\xi$, $t=\dfrac{1}{a}(\xi-\pi)$，得

$$f_3'(\xi)=e^{\frac{1}{a}(\pi-\xi)}-\sin\xi,$$

$$f_3(\xi)=-ae^{\frac{1}{a}(\pi-\xi)}+\cos\xi+C,$$

$$v_3(x,t)=\cos(x+at)-ae^{\frac{1}{a}(\pi-x-at)}+\cos(x-at)+C.$$

在 $x+at=\pi$ 上，$v_3=v_1$，即由

$$\begin{aligned}v_3(x,t)&=\cos(x+at)+\cos(x-at)-ae^{\frac{1}{a}(\pi-x-at)}+a+1\\&=\cos(x-at)=\cos(x-at)-1-a+C\end{aligned}$$

可推出

$$C=1+a,\quad f_3(x+at)=\cos(x+at)+1+a-ae^{\frac{(\pi-x-at)}{a}}$$

在 Ⅳ 区，

$$f_4(x+at)=f_3(x+at)=\cos(x+at)+1+a-ae^{\frac{(\pi-x-at)}{a}},$$

$$g_4(x-at)=g_2(x-at)=ae^{\frac{(\pi+x-at)}{a}}-a-1,$$

$$\begin{aligned}v_4(x,t)&=f_4(x+at)+g_4(x-at)\\&=2ae^{\frac{(\pi-at)}{a}}\operatorname{sh}\frac{x}{a}+\cos(x+at).\end{aligned}$$

在 $x-at=-\pi$ 上，

$$v_4=a-ae^{\frac{(\pi-x-at)}{a}}+\cos(x+at)=v_3;$$

在 $x+at=\pi$ 上，

$$v_4=ae^{\frac{(\pi+x-at)}{a}}-a-1=v_2.$$

下面求解 $w_i(x,t)$：

在 Ⅰ 区，

$$\begin{aligned}w_1(x,t)&=\frac{1}{2a}\int_0^t\int_{x-a(t-\tau)}^{x+a(t-\tau)}e^{-\tau}\sin\zeta d\zeta d\tau\\&=\frac{\sin x}{a}\int_0^t e^{-\tau}\sin a(t-\tau)d\tau\\&=\frac{1}{a}e^{-t}\sin x\int_0^t e^{\xi}\sin a\xi d\xi\\&=\frac{\sin x}{a(1+a^2)}e^{-t}\Big[e^{\xi}(\sin a\xi-a\cos a\xi)\Big]_0^t\\&=\frac{\sin x}{1+a^2}\Big(e^{-t}+\frac{1}{a}\sin at-\cos at\Big).\end{aligned}$$

由格林公式

$$\iint_R\Big(\frac{\partial P}{\partial\tau}-\frac{\partial Q}{\partial\xi}\Big)d\tau d\xi=-\int_\Gamma(Pd\xi+Qd\tau),$$

有

$$\iint_R f(\xi,\tau)\mathrm{d}\xi\mathrm{d}\tau=\iint_R (w_{\tau\tau}-a^2 w_{\xi\xi})\mathrm{d}\xi\mathrm{d}\tau=-\int_\Gamma (w_\tau \mathrm{d}\xi+a^2 w_\xi \mathrm{d}\tau).$$

对Ⅱ区，如图10.5.6所示，在EF上，$\mathrm{d}\xi=a\mathrm{d}\tau$；在$FG$上，$\mathrm{d}\xi=-a\mathrm{d}\tau$和在$GE$上$\mathrm{d}\xi=0$，$w_\xi=0$，得

$$\begin{aligned}\iint_R f(\xi,\tau)\mathrm{d}\xi\mathrm{d}\tau&=-\int_E^F (w_\tau \mathrm{d}\xi+a^2 w_\xi \mathrm{d}\tau)-\int_F^G (w_\tau \mathrm{d}\xi+a^2 w_\xi \mathrm{d}\tau)\\&\quad-\int_E^G (w_\tau \mathrm{d}\xi+a^2 w_\xi \mathrm{d}\tau)\\&=a\left[\int_F^E (w_\tau \mathrm{d}\tau+w_\xi \mathrm{d}\xi)+\int_F^G (w_\tau \mathrm{d}\tau+w_\xi \mathrm{d}\xi)\right]\\&=a[w(E)+w(G)-2w(F)].\end{aligned}$$

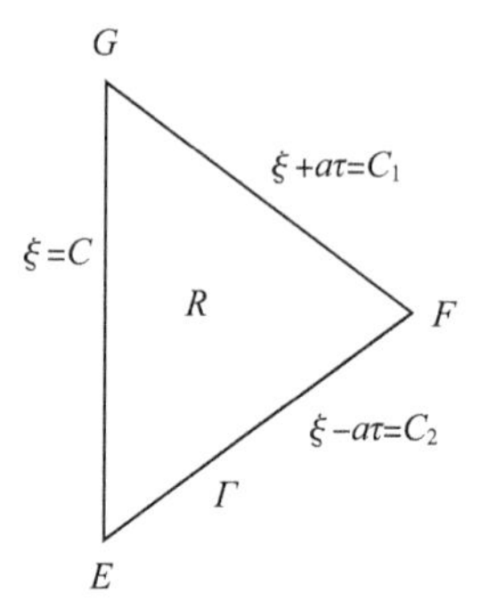

图 10.5.6

以$f(\xi,\tau)=\mathrm{e}^{-\tau}\sin\xi$代入上式中，由于$x_E=x_G=-\pi$，得

$$\begin{aligned}w(E)+w(G)-2w(F)&=\frac{1}{a}\int_{-\pi}^{x_F}\int_{t_F-\frac{1}{a}(x_F-\xi)}^{t_F+\frac{1}{a}(x_F-\xi)}\mathrm{e}^{-\tau}\sin\xi\mathrm{d}\tau\mathrm{d}\xi\\&=\frac{2}{a}\mathrm{e}^{-t_F}\int_{-\pi}^{x_F}\sin\xi\,\mathrm{sh}\frac{x_F-\xi}{a}\mathrm{d}\xi\\&=-\frac{2}{1+a^2}\mathrm{e}^{-t_F}\left[\mathrm{ch}\frac{x_F-\xi}{a}\sin\xi+a\,\mathrm{sh}\frac{x_F-\xi}{a}\cos\xi\right]_{-\pi}^{x_F}\\&=-\frac{2\mathrm{e}^{-t_F}}{1+a^2}\left(a\,\mathrm{sh}\frac{x_F+\pi}{a}+\sin x_F\right).\end{aligned}$$

由此有

$$w_2(x,t)=\frac{\mathrm{e}^{-t}}{1+a^2}\left(a\,\mathrm{sh}\frac{x+\pi}{a}+\sin x\right)+\frac{1}{2}[w_2(S_1)+w_2(S_2)],$$

$$w_2(S_1)=2w_2(P)-w_2(A)-\frac{2\mathrm{e}^{-t_p}}{1+a^2}\left[a\,\mathrm{sh}\frac{x_p+\pi}{a}+\sin x_p\right],$$

$$w_2(A)=w_1(A)=w_1(-\pi,t)=0,$$

$$2w_2(P)=2w_1(P)=\frac{2\sin x_p}{1+a^2}\left(\mathrm{e}^{-t_p}-\cos at_p+\frac{1}{a}\sin at_p\right),$$

$$=\frac{1}{1+a^2}\Big\{2\mathrm{e}^{-2t_p}\sin x_p-\sin(x_p+at_p)-\sin(x_p-at_p)$$

$$+\frac{1}{a}\left[\cos(x_p-at_p)-\cos(x_p+at_p)\right]\Big\}.$$

利用 $x_p-at_p=-\pi, x_p+at_p=-(2\pi+x-at)$,最后可得

$$w_2(S_1)=\frac{1}{1+a^2}\left[\sin(x+at)-\frac{1}{a}\cos(x-at)+a\mathrm{e}^{\frac{(\pi+x-at)}{a}}\right]-\frac{1}{a}.$$

利用 $x_Q-at_Q=-\pi, x_Q+at_Q=x+at$,有

$$2w_2(Q)=2w_1(Q)=\frac{1}{1+a^2}\Big\{\frac{1}{a}\left[\cos(x_Q-at_Q)-\cos(x_Q+at_Q)\right]$$

$$-\sin(x_Q+at_Q)-\sin(x_Q-at_Q)+\frac{2}{\mathrm{e}^{t_Q}}\sin x_Q\Big\}$$

$$=\frac{1}{1+a^2}\Big\{-\frac{1}{a}-\frac{1}{a}\cos(x+at)-\sin(x+at)+2\mathrm{e}^{-t_Q}\sin x_Q\Big\},$$

$$w_2(S_2)=2w_2(Q)-\frac{2}{1+a^2}\mathrm{e}^{-t_Q}\left(a\,\mathrm{sh}\,\frac{x_Q+\pi}{a}+\sin x_Q\right)$$

$$=\frac{1}{1+a^2}\left[a\mathrm{e}^{\frac{-(\pi+x+at)}{a}}-\sin(x+at)-\frac{1}{a}\cos(x+at)\right]-\frac{1}{a}.$$

如图 10.5.7 所示.由此得

$$w_2(x,t)=\frac{1}{1+a^2}\left[\mathrm{e}^{-t}\left(\sin x+a\mathrm{e}^{\frac{\pi+x}{a}}\right)-\cos x\left(\sin at+\frac{1}{a}\cos at\right)\right]-\frac{1}{a}.$$

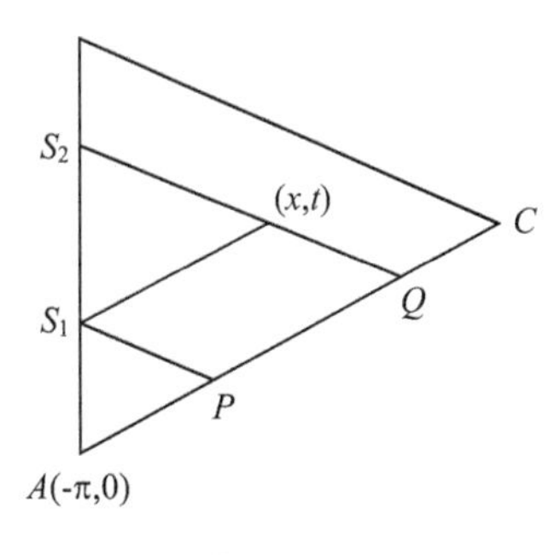

图 10.5.7

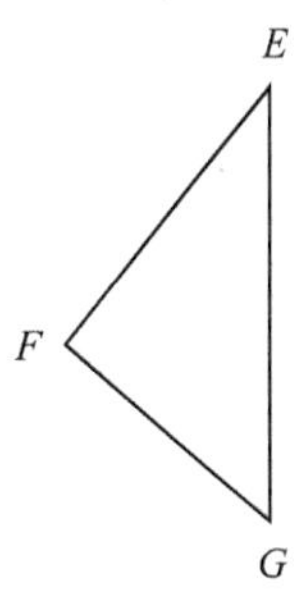

图 10.5.8

对 Ⅲ 区,如图 10.5.8 所示,在 GE 上,$x=\pi$,$\mathrm{d}\xi=0$,$w_\xi=0$;在 EF 上,$\mathrm{d}\xi=a\mathrm{d}\tau$;在 FG 上,$\mathrm{d}\xi=-a\mathrm{d}\tau$ 故有:

$$
\begin{aligned}
w(E)+w(G)-2w(F) &= \frac{1}{a}\int_{x_F}^{\pi}\int_{t_F+\frac{1}{a}(x_F-\xi)}^{t_F-\frac{1}{a}(x_F-\xi)} \mathrm{e}^{-\tau}\sin\xi\mathrm{d}\tau\mathrm{d}\xi \\
&= -\frac{2}{a}\mathrm{e}^{-t_F}\int_{x_F}^{\pi}\sin\xi\mathrm{sh}\,\frac{x_F-\xi}{a}\mathrm{d}\xi \\
&= \frac{2}{1+a^2}\mathrm{e}^{-t_F}\left[\mathrm{ch}\,\frac{x_F-\xi}{a}\sin\xi+a\mathrm{sh}\,\frac{x_F-\xi}{a}\cos\xi\right]_{x_F}^{\pi} \\
&= \frac{2\mathrm{e}^{-t_F}}{1+a^2}\left(a\mathrm{sh}\,\frac{x_F-\pi}{a}+\sin x_F\right).
\end{aligned}
$$

如图 10.5.9 所示，

$w_3(B)=w_1(B)=0$，

$$w_3(P)=w_1(P)=\frac{\sin x_p}{1+a^2}\left(\mathrm{e}^{-t_p}+\frac{1}{a}\sin at_p-\cos at_p\right),$$

$$w_3(Q)=w_1(Q)=\frac{\sin x_Q}{1+a^2}\left(\mathrm{e}^{-t_Q}+\frac{1}{a}\sin at_Q-\cos at_Q\right),$$

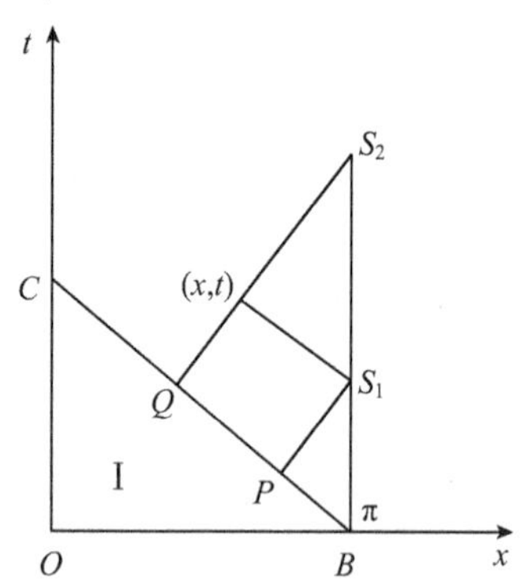

图 10.5.9

$$
\begin{aligned}
w_3(S_1) &= 2w_3(P)-w_3(B)-\frac{2}{1+a^2}\mathrm{e}^{-t_p}\left(\sin x_p+a\mathrm{sh}\,\frac{x_P-\pi}{a}\right) \\
&= \frac{2}{1+a^2}\left[\sin x_p\left(\frac{1}{a}\sin at_p-\cos at_p\right)+a\mathrm{e}^{-t_p}\mathrm{sh}\,\frac{\pi-x_P}{a}\right] \\
&= \frac{1}{1+a^2}\left\{\frac{1}{a}[\cos(x_P-at_P)-\cos(x_P+at_P)]\right. \\
&\quad \left.-\sin(x_P+at_P)-\sin(x_P-at_P)+a\mathrm{e}^{\frac{(\pi-x_P-at_P)}{a}}-a\mathrm{e}^{\frac{(x_P-at_P-\pi)}{a}}\right\},
\end{aligned}
$$

$$
\begin{aligned}
w_3(S_2) &= 2w_3(Q)-w_3(B)-\frac{2}{1+a^2}\mathrm{e}^{-t_Q}\left(\sin x_Q+a\mathrm{sh}\,\frac{x_Q-\pi}{a}\right) \\
&= \frac{1}{1+a^2}\left\{\frac{1}{a}[\cos(x_Q-at_Q)-\cos(x_Q+at_Q)]\right. \\
&\quad \left.-\sin(x_Q+at_Q)-\sin(x_Q-at_Q)+a\mathrm{e}^{\frac{(\pi-x_Q-at_Q)}{a}}-a\mathrm{e}^{\frac{(x_Q-at_Q-\pi)}{a}}\right\}.
\end{aligned}
$$

利用 $\pi+at_1=x+at, x_P+at_P=x_Q+at_Q=\pi, x_Q-at_Q=x-at$ 和 $x_P-at_P=\pi-at_1=2\pi-(x+at)$，得

$$w_3(x,t)=\frac{1}{2}[w_3(S_1)+w_3(S_2)]+\frac{1}{1+a^2}e^{-t}\left(\sin x+a\,\mathrm{sh}\,\frac{x-\pi}{a}\right)$$
$$=\frac{1}{1+a^2}\left[e^{-t}(\sin x+ae^{\frac{\pi-x}{a}})+\cos x\left(\frac{1}{a}\cos at+\sin at\right)\right]+\frac{1}{a}.$$

在 Ⅳ 区，利用格林公式，有

$$w_4(x,t)=\frac{1}{2a}\iint_R e^{-\tau}\sin\xi d\xi d\tau-w_4(C)+w_4(P)+w_4(Q)$$
$$=\frac{1}{2a}\iint_R\left[-\frac{\partial}{\partial\tau}e^{-\tau}\sin\xi\right]d\xi d\tau-w_4(C)+w_4(P)+w_4(Q)$$
$$=\frac{1}{2a}\int_\Gamma e^{-\tau}\sin\xi d\xi-w_4(C)+w_4(P)+w_4(Q).$$

如图 10.5.10 所示，由于 $x_C=0, t_C=\frac{\pi}{a}, x_P+at_P=\pi, x_P-at_P=x-at$，$x_Q+at_Q=x+at, x_Q-at_Q=-\pi$，有

$$w_4(C)=w_1(C)=0,$$
$$w_4(P)=w_2(P)=\frac{1}{1+a^2}\left[e^{-t_P}\sin x_P+ae^{-t+\frac{\pi+x}{a}}+\frac{1}{2}\sin(x-at)\right.$$
$$\left.-\frac{1}{2a}\cos(x-at)+\frac{1}{2a}\right]-\frac{1}{a}$$
$$w_4(Q)=w_3(Q)$$
$$=\frac{1}{1+a^2}\left[e^{-t_Q}\sin x_Q-ae^{-t+\frac{\pi-x}{a}}+\frac{1}{2}\sin(x+at)\right.$$
$$\left.+\frac{1}{2a}\cos(x+at)-\frac{1}{2a}\right]+\frac{1}{a},$$

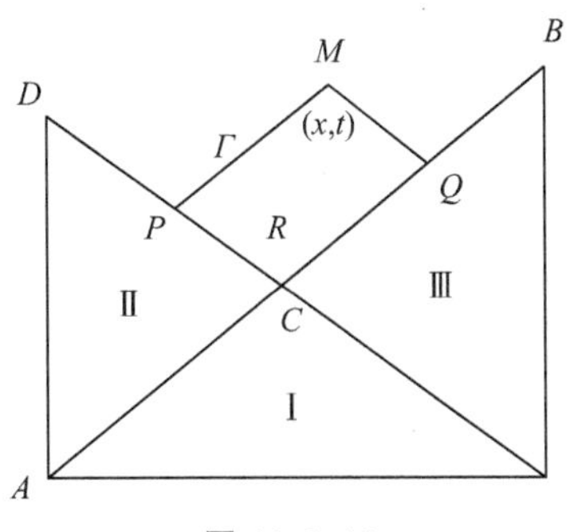

图 10.5.10

$$w_4(P)+w_4(Q)=\frac{1}{1+a^2}\Big[\mathrm{e}^{-t_P}\sin x_P+\mathrm{e}^{-t_Q}\sin x_Q+2a\mathrm{e}^{-t+\frac{\pi}{a}}\operatorname{sh}\frac{x}{a}$$
$$+\sin x\big(\cos at-\frac{1}{a}\sin ax\big)\Big].$$

对 Γ，在 QM 上，$\tau=t+\frac{1}{a}(x-\xi)$；在 MP 上，$\tau=t-\frac{1}{a}(x-\xi)$；在 PC 上，$\tau=\frac{1}{a}(\pi-\xi)$；在 CQ 上，$\tau=\frac{1}{a}(\pi+\xi)$. 由此有

$$\frac{1}{2a}\int_\Gamma \mathrm{e}^{-\tau}\sin\xi\mathrm{d}\xi=\frac{1}{2a}\Big[\mathrm{e}^{-\frac{\pi}{a}}\int_{x_P}^0\mathrm{e}^{\frac{\xi}{a}}\sin\xi\mathrm{d}\xi+\mathrm{e}^{-\frac{\pi}{a}}\int_0^{x_Q}\mathrm{e}^{-\frac{\xi}{a}}\sin\xi\mathrm{d}\xi$$
$$+\mathrm{e}^{-\frac{x+at}{a}}\int_{x_Q}^{x}\mathrm{e}^{\frac{\xi}{a}}\sin\xi\mathrm{d}\xi+\mathrm{e}^{\frac{x-at}{a}}\int_x^{x_P}\mathrm{e}^{-\frac{\xi}{a}}\sin\xi\mathrm{d}\xi\Big]$$
$$=\frac{1}{2(1+a^2)}\Big\{\mathrm{e}^{-\frac{\pi}{a}}\Big[\mathrm{e}^{\frac{\xi}{a}}(\sin\xi-a\cos\xi)\Big]_{x_P}^0$$
$$-\mathrm{e}^{-\frac{\pi}{a}}\Big[\mathrm{e}^{-\frac{\xi}{a}}(\sin\xi+a\cos\xi)\Big]_0^{x_Q}+\mathrm{e}^{-\frac{x+at}{a}}\Big[\mathrm{e}^{\frac{\xi}{a}}(\sin\xi-a\cos\xi)\Big]_{x_Q}^{x}$$
$$-\mathrm{e}^{\frac{x-at}{a}}\Big[\mathrm{e}^{-\frac{\xi}{a}}(\sin\xi+a\cos\xi)\Big]_x^{x_P}\Big\}$$
$$=\frac{1}{1+a^2}(\mathrm{e}^{-t}\sin x-\mathrm{e}^{-t_P}\sin x_P-\mathrm{e}^{-t_Q}\sin x_Q).$$

最后得

$$w_4(x,t)=\frac{1}{1+a^2}\Big[\mathrm{e}^{-t}\sin x+2a\mathrm{e}^{-t+\frac{\pi}{a}}\operatorname{sh}\frac{x}{a}+\sin x\big(\cos at-\frac{1}{a}\sin at\big)\Big],$$

$$u_1=v_1+w_1=\frac{\sin x}{1+a^2}\Big[\mathrm{e}^{-t}-\cos at+\frac{1}{a}\sin at\Big]+\cos(x-at),$$

$$u_2=v_2+w_2$$
$$=\frac{1}{1+a^2}\Big\{\mathrm{e}^{-t}[\sin x+a(a^2+2)\mathrm{e}^{\frac{\pi+x}{a}}]-\cos x\Big(\sin at+\frac{1}{a}\cos at\Big)\Big\}$$
$$-a-\frac{1}{a}-1,$$

$$u_3=v_3+w_3$$
$$=\Big[2+\frac{1}{a(1+a^2)}\Big]\cos x\cos at+\frac{1}{1+a^2}\{\mathrm{e}^{-t}[\sin x-a(a^2+2)\mathrm{e}^{\frac{\pi-x}{a}}]$$
$$+\cos x\sin at\}+a+\frac{1}{a}+1,$$

$$u_4=v_4+w_4$$
$$=\frac{1}{1+a^2}\Big[[\mathrm{e}^{-t}\sin x+2a(a^2+2)\mathrm{e}^{-t+\frac{\pi}{a}}\operatorname{sh}\frac{x}{a}+\sin x\Big(\cos at-\frac{1}{a}\sin at\Big)\Big]$$
$$+\cos(x+at).$$

若两个端点处同时给定的是第一类边条件，即给定在端点处解函数本身之值，则可令未知函数 $u=U_x$，并将初值和强迫项对 x 作一次不定积分，给出对新未知函数 U 的相应初值和强迫项，其中新初值中出现的任意常数和新强迫项中出现的对 t 的任意函数可适当选定. 这时，定解问题就变成了例 3 的形式.

如果两端点一端是第一类边条件，另一端是第二类边条件，则在将边条件齐次化后，可对其中的一个端点作相应的奇开拓(当能保证该端点处解的连续性时)或偶开拓，把解域扩大到关于该端点的一个完全对称的范围之内，定解问题就变成前面的情况了.

若仅从本例而言，令 $u=v+\dfrac{1}{1+a^2}\mathrm{e}^{-t}\sin x$，将方程齐次化，求解要简单一些. 采用现在的求解方法是为了通过例子说明如果方程不易齐次化时如何求解.

习　　题

1. 求下列方程(组)的特征线和特征线上满足的关系式：

(1) $u_{xx}-4u_{yy}=0$；　　(2) $u_{xy}+x^2u_{yy}=0$；

(3) $u_{xx}-4u_{xy}+u_{yy}=0$；　　(4) $3u_{xx}+2u_{xy}-u_{yy}=0$；

(5) $\begin{cases} vu_x+u_y+\dfrac{1}{3}uv_x=0, \\ \dfrac{1}{3}uu_x+v_y+vv_x=0. \end{cases}$

2. 把下列方程化作标准型：

(1) $u_{xx}+3u_{xy}+2u_{yy}+u_x-u_y=0$；

(2) $3u_{xx}-2u_{xy}+u_{yy}+2u=0$；

(3) $2u_{xx}+4u_{xy}+2u_{yy}+u_x-u_y=0$；

(4) $u_{xx}-yu_{xy}+xu_x+yu_y=0$；

(5) $u_{xx}+2(x^2+1)u_{xy}+2(x^4+1)u_{yy}=0$.

3. 讨论下列定解问题解的存在唯一性. 若解不存在或不唯一，说明这是因为违背了双曲型方程定解条件提法的什么规则.

(1) $\begin{cases} u_{xt}=0, & -\infty<x<\infty, t>0, \\ u(x,0)=\varphi(x), & u_t(x,0)=\psi(x)； \end{cases}$

(2) $\begin{cases} u_{xx}-u_{yy}=0, & y>0, y<x<y+1, \\ u(x,0)=\varphi(x), & u_y(x,0)=0, \\ u_x(y,y)=h(y), & u_x(y+1,y)=g(y). \end{cases}$

4. 通过将方程化成标准型求方程通解的方法解下列定解问题：

(1) $\begin{cases} u_{xx}-3u_{xy}+2u_{yy}=0, & |x|<\infty, y>0, \\ u(x,0)=0, & u_y(x,0)=\sin 2x； \end{cases}$

(2)$\begin{cases} 3u_{xx}+10u_{xy}+8u_{yy}=\dfrac{6x}{1+x^2}, & |x|<\infty, y>0, \\ u(x,0)=\cos x, \quad u_y(x,0)=0. \end{cases}$

(3)$\begin{cases} x^2u_{xx}+2xyu_{xy}+y^2u_{yy}=1, & x>1, y>1, \\ u(1,y)=\mathrm{e}^{-y}, \quad u(x,1)=0. \end{cases}$

5. 求下列方程的通解：

(1)$u_{xy}+u_x-u_y-u=0$，　提示：令 $v=u\mathrm{e}^{x-y}$；

(2)$u_{xy}=\dfrac{1}{x-y}(u_x-u_y)$，　提示：令 $v=(x-y)u$.

6. 解下列一维波动方程定解问题：

(1)$\begin{cases} u_{tt}-u_{xx}=0, & |x|<\infty, t>0, \\ u(x,0)=2[1-H(x)]=\begin{cases} 2, & x<0, \\ 0, & x>0, \end{cases} \\ u_t(x,0)=\cos x; \end{cases}$

(2)$\begin{cases} u_{tt}-u_{rr}-\dfrac{2}{r}u_r=\mathrm{e}^{-t}\sin r, & r>0,\ t>0, \\ u(r,0)=1-\mathrm{e}^{-r}, \quad u_t(r,0)=0,\ r\geqslant 0, \\ u(0,t)\text{ 有限}, \quad t>0, \end{cases}$

提示：如下图所示，令 $v=ru$，分区求解.

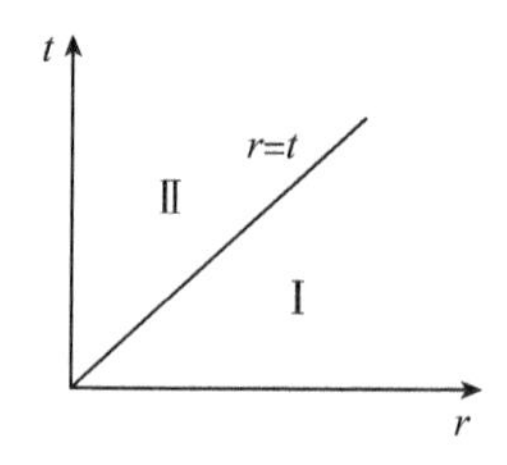

(3)$\begin{cases} u_{tt}-u_{xx}=\sin x, & 0<x<\pi,\ t>0, \\ u(x,0)=0, \quad u_t(x,0)=0, & 0\leqslant x\leqslant \pi, \\ u(0,t)=0, \quad u(\pi,t)=1-\cos t, & t>0; \end{cases}$

(4)$\begin{cases} u_{tt}-a^2u_{xx}=0, & x>0,\ t>0, a\text{ 为正常数}, \\ u(x,0)=\sin x, \quad u_t(x,0)=\cos x, \\ u(0,t)=\sin at. \end{cases}$

第十一章　分离变量法

分离变量法是解线性偏微分方程最基本和最常用的方法之一，可在多种正交坐标系中使用. 其基本原理是线性叠加原理和常微分方程的本征值理论，是将解函数对本征函数族作多变量的广义傅里叶展开. 这一方法的局限性在于对边界形状限制较严.

§11.1　概　　述

1. 常用分离变数法求解的线性定解问题

常见的二阶常系数方程的一般形式为

$$Lu = \nabla^2 u - au_{tt} - bu_t - cu = f(X,t). \tag{11.1.1}$$

按 a,b,c 的不同取值情况，可分为如下一些方程类型：

$a > 0, b = c = 0$，为波动方程，是双曲型；

$b > 0, a = c = 0$，为热传导方程，是抛物型；

$a = b = 0, c \neq 0$，为亥姆霍兹(Helmholtz) 方程，是椭圆型；

$a = b = c = 0$，$f \not\equiv 0$ 为泊松方程，$f \equiv 0$ 为拉普拉斯方程，是椭圆型；

a,b,c 均不为 0 且 $a > 0$，为电报方程，是双曲型，

其中 t 为时间(或相当于时间) 变量，X 为 m 维空间的 m 维变量.

设 $V \subset \mathbf{R}^m$ 为求解的空间区域，S 为 V 的全部边界. 定解问题的提法为

$$\begin{cases} \nabla^2 u = au_{tt} + bu_t + cu + f(X,t), & X \in V, t > 0, \\ \alpha \dfrac{\partial u}{\partial n} + \beta u = Mu = g(X,t), & X \in S, t > 0, \\ u(X,0) = h(X), \quad u_t(X,0) = p(X) \end{cases} \tag{11.1.2}$$

其中$\dfrac{\partial}{\partial n}$为沿 S 的外法向 $\boldsymbol{n}$ 的导数，常数 $a^2 + b^2 > 0$. 若 $a = 0, b = 0$，即为椭圆型方程时，不提初条件；若 $a = 0, b > 0$，为抛物型方程时，仅提一个初条件 $u(X,0) = h(X)$；当 $a \neq 0$ 时，才如(11.1.2) 式所显示的那样就要提两个初条件.

2. 分离变量法的一般步骤

(1) 边条件齐次化(或部分齐次化)：

若边条件为非齐次的，当 a 和 b 中至少有一个不为 0 时，先将边条件全部齐次化，即令 $u = v + k$，$k(X,t)$ 是给定的，要求 $Mk = g(X,t)$，$x \in X$. 这时可化作

对未知函数 v 的如下定解问题：

$$\begin{cases}Lv = f - Lk = q(X,t), & X \in V, t > 0, \\ Mv = 0, & X \in S, t > 0, \\ v(X,0) = h(X) - k(X,0) = H(X), & \text{当 } a^2 + b^2 \neq 0 \text{ 时}, \\ v_t(X,0) = p(X) - k_t(X,0) = P(X), & \text{当 } a \neq 0 \text{ 时}.\end{cases} \tag{11.1.3}$$

若 $a = b = 0$ 时，也可将边条件全部齐次化而保持方程为非齐次的，或将部分边条件齐次化而保持方程为齐次的.

(2) 若 a 和 b 中至少有一个不为 0 时，在齐次边条件下，先作时空分离，即令 $v = W(X)T(t)$. 为了对空间变量给出本征值和本征函数，将其代入齐次方程中，得到 $W(X)$ 所满足的方程(齐次的). 若原方程是齐次的，即 $q(X,t) \equiv 0$，则 $T(t)$ 所满足的常微分方程同时给出，也是齐次方程.

(3) 对 $W(X)$ 再按各空间变量进一步地作变量分离，得到对各空间数量所分别满足的齐次常微分方程和齐次边条件. 如果 $a = b = 0$，这时 $W(X)$ 就是 $v(X)$ 本身. 若保持方程是齐次的，则必然保留对一个变量的边条件是非齐次的. 否则，定解问题的解已被求出.

(4) 求各对应空间变量下常微分方程的本征值和本征函数. 对不同空间变量下的各常微分方程，在齐次边条件、自然边条件或周期边条件下，求其本征函数序列和相应的本征函数族.

如果对某一空间变量边条件是非齐次的，对应的齐次常微分方程将包含其他空间变量下本征值问题给定的本征值，它的两个独立解依赖于相应的本征值序列，构成两个独立的函数族.

(5) 将方程的非齐次项按本征函数族作广义傅里叶展开：

当方程非齐次时，将非齐次项 $q(X,t)$ 对各空间变量按相应的本征函数族展开成广义傅里叶级数. 如果 a 和 b 中至少有一个不为零，由展开式给出了 $T(t)$ 所满足的非齐次常微分方程，由此解出 $T(t)$ 在给定的本征值序列下的解函数族，得到未知函数含特定系数的展开式解.

如果 $a = b = 0$，则方程的非齐次项展式中的各系数均是常量. 由这些系数，可以给定定解问题(11.1.3) 的解函数展开式中的待定系数，从而可以将解函数最后确定.

若方程是齐次的，即 $q \equiv 0$，则无此步.

(6) 利用非齐次定解条件中已知函数按本征函数的展开形式，定出未知函数展开式中的待定系数，最后将解确定.

若 $a = b = 0$，则无(2). 若同时还有 $q(X)$ 不恒为 0，则也无(6).

3. 时、空变量的分离

先假定方程是齐次的，即 $q(X,t)\equiv 0$. 对(11.1.3)式，令 $v(X,t)=W(X)T(t)$，代入齐次方程和齐次边条件中有

$$T\nabla^2 W=W(aT''+bT'+cT).$$

由此得

$$\frac{\nabla^2 W(X)}{W(X)}=\frac{aT''(t)+bT'(t)+cT}{T(t)}=-\lambda.$$

显然，要想上式成立，λ 应与 X,t 无关. 这时对应的边条件为 $\left(\alpha\frac{\partial W}{\partial n}+\beta W\right)T=0$，得

$$\alpha\frac{\partial W}{\partial n}+\beta W=0\quad(X\in S),$$

即 $W(X)$ 满足亥姆霍兹方程和齐次边条件，有

$$\begin{cases}\nabla^2 W+\lambda W=0, & X\in V,\\ \alpha\dfrac{\partial W}{\partial n}+\beta W=0, & X\in S.\end{cases}\tag{11.1.4}$$

同时有

$$aT''+bT'+(c+\lambda)T=0\quad(t>0).\tag{11.1.5}$$

若 $q(X,t)$ 不恒为 0，(11.1.4)式仍将保留，而 T 满足的方程(11.1.5)式将有所变化，方程右端将会出现非齐次项，这些非齐次项按前述第五步给出. 具体形式将在后面关于非齐次项的处理中说明.

使(11.1.4)式有非零解的 λ 称为齐次定解问题(11.1.4)的本征值，构成一个无穷序列 $\{\lambda_n\}$，与 λ_n 对应的非零解 $W_n(X)$ 称为对应于 λ_n 的本征函数，将构成一个完备的正交函数族.

对每一个 λ_n，可得 $T(t)$ 的一个对应解 $T_n(t)$. 若 $a\neq 0$，有

$$T_n(t)=A_nT_{1n}(t)+B_nT_{2n}(t),$$

其中 $T_{1n}(t)$ 和 $T_{2n}(t)$ 是 $T_n(t)$ 所满足的方程的两个独立的解，A_n 和 B_n 为两个特定常数. 这时，有

$$v(X,t)=\sum_{n=1}^{\infty}[A_nT_{1n}(t)+B_nT_{2n}(t)]W_n(X)=\sum_{n=1}^{\infty}T_n(t)W_n(X).$$

若 $a=0$，方程只有一个独立解，上式中之 $B_n=0$.

利用本征函数族 $\{W_n(X)\}$ 的正交性(设已归一化)

$$\int_V\rho(X)W_l(X)W_n(X)\mathrm{d}X=\delta_{ln}=\begin{cases}1, & l=n,\\ 0, & l\neq n\end{cases}\tag{11.1.6}$$

和初条件中的非齐次项，可定出 A_n 和 B_n.

由初条件，有

$$\begin{cases} v(X,0) = \sum_{l=1}^{\infty}[A_l T_{1l}(0) + B_l T_{2l}(0)]W_l(X) = H(X), \\ v_t(X,0) = \sum_{l=1}^{\infty}[A_l T'_{1l}(0) + B_l T'_{2l}(0)]W_l(X) = P(X). \end{cases} \tag{11.1.7}$$

再利用本征函数的正交性，即(11.1.6)，将(11.1.7)的两个方程两边同乘以$\rho(X)W_n(X)$后在V上积分，得

$$\begin{cases} A_n T_{1n}(0) + B_n T_{2n}(0) = \int_V \rho(X)H(X)W_n(X)\mathrm{d}X = C_{1n}, \\ A_n T'_{1n}(0) + B_n T'_{2n}(0) = \int_V \rho(X)P(X)W_n(X)\mathrm{d}X = C_{2n}. \end{cases} \tag{11.1.8}$$

由此可解的A_n和B_n.

当空间维度$m>1$时，需对$\nabla^2 W + \lambda W = 0$作进一步的变数分离.具体做法留到后面，分不同的正交坐标系各自说明.

4. 方程中非齐次项的处理

对(11.1.3)式，若$q(X,t)$不恒为0，为了满足方程，可先将$q(X,t)$对X按$W(X)$的本征函数族$\{W_n(X)\}$展开为

$$q(X,t) = \sum_{n=1}^{\infty}\alpha_n(t)W_n(X). \tag{11.1.9}$$

将$v(X,t) = \sum_{n=1}^{\infty}T_n(t)W_n(X)$代入方程中，得

$$\sum_{n-1}^{\infty}\{T_n(t)\nabla^2 W_n(X) - W_n(X)[aT''_n(t) + bT'_n(t) + cT_n(t)]\} = \sum_{n=1}^{\infty}\alpha_n(t)W_n(X). \tag{11.1.10}$$

由于$W_n(X)$是方程$\nabla^2 W_n + \lambda_n W_n = 0$的解，用此消去(11.1.10)中的$\nabla^2 W_n$，方程变为

$$\sum_{n=1}^{\infty}[aT''_n(t) + bT'_n(t) + (c+\lambda_n)T_n(t)]W_n(X) = -\sum_{n=1}^{\infty}\alpha_n(t)W_n(X).$$

由此给出$T_n(t)$所应满足的方程为

$$aT''_n + bT'_n + (c+\lambda_n)T_n = -\alpha_n(t). \tag{11.1.11}$$

若$q(X,t)\equiv 0$，则对一切n均有$\alpha_n = 0$.故(11.1.5)可以说是(11.1.11)式的一个特殊情况.

设$T_{on}(t)$为非齐次方程(11.1.11)的一个特解，$T_{1n}(t)$和$T_{2n}(t)$为相应的齐次方程的两个独立解，有

$$T_n(t) = A_n T_{1n}(t) + B_n T_{2n}(t) + T_{on}(t). \tag{11.1.12}$$

将初条件中的非齐次项也按$\{W_n(X)\}$展开为

$$\begin{cases} H(X) = \sum_{n=1}^{\infty} T_n(0)W_n(X) = \sum_{n=1}^{\infty} C_{1n}W_n(X), \\ P(X) = \sum_{n=1}^{\infty} T'_n(0)W_n(X) = \sum_{n=1}^{\infty} C_{2n}W_n(X). \end{cases} \tag{11.1.13}$$

由此给出 $T_n(t)$ 所应满足的初条件为

$$T_n(0) = C_{1n}, \quad T'_n(0) = C_{2n}. \tag{11.1.14}$$

利用(11.1.12)式，有

$$\begin{cases} A_n T_{1n}(0) + B_n T_{2n}(0) = C_{1n} - T_{0n}(0), \\ A_n T'_{1n}(0) + B_n T'_{2n}(0) = C_{2n} - T'_{0n}(0). \end{cases} \tag{11.1.15}$$

由此可将 A_n 和 B_n 解出，并最后给出

$$\begin{cases} v(X,t) = \sum_{n=1}^{\infty} [A_n T_{1n}(t) + B_n T_{2n}(t) + T_{0n}(t)]W_n(X), \\ u(X,t) = v(X,t) + k(X,t). \end{cases} \tag{11.1.16}$$

若 $a = b = 0$，没有初条件，这一处理方法也是适用的. 这时解与 t 无关，在(11.1.9)和(11.1.11)两式中，T_n 和 α_n 均变为常数，并由(11.1.11)式得

$$T_n = -\frac{\alpha_n}{(c + \lambda_n)}. \tag{11.1.17}$$

并有

$$v(X) = -\sum_{n=1}^{\infty} \frac{\alpha_n}{(c + \lambda_n)} W_n(X). \tag{11.1.18}$$

这也表明，$-c$ 不能是本征值. 即对亥姆霍兹方程 $\nabla^2 u - cu = q(X)$，若 $-c = \lambda_n$ 为本征值，则定解问题

$$\begin{cases} \nabla^2 u - cu = q(X), & X \in V, \\ \alpha \dfrac{\partial u}{\partial n} + \beta u = g(X), & X \in S \end{cases}$$

是不适定的. 因为如果在非齐次项 $q(X)$ 对本征函数族 $\{W_n(X)\}$ 的展开式

$$q(X) = \sum_{n=1}^{\infty} \alpha_n W_n(X)$$

中，与 λ_n 相对应的本征函数 $W_n(X)$ 的系数 $\alpha_n \neq 0$，由(11.1.17)式知 T_n 无解，即定解问题无解；若 $\alpha_n = 0$，即方程的非齐次项与对应于本征值 λ_n 的本征函数 $W_n(X)$ 正交，则 T_n 可任意给定，即定解问题的解存在但不唯一. 这是显然的，因为这时对应的齐次定解问题有非零解. 当 $-c = \lambda_n$ 为本征值时，非齐次项 $q(X)$ 与对应的本征函数 $W_n(X)$ 正交，称为亥姆霍兹方程的可解性条件.

§11.2 直角坐标系中的分离变量法

1. 变量分离

以三维空间为例，设 V 为一三维长方体，自变量为 (x,y,z)，有 $a_1 \leqslant x \leqslant a_2$，$b_1 \leqslant y \leqslant b_2$，$c_1 \leqslant z \leqslant c_2$. 这时，应采用直角坐标系来对 W 作空间变量分离. 令 $W(x,y,z) = X(x)Y(y)Z(z)$，代入(12.1.4) 中，方程变为

$$X''YZ + XY''Z + XYZ'' = -\lambda XYZ.$$

以 XYZ 除等式两边得

$$\frac{X''(x)}{X(x)} + \frac{Y''(y)}{Y(y)} + \frac{Z''(z)}{Z(z)} = \lambda,$$

这时等式左边的第一项只是 x 的函数，第二项只是 y 的函数，第三项只是 z 的函数，而等式右边的 λ 为一常数. 要使等式成立，左边三项应均为常数，即应有

$$\frac{X''(x)}{X(x)} = -\mu, \quad \frac{Y''(y)}{Y(y)} = -\nu, \quad \frac{Z''(z)}{Z(z)} = -\sigma,$$

$$\lambda = \mu + \nu + \sigma,$$

其中 μ,ν,σ 均为常数. 即 $X(x),Y(y),Z(z)$ 均分别满足齐次方程

$$\begin{cases} X''(x) + \mu X(x) = 0, \quad Y''(y) + \nu Y(y) = 0, \\ Z''(z) + \sigma Z(z) = 0, \end{cases} \tag{11.2.1}$$

这里的本征值 μ,ν,σ 均由齐次边条件确定.

对 $x = a_1$，$\frac{\partial}{\partial n} = -\frac{\partial}{\partial x}$；在 $x = a_2$ 处，$\frac{\partial}{\partial n} = \frac{\partial}{\partial x}$. 由边条件 $\alpha \frac{\partial v}{\partial n} + \beta v = 0$ 得

$$\begin{cases} -\alpha_1 X'(a_1) + \beta_1 X(a_1) = 0, \\ \alpha_2 X'(a_2) + \beta_2 X(a_2) = 0. \end{cases} \tag{11.2.2}$$

同理，对 Y 至 b_1 和 b_2 处的边条件为

$$\begin{cases} -\alpha_3 Y(b_1) + \beta_3 Y(b_1) = 0, \\ \alpha_4 Y(b_2) + \beta_4 Y(b_2) = 0. \end{cases} \tag{11.2.3}$$

对 Z 在 c_1 和 c_2 处的边条件为

$$\begin{cases} -\alpha_5 Z'(c_1) + \beta_5 Z(c_1) = 0, \\ \alpha_6 Z'(c_2) + \beta_6 Z(c_2) = 0. \end{cases} \tag{11.2.4}$$

若原方程中本来就无时间变数，则可有两种不同的处理方法：一是仍将全部边条件齐次化而保持方程为非齐次的，这时上面的结果仍然有效；另一种是保持方程是齐次的，而对一个变数的边条件是非齐次的. 这时，在上面三组边条件中，只能保留相应的两组齐次边条件. 下面将通过具体的例子再作进一步说明.

2. 算例

例 1　解一维波动方程定解问题

$$\begin{cases} u_{tt} - a^2 u_{xx} = 0, & 0 < x < l, t > 0, \\ u(0,t) = u(l,t) = 0, & t > 0, \\ u(x,0) = \varphi(x), & u_t(x,0) = \psi(x), 0 \leqslant x \leqslant l. \end{cases} \tag{11.2.5}$$

解　令 $u = X(x)T(t)$，代入上式中得

$$\begin{cases} X''(x) + \lambda X(x) = 0, & 0 < x < l, \\ X(0) = X(l) = 0. \end{cases} \tag{11.2.6}$$

由于原方程是齐次的，故同时给出 $T(t)$ 满足的方程为

$$T'' + \lambda a^2 T = 0. \tag{11.2.7}$$

(11.2.6) 式是一种 S-L 型方程的本征值问题. 按第七章所使用的符号，它相当于在 S-L 型方程中，$p(x) \equiv 1, q(x) \equiv 0$ 和权函数 $\rho(x) \equiv 1$ 的情况. 这里虽有 $q(x) = 0$，但为第一类齐次边条件，在第七章中我们已经知道，它的所有本征值均为正，故可令 $\lambda = \alpha^2$. 代入(11.2.6) 式中，有

$$X''(x) + \alpha^2 X(x) = 0,$$

得

$$X(x) = c_1 \sin\alpha x + c_2 \cos\alpha x.$$

由定解条件 $X(0) = 0$ 知应有 $c_2 = 0$，故 $c_1 \neq 0$. 由 $X(l) = 0$，得本征值序列和相应的本征函数为

$$\lambda_n = \left(\frac{n\pi}{l}\right)^2, \quad X_n(x) = \sin\left(\frac{n\pi x}{l}\right).$$

以本征值 λ_n 代入(11.2.7) 中，方程变为

$$T''_n(t) + \left(\frac{na\pi}{l}\right)^2 T_n(t) = 0.$$

由此得

$$T_n(t) = A_n \cos\frac{n\pi a}{l}t + B_n \sin\frac{n\pi a}{l}t,$$

$$u(x,t) = \sum_{n=1}^{\infty}\left(A_n \cos\frac{n\pi a}{l}t + B_n \sin\frac{n\pi a}{l}t\right)\sin\frac{n\pi}{l}x. \tag{11.2.8}$$

利用初条件和本征函数族的正交性，得

$$\varphi(x) = u(x,0) = \sum_{n=1}^{\infty} A_n \sin\frac{n\pi}{l}x, \tag{11.2.9}$$

$$A_n = \frac{2}{l}\int_0^l \varphi(\zeta)\sin\frac{n\pi\zeta}{l}\mathrm{d}\zeta,$$

$$\psi(x) = u_t(x,0) = \sum_{n=1}^{\infty}\frac{n\pi a}{l}B_n \sin\frac{n\pi}{l}x.$$

由此有

$$\int_{x-at}^{x+at}\psi(\zeta)\mathrm{d}\zeta = a\sum_{n=1}^{\infty}B_n\left[\cos\frac{n\pi}{l}(x-at)-\cos\frac{n\pi}{l}(x+at)\right], \qquad (11.2.10)$$

$$B_n=\frac{2}{n\pi a}\int_0^l\psi(\zeta)\sin\frac{n\pi}{l}\zeta\mathrm{d}\zeta.$$

由(11.2.8)式,并注意到(11.2.9)和(11.2.10)两式,有

$$\begin{aligned}u(x,t)&=\frac{1}{2}\sum_{n=1}^{\infty}A_n\left[\sin\frac{n\pi}{l}(x-at)+\sin\frac{n\pi}{l}(x+at)\right]\\&\quad+\frac{1}{2}\sum_{n=1}^{\infty}B_n\left[\cos\frac{n\pi}{l}(x-at)-\cos\frac{n\pi}{l}(x+at)\right]\\&=\frac{1}{2}[\varphi(x-at)+\varphi(x+at)]+\frac{1}{2a}\int_{x-at}^{x+at}\psi(\zeta)\mathrm{d}\zeta.\end{aligned}$$

这里已自动将 $\varphi(x)$ 和 $\psi(x)$ 相应于点 $x=0$ 和 $x=l$ 作了奇开拓,成为以 $2l$ 为周期的函数.可以看出,此解与达朗贝尔解是一致的.

例 2 解一维热传导方程

$$\begin{cases}u_t=a^2u_{xx}, & 0<x<l,t>0,\\u_x(0,t)=0, & u_x(l,t)+hu(l,t)=0,\text{常数 }h>0,t>0,\\u(x,0)=u_0, & u_0\text{ 为常数},0\leqslant x\leqslant l.\end{cases}$$

解 令 $u(x,t)=T(t)X(x)$,代入方程和边条件中得

$$\begin{cases}X''+\lambda X=0, & 0<x<l,\\X'(0)=0, & X'(l)+hX(l)=0, \quad h>0.\end{cases} \qquad (11.2.11)$$

由于原方程是齐次的,故同时得 $T(t)$ 所满足的方程为

$$T'(t)+\lambda T(t)=0.$$

对 S-L 型方程本征值问题(11.2.11),由于右边界条件为第三类边条件而不是第二类边条件,且这里 $\alpha=1$, $\beta=h>0$,即 $\dfrac{\beta}{\alpha}=h>0$,故所有的本征值均为正值,因而可令 $\lambda=\alpha^2$,方程的通解为

$$X(x)=C_1\cos\alpha x+C_2\sin\alpha x.$$

由 $X'(0)=0$ 知 $C_2=0,C_1\neq0$;由 $X'(l)+hX(l)=0$ 得本征值所满足的方程为

$$h\cos\alpha l-\alpha\sin\alpha l=0,$$

即为

$$\alpha\tan\alpha l=h. \qquad (11.2.12)$$

(11.2.12)式有无穷多个解 $\{\alpha_n\}$,有 $\dfrac{(n-1)\pi}{l}<\alpha_n<\left(n-\dfrac{1}{2}\right)\dfrac{\pi}{l}$,$n=1,2,\cdots$. 虽然 $\pm\alpha_n$ 都是(11.2.12)的解,但对应的本征值都是 $\lambda_n=\alpha_n^2$ 和对应的

本征函数都是 $\cos\alpha_n x$，故只取 $\alpha_n > 0$.

对应于 $\lambda_n = \alpha_n^2$，$T_n(t)$ 满足的方程为

$$T'_n(t) + a^2\alpha_n^2 T_n(t) = 0,$$

得

$$T_n(t) = c_n \mathrm{e}^{-a^2\alpha_n^2 t}, \quad u(x,t) = \sum_{n=1}^{\infty} c_n \mathrm{e}^{-a^2\alpha_n^2 t}\cos\alpha_n x.$$

令

$$g(\alpha_n) = \int_0^l \cos^2\alpha_n x\,\mathrm{d}x = \frac{2\alpha_n l + \sin(2\alpha_n l)}{4\alpha_n}.$$

利用本征函数族的正交性和初条件，有

$$u(x,0) = \sum_{n=1}^{\infty} c_n\cos\alpha_n x = u_0, \quad c_n = \frac{u_0}{g(\alpha_n)}\int_0^l \cos\alpha_n x\,\mathrm{d}x = \frac{4u_0\sin(\alpha_n l)}{2\alpha_n l + \sin(2\alpha_n l)}.$$

利用 $\tan\alpha_n l = \dfrac{h}{\alpha_n}$，得

$$\sin\alpha_n l = \pm\frac{h}{(h^2+\alpha_n^2)^{\frac{1}{2}}}, \quad \cos\alpha_n l = \pm\frac{\alpha_n}{(h^2+\alpha_n^2)^{\frac{1}{2}}}.$$

当 $n = 2m+1$ 时，$2m\pi < \alpha_n l < \left(2m+\dfrac{1}{2}\right)\pi$，上二式取正号；当 $n = 2(m+1)$ 时，$(2m+1)\pi < \alpha_n l < \left(2m+\dfrac{3}{2}\right)\pi$，上二式取负号. 由此，最后得

$$c_n = \frac{(-1)^{n-1}2u_0 h(h^2+\alpha_n^2)^{\frac{1}{2}}}{\alpha_n[l(h^2+\alpha_n^2)+h]}.$$

例 3　解泊松方程

$$\begin{cases}\nabla^2 u = -2, \quad 0 < x < a,\ |y| < \dfrac{b}{2},\\ u(0,y) = u(a,y) = u\left(x,-\dfrac{b}{2}\right) = u\left(x,\dfrac{b}{2}\right) = 0.\end{cases}$$

解法 1　仍用 $\nabla^2 u + \lambda u = 0$ 来分离变量，即相当于作时空变量分离时 $T(t) =$ 常数.

令 $u(x,y) = X(x)Y(y)$，可分别得如下 $X(x)$ 和 $Y(y)$ 所满足的定解问题：

$$\begin{cases}X''(x) + \mu X(x) = 0, \quad 0 < x < a,\\ X(0) = X(a) = 0;\end{cases} \qquad \begin{cases}Y''(y) + \nu Y(y) = 0, \quad |y| < \dfrac{b}{2},\\ Y\left(-\dfrac{b}{2}\right) = Y\left(\dfrac{b}{2}\right) = 0.\end{cases}$$

得相应的本征值和本征函数为（对 $Y(y)$，可令 $\eta = y + \dfrac{b}{2}$，求解更方便）：

$$\mu_m = \left(\frac{m\pi}{a}\right)^2, \quad X_m(x) = \sin\frac{m\pi}{a}x;$$

$$\nu_n = \left(\frac{n\pi}{b}\right)^2, \quad Y_n(y) = \sin\frac{n\pi}{b}\left(y + \frac{b}{2}\right);$$

$$\lambda_{m,n} = \mu_m + \nu_n.$$

解为

$$u = \sum_{\substack{m=1\\n=1}}^{\infty} A_{m,n} \sin\frac{m\pi}{a}x \sin\frac{n\pi}{b}\left(y + \frac{b}{2}\right) = \sum_{\substack{m=1\\n=1}}^{\infty} A_{m,n} u_{m,n}.$$

利用 $\nabla^2 u_{m,n} = -\lambda_{m,n} u_{m,n}$，代上式入原方程中得

$$\sum_{\substack{m=1\\n=1}}^{\infty} \lambda_{m,n} A_{m,n} \sin\frac{m\pi}{a}x \sin\frac{n\pi}{b}\left(y + \frac{b}{2}\right) = 2,$$

$$\begin{aligned} A_{m,n} &= \frac{2}{\lambda_{m,n}}\left(\frac{2}{a}\int_0^a \sin\frac{m\pi}{a}x\,\mathrm{d}x\right)\left(\frac{2}{b}\int_{-\frac{b}{2}}^{\frac{b}{2}} \sin\frac{n\pi}{b}\left(y + \frac{b}{2}\right)\mathrm{d}y\right) \\ &= \frac{8}{mn\pi^2\lambda_{m,n}}[1 - (-1)^m][1 - (-1)^n]. \end{aligned}$$

故只有当 m 和 n 均为奇数时 $A_{m,n}$ 才不为 0. 有

$$B_{m,n} = A_{2m-1,2n-1} = \frac{32a^2b^2}{(2m-1)(2n-1)[(2m-1)^2b^2 + (2n-1)^2a^2]\pi^4},$$

$$u(x,y) = \frac{32a^2b^2}{\pi^4}\sum_{\substack{m=1\\n=1}}^{\infty} \frac{\sin\left[\frac{(2m-1)\pi x}{a}\right]\sin\left[\frac{(2n-1)\pi(2y+b)}{2b}\right]}{(2m-1)(2n-1)[(2m-1)^2b^2 + (2n-1)^2a^2]}.$$

解法 2 将方程化成齐次的，并保持对 x（或 y）的边条件也是齐次的. 为此，可令 $u = v + x(a-x)$，则得

$$\begin{cases} \nabla^2 v = 0, \quad 0 < x < a, \ |y| < \dfrac{b}{2}, \\ v(0,y) = v(a,y) = 0, \quad v\left(x, -\dfrac{b}{2}\right) = v\left(x, \dfrac{b}{2}\right) = -x(a-x). \end{cases}$$

令 $v(x,y) = X(x)Y(y)$ 代入上式中得

$$\frac{X''(x)}{X(x)} + \frac{Y''(y)}{Y(y)} = 0. \tag{11.2.13}$$

所得对 $X(x)$ 的定解问题仍是

$$\begin{cases} X''(x) + \mu X(x) = 0, \\ X(0) = X(a) = 0. \end{cases}$$

相应的本征值和本征函数仍是

$$\mu_m = \left(\frac{m\pi}{a}\right)^2, \quad X_m(x) = \sin\frac{m\pi}{a}x, \quad m = 1,2,3,\cdots.$$

这时，由(11.2.13)式，得 $Y_m(y)$ 所满足的方程为

$$Y''_m(y) - \left(\frac{m\pi}{a}\right)^2 Y_m(y) = 0.$$

Y_m 的通解为

$$Y_m(y)=A_m\operatorname{ch}\left(\frac{m\pi}{a}y\right)+B_m\operatorname{sh}\left(\frac{m\pi}{a}y\right).$$

并有

$$v(x,y)=\sum_{m=1}^{\infty}\left[A_m\operatorname{ch}\left(\frac{m\pi}{a}y\right)+B_m\operatorname{sh}\left(\frac{m\pi}{a}y\right)\right]\sin\frac{m\pi}{a}x.$$

由对 y 的边条件,有

$$v\left(x,\pm\frac{b}{2}\right)=x(x-a)=\sum_{m=1}^{\infty}\left(A_m\operatorname{ch}\frac{m\pi b}{2a}\pm B_m\operatorname{sh}\frac{m\pi b}{2a}\right)\sin\frac{m\pi}{a}x.$$

利用$\left\{\sin\frac{m\pi}{a}x\right\}$的正交性,得

$$\begin{aligned}A_m\operatorname{ch}\frac{m\pi b}{2a}\pm B_m\operatorname{sh}\frac{m\pi b}{2a}&=\frac{2}{a}\int_0^a x(x-a)\sin\left(\frac{m\pi}{a}x\right)\mathrm{d}x\\&=-\frac{4a^2}{m^3\pi^3}[1-(-1)^m]\quad(m=1,2,\cdots).\end{aligned}$$

由此知 $B_m=0,A_{2m}=0$,

$$C_m=A_{2m-1}=-\frac{8a^2}{(2m-1)^3\pi^3\operatorname{ch}\left[(2m-1)\frac{\pi b}{2a}\right]}.$$

最后得

$$u(x,y)=x(a-x)-\frac{8a^2}{\pi^3}\sum_{m=1}^{\infty}\frac{\sin\left[\frac{(2m-1)\pi x}{a}\right]\operatorname{ch}\left[\frac{(2m-1)\pi y}{a}\right]}{(2m-1)^3\operatorname{ch}\left[\frac{(2m-1)\pi b}{2a}\right]}.$$

虽然与解法 1 所得结果在形式上不一致,但由解的唯一性知二者是相同的.

事实上如果将 $x(a-x)$ 和 $f(y)=\dfrac{\operatorname{ch}\left[\frac{(2m-1)\pi y}{a}\right]}{\operatorname{ch}\left[\frac{(2m-1)\pi b}{2a}\right]}-1$ 作相应的展开,有

$$x(a-x)=\frac{8a^2}{\pi^3}\sum_{m=1}^{\infty}\frac{1}{(2m-1)^3}\sin\frac{(2m-1)\pi x}{a},$$

$$\begin{aligned}g(y)&=\frac{\operatorname{ch}\left[\frac{(2m-1)\pi y}{a}\right]}{\operatorname{ch}\left[\frac{(2m-1)\pi b}{2a}\right]}=1+f(y)\\&=1-\frac{4b^2}{\pi}\sum_{n=1}^{\infty}\frac{(2m-1)^2\sin\left[(2n-1)\pi\frac{(2y+b)}{2b}\right]}{(2n-1)[(2m-1)^2b^2+(2n-1)^2a^2]},\end{aligned}$$

就可看出这两种解法的结果完全相同. 当然,由于后一种解法所得之解的表达式少一重求无穷和,不仅显得要简洁,而在实用上,当要求给出给定点上的函数值

时计算要容易得多.

这里,由于在$\pm\frac{b}{2}$处,$g(y)$之值是1而不是零,根据§7.2中关于本征函数族完备性的说明,被展开函数应在$\frac{\pm b}{2}$处为0,故只能将$f(y)$在$\left[-\frac{b}{2},\frac{b}{2}\right]$上对$\left\{\sin\frac{n\pi}{b}\left(y+\frac{b}{2}\right)\right\}$作广义傅里叶展开,而不能直接对$g(y)$作广义傅里叶展开.这是应当注意的.

§11.3 柱坐标系中的分离变量法

1. 变量分离

若S为圆柱形(或为部分圆柱形),V为S的内部或外部区域,这时应采用柱坐标系.在柱坐标系(r,φ,z)中,如图11.3.1所示,拉普拉斯算子为

$$\nabla^2=\frac{1}{r}\frac{\partial}{\partial r}\left(r\frac{\partial}{\partial r}\right)+\frac{1}{r^2}\frac{\partial^2}{\partial\varphi^2}+\frac{\partial^2}{\partial z^2}.$$

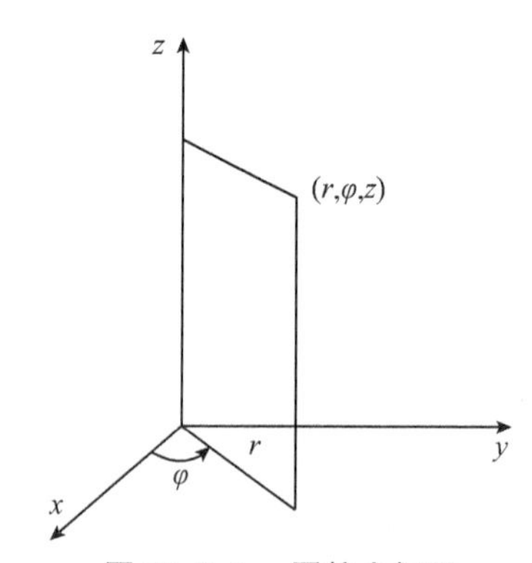

图 11.3.1 圆柱坐标系

令$W(r,\varphi,z)=R(r)\Phi(\varphi)Z(z)$,代入方程

$$\nabla^2W+\lambda W=0$$

中,与直角坐标系中的作法类似,可得

$$\begin{cases}Z''+\mu Z=0,\\ \dfrac{1}{r}\dfrac{\mathrm{d}}{\mathrm{d}r}(rR')+\left[(\lambda-\mu)-\dfrac{\nu}{r^2}\right]R=0,\\ \Phi''+\nu\Phi=0.\end{cases}\tag{11.3.1}$$

若φ的变化区域为$[0,2\pi]$,由解的连续性,有$\Phi(\varphi+2\pi)=\Phi(\varphi)$,即$\Phi$是以$2\pi$为周期的函数,故相应的本征值应为$\nu_m=m^2,m=0,1,2,\cdots$,

$$\Phi_m(\varphi)=A_m\cos m\varphi+B_m\sin m\varphi.\tag{11.3.2}$$

若对 r 给定了自然边条件和齐次边条件，则本征值 $\lambda-\mu\geqslant 0$，故可令 $\lambda-\mu=k^2$. 当 $k\neq 0$ 时，对 $R(r)$ 的方程为 m 阶的变形贝塞尔方程

$$\frac{1}{r}\frac{\mathrm{d}}{\mathrm{d}r}(rR')+\left(k^2-\frac{m^2}{r^2}\right)R=0. \tag{11.3.3}$$

本征值 λ 和 μ 均由相应的边条件确定.

2. 算例

例 1　解二维定解问题

$$\begin{cases}\nabla^2 u=u_{rr}+\dfrac{1}{r}u_r+\dfrac{1}{r^2}u_{\varphi\varphi}=0, & r<a,\\ u(0,\varphi)\ \text{有界}, \quad u(a,\varphi)=f(\varphi).\end{cases}$$

解　令 $u(r,\varphi)=R(r)\Phi(\varphi)$，代入上式中得

$$\frac{r^2R''(r)+rR'(r)}{R(r)}=-\frac{\Phi''(\varphi)}{\Phi(\varphi)}=\lambda,$$

即有

$$\Phi''(\varphi)+\lambda\Phi(\varphi)=0.$$

正如前面已指出的，由于 $\Phi(\varphi)$ 以 2π 为周期，应有 $\lambda_m=m^2$，$\Phi_m(\varphi)$ 由(11.3.2)给出. 于是对 $R_m(r)$，相应的方程为

$$\begin{cases}r^2R''+rR'-m^2R=0,\\ R(0)\ \text{有界}.\end{cases}$$

对 $m=0$，上面的方程变为 $(rR')'=0$，相应的解为

$$R_0=c_{10}+c_{20}\ln r,$$

由 $R_0(0)$ 有界得 $c_{20}=0$，取 $R_0(r)=\dfrac{1}{2}$.

对 $m\geqslant 1$，解为 $R=r^{\alpha}$. 以此代入方程中得 $\alpha=\pm m$，

$$R_m(r)=c_{1m}r^m+c_{2m}r^{-m}.$$

同样地，由 $R_m(0)$ 有界得 $c_{2m}=0$，可取 $c_{1m}=1$，即 $R_m(r)=r^m$. 这里将 $c_{1m}(m=0,1,2,\cdots)$ 取为确定值是因为相关待定常数都可归并到(11.3.2)式的待定常数 A_m 和 B_m 中去.

于是，得解为

$$u(r,\varphi)=\frac{A_0}{2}+\sum_{m=1}^{\infty}(A_m\cos m\varphi+B_m\sin m\varphi)r^m.$$

利用边条件，有

$$f(\varphi)=u(a,\varphi)=\frac{A_0}{2}+\sum_{m=1}^{\infty}(A_m\cos m\varphi+B_m\sin m\varphi)a^m,$$

得

$$A_m=\frac{1}{\pi a^m}\int_0^{2\pi}f(\theta)\cos m\theta\,\mathrm{d}\theta\quad(m=0,1,2,\cdots),$$

$$B_m = \frac{1}{\pi a^m}\int_0^{2\pi} f(\theta)\sin m\theta\,\mathrm{d}\theta \quad (m = 1,2,3,\cdots),$$

$$u(r,\varphi) = \frac{1}{2\pi}\int_0^{2\pi} f(\theta)\,\mathrm{d}\theta + \frac{1}{\pi}\sum_{m=1}^{\infty}\left(\frac{r}{a}\right)^m \int_0^{2\pi} f(\theta)(\cos m\varphi\cos m\theta + \sin m\varphi\sin m\theta)\,\mathrm{d}\theta$$

$$= \frac{1}{2\pi}\int_0^{2\pi} f(\theta)\,\mathrm{d}\theta + \frac{1}{\pi}\sum_{m=1}^{\infty}\left(\frac{r}{a}\right)^m \int_0^{2\pi} f(\theta)\cos m(\varphi - \theta)\,\mathrm{d}\theta.$$

例 2 解定解问题

$$\begin{cases}\nabla^2 u = u_{rr} + \dfrac{1}{r}u_r + \dfrac{1}{r^2}u_{\varphi\varphi} = 0, & 1 < r < 3, 0 < \varphi < \pi, \\ u(1,\varphi) = u(3,\varphi) = 0, & 0 < \varphi < \pi, \\ u(r,0) = 0, \quad u(r,\pi) = f(r), & 1 \leqslant r \leqslant 3.\end{cases}$$

解 令 $u(r,\varphi) = R(r)\Phi(\varphi)$,代入上式中得

$$\Phi'' - \lambda\Phi = 0, \quad \Phi(0) = 0. \tag{11.3.4}$$

注意,这里 $0 \leqslant \varphi \leqslant \pi$. 因在 $(\pi, 2\pi)$ 间 Φ 无定义,不能说 Φ 是一个连续的周期函数,故不能按周期边条件来确定本征值 λ. λ 需在 $R(r)$ 满足的如下齐次定解问题中确定:

$$\begin{cases} r^2 R'' + rR' + \lambda R = 0, \\ R(1) = R(3) = 0.\end{cases}$$

对这类的 S-L 型齐次边值问题 $\lambda > 0$,故可设 $\lambda = \alpha^2$,方程变为

$$r^2 R'' + rR' + \alpha^2 R = r\frac{\mathrm{d}}{\mathrm{d}r}\left(r\frac{\mathrm{d}R}{\mathrm{d}r}\right) + \alpha^2 R = \frac{\mathrm{d}}{\mathrm{d}\ln r}\left(\frac{\mathrm{d}R}{\mathrm{d}\ln r}\right) + \alpha^2 R = 0.$$

由此得解的一般形式为

$$R(r) = c_1\sin(\alpha\ln r) + c_2\cos(\alpha\ln r).$$

利用齐次边条件,由 $R(1) = 0$ 知 $c_2 = 0$;由 $R(3) = 0$,得 $\alpha_n = \dfrac{n\pi}{\ln 3}$. 即本征值为 $\lambda_n = \left(\dfrac{n\pi}{\ln 3}\right)^2$;本征函数为

$$R_n(r) = \sin\left(\frac{n\pi}{\ln 3}\ln r\right).$$

在 λ_n 给定后,(11.3.4) 式变为

$$\Phi''_n(\varphi) - \left(\frac{n\pi}{\ln 3}\right)^2\Phi = 0, \quad \Phi_n(0) = 0.$$

相应的解为

$$\Phi_n(\varphi) = A_n\,\mathrm{sh}\left(\frac{n\pi}{\ln 3}\varphi\right), \quad u(r,\varphi) = \sum_{n=1}^{\infty} A_n\,\mathrm{sh}\left(\frac{n\pi}{\ln 3}\varphi\right)\sin\left(\frac{n\pi}{\ln 3}\ln r\right).$$

将 $R(r)$ 满足的方程改写为 $(rR')' = -\dfrac{\lambda}{r}R$,知本征函数族 $\left\{\sin\left(\dfrac{n\pi}{\ln 3}\ln r\right)\right\}$ 在

$[1,3]$ 上关于权函数 $\frac{1}{r}$ 正交，有

$$\int_1^3 \frac{1}{r}\sin\left(\frac{n\pi}{\ln 3}\ln r\right)\sin\left(\frac{m\pi}{\ln 3}\ln r\right)\mathrm{d}r = \ln 3\int_1^3 \sin\left(\frac{n\pi}{\ln 3}\ln r\right)\sin\left(\frac{m\pi}{\ln 3}\ln r\right)\mathrm{d}\,\frac{\ln r}{\ln 3}$$

$$= \ln 3\int_0^1 \sin(n\pi\theta)\sin(m\pi\theta)\,\mathrm{d}\theta = \frac{\ln 3}{2}\delta_{mn}.$$

利用在 $\varphi=\pi$ 处的边条件，有

$$u(r,\pi) = f(r) = \sum_{n=1}^{\infty} A_n \mathrm{sh}\left(\frac{n\pi^2}{\ln 3}\right)\sin\left(\frac{n\pi}{\ln 3}\ln r\right).$$

由此可得

$$A_n = \frac{2}{\ln 3\,\mathrm{sh}\left(\frac{n\pi^2}{\ln 3}\right)}\int_1^3 \frac{1}{r}f(r)\sin\left(\frac{n\pi}{\ln 3}\ln r\right)\mathrm{d}r.$$

例 3　解定解问题

$$\begin{cases} u_{tt} - a^2\nabla^2 u = 0, & 0 < r < 1, t > 0, \\ u(1,\varphi,t) = 0, \quad u(0,\varphi,t)\ \text{有界}, & t > 0, \\ u(r,\varphi,0) = f(r,\varphi), \quad u_t(r,\varphi,0) = 0, & r < 1. \end{cases}$$

解　令 $u = T(t)R(r)\Phi(\varphi)$，代入上式中，对 Φ 得

$$\begin{cases} \Phi''(\varphi) + \nu\Phi(\varphi) = 0, \\ \Phi\ \text{以}\ 2\pi\ \text{为周期}, \end{cases}$$

有 $\nu_m = m^2, m = 0,1,2,\cdots$,

$$\Phi_m(\varphi) = A_m\cos m\varphi + B_m\sin m\varphi.$$

对 $R(r)$ 有

$$\begin{cases} R''_m + \frac{1}{r}R'_m + \left(\lambda - \frac{m^2}{r^2}\right)R = 0, \\ R_m(0)\ \text{有界}, \quad R_m(1) = 0, \end{cases} \quad m = 0,1,2,\cdots.$$

这是 m 阶贝塞尔方程的本征值问题. 由于在 $r=1$ 处给定的是第一类边条件，知本征值 $\lambda = \alpha^2 > 0$，解为 $R_m(r) = J_m(\alpha r)$. 本征值 $\lambda_{mn} = \alpha_{mn}^2$ 由边条件 $R_m(1) = J_m(\alpha) = 0$ 定出，即 α_{mn} 为 $J_m(x)$ 的第 n 个 0 点，有 $J_m(\alpha_{mn}) = 0$. 相应的本征函数为 $R_{mn}(r) = J_m(\alpha_{mn}r)$.

这时，对 $T(t)$，则有

$$\begin{cases} T''_{mn}(t) + a^2\alpha_{mn}^2 T_{mn}(t) = 0, \\ T'_{mn}(0) = 0, \end{cases}$$

即应有 $T_{mn}(t) = \cos(\alpha_{mn}at)$,

$$u(r,\varphi,t) = \sum_{m=1}^{\infty}\sum_{n=1}^{\infty} J_m(\alpha_{mn}r)(A_{mn}\cos m\varphi + B_{mn}\sin m\varphi)\cos(\alpha_{mn}at)$$

$$+\frac{1}{2}\sum_{n=1}^{\infty}A_{0n}J_0(\alpha_{0n}r)\cos(\alpha_{0n}at).$$

由定解条件和本征函数族的正交性得

$$u(r,\varphi,0)=\sum_{m=1}^{\infty}\sum_{n=1}^{\infty}J_m(\alpha_{mn}r)(A_{mn}\cos m\varphi+B_{mn}\sin m\varphi)+\frac{1}{2}\sum_{n=1}^{\infty}A_{on}J_0(\alpha_{on}r)$$
$$=f(r,\varphi),$$

$$A_{mn}=\frac{2}{\pi J_{m+1}^2(\alpha_{mn})}\int_0^1\int_0^{2\pi}rf(r,\varphi)J_m(\alpha_{mn}r)\cos m\varphi\,\mathrm{d}\varphi\mathrm{d}r$$
$$(m=0,1,2,\cdots,n=1,2,3,\cdots),$$

$$B_{mn}=\frac{2}{\pi J_{m+1}^2(\alpha_{mn})}\int_0^1\int_0^{2\pi}rf(r,\varphi)J_m(\alpha_{mn}r)\sin m\varphi\,\mathrm{d}\varphi\mathrm{d}r\quad(m,n=1,2,3,\cdots).$$

§11.4 球坐标系中的分离变量法

1. 变量分离

此法适用于球形或为部分球形边界的情况. 在如图 11.4.1 所示的球坐标系中,拉普拉斯算子为

$$\nabla^2=\frac{1}{r^2}\frac{\partial}{\partial r}\left(r^2\frac{\partial}{\partial r}\right)+\frac{1}{r^2\sin\theta}\frac{\partial}{\partial\theta}\left(\sin\theta\frac{\partial}{\partial\theta}\right)+\frac{1}{r^2\sin^2\theta}\frac{\partial^2}{\partial\varphi^2}.$$

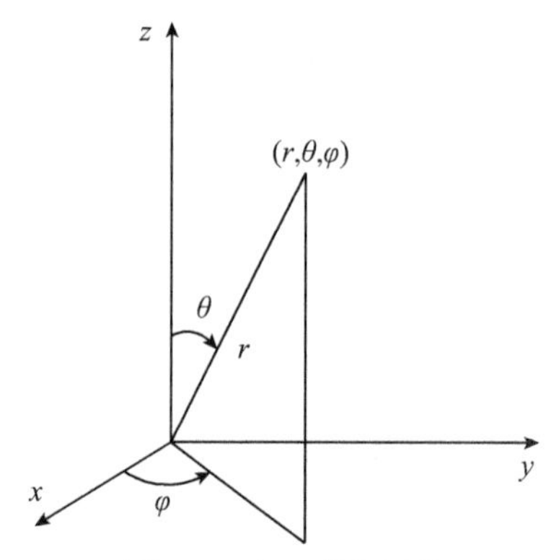

图 11.4.1 球坐标系

令 $W(r,\theta,\varphi)=R(r)\Theta(\theta)\Phi(\varphi)$,代入方程 $\nabla^2W+\lambda W=0$ 中. 对 $\Phi(\varphi)$,所得方程为

$$\Phi''(\varphi)+\nu\Phi(\varphi)=0.$$

前面已知,若 φ 的变化范围为$[0,2\pi]$,则 $\Phi(\varphi)$ 是以 2π 为周期的函数,本征值 $\nu_m=m^2$,相应的本征函数为

$$\Phi_m(\varphi)=A_m\cos m\varphi+B_m\sin m\varphi\quad(m=0,1,2,\cdots).$$

对于 $R(r)$，所满足的方程为

$$\frac{1}{r^2}\frac{\mathrm{d}}{\mathrm{d}r}(r^2R')+\left(\lambda-\frac{\mu}{r^2}\right)R=0. \tag{11.4.1}$$

当 $\lambda\neq 0$ 时，此式为球贝塞尔方程. 令 $y(r)=r^{\frac{1}{2}}R(r)$，可将上式化为贝塞尔方程：

$$y''+\frac{1}{r}y'+\left(\lambda-\frac{\mu+1/4}{r^2}\right)y=0.$$

对 $\Theta(\theta)$，所得方程为

$$\frac{1}{\sin\theta}\frac{\mathrm{d}}{\mathrm{d}\theta}(\sin\theta\Theta')+\left(\mu-\frac{\nu}{\sin^2\theta}\right)\Theta=0.$$

令 $x=\cos\theta$，上式变为

$$\frac{\mathrm{d}}{\mathrm{d}x}\left[(1-x^2)\frac{\mathrm{d}\Theta}{\mathrm{d}x}\right]+\left(\mu-\frac{\nu}{1-x^2}\right)\Theta=0. \tag{11.4.2}$$

对 $\nu=m^2$，当 $m=0$ 时，为勒让德方程，当 $m>0$ 时为连带的勒让德方程.

2. 算例

例 1　解下列球对称的球内热传导问题：

$$\begin{cases}u_t-\dfrac{a^2}{r^2}\dfrac{\partial}{\partial r}\left(r^2\dfrac{\partial u}{\partial r}\right)=0, & r<1,t>0,\\ u_r(1,t)=0,\quad u(0,t)\text{ 有界}, & t>0,\\ u(r,0)=f(r), & r\leqslant 1.\end{cases}$$

令 $u(r,t)=T(t)R(r)$，代入上式中得

$$T'(t)+a^2\lambda T(t)=0,$$

$$\begin{cases}R''(r)+\dfrac{2}{r}R'(r)+\lambda R(r)=0,\\ R(0)\text{ 有界},\quad R'(1)=0,\end{cases} \tag{11.4.3}$$

令 $rR(r)=v(r)$，代入上式中，则可得 v 所满足的定解问题为

$$\begin{cases}v''(r)+\lambda v(r)=0,\\ v(0)=0,\quad v'(1)-v(1)=0.\end{cases}$$

在(11.4.3)式中，给定的是自然边条件和第二类边条件，故知对此本征值问题，应有 $\lambda=\alpha^2\geqslant 0$.

对 $\lambda=0$，定解问题变为

$$v''=0,\quad v(0)=0,\quad v'(1)-v(1)=0,$$

得 $v_0=r, R_0(r)=1$.

对 $\lambda=\alpha^2>0$，则得

$$v_n=\sin\alpha_n r,\quad R_n(r)=\frac{1}{r}\sin\alpha_n r,$$

由在 $r=1$ 处的边条件知 α_n 为方程 $\alpha_n=\tan\alpha_n$ 的解($\alpha_n>0$).

对 $\lambda_0=0$,有

$$T'_0(t)=0,\quad T_0(t)=A_0\quad (A_0\text{ 为常数})$$

对 $\lambda_n=\alpha_n^2>0$,有

$$T_n(t)=A_n\mathrm{e}^{-a^2\alpha_n^2t}\quad (n=1,2,3,\cdots).$$

由此,有

$$u(r,t)=A_0+\sum_{n=1}^{\infty}\frac{A_n}{r}\sin(\alpha_nr)\mathrm{e}^{-a^2\alpha_n^2t}.$$

在(11.4.3)式中,将方程改写为

$$(r^2R')'+\lambda r^2R=0.$$

知本征函数族 $\left\{1,\dfrac{1}{r}\sin\alpha_nr\right\}$ 在$[0,1]$上以 r^2 为权函数正交. 对 $\alpha_n\neq 0$,有

$$\begin{aligned}\int_0^1 r^2R_n^2(r)\mathrm{d}r&=\int_0^1\sin^2\alpha_nr\,\mathrm{d}r=\frac{1}{2\alpha_n}(\alpha_n-\sin\alpha_n\cos\alpha_n)\\&=\frac{1}{2\alpha_n}\left(\alpha_n-\frac{\tan\alpha_n}{1+\tan^2\alpha_n}\right)=\frac{\alpha_n^2}{2(1+\alpha_n^2)}.\end{aligned}$$

这里利用了 $\tan\alpha_n=\alpha_n$.

由初条件

$$u(r,0)=A_0+\sum_{n=1}^{\infty}\frac{A_n}{r}\sin(\alpha_nr)=f(r)$$

得

$$A_0=3\int_0^1 r^2f(r)\mathrm{d}r,$$

$$A_n=\frac{2(1+\alpha_n^2)}{\alpha_n^2}\int_0^1 rf(r)\sin\alpha_nr\,\mathrm{d}r\quad (n=1,2,3,\cdots).$$

例 2 球内狄利克雷问题:

$$\begin{cases}\nabla^2u=\dfrac{1}{r^2}\dfrac{\partial}{\partial r}\left(r^2\dfrac{\partial u}{\partial r}\right)+\dfrac{1}{r^2\sin\theta}\dfrac{\partial}{\partial\theta}(\sin\theta\dfrac{\partial u}{\partial\theta})+\dfrac{1}{r^2\sin^2\theta}\dfrac{\partial^2u}{\partial\varphi^2}=0,\\ u(a,\theta,\varphi)=f(\theta,\varphi),\quad 0\leqslant\varphi\leqslant 2\pi,0\leqslant\theta\leqslant\pi,u|_{r=0}\text{ 有界}.\end{cases}$$

解 令 $u=R(r)\Theta(\theta)\Phi(\varphi)$,代入上式中,从本节的第一部分中已知,此时有 $\nu_m=m^2$,

$$\Phi_m(\varphi)=A_m\cos m\varphi+B_m\sin m\varphi,$$

$$\begin{cases}\dfrac{\mathrm{d}}{\mathrm{d}x}\left[(1-x^2)\dfrac{\mathrm{d}\Theta_m}{\mathrm{d}x}\right]+\left(\mu-\dfrac{m^2}{1-x^2}\right)\Theta_m=0,\quad x=\cos\theta,\\ \Theta(\pm 1)\text{ 有界},\end{cases}$$

这里相应于 $\lambda=0$,故 $R(r)$ 满足

$$\begin{cases}\dfrac{\mathrm{d}}{\mathrm{d}r}(r^2R') - \mu R = 0, \\ R(0)\text{ 有界}.\end{cases} \tag{11.4.4}$$

Θ_m 满足的是连带的勒让德方程,本征值为 $\mu_n = n(n+1), n = 0,1,2,\cdots$,本征函数族为连带的勒让德多项式:

$$\Theta_{mn}(x) = P_n^m(x) = P_n^m(\cos\theta) \quad (m \leqslant n).$$

以 $\mu_n = n(n+1)$ 代入(11.4.4)式中,相应的方程有两个独立解 r^n 和 $r^{-(n+1)}$. 由 $R_n(0)$ 有界,得 $R_n(r) = r^n$. 于是有

$$u(r,\theta,\varphi) = \sum_{n=1}^{\infty}\sum_{m=1}^{n} r^n P_n^m(\cos\theta)(A_{mn}\cos m\varphi + B_{mn}\sin m\varphi) + \frac{1}{2}\sum_{n=0}^{\infty} A_{on} r^n P_n(\cos\theta).$$

利用边条件,有

$$f(\theta,\varphi) = \sum_{n=1}^{\infty}\sum_{m=1}^{n} a^n P_n^m(\cos\theta)(A_{mn}\cos m\varphi + B_{mn}\sin m\varphi) + \frac{1}{2}\sum_{n=0}^{\infty} a^n P_n(\cos\theta) A_{0n}.$$

再利用本征函数族 $\{P_m^n(\cos\theta)\}$ 和 $\{\cos m\varphi,\ \sin m\varphi\}$ 的正交性,可求得 A_{mn} 和 B_{mn},有

$$A_{mn} = \frac{(2n+1)(n-m)!}{2\pi a^n (n+m)!}\int_0^{2\pi}\int_0^{\pi} f(\theta,\varphi) P_n^m(\cos\theta)\cos m\varphi\sin\theta\mathrm{d}\theta\mathrm{d}\varphi,$$

$$B_{mn} = \frac{(2n+1)(n-m)!}{2\pi a^n (n+m)!}\int_0^{2\pi}\int_0^{\pi} f(\theta,\varphi) P_n^m(\cos\theta)\sin m\varphi\sin\theta\mathrm{d}\theta\mathrm{d}\varphi.$$

习　　题

用分离变量法解下列定解问题:

(1) $\begin{cases} u_{tt} = u_{xx} + 1, & 0 < x < a, t > 0, \\ u(x,0) = 0, & u_t(x,0) = 0, \\ u(0,t) = u(a,t) = 0; \end{cases}$

(2) $\begin{cases} u_{tt} - a^2 u_{xx} = \sin x, & 0 < x < \pi, t > 0, \\ u(x,0) = x(\pi - x), & u_t(x,0) = 0, \quad 0 \leqslant x \leqslant \pi, \\ u(0,t) = 0, & u_x(\pi,t) = 0; \end{cases}$

(3) $\begin{cases} u_t - 4u_{xx} = 0, & 0 < x < \pi, t > 0, \\ u(0,t) = \mathrm{e}^{-t}, & u_x(\pi,t) = 0, \quad t > 0, \\ u(x,0) = \cos x, & 0 \leqslant x \leqslant \pi; \end{cases}$

(4) $\begin{cases} u_t - a^2 u_{xx} = \mathrm{e}^{-t}\sin x, & 0 < x < 1, t > 0 \\ u(0,t) = u(1,t) = 0, & t > 0, \\ u(x,0) = x(1-x), & 0 \leqslant x \leqslant 1; \end{cases}$

(5) $\begin{cases} u_t = a^2\left(u_{rr} + \dfrac{1}{r}u_r\right), & r < 1, t > 0, \\ u(r,0) = f(r), & 0 \leqslant r \leqslant 1, \\ u(0,t)\text{ 有界}, & u_r(1,t) + u(1,t) = 0, \quad t > 0; \end{cases}$

(6) $\begin{cases} u_t = a^2(u_{rr} + \dfrac{2}{r}u_r), & r < 1, t > 0, \\ u(r,0) = 1, \\ u(0,t)\text{ 有界}, & u(1,t) = \sin t; \end{cases}$

(7) $\begin{cases} \nabla^2 u = 0, & |x| < 1, |y| < 1, 0 < z < 1, \\ u(\pm 1, y, z) = u(x, \pm 1, z) = 0, \\ u(x,y,0) = 0, & u(x,y,1) = \mathrm{sh}x\sin y; \end{cases}$

(8) $\begin{cases} \nabla^2 u + u = 1, & 0 < x < 1, 0 < y < 2, \\ u(0,y) = u_x(1,y) = u_y(x,0) = u_y(x,2) = 0; \end{cases}$

(9) $\begin{cases} \nabla^2 u = 0, & r < 1\text{(单位圆内)}, \\ u(1,\theta) = \begin{cases} u_1, & 0 \leqslant \theta < \pi, \\ u_2, & \pi \leqslant \theta < 2\pi, \end{cases} & u_1, u_2\text{ 为常数}, u|_{r=0}\text{ 有界}; \end{cases}$

(10) $\begin{cases} \nabla^2 u = 0, & 1 < r < 2\text{ (平面圆环)}, \\ u_r(1,\theta) = 0, & u(2,\theta) = \sin\theta; \end{cases}$

(11) $\begin{cases} u_t - a^2\nabla^2 u = 0, & 0 < x < \pi, 0 < y < \pi, t > 0 \\ u(x,y,0) = x(\pi - x)\sin 2y, & 0 \leqslant x \leqslant \pi, 0 \leqslant y \leqslant \pi, \\ u(0,y,t) = u(\pi,y,t) = u(x,0,t) = u(x,\pi,t) = 0; \end{cases}$

(12) $\begin{cases} u_{tt} - a^2\nabla^2 u = 0, & r < 1\text{(平面单位圆内)}, t > 0, \\ u(r,\theta,0) = (1 - r^2)\sin\theta, & u_t(r,\theta,0) = 0, \\ u(0,\theta,t)\text{ 有界}, & u(1,\theta,t) = 0; \end{cases}$

(13) $\begin{cases} \nabla^2 u = 2\cos x\cos y, & x > 0, 0 < y > \dfrac{\pi}{2}, \\ u(0,y) = \sin y - \cos y, & \lim\limits_{x\to\infty} u\text{ 有界}, \\ u(x,0) = u\left(x, \dfrac{\pi}{2}\right) = 0; \end{cases}$

(14) $\begin{cases} \nabla^2 u = 0, & 0 < x < \pi, 0 < y < \pi, 0 < z < \pi, \\ u(0,y,z) = f(y,z), & u(\pi,y,z) = 0, \\ u(x,0,z) = u(x,\pi,z) = 0, \\ u_z(x,y,0) - hu(x,y,0) = 0, & u_z(x,y,\pi) + hu(x,y,\pi) = 0, \\ h > 0\text{ 为常数}; \end{cases}$

(15) $\begin{cases} \nabla^2 u = 0, & r < a, 0 < z < l, \\ u(a,\theta,z) = 0, & u(0,\theta,z) \text{ 有界}, \quad u(r,\theta,l) = 0, \\ u(r,\theta,0) = f(r,\theta); \end{cases}$

(16) $\begin{cases} \nabla^2 u = 0, & r < a, 0 < z < l, \\ u(a,\theta,z) = f(\theta,z), & u(0,\theta,z) \text{ 有界}, \\ u(r,\theta,0) = u_z(r,\theta,l) = 0; \end{cases}$

(17) $\begin{cases} \nabla^2 u = 0, & r < a, 0 \leqslant \varphi < 2\pi, 0 \leqslant \theta \leqslant \pi, \\ u(a,\theta,\varphi) = f(\theta,\varphi); \end{cases}$

(18) $\begin{cases} \nabla^2 u = 0, & r > a, 0 \leqslant \varphi < 2\pi, 0 \leqslant \theta \leqslant \pi, \\ u(a,\theta,\varphi) = f(\theta,\varphi), & \lim\limits_{r\to\infty} u = 0; \end{cases}$

(19) $\begin{cases} \nabla^2 u = 0, & r > a, 0 \leqslant \varphi < 2\pi, 0 \leqslant \theta \leqslant \pi, \\ u(a,\theta,\varphi) = 0, \\ \lim\limits_{r\to\infty}(u - Er\cos\varphi) = u_0, & E \text{ 和 } u_0 \text{ 均为常数}; \end{cases}$

(20) $\begin{cases} u_{tt} + ku_t = c^2 \nabla^2 u, & 0 < x < a, 0 < y < b, k \text{ 为常数}, \\ u(x,y,0) = f(x,y), & u_t(x,y,0) = q(x,y), \\ u(0,y,t) = u(a,y,t) = u(x,0,t) = u(x,b,t) = 0. \end{cases}$

第十二章　积分变换法

积分变换法，是用对自变量作积分变换，降低方程维数，求解线性微分方程的方法. 对某些类型的偏微分方程定解问题，可通过按自变量逐次作积分变换降低维数，最后变为常微分方程或代数方程解出后，再逐次作逆变换求得定解问题的解. 对不同的自变量和坐标系，要采用不同的变换. 对相应于给定初值的变量，也就是常用“t”表示并称作“时间”的变量，变量的变化范围为$[0,\infty)$，相应的定解条件只在初始时刻 $t=0$ 处给定. 对这样的变量要用拉普拉斯变换. 对相应于给定边值的空间变量，变数范围为$(-\infty,+\infty)$时，则采用傅里叶变换. 如果变量范围为有限的或半无界的，但可根据边条件作奇开拓或偶开拓到整个$(-\infty,\infty)$上，则在经相应开拓后，也可对该自变量采用傅里叶变换. 如果是柱坐标系或平面极坐标系，对作为径向变量的 r，当变化区域为$[0,\infty)$时，则要采用汉克尔变换. 但此法通常难于求逆变换. 当然，对傅里叶变换和拉普拉斯变换，求逆变换在许多情况下也并不容易.

能完全用解析方法求解的偏微分方程定解问题是十分有限的，即使是线性定解问题也是如此. 大量的定解问题要采用数值方法去求解. 当用数值方法求解偏微分方程时，维数每降低一个，计算的工作量和难度都会相应地有很大的下降. 因此，如果能通过积分变换使定解问题的维数有所下降，对偏微分方程定解问题的数值求解也是很有价值的. 当然，这时相应的逆变换也是要用数值积分来完成的.

本章将主要介绍傅里叶变换和拉普拉斯变换及它们的应用.

§12.1　广义函数的傅里叶变换

1. 傅里叶变换与逆变换

设 $x,\omega\in\mathbf{R}^n$，称

$$\hat{f}(\omega)=\left(\frac{\alpha}{2\pi}\right)^n\int_{\mathbf{R}^n}f(x)\mathrm{e}^{-\mathrm{i}\omega\cdot x}\mathrm{d}x \tag{12.1.1}$$

为 $f(x)$ 的**傅里叶变换**，简称**傅氏变换**，通常记作 $F\{f(x)\}$ 或 $F\{f\}$；而称

$$F^{-1}\{\hat{f}(\omega)\}=\frac{1}{\alpha^n}\int_{\mathbf{R}^n}\hat{f}(\omega)\mathrm{e}^{\mathrm{i}\omega\cdot x}\mathrm{d}x \tag{12.1.2}$$

为 $\hat{f}(\omega)$ 的**傅里叶逆变换**，简称**傅氏逆变换**. 这里 α 为一取定的常数，通常取为 1

或 $\sqrt{2\pi}$ 或 2π. 若取为 $\sqrt{2\pi}$,则正变换和逆变换形式对称. 下面均取定 $\alpha = \sqrt{2\pi}$.

既然称 $F^{-1}\{\hat{f}(\omega)\}$ 为 $F\{f(\omega)\}$ 的逆变换,当然表示若逆变换存在,就有 $f(x) = F^{-1}\{\hat{f}(\omega)\}$. 这里首先需要知道 $F\{f(x)\}$ 是否存在?而它的逆变换在什么条件下也存在?如果在常义函数的范围内来讨论这一问题,以 $C(\mathbf{R}^n)$ 表示 $\mathbf{R}^n$ 上的连续函数空间,对傅里叶变换及其逆变换有如下的基本定理:若 $f(x) \in C(\mathbf{R}^n)$,且$\int_{\mathbf{R}^n} |f(x)| \mathrm{d}x$ 存在,则有 $\hat{f}(\omega) = F\{f(x)\}$,$f(x) = F^{-1}\{\hat{f}(\omega)\}$.

这里要求$\int_{\mathbf{R}^n} |f(x)| \mathrm{d}x$ 存在是一个十分严的条件. 适合此条件的函数是十分有限的. 虽然在常义函数的范围内这一限制可以有所放松,但局限性仍然很大,一些最常见的函数,如 $\sin x$,$\cos x$,幂次函数等等都不能作傅里叶变换. 这就使傅里叶变换的应用受到很大的限制. 如果可把 $f(x)$ 看作是速降函数空间上的广义函数,即 $f(x) \in S'(\mathbf{R}^n)$,则可证明 $\hat{f}(\omega) \in S'(\mathbf{R}^n)$,并有 $F^{-1}\{\hat{f}(\omega)\} = f(x)$. 可见,如果能在速降函数空间 $S(\mathbf{R}^n)$ 上来讨论傅里叶变换,就可大大加大傅里叶变换的应用范围.

2. 速降函数空间中的傅里叶变换

在以下的讨论中,无论所提到的是函数空间中的元素或是函数空间上的广义函数,它们的值域都可以是复的,即可以是 n 维实数空间上的复值函数. 这是由于傅里叶变换和逆变换的定义所要求的.

(1) $S(\mathbf{R}^n)$ 中元素的傅里叶变换和逆变换仍均在 $S(\mathbf{R}^n)$ 中:

为了简单起见,下面仅就 $n=1$ 给以证明. 对于 $n>1$,证明完全类似,只不过是积分是多重的. 有兴趣的读者,不妨自己试一试.

证　设 $x,\omega \in \mathbf{R}$, $\forall\, \varphi(x) \in S(\mathbf{R})$ 和非负整数 k 与 p, $\exists$ 常数 $C_1 > 0$,使

$$|x^k D_x^p \varphi(x)| < \frac{C_1}{1+x^2}.$$

由于 $|\mathrm{i}| = 1$, $|\mathrm{e}^{\pm \mathrm{i}\omega \cdot x}| = 1$,故有

$$\begin{aligned}
\int_{-\infty}^{\infty} |D_\omega^k(\mathrm{e}^{-\mathrm{i}\omega\cdot x} D_x^p \varphi(x))| \mathrm{d}x &= \int_{-\infty}^{\infty} |\mathrm{e}^{-\mathrm{i}\omega\cdot x} x^k D_x^p \varphi(x)| \mathrm{d}x \\
&= \int_{-\infty}^{\infty} |x^k D_x^p \varphi(x)| \mathrm{d}x < \int_{-\infty}^{\infty} \frac{C_1 \mathrm{d}x}{1+x^2} \\
&= C_1 \pi.
\end{aligned}$$

即原积分对 ω 绝对一致收敛. 特别的,对 $k=0$,$\int_{-\infty}^{\infty} \mathrm{e}^{-\mathrm{i}\omega\cdot x} D_x^p \varphi(x) \mathrm{d}x$,对 ω 也是一致收敛的. 这表明,原积分中的微分和积分次序可以交换. 于是有

$$|\omega^n D_\omega^k \hat{\varphi}(w)| = \frac{1}{\sqrt{2\pi}} \left| \mathrm{i}\omega^m \int_{-\infty}^{\infty} D_\omega^k [\mathrm{e}^{-\mathrm{i}\omega\cdot x} \varphi(x)] \mathrm{d}x \right|$$

$$= \frac{1}{\sqrt{2\pi}} \left| (-\mathrm{i}\omega)^m (-\mathrm{i})^{k-m} \int_{-\infty}^{\infty} \mathrm{e}^{-\mathrm{i}\omega \cdot x} x^k \varphi(x) \mathrm{d}x \right| .$$

由于 $\varphi(x) \in S(\mathbf{R})$，故 $\varphi_1(x) = x^k \varphi(x) \in S(\mathbf{R})$. 可见存在常数 $C_2 > 0$，使 $|D_x^m \varphi_1(x)| < \frac{C_2}{1+x^2}$. 对上式最后一个等式的右端项作 m 次分部积分，并利用 $\varphi_1(x)$ 及其各阶导数均为速降函数，有

$$|\omega^m D_\omega^k \hat{\varphi}(\omega)| = \frac{1}{\sqrt{2\pi}} \left| (-1)^m (-\mathrm{i})^{k-m} \int_{-\infty}^{\infty} \mathrm{e}^{-\mathrm{i}\omega \cdot x} D_x^m \varphi_1(x) \mathrm{d}x \right|$$

$$< \frac{C_2}{\sqrt{2\pi}} \int_{-\infty}^{\infty} \frac{\mathrm{d}x}{1+x^2} = \left(\frac{\pi}{2}\right)^{\frac{1}{2}} C_2.$$

由于上式对一切 ω 均成立，当 $\omega \to \infty$ 时当然也成立. 即对任意的非负整数 m 和 k，均有 $\lim\limits_{\omega \to \infty} \omega^m D_\omega^k \hat{\varphi}(\omega)$ 有界. 这表明 $\hat{\varphi}(\omega) \in S(R)$.

从上面的证明过程可以看出，对 $n > 1$，同样有任意非负整数 k，对 $x, \omega \in \mathbf{R}^n$，积分 $\int_{R^n} D_\omega^k [\varphi(x) \mathrm{e}^{-\mathrm{i}\omega \cdot x}] \mathrm{d}x$ 对 ω 一致收敛，因而可交换微分和积分次序，并有

$$D_\omega^k F\{\varphi(x)\} = F\{(-\mathrm{i}x)^k \varphi(x)\}.$$

(2) 傅里叶变换定理：

定理 12.1.1 设 $x, \omega \in \mathbf{R}^n$，$\forall \varphi(x) \in S(\mathbf{R}^n)$，若有

$$\hat{\varphi}(\omega) = F\{\varphi(x)\} = \left(\frac{1}{2\pi}\right)^{\frac{n}{2}} \int_{\mathbf{R}^n} \mathrm{e}^{-\mathrm{i}\omega \cdot x} \varphi(x) \mathrm{d}x$$

$$= \left(\frac{1}{2\pi}\right)^{\frac{n}{2}} (\mathrm{e}^{\mathrm{i}\omega \cdot x}, \varphi(x)), \tag{12.1.3}$$

则有

$$\varphi(x) = F^{-1}\{\hat{\varphi}(\omega)\} = \left(\frac{1}{2\pi}\right)^{\frac{n}{2}} \int_{\mathbf{R}^n} \mathrm{e}^{\mathrm{i}\omega \cdot x} \hat{\varphi}(\omega) \mathrm{d}\omega$$

$$= \left(\frac{1}{2\pi}\right)^{\frac{n}{2}} (\mathrm{e}^{-\mathrm{i}\omega \cdot x}, \hat{\varphi}(\omega)). \tag{12.1.4}$$

反之亦然.

证 设 $x = (x_1, x_2, \cdots, x_n)$，$\Omega_m = \{x \mid |x_j| < m, j = 1, 2, \cdots, n\}$ 为一 n 维立方体. 令

$$\hat{\varphi}_m(\omega) = \left(\frac{1}{2\pi}\right)^{\frac{n}{2}} \int_{\Omega_m} \varphi(\xi) \mathrm{e}^{-\mathrm{i}\omega \cdot \xi} \mathrm{d}\xi.$$

容易证明，$\hat{\varphi}_m(\omega) \in S(\mathbf{R}^n)$，并有 $\lim\limits_{m \to \infty} \hat{\varphi}_m(\omega) = \hat{\varphi}(\omega)$. 相关证明可参照(1) 中的证明进行，留给有兴趣的读者自己去完成.

在第六章中证明 $\mathrm{e}^{\pm\mathrm{i}\omega \cdot x}$ 为 $S(\mathbf{R}^n)$ 上的广义函数时，同时证明了 F 和 F^{-1} 均为

$S(\mathbf{R}^n)$ 上的线性连续算子. 根据线性连续算子的性质,有

$$\begin{aligned}F^{-1}\{\hat{\varphi}(\omega)\} &= F^{-1}\{\lim_{m\to\infty}\hat{\varphi}_m(\omega)\} = \lim_{m\to\infty}F^{-1}\{\hat{\varphi}_m(\omega)\}\\ &= \lim_{m\to\infty}\left(\frac{1}{2\pi}\right)^{\frac{n}{2}}F^{-1}\left\{\int_{\Omega_m}\varphi(\xi)\mathrm{e}^{-\mathrm{i}\omega\cdot\xi}\mathrm{d}\xi\right\}\\ &= \lim_{m\to\infty}\left(\frac{1}{2\pi}\right)^{\frac{n}{2}}\int_{\Omega_m}F^{-1}\{\varphi(\xi)\mathrm{e}^{-\mathrm{i}\omega\cdot\xi}\}\mathrm{d}\xi\\ &= \left(\frac{1}{2\pi}\right)^n\int_{\mathbf{R}^n}\varphi(\xi)\int_{R^n}\mathrm{e}^{\mathrm{i}\omega\cdot(x-\xi)}\mathrm{d}\omega\mathrm{d}\xi\\ &= \int_{\mathbf{R}^n}\varphi(\xi)\delta(x-\xi)\mathrm{d}\xi\\ &= \varphi(x).\end{aligned}$$

同理可证,若 $\varphi(x)=F^{-1}\{\hat{\varphi}(\omega)\}$,则有 $\hat{\varphi}(\omega)=F\{\varphi(x)\}$.

显然,若 $\{\varphi_k(x)\}$ 或 $\{\hat{\varphi}_k(\omega)\}$ 为 $S(\mathbf{R}^n)$ 的零序列,由于 F 和 F^{-1} 均为 $S(\mathbf{R}^n)$ 上的线性连续算子,则 $\{F[\varphi_k(x)]\}=\{[\hat{\varphi}_k(\omega)]\}$ 或 $\{F^{-1}[\hat{\varphi}_k(\omega)]\}=\{\varphi_k(x)\}$ 也是 $S(\mathbf{R}^n)$ 上的零序列.

3. $S'(\mathbf{R}^n)$ 中广义函数的傅里叶变换

设 $x,\omega\in\mathbf{R}^n$, $\forall\varphi(x)\in S(\mathbf{R}^n)$, $\hat{\varphi}(\omega)=F\{\varphi(x)\}$, $f(x)\in S'(\mathbf{R}^n)$. 对广义函数 $f(x)$ 的傅里叶变换 $\hat{f}(\omega)=F\{f(x)\}$ 为由 $(F\{f(x)\},\hat{\varphi}(\omega))$ 定义的广义函数. 对 $S'(\mathbf{R}^n)$ 中广义函数的傅里叶变换,有如下的基本定理:

定理 12.1.2　$\forall f(x)\in S'(\mathbf{R}^n)$,它的傅里叶变换 $\hat{f}(\omega)=F\{f(x)\}$ 必存在于 $S'(\mathbf{R}^n)$ 中,为由 $(\hat{f}(\omega),\hat{\varphi}(\omega))$ 定义的广义函数;反之,$\forall\hat{f}(\omega)\in S'(\mathbf{R}^n)$,则它的傅里叶逆变换 $F^{-1}\{\hat{f}(\omega)\}$ 也必存在于 $S'(\mathbf{R}^n)$ 中. 有

$$(\hat{f}(\omega),\hat{\varphi}(\omega))=(f(x),\varphi(x)).\tag{12.1.5}$$

若 $F\{f(x)\}=\hat{f}(\omega)$,则有 $F^{-1}\{\hat{f}(\omega)\}=F^{-1}F\{f(x)\}=f(x)$;反之,若 $f(x)=F^{-1}\{\hat{f}(\omega)\}$,则有 $F\{f(x)\}=\hat{f}(\omega)$.

证　设 Ω_m 仍为如前所定义的 n 维立方体,令 $a=\left(\frac{1}{2\pi}\right)^{\frac{n}{2}}$,

$$\varphi_m(x)=a\int_{\Omega_m}\mathrm{e}^{\mathrm{i}\omega\cdot x}\hat{\varphi}(\omega)\mathrm{d}\omega.$$

则 $\varphi_m(x)\in S(\mathbf{R}^n)$,并有

$$\lim_{m\to\infty}\varphi_m(x)=\varphi(x)=a\int_{\mathbf{R}^n}\mathrm{e}^{\mathrm{i}\omega\cdot x}\hat{\varphi}(\omega)\mathrm{d}\omega,$$

令

$$L_1\varphi_m(x)=(f(x),\varphi_m(x))=\int_{\mathbf{R}^n}\overline{f(x)}\varphi_m(x)\mathrm{d}x.$$

由于 $f(x)\in S'(\mathbf{R}^n)$,故 L_1 为 $S(\mathbf{R}^n)$ 上的线性连续算子,有

$$
\begin{aligned}
(f(x),\varphi(x)) &= \lim_{m\to\infty} L_1\varphi_m(x) = \lim_{m\to\infty} a\int_{\Omega_m} L_1[\mathrm{e}^{\mathrm{i}\omega\cdot x}\hat{\varphi}(\omega)]\mathrm{d}\omega \\
&= \int_{\mathbf{R}^n} a\left[\overline{\int_{\mathbf{R}^n} f(x)\mathrm{e}^{-\mathrm{i}\omega\cdot x}\mathrm{d}x}\right]\hat{\varphi}(\omega)\mathrm{d}\omega \\
&= \int_{\mathbf{R}^n} \overline{\hat{f}(\omega)}\hat{\varphi}(\omega)\mathrm{d}\omega \\
&= (\hat{f}(\omega),\hat{\varphi}(\omega)),
\end{aligned}
$$

即(12.1.5)式成立.

令 $L_2\hat{\varphi}(\omega) = (\hat{f}(\omega),\hat{\varphi}(\omega))$,由(12.1.5)式知,有

$$
L_2\hat{\varphi}(\omega) = (f(x),\varphi(x)) = L_1\varphi(x).
$$

对 $S(\mathbf{R}^n)$ 上的任一零序列 $\{\hat{\varphi}_k(\omega)\}$,由于算子 F 和 F^{-1} 均为 $S(\mathbf{R}^n)$ 上的线性连续算子,知 $\{\varphi_k(x)\}$ 也是 $S(R^n)$ 上的零序列. 由于 L_1 是 $S(\mathbf{R}^n)$ 上的线性连续算子,故有

$$
\lim_{k\to\infty} L_2\hat{\varphi}_k(\omega) = \lim_{k\to\infty} L_1\varphi_k(x) = 0,
$$

即 L_2 也是 $S(\mathbf{R}^n)$ 上的线性连续算子,$\hat{f}(\omega) \in S'(\mathbf{R}^n)$.

反之,与上面完全类似地处理,知若 $\forall \hat{f}(\omega) \in S'(\mathbf{R}^n)$,$L_2$ 是 $S(\mathbf{R}^n)$ 上的线性连续算子,仍然有(12.1.5)成立,并相应地知 L_1 也是 $S(\mathbf{R}^n)$ 上的线性连续算子,$f(x) \in S'(\mathbf{R}^n)$.

设 $\hat{f}(\omega) = F\{f(x)\}$. $\forall \varphi(x) \in S(\mathbf{R}^n)$,令

$$
\hat{\varphi}_m(\omega) = a\int_{\Omega_m} \mathrm{e}^{-\mathrm{i}\omega\cdot x}\varphi(x)\mathrm{d}x,
$$

则有

$$
\begin{aligned}
(f(x),\varphi(x)) &= (\hat{f}(\omega),\hat{\varphi}(\omega)) = \lim_{m\to\infty} L_2\hat{\varphi}_m(\omega) = \lim_{m\to\infty} a\int_{\Omega_m} \varphi(x)L_2\mathrm{e}^{-\mathrm{i}\omega\cdot x}\mathrm{d}x \\
&= \int_{\mathbf{R}^n}\varphi(x)\left[a\int_{\mathbf{R}^n}\overline{\hat{f}(\omega)}\mathrm{e}^{-\mathrm{i}\omega\cdot x}\mathrm{d}\omega\right]\mathrm{d}x = \int_{\mathbf{R}^n}\varphi(x)\overline{\left[a\int_{\mathbf{R}^n}\hat{f}(\omega)\mathrm{e}^{\mathrm{i}\omega\cdot x}\mathrm{d}\omega\right]}\mathrm{d}x \\
&= (F^{-1}\{\hat{f}(\omega)\},\varphi(x)).
\end{aligned}
$$

根据广义函数相等的定义,应有

$$
f(x) = F^{-1}\{\hat{f}(\omega)\} = a\int_{\mathbf{R}^n}\hat{f}(\omega)\mathrm{e}^{\mathrm{i}\omega\cdot x}\mathrm{d}\omega.
$$

完全类似地,若 $f(x) = F^{-1}\{\hat{f}(\omega)\}$,则有 $\hat{f}(\omega) = F\{f(x)\}$.

从上面的证明不难看出,在常义函数的意义下可作傅里叶变换的点的函数,当把它们看作是 $S(\mathbf{R}^n)$ 上的广义函数时,同样可作傅里叶变换,而且两者相等;而在常义函数的意义下不能进行傅里叶变换的函数,只要可看作是 $S(\mathbf{R}^n)$ 上的广义函数,都可作傅里叶变换. 例如,一切缓增函数,作为 $S(\mathbf{R}^n)$ 上的广义函数,都可作傅氏变换.

4. 为什么不在 $E(\mathbf{R}^n)$ 和 $D(\mathbf{R}^n)$ 上讨论傅里叶变换

在第六章中我们已经知道，$e^{\pm i\omega\cdot x}$ 不是无限可维连续函数空间 $E(\mathbf{R}^n)$ 上的广义函数. 这表明，$E(\mathbf{R}^n)$ 中有大量的函数是不能作傅里叶变换的，即在 $E(\mathbf{R}^n)$ 中，傅里叶变换及其逆变换有时是没有意义的. 而作为 $E(\mathbf{R}^n)$ 上的广义函数空间 $E'(\mathbf{R}^n)$，它只是 $S'(\mathbf{R}^n)$ 的一个子集. 由于 $S'(\mathbf{R}^n)$ 的每个元素都可作傅里叶变换，显然没有必要仅在 $E'(\mathbf{R}^n)$ 中去讨论傅里叶变换. 因此，在 $E(\mathbf{R}^n)$ 上讨论傅里叶变换既不方便，也没有必要.

对有支柱的无限可微连续函数空间 $D(\mathbf{R}^n)$ 而言，它的任一元素均可作傅里叶变换. 但若 $\varphi(x)\in D(\mathbf{R}^n)$，它的傅里叶变换

$$\hat{\varphi}(\omega)=a\int_{\mathbf{R}^n}\varphi(x)e^{-i\omega\cdot x}dx=F\{\varphi(x)\}$$

通常不在 $D(\mathbf{R}^n)$ 内，而是在 $S(\mathbf{R}^n)$ 内. 事实上，从上式可以看出，一般说来，并不存在一个有限区域 $\Omega\subset\mathbf{R}^n$，使当 $\omega\notin\Omega$ 时，$\hat{\varphi}(\omega)$ 恒为 0. 这样一来，在 $D(\mathbf{R}^n)$ 上来讨论 $\hat{\varphi}(\omega)$ 的逆变换就是没有意义的. 反之，若 $\hat{\varphi}(\omega)\in D(\mathbf{R}^n)$，它的逆变换存在. 同样地，通常 $F^{-1}\{\hat{\varphi}(\omega)\}\notin D(\mathbf{R}^n)$，而是在 $S(\mathbf{R}^n)$ 内. 这样一来，在 $D(\mathbf{R}^n)$ 上广义函数的傅里叶变换就可能是没有意义的. 故也不在 $D(\mathbf{R}^n)$ 上来讨论傅里叶变换.

我们也不可能通过在 $D(\mathbf{R}^n)$ 上定义傅里叶正变换或逆变换，而在 $S(\mathbf{R}^n)$ 上定义傅里叶逆变换或正变换来解决问题. 这是因在 $S(\mathbf{R}^n)$ 上定义的逆变换或正变换只能回到 $S'(\mathbf{R}^n)$ 上而不能保证回到 $D(\mathbf{R}^n)$ 上.

5. 算例

例 1　设 ω,x 和 $a\in\mathbf{R}^n$，求 $\delta(x-a)$ 的傅里叶变换.

解　对 $F\{\delta(x-a)\}$，有

$$\begin{aligned}(F\{\delta(x-a)\},\hat{\varphi}(\omega))&=(\delta(x-a),\varphi(x))=\int_{\mathbf{R}^n}\varphi(x)\delta(x-a)dx\\&=\left(\frac{1}{2\pi}\right)^n\int_{\mathbf{R}^n}\varphi(x)\int_{\mathbf{R}^n}e^{-i\omega\cdot(x-a)}d\omega dx\\&=\left(\frac{1}{2\pi}\right)^{\frac{n}{2}}\int_{\mathbf{R}^n}e^{i\omega\cdot a}\left[\left(\frac{1}{2\pi}\right)^{\frac{n}{2}}\int_{\mathbf{R}^n}\varphi(x)e^{-i\omega\cdot x}dx\right]d\omega\\&=\left(\frac{1}{2\pi}\right)^{\frac{n}{2}}\int_{\mathbf{R}^n}e^{i\omega\cdot a}\hat{\varphi}(\omega)d\omega\\&=\left(\left(\frac{1}{2\pi}\right)^{\frac{n}{2}}e^{-i\omega\cdot a},\hat{\varphi}(\omega)\right).\end{aligned}$$

由此得

$$F\{\delta(x-a)\}=\left(\frac{1}{2\pi}\right)^{\frac{n}{2}}e^{-i\omega\cdot a}.$$

对 $a=0$，得 $F\{\delta(x)\}=\left(\frac{1}{2\pi}\right)^{\frac{n}{2}}$.

这样求 $f(x)$ 的傅里叶变换显然是很不方便的. 其实，可将 $\delta(x-a)$ 和 $e^{-i\omega\cdot x}$ 作为 $S'(\mathbf{R}^n)$ 中的广义函数直接积分即可，有

$$F\{\delta(x-a)\}=\left(\frac{1}{2\pi}\right)^{\frac{n}{2}}\int_{\mathbf{R}^n} e^{-i\omega\cdot x}\delta(x-a)dx=\left(\frac{1}{2\pi}\right)^{\frac{n}{2}} e^{-i\omega\cdot a},$$

结果完全一样.

例 2 设 ω, x 和 $a\in\mathbf{R}^n$，求 $F\{\sin(ax)\}$.

解 利用

$$\sin(a\cdot x)=\frac{1}{2i}(e^{ix\cdot a}-e^{-ix\cdot a}),$$

有

$$\begin{aligned}F\{\sin(a\cdot x)\}&=F\left\{\frac{1}{2i}(e^{ix\cdot a}-e^{-ix\cdot a})\right\}\\&=\frac{1}{2i}\left(\frac{1}{2\pi}\right)^{\frac{n}{2}}\int_{\mathbf{R}^n}[e^{-i(\omega-a)\cdot x}-e^{-i(\omega+a)\cdot x}]dx\\&=\frac{1}{2i}(2\pi)^{\frac{n}{2}}[\delta(\omega-a)-\delta(\omega+a)]\\&=\frac{1}{2i}(2\pi)^{\frac{n}{2}}\left[\prod_{j=1}^{n}\delta(\omega_j-a_j)-\prod_{j=1}^{n}\delta(\omega_j+a_j)\right].\end{aligned}$$

§12.2 傅里叶变换的基本性质

对傅里叶变换，有如下一些基本性质：

1. 平移定理

设 $x,a,\omega\in\mathbf{R}^n$，有

$$F\{f(x-a)\}=e^{-i\omega\cdot a}F\{f(x)\}. \tag{12.2.1}$$

证 令 $x-a=\xi$，有

$$\begin{aligned}F\{f(x-a)\}&=\left(\frac{1}{2\pi}\right)^{\frac{n}{2}}\int_{\mathbf{R}^n}f(x-a)e^{-i\omega\cdot x}dx\\&=\left(\frac{1}{2\pi}\right)^{\frac{n}{2}}\int_{\mathbf{R}^n}f(\xi)e^{-i\omega\cdot(\xi+a)}d\xi=e^{-i\omega\cdot a}F\{f(x)\}\\&=e^{-i\omega\cdot a}\hat{f}(\omega).\end{aligned}$$

2. 放大定理

设 $x,\xi\in\mathbf{R}^n$，$\forall$ 实常数 c，$\xi=(\xi_1,\xi_2\cdots;\xi_n)=cx=(cx_1,cx_2,\cdots,cx_n)$，有

$$F\{f(cx)\}=|c|^{-n}\hat{f}\left(\frac{\omega}{c}\right). \tag{12.2.2}$$

证　由于 $\mathrm{d}x_j$ 与 $\mathrm{d}\xi_j(j=1,2,\cdots,n)$ 均取正值，有

$$\mathrm{d}x=\mathrm{d}x_1\mathrm{d}x_2\cdots\mathrm{d}x_n=\frac{\mathrm{d}\xi_1}{|c|}\frac{\mathrm{d}\xi_2}{|c|}\cdots\frac{\mathrm{d}\xi_n}{|c|}=\frac{\mathrm{d}\xi}{|c|^n},$$

$$\begin{aligned}F\{f(cx)\}&=\left(\frac{1}{2\pi}\right)^{\frac{n}{2}}\int_{\mathbf{R}^n}f(cx)\mathrm{e}^{\mathrm{i}\omega\cdot x}\mathrm{d}x\\&=\left(\frac{1}{2\pi}\right)^{\frac{n}{2}}\int_{\mathbf{R}^n}f(\xi)\mathrm{e}^{-\mathrm{i}\left(\frac{\omega}{c}\right)\cdot\xi}\frac{1}{|c|^n}\mathrm{d}\xi\\&=|c|^{-n}\hat{f}\left(\frac{\omega}{c}\right).\end{aligned}$$

3. 微分性质

设 $x,\omega\in\mathbf{R}^n,\tilde{k}=(k_1,k_2,\cdots,k_n)$，所有 k_j 均为非负整数，$k=\sum_{j=1}^{n}k_j$，k 为重指标，有

$$F\{D_x^kf(x)\}=(\mathrm{i}\omega)^kF\{f(x)\}=(\mathrm{i}\omega)^k\hat{f}(\omega).\tag{12.2.3}$$

证

$$\begin{aligned}(F\{D_x^kf(x)\},\hat{\varphi}(\omega))&=(D_x^kf(x),\varphi(x))\\&=(-1)^k(f(x),D_x^k\varphi(x))\\&=(-1)^k(\hat{f}(\omega),F\{D_x^k\varphi(x)\}).\end{aligned}$$

对 $F\{D_x^k\varphi(x)\}$ 作 k 次分部积分，由于 $\varphi(x)\in S'(\mathbf{R}^n)$，$\lim\limits_{|x|\to\infty}D_x\varphi(x)\mathrm{e}^{\mathrm{i}\omega\cdot x}=0$，得

$$\begin{aligned}F\{D_x^k\varphi(x)\}&=\left(\frac{1}{2\pi}\right)^{\frac{n}{2}}\int_{\mathbf{R}^n}\mathrm{e}^{-\mathrm{i}\omega\cdot x}D_x^k\varphi(x)\mathrm{d}x\\&=\left(\frac{1}{2\pi}\right)^{\frac{n}{2}}\int_{\mathbf{R}^n}(\mathrm{i}\omega)^k\mathrm{e}^{-\mathrm{i}\omega\cdot x}\varphi(x)\mathrm{d}x\\&=(\mathrm{i}\omega)^kF\{\varphi(x)\}=(\mathrm{i}\omega)^k\hat{\varphi}(\omega).\end{aligned}$$

代入上式中，得

$$\begin{aligned}(F\{D_x^kf(x)\},\hat{\varphi}(\omega))&=(\hat{f}(\omega),(-\mathrm{i}\omega)^k\hat{\varphi}(\omega))\\&=((\mathrm{i}\omega)^kF\{f(x)\},\hat{\varphi}(\omega)),\end{aligned}$$

即有

$$F\{D_x^kf(x)\}=(\mathrm{i}\omega)^kF\{f(x)\}.$$

设 $\tilde{l}=(l_1,l_2,\cdots,l_n)$，$l=\sum_{j=1}^{n}l_j$，$0\leqslant l_j\leqslant k_j$，$l\leqslant k-1$. 由于 $\omega^kD_\omega^{k-l}\delta(\omega)=0$（这可以通过分部积分立即证明），故不能简单地说 $F\{f(x)\}=(\mathrm{i}\omega)^{-k}F\{D_x^kf(x)\}$. 上式只有在 $\omega\neq0$ 才成立，这是我们必须十分注意的，这一点，在下面关于积分性质的讨论中就可以看到.

4. 积分性质

仅讨论 $n=1$，即 $x,\omega\in\mathbf{R}$ 的情况.

设 $g'(x)=f(x)$. 若 $g(-\infty)$ 和 $g(\infty)$ 存在，即有

$$g(x)=\int_{-\infty}^{x} f(x)\mathrm{d}x+g(-\infty).$$

令 $c=g(-\infty)+g(\infty)$，则有

$$F\{g(x)\}=\frac{1}{\mathrm{i}\omega}F\{f(x)\}+\sqrt{\frac{\pi}{2}}c\delta(\omega). \tag{12.2.4}$$

证
$$(F\{g(x)\},\hat{\varphi}(\omega))=\left(\frac{1}{2\pi}\right)^{\frac{1}{2}}\int_{-\infty}^{\infty}\hat{\varphi}(\omega)\left[\overline{\int_{-\infty}^{\infty}g(x)\mathrm{e}^{-\mathrm{i}\omega\cdot x}\mathrm{d}x}\right]\mathrm{d}\omega$$
$$=\int_{-\infty}^{\infty}\hat{\varphi}(\omega)\left(\frac{1}{2\pi}\right)^{\frac{1}{2}}\left\{\left[\frac{\mathrm{e}^{\mathrm{i}\omega\cdot x}}{\mathrm{i}\omega}\overline{g(x)}\right]_{-\infty}^{\infty}-\frac{1}{\mathrm{i}\omega}\overline{\int_{-\infty}^{\infty}\mathrm{e}^{-\mathrm{i}\omega\cdot x}f(x)\mathrm{d}x}\right\}\mathrm{d}\omega$$
$$=\int_{-\infty}^{\infty}\hat{\varphi}(\omega)\left[\overline{\sqrt{\frac{\pi}{2}}\bar{c}\,\delta(\omega)+\frac{1}{\mathrm{i}\omega}F\{f(x)\}}\right]\mathrm{d}\omega,$$

即有

$$F\{g(x)\}=\frac{1}{\mathrm{i}\omega}F\{f(x)\}+\sqrt{\frac{\pi}{2}}c\delta(\omega).$$

5. 变换的微分性质

对于傅里叶变换，变换有如下的微分性质：

$$D_{\omega}^{k}\hat{f}(\omega)=D_{\omega}^{k}F\{f(x)\}=F\{(-\mathrm{i}x)^{k}f(x)\}. \tag{12.2.5}$$

证
$$(D_{\omega}^{k}\hat{f}(\omega),\hat{\varphi}(\omega))=(-1)^{k}(\hat{f}(\omega),D_{\omega}^{k}\hat{\varphi}(\omega))$$
$$=(-1)^{k}(f(x),(-\mathrm{i}x)^{k}\varphi(x))$$
$$=(f(x),(\mathrm{i}x)^{k}\varphi(x))=((-\mathrm{i}x)^{k}f(x),\varphi(x))$$
$$=(F\{(-\mathrm{i}x)^{k}f(x)\},\hat{\varphi}(\omega)),$$

即有

$$D_{\omega}^{k}F\{f(x)\}=F\{(-\mathrm{i}x)^{k}f(x)\}.$$

这也表明，在作变换时，微分和积分的次序可以交换，即有

$$D_{\omega}^{k}\left(\frac{1}{2\pi}\right)^{\frac{n}{2}}\int_{\mathbf{R}^{n}}f(x)\mathrm{e}^{-\mathrm{i}\omega\cdot x}\mathrm{d}x=\left(\frac{1}{2\pi}\right)^{\frac{n}{2}}\int_{\mathbf{R}^{n}}D_{\omega}^{k}[f(x)\mathrm{e}^{-\mathrm{i}\omega\cdot x}]\mathrm{d}x.$$

6. 卷积和卷积定理

$f_1(x)$ 和 $f_2(x)$ 的**卷积** $f_1(x)*f_2(x)$ 定义为

$$f_1(x)*f_2(x)=\left(\frac{1}{2\pi}\right)^{\frac{n}{2}}\int_{\mathbf{R}^{n}}f_1(x-\tau)f_2(\tau)\mathrm{d}\tau. \tag{12.2.6}$$

需要注意的是，若 $f_1(x)$ 和 $f_2(x)\in S'(\mathbf{R}^n)$，它们的卷积可能不存在. 例如 $f_1(x)=x$，$f_2(x)=x^2$，$x\in\mathbf{R}$，即 $n=1$，

$$f_1(x)*f_2(x)=\left(\frac{1}{2\pi}\right)^{\frac{1}{2}}\int_{-\infty}^{\infty}(x-\tau)\tau^2\mathrm{d}\tau$$

不存在. 因此，在使用卷积定理时，应首先保证 $f_1(x)$ 和 $f_2(x)$ 的卷积存在. 为

此，通常作如下限制：当 $f_1(x)$（或 $f_2(x)$）$\in S'(\mathbf{R}^n)$ 时，$f_2(x)$（或 $f_1(x)$）$\in S(\mathbf{R}^n)$. 在此假定下，下面交换积分次序就是允许的. 对后面要证明的性质也作此假定，从而可保证相应的积分存在.

卷积具有对称性，即有

$$f_1(x) * f_2(x) = f_2(x) * f_1(x). \tag{12.2.7}$$

这很容易从定义推出，只需作变量替换 $\xi = x - \tau$，用 ξ 代替 τ，有

$$\begin{aligned} f_1(x) * f_2(x) &= \left(\frac{1}{2\pi}\right)^{\frac{n}{2}} \int_{\mathbf{R}^n} f_1(x-\tau) f_2(\tau)\mathrm{d}\tau \\ &= \left(\frac{1}{2\pi}\right)^{\frac{n}{2}} \int_{\mathbf{R}^n} f_1(\xi) f_2(x-\xi)\mathrm{d}\xi = f_2(x) * f_1(x). \end{aligned}$$

卷积定理　若 $f_1(x) * f_2(x)$ 存在，则有

$$F\{f_1(x) * f_2(x)\} = F\{f_1(x)\} \cdot F\{f_2(x)\}, \tag{12.2.8}$$

$$F\{f_1(x) f_2(x)\} = F\{f_1(x)\} * F\{f_2(x_1)\}. \tag{12.2.9}$$

证　对(12.2.8)式的证明，只需从定义出发，在积分中用变量 $\xi = x - \tau$ 代替变量 x 即可，有

$$\begin{aligned} F\{f_1(x) * f_2(x)\} &= \left(\frac{1}{2\pi}\right)^{n} \int_{\mathbf{R}^n} \mathrm{e}^{-\mathrm{i}\omega\cdot x} \int_{\mathbf{R}^n} f_1(x-\tau) f_2(\tau)\mathrm{d}\tau\mathrm{d}x \\ &= \left(\frac{1}{2\pi}\right)^{n} \int_{\mathbf{R}^n}\int_{\mathbf{R}^n} \mathrm{e}^{-\mathrm{i}\omega\cdot x} f_1(x-\tau) f_2(\tau)\mathrm{d}\tau\mathrm{d}x \\ &= \left(\frac{1}{2\pi}\right)^{n} \int_{\mathbf{R}^n}\int_{\mathbf{R}^n} \mathrm{e}^{-\mathrm{i}\omega\cdot(\xi+\tau)} f_1(\xi) f_2(\tau)\mathrm{d}\tau\mathrm{d}\xi \\ &= \left[\left(\frac{1}{2\pi}\right)^{\frac{n}{2}} \int_{\mathbf{R}^n} \mathrm{e}^{-\mathrm{i}\omega\cdot\xi} f_1(\xi)\mathrm{d}\xi\right] \cdot \left[\left(\frac{1}{2\pi}\right)^{\frac{n}{2}} \int_{\mathbf{R}^n} \mathrm{e}^{-\mathrm{i}\omega\cdot\tau} f_2(\tau)\mathrm{d}\tau\right] \\ &= F\{f_1(x)\} \cdot F\{f_2(x)\}. \end{aligned}$$

下面证明(12.2.9). 由于

$$f_2(x) = F^{-1}F\{f_2(x)\} = \left(\frac{1}{2\pi}\right)^{n} \int_{\mathbf{R}^n} \mathrm{e}^{\mathrm{i}\tau\cdot x} \int_{\mathbf{R}^n} f_2(\xi)\mathrm{e}^{-\mathrm{i}\tau\cdot\xi}\mathrm{d}\xi\mathrm{d}\tau,$$

有

$$\begin{aligned} F\{f_1(x)\ f_2(x)\} &= \left(\frac{1}{2\pi}\right)^{\frac{n}{2}} \int_{\mathbf{R}^n} f_1(x) f_2(x)\mathrm{e}^{-\mathrm{i}\omega\cdot x}\mathrm{d}x \\ &= \left(\frac{1}{2\pi}\right)^{\frac{n}{2}} \int_{\mathbf{R}^n} f_1(x)\mathrm{e}^{-\mathrm{i}\omega\cdot x}\left[\left(\frac{1}{2\pi}\right)^{n} \int_{\mathbf{R}^n} \mathrm{e}^{\mathrm{i}\tau\cdot x} \int_{\mathbf{R}^n} f_2(\xi)\mathrm{e}^{-\mathrm{i}\tau\cdot\xi}\mathrm{d}\xi\mathrm{d}\tau\right]\mathrm{d}x \\ &= \left(\frac{1}{2\pi}\right)^{\frac{n}{2}} \int_{\mathbf{R}^n}\left[\left(\frac{1}{2\pi}\right)^{\frac{n}{2}} \int_{\mathbf{R}^n} f_1(x)\mathrm{e}^{-\mathrm{i}(\omega-\tau)\cdot x}\mathrm{d}x\right]\left[\left(\frac{1}{2\pi}\right)^{\frac{n}{2}} \int_{\mathbf{R}^n} f_2(\xi)\mathrm{e}^{-\mathrm{i}\tau\cdot\xi}\mathrm{d}\xi\right]\mathrm{d}\tau \\ &= \left(\frac{1}{2\pi}\right)^{\frac{n}{2}} \int_{\mathbf{R}^n} \hat{f}_1(\omega-\tau)\hat{f}_2(\tau)\mathrm{d}\tau = F\{f_1(x)\} * F\{f_2(x)\}. \end{aligned}$$

7. 帕舍弗(Parseval) 方程

设 $\hat{f}_j(\omega) = F\{f_j(x)\}$, $j = 1, 2$, 且积分$\int_{\mathbf{R}^n} f_1(x)\overline{f_2(x)}\mathrm{d}x$ 存在,则有

$$\int_{\mathbf{R}^n} f_1(x)\overline{f_2(x)}\mathrm{d}x = \int_{\mathbf{R}^n} \hat{f}_1(\omega)\overline{\hat{f}_2(\omega)}\mathrm{d}\omega. \tag{12.2.10}$$

证

$$\begin{aligned}\int_{\mathbf{R}^n} f_1(x)\overline{f_2(x)}\mathrm{d}x &= \int_{\mathbf{R}^n} f_1(x)\left(\frac{1}{2\pi}\right)^{\frac{n}{2}}\int_{\mathbf{R}^n}\overline{\hat{f}_2(x)\mathrm{e}^{\mathrm{i}\omega\cdot x}}\mathrm{d}x\mathrm{d}\omega \\ &= \int_{\mathbf{R}^n}\overline{\hat{f}_2(\omega)}\left(\frac{1}{2\pi}\right)^{\frac{n}{2}}\int_{\mathbf{R}^n} f_1(x)\mathrm{e}^{-\mathrm{i}\omega\cdot x}\mathrm{d}x\mathrm{d}\omega \\ &= \int_{\mathbf{R}^n}\hat{f}_1(\omega)\overline{\hat{f}_2(\omega)}\mathrm{d}\omega.\end{aligned}$$

若$\int_{\mathbf{R}^n}|f(x)|^2\mathrm{d}x$ 存在,取 $f_1(x) = f_2(x) = f(x)$,则有

$$\int_{\mathbf{R}^n}|f(x)|^2\mathrm{d}x = \int_{\mathbf{R}^n}|\hat{f}(\omega)|^2\mathrm{d}\omega. \tag{12.2.11}$$

§12.3 傅里叶变换法

本章开头我们曾经提到,用傅里叶变换法解偏微分方程,其作用是降低方程的空间维度. 它适用于自变量在$(-\infty,\infty)$间变化,或可通过对相关边界作奇、偶开拓到$(-\infty,\infty)$上变化的"空间"变量,即给定边条件而不是初条件的自变量.

1. 傅里叶变换解题的基本步骤

设 u 为待求的未知函数,它所依赖的某一"空间"变量 x 是在$(-\infty,\infty)$上变化,或可通过对对应于 x 的边界作奇、偶开拓,将 x 的变化域开拓到$(-\infty,\infty)$上,只要 u 是 x 的缓增函数(这相当于对 u 给定了在 x 为 $\pm\infty$ 时的边界条件),就可将 u 对 x 作傅里叶变换,即令

$$U = F\{u\} = \left(\frac{1}{2\pi}\right)^{\frac{1}{2}}\int_{-\infty}^{\infty} u\mathrm{e}^{-\mathrm{i}\omega\cdot x}\mathrm{d}x.$$

由于 u 是 x 的缓增函数,通过分部积分,或直接利用微分性质有

$$F\{u_x^{(m)}\} = (\mathrm{i}\omega)^m F\{u\} = (\mathrm{i}\omega)^m U. \tag{12.3.1}$$

这样一来,通过傅里叶变换可以将自变量 x 消除,而以一个参数 ω 代替,从而达到将方程降维的目的.

若 u 是 x 的奇函数和缓增函数,$u\cos\omega x$ 为 x 的奇函数,$u\sin\omega x$ 为 x 的偶函数,有

$$U^* = F\{u\} = \left(\frac{1}{2\pi}\right)^{\frac{1}{2}}\int_{-\infty}^{\infty} u\mathrm{e}^{-\mathrm{i}\omega x}\,\mathrm{d}x = (-\mathrm{i})\left(\frac{2}{\pi}\right)^{\frac{1}{2}}\int_0^{\infty} u\sin\omega x\,\mathrm{d}x.$$

令

$$U = F_s(u) = \left(\frac{2}{\pi}\right)^{\frac{1}{2}}\int_0^{\infty} u\sin\omega x\,\mathrm{d}x. \tag{12.3.2}$$

此变换称为正弦变换，$U = \mathrm{i}U^*$. 显然，U 和 U^* 都是 ω 的奇函数. 故有

$$\begin{aligned} u = F^{-1}\{U^*\} &= (-\mathrm{i})\left(\frac{1}{2\pi}\right)^{\frac{1}{2}}\int_{-\infty}^{\infty} U(\cos\omega x + \mathrm{i}\sin\omega x)\,\mathrm{d}\omega \\ &= (-\mathrm{i})\left(\frac{2}{\pi}\right)^{\frac{1}{2}}\int_0^{\infty} \mathrm{i}U\sin\omega x\,\mathrm{d}\omega = \left(\frac{2}{\pi}\right)^{\frac{1}{2}}\int_0^{\infty} U\sin\omega x\,\mathrm{d}\omega, \end{aligned}$$

即有

$$u = F_s^{-1}\{U\} = \left(\frac{2}{\pi}\right)^{\frac{1}{2}}\int_0^{\infty} U\sin\omega x\,\mathrm{d}\omega. \tag{12.3.3}$$

此变换为正弦逆变换.

同理，如果 u 是 x 的缓增函数和偶函数，则采用余弦变换，即有

$$U = F_c\{u\} = \left(\frac{2}{\pi}\right)^{\frac{1}{2}}\int_0^{\infty} u\cos\omega x\,\mathrm{d}x, \tag{12.3.4}$$

$$u = F_c^{-1}\{U\} = \left(\frac{2}{\pi}\right)^{\frac{1}{2}}\int_0^{\infty} U\cos\omega x\,\mathrm{d}\omega. \tag{12.3.5}$$

令 $\alpha = \left(\frac{2}{\pi}\right)^{\frac{1}{2}}$，这时有

$$\begin{aligned} F_s\{u_{xx}\} &= \alpha\int_0^{\infty} u_{xx}\sin\omega x\,\mathrm{d}x = \alpha u_x\sin\omega x\Big|_0^{\infty} - \alpha\omega u\cos\omega x\Big|_0^{\infty} - \alpha\omega^2\int_0^{\infty} u\sin\omega x\,\mathrm{d}x \\ &= -\omega^2 U + \alpha\omega u\Big|_{x=0}, \end{aligned} \tag{12.3.6}$$

$$\begin{aligned} F_c\{u_{xx}\} &= \alpha\int_0^{\infty} u_{xx}\cos\omega x\,\mathrm{d}x = \alpha(u_x\cos\omega x + \omega u\sin\omega x)\Big|_0^{\infty} - \alpha\omega^2\int_0^{\infty} u\cos\omega x\,\mathrm{d}x \\ &= -\omega^2 U - \alpha u_x\Big|_{x=0}. \end{aligned} \tag{12.3.7}$$

由此可见，对解半无界域上的二阶方程时，当在 $x=0$ 处给定第一类边条件时，应采用正弦变换. 这相应于将 u 对 $x=0$ 作奇开拓，而使之成为 x 的奇函数. 当在 $x=0$ 处给定的是第二类边条件时，则应采用余弦变换. 这相应于将 u 对 $x=0$ 作偶开拓，而使之成为 x 的偶函数.

2. 应用举例

例 1　无界域中的一维热传导问题

$$\begin{cases} u_t - a^2 u_{xx} = f(x,t), & t > 0,\ |x| < \infty, \\ u(x,0) = \varphi(x), & \lim\limits_{x\to\pm\infty} u \text{ 有限}. \end{cases}$$

解 对自变量 x 采用复数形式的傅里叶变换，令 $U=F\{u\}$. 这时，由(12.3.1)式，有 $F\{u_{xx}\}=-\omega^2U$. 由此得

$$\begin{cases}U_t+a^2\omega^2U=F\{f(x,t)\}=G(\omega,t), & t>0,\\ U(0)=F\{\varphi(x)\}=\Phi(\omega).\end{cases}$$

将方程两边同乘 $e^{a^2\omega^2t}$ 后，方程变为

$$(Ue^{a^2\omega^2t})'=G(\omega,t)e^{a^2\omega^2t}.$$

由此并注意到边条件，得 U 的解为

$$U(\omega,t)=\int_0^t G(\omega,\alpha)e^{-a^2\omega^2(t-\alpha)}d\alpha+\Phi(\omega)e^{-a^2\omega^2t}.$$

对 U 作逆变换，就可给出 u. 令

$$\begin{aligned}u_1(x,t)&=\left(\frac{1}{2\pi}\right)^{\frac12}\int_{-\infty}^{\infty}\Phi(\omega)e^{-a^2\omega^2t+i\omega\cdot x}d\omega=\frac{1}{2\pi}\int_{-\infty}^{\infty}\varphi(\eta)\int_{-\infty}^{\infty}e^{-a^2\omega^2t+i\omega\cdot(x-\eta)}d\omega d\eta\\&=\frac{1}{2\pi}\int_{-\infty}^{\infty}\varphi(\eta)e^{-\frac{(x-\eta)^2}{4a^2t}}\int_{-\infty}^{\infty}e^{-a^2t\left(\omega-\frac{i(x-\eta)}{2a^2t}\right)^2}d\omega d\eta\\&=\frac{1}{2a\sqrt{\pi t}}\int_{-\infty}^{\infty}\varphi(\eta)e^{-\frac{(x-\eta)^2}{4a^2t}}d\eta,\end{aligned}\tag{12.3.8}$$

$$\begin{aligned}u_2(x,t)&=\left(\frac{1}{2\pi}\right)^{\frac12}\int_{-\infty}^{\infty}\int_0^t G(\omega,\alpha)e^{-a^2\omega^2(t-\alpha)+i\omega\cdot x}d\alpha d\omega\\&=\frac{1}{2\pi}\int_0^t\int_{-\infty}^{\infty}f(\eta,\alpha)e^{-(x-\eta)^2/4a^2(t-\alpha)}\int_{-\infty}^{\infty}e^{-a^2(t-\alpha)[\omega-i(x-\eta)/2a^2(t-\alpha)]}d\omega d\eta d\alpha\\&=\frac{1}{2a}\int_0^t\frac{1}{\sqrt{\pi(t-\alpha)}}\int_{-\infty}^{\infty}f(\eta,\alpha)e^{-(x-\eta)^2/4a^2(t-\alpha)}d\eta d\alpha,\end{aligned}\tag{12.3.9}$$

$$u(x,t)=\left(\frac{1}{2\pi}\right)^{\frac12}\int_{-\infty}^{\infty}U(\omega,t)e^{i\omega\cdot x}d\omega=u_1(x,t)+u_2(x,t).\tag{12.3.10}$$

此公式为一维无界域中热传导方程解的一般性公式. 若

$$f(x,t)=\delta(x-\xi)\delta(t-\tau),$$

则有

$$\begin{aligned}u_2(x,t;\xi,\tau)&=\frac{1}{2a}\int_0^t\frac{\delta(\alpha-\tau)}{\sqrt{\pi(t-\alpha)}}e^{-(x-\xi)^2/4a^2(t-\alpha)}d\alpha\\&=\frac{H(t-\tau)}{2a\sqrt{\pi(t-\tau)}}e^{-(x-\xi)^2/4a^2(t-\tau)}.\end{aligned}\tag{12.3.11}$$

若 $x\in\mathbf{R}^n$，这时，有

$$\omega^2=\sum_{j=1}^n\omega_j^2,\ \omega\cdot(x-\eta)=\sum_{j=1}^n\omega_j(x_j-\eta_j),\ (x-\eta)^2=\sum_{j=1}^n(x_j-\eta_j)^2,\ \eta\in\mathbf{R}^n.$$

仍有

$$F\{\nabla^2u\}=-\omega^2U,\quad U(\omega,t)=\Phi(\omega)e^{-a^2\omega^2t}+\int_0^t G(\omega,t_1)e^{-a^2\omega^2(t-t_1)}dt_1,$$

差别仅仅在于

$$\Phi(\omega)=\left(\frac{1}{2\pi}\right)^{\frac{n}{2}}\int_{\mathbf{R}^n}\varphi(\eta)\mathrm{e}^{-\mathrm{i}\omega\cdot\eta}\mathrm{d}\eta,\quad G(\omega,t)=\left(\frac{1}{2\pi}\right)^{\frac{n}{2}}\int_{\mathbf{R}^n}f(\eta,t)\mathrm{e}^{-\mathrm{i}\omega\cdot\eta}\mathrm{d}\eta;$$

$$\begin{aligned}u(x,t)&=\left(\frac{1}{2\pi}\right)^{\frac{n}{2}}\int_{\mathbf{R}^n}U(\omega,t)\mathrm{e}^{\mathrm{i}\omega\cdot x}\mathrm{d}\omega\\&=\left(\frac{1}{2a}\right)^n\int_0^t\left(\frac{1}{\pi(t-\alpha)}\right)^{\frac{n}{2}}\int_{\mathbf{R}^n}f(\eta,\alpha)\mathrm{e}^{-(x-\eta)^2/4a^2(t-\alpha)}\mathrm{d}\eta\mathrm{d}\alpha\\&\quad+\left(\frac{1}{2a\sqrt{\pi t}}\right)^n\int_{\mathbf{R}^n}\varphi(\eta)\mathrm{e}^{-(x-\eta)^2/4a^2t}\mathrm{d}\eta.\end{aligned}\tag{12.3.12}$$

同样地,若 $f(x,t)=\delta(x-\xi)\delta(t-\tau),x,\xi\in\mathbf{R}^n$,有

$$u_2(x,t;\xi,\tau)=\left(\frac{1}{2a\sqrt{\pi(t-\tau)}}\right)^nH(t-\tau)\mathrm{e}^{-\frac{(x-\xi)^2}{4a^2(t-\tau)}}.\tag{12.3.13}$$

例 2　解三维无界域中的波动方程

$$\begin{cases}u_{tt}-a^2\nabla^2u=0,\quad x=(x_1,x_2,x_3)\in\mathbf{R}^3,\quad t>0,\text{常数 }a>0,\\u(x,0)=0,\quad u_t(x,0)=\delta(x).\end{cases}$$

解　设 $\omega=(\omega_1,\omega_2,\omega_3)\in\mathbf{R}^3$. 令

$$U(\omega,t)=F\{u\}=\left(\frac{1}{2\pi}\right)^{\frac{3}{2}}\int_{\mathbf{R}^3}u(x,t)\mathrm{e}^{-\mathrm{i}\omega\cdot x}\mathrm{d}x.$$

从定解条件可以看出,解具有球对称性. 令

$$\rho=|\omega|=(\omega_1^2+\omega_2^2+\omega_3^2)^{\frac{1}{2}},\quad r=|x|=(x_1^2+x_2^2+x_3^2)^{\frac{1}{2}}.$$

由于 $\omega^2=\rho^2$,这时 U 所满足的定解问题为

$$\begin{cases}U_{tt}+a^2\rho^2U=0,\quad t>0,\\U(0)=0,\quad U_t(0)=\dfrac{1}{(2\pi)^{\frac{3}{2}}}.\end{cases}$$

由此得解为

$$U=\left(\frac{1}{2\pi}\right)^{\frac{3}{2}}\frac{\sin(a\rho t)}{a\rho},$$

$$u=\left(\frac{1}{2\pi}\right)^3\int_{R^3}\frac{\sin(a\rho t)}{a\rho}\mathrm{e}^{\mathrm{i}\omega\cdot x}\mathrm{d}\omega.$$

由于定解问题具有球对称性,为了积分的方便,可对 ω 使用球坐标系. 对于给定的空间点 x,取一相应的球坐标系,使点 x 在此球坐标系的极轴上,如图 12.3.1 所示. 这时,有

$$\omega\cdot x=r\rho\cos\theta,\quad \mathrm{d}\omega=\rho^2\sin\theta\mathrm{d}\theta\mathrm{d}\varphi\mathrm{d}\rho.$$

求 u 的积分变为

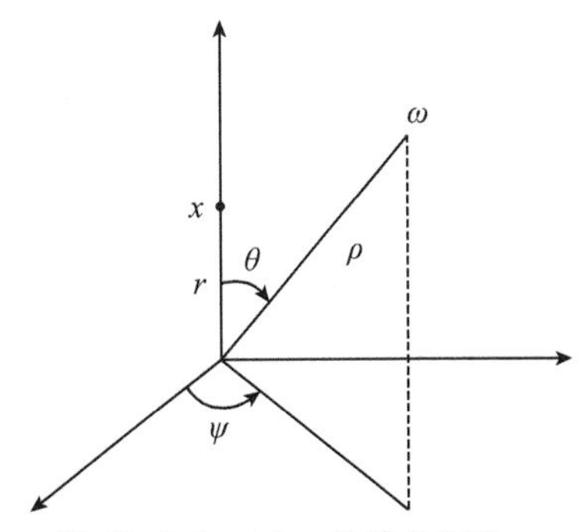

图 12.3.1　对 ω 的球坐标系

$$
\begin{aligned}
u(x,t) &= \left(\frac{1}{2\pi}\right)^3 \int_0^{\infty} \frac{1}{a}\rho\sin(a\rho t)\int_0^{2\pi}\int_0^{\pi} \mathrm{e}^{\mathrm{i}\rho r\cos\theta}\sin\theta\mathrm{d}\theta\mathrm{d}\varphi\mathrm{d}\rho \\
&= \frac{1}{4\pi^2 ar}\int_0^{\infty} \frac{1}{\mathrm{i}}\sin(a\rho t)(\mathrm{e}^{\mathrm{i}\rho r} - \mathrm{e}^{-\mathrm{i}\rho r})\mathrm{d}\rho \\
&= \frac{1}{8\pi^2 ar}\int_0^{\infty} (\mathrm{e}^{-\mathrm{i}a\rho t} - \mathrm{e}^{\mathrm{i}a\rho t})(\mathrm{e}^{\mathrm{i}\rho r} - \mathrm{e}^{-\mathrm{i}\rho r})\mathrm{d}\rho \\
&= \frac{1}{8\pi^2 ar}\int_0^{\infty} [\mathrm{e}^{\mathrm{i}\rho(r-at)} + \mathrm{e}^{-\mathrm{i}\rho(r-at)} - \mathrm{e}^{\mathrm{i}\rho(r+at)} - \mathrm{e}^{-\mathrm{i}\rho(r+at)}]\mathrm{d}\rho \\
&= \frac{1}{8\pi^2 ar}\int_{-\infty}^{\infty} [\mathrm{e}^{\mathrm{i}\rho(r-at)} - \mathrm{e}^{\mathrm{i}\rho(r+at)}]\mathrm{d}\rho \\
&= \frac{1}{4\pi ar}[\delta(r-at) - \delta(r+at)].
\end{aligned}
$$

由于 $r>0$, $at>0$, $\delta(r+at)=0$,故有

$$
u(x,t) = \frac{\delta(r-at)}{4\pi ar}. \tag{12.3.14}
$$

若点源不在 $x=0$ 处,而是在 $x=\xi$ 处,即初条件为 $u(x,0)=0, u_t(x,0)=\delta(x-\xi)$,则只需作一次坐标平移,所得解仍是(12.3.14). 区别仅仅在于

$$
r = |x-\xi| = [(x_1-\xi_1)^2 + (x_2-\xi_2)^2 + (x_3-\xi_3)^2]^{\frac{1}{2}}.
$$

对初条件为 $u(x,0)=\delta(x-\xi), u_t(x,0)=0$,可以类似地求解,得

$$
u = \frac{1}{4\pi ar}\frac{\partial}{\partial t}\delta(r-at) = -\frac{1}{4\pi r}\delta'(r-at). \tag{12.3.15}
$$

具体解法留作作业,请读者自行完成.

例 3 解狄利克雷问题

$$
\begin{cases}
\nabla^2 u = 0, & |x|<\infty,\ |y|<\infty, z>0; \\
u(x,y,0) = f(x,y), & \lim\limits_{r\to\infty} u \text{ 有限}, \quad r = (x^2+y^2+z^2)^{\frac{1}{2}}.
\end{cases}
$$

解 对 x 和 y 用二维的傅里叶变换. 令 $\omega=(\omega_1,\omega_2)$, $\rho=|\omega|$, $\alpha=(x,y)$, $r=|\alpha|$,

$$
U(\omega,z) = \frac{1}{2\pi}\int_{\mathbf{R}^2} u(x,y,z)\mathrm{e}^{-\mathrm{i}\omega\cdot\alpha}\mathrm{d}x\mathrm{d}y.
$$

对定解问题作傅里叶变换后得

$$
\begin{cases}
U_{zz} - \rho^2 U = 0, \quad z>0, \\
U(\omega,0) = G(\omega) = \dfrac{1}{2\pi}\displaystyle\int_{-\infty}^{\infty}\int_{-\infty}^{\infty} f(x,y)\mathrm{e}^{-\mathrm{i}(\omega_1 x+\omega_2 y)}\mathrm{d}x\mathrm{d}y, \\
\lim\limits_{z\to\infty} U \text{ 有界}.
\end{cases}
$$

解为

$$
U(\omega,z) = G(\omega)\mathrm{e}^{-\rho z}.
$$

对 U 作傅里叶逆变换求 u,可先求 $F^{-1}\{\mathrm{e}^{-\rho z}\}$,再由卷积定理给出 u. 求

$F^{-1}\{e^{-\rho z}\}$时，可对 ω 采用平面极坐标，有 $\omega\alpha=\rho r\cos\theta$，　$d\omega=\rho d\rho d\theta$，

$$F^{-1}\{e^{-\rho z}\}=\frac{1}{2\pi}\int_{-\frac{\pi}{2}}^{\frac{3}{2}\pi}\int_0^{\infty}\rho e^{-\rho(z-ir\cos\theta)}d\rho d\theta$$

$$=\frac{1}{2\pi}\int_{-\frac{\pi}{2}}^{\frac{3\pi}{2}}\frac{d\theta}{(z-ir\cos\theta)^2}$$

$$=\frac{1}{2\pi}\int_{-\frac{\pi}{2}}^{\frac{3}{2}\pi}\frac{z^2-r^2\cos^2\theta+2irz\cos\theta}{(z^2+r^2\cos^2\theta)^2}d\theta.$$

对于虚部，由于

$$\int_{-\frac{\pi}{2}}^{\frac{3\pi}{2}}\frac{\cos\theta d\theta}{(z^2+r^2\cos^2\theta)^2}=\int_{-\frac{\pi}{2}}^{\frac{\pi}{2}}\frac{d\sin\theta}{(z^2+r^2-r^2\sin^2\theta)^2}+\int_{\frac{\pi}{2}}^{\frac{3\pi}{2}}\frac{d\sin\theta}{(z^2+r^2-r^2\sin^2\theta)^2}$$

$$=\int_{-1}^{1}\frac{dt}{(z^2+r^2-r^2t^2)^2}-\int_{-1}^{1}\frac{dt}{(z^2+r^2-r^2t^2)^2}=0,$$

即其虚部为 0.

对实部，令 $\tan\theta=t$. 于是有 $\cos^2\theta=\frac{1}{1+t^2}$，$d\theta=\frac{dt}{1+t^2}$. 积分区域仍分成 $\left[-\frac{\pi}{2},\frac{\pi}{2}\right]$和$\left[\frac{\pi}{2},\frac{3\pi}{2}\right]$两段来处理. 注意当换为对 t 的积分时，积分区域都是 $(-\infty,\infty)$. 故得：

$$F^{-1}\{e^{-\rho z}\}=\frac{1}{\pi}\int_{-\infty}^{\infty}\frac{z^2+z^2t^2-r^2}{(r^2+z^2+z^2t^2)^2}dt.$$

再作变换 $\tan\varphi=\frac{zt}{(r^2+z^2)^{\frac{1}{2}}}$ 后，可求得

$$g=F^{-1}\{e^{-\rho z}\}=\frac{1}{\pi z(r^2+z^2)^{\frac{1}{2}}}\int_{-\frac{\pi}{2}}^{\frac{\pi}{2}}\left(1-\frac{2r^2}{r^2+z^2}\cos^2\varphi\right)d\varphi$$

$$=\frac{z}{(r^2+z^2)^{\frac{3}{2}}}=\frac{z}{(x^2+y^2+z^2)^{\frac{3}{2}}}.$$

利用 n 维的卷积定理

$$F^{-1}\{G(\omega)\cdot\Phi(\omega)\}=F^{-1}\{G(\omega)\}*F^{-1}\{\Phi(\omega)\},$$

有

$$u(x,y,z)=F^{-1}(U)=F^{-1}\{G(\omega)\}*F^{-1}\{e^{-\rho z}\}=f*g$$

$$=\frac{1}{2\pi}\int_{-\infty}^{\infty}\int_{-\infty}^{\infty}\frac{zf(\xi,\eta)d\xi d\eta}{[(x-\xi)^2+(y-\eta)^2+z^2]^{\frac{3}{2}}}.$$

例 4　解半无界域中的一维热传导问题

$$\begin{cases}u_t-a^2u_{xx}=0, & x>0,t>0,\\ u(x,0)=0, \quad u(0,t)=\psi(t), & \lim\limits_{x\to\infty}u\text{ 有界}.\end{cases}$$

解　由于在 $x=0$ 处给定的是第一类边条件，故应对 x 用正弦变换，即令

$$U = F_S\{u\} = \left(\frac{2}{\pi}\right)^{\frac{1}{2}}\int_0^{\infty} u(x,t)\sin\omega x\,\mathrm{d}x.$$

由(12.3.6),有

$$F_S\{u_{xx}\} = \left(\frac{2}{\pi}\right)^{\frac{1}{2}}\int_0^{\infty} u_{xx}\sin\omega x\,\mathrm{d}x = \left(\frac{2}{\pi}\right)^{\frac{1}{2}}\omega u(0,t) - \omega^2 U$$

$$= \left(\frac{2}{\pi}\right)^{\frac{1}{2}}\omega\psi(t) - \omega^2 U,$$

得对 U 的定解问题为

$$\begin{cases} U_t + a^2\omega^2 U = \left(\dfrac{2}{\pi}\right)^{\frac{1}{2}} a^2\omega\psi(t), \\ U(\omega,0) = 0, \end{cases}$$

解为

$$U = \left(\frac{2}{\pi}\right)^{\frac{1}{2}} a^2\omega\int_0^t \psi(\tau)\mathrm{e}^{-a^2\omega^2(t-\tau)}\,\mathrm{d}\tau,$$

作逆变换,得

$$\begin{aligned} u(x,t) &= \frac{2a^2}{\pi}\int_0^{\infty}\omega\sin\omega x\int_0^t \psi(\tau)\mathrm{e}^{-a^2\omega^2(t-\tau)}\,\mathrm{d}\tau\mathrm{d}\omega \\ &= -\frac{2a^2}{\pi}\frac{\partial}{\partial x}\int_0^{\infty}\cos\omega x\int_0^t \psi(\tau)\mathrm{e}^{-a^2\omega^2(t-\tau)}\,\mathrm{d}\tau\mathrm{d}\omega \\ &= -\frac{a^2}{\pi}\frac{\partial}{\partial x}\int_0^t \psi(\tau)\int_0^{\infty}\left[\mathrm{e}^{-a^2\omega^2(t-\tau)+\mathrm{i}\omega\cdot x} + \mathrm{e}^{-a^2\omega^2(t-\tau)-\mathrm{i}\omega\cdot x}\right]\mathrm{d}\omega\mathrm{d}\tau \\ &= \frac{-a^2}{\pi}\frac{\partial}{\partial x}\int_0^t \psi(\tau)\int_{-\infty}^{\infty}\mathrm{e}^{-a^2(t-\tau)\omega^2+\mathrm{i}\omega\cdot x}\,\mathrm{d}\omega\mathrm{d}\tau \\ &= -\frac{a^2}{\pi}\frac{\partial}{\partial x}\int_0^t \psi(\tau)\mathrm{e}^{-\frac{x^2}{4a^2(t-\tau)}}\int_{-\infty}^{\infty}\mathrm{e}^{-a^2(t-\tau)\left[\omega+\frac{\mathrm{i}x}{2a^2(t-\tau)}\right]^2}\,\mathrm{d}\omega\mathrm{d}\tau \\ &= -\frac{a}{\sqrt{\pi}}\frac{\partial}{\partial x}\int_0^t \frac{\psi(\tau)}{(t-\tau)^{\frac{1}{2}}}\mathrm{e}^{-\frac{x^2}{4a^2(t-\tau)}}\,\mathrm{d}\tau \\ &= \frac{x}{2a\sqrt{\pi}}\int_0^t \frac{\psi(\tau)}{(t-\tau)^{\frac{3}{2}}}\mathrm{e}^{-\frac{x^2}{4a^2(t-\tau)}}\,\mathrm{d}\tau. \end{aligned}$$

§ 12.4 拉普拉斯变换

1. 符号和定义

函数 $f(t)$ 的**拉普拉斯变换**定义为

$$L\{f(t)\} = F(s) = \int_0^t f(t)\mathrm{e}^{-st}\,\mathrm{d}t, \tag{12.4.1}$$

其中 s 为复数,简称为**拉氏变换**,以 L^{-1} 表示**拉普拉斯逆变换**,即 $L^{-1}\{F(s)\}=$

$f(t)$. 逆变换的具体形式后面再讨论.

$F(s)$ 为 $f(t)$ 的拉普拉斯变换，$f(t)$ 为 $F(s)$ 的拉普拉斯逆变换. $f(t)$ 称为原函数，$F(s)$ 称为像函数. 常用下面的符号来表示原函数和其像函数间的关系：

$$f(t) \risingdotseq F(s) \quad 或 \quad F(s) \fallingdotseq f(t).$$

即点在上面的一边为原函数，点在下面的一边为像函数. L 为线性算子，后面会看到 L^{-1} 也是线性算子.

2. 变换收敛的充分条件及其对参量 s 的解析性

设在 $0 < t < \infty$ 内，$f(t)$ 除有限个第一类间断点外连续，且存在实常数 $M > 0, T > 0, \alpha < 1$ 和 σ_0，使

$$|f(t)| \leqslant \begin{cases} Mt^{-\alpha}, & 当\ t < T\ 时, \\ Me^{\sigma_0 t}, & 当\ t > T\ 时, \end{cases}$$

则在 $\mathrm{Re}s = \sigma > \sigma_0$ 时 $L\{f(t)\} = F(s)$ 收敛且对 s 解析.

证　令 $s = \sigma + \mathrm{i}k, B = \max\{1, \mathrm{e}^{-\sigma_0 T}\}$，有

$$\begin{aligned}\int_0^\infty |f(t)\mathrm{e}^{-st}|\,\mathrm{d}t &= \int_0^\infty |f(t)|\,\mathrm{e}^{-\sigma t}\,\mathrm{d}t \leqslant M\left[\int_0^T Bt^{-\alpha}\,\mathrm{d}t + \int_T^\infty \mathrm{e}^{-(\sigma-\sigma_0)t}\,\mathrm{d}t\right] \\ &= M_1 T^{1-\alpha} + \frac{M\mathrm{e}^{-(\sigma-\sigma_0)T}}{\sigma - \sigma_0},\end{aligned}$$

其中 $M_1 = \dfrac{BM}{1-\alpha}$.

$\forall \delta > 0$，当 $\sigma \geqslant \sigma_0 + \delta$ 时，有

$$\int_0^\infty |f(t)\mathrm{e}^{-st}|\,\mathrm{d}t \leqslant M_1 T^{1-\alpha} + \frac{M\mathrm{e}^{-\delta T}}{\delta}.$$

即 $L\{f(t)\}$ 在 $\mathrm{Re}s \geqslant \sigma_0 + \delta$ 时绝对一致收敛. 同时，此时有

$$\begin{aligned}\int_0^\infty \left|\frac{\partial}{\partial S}[f(t)\mathrm{e}^{-st}]\right|\mathrm{d}t &= \int_0^\infty |tf(t)\mathrm{e}^{-st}|\,\mathrm{d}t \leqslant MB\int_0^T t^{1-\alpha}\,\mathrm{d}t + M\int_T^\infty t\,\mathrm{e}^{-(\sigma-\sigma_0)t}\,\mathrm{d}t \\ &= M_2 T^{2-\alpha} + \frac{M}{\sigma-\sigma_0}\left(T + \frac{1}{\sigma-\sigma_0}\right)\mathrm{e}^{-(\sigma-\sigma_0)T} \\ &\leqslant M_2 T^{2-\alpha} + M\mathrm{e}^{-\delta T}\,\frac{T + \dfrac{1}{\delta}}{\delta},\end{aligned}$$

其中 $M_2 = \dfrac{MB}{2-\alpha}$. 由此可见

$$\int_0^\infty \frac{\partial}{\partial s}[f(t)\mathrm{e}^{-st}]\,\mathrm{d}t = -\int_0^\infty tf(t)\mathrm{e}^{-st}\,\mathrm{d}t.$$

在 $\mathrm{Re}s \geqslant \sigma_0 + \delta$ 时也对 s 绝对一致收敛. 故知 $F(s)$ 在 $\mathrm{Re}s \geqslant \sigma_0 + \delta$ 时对 s 连续可微，且有

$$F'(s) = \int_0^\infty f(t)\,\frac{\partial}{\partial s}\mathrm{e}^{-st}\,\mathrm{d}t = -\int_0^\infty tf(t)\mathrm{e}^{-st}\,\mathrm{d}t.$$

由于 δ 是任意的正数，故知当 $\mathrm{Re}s > \sigma_0$ 时，$F(s)$ 为 s 的解析函数.

3. 逆变换公式

在前面给出的变换收敛的充分条件下，利用傅里叶逆变换公式，可给出拉普拉斯逆变换公式.

设 $s = \sigma + \mathrm{i}k$. 对任意给定的 $\sigma > \sigma_0$，令

$$g(t) = \begin{cases} \sqrt{2\pi} f(t) \mathrm{e}^{-\sigma t}, & \text{当 } t > 0 \text{ 时} \\ 0, & \text{当 } t < 0 \text{ 时}, \end{cases}$$

则有

$$F\{g(t)\} = \frac{1}{\sqrt{2\pi}} \int_{-\infty}^{\infty} g(t) \mathrm{e}^{-\mathrm{i}kt} \mathrm{d}t = \int_0^{\infty} f(t) \mathrm{e}^{-st} \mathrm{d}t = F(s) = L\{f(t)\}.$$

由于 $g(t)$ 是 t 的分段连续函数，且按关于 $f(t)$ 的假设条件，$g(t)$ 绝对可积. 由傅里叶逆变换的性质知，除了在间断点外，有

$$\begin{aligned} g(t) &= \frac{1}{\sqrt{2\pi}} \int_{-\infty}^{\infty} F(s) \mathrm{e}^{\mathrm{i}kt} \mathrm{d}k = \frac{1}{\sqrt{2\pi}} \mathrm{e}^{-\sigma t} \int_{-\infty}^{\infty} F(s) \mathrm{e}^{(\sigma+\mathrm{i}k)t} \mathrm{d}k \\ &= \frac{1}{\mathrm{i}\sqrt{2\pi}} \mathrm{e}^{-\sigma t} \int_{\sigma-\mathrm{i}\infty}^{\sigma+\mathrm{i}\infty} F(s) \mathrm{e}^{st} \mathrm{d}s = \sqrt{2\pi} \mathrm{e}^{-\sigma t} f(t) \quad (t > 0). \end{aligned}$$

由此得

$$f(t) = \frac{1}{2\pi \mathrm{i}} \int_{\sigma-\mathrm{i}\infty}^{\sigma+\mathrm{i}\infty} F(s) \mathrm{e}^{st} \mathrm{d}s = L^{-1}\{F(s)\}, \tag{12.4.2}$$

此式称为**拉普拉斯变换的逆变换（拉氏逆变换）**或**普遍反演式**，这里要求 $t > 0, \sigma > \sigma_0$.

在上面的逆变换公式中，σ 可为大于 σ_0 的任一实数. 那么，不同的 σ 是否会给出不同的 $f(t)$，即逆变换是否唯一呢？从傅里叶逆变换的唯一性及上面的推导过程均可说明拉普拉斯变换的逆变换也是唯一的. 对每一给定的 σ，$g(t)$ 是唯一确定的，故 $f(t)$ 也是唯一的. 而 σ 的改变，只是使 $g(t)$ 中的因子 $\mathrm{e}^{-\sigma t}$ 发生变化. 此因子在给出 $f(t)$ 时已约去，故不会影响 $f(t)$ 之值. 这一点，也可从 $F(s)$ 在 $\mathrm{Re}s > \sigma_0$ 时解析来说明.

4. 利用留数定理求逆变换

设 $s_1, s_2, \cdots, s_n$ 为 $F(s)$ 的全部奇点. 由于 $F(s)$ 在 $\mathrm{Re}s > \sigma_0$ 时解析，故所有奇点均应在 $\sigma \leqslant \sigma_0$ 的半平面内.

如图 12.4.1 所示作闭合回路 Γ_R：$ABCDEA$（这是对 $\sigma_0 > 0$ 画的图，实际上 σ_0 可以 $\leqslant 0$），这里只要求 $\sigma_1 > \sigma_0$，使当 $R (R \to \infty)$ 足够大时，可将 $F(s)$ 的全部奇点包含于 Γ_R 内. 至于到底 σ_1 的值是多少并无什么意义. 因 e^{st} 对有限 s 解析且不为 0，故 $F(s)\mathrm{e}^{st}$ 与 $F(s)$ 有相同的奇点（除 ∞ 点外）. 由留数定理，有

$$\frac{1}{2\pi \mathrm{i}} \int_{\Gamma_R} F(s) \mathrm{e}^{st} \mathrm{d}s = \sum_{j=1}^{n} \mathrm{Res}(F(s)\mathrm{e}^{st}, s_j).$$

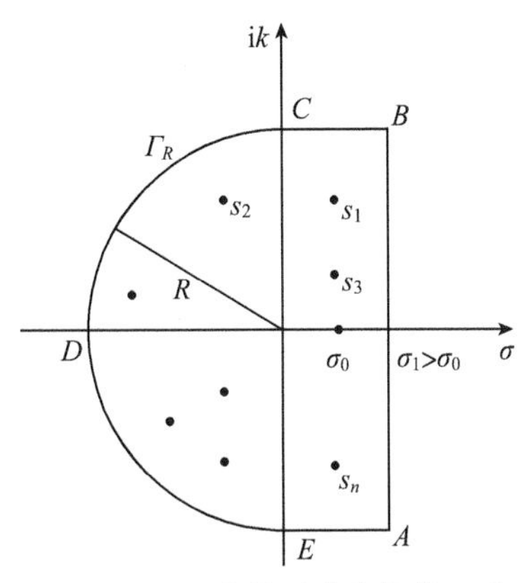

图 12.4.1　求拉氏逆变换的回路

下面证明,若 $\lim\limits_{|s|\to\infty}F(s)=0$,则当 $R\to\infty$ 时,沿大弧线 $BCDEA$ 的积分趋于 0.

证　若 $\sigma_0\geqslant 0$,由于 $\lim\limits_{|s|\to\infty}F(s)=0$,故 $\forall\varepsilon>0$,对给定的 t 和 $\sigma_1>\sigma_0\geqslant 0$,$\exists M>0$,当 $R>M$ 时,$|F(s)|<\dfrac{\varepsilon}{e^{\sigma_1 t}}$. 在 CB 和 EA 上,$0\leqslant\sigma\leqslant\sigma_1$. 由于 $t>0$,有

$$|F(s)e^{st}|=|F(s)e^{\sigma t\pm iRt}|\leqslant|F(s)e^{\sigma_1 t}|<\varepsilon.$$

以 α 代表 S_B 或 S_E,β 代表 S_C 或 S_A,则有

$$\left|\int_\alpha^\beta F(s)e^{st}\,ds\right|<\int_0^{\sigma_1}\varepsilon d\sigma=\varepsilon\sigma_1,$$

由此有

$$\lim_{R\to\infty}\int_\alpha^\beta F(s)e^{st}\,ds=0,$$

即当 $R\to\infty$,沿 BC 和 EA 的积分为 0. 对 $\sigma_0<\sigma_1<0$,在积分回路上无 EA 和 BC 段.

下面证明沿圆弧 CDE 上的积分在 $R\to\infty$ 时趋于 0,令 $\xi=-is$,即 $s=i\xi$. 在 ξ 平面上,圆弧 CDE 变为上半平面的以 R 为半径的圆弧 $C'D'E'$,有

$$F(s)e^{st}=F(i\xi)e^{i\xi t}\quad(t>0).$$

由假设,有

$$\lim F(i\xi)=\lim_{|s|\to\infty}F(s)=0.$$

根据 §4.3 中已证明的约当引理知

$$\lim_{R\to\infty}i\int_{C'D'E'}F(i\xi)e^{i\xi t}\,d\xi=\lim_{R\to\infty}\int_{CDE}F(s)e^{st}\,ds=0\quad(t>0).$$

最后,得

$$f(t)=L^{-1}\{F(s)\}=\frac{1}{2\pi i}\int_{\sigma_1-i\infty}^{\sigma_1+i\infty}F(s)e^{st}\,ds=\sum_{j=1}^n\operatorname{Res}(F(s)e^{st},s_j).\quad(12.4.3)$$

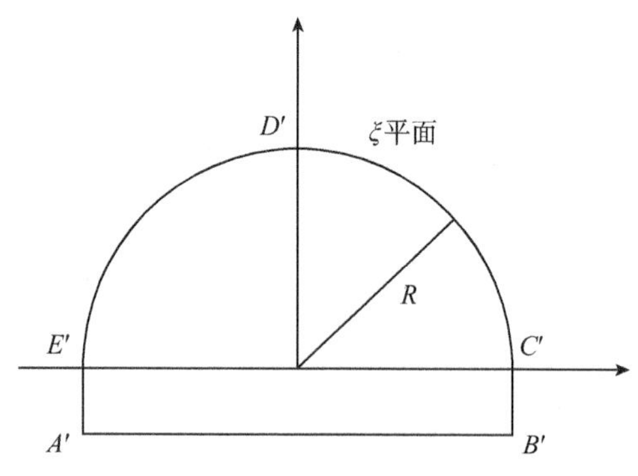

图 12.4.2 在 ξ 平面上的积分回路

例 求 $F(s)=\dfrac{e^{-\alpha\sqrt{s}}}{\sqrt{s}}$，$\alpha\geqslant 0$，$\mathrm{Re}\sqrt{s}\geqslant 0$ 的逆变换.

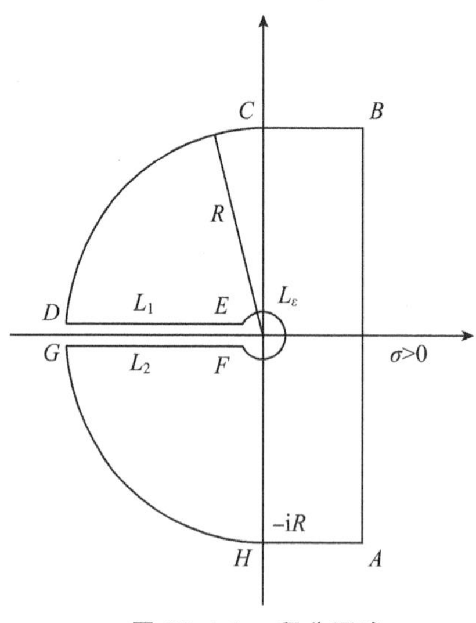

图 12.4.3 积分回路

解 为了保证 $\mathrm{Re}\sqrt{s}\geqslant 0$，从而也保证了 $F(s)$ 的单值性，令 $s=\rho e^{i\theta}$，$-\pi\leqslant\theta\leqslant\pi$，则

$$\sqrt{s}=\sqrt{\rho}e^{i\theta/2}\quad\left(-\frac{\pi}{2}\leqslant\frac{\theta}{2}\leqslant\frac{\pi}{2}\right).$$

由 $\mathrm{Re}\sqrt{s}\geqslant 0$ 知 $|e^{-\alpha\sqrt{s}}|\leqslant 1$，

$$\lim_{|s|\to\infty}F(s)=\frac{\lim\limits_{|s|\to\infty}e^{-\alpha\sqrt{s}}}{\sqrt{s}}=0.$$

取如图 12.4.3 所示的积分路径来计算 $F(s)$ 的逆变换. 这里，L_R 为以原点为心，R 为半径的半圆再加上 BC 和 HA 两直线段. 为了保证 $F(s)$ 的单值性，沿负半实轴将 s 平面切开. 在直线段 L_1（即 DE）上 $\theta=\pi$，在直线段 L_2（即 FG）上 $\theta=-\pi$. L_ε 为以原点为心足够小的 ε 为半径的圆. 由于除支点 $s=0$ 外，无其他奇点，故有

$$\begin{aligned}L^{-1}\{F(s)\}&=\frac{1}{2\pi i}\lim_{R\to\infty}\int_{\sigma-iR}^{\sigma+iR}F(s)e^{st}\,ds\\&=\frac{1}{2\pi i}\left[-\lim_{R\to\infty}\left(\int_{BCD}+\int_{GHA}\right)+\lim_{\substack{R\to\infty\\ \varepsilon\to 0}}\left(\int_{GF}-\int_{DE}\right)+\lim_{\varepsilon\to 0}\int_{L_\varepsilon}\right]F(s)e^{st}\,ds.\end{aligned}$$

由于 $\lim\limits_{R\to\infty}F(s)=0$，故在 $R\to\infty$ 时，沿 BCD 和 GHA 的积分为 0. 沿 L_ε，$ds=i\varepsilon e^{i\theta}d\theta$，$-\pi<0<\pi$，当 $\varepsilon\to 0$ 时，有

$$\lim_{\varepsilon\to 0}\left|\int_{L_\varepsilon}F(s)e^{st}\,ds\right|=\lim_{\varepsilon\to 0}\left|\int_{L_\varepsilon}\frac{1}{\sqrt{s}}e^{-\alpha\sqrt{s}+st}\,ds\right|$$

$$= \lim_{\varepsilon\to 0}\left|\sqrt{\varepsilon}\int_{-\pi}^{\pi}\exp\left[\frac{\mathrm{i}\theta}{2}-\alpha\sqrt{\varepsilon}\,\mathrm{e}^{\frac{\mathrm{i}\theta}{2}}+\varepsilon t\,\mathrm{e}^{\mathrm{i}\theta}\right]\mathrm{d}\theta\right|$$

$$\leqslant \lim_{\varepsilon\to 0}\sqrt{\varepsilon}\int_{-\pi}^{\pi}|\,\mathrm{e}^{-\alpha\sqrt{\varepsilon}\cos\frac{\theta}{2}+\varepsilon t\cos\theta}\,|\,\mathrm{d}\theta < \lim_{\varepsilon\to 0}\sqrt{\varepsilon}\int_{-\pi}^{\pi}\mathrm{e}^{\varepsilon t}\,\mathrm{d}\theta$$

$$= \lim_{\varepsilon\to 0}2\pi\sqrt{\varepsilon}\,\mathrm{e}^{\varepsilon t} = 0.$$

在 DE 上，$s=\rho\mathrm{e}^{\mathrm{i}\pi}=-\rho$，$\sqrt{s}=\mathrm{i}\sqrt{\rho}$；在 GF 上，则有 $s=\rho\mathrm{e}^{-\mathrm{i}\pi}=-\rho$，$\sqrt{s}=-\mathrm{i}\sqrt{\rho}$. 利用上面的结果，令 $\rho=\xi^2$ 有

$$L^{-1}\{F(s)\}=\frac{1}{2\pi\mathrm{i}}\lim_{\substack{R\to\infty\\ \varepsilon\to 0}}\left[\int_{ED}-\int_{FG}\right]\frac{1}{\sqrt{s}}\mathrm{e}^{-\alpha\sqrt{s}+st}\,\mathrm{d}s$$

$$=-\frac{1}{2\pi\mathrm{i}}\int_0^{\infty}\frac{1}{\mathrm{i}\sqrt{\rho}}\mathrm{e}^{-\rho t}\left(\mathrm{e}^{\mathrm{i}\alpha\sqrt{\rho}}+\mathrm{e}^{-\mathrm{i}\alpha\sqrt{\rho}}\right)\mathrm{d}\rho$$

$$=\frac{1}{\pi}\int_0^{\infty}\left(\mathrm{e}^{-t\xi^2+\mathrm{i}\alpha\xi}+\mathrm{e}^{-t\xi^2-\mathrm{i}\alpha\xi}\right)\mathrm{d}\xi$$

$$=\frac{1}{\pi}\int_{-\infty}^{\infty}\mathrm{e}^{-t\xi^2+\mathrm{i}\alpha\xi}\,\mathrm{d}\xi=\frac{1}{\pi}\mathrm{e}^{-\frac{\alpha^2}{4t}}\int_{-\infty}^{\infty}\mathrm{e}^{-t\left(\xi+\frac{\mathrm{i}\alpha}{2t}\right)^2}\,\mathrm{d}\xi$$

$$=\frac{1}{\sqrt{\pi t}}\mathrm{e}^{-\frac{\alpha^2}{4t}}$$

§12.5　一些简单函数的拉普拉斯变换与逆变换

1. 一些简单函数的拉普拉斯变换

(1) 指数函数：

$$\mathrm{e}^{at}\ \risingdotseq\int_0^{\infty}\mathrm{e}^{-(s-a)t}\,\mathrm{d}t=\frac{1}{s-a}\quad(\mathrm{Re}s>\mathrm{Re}a),$$

当 $a=0$ 时得 $1\risingdotseq\frac{1}{s}$.

(2) 双曲正弦和余弦函数：

$$\mathrm{ch}at\ \risingdotseq\frac{1}{2}\int_0^{\infty}\left(\mathrm{e}^{-(s-a)t}+\mathrm{e}^{-(s+a)t}\right)\mathrm{d}t=\frac{s}{s^2-a^2}\quad(\mathrm{Re}s>|\mathrm{Re}a|),$$

$$\mathrm{sh}at\ \risingdotseq\frac{1}{2}\int_0^{\infty}\left(\mathrm{e}^{-(s-a)t}-\mathrm{e}^{-(s+a)t}\right)\mathrm{d}t=\frac{a}{s^2-a^2}\quad(\mathrm{Re}s>|\mathrm{Re}a|).$$

(3) 正弦和余弦函数：

$$\cos\omega t\ \risingdotseq\frac{1}{2}\int_0^{\infty}\left[\mathrm{e}^{-(s-\mathrm{i}\omega)t}+\mathrm{e}^{-(s+\mathrm{i}\omega)t}\right]\mathrm{d}t=\frac{s}{s^2+\omega^2}\quad(\mathrm{Re}s>0),$$

$$\sin\omega t\ \risingdotseq\frac{1}{2\mathrm{i}}\int_0^{\infty}\left[\mathrm{e}^{-(s-\mathrm{i}\omega)t}-\mathrm{e}^{-(s+\mathrm{i}\omega)t}\right]\mathrm{d}t=\frac{\omega}{s^2+\omega^2}\quad(\mathrm{Re}s>0).$$

(4) 幂次函数 $t^{\alpha}(\alpha>-1)$：

先讨论 s 为正实数的情况. 这时, 令 $u = st$, 得

$$F_1(s) = \int_0^{\infty} t^{\alpha} e^{-st} dt = \frac{1}{s^{\alpha+1}} \int_0^{\infty} u^{\alpha} e^{-u} du = \frac{\Gamma(\alpha+1)}{s^{\alpha+1}}.$$

再考虑 s 为复数, 并有 $\mathrm{Re}s > 0$. 设 $t^{\alpha} \doteqdot F(s)$. 由于 $F(s)$ 和 $F_1(s)$ 在 $\mathrm{Re}s > 0$ 时均解析, 且 $F(s)$ 和 $F_1(s)$ 在正实半轴上相等, 由解析函数的一致性定理, 有

$$t^{\alpha} \doteqdot F(s) = F_1(s) = \frac{\Gamma(\alpha+1)}{s^{\alpha+1}} \quad (\mathrm{Re}s > 0, \alpha > -1).$$

当 $\alpha = n$ 为非负整数时, 有

$$t^n \doteqdot \frac{n!}{s^{n+1}}.$$

(5) 阶跃函数

$$H(t-a) \doteqdot \int_0^{\infty} H(t-a) e^{-st} dt = \int_a^{\infty} e^{-st} dt = \frac{1}{s} e^{-sa} \quad (a > 0, \mathrm{Re}s > 0).$$

若 $a \leqslant 0$, 由于 $t \geqslant 0$,

$$H(t-a) = 1 \doteqdot \int_0^{\infty} e^{-st} dt = \frac{1}{s} \quad (\mathrm{Re}s > 0).$$

2. 有理真分式的原函数

设 $P(s)$ 和 $Q(s)$ 分别为 m 阶和 n 阶多项式, $n > m$,

$$R(s) = \frac{P(s)}{Q(s)}, \quad Q(s) = \prod_{j=1}^{k} (s - a_j)^{\alpha_j},$$

其中 α_j 为正整数, a_j 互不相等, $\sum\limits_{j=1}^{k} \alpha_j = n$, 则有

$$R(s) = \sum_{j=1}^{k} \sum_{l=a}^{\alpha_j} \frac{b_{jl}}{(s-a_j)^l}.$$

由 $t^k \doteqdot \dfrac{k!}{s^{k+1}}$, 有

$$t^k e^{a_j t} \doteqdot \int_0^{\infty} t^k e^{-(s-a_j)t} dt = \frac{k!}{(s-a_j)^{k+1}},$$

即有

$$\frac{1}{(s-a_j)^{k+1}} \doteqdot \frac{1}{k!} t^k e^{a_j t}.$$

由此知

$$R(s) \doteqdot \sum_{j=1}^{k} \sum_{l=1}^{\alpha_j} \frac{b_{jl} t^{l-1} e^{a_j t}}{(l-1)!}.$$

求 b_{kl} 时, 有一些技巧, 可免除一些较烦琐的计算.

例　求下列有理真分式 $R(s)$ 的原函数:

$$R(s) = \frac{3s^3 + 2s^2 + 2}{s^3 (s+1)(s^2+4)}.$$

解 将 $R(s)$ 分解为

$$R(s)=\frac{b_1}{s}+\frac{b_2}{s^2}+\frac{b_3}{s^3}+\frac{b_4}{s+1}+\frac{b_5 s+b_6}{s^2+4}.$$

这里,由于

$$\frac{s}{s^2+a^2}\doteqdot\cos at,\qquad\frac{a}{s^2+a^2}\doteqdot\sin at.$$

故最后一项不必再分解为 $\frac{b'_5}{s+2\mathrm{i}}+\frac{b_6}{s-2\mathrm{i}}$.

可采用下面的方法来确定 b_j,而不必用先作通分运算再比较系数,然后解方程来确定 b_j 的方式.有

$$b_3=\lim_{s\to0}s^3R(s)=\frac{1}{2},$$

$$b_4=\lim_{s\to-1}(s+1)R(s)=-\frac{1}{5},$$

$$b_6+2\mathrm{i}b_5=\lim_{s\to2\mathrm{i}}(s^2+4)R(s)=\frac{6-27\mathrm{i}}{20}.$$

由于 $R(s)$ 中所有的系数均是实的,故 b_5 和 b_6 也均是实的,因而应有 $b_5=-\frac{27}{40}$, $b_6=\frac{3}{10}$.

$$b_1+b_4+b_5=\lim_{s\to\infty}SR(s)=0\Rightarrow b_1=-(b_4+b_5)=\frac{7}{8}.$$

取 $s=1$,得

$$b_2=\frac{7}{10}-b_1-b_3-\frac{1}{2}b_4-\frac{1}{5}(b_5+b_6)=-\frac{1}{2}.$$

最后得

$$R(s)=\frac{7}{8s}-\frac{1}{2s^2}+\frac{1}{2s^3}-\frac{1}{5(s+1)}+\frac{3}{10(s^2+4)}-\frac{27s}{40(s^2+4)}$$
$$\doteqdot\frac{7}{8}-\frac{1}{2}t+\frac{1}{4}t^2-\frac{1}{5}\mathrm{e}^{-t}+\frac{3}{20}\sin2t-\frac{27}{40}\cos2t.$$

§12.6 拉普拉斯变换的基本公式

1. 一些基本公式

设 $f(t)\doteqdot F(s)$. 拉普拉斯变换有如下的一些基本公式:

(1) 平移定理:

平移定理 $\mathrm{e}^{at}f(t)\doteqdot F(s-a)$.

$$e^{at}f(t) \doteq \int_0^{\infty} f(t)e^{-(s-a)t}\,dt = F(s-a) \quad (a\text{ 为常数}).$$

实际上在上一节中确定有理真分式的原函数时已经遇到过此公式，只不过那里的 $f(t)$ 是 t^n 这一具体函数.

(2) 放大定理：

放大定理 设 $a>0$ 为常数，有

$$f(at) \doteq \frac{1}{a}F\left(\frac{s}{a}\right).$$

证 作变换 $at=\tau$，有

$$L\{f(at)\} = \int_0^{\infty} f(at)e^{-st}\,dt = \frac{1}{a}\int_0^{\infty} f(\tau)e^{-\frac{s}{a}\tau}\,d\tau = \frac{1}{a}F\left(\frac{s}{a}\right).$$

(3) 微分性质：

设对 $t\geqslant 0$，$\exists$ 常数 $M_{k-1}>0$，$\sigma_0>0$ 使 $|f^{(k-1)}(t)|\leqslant M_{k-1}e^{\sigma_0 t}$. 用数学归纳法不难证明，对一切 $j\leqslant k-1$，存在 $M_j>0$，使 $|f^{(j)}(t)|\leqslant M_j e^{\sigma_0 t}$，且 $\lim\limits_{t\to 0} f^{(j)}(t)=f^{(j)}(0)$ 存在. 有兴趣的读者，不妨自己去试证一下. 这时，由变换收敛的充分条件知 $L\{f^{(j)}(t)\}$ 存在 $(\mathrm{Re}s>\sigma_0)$，$j=0,1,\cdots,k-1$，则 $L\{f^{(k)}(t)\}$ 存在，并有

$$f^{(k)}(t) \doteq S^kF(s) - \sum_{j=1}^{k} s^{j-1}f^{(k-j)}(0).$$

证 只需作 k 次分部积分即可，有

$$\begin{aligned}
L\{f^{(k)}(t)\} &= \int_0^{\infty} f^{(k)}(t)e^{-st}\,dt = f^{(k-1)}(t)e^{-st}\Big|_0^{\infty} + s\int_0^{\infty} f^{(k-1)}(t)e^{-st}\,dt \\
&= sf^{(k-2)}(t)e^{-st}\Big|_0^{\infty} - f^{(k-1)}(0) + s^2\int_0^{\infty} f^{(k-2)}(t)e^{-st}\,dt \\
&= s^k\int_0^{\infty} f(t)e^{-st}\,dt - \sum_{j=1}^{k} s^{j-1}f^{(k-j)}(0) \\
&= s^kF(s) - \sum_{j=1}^{k} s^{j-1}f^{(k-j)}(0).
\end{aligned}$$

(4) 积分性质：

$$\int_0^t f(u)\,du \doteq \frac{F(s)}{s} \quad (\mathrm{Re}s>0).$$

证 令

$$g(t) = \int_0^t f(u)\,du \doteq F_1(s),$$

则 $g(0)=0$. 由微分性质，有

$$f(t) = g'(t) \doteq F(s) = sF_1(s) - g(0) = sF_1(s),$$

即有 $g(t) \doteq F_1(s) = \dfrac{F(s)}{s}$.

(5) 像函数的微分性质：

对像函数各级微商的原函数，可由下式给出：

$$F^{(n)}(s) \risingdotseq (-1)^n t^n f(t).$$

证　当 $\mathrm{Re}s > \sigma_0$ 时，$F(s)$ 对 s 解析，且可在积分号下求微商，故有

$$F^{(n)}(s) = \frac{\mathrm{d}^n}{\mathrm{d}s^n}\int_0^\infty f(t)\mathrm{e}^{-st}\mathrm{d}t = \int_0^\infty f(t)\frac{\mathrm{d}^n}{\mathrm{d}s^n}\mathrm{e}^{-st}\mathrm{d}t$$

$$= \int_0^\infty (-1)^n t^n f(t)\mathrm{e}^{-st}\mathrm{d}t \risingdotseq (-1)^n t^n f(t).$$

(6) 卷积定理：

定义 $f_1(t)$ 和 $f_2(t)$ 的卷积为

$$f_1(t) * f_2(t) = \int_0^t f_1(t-\tau)f_2(\tau)\mathrm{d}\tau.$$

同样地有 $f_1(t) * f_2(t) = f_2(t) * f_1(t)$. 这只需在上式中作变量替换 $\xi = t-\tau$ 即可，这时，有

$$f_1(t) * f_2(t) = \int_0^t f_1(t-\tau)f_2(\tau)\mathrm{d}\tau = -\int_t^0 f_1(\xi)f_2(t-\xi)\mathrm{d}\xi$$

$$= \int_0^t f_1(\xi)f_2(t-\xi)\mathrm{d}\xi = f_2(t) * f_1(t).$$

卷积定理　若 $f_j(t) \fallingdotseq F_j(s), j=1,2$，则有

$$f_1(t) * f_2(t) \fallingdotseq F_1(s)F_2(s).$$

证　通过交换积分次序可证，有

$$L\{f_1(t) * f_2(t)\} = \int_0^\infty \left[\int_0^t f_1(\tau)f_2(t-\tau)\mathrm{d}\tau\right]\mathrm{e}^{-st}\mathrm{d}t$$

$$= \int_0^\infty f_1(\tau)\mathrm{e}^{-s\tau}\left[\int_\tau^\infty f_2(t-\tau)\mathrm{e}^{-s(t-\tau)}\mathrm{d}t\right]\mathrm{d}\tau$$

$$= \int_0^\infty f_1(\tau)\mathrm{e}^{-s\tau}\int_0^\infty f_2(\xi)\mathrm{e}^{-s\xi}\mathrm{d}\xi\mathrm{d}\tau$$

$$= F_1(s)F_2(s).$$

(7) 延滞定理：

延滞定理　$H(t-a)$ 为阶跃函数，$a > 0$，为常数，有

$$H(t-a)f(t-a) \fallingdotseq \mathrm{e}^{-as}F(s).$$

证

$$L\{H(t-a)f(t-a)\} = \int_0^\infty H(t-a)f(t-a)\mathrm{e}^{-st}\mathrm{d}t$$

$$= \int_a^\infty f(t-a)\mathrm{e}^{-st}\mathrm{d}t = \mathrm{e}^{-as}\int_0^\infty f(\tau)\mathrm{e}^{-s\tau}\mathrm{d}\tau$$

$$= \mathrm{e}^{-as}F(s).$$

(8) 周期函数的拉普拉斯变换：

设 $f(t)$ 以 T 为周期，即对任意正整数 n，有 $f(t+nT) = f(t)$. 令

$$F_T(s)=\int_0^T f(t)\mathrm{e}^{-st}\mathrm{d}t,$$

则有

$$f(t)\doteqdot\frac{F_T(s)}{1-\mathrm{e}^{-sT}}.$$

证 由于 $f(t)$ 以 T 为周期,故有

$$\begin{aligned}L\{f(t)\}&=\int_0^\infty f(t)\mathrm{e}^{-st}\mathrm{d}t=\sum_{n=0}^\infty\int_0^T f(t+nT)\mathrm{e}^{-s(t+nT)}\mathrm{d}t\\&=\sum_{n=0}^\infty\mathrm{e}^{-nsT}\int_0^T f(t)\mathrm{e}^{-st}\mathrm{d}t=F_T(s)\sum_{n=0}^\infty\mathrm{e}^{-nsT}\\&=\frac{F_T(s)}{1-\mathrm{e}^{-sT}}.\end{aligned}$$

(9) $f(t)$ 和 $\dfrac{f(t)}{t}$ 的像函数间的关系:

为了保证 $L\{F(t)/t\}$ 存在,设在 $t=0$ 附近 $f(t)=O(t^\alpha)$,$\alpha>0$. 令 $f(t)\doteqdot F(s)$,$\dfrac{f(t)}{t}\doteqdot G(s)$,则有

$$G(s)=\int_s^\infty F(\xi)\mathrm{d}\xi.$$

证

$$\begin{aligned}\int_s^\infty F(\xi)\mathrm{d}\xi&=\int_s^\infty\int_0^\infty f(t)\mathrm{e}^{-\xi t}\mathrm{d}t\mathrm{d}\xi=\int_0^\infty f(t)\int_s^\infty\mathrm{e}^{-\xi t}\mathrm{d}\xi\mathrm{d}t\\&=\int_0^\infty f(t)\mathrm{e}^{-st}\int_s^\infty\mathrm{e}^{-(\xi-s)t}\mathrm{d}\xi\mathrm{d}t=\int_0^\infty f(t)\mathrm{e}^{-st}\int_0^\infty\mathrm{e}^{-\eta t}\mathrm{d}\eta\mathrm{d}t\\&=\int_0^\infty\frac{1}{t}f(t)\mathrm{e}^{-st}\mathrm{d}t=G(s).\end{aligned}$$

特别地,若 $\displaystyle\int_0^\infty\frac{f(t)}{t}\mathrm{d}t$ 存在,则有

$$G(0)=\int_0^\infty F(s)\mathrm{d}s=\int_0^\infty\frac{f(t)}{t}\mathrm{d}t.$$

此式可用来计算某些定积分.

2. 应用举例

设

$$R_1(s)=\frac{s}{(s^2+1)^2},\quad R_2(s)=\frac{1}{(s^2+1)^2},$$

求 $R_1(s)$ 和 $R_2(s)$ 的原函数.

解 由于

$$\frac{1}{s^2+1}\doteqdot\sin t,\qquad\frac{s}{(s^2+1)^2}=-\frac{1}{2}\frac{\mathrm{d}}{\mathrm{d}s}\frac{1}{s^2+1}.$$

利用像函数的微分性质 $F^{(n)}(s)\doteqdot(-1)^nt^nf(t)$,有

$$R_1(s)=\frac{s}{(s^2+1)^2}\doteqdot\frac{t}{2}\sin t.$$

同理，由$\frac{s}{s^2+1}\doteqdot\cos t$，有

$$R_2(s)=\frac{1}{2}\left(\frac{\mathrm{d}}{\mathrm{d}s}\frac{s}{s^2+1}+\frac{1}{s^2+1}\right)\doteqdot\frac{1}{2}(\sin t-t\cos t).$$

§12.7　拉普拉斯变换法

设对微分方程中的自变量 t，$0\leqslant t<\infty$，在 $t=0$ 时给定了初条件，则可对 t 作拉普拉斯变换. 这时，对多元函数 $u(x,t)$，若 $\lim\limits_{|x|\to\infty}u(x,t)$ 有界，则对

$$U(x,s)=L\{u(x,t)\}=\int_0^\infty u(x,t)\mathrm{e}^{-st}\mathrm{d}t\quad(\mathrm{Re}s\geqslant\sigma_0>0),$$

有 $\lim\limits_{|x|\to\infty}U(x,s)$ 有界.

证　$\exists$ 常数 $M>0$，$R>0$，当 $|x|>R$ 时，$|u(x,t)|\leqslant M$，

$$|U(x,s)|=\left|\int_0^\infty u(x,t)\mathrm{e}^{-st}\mathrm{d}t\right|\leqslant\int_0^\infty M\mathrm{e}^{-\sigma_0 t}\mathrm{d}t=\frac{M}{\sigma_0},$$

即 $\lim\limits_{|x|\to\infty}U(x,s)$ 有界.

1. 解常微分方程初值问题

拉普拉斯变换，可用来求解非齐次的常系数微分方程(组)初值问题. 设 $u(t)\doteqdot U(s)$，由微分性质，有

$$u^{(m)}(t)\doteqdot s^mU(s)-\sum_{j=1}^m s^{j-1}u^{(m-j)}(0).$$

这样一来，通过变换，可将初值问题变成未知函数的像函数的一阶代数式，从而很容易将像函数解出. 然后，再作逆变换求得未知函数.

例 1　解二阶常系数非齐次常微分方程初值问题：

$$\begin{cases}u''+a_1u'+a_2u=f(t),\quad t>0,a_1,a_2\text{ 为常数},\\u(0)=A,\quad u'(0)=B.\end{cases}$$

解　令 $u\doteqdot U$，$f(t)\doteqdot F(s)$，则有

$$u'(t)\doteqdot sU-u(0)=sU-A,$$
$$u''(t)\doteqdot s^2U-su(0)-u'(0)=s^2U-As-B.$$

对方程作拉普拉斯变换，并将上面的结果代入式中得

$$(s^2+a_1s+a_2)U=F(s)+(s+a_1)A+B,$$

$$U=\frac{F(s)+(s+a_1)A+B}{s^2+a_1s+a_2},$$

$$u(t)=L^{-1}(U(s))$$
$$=L^{-1}\left(\frac{F(s)}{s^2+a_1s+a_2}\right)+L^{-1}\left(\frac{As+a_1A+B}{s^2+a_1s+a_2}\right)$$
$$=u_1+u_2.$$

令 $b=a_2-\frac{a_1^2}{4}$,有

$$s^2+a_1s+a_2=\left(s+\frac{a_1}{2}\right)^2+b.$$

若 $b=a^2>0$,利用平移定理,有

$$L^{-1}\left[\frac{1}{\left(s+\frac{a_1}{2}\right)^2+a^2}\right]=\frac{1}{a}e^{-a_1/2t}\sin at.$$

由卷积定理

$$f_1(t)*f_2(t)=\int_0^t f_1(\tau)f_2(t-\tau)d\tau=L(f_1)L(f_2)$$

有

$$\frac{F(s)}{\left(s+\frac{a_1}{2}\right)^2+a^2}=L(f(t))L\left(\frac{1}{a}e^{-a_1/2t}\sin at\right)\doteq u_1(t)$$

$$=\frac{1}{a}\int_0^t f(t-\tau)e^{-a_1/2\tau}\sin a\tau d\tau,$$

$$u_2(t)=L^{-1}\left\{\frac{A\left(s+\frac{a_1}{2}\right)+B+\frac{A}{2}a_1}{\left(s+\frac{a_1}{2}\right)^2+a^2}\right\}$$

$$=e^{-a_1/2t}\left[A\cos at+\frac{1}{a}\left(B+\frac{1}{2}a_1A\right)\sin at\right].$$

若 $b=0$,由

$$\frac{1}{\left(s+\frac{1}{2}a_1\right)^2}\doteq te^{-\frac{1}{2}a_1t}$$

得

$$u_1(t)=\int_0^t f(t-\tau)\tau e^{-\frac{1}{2}a_1\tau}d\tau,$$

$$u_2(t)=L^{-1}\left[\frac{A}{s+\frac{a_1}{2}}+\frac{B+\frac{1}{2}a_1A}{\left(s+\frac{a_1}{2}\right)^2}\right]=\left[A+\left(B+\frac{1}{2}a_1A\right)t\right]e^{-\frac{1}{2}a_1t}.$$

若 $b=-a^2<0$,则

$$L^{-1}\left[\frac{1}{\left(s+\frac{a_1}{2}\right)^2-a^2}\right]=\frac{1}{a}\mathrm{e}^{-\frac{1}{2}a_1t}\mathrm{sh}at,$$

$$u_1(t)=\frac{1}{a}\int_0^t f(t-\tau)\mathrm{e}^{-a_1/2\tau}\mathrm{sh}a\tau\,\mathrm{d}\tau,$$

$$u_2(t)=\mathrm{e}^{-\frac{1}{2}a_1t}\left[A\mathrm{ch}at+\frac{1}{a}\left(B+\frac{1}{2}a_1A\right)\mathrm{sh}at\right].$$

例 2　解二阶常微分方程组

$$\begin{cases}(D^2-3D+2)u+(D-1)v=0,\\(D-1)u-(D^2-5D+4)v=0,\quad t>0,\\u(0)=u'(0)=v'(0)=0,\quad v(0)=1,\end{cases}$$

其中算子 $D^k=\frac{\mathrm{d}^k}{\mathrm{d}t^k}$.

解　令 $u(t)\doteq U(s),v(t)\doteq V(s)$. 对上式中的两方程作拉普拉斯变换，并利用初条件得

$$\begin{cases}(s^2-3s+2)U+(s-1)V=1,\\(s-1)U-(s^2-5s+4)V=5-s.\end{cases}$$

由此解得

$$U(s)=\frac{1}{(s-1)(s-3)^2}=\frac{1}{4}\left(\frac{1}{s-1}-\frac{1}{s-3}+\frac{2}{(s-3)^2}\right),$$

$$V(s)=\frac{1}{s-1}-(s-2)U=\frac{1}{4}\left(\frac{5}{s-1}-\frac{1}{s-3}-\frac{2}{(s-3)^2}\right),$$

$$u(t)=L^{-1}\{U\}=\frac{1}{4}[\mathrm{e}^t+\mathrm{e}^{3t}(2t-1)],$$

$$v(t)=L^{-1}\{V\}=\frac{1}{4}[5\mathrm{e}^t-\mathrm{e}^{3t}(2t+1)].$$

2. 解偏微分方程初-边值问题

例 3　解定解问题：

$$\begin{cases}u_{tt}-a^2u_{xx}=a^2\mathrm{e}^{-x}(2\cos x-\sin x)\cos at,\quad x>0,t>0,\\u(x,0)=\mathrm{e}^{-x}\sin x,\quad u_t(x,0)=0,\\u(0,t)=0,\quad \lim\limits_{x\to\infty}u\text{ 有界}.\end{cases}$$

解　令

$$U(x,s)=\int_0^\infty u(x,t)\mathrm{e}^{-st}\mathrm{d}t\quad(\mathrm{Re}s\geqslant\sigma_0>0),$$

则有

$$U(0,s)=\int_0^\infty u(0,t)\mathrm{e}^{-st}\mathrm{d}t=0.$$

且当 $x \to \infty$ 时 U 有界(因 $\mathrm{Re}s \geqslant \sigma_0 > 0$).

对方程作拉普拉斯变换并利用初条件得

$$U_{xx} - \frac{s^2}{a^2}U = -\frac{s}{s^2+a^2}\mathrm{e}^{-x}\left(2\cos x + \frac{s^2}{a^2}\sin x\right).$$

可以估计到,U 应有如下形式的特解:

$$U_1 = \frac{s}{s^2+a^2}\mathrm{e}^{-x}(b_1\sin x + b_2\cos x).$$

代入方程中,得 $b=1, b_2=0$. 于是,U 的通解为

$$U = c_1(s)\mathrm{e}^{-\frac{s}{a}x} + c_2(s)\mathrm{e}^{\frac{s}{a}x} + \frac{s}{s^2+a^2}\mathrm{e}^{-x}\sin x.$$

由 $x \to \infty$ 时 U 有界知 $c_2(s)=0$,再由 $U(0,s)=0$ 知 $c_1(s)=0$,即有

$$U = U_1 = \frac{s}{s^2+a^2}\mathrm{e}^{-x}\sin x,$$

$$u(x,t) = \mathrm{e}^{-x}\sin x L^{-1}\left(\frac{s}{s^2+a^2}\right) = \mathrm{e}^{-x}\sin x\cos at.$$

顺便说明一下,由于这里 c_1 和 c_2 均是 s 的函数,故由 $\lim\limits_{s\to\infty}U=0$ 是不能得到 $c_2=0$ 的,例如 $c_2=\mathrm{e}^{-s^2}$ 就可满足这一要求. 这是应该注意的.

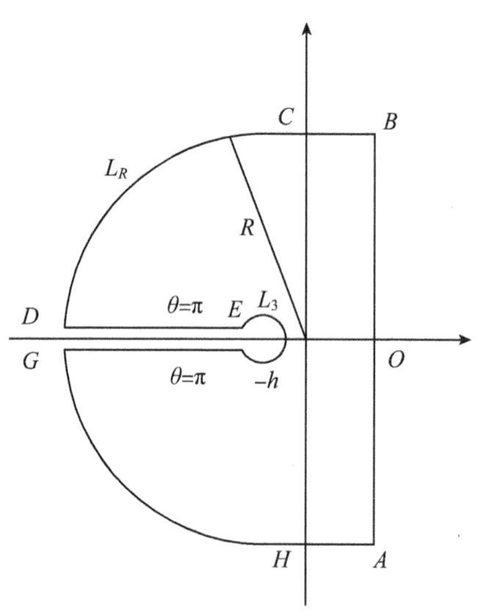

图 12.7.1 积分回路

例 4 解定解问题:

$$\begin{cases} u_t - u_{xx} + hu = 0, & x>0, t>0, \text{常数 } h>0, \\ u(x,0)=0, \quad u(0,t)=f(t), & \lim\limits_{x\to\infty}u \text{ 有界}. \end{cases}$$

解 对 t 作拉普拉斯变换,令 $u \doteq U, f(t) \doteq F(s)$,得

$$\begin{cases} U_{xx}-(s+h)U=0, & \operatorname{Re}s>0, \\ U(0)=F(s), & \lim\limits_{x\to\infty}U \text{ 有界}. \end{cases}$$

由此解得

$$U=F(s)\mathrm{e}^{-(s+h)^{1/2}x}, \quad \operatorname{Re}(s+h)^{\frac{1}{2}}\geqslant 0,$$

$$L^{-1}\{\mathrm{e}^{-(s+h)^{1/2}x}\}=\frac{1}{2\pi\mathrm{i}}\int_{\sigma-\mathrm{i}\infty}^{\sigma+\mathrm{i}\infty}\mathrm{e}^{st-(s+h)^{1/2}x}\mathrm{d}s.$$

如图 12.7.1 所示，作积分回路. 此图与图12.4.3 的差别仅仅在于：在图 12.4.3 中支点为 $s=0$，而在这里支点是 $s=-h$. 故在这里 L_ε 不是以 $s=0$ 为心，而是以 $s=-h$ 为心，ε 为半径的小圆. 同样地，由于 $\operatorname{Re}(s+h)^{\frac{1}{2}}>0, x>0$，故当 $R\to\infty$ 时，$\mathrm{e}^{-(s+a)^{1/2}x}\to 0$，沿大弧线 BCD 和 GHA 的积分为 0；而沿 L_ε，当 $\varepsilon\to 0$ 时，也有

$$\lim_{\varepsilon\to 0}\int_{L_\varepsilon}\mathrm{e}^{st-(s+h)^{\frac{1}{2}}x}\mathrm{d}s=\lim_{\varepsilon\to 0}\varepsilon\int_0^{2\pi}\exp\{\varepsilon t\mathrm{e}^{\mathrm{i}\theta}-ht-x\varepsilon^{\frac{1}{2}}\mathrm{e}^{\mathrm{i}\frac{\theta}{2}}\}\mathrm{d}\theta=0.$$

由于被积函数无其他奇点，当 $R\to 0, \varepsilon\to 0$ 时，令 $s=-(\eta^2+h)$，由留数定理，有

$$\begin{aligned} L^{-1}\{\mathrm{e}^{-(s+h)^{\frac{1}{2}}x}\} &= \frac{\mathrm{e}^{-ht}}{2\pi\mathrm{i}}\left[\int_0^\infty(\mathrm{e}^{-\eta^2t+\mathrm{i}\eta x}-\mathrm{e}^{-\eta^2t-\mathrm{i}\eta x})2\eta\mathrm{d}\eta\right] \\ &= -\frac{1}{2\pi t\mathrm{i}}\mathrm{e}^{-ht-\eta^2t}(\mathrm{e}^{\mathrm{i}\eta x}-\mathrm{e}^{-\mathrm{i}\eta x})\Big|_0^\infty+\frac{x}{2\pi t}\mathrm{e}^{-ht}\int_0^\infty\mathrm{e}^{-\eta^2t}(\mathrm{e}^{\mathrm{i}\eta x}+\mathrm{e}^{-\mathrm{i}\eta x})\mathrm{d}\eta \\ &= \frac{x}{2\pi t}\mathrm{e}^{-ht}\int_{-\infty}^{\infty}\mathrm{e}^{-\eta^2t+\mathrm{i}\eta x}\mathrm{d}\eta=\frac{x}{2\sqrt{\pi}t^{\frac{3}{2}}}\mathrm{e}^{(ht+x^2/4t)}. \end{aligned}$$

同样地，利用卷积定理，有

$$u(x,t)=\frac{x}{2\sqrt{\pi}}\int_0^t f(t-\tau)\tau^{-\frac{3}{2}}\exp\left\{-\frac{x^2+4h\tau^2}{4\tau}\right\}\mathrm{d}\tau.$$

习　　题

1. 设 $\varphi(\omega)*g(\omega)$ 存在，$\omega, x\in\mathbf{R}^n$，证明：$F^{-1}\{\varphi*g\}=F^{-1}\{\varphi\}\cdot F^{-1}\{g\}$.

2. 求下列函数 $f\{x\}$ 的傅里叶变换：

(1) 设 $x\in\mathbf{R}$，α 为非负整数，$f(x)=x^\alpha$. 提示：利用变换的微分性质；

(2) 设 $x\in\mathbf{R}^n$，$\alpha=(\alpha_1,\alpha_2,\cdots,\alpha_n)$，$\alpha_j$ 为非负整数，$f\{x\}=x^\alpha$；

(3) 设 $x\in\mathbf{R}$，$f\{x\}=\dfrac{x}{x^2+4}$；

(4) $a, x\in\mathbf{R}^n$，a 为常量，$f\{x\}=\cos(a\cdot x)$；

(5) $x\in\mathbf{R}$，$\alpha>0$ 为常数，$f\{x\}=\mathrm{e}^{-\alpha|x|}$；

(6) $x\in\mathbf{R}$，$f\{x\}=\begin{cases}\mathrm{e}^{-\alpha x}, & x>0, \text{常数 } \alpha>0, \\ 0, & x<0.\end{cases}$

3. 求下列函数 $\varphi(\omega)$ 的傅里叶逆变换，其中 a 为常量：

(1) $\varphi(\omega)=\mathrm{e}^{-b\omega^2}$，常数 $b>0,\omega\in\mathbf{R}$；　(2) $\varphi(\omega)=1$；

(3) $\varphi(\omega)=\mathrm{e}^{-\mathrm{i}\omega a},a,\omega\in\mathbf{R}$；　(4) $\varphi(\omega)=\mathrm{e}^{-\mathrm{i}\omega\cdot a},a,\omega\in\mathbf{R}^n$；

(5) $\varphi(\omega)=\dfrac{1}{\omega^2+a^2},\omega,a\in\mathbf{R},a>0$；

(6) $\varphi(\omega)=\dfrac{1}{\omega^2-a^2},\omega,a\in\mathbf{R},a>0$.

4. 求 $H\{x\}=\begin{cases}1, & x>0,\\ 0, & x<0\end{cases}$ 的傅里叶变换，并作逆变换验证.

5. 求下列函数 $f(t)$ 的拉普拉斯变换，其中 a,b 为常数：

(1) $t\sin 2t$；　(2) $t^2\cos at$；　(3) $\mathrm{e}^{at}\sin bt$；

(4) $t\operatorname{sh}at$；　(5) $\delta(t-\tau),\tau>0$；　(6) $\delta(t^2-1)$；

(7) $\delta'(t-\tau),\tau>0$；　(8) $|\sin t-\cos 2t|$.

6. 求下列 $F(s)$ 的拉普拉斯逆变换：

(1) $\dfrac{1}{s^2+9}$；　(2) $\dfrac{2s-1}{s^2+4}$；　(3) $\dfrac{s^2+4}{s^3+1}$；

(4) $\dfrac{2s+1}{s^3-9s}$；　(5) $\dfrac{3s^2+2s+1}{(s-2)(s+1)(s-3)^2}$；

(6) $\ln\left(1+\dfrac{1}{s}\right)$；　(7) $\mathrm{e}^{-a\sqrt{s}},a>0,\operatorname{Re}\sqrt{s}>0$；

(8) $\dfrac{\mathrm{e}^{-a\sqrt{s}}}{s},a>0,\operatorname{Re}\sqrt{s}>0$.

7. 用拉普拉斯变换解常微分方程(组)初值问题：

(1) $\begin{cases}u''+4u=\mathrm{e}^{-t}, & t>0,\\ u(0)=1, & u'(0)=2\end{cases}$；

(2) $\begin{cases}u''+2u'+u=\sin 2t, & t>0,\\ u(0)=2, & u'(0)=0;\end{cases}$

(3) $\begin{cases}u'''-2u''+u'-2u=\mathrm{e}^{-2t}\operatorname{ch}t, & t>0,\\ u(0)=1, & u'(0)=u''(0)=0;\end{cases}$

(4) $\begin{cases}u'-v=\cos t, & v'+4u=0,\\ u(0)=2, & v(0)=3.\end{cases}$

8. 用积分变换法解下列微分方程定解问题，其中常数 $a>0$：

(1) $\begin{cases}u_t-a^2u_{xx}=0, & t>0,0<x<\pi,\\ u(x,0)=\sin x, & u(0,t)=u(\pi,t)=0;\end{cases}$

(2) $\begin{cases}u_{tt}-a^2u_{xx}=0, & t>0,-\dfrac{\pi}{2}<x<\dfrac{\pi}{2},\\ u\left(-\dfrac{\pi}{2},t\right)=u\left(\dfrac{\pi}{2},t\right)=0, & u(x,0)=\cos x, \quad u_t(x,0)=2\cos x;\end{cases}$

(3) $\begin{cases} u_{xx}+u_{yy}=2\cos x\cos y, & x>0, |y|<\infty, \\ u\{0,y\}=\sin y-\cos y, & u \text{ 为缓增函数}; \end{cases}$

(4) $\begin{cases} u_{tt}-a^2u_{xx}=f(x,t), & x>0, t>0, \\ u(x,0)=u_t(x,0)=0, & u_x(0,t)=0, \quad \lim\limits_{x\to\infty}u \text{ 有界}; \end{cases}$

(5) $\begin{cases} u_t-u_{xx}+hu=0, & x>0, t>0, \text{常数 } h>0, \\ u(x,0)=0, & u(0,t)=f(t), \quad \lim\limits_{x\to\infty}u \text{ 有界}; \end{cases}$

(6) $\begin{cases} u_{xx}+u_{yy}-2u=1, & x>0, 0<y<1, \\ u_x\{0,y\}=\mathrm{e}^{-y}, & u(x,0)=u(x,1)=0, \quad \lim\limits_{x\to\infty}u \text{ 有界}; \end{cases}$

(7) $\begin{cases} u_{xx}+u_{yy}+u_{zz}=1, & |x|<\infty, |y|<\infty, 0<z<1, \\ u(x,y,0)=0, & u(x,y,1)=\cos x\cos 2y, \quad u \text{ 为 } x, y \text{ 的缓增函数}; \end{cases}$

(8) $\begin{cases} u_t-a^2\nabla^2u=0, & |x|<\infty, 0<y<\pi, t>0, \\ u(x,y,0)=\cos x\sin y, & u \text{ 为 } x \text{ 的缓增函数}, \\ u(x,0,t)=u(x,\pi,t)=0. \end{cases}$

第十三章　格林函数法

分离变数法只能适用于一些特殊的边界形状，而积分变换法原则上只适于无界和半无界域，因而都难于用于复杂的边界形状. 而格林(Green)函数法则可适用于任意的边界形状，是解线性方程的一种有效方法. 格林函数法是 δ 函数的一种应用，给出的解为沿边界的积分形式. 当然，对于一个复杂的边界形状，通常是不能用解析的形式将此积分求出的，而是要通过数值计算来给出最后的结果. 从解的边界积分形式出发，利用定解条件作数值求解，就是数值方法中的边界元法. 例如对亚声速飞行器的气动力计算中，此法已得到成功的运用. 对于一个定解问题，如何求出其相应的格林函数是本方法的主要困难之一. 不过，对于我们所讨论的最常见的三种二阶偏微分方程而言，这一问题已经解决.

§13.1　用格林函数法解线性微分方程的一般原理

1. 线性微分方程的弱解、广义解和格林函数

对于 m 阶线性微分方程

$$Lu = f(x) \quad (x \in \Omega \subset \mathbf{R}^n). \tag{13.1.1}$$

若 $f(x)$ 在 Ω 上连续，则具有 m 阶偏导数且在 Ω 内处处满足(13.1.1)式的解称为经典解.

对一些定解问题，作为客观物理现象的一个合理的近似和抽象，它的解是应该存在的. 但是，从经典解的角度看，它却无解. 为了克服这一困难，有必要将解的要求放松，引入了弱解和广义解的概念.

定义 13.1.1　设 D_Ω 是 $D(\mathbf{R}^n)$ 的一个子空间，是由在 Ω 外恒为 0 的全部检验函数 $\varphi(x)$ 构成的. $f(x)$ 为定义在 D_Ω 上的广义函数. 若 $\forall \varphi(x) \in D_\Omega$，均有 $(Lu,\varphi) = (u, L^* \varphi) = (f, \varphi)$，则称 u 为(13.1.1)式在广义函数意义下的解. 若 $f(x)$ 是局部可积的，即是正则的，称 u 为弱解；若 $f(x)$ 是奇异的，称 u 为广义解. 特别地，当 $f(x) = \delta(x-\xi)$ 时，称相应的广义解为方程(13.1.1)的基本解.

设 S 为 Ω 的边界，M 为定义在 S 上的线性算子. 对线性定解问题

$$\begin{cases} LG = \delta(x-\xi), & x,\xi \in \Omega, \\ MG = 0, & x \in S \end{cases} \tag{13.1.2}$$

的广义解 $G(x;\xi)$，就称为线性定解问题

$$\begin{cases}Lu = f(x), & x \in \Omega,\\ Mu = g\{x\}, & x \in S\end{cases} \tag{13.1.3}$$

的基本解或格林函数.

对含有时间变量的初边值问题,这一定义也适用,只不过是在(13.1.3)式中含有初条件,而在(13.1.2)式中则要给定相应的齐次初条件.

2. 用格林函数法解线性微分方程的一般原则

设线性定解问题(13.1.3)是适定的.为了说明简单起见,先假定只有一个非齐次项 $f(x)$,$g(x) \equiv 0$.这时,$u(x)$ 仅依赖于 $f(x)$.设 t 为如下的对应算子:$u(x) = Tf(x)$.则 T 为一线性连续算子.事实上,由于 L 和 M 为线性算子,设

$$\begin{cases}Lu_j = f,\\ Mu_j = 0,\end{cases} \quad u_j = Tf_j, j = 1,2,$$

则有

$$\begin{cases}L(c_1u_1 + c_2u_2) = c_1Lu_1 + c_2Lu_2 = c_1f_1 + c_2f_2,\\ M(c_1u_1 + c_2u_2) = c_1Mu_1 + c_2Mu_2 = 0.\end{cases}$$

由此知

$$T(c_1f_1 + c_2f_2) = c_1u_1 + c_2u_2 = c_1Tf_1 + c_2Tf_2,$$

即 T 为线性算子.

因定解问题(13.1.3)是适定的,即解存在、唯一且对 $f(x)$ 具有连续依赖性,故若 $\{f_n(x)\}$ 为零序列,$u_n = Tf_n$,则 $\{u_n(x)\}$ 也是零序列.这表明 T 为线性连续算子.

由于

$$f(x) = \int_\Omega f(\xi)\delta(x-\xi)\,d\xi,$$

若能由(13.1.2)式找到(13.1.3)式的格林函数 $G(x;\xi)$,有 $G(x;\xi) = T\delta(x-\xi)$,则有

$$\begin{aligned}u(x) = Tf(x) &= T\int_\Omega f(\xi)\delta(x-\xi)\,d\xi\\ &= \int_\Omega f(\xi)T\delta(x-\xi)\,d\xi = \int_\Omega f(\xi)G(x;\xi)\,d\xi,\end{aligned} \tag{13.1.4}$$

即给出了(13.1.3)式的解的积分形式.

由此可见,如何求相应定解问题的格林函数就成了格林函数法的关键问题.

对 $g\{x\}$ 不恒等于零的情况,将在求解各类微分方程的边值或初-边值问题时再作进一步的说明.

3. 格林函数的对称性与反演性

设 $x \in \Omega \subset \mathbf{R}^m$,$m = 2$ 或 3,S 为 Ω 的边界.令

$$L = b_1 \frac{\partial^2}{\partial t^2} + b_2 \frac{\partial}{\partial t} - \nabla \cdot (a \nabla) + b, \tag{13.1.5}$$

其中 b_1, b_2 为常量,a 和 b 是 x, t 的已知函数.

对定解问题

$$\begin{cases} Lu = f(x,t), \quad x \in \Omega, t > 0, \\ Mu = \alpha \dfrac{\partial u}{\partial n} + \beta u = g(x,t), \quad x \in S, \\ u(x,0) = \varphi(x), \quad u_t(x,0) = \psi(x). \end{cases} \tag{13.1.6}$$

它的格林函数 $G(x,t;\xi,\tau)$ 满足如下定解问题:

$$\begin{cases} LG = \delta(x-\xi)\delta(t-\tau), \quad x,\xi \in \Omega,\ t,\tau > 0, \\ MG = 0, \quad x \in S, \\ G|_{t<\tau} = 0 \quad (\text{暗含 } G_t|_{t<\tau} = 0), \end{cases} \tag{13.1.7}$$

这里 α 和 β 均为常数,并有 $\alpha^2 + \beta^2 > 0$;$\dfrac{\partial}{\partial n}$ 表示沿 S 的法向求导.

如果由(13.1.5)式定义的算子 L 中,$b_1 = b_2 = 0$,这时定解问题与时间 t 无关,在(13.1.6)和(13.1.7)中不出现初条件;若仅 $b_1 = 0, b_2 \neq 0$,则只能给定一个初条件 $u(x,0) = \varphi(x)$.

格林函数的对称性是对空间变量,即给定边条件的变量 x 而言的;反演性是对时间变量,即给定初条件的变量 t 而言的.

如果不出现时间变量 t,格林函数的对称性是指

$$G(x;\xi) = G(\xi;x). \tag{13.1.8}$$

如果出现时间变量,由于 $G(x,t;\xi,\tau)$ 表示 τ 时刻在点 ξ 处搁置的点源于 t 时刻在点 x 处产生的影响,故当 $t < \tau$ 时,$G(x,t;\xi,\tau) = 0$,仅在 $t > \tau$ 时才不为 0;而 $G(\xi,\tau;x,t)$ 则表示 t 时刻在 x 处搁置的点源于 τ 时刻在 ξ 处产生的影响,在 $\tau < t$ 时为 0,仅在 $\tau > t$ 时不为 0. 由此可见,$G(x,t;\xi,\tau) \neq G(\xi,\tau;x,t)$. 这表现了时间的不可逆性:现在发生的事件只能影响今后,而不能影响过去. 这是和空间不同的. 格林函数对空间具有对称性,对时间则具有反演性,即这时应有

$$G(x,t;\xi,\tau) = G(\xi,-\tau;x,-t). \tag{13.1.9}$$

上式左边表示 τ 时刻在 ξ 处放置的单位强度的源,在历时 $t-\tau$ 后于 t 时刻在点 x 处产生的影响;右边则表示在 t 时刻前(即在 $-t$ 时)在 x 处放置的单位强度的点源在历时 $-\tau-(-t) = t-\tau$ 后,即经同样的时间历程后在点 ξ 处产生的影响. (13.1.9)表示此二者相等.

下面证明(13.1.9)式. 由于(13.1.8)式相当于(13.1.9)式中不出现时间变量的情况,只要将下面的证明中所有与时间 t 和 τ 有关的部分去掉,就可得到(13.1.8)式,故不再对(13.1.8)式另作证明,而将这一证明留给有兴趣的读者自己去完成.

证　为了书写简便，令 $P = G(x,t;\xi,\tau)$，$Q = G(x,-t;\xi_1,-\tau_1)$. P 满足定解问题(13.1.7). 在(13.1.7) 中，将 $t \to -t$，$\tau \to -\tau_1$，$\xi \to \xi_1$，则 $P \to Q$. 注意到 $\delta(-x) = \delta(x)$，知 Q 满足如下定解问题：

$$\begin{cases} L_1 Q = \delta(x-\xi_1)\delta(t-\tau_1), \quad x,\xi \in \Omega, t,\tau > 0, \\ Q|_{-t<-\tau_1} = 0, \quad \text{即 } Q|_{t>\tau_1} = 0 (\text{暗含 } Q_t|_{t>\tau_1} = 0), x,\xi \in \Omega, \\ MQ = \alpha \dfrac{\partial Q}{\partial n} + \beta Q = 0, \quad x \in S, t > 0. \end{cases} \tag{13.1.10}$$

这里 L_1 与 L 的差别仅是将 L 中 b_2 前的正号改为负号，即有

$$L_1 = b_1 \frac{\partial^2}{\partial t^2} - b_2 \frac{\partial}{\partial t} - \nabla \cdot (a\nabla) + b.$$

利用在 S 上的边条件 $MP = 0$ 和 $MQ = 0$，即有

$$\alpha \frac{\partial P}{\partial n} = -\beta P, \quad \alpha \frac{\partial Q}{\partial n} = -\beta Q.$$

将二式相除把两常数 α 和 β 消除后得

$$Q \frac{\partial P}{\partial n} - P \frac{\partial Q}{\partial n} = 0 \quad (x \in S). \tag{13.1.11}$$

由(13.1.7) 和(13.1.10) 式，有

$$\begin{aligned} QLP - PL_1Q &= \frac{\partial}{\partial t}\left[b_1\left(Q\frac{\partial P}{\partial t} - P\frac{\partial Q}{\partial t}\right) + b_2 PQ\right] - [Q\nabla \cdot (a\nabla P) - P\nabla \cdot (a\nabla Q)] \\ &= \frac{\partial}{\partial t}[b_1(QP_t - PQ_t) + b_2 PQ] - \nabla \cdot [a(Q\nabla P - P\nabla Q)] \\ &= G(x,-t;\xi_1,-\tau_1)\delta(x-\xi)\delta(t-\tau) - G(x,t;\xi,\tau)\delta(x-\xi_1)\delta(t-\tau_1). \end{aligned}$$

将此等式对 t 在$[0,\infty)$ 上和对 x 在 Ω 上积分. 由于 Q 和 Q_t 在 $t > \tau_1$ 时为 0，P 和 P_t 在 $t < \tau$ 时为 0，知在 $t = \infty$ 时有 Q 和 Q_t 为 0，在 $t = 0$ 时有 P 和 P_t 为 0. 同时，注意到在 S 上(13.1.11) 式成立. 于是有

$$\begin{aligned} &G(\xi,-\tau;\xi_1,-\tau_1) - G(\xi_1,\tau_1;\xi,\tau) = \int_0^\infty \int_\Omega (QLP - PLQ) \\ &= \int_\Omega [b_1(QP_t - PQ_t) + b_2 PQ]_0^\infty \mathrm{d}x - \int_0^\infty \int_S a\left(Q\frac{\partial P}{\partial n} - P\frac{\partial Q}{\partial n}\right)\mathrm{d}x\mathrm{d}t \\ &= 0. \end{aligned}$$

得 $G(\xi,-\tau;\xi_1,-\tau_1) = G(\xi_1,\tau_1;\xi,\tau)$，即(13.1.9) 式成立. 显然，这一结论对于二阶常微分方程边值问题也是适用的.

§13.2　用格林函数法解线性常微分方程

1. 求格林函数的一般作法

设 L 为如下的 n 阶常微分算子：

$$L = \frac{\mathrm{d}}{\mathrm{d}x}\left[\sum_{m=1}^{n} p_m(x) \frac{\mathrm{d}^{m-1}}{\mathrm{d}x^{m-1}}\right] + p_0(x),$$

其中 $p_m(x) \in C^1[a,b], m = 0,1,\cdots,n, p_n(x)$ 在(a,b) 内无零点. 在求格林函数 $G(x;\xi)$ 时,通常都假定在 $x = \xi$ 处 G 对 x 有 $n-2$ 阶的连续导数,即有

$$G_x^{(m)}(\xi_+;\xi) = G_x^{(m)}(\xi_-;\xi) \quad (m = 0,1,\cdots,n-2),$$

其中下标 x 表示对 x 求导.

$G_x^{(n-1)}$ 在 $x = \xi$ 处必然是间断的. 为了给出此间断值,将方程 $LG = \delta(x-\xi)$ 在$[\xi-\varepsilon,\xi+\varepsilon]$上积分,得

$$p_n(x)G_x^{(n-1)}(x;\xi)\Big|_{\xi-\varepsilon}^{\xi+\varepsilon} + \sum_{m=0}^{n-2} p_{m+1}(x)G_x^{(m)}(x;\xi)\Big|_{\xi-\varepsilon}^{\xi+\varepsilon} + \int_{\xi-\varepsilon}^{\xi+\varepsilon} p_0(x)\mathrm{d}x = 1.$$

再令 $\varepsilon \to 0$,注意到相关的连续性的约定,得

$$G_x^{(n-1)}(\xi_+;\xi) - G_x^{(n-1)}(\xi_-;\xi) = \frac{1}{p_n(\xi)}.$$

这时,求 G 的定解问题变为

$$\begin{cases} LG = 0, \quad x < \xi \text{ 和 } x > \xi, \\ MG = 0, \\ G_x^{(m)}(\xi_+,\xi) = G_x^{(m)}(\xi_-;\xi), \quad m = 0,1,\cdots,n-2, \\ G_x^{(n-1)}(\xi_+;\xi) - G_x^{(n-1)}(\xi_-;\xi) = \dfrac{1}{p_n(\xi)}. \end{cases} \tag{13.2.1}$$

这样,在 $x < \xi$ 和 $x > \xi$ 两个区域内分别求得 $G(x;\xi)$ 后,就可求得相应定解问题积分形式的解.

算子 L 也可改写为

$$L = \sum_{m=0}^{n} q_m(x) \frac{\mathrm{d}^m}{\mathrm{d}x^m},$$

有

$$q_n(x) = p_n(x), \quad q_m(x) = p_m(x) + p'_{m+1}(x) \quad (m = 0,1,\cdots,n-1).$$

2. 初值问题

设 L 为 m 阶线性常微分算子. 初值问题的一般提法为

$$\begin{cases} Ly = f(x), \quad x > 0, \\ y^{(n)}(0) = b_n, \quad n = 0,1,\cdots,m-1. \end{cases} \tag{13.2.2}$$

令

$$u(x) = y(x) - \sum_{k=0}^{m-1} \frac{1}{k!} b_k x^k = y(x) - v(x). \tag{13.2.3}$$

代入上述定解问题中,可将初条件齐次化,得

$$\begin{cases} Lu = f(x) - Lv(x) = f_1(x), \quad x > 0, \\ u^{(n)}(0) = 0, \quad n = 0,1,\cdots,m-1. \end{cases}$$

这时,相应格林函数满足的定解问题变为

$$\begin{cases} LG = 0, & x < \xi, \\ G^{(n)}(0;\xi) = 0, & n = 0,1,\cdots,m-1. \end{cases} \tag{13.2.4}$$

和

$$\begin{cases} LG = 0, & x > \xi, \\ G_x^{(n)}(\xi_+;\xi) = G_x^{(n)}(\xi_-;\xi), & n = 0,1,\cdots,m-2, \\ G_x^{m-1}(\xi_+;\xi) - G_x^{m-1}(\xi_-;\xi) = \dfrac{1}{p_m(\xi)}. \end{cases} \tag{13.2.5}$$

由(13.2.4)式知,应有

$$G(x;\xi) = 0, \quad 当\ x < \xi\ 时.$$

例 1　求定解问题的解:

$$\begin{cases} y^{(m)} = f(x), & x > 0, \\ y^{(n)}(0) = 0, & n = 0,1,\cdots,m-1. \end{cases} \tag{13.2.6}$$

解　先求格林函数.对 $x < \xi$,有 $G(x;\xi) = 0$.对 $x > \xi$,由(13.2.5)式,定解问题变为

$$\begin{cases} G_x^{(m)}(x;\xi) = 0, & x > \xi, \\ G_x^{(n)}(\xi;\xi) = 0, & n = 0,1,\cdots,m-2, \\ G_x^{(m-1)}(\xi;\xi) = 1. \end{cases}$$

解为

$$G(x;\xi) = \frac{1}{(m-1)!}(x-\xi)^{m-1} \quad (x > \xi).$$

综上所述,得格林函数为

$$G(x;\xi) = \begin{cases} 0, & x < \xi, \\ \dfrac{1}{(m-1)!}(x-\xi)^{m-1}, & x > \xi. \end{cases}$$

由(13.1.4)式和上述结果,知(13.2.6)式的解为

$$u(x) = \int_0^\infty f(\xi)G(x;\xi)\mathrm{d}\xi = \frac{1}{(m-1)!}\int_0^x f(\xi)(x-\xi)^{m-1}\mathrm{d}\xi.$$

例 2　求解二阶常微分方程初值问题

$$\begin{cases} Ly = y'' + p(x)y' + q(x)y = f(x), & x > 0, \\ y(0) = y'(0) = 0, \end{cases} \tag{13.2.7}$$

其中 $p(x), q(x), f(x) \in C[0,\infty)$.

解　同样,对 $x < \xi$,格林函数 $G(x;\xi) \equiv 0$;对 $x > \xi$,相应的定解问题为

$$\begin{cases} LG = 0, & x > \xi, \\ G(\xi;\xi) = 0, & G'_x(\xi;\xi) = 1. \end{cases}$$

设 $y_1(x)$ 和 $y_2(x)$ 是 $Ly = 0$ 的两个线性无关解,则有

$$G(x;\xi)=c_1(\xi)y_1(x)+c_2(\xi)y_2(x).$$

利用初条件，得

$$\begin{cases}c_1(\xi)y_1(\xi)+c_2(\xi)y_2(\xi)=0,\\ c_1(\xi)y'_1(\xi)+c_2(\xi)y'_2(\xi)=1.\end{cases}$$

由此解出 $c_1(\xi)$ 和 $c_2(\xi)$，最后得

$$G(x;\xi)=\begin{cases}0, & x\leqslant\xi,\\ \dfrac{1}{w(\xi)}[y_1(\xi)y_2(x)-y_2(\xi)y_1(x)], & x>\xi,\end{cases}\tag{13.2.8}$$

其中

$$w(\xi)=y_1(\xi)y'_2(\xi)-y_2(\xi)y'_1(\xi).\tag{13.2.9}$$

利用(13.2.8)给出之格林函数，得(13.2.7)式之解为

$$y(x)=\int_0^x\frac{f(\xi)}{w(\xi)}[y_1(\xi)y_2(x)-y_2(\xi)y_1(x)]\mathrm{d}\xi.\tag{13.2.10}$$

例 3 解定解问题

$$\begin{cases}y''+y=\mathrm{e}^{-x}, & x>0,\\ y(0)=0, & y'(0)=1.\end{cases}$$

解 令 $u=y-x$，代入方程中将初条件齐次化，得对 u 的定解问题为

$$\begin{cases}u''+u=\mathrm{e}^{-x}-x, & x>0,\\ u(0)=u'(0)=0,\end{cases}$$

$u''+u=0$ 的两个线性无关解为 $u_1=\cos x, u_2=\sin x$. 由此有

$$w(\xi)=\cos^2\xi+\sin^2\xi=1,\quad G(x;\xi)=\sin(x-\xi)\quad(x>\xi),$$

$$y=x+u=x+\int_0^x(\mathrm{e}^{-\xi}-\xi)\sin(x-\xi)\mathrm{d}\xi=\frac{1}{2}(\mathrm{e}^{-x}+3\sin x-\cos x).$$

3. 二阶线性常微分方程边值问题

(1) 边值问题和格林函数：

二阶线性常微分方程边值问题的一般形式为

$$\begin{cases}Lu=\dfrac{\mathrm{d}}{\mathrm{d}x}\left[p(x)\dfrac{\mathrm{d}u}{\mathrm{d}x}\right]-q(x)u=f(x), & a<x<b,\\ B_1u=\alpha_1u'+\beta_1u=A_1, & x=a,\\ B_2u=\alpha_2u'+\beta_2u=A_2, & x=b,\end{cases}\tag{13.2.11}$$

其中 $p(x)\in C^1[a,b]$，$q(x)\in C[a,b]$，A_1,A_2 为常数，L 为 S-L 型算子，B_j 为边界算子，$\alpha_j^2+\beta_j^2>0$，$j=1,2$.

方程(13.2.11)的格林函数 $G(x;\xi)$ 满足定解问题

$$\begin{cases}LG=\delta(x-\xi), & a<x<b, a<\xi<b,\\ B_1G(a;\xi)=B_2G(b;\xi)=0.\end{cases}\tag{13.2.12}$$

(2) 用格林函数法求解：

前面我们已经知道，当 $A_1=A_2=0$ 时，(13.2.11) 式的解为

$$u=\int_a^b f(\xi)G(x;\xi)\mathrm{d}\xi.$$

下面讨论 A_1 和 A_2 为任意给定的常量时的解.

设 $u(x)$ 和 $G(x;\xi)$ 分别为定解问题(13.2.11) 的解和相应的格林函数. 由 (13.2.1) 式知 $G(x;\xi)$ 为如下定解问题的解：

$$\begin{cases}LG(x;\xi)=0, & x>\xi\text{ 或 }x<\xi,\\ B_1G(a;\xi)=0, & B_2G(b;\xi)=0,\\ G(\xi_+;\xi)=G(\xi_-;\xi), & G'_x(\xi_+;\xi)-G'_x(\xi_-;\xi)=\dfrac{1}{p(\xi)}.\end{cases}\tag{13.2.13}$$

由格林函数的对称性，有

$$G(x;\xi)=G(\xi;x),\quad G'_\xi(x;\xi)=G'_\xi(\xi;x).$$

再利用拉格朗日恒等式，有

$$\begin{aligned}u(x)-\int_a^b f(\xi)G(x;\xi)\mathrm{d}\xi&=\int_a^b[u(\xi)\delta(\xi-x)-f(\xi)G(\xi;x)]\mathrm{d}\xi\\&=\int_a^b[u(\xi)LG(\xi;x)-G(\xi,x)Lu(\xi)]\mathrm{d}\xi\\&=\int_a^b\frac{\mathrm{d}}{\mathrm{d}\xi}[p(\xi)[u(\xi)G'_\xi(\xi;x)-G(\xi;x)u'(\xi)]]\mathrm{d}\xi\\&=p(\xi)[u(\xi)G'_\xi(\xi;x)-G(\xi;x)u'(\xi)]_a^b\\&=F(x,b)-F(x,a),\end{aligned}$$

其中

$$F(x;\xi)=p(\xi)[u(\xi)G'_\xi(x;\xi)-G(x;\xi)u'(\xi)].$$

由在 $x=a$ 处的边条件，有

$$\begin{cases}\alpha_1G_\xi(x;a)+\beta_1G(x;a)=0,\\ \alpha_1u'(a)+\beta_1u(a)=A.\end{cases}$$

若 $\alpha_1\neq0$，可从上二式中消除 β_1；若 $\alpha_1=0$，则 $\beta_1\neq0$，并有 $G(x;a)=0$. 由此可得

$$F(x;a)=\begin{cases}-\dfrac{A_1}{\alpha_1}p(a)G(x;a), & \alpha_1\neq0,\\ \dfrac{A_1}{\beta_1}p(a)G'_\xi(x;a), & \alpha_1=0.\end{cases}\tag{13.2.14}$$

同理，由在 $x=b$ 处的边条件可得

$$F(x;b)=\begin{cases}-\dfrac{A_2}{\alpha_2}p(b)G(x;b), & \alpha_2\neq0,\\ \dfrac{A_2}{\beta_2}p(b)G'_\xi(x;b), & \alpha_2=0.\end{cases}\tag{13.2.15}$$

最后,对具有非齐次条件的边值问题(13.2.9),得其解为

$$u(x) = \int_a^b f(\xi)G(x;\xi)\mathrm{d}\xi + F(x;b) - F(x;a). \tag{13.2.16}$$

(3) 算例:

例 4　用格林函数法解下列定解问题

$$\begin{cases} Lu = u'' + \lambda^2 u = f(x), & 0 < x < \pi, \\ u(0) = A, \quad u(\pi) = B. \end{cases}$$

解　先求格林函数,这相应于 $p(\xi) \equiv 1$. 这时,由(13.2.13)式,格林函数为如下定解问题的解:

$$\begin{cases} G''_x(x;\xi) + \lambda^2 G(x;\xi) = 0, & \pi > \xi > x > 0 \text{ 和 } 0 < \xi < x < \pi, \\ G(0;\xi) = G(\pi;\xi) = 0, \\ G(\xi_+;\xi) = G(\xi_-;\xi), & G'_x(\xi_+;\xi) - G'_x(\xi_-;\xi) = 1. \end{cases}$$

① 若 $\lambda = 0$,则

$$G(x;\xi) = \begin{cases} c_1(\xi)x + c_2(\xi), & \pi > \xi \geqslant x \geqslant 0, \\ c_3(\xi)x + c_4(\xi), & \pi \geqslant x \geqslant \xi > 0. \end{cases}$$

由 $G(0;\xi) = 0$ 得 $c_2(\xi) = 0$,由 $G(\pi;\xi) = 0$ 得 $\pi c_3(\xi) + c_4(\xi) = 0$. 再由 $x = \xi$ 时 G 连续得到 $\xi c_1(\xi) = c_3(\xi)(\xi - \pi)$,$G'_x(\xi_+;\xi) = G'_x(\xi_-;\xi) + 1$ 得 $c_3(\xi) = c_1(\xi) + 1$. 由此解得

$$c_1(\xi) = \frac{\xi - \pi}{\pi}, \quad c_2(\xi) = 0, \quad c_3(\xi) = \frac{\xi}{\pi}, \quad c_4(\xi) = -\xi,$$

$$G(x;\xi) = \begin{cases} \dfrac{x(\xi - \pi)}{\pi}, & 0 \leqslant x \leqslant \xi < \pi, \\ \dfrac{\xi(x - \pi)}{\pi}, & 0 < \xi \leqslant x \leqslant \pi. \end{cases}$$

代此入(13.2.14),(13.2.15)和(13.2.16)式中,得

$$u(x) = \frac{x - \pi}{\pi}\int_0^x \xi f(\xi)\mathrm{d}\xi + \frac{x}{\pi}\int_x^\pi (\xi - \pi)f(\xi)\mathrm{d}\xi + \frac{Bx}{\pi} - \frac{A}{\pi}(x - \pi).$$

② 若 $\lambda \neq 0$,则齐次方程的通解为

$$G(x;\xi) = c(\xi)\sin\lambda[x - \alpha(\xi)],$$

由边条件 $G(0;\xi) = G(\pi;\xi) = 0$ 得

$$G(x;\xi) = \begin{cases} c_1(\xi)\sin\lambda x, & 0 \leqslant x \leqslant \xi < \pi, \\ c_2(\xi)\sin\lambda(x - \pi), & \pi \geqslant x \geqslant \xi > 0. \end{cases}$$

再由在 $x = \xi$ 处所满足的条件可将 $c_1(\xi)$ 和 $c_2(gx)$ 定出,并有

$$G(x;\xi) = \begin{cases} \dfrac{\sin\lambda(\xi - \pi)}{\lambda\sin\lambda\pi}\sin\lambda x, & x < \xi, \\ \dfrac{\sin\lambda(x - \pi)}{\lambda\sin\lambda\pi}\sin\lambda\xi, & x > \xi; \end{cases}$$

$$
\begin{aligned}
u(x) &= \int_0^{\pi} G(x;\xi) f(\xi)\mathrm{d}\xi + BG_{\xi}(x;\pi) - AG_{\xi}(x;0) \\
&= \frac{\sin\lambda(x-\pi)}{\lambda\sin\lambda\pi}\int_0^x f(\xi)\sin\lambda\xi\mathrm{d}\xi + \frac{\sin\lambda x}{\lambda\sin\lambda\pi}\int_x^{\pi} f(\xi)\sin\lambda(\xi-\pi)\mathrm{d}\xi \\
&\quad + \frac{B\sin\lambda x - A\sin\lambda(x-\pi)}{\sin\lambda\pi}.
\end{aligned}
$$

可以看出,这里 λ 不能取非 0 整数 n. n 是定解问题的本征值,将使齐次方程有非解 $u_0(x)=\sin nx$. 这时格林函数不存在. 对非齐次方程,若 $f(x)$ 与 $u_0(x)$ 不正交,定解问题无解;若二者正交,则解存在但不唯一.

§13.3　亥姆霍兹方程边值问题

亥姆霍兹边值问题的数学提法为

$$
\begin{cases}
Lu = \nabla^2 u + \lambda u = f(x), & x \in \Omega \subset \mathbf{R}^m, \\
Mu = \alpha \dfrac{\partial u}{\partial n} + \beta u = g(x), & x \in S, \alpha^2 + \beta^2 > 0,
\end{cases}
\tag{13.3.1}
$$

其中 S 为 Ω 的全部边界. $\lambda=0$ 为泊松方程. 与(13.3.1) 相应的格林函数 $G(x;\xi)$ 满足如下定解问题:

$$
\begin{cases}
LG = \nabla^2 G + \lambda G = \delta(x-\xi), & x,\xi \in \Omega, \\
MG = \alpha \dfrac{\partial G}{\partial n} + \beta G = 0, & x \in S.
\end{cases}
\tag{13.3.2}
$$

1. 用格林函数法求解

利用格林函数 $G(x;\xi)$ 的对称性和边界条件,有

$$
\begin{aligned}
u(x) - \int_{\Omega} G(x;\xi) f(\xi)\mathrm{d}\xi &= \int_{\Omega} (uLG - GLu)\mathrm{d}\xi = \int_{\Omega} (u\nabla^2 G - G\nabla^2 u)\mathrm{d}\xi \\
&= \int_S \left(u\frac{\partial G}{\partial n} - G\frac{\partial u}{\partial n}\right)\mathrm{d}\xi \\
&= \begin{cases}
\dfrac{1}{\beta}\displaystyle\int_S g(\xi)\frac{\partial}{\partial n}G(x,\xi)\mathrm{d}\xi, & \alpha = 0, \\
-\dfrac{1}{\alpha}\displaystyle\int_S g(\xi)G(x;\xi)\mathrm{d}\xi, & \alpha \neq 0,
\end{cases}
\end{aligned}
$$

即有

$$
u(x) = \int_{\Omega} G(x;\xi) f(\xi)\mathrm{d}\xi + \begin{cases}
\dfrac{1}{\beta}\displaystyle\int_S g(\xi)\frac{\partial}{\partial n}G(x;\xi)\mathrm{d}\xi, & \alpha = 0, \\
-\dfrac{1}{\alpha}\displaystyle\int_S g(\xi)G(x;\xi)\mathrm{d}\xi, & \alpha \neq 0.
\end{cases}
\tag{13.3.3}
$$

2. 自由格林函数与基本解

自由格林函数是指不受定解条件限制的格林函数. 这样的格林函数是很多

的.令 $\rho = |x-\xi|$,把形如 $F(\rho)$ 的自由格林函数称为方程 $Lu = f$ 的基本解.

(1) 三维问题:

这时,基本解具有球对称性.在球坐标系中,有

$$\nabla^2 F + \lambda F = \frac{1}{\rho^2}\frac{\mathrm{d}}{\mathrm{d}\rho}\left(\rho^2 \frac{\mathrm{d}F}{\mathrm{d}\rho}\right) + \lambda F = \delta(\rho). \tag{13.3.4}$$

将此式在以 $\rho = \varepsilon$ 为半径的球体上积分,得

$$\int_0^{2\pi}\int_0^{\pi}\int_0^{\varepsilon}(\nabla^2 F + \lambda F)\rho^2\sin\theta\mathrm{d}\rho\mathrm{d}\theta\mathrm{d}\varphi = 4\pi\left[\varepsilon^2 F'(\varepsilon) + \lambda\int_0^{\varepsilon}\rho^2 F(\rho)\mathrm{d}\rho\right] = 1,$$

即有

$$\varepsilon^2 F'(\varepsilon) + \lambda\int_0^{\varepsilon}\rho^2 F(\rho)\mathrm{d}\rho = \frac{1}{4\pi}. \tag{13.3.5}$$

将(13.3.4)两边同乘以 ρ,并注意到 $\rho\delta(\rho) = 0$,得

$$\rho F'' + 2F' + \lambda\rho F = (\rho F)'' + \lambda(\rho F) = 0. \tag{13.3.6}$$

① $\lambda = k^2 > 0$:

由(13.3.6)得

$$F(\rho) = \frac{A}{\rho}\cos k\rho + \frac{B}{\rho}\sin k\rho.$$

以此代入(13.3.5)中,得

$$-A\cos k\varepsilon + O(\varepsilon) = \frac{1}{4\pi}.$$

令 $\varepsilon \to 0$ 得 $A = -\dfrac{1}{4\pi}$,即有

$$F(\rho) = -\frac{1}{4\pi\rho}\cos k\rho + \frac{B}{\rho}\sin k\rho, \tag{13.3.7}$$

B 可任取.通常取 $B = 0$,即有

$$F(\rho) = -\frac{\cos k\rho}{4\pi\rho}.$$

但并不是任何问题中都取 $B = 0$.例如,在波的散射问题中,常取 $B = -\dfrac{\mathrm{i}}{4\pi}$,即取

$$F(\rho) = -\frac{\mathrm{e}^{\mathrm{i}k\rho}}{4\pi\rho}.$$

② $\lambda = 0$:

这时,由(13.3.6)和(13.3.5)式,得泊松方程的基本解为

$$F(\rho) = -\frac{1}{4\pi\rho} + B, \tag{13.3.8}$$

其中 B 任意.若要求 $\lim\limits_{\rho\to\infty} F(\rho) = 0$,则有 $B = 0$.

③ $\lambda = -\omega^2 < 0(\omega > 0)$:

这时,有

$$F(\rho)=\frac{A}{\rho}e^{-\omega\rho}+\frac{B}{\rho}e^{\omega\rho}.$$

一般要求 $\rho\to\infty$ 时 $F(\rho)$ 有限,这就要求 $B=0$. 再将上式代入(13.3.5)式中,令 $\varepsilon\to 0$,同样得 $A=-\frac{1}{4\pi}$. 即有

$$F(\rho)=-\frac{e^{-\omega\rho}}{4\pi\rho}. \tag{13.3.9}$$

(2) 平面问题:

对平面问题,采用平面极坐标系,自由格林函数满足方程

$$\frac{1}{\rho}\frac{d}{d\rho}\left(\rho\frac{dF}{\rho}\right)+\lambda F=\delta(\rho). \tag{13.3.10}$$

当 $\lambda>0$ 和 $\rho\neq 0$ 时,这是 0 阶的变形贝塞尔方程,有

$$F(\rho)=AY_0(\sqrt{\lambda}\rho)+BJ_0(\sqrt{\lambda}\rho).$$

将(13.3.10) 在 $\rho=\varepsilon$ 的圆域上积分,有

$$\int_0^{2\pi}\int_0^{\varepsilon}\left\{\frac{d}{d\rho}[\rho F'(\rho)]+\lambda\rho F(\rho)\right\}d\rho d\theta=2\pi\left[\varepsilon F'(\varepsilon)+\lambda\int_0^{\varepsilon}\rho F(\rho)d\rho\right]=1,$$

即有

$$\varepsilon F'(\varepsilon)+\lambda\int_0^{\varepsilon}\rho F(\rho)d\rho=\frac{1}{2\pi}. \tag{13.3.11}$$

注意到 $Y_0(\sqrt{\lambda}\rho)$ 在 $\rho=0$ 处有对数奇数,有

$$Y_0(\sqrt{\lambda}\rho)=\frac{2}{\pi}J_0(\sqrt{\lambda}\rho)\ln\frac{\sqrt{\lambda}\rho}{2}+\cdots.$$

以此代入(13.3.11) 式中,令 $\varepsilon\to 0$,得 $A=\frac{1}{4}$,即应有

$$F(\rho)=\frac{1}{4}Y_0(\sqrt{\lambda}\rho)+BJ_0(\sqrt{\lambda}\rho)=\frac{1}{2\pi}J_0(\sqrt{\lambda}\rho)\ln\frac{\sqrt{\lambda}\rho}{2}+\cdots. \tag{13.3.12}$$

同样上式中的常数 B 可任取.

对 $\lambda=0$,则可得二维泊松方程的基本解为

$$F(\rho)=\frac{1}{2\pi}\ln\rho+B, \tag{13.3.13}$$

一般取 $B=0$.

(13.3.13) 式的推导将留作习题, 由有兴趣的读者自己去完成. 在(13.3.12) 式中,若 $\lambda=-k^2<0$,式中的 $Y_0(\sqrt{\lambda}\rho)$ 和 $J_0(\sqrt{\lambda}\rho)$ 变成了虚宗量的第一类和第二类柱函数 $I_0(k\rho)$ 和 $K_0(k\rho)$.

3. λ 为本征值时的可解性条件

定理 13.3.1　设 $\Omega\subset\mathbf{R}^n$,$S$ 为 Ω 的边界. 对定解问题

$$\begin{cases} Lu = \nabla^2 u + \lambda u = f(x), & x \in \Omega, \\ Mu = \alpha \dfrac{\partial u}{\partial n} + \beta u = g(x), & x \in S. \end{cases} \tag{13.3.14}$$

若 λ 为本征值，$u_0(x)$ 为相应的本征函数，则只有当 $f(x)$ 和 $g(x)$ 满足可解性条件

$$0 = \int_\Omega u_0(x) f(x) \mathrm{d}x + \begin{cases} -\dfrac{1}{\alpha}\displaystyle\int_S u_0(x) g(x) \mathrm{d}x, & \alpha \neq 0, \\ \dfrac{1}{\beta}\displaystyle\int_S g(x) \dfrac{\partial u_0(x)}{\partial n} \mathrm{d}x, & \alpha = 0. \end{cases} \tag{13.3.15}$$

时定解问题(13.3.14) 才有解. 此时，由于齐次定解问题有非零解，故解必不唯一.

证 当 λ 为本征值和 u_0 为相应的本征函数时，有

$$\begin{cases} Lu_0 = 0, & x \in \Omega, \\ Mu_0 = 0, & x \in S; \end{cases}$$

$$\begin{aligned} \int_\Omega u_0(x) f(x) \mathrm{d}x &= \int_\Omega (u_0 Lu - u L u_0) \mathrm{d}x = \int_\Omega (u_0 \nabla^2 u - u \nabla^2 u_0) \mathrm{d}x \\ &= \int_S \left(u_0 \frac{\partial u}{\partial n} - u \frac{\partial u_0}{\partial n} \right) \mathrm{d}x. \end{aligned} \tag{13.3.16}$$

利用边条件 $Mu = g(x)$ 和 $Mu_0 = 0$，对 $\alpha = 0$，在 S 上有 $u_0 = 0, u = \dfrac{1}{\beta} g(x)$；若 $\alpha \neq 0$，则在 S 上有

$$\frac{\partial u_0}{\partial n} = -\frac{\beta}{\alpha} u_0,$$

$$u_0 \frac{\partial u}{\partial n} - u \frac{\partial u_0}{\partial n} = \frac{u_0}{\alpha} \left(\alpha \frac{\partial u}{\partial n} + \beta u \right) = \frac{1}{\alpha} u_0 g.$$

把上面的结果代入(13.3.16) 式中，就得到可解性条件(13.3.15).

若边条件是齐次的，即 $g(x) \equiv 0$，可解性条件变为 $\int_\Omega f(x) u_0(x) \mathrm{d}x = 0$. 即要求 $f(x)$ 与 $u_0(x)$ 在 Ω 上正交. 这正是我们在 §11.1 中在齐次边条件下作分离变数时已指出的结论.

推论 1 若 λ 为本征值，Ω 为有限域时，定解问题(13.3.1) 的格林函数不存在.

证 用反证法. 设 $u_0(x)$ 为相应于本征值 λ 的本征函数，且存在 $G(x;\xi)$ 满足

$$\begin{cases} LG = \delta(x - \xi), & x, \xi \in \Omega, \\ MG = 0, & x \in S. \end{cases}$$

由定理 13.3.1 知，对应于 $f = \delta(x - \xi)$ 和 $g(x) = 0$，应有

$$u_0(x)=\int_\Omega u_0(\xi)\delta(x-\xi)\mathrm{d}\xi=0,$$

这与 $u_0(x)$ 为本征函数矛盾.

推论 2　若 Ω 为有限域,则满足

$$\begin{cases}\nabla^2 G=\delta(x-\xi), & x,\xi\in\Omega,\\ \dfrac{\partial G}{\partial n}=0, & x\in S\end{cases}$$

的格林函数不存在.

显然,对于齐次问题,存在非零解 $u_0=c$(任意常数),这相应于亥姆霍兹边值问题 $\lambda=0$ 为本征值的情况. 由推论 1 知格林函数不存在.

若 Ω 为无限域,在 ∞ 处的齐次边条件是 $\lim\limits_{x\to\infty}g(x)=0$,是一个极限过程. 这时,边界 S 也是一个趋于无限的区域. 在此极限过程中,(13.3.15)式中的面积分部分可以不是零. 在此情况下,上面的证明失效,此推论就不能成立.

4. 广义格林函数

设当 λ 为本征值时,$u_0(x)$ 为对应的已归一化了的本征函数,即有

$$\int_\Omega u_0^2(x)\mathrm{d}x=1.$$

称满足边值问题

$$\begin{cases}\nabla^2 G+\lambda G=\delta(x-\xi)-u_0(x)u_0(\xi)\equiv f_1(x;\xi), & x,\xi\in\Omega,\\ MG=0, & x\in S\end{cases}\tag{13.3.17}$$

的解 $G(x;\xi)$ 为(13.3.1)式的广义格林函数.

对于广义格林函数,有

$$\begin{aligned}\int_\Omega f_1(x;\xi)u_0(\xi)\mathrm{d}\xi&=\int_\Omega[u_0(\xi)\delta(x-\xi)-u_0(x)u_0^2(\xi)]\mathrm{d}\xi\\&=u_0(x)\left[1-\int_\Omega u_0^2(\xi)\mathrm{d}\xi\right]=0,\end{aligned}$$

即满足可解性条件,但此时解不唯一. 一般限定解 G 与 u_0 正交,这时 G 是唯一的. 若已有方程组(13.3.17)之解 G_1 是与 u_0 正交的,则取定此 G_1 为广义格林函数 G. 若 G_1 不与 u_0 正交,则可取

$$G=G_1+cu_0,\quad c=-\int_\Omega u_0G_1\mathrm{d}\xi,$$

有

$$\int_\Omega Gu_0\mathrm{d}\xi=\int_\Omega u_0G_1\mathrm{d}\xi-c\int_\Omega u_0^2\mathrm{d}\xi=0,$$

即 G 与 u_0 正交.

这样取定的 G 是唯一的. 事实上,除 G 外,对任一其他广义格林函数 G_2,有

$G_2 = G + c_2 u_0$，c_2 为非零常数，

$$\int_\Omega G_2 u_0 \mathrm{d}\xi = \int_\Omega G u_0 \mathrm{d}\xi + c_2 \int_\Omega u_0^2 \mathrm{d}\xi = c_2 \neq 0,$$

即除 G 外，所有其他广义格林函数均不与 u_0 正交.

由于 λ 为本征值，原定解问题(13.3.1) 若有解，则解不唯一. 但对于与本征函数 $u_0(x)$ 正交的解 $u(x)$ 则是唯一确定的. 设 $G(x;\xi)$ 为与 $u_0(x)$ 正交的广义格林函数，有

$$\begin{aligned}\int_\Omega (GLu - uLG)\mathrm{d}\xi &= \int_\Omega G(x;\xi)f(\xi)\mathrm{d}\xi - \int_\Omega u(\xi)[\delta(x-\xi) - u_0(x)u_0(\xi)]\mathrm{d}\xi \\ &= \int_\Omega G(x;\xi)f(\xi)\mathrm{d}\xi - u(x) + u_0(x)\int_\Omega u(\xi)u_0(\xi)\mathrm{d}\xi.\end{aligned}$$

由于要求 $u(x)$ 与 $u_0(x)$ 正交，得

$$\begin{aligned}u(x) &= \int_\Omega G(x;\xi)f(\xi)\mathrm{d}\xi - \int_\Omega [G(x,\xi)Lu(\xi) - u(\xi)LG(x;\xi)]\mathrm{d}\xi \\ &= \int_\Omega G(x;\xi)f(\xi)\mathrm{d}\xi - \int_S \left(G\frac{\partial u}{\partial n} - u\frac{\partial G}{\partial n}\right)\mathrm{d}\xi \\ &= \int_\Omega G(x;\xi)f(\xi)\mathrm{d}\xi + \begin{cases}\dfrac{1}{\beta}\displaystyle\int_S g(\xi)\,\dfrac{\partial G(x;\xi)}{\partial n}\mathrm{d}\xi, & \alpha = 0, \\ -\dfrac{1}{\alpha}\displaystyle\int_S g(\xi)G(x;\xi)\mathrm{d}\xi, & \alpha \neq 0.\end{cases}\end{aligned} \tag{13.3.18}$$

前面的推导过程只是表明，若 $u(x)$ 与 $u_0(x)$ 正交，它一定是由(13.3.18) 式给出的解. 那么，由(13.3.18) 式给出的解是否一定会与 $u_0(x)$ 正交呢?答案是肯定的，这是很容易利用 $G(x;\xi)$ 与 $u_0(x)$ 的正交性来证明的. 由(13.3.18) 式，有

$$\begin{aligned}\int_\Omega u(x)u_0(x)\mathrm{d}x &= \int_\Omega u_0(x)\int_\Omega G(x;\xi)f(\xi)\mathrm{d}\xi\mathrm{d}x \\ &\quad - \int_\Omega u_0(x)\left[\int_\Omega G(x;\xi)Lu(\xi) - \int_\Omega LG(x,\xi)u(\xi)\mathrm{d}\xi\right] \\ &= \int_\Omega f(\xi)\int_\Omega u_0(x)G(x;\xi)\mathrm{d}x\mathrm{d}\xi - \int_\Omega Lu(\xi)\int_\Omega G(x;\xi)u_0(x)\mathrm{d}x\mathrm{d}\xi \\ &\quad + \int_\Omega u(\xi)L\left[\int_\Omega G(x;\xi)u_0(x)\mathrm{d}x\right]\mathrm{d}\xi = 0,\end{aligned}$$

即由(13.3.18) 式给出之 $u(x)$ 的确与 $u_0(x)$ 正交.

如果注意到当 λ 为本征值时，定解问题(13.3.14) 要有解，就必须满足可解性条件(13.3.15)，或等价地，满足(13.3.16) 式，则在(13.3.18) 式中 $G(x;\xi)$ 可以是任一广义函数.

事实上，在(13.3.18) 式中，将 $G(x;\xi)$ 由 $u_0(x)$ 正交的广义函数换成任意广义函数 $G_1(x;\xi)$，有 $G_1(x;\xi) = G(x;\xi) + cu_0(x)$，这里 c 为一任意常数. 利用(13.3.16) 式，有

$$
\begin{aligned}
u_1(x) &= \int_\Omega G_1(x;\xi)f(\xi)\mathrm{d}\xi - \int_S\left(G_1\frac{\partial u}{\partial n} - u\frac{\partial G_1}{\partial n}\right)\mathrm{d}\xi \\
&= \int_\Omega G(x;\xi)f(\xi)\mathrm{d}\xi - \int_S\left(G\frac{\partial u}{\partial n} - u\frac{\partial G}{\partial n}\right)\mathrm{d}\xi \\
&\quad + c\left[\int_\Omega u_0(\xi)f(\xi)\mathrm{d}\xi - \int_S\left(u_0\frac{\partial u}{\partial n} - u\frac{\partial u_0}{\partial n}\right)\mathrm{d}\xi\right] \\
&= \int_\Omega G(x;\xi)f(\xi)\mathrm{d}\xi - \int_S\left(G\frac{\partial u}{\partial n} - u\frac{\partial G}{\partial n}\right)\mathrm{d}\xi \\
&= u(x).
\end{aligned}
$$

§13.4　用镜像法求格林函数

这种方法适用于一些简单边界：对三维问题，适用于平面和球面边界；对二维问题，则适用于直线和圆形边界. 通常用于第一类边条件. 对无界域，有时也可用于第二类边条件.

镜像法就是利用在边界的对称点（镜像点）上适当配置具有相应系数的基本解而使边条件得到满足的求解方法. 如图 13.4.1 所示，点(ξ,η) 关于边界 $y=0$ 的对称点为$(\xi,-\eta)$.

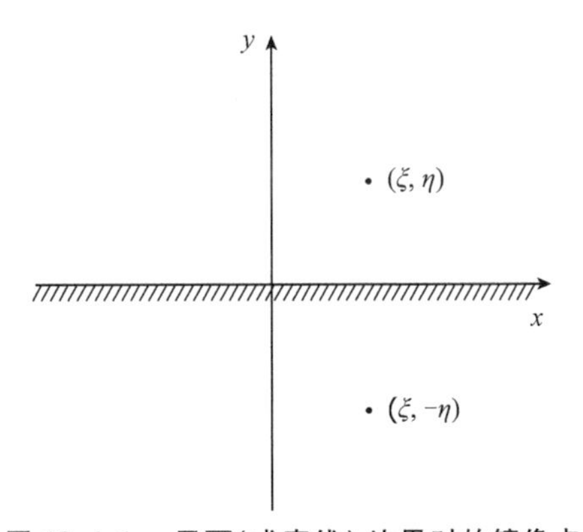

图 13.4.1　平面（或直线）边界时的镜像点

1. 直线或平面边界的格林函数

现以二维和三维泊松方程边值问题为例来说明如何运用镜像法求格林函数.

例 1　求上半平面内，在 x 轴上满足第一类边条件，在 ∞ 处满足适当定解条件时，泊松方程的格林函数，即求如下定解问题的解：

$$
\begin{cases}
G_{xx}+G_{yy}=\delta(x-\xi)\delta(y-\eta), & |x|,|\xi|<\infty,\ y,\eta>0, \\
G(x,0;\xi,\eta)=0.
\end{cases}
$$

解 二维泊松方程的基本解(点源)为

$$F(\rho)=\frac{1}{2\pi}\ln\rho,\quad \rho=[(x-\xi)^2+(y-\eta)^2]^{\frac{1}{2}}\quad(\eta>0).$$

设

$$F(\rho_1)=\frac{c}{2\pi}\ln\rho_1,\quad \rho_1=[(x-\xi_1)^2+(y-\eta_1)^2]^{\frac{1}{2}}\quad(\eta_1<0),$$

即在 $y<0$ 的半平面内的一个点源,其强度 c 待定. 取 $G(x,y;\xi,\eta)=F(\rho)+F_1(\rho_1)$. 由于$(\xi_1,\eta_1)$ 在下半平面,故在上半平面内,有

$$\nabla^2F(\rho)=\delta(x-\xi)\delta(y-\eta),\quad \nabla^2F_1(\rho_1)=0,$$

$$\nabla^2G=\nabla^2F(\rho)+\nabla^2F_1(\rho_1)=\delta(x-\xi)\delta(y-\eta),$$

即 $G(x,y;\xi,\eta)$ 满足方程. 现需适当选取 c 和(ξ_1,η_1),使满足在 $y=0$ 处的边条件 $G(x,0;\xi,\eta)=0$,即要求

$$c\ln[(x-\xi_1)^2+\eta_1^2]^{\frac{1}{2}}+\ln[(x-\xi)^2+\eta^2]^{\frac{1}{2}}=0.$$

显然,应取 $c=-1,\xi_1=\xi,\eta_1=-\eta$. 即在$(\xi,\eta)$ 对 x 轴的对称点,也就是对 x 轴的镜像点$(\xi,-\eta)$ 处配置一等强度的点汇即可. 于是,有

$$G(x,y;\eta,\xi)=\frac{1}{4\pi}\ln\frac{(x-\xi)^2+(y-\eta)^2}{(x-\xi)^2+(y+\eta)^2}.$$

由此很容易理解为什么将这一方法称为镜像法.

利用这一结果,对上半平面内泊松方程定解问题

$$\begin{cases}\nabla^2u=f(x,y), & y>0,\ |x|<\infty,\\ u(x,0)=g(x), & \lim\limits_{r\to\infty}\dfrac{\partial u}{\partial r}=0.\end{cases}$$

由(13.3.3)式,并注意到在 $\eta=0$ 处,$\frac{\partial}{\partial n}=-\frac{\partial}{\partial\eta}$,可知其解为

$$u(x,y)=\int_{-\infty}^{\infty}\int_0^{\infty}f(\xi,\eta)G(x,y;\xi,\eta)\mathrm{d}\eta\mathrm{d}\xi-\int_{-\infty}^{\infty}g(\xi)\frac{\partial G(x,y;\xi,\eta)}{\partial\eta}\mathrm{d}\xi$$

$$+\lim_{R\to\infty}\int_{C_R}\left(u\frac{\partial G}{\partial r}-G\frac{\partial u}{\partial r}\right)_{r=R}\mathrm{d}s,$$

其中 C_R 是以点(x,y) 为心,R 为半径的上半圆,$\mathrm{d}s=R\mathrm{d}\theta$ 为 C_R 上的微元弧段.

下面证明,在给定的边条件下,当 $R\to\infty$ 时,沿 C_R 的积分为 0.

取以点(x,y) 为坐标原点的平面极坐标系,有

$$\xi-x=r\cos\theta,\quad \eta-y=r\sin\theta,$$

$$(x-\xi)^2+(y+\eta)^2=(\xi-x)^2+(\eta-y+2y)^2=r^2+4yr\sin\theta+4y^2,$$

$$G=-\frac{1}{4\pi}\ln\frac{r^2+4yr\sin\theta+4y^2}{r^2}=-\frac{y\sin\theta}{\pi r}+O(r^{-2}),$$

$$\frac{\partial G}{\partial r}=\frac{yr\sin\theta+2y^2}{\pi r(r^2+4yr\sin\theta+4y^2)}=\frac{y\sin\theta}{\pi r^2}+O(r^{-3}).$$

由无穷远边条件$\lim\limits_{r\to\infty}\dfrac{\partial u}{\partial r}=0$,知 $\forall\varepsilon>0$,$\exists r_1>0$,当$r>r_1$时,$\left|\dfrac{\partial u}{\partial r}\right|<\dfrac{\varepsilon}{2}$.
由于 $u(r_1,\theta)$ 为有限数,故$\exists r_2>0$,当 $r>r_2$ 时,$\dfrac{u(r_1,\theta)}{r}<\dfrac{\varepsilon}{2}$.

令 $r_0=\max\{r_1,r_2\}$,有

$$|u(r,\theta)-u(r_1,\theta)|=\left|\int_{r_1}^{r}\frac{\partial u}{\partial r}\mathrm{d}r\right|<\int_{r_1}^{r}\frac{\varepsilon}{2}\mathrm{d}r=\frac{\varepsilon}{2}(r-r_1).$$

故当 $r>r_0$ 时,有

$$\left|\frac{u(r,\theta)}{r}\right|<\left|\frac{u(r_1,\theta)}{r}\right|+\frac{\varepsilon}{2}\left(1-\frac{r_1}{r}\right)<\varepsilon.$$

这表明,应有

$$\lim_{r\to\infty}\frac{u(r,\theta)}{r}=0.$$

利用上面的结果,有

$$\begin{aligned}\lim_{R\to\infty}\int_{C_R}\left(u\frac{\partial G}{\partial r}-G\frac{\partial u}{\partial r}\right)\mathrm{d}s&=\lim_{R\to\infty}R\int_0^{\pi}\left(u\frac{\partial G}{\partial r}-G\frac{\partial u}{\partial r}\right)_{r=R}\mathrm{d}\theta\\&=\frac{y}{\pi}\lim_{R\to\infty}\int_0^{\pi}\left[\left(\frac{u(R,\theta)}{R}+\frac{\partial u(R,\theta)}{\partial r}\right)\sin\theta+O(R^{-1})\right]\mathrm{d}\theta\\&=0.\end{aligned}$$

由此知相应定解题的解为

$$u(x,y)=\int_{-\infty}^{\infty}\int_0^{\infty}f(\xi,\eta)G(x,y;\xi,\eta)\mathrm{d}\eta\mathrm{d}\xi-\int_{-\infty}^{\infty}g(\xi)\frac{\partial G(x,y;\xi,\eta)}{\partial\eta}\mathrm{d}\xi.$$

当然,这里对 $f(\xi,\eta)$ 和 $g(\xi)$ 是有所限制的,就是应保证上述积分存在. 这时,应要求$\lim\limits_{r\to\infty}rf$ 和$\lim\limits_{r\to\infty}g(\xi)$ 均为有限值.

例 2　求在上半平面内满足第二类边条件的泊松方程的格林函数,即求下列定解问题的解:

$$\begin{cases}G_{xx}+G_{yy}=\delta(x-\xi)\delta(y-\eta), & y>0,\ |x|<\infty,\\ \dfrac{\partial G}{\partial n}=-\dfrac{\partial G}{\partial y}=0, & y=0,\ |x|<\infty.\end{cases}$$

解　与上题类似,设

$$G(x,y;\xi,\eta)=\frac{1}{4\pi}\{\ln[(x-\xi)^2+(y-\eta)^2]+c\ln[(x-\xi_1)^2+(y-\eta_1)^2]\},$$

其中 $\eta>0$,$\eta_1<0$.

由在 $y=0$ 处的边条件,应有

$$-\frac{\partial G}{\partial y}\bigg|_{y=0}=\frac{1}{2\pi}\left[\frac{\eta}{(x-\xi)^2+\eta^2}+\frac{c\eta_1}{(x-\xi_1)^2+\eta_1^2}\right]=0.$$

可见应取 $c=1$,$\xi_1=\xi$,$\eta_1=-\eta$. 即在(ξ,η) 对 $y=0$ 的镜像点$(\xi,-\eta)$ 处配置一

等强度的点源即可.由此知相应的格林函数为

$$G(x,y;\xi,\eta)=\frac{1}{4\pi}\ln\{[(x-\xi)^2+(y-\eta)^2][(x-\xi)^2+(y+\eta)^2]\},$$

$$\lim_{r\to\infty}\frac{\partial G}{\partial r}=0,\quad r^2=(x-\xi)^2+(y-\eta)^2.$$

这个例子正好可以证明在上一节的相应推导中,为什么要求 Ω 必须是有限域.这时,格林函数是不唯一的,可以差一个任意常数.

由此,对定解问题

$$\begin{cases}\nabla^2 u=f(x,y), & y>0,\ |x|<\infty,\\ \dfrac{\partial u}{\partial n}=g(x), & y=0,\ |x|<\infty,\\ \lim\limits_{\rho\to\infty}\rho^{\alpha}\nabla u\text{ 有限}, & \alpha>1,\rho=\sqrt{x^2+y^2}\end{cases}$$

的解为

$$u(x,y)=\frac{1}{4\pi}\int_{-\infty}^{\infty}\int_{0}^{\infty}f(\xi,\eta)\ln\{[(x-\xi)^2+(y-\eta)^2][(x-\xi)^2+(y+\eta)^2]\}\mathrm{d}\eta\mathrm{d}\xi$$
$$-\frac{1}{2\pi}\int_{-\infty}^{\infty}g(\xi)\ln[(x-\xi)^2+y^2]\mathrm{d}\xi+\lim_{R\to\infty}\int_{C_R}\left(u\frac{\partial G}{\partial n}-G\frac{\partial u}{\partial n}\right)\mathrm{d}s,$$

这里,C_R 的含意与例 1 同.

在 C_R 上,$\dfrac{\partial}{\partial n}=\dfrac{\partial}{\partial r}$.当 R 很大时,在 C_R 上,

$$G=\frac{1}{\pi}\ln R+O(R^{-1}),\quad \frac{\partial G}{\partial n}=\frac{1}{\pi R}+O(R^{-2}).$$

当以 ξ,η 作为变数,对固定的 x,y,无穷远边条件相应于 $\lim\limits_{R\to\infty}R^{\alpha}\dfrac{\partial u}{\partial n}$ 有限. $\alpha>1$,故有

$$\lim_{R\to\infty}R\frac{\partial u(R,\theta)}{\partial n}\ln R=\lim_{R\to\infty}R^{1-\alpha}\ln R\left(R^{\alpha}\frac{\partial u}{\partial n}\right)=0,\quad u=u_{\infty}+O(R^{1-\alpha}),$$

其中 u_{∞} 可以是任一给定的常量.由此得

$$\lim_{R\to\infty}\int_{C_R}\left(u\frac{\partial G}{\partial n}-G\frac{\partial u}{\partial n}\right)\mathrm{d}s=\lim_{R\to\infty}\int_{0}^{\pi}R\left(u\frac{\partial G}{\partial r}-G\frac{\partial u}{\partial r}\right)_{r=R}\mathrm{d}\theta=\frac{1}{\pi}\int_{0}^{\pi}u_{\infty}\mathrm{d}\theta=u_{\infty},$$

$$u(x,y)=\frac{1}{4\pi}\int_{-\infty}^{\infty}\int_{0}^{\infty}f(\xi,\eta)\ln\{[(x-\xi)^2+(y-\eta)^2][(x-\xi)^2+(y+\eta)^2]\}\mathrm{d}\eta\mathrm{d}\xi$$
$$-\frac{1}{2\pi}\int_{-\infty}^{\infty}g(\xi)\ln[(x-\xi)^2+y^2]\mathrm{d}\xi+u_{\infty},$$

这里,同样要求对 $f(\xi,\eta)$ 和 $g(\xi)$ 给以适当的限制,以保证相关积分收敛.

此定解问题的解并不唯一,u 可差一个任意常数 u_{∞}.在许多实际物理问题中,例如 u 表示某种恒定场的势函数,这一常数是无关紧要的,可根据方便与否

适当选取,通常可取为 0. 但并不是所有情况下都是如此. 这时,为了保证解的唯一性,∞ 边条件应改用$\lim\limits_{r\to\infty} r^{\alpha}(u-u_{\infty})=0,\alpha>0$. 这里的 u_{∞} 是给定的.

对照例 1 和例 2 可以看出,对第一类和第二类边条件,在相应的镜像点上应分别放置等强度的汇和源,就可得到相应的格林函数.

例 3　求在第一象限内泊松方程边值问题的格林函数,要求在 $x=0$ 处满足第一类边条件,在 $y=0$ 处满足第二类边条件,即要求下列定解问题的解:

$$\begin{cases}G_{xx}+G_{yy}=\delta(x-\xi)\delta(y-\eta), \quad x>0,y>0,\\ G(0,y;\xi,\eta)=0, \quad G_y(x,0;\xi,\eta)=0.\end{cases}$$

解　由上二例可知,可分别在对 $x=0$ 和 $y=0$ 的镜像点上适当配等强度的源和汇即可. 例如,可先在$(-\xi,\eta)$ 处配置一个等强度的点汇,使满足边条件 $G(0,y;\xi,\eta)=0$. 这时,由于在上半平面内有一个点源和一个点汇,为满足边条件 $G_y(x,0;\xi,\eta)=0$,就必须在各自的镜像点上相应地配置一个源和一个汇,如图 13.4.2 所示,其中的 ⊕ 表示为源,⊖ 表示为汇. 即有

$$G(x,y;\xi,\eta)=\frac{1}{4\pi}\ln\frac{[(x-\xi)^2+(y-\eta)^2][(x-\xi)^2+(y+\eta)^2]}{[(x+\xi)^2+(y-\eta)^2][(x+\xi)^2+(y+\eta)^2]}.$$

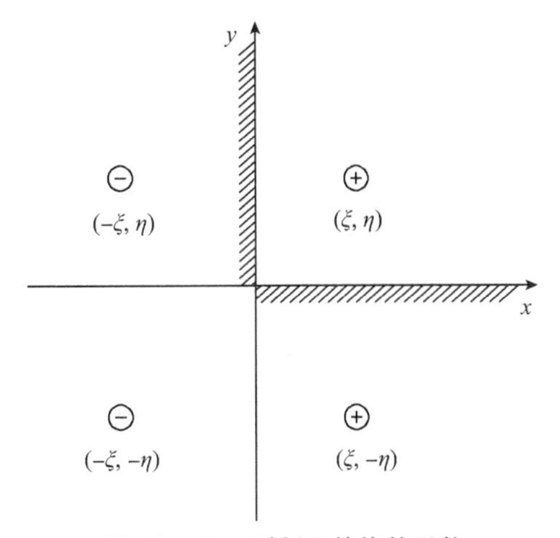

图 13.4.2　对例 3 的格林函数

利用此格林函数的表达式,可得下列相应的定解问题

$$\begin{cases}u_{xx}+u_{yy}=f(x,y), \quad x>0,y>0,\\ u(0,y)=g(y), \quad u_y(x,0)=h(x), \quad \lim\limits_{r\to\infty}\nabla u=0\end{cases}$$

的解为

$$u(x,y)=\frac{1}{4\pi}\int_0^{\infty}\int_0^{\infty}f(\xi,\eta)\ln\frac{[(x-\xi)^2+(y-\eta)^2][(x-\xi)^2+(y+\eta)^2]}{[(x+\xi)^2+(y-\eta)^2][(x+\xi)^2+(y+\eta)^2]}\mathrm{d}\xi\mathrm{d}\eta$$
$$+\frac{1}{2\pi}\int_0^{\infty}h(\xi)\ln\frac{(x-\xi)^2+y^2}{(x+\xi)^2+y^2}\mathrm{d}\xi$$

$$-\frac{x}{\pi}\int_0^{\infty} g(\eta)\left[\frac{1}{x^2+(y-\eta)^2}+\frac{1}{x^2+(y+\eta)^2}\right]\mathrm{d}\eta.$$

这里,在应用公式(13.3.3)时,要注意积分方向是沿外法向求导,即在 $\xi=0$ 处 $\frac{\partial}{\partial n}=-\frac{\partial}{\partial \xi}$,积分是从 $\infty \to 0$,而在 $\eta=0$ 处 $\frac{\partial}{\partial n}=-\frac{\partial}{\partial \eta}$,积分是从 $0\to\infty$. 这里,沿四分之一大圆 C_R 上的积分,在 $R\to\infty$ 时积分为 0 的证明从略. 有兴趣的读者不妨试证一下. 另外,由于在 $x=0$ 上给定了函数值,此解是唯一的.

例 4 用镜像法求下列三维定解问题的格林函数:

$$\begin{cases}\nabla^2 u=f(x,y,z), & |x|<\infty,\ |y|<\infty, z>0,\\ u(x,y,0)=h(x,y), & \lim\limits_{r\to\infty}\nabla u=0,\quad r^2=x^2+y^2+z^2.\end{cases}$$

解 对三维泊松方程,可采用三维点源作为自由格林函数,有

$$F(\rho)=-\frac{1}{4\pi\rho},\quad \rho=[(x-\xi)^2+(y-\eta)^2+(z-\zeta)^2]^{\frac{1}{2}},$$

$$G=-\frac{1}{4\pi}\left\{\frac{1}{[(x-\xi)^2+(y-\eta)^2+(z-\zeta)^2]^{\frac{1}{2}}}-\frac{1}{[(x-\xi)^2+(y-\eta)^2+(z+\zeta)^2]^{\frac{1}{2}}}\right\}.$$

由此有

$$u=\int_{-\infty}^{\infty}\int_{-\infty}^{\infty}\int_0^{\infty} f(\xi,\eta,\zeta)G\mathrm{d}\xi\mathrm{d}\eta\mathrm{d}\zeta -\frac{z}{2\pi}\int_{-\infty}^{\infty}\int_{-\infty}^{\infty}\frac{h(\xi,\eta)\mathrm{d}\xi\mathrm{d}\eta}{[(x-\xi)^2+(y-\eta)^2+z^2]^{\frac{3}{2}}}+\lim_{R\to\infty}\iint_{S_R}\left(u\frac{\partial G}{\partial r}-G\frac{\partial u}{\partial r}\right)\mathrm{d}s,$$

其中 S_R 为以 R 为半径的上半球面.

在 S_R 上,$G=O\left(\frac{1}{R^2}\right)$,$\frac{\partial G}{\partial r}=O\left(\frac{1}{R^3}\right)$. 与前面例 2 中的证明知应有

$$\lim_{R\to\infty}\iint_{S_R}\left(u\frac{\partial G}{\partial r}-G\frac{\partial u}{\partial r}\right)\mathrm{d}s=0.$$

最后得

$$u=\int_{-\infty}^{\infty}\int_{-\infty}^{\infty}\int_0^{\infty} f(\xi,\eta,\zeta)G\mathrm{d}\xi\mathrm{d}\eta\mathrm{d}\zeta-\frac{z}{2\pi}\int_{-\infty}^{\infty}\int_{-\infty}^{\infty}\frac{h(\xi,\eta)\mathrm{d}\xi\mathrm{d}\eta}{[(x-\xi)^2+(y-\eta)^2+z^2]^{\frac{3}{2}}}.$$

2. 球面或圆周为边界时的格林函数

(1) 关于球面(或圆周)的对称点:

设 S 为球面(或圆周),O 为球(或圆)心,R 为半径,P 为 S 内的任一点,P^* 为在 OP 的延长线上的 S 外的一个点. 令 $r_1=OP$,$r_2=OP^*$. 若有 $r_2=R^2/r_1$,则称点 P^* 为点 P 关于 S 的对称点.

设坐标原点取在球(圆)心 O 点处. Q 为一动点,坐标为 x,$r=|x|$,为点 Q 到

点 O 的距离，当 Q 在 S 上时，$r=R$. 这时，有

$$\frac{OQ}{OP}=\frac{R}{r_1}=\frac{r_2}{R}=\frac{OP^*}{OQ},$$

即有 $\Delta OPQ \cong \Delta OQP^*$，

$$\frac{1}{\rho}=\frac{R}{r_1}\frac{1}{\rho^*} \quad (x\in S), \tag{13.4.1}$$

其中 ρ 和 ρ^* 分别表示点 P 和 P^* 到点 Q 的距离.

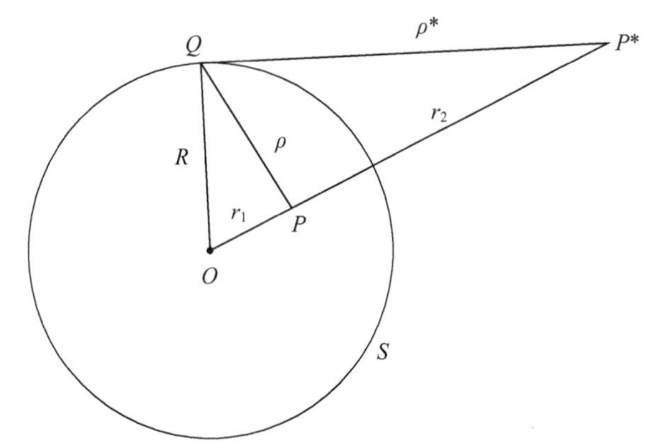

图 13.4.3　球面(或圆周)的对称点

(2) 球内狄利克雷问题的格林函数：

设 $\Omega\subset\mathbf{R}^3$ 为球体，S 为其边界面，格林函数 $G(x;\xi)$ 为下列定解问题的解：

$$\begin{cases}\nabla^2 G=\delta(x-\xi), & x,\xi\in\Omega,\\ G=0, & x\in S.\end{cases} \tag{13.4.2}$$

令 $r=|x|$，R 为 Ω 的半径，$\rho=|x-\xi|$. 在球内区域 Ω 上满足方程的基本解为 $F(\rho)=-\dfrac{1}{4\pi\rho}$.

以 ξ^* 表示与 ξ 关于球面 S 的对称点，$\rho^*=|x-\xi^*|$，$r_1=|\xi|$. 由(13.4.1)知，当 $x\in S$ 时，有

$$\frac{1}{\rho}-\frac{R}{r_1}\frac{1}{\rho^*}=0.$$

由于 ξ^* 在 S 之外，故在球内，$\nabla^2\dfrac{1}{\rho^*}=0$. 由此知相应的格林函数为

$$G=-\frac{1}{4\pi}\left(\frac{1}{\rho}-\frac{R}{r_1}\frac{1}{\rho^*}\right). \tag{13.4.3}$$

(3) 圆内狄利克雷问题的格林函数：

格林函数 $G(x;\xi)$ 所满足的定解问题仍可用(13.4.2)表示，差别仅在于 Ω 是圆域，S 为圆周. 这时，基本解为 $F(\rho)=\dfrac{1}{2\pi}\ln\rho$. 由(13.4.1)知，当 $x\in S$ 时，有

$\dfrac{R\rho}{r_1\rho^*}=1$,即

$$\ln\rho-\ln\frac{r_1\rho^*}{R}=\ln\frac{R\rho}{r_1\rho^*}=0.$$

由此知格林函数为

$$G=\frac{1}{2\pi}\left(\ln\rho-\ln\frac{r_1\rho^*}{R}\right)=\frac{1}{2\pi}\ln\frac{R\rho}{r_1\rho^*}. \tag{13.4.4}$$

3. 球内狄利克雷问题的解

定解问题的数学提法为

$$\begin{cases}\nabla^2 u=0, & r<R,0\leqslant\varphi<2\pi,0\leqslant\theta\leqslant\pi,\\ u=f(\varphi,\theta), & r=R.\end{cases}$$

在球坐标系下,点 x,ξ 和 ξ^* 的坐标分别为 (r,φ,θ),(r_1,φ_1,θ_1) 和 $\left(\dfrac{R^2}{r_1},\varphi_1,\theta_1\right)$,有

$$\begin{cases}\rho^2=|x-\xi|^2=r^2+r_1^2-2rr_1\cos\psi,\\ \rho^{*2}=|x-\xi^*|^2=r^2+\left(\dfrac{R^2}{r_1}\right)^2-\dfrac{2rR^2}{r_1}\cos\psi,\\ \cos\psi=\dfrac{x\xi}{rr_1}=\cos\theta\cos\theta_1+\sin\theta\sin\theta_1\cos(\varphi-\varphi_1).\end{cases} \tag{13.4.5}$$

格林函数为:

$$\begin{aligned}G&=\frac{1}{4\pi}\left(\frac{R}{r_1\rho^*}-\frac{1}{\rho}\right)\\&=-\frac{1}{4\pi}\left\{(r^2+r_1^2-2rr_1\cos\psi)^{-\frac{1}{2}}-\left[\left(\frac{rr_1}{R}\right)^2+R^2-2rr_1\cos\psi\right]^{-\frac{1}{2}}\right\}.\end{aligned}$$

在圆周 S 上,$r_1=R$,

$$\frac{\partial G}{\partial n}=\frac{\partial G}{\partial r_1}=\frac{1}{4\pi R}\frac{R^2-r^2}{(r^2+R^2-2rR\cos\psi)^{\frac{3}{2}}}.$$

由此得解为

$$\begin{aligned}u(r,\varphi,\theta)&=\int_S f(\varphi_1,\theta_1)\frac{\partial G}{\partial n}\mathrm{d}\xi\\&=\frac{R(R^2-r^2)}{4\pi}\int_0^{2\pi}\int_0^{\pi}\frac{f(\varphi_1,\theta_1)\sin\theta_1\,\mathrm{d}\theta_1\,\mathrm{d}\varphi_1}{(r^2+R^2-2rR\cos\psi)^{\frac{3}{2}}}.\end{aligned} \tag{13.4.6}$$

4. 圆内狄利克雷问题的解

采用平面极坐标系 (r,φ). 这时,ρ 和 ρ^* 的表达式仍为(13.4.5)式,

$$\cos\psi=\frac{x\cdot\xi}{rr_1}=\cos(\varphi-\varphi_1),$$

格林函数为

$$G=\frac{1}{2\pi}\ln\frac{R\rho}{r_1\rho^*}=\frac{1}{4\pi}\ln\frac{r^2+r_1^2-2rr_1\cos(\varphi-\varphi_1)}{(rr_1/R)^2+R^2-2rr_1\cos(\varphi-\varphi_1)}.$$

在圆周 S 上，$r_1=R$，

$$\frac{\partial G}{\partial n}=\frac{\partial G}{\partial r_1}=\frac{1}{2\pi R}\frac{R^2-r^2}{r^2+R^2-2Rr\cos(\varphi-\varphi_1)}.$$

相应地，对定解问题

$$\begin{cases}\nabla^2 u=0, & r<R,0\leqslant\varphi<2\pi,\\ u(R,\varphi)=f(\varphi)\end{cases}$$

的解为

$$\begin{aligned}u(r,\varphi)&=\int_S f(\varphi_1)\frac{\partial G}{\partial n}\mathrm{d}\xi\\ &=\frac{R^2-r^2}{2\pi}\int_0^{2\pi}\frac{f(\varphi_1)\mathrm{d}\varphi_1}{r^2+R^2-2Rr\cos(\varphi-\varphi_1)}.\end{aligned}\tag{13.4.7}$$

§13.5　热传导方程初-边值问题的格林函数法

热传导方程初-边值问题的数学提法为：

$$\begin{cases}Lu=u_t-a^2\nabla^2u=f(x,t), & x\in V\subset\mathbf{R}^m,t>0,\\ u(x,0)=\varphi(x), & x\in V,\\ Mu=\alpha\dfrac{\partial u}{\partial n}+\beta u=h(x,t), & x\in S,t>0,\alpha^2+\beta^2>0,\end{cases}\tag{13.5.1}$$

其中 $m=1,2,3$，S 为区域 V 的全部边界.

对此定解问题，格林函数满足

$$\begin{cases}LG(x,t;\zeta,\tau)=\delta(x-\zeta)\delta(t-\tau), & x,\zeta\in V,\ t,\tau>0,\\ G|_{t<\tau}=0, & x,\zeta\in V,\\ MG=0, & x\in S,t>0.\end{cases}\tag{13.5.2}$$

在 §13.1 中我们已经知道，此格林函数对空间具有对称性和对时间具有反演性，即有

$$G(x,t;\zeta,\tau)=G(\zeta,-\tau;x,-t).$$

1. 用格林函数表示解

把 x 和 t 看作参数，一切运算均是对变量 ζ 和 τ 进行的. 令

$$L=\frac{\partial}{\partial\tau}-a^2\nabla^2,$$

$$L_1=-\left(\frac{\partial}{\partial\tau}+a^2\nabla^2\right),$$

$$v=G(\zeta,-\tau;x,-t)=G(x,t;\zeta,\tau),$$

则 v 为下列定解问题的解:

$$\begin{cases} L_1 v = \delta(x-\zeta)\delta(t-\tau), & x,\zeta \in V,\ t,\tau > 0, \\ v\big|_{\tau > t} = 0, \\ Mv = \alpha \dfrac{\partial v}{\partial n} + \beta v = 0, & \zeta \in S. \end{cases}$$

设 $u(x,t)$ 为定解问题(13.5.1) 的解,则有

$$\begin{aligned} u(x,t) - \int_0^t \int_V v f(\zeta,\tau)\mathrm{d}\zeta\mathrm{d}\tau &= u(x,t) - \int_0^\infty \int_V v f(\zeta,\tau)\mathrm{d}\zeta\mathrm{d}\tau \\ &= \int_0^\infty \int_V (uL_1 v - vLu)\mathrm{d}\zeta\mathrm{d}\tau \\ &= \int_V \int_0^\infty \left[-\frac{\partial}{\partial \tau}(uv)\right]\mathrm{d}\tau\mathrm{d}\zeta + a^2 \int_0^\infty \int_V (v\nabla^2 u - u\nabla^2 v)\mathrm{d}\zeta\mathrm{d}\tau \\ &= -\int_V (uv)\Big|_0^\infty \mathrm{d}\zeta + a^2 \int_0^\infty \int_S (v\frac{\partial u}{\partial n} - u\frac{\partial v}{\partial n})\mathrm{d}\zeta\mathrm{d}\tau \\ &= \int_V \varphi(\zeta) G(x,t;\zeta,0)\mathrm{d}\zeta + A(x,t), \end{aligned}$$

即有

$$u(x,t) = \int_0^t \int_V f(\zeta,\tau) G(x,t;\zeta,\tau)\mathrm{d}\zeta\mathrm{d}\tau + \int_V \varphi(\zeta) G(x,t;\zeta,0)\mathrm{d}\zeta + A(x,t), \tag{13.5.3}$$

其中

$$A(x,t) = \begin{cases} -\dfrac{a^2}{\beta}\displaystyle\int_0^t \int_s \mathrm{h}(\zeta,\tau)\,\frac{\partial G}{\partial n}\mathrm{d}\zeta\mathrm{d}\tau, & \alpha = 0, \\ \dfrac{a^2}{\alpha}\displaystyle\int_0^t \int_s \mathrm{h}(\zeta,\tau) G(x,t;\zeta,\tau)\mathrm{d}\zeta\mathrm{d}\tau, & \alpha \neq 0. \end{cases} \tag{13.5.4}$$

2. 算例

例 1 一维无界域中的热传导问题

$$\begin{cases} u_t - a^2 u_{xx} = f(x,t), & |x| < \infty, t > 0, \\ u(x,0) = g(x), & \lim\limits_{|x|\to\infty} u \text{ 有限}. \end{cases}$$

解 先求格林函数 G. G 满足下列定解问题

$$\begin{cases} G_t - a^2 G_{xx} = \delta(x-\zeta)\delta(t-\tau), & |x|, |\zeta| < \infty, t,\tau > 0, \\ G\Big|_{t\leqslant\tau} = 0, & \lim\limits_{x\to\infty} G = 0. \end{cases}$$

对 x 作傅里叶变换. 令 $\Phi = F\{G\}$,得

$$\begin{cases} \Phi_t + a^2\omega^2\Phi = \dfrac{1}{\sqrt{2\pi}}\delta(t-\tau)\mathrm{e}^{-\mathrm{i}\omega\cdot\zeta}, & t,\tau > 0, \\ \Phi\,|_{\tau\leqslant t} = 0, \end{cases}$$

有

$$(\Phi e^{a^2\omega^2 t})' = \frac{1}{\sqrt{2\pi}} e^{a^2\omega^2 t - i\omega\cdot\zeta}\delta(t-\tau).$$

将上式两边对 t 积分,并利用定解条件 $\Phi|_{t\leqslant\tau}=0$,得

$$\Phi = \frac{H(t-\tau)}{\sqrt{2\pi}} e^{-a^2\omega^2(t-\tau)-i\omega\zeta}.$$

作傅里叶逆变换后,得

$$\begin{aligned} G(x,t;\zeta,\tau) &= \frac{H(t-\tau)}{2\pi}\int_{-\infty}^{\infty} e^{-a^2(t-\tau)\omega^2+i\omega\cdot(x-\zeta)}\,d\omega \\ &= \frac{1}{2\pi}H(t-\tau)\exp\left\{-\frac{(x-\zeta)^2}{4a^2(t-\tau)}\right\}\int_{-\infty}^{\infty} e^{-a^2(t-\tau)\left[\omega-\frac{i(x-\zeta)}{2a^2(t-\tau)}\right]^2}\,d\omega \\ &= \frac{H(t-\tau)}{2a\sqrt{\pi(t-\tau)}}\exp\left\{-\frac{(x-\zeta)^2}{4a^2(t-\tau)}\right\}. \end{aligned}$$

由(13.5.3)式,得解为

$$\begin{aligned} u(x,t) &= \int_0^t\int_{-\infty}^{\infty} \frac{f(\zeta,\tau)}{2a\sqrt{\pi(t-\tau)}}\exp\left\{-\frac{(x-\zeta)^2}{4a^2(t-\tau)}\right\}d\zeta d\tau \\ &\quad + \frac{1}{2a\sqrt{\pi t}}\int_{-\infty}^{\infty} g(\zeta)\exp\left\{-\frac{(x-\zeta)^2}{4a^2 t}\right\}d\zeta. \end{aligned}$$

由于边界面 S 相当于 $x=\pm\infty$,由 G 的表达式可以看出,只要 u 是 x 的缓增函数,就有 $A(x,t)=0$. 故在上式中不出现 $A(x,t)$.

例 2　半无界域中的一维热传导问题:

$$\begin{cases} u_t - a^2 u_{xx} = f(x,t), & x>0, t>0, \\ u(x,0) = g(x), & u(0,t) = h(t), \\ \lim\limits_{x\to\infty} u \text{ 有界}. \end{cases}$$

解　格林函数 G 满足定解问题

$$\begin{cases} G_t - a^2 G_{xx} = \delta(x-\zeta)\delta(t-\tau), \quad x,\zeta>0,\ t,\tau>0, \\ G\big|_{t\leqslant\tau} = 0, \quad G(0,t) = 0, \quad \lim\limits_{x\to\infty} G = 0. \end{cases}$$

由镜像原理,知格林函数为

$$G(x,t;\zeta,\tau) = \frac{H(t-\tau)}{2a\sqrt{\pi(t-\tau)}}\left\{\exp\left[-\frac{(x-\zeta)^2}{4a^2(t-\tau)}\right] - \exp\left[-\frac{(x+\zeta)^2}{4a^2(t-\tau)}\right]\right\}.$$

由此得解为

$$\begin{aligned} u(x,t) &= \int_0^t\int_0^{\infty} f(\zeta,\tau)G(x,t;\zeta,\tau)\,d\zeta d\tau \\ &\quad + \int_0^{\infty} g(\zeta)G(x,t;\zeta,0)\,d\zeta + a^2\int_0^t h(\tau)\left.\frac{\partial G}{\partial\zeta}\right|_{\zeta=0} d\tau, \end{aligned}$$

这里,边界仅为 $x=0$ 和 ∞ 两点.在 $x=0$ 处,$\frac{\partial}{\partial n}=-\frac{\partial}{\partial x}$.而在 ∞ 处,与上题一样,相关部分为0.有

$$\frac{\partial G}{\partial \zeta}\Big|_{\zeta=0}=\frac{xH(t-\tau)}{2a^3(t-\tau)^{\frac{3}{2}}\sqrt{\pi}}\exp\left\{-\frac{x^2}{4a^2(t-\tau)}\right\}.$$

例3 三维无界域中的热传导问题

$$\begin{cases}u_t-a^2\nabla^2 u=f(x,t), & x\in\mathbf{R}^3,t>0,\\ u(x,0)=g(x),\\ \lim\limits_{|x|\to\infty}u\text{ 有限}.\end{cases}$$

先求相应的格林函数 $G(x,t;\xi,\tau)$.G 为下列定解问题的解:

$$\begin{cases}G_t-a^2\nabla^2 G=\delta(x-\zeta)\delta(t-\tau), & x,\zeta\in\mathbf{R}^3,t,\tau>0,\\ G|_{t\leqslant\tau}=0, \quad \lim\limits_{|x|\to\infty}G=0.\end{cases}$$

将 G 对 t 作拉普拉斯变换,令 $U\doteqdot G$,得

$$\begin{cases}a^2\nabla^2 U-sU=-\delta(x-\zeta)\mathrm{e}^{-s\tau}, & x,\zeta\in\mathbf{R}^3,\mathrm{Re}s>0,\\ \lim\limits_{|x|\to\infty}U=0.\end{cases}$$

令 $V=-a^2\mathrm{e}^{s\tau}U$,则上式变为

$$\begin{cases}\nabla^2 V-\frac{s}{a^2}V=\delta(x-\zeta), & x,\zeta\in\mathbf{R}^3,\mathrm{Re}s>0,\\ \lim\limits_{|x|\to\infty}V=0.\end{cases}$$

这相当于亥姆霍兹方程在 $\lambda=-\frac{s}{a^2}$ 时求其自由格林函数,但要求当 $|x|\to\infty$ 时其值 $\to 0$.此为在(13.3.9)中用 $\frac{\sqrt{s}}{a}$ 代替 ω 后的解,即有

$$V=\frac{-1}{4\pi\rho}\mathrm{e}^{-\frac{\sqrt{s}\rho}{a}},\quad \rho=|x-\zeta|,\quad \mathrm{Re}\sqrt{s}>0,$$

$$U=\frac{1}{4\pi a^2\rho}\mathrm{e}^{-\frac{\sqrt{s}\rho}{a-s\tau}},\quad \mathrm{Re}\sqrt{s}>0.$$

利用 $G|_{t<\tau}=0$,作拉普拉斯逆变换,有

$$G(x,t;\zeta,\tau)=\frac{1}{2\pi\mathrm{i}}\frac{H(t-\tau)}{4\pi a^2\rho}\int_{\sigma-\mathrm{i}\infty}^{\sigma+\mathrm{i}\infty}\mathrm{e}^{s(t-\tau)-\frac{\sqrt{s}\rho}{a}}\mathrm{d}s.$$

被积函数有唯一的奇点 $s=0$,为支点.在上一章中我们已处理过类似的积分.采用图13.5.1的积分回路,其中 C_R 和 C_ε 为分别以 R 和 ε 为半径、$s=0$ 为心的圆弧和圆.沿负实半轴将 s 平面割开,在上割口上 $\sqrt{s}=\mathrm{i}\omega$,在下割口上 $\sqrt{s}=-\mathrm{i}\omega$.令 $R\to\infty$,$\varepsilon\to 0$,则沿 C_R 和 C_ε 的积分 $\to 0$.对(13.5.3)式,由格林函数和 $u(x,t)$ 在 ∞ 处的边条件知 $\lim\limits_{\rho\to\infty}A(x,t)=0$,由此得

$$
\begin{aligned}
G(x,t;\zeta,\tau) &= \frac{-H(t-\tau)}{4\pi a^2\rho}\frac{1}{\pi \mathrm{i}}\int_{-\infty}\omega \mathrm{e}^{-(t-\tau)\omega^2-\frac{\mathrm{i}\omega\rho}{a}}\mathrm{d}\omega \\
&= -\frac{H(t-\tau)}{4\pi^2 a\rho}\frac{\mathrm{d}}{\mathrm{d}\rho}\int_{-\infty}^{\infty}\mathrm{e}^{-(t-\tau)\omega^2-\frac{\mathrm{i}\omega\rho}{a}}\mathrm{d}\omega \\
&= -\frac{H(t-\tau)}{4a\rho\pi^{\frac{3}{2}}(t-\tau)^{\frac{1}{2}}}\frac{\mathrm{d}}{\mathrm{d}\rho}\mathrm{e}^{-\frac{\rho^2}{4a^2(t-\tau)}} \\
&= \frac{H(t-\tau)}{\left[2a\sqrt{\pi(t-\tau)}\right]^3}\mathrm{e}^{-\frac{\rho^2}{4a^2(t-\tau)}}.
\end{aligned}
$$

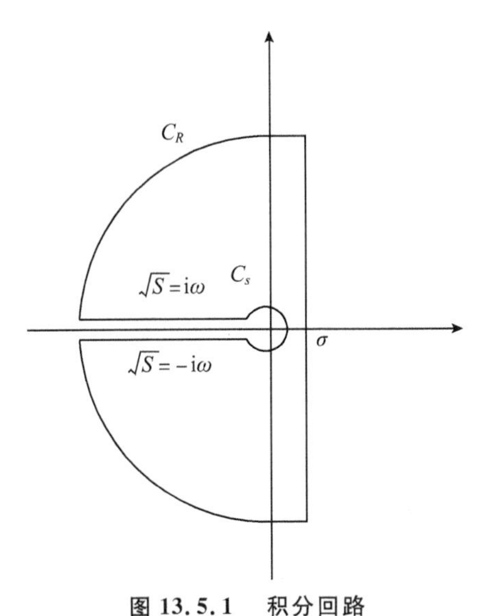

图 13.5.1　积分回路

对(13.5.3)，由格林函数和 $u(x,t)$ 在 ∞ 处的边条件知，$\lim\limits_{\rho\to\infty}A(x,t)=0$，由此可给出定解问题(13.5.6)的解为

$$
\begin{aligned}
u(x,t) &= \frac{1}{(2a\sqrt{\pi})^3}\int_0^t\frac{\mathrm{d}\tau}{(t-\tau)^{\frac{3}{2}}}\int_{\mathbf{R}^3}f(\zeta,\tau)\exp\left[-\frac{(x-\zeta)^2}{4a^2(t-\tau)}\right]\mathrm{d}\zeta \\
&\quad + \frac{1}{(2a\sqrt{\pi t})^3}\int_{\mathbf{R}^3}g(\zeta)\exp\left[-\frac{(x-\zeta)^2}{4a^2 t}\right]\mathrm{d}\zeta,
\end{aligned}
$$

其中

$$
(x-\zeta)^2=\rho^2=(x_1-\zeta_1)^2+(x_2-\zeta_2)^2+(x_3-\zeta_3)^2.
$$

§13.6 波动方程初-边值问题的格林函数法

设 $V \subset \mathbf{R}^m$，$m=1,2,3$，S 为 V 的边界，在 V 上给定定解问题

$$\begin{cases} Lu = \left(\dfrac{\partial^2}{\partial t^2} - a^2 \nabla^2\right) u = f(x,t), & x \in V,\ t > 0, \\ u(x,0) = \varphi(x), u_t(x,0) = \psi(x), & x \in V, \\ Mu = \left(\alpha \dfrac{\partial}{\partial n} + \beta\right) u = h(x,t), & x \in S,\ t > 0, \alpha^2 + \beta^2 > 0. \end{cases} \tag{13.6.1}$$

相应的格林函数 G 满足定解问题

$$\begin{cases} LG = \delta(x-\zeta)\delta(t-\tau), & x,\zeta \in V,\ t,\tau > 0, \\ G|_{t<\tau} = 0, & x,\zeta \in V, \\ MG = 0, & x \in S,\ t,\tau > 0. \end{cases} \tag{13.6.2}$$

显然，在(13.6.2)的初条件中暗含有 $G_t|_{t<\tau} = 0$. 前面已经证明，G对空间变量具有对称性和对时间变量具有反演性. 即同热传导问题一样，有

$$G(x,t;\zeta,\tau) = G(\zeta,-\tau;x,-t).$$

1. 用格林函数表示解

与热传导方程的情况类似，令 $v = G(\zeta,-\tau;x,-t) = G(x,t;\zeta,\tau)$，$v$满足如下定解问题($x,t$ 作为参量，运算对 ζ 和 τ 进行) 的解：

$$\begin{cases} Lv = \delta(x-\zeta)\delta(t-\tau), & \zeta,x \in V, \tau,t > 0, \\ v\,| = 0(\text{暗含 } v_\tau\big|_{\tau>t} = 0), & \zeta,x \in V, \\ Mv = 0, & \zeta \in S, \tau > 0, t > 0. \end{cases}$$

设 u 为定解问题(13.6.1) 的解，则有

$$\begin{aligned} vLu - uLv &= \frac{\partial}{\partial \tau}(vu_\tau - uv_\tau) - a^2(v\nabla^2 u - u\nabla^2 v) \\ &= vf(\zeta,\tau) - u(\zeta,\tau)\delta(x-\zeta)\delta(t-\tau). \end{aligned}$$

对变量 ζ 和 τ 积分，得

$$\begin{aligned} &\int_0^t \int_V G\,(x,t;\zeta,\tau) f(\zeta,\tau)\,\mathrm{d}\zeta\mathrm{d}\tau - u(x,t) \\ &= \int_V (vu_\tau - uv_\tau)_{\tau=0}^{\infty}\,\mathrm{d}\zeta - a^2 \int_0^t \int_S \left(v\frac{\partial u}{\partial n} - u\frac{\partial v}{\partial n}\right)\mathrm{d}\zeta\mathrm{d}\tau \\ &= -\int_V G(x,t;\zeta,0)\psi(\zeta)\,\mathrm{d}\zeta + \int_V G_\tau(x,t;\zeta,0)\varphi(x)\,\mathrm{d}\zeta - A(x,t), \end{aligned}$$

即有

$$u(x,t)=\int_0^t\int_V G(x,t;\zeta,\tau)f(\zeta,\tau)\mathrm{d}\zeta\mathrm{d}\tau+A(x,t)$$

$$+\int_V[G(x,t;\zeta,0)\psi(\zeta)-\varphi(\zeta)G_\tau(x,t;\zeta,0)]\mathrm{d}\zeta,\qquad(13.6.3)$$

其中 $A(x,t)$ 由(13.5.4)式给出.

2. 用格林函数法解三维无界域中波动方程初值问题

在三维无界域中,波动方程初值问题归结为求解下列定解问题.

$$\begin{cases}u_{tt}-a^2\nabla^2u=f(x,t), & x\in\mathbf{R}^3,t>0,\\ u(x,0)=\varphi(x), \quad u_t(x,0)=\psi(x), & x\in\mathbf{R}^3.\end{cases}\qquad(13.6.4)$$

相应的格林函数 $G(x,t;\zeta,\tau)$ 满足下列定解问题:

$$\begin{cases}G_{tt}-a^2\nabla^2G=\delta(x-\zeta)\delta(t-\tau), & x,\zeta\in\mathbf{R}^3,t,\tau>0,\\ G|_{t<\tau}=0(\text{暗含 } G_t|_{t<\tau}=0), & x,\zeta\in\mathbf{R}^3,\tau>0.\end{cases}\qquad(13.6.5)$$

将上式对 t 作拉普拉斯变换,并令 $P\doteqdot G$,得

$$s^2P-a^2\nabla^2P=\mathrm{e}^{-s\tau}\delta(x-\zeta).$$

令 $Q=-a^2P\mathrm{e}^{s\tau}$,代入上式中,得

$$\nabla^2Q-\frac{s^2}{a^2}Q=\delta(x-\zeta).$$

这相当于求 $\lambda=-\dfrac{s^2}{a^2}$ 时的自由格林函数. 这时,可由(13.3.9)式中取 $\omega=\dfrac{s}{a}$ 给出 Q,有

$$Q=-\frac{\mathrm{e}^{-\frac{s\rho}{a}}}{4\pi\rho}\quad(\mathrm{Re}s>0),$$

其中 $\rho=|x-\zeta|$. 即有 $P=\dfrac{\mathrm{e}^{-s\left(\tau+\frac{\rho}{a}\right)}}{4\pi a^2\rho}$. 利用 $\delta(t-\tau)\doteqdot\mathrm{e}^{-s\tau}$,知格林函数为

$$G=\frac{\delta\left(t-\tau-\dfrac{\rho}{a}\right)}{4\pi a^2\rho}.\qquad(13.6.6)$$

由(13.6.3)式,给出(13.6.4)式的解为

$$u(x,t)=\frac{1}{4\pi a^2}\int_{\mathbf{R}^3}\int_0^t\frac{f(\zeta,\tau)}{\rho}\delta\left(t-\tau-\frac{\rho}{a}\right)\mathrm{d}\tau\mathrm{d}\zeta$$

$$+\frac{1}{4\pi a^2}\int_{\mathbf{R}^3}\frac{1}{\rho}\left[\psi(\zeta)\delta\left(t-\frac{\rho}{a}\right)+\varphi(\zeta)\delta'\left(t-\frac{\rho}{a}\right)\right]\mathrm{d}\zeta.$$

令 $\mathrm{d}\zeta=\mathrm{d}\rho\mathrm{d}S$,这里 ρ 是以 x 为心的球体 $V(x,\rho)$ 的半径,$\mathrm{d}S$ 为以 ρ 为半径和 x 为心的球面上的微元面. 由于 $\tau\geqslant0$,故当 $t-\dfrac{\rho}{a}<0$ 时,$\delta\left(t-\tau-\dfrac{\rho}{a}\right)\equiv0$,故上式变为

$$
\begin{aligned}
u(x,t) &= \frac{1}{4\pi a^2}\left[\iint_{V(x,at)} \frac{1}{\rho}\int_0^t f(\zeta,\tau)\delta\left(t-\tau-\frac{\rho}{a}\right)\mathrm{d}\tau\mathrm{d}\zeta\right. \\
&\quad \left.+\int_{V(x,at)} \frac{1}{\rho}\psi(\zeta)\delta\left(t-\frac{\rho}{a}\right)\mathrm{d}\rho\mathrm{d}S+\frac{\partial}{\partial t}\int_{V(x,at)} \frac{1}{\rho}\varphi(\zeta)\delta\left(t-\frac{\rho}{a}\right)\mathrm{d}\rho\mathrm{d}S\right] \\
&= \frac{1}{4\pi a^2}\left[\iint_{V(x,at)} \frac{1}{\rho}f\left(\zeta,t-\frac{\rho}{a}\right)\mathrm{d}\zeta+\frac{1}{t}\int_{S(x,at)} \psi(\zeta)\mathrm{d}S\right. \\
&\quad \left.+\frac{\partial}{\partial t}\left(\frac{1}{t}\int_{S(x,at)} \varphi(\zeta)\right)\mathrm{d}S\right],
\end{aligned}
\tag{13.6.7}
$$

其中 $V(x,at)$ 和 $S(x,at)$ 分别为以 x 为心和 at 为半径的球体和球面，并用到了

$$
\delta\left(\frac{\rho}{a}-t\right)=\frac{\delta(\rho-at)}{\left|\left(\frac{\rho}{a}-t\right)'_{\rho}\right|}=a\delta(\rho-at).
$$

这一公式的物理含义是十分明显的. 在波动方程中，a 代表波速，$\dfrac{f\left(\zeta,t-\frac{\rho}{a}\right)}{\rho}$ 称为推迟位势，$t-\dfrac{\rho}{a}$ 相当于将时刻推迟了 $\dfrac{\rho}{a}$. 对距离点 x 为 ρ 处，在时刻 $t-\dfrac{\rho}{a}$ 产生的扰动，以速度 a 传播开去，历时 $\dfrac{\rho}{a}$ 后，正好在 t 时刻到达 x 点. 而当对 x 点的距离 $\rho>at$ 时，则在该点处于 $[0,t]$ 中的任一时刻产生的扰动，在 t 时刻都到不了点 x 处. 这正是(13.6.7)式中的第一个积分的物理本质. 对 $t=0$ 的初始时刻产生的扰动，在 $\rho<at$ 时，在 t 时刻已传过了点 x 处；而对 $\rho>at$，则在 t 时刻尚未传到点 x 处；只有在 $\rho=at$ 处的扰动，才在 t 时刻正好到达点 x 处. 这正好是(13.6.7)式中后两个面积分部分所表达出来的物理实质.

3. 解二维无界域中的波动方程初值问题

定解问题为

$$
\begin{cases}
u_{tt}-a^2\nabla^2 u=f(x,t), & x\in\mathbf{R}^2,\ t>0, \\
u(x,0)=\varphi(x), \quad u_t(x,0)=\psi(x), & x\in\mathbf{R}^2.
\end{cases}
\tag{13.6.8}
$$

对相应的格林函数 $G(x,t;\zeta,\tau)$，则满足

$$
\begin{cases}
G_{tt}-a^2\nabla^2 G=\delta(x-\zeta)\delta(t-\tau), & x,\zeta\in\mathbf{R}^2, t,\tau>0, \\
G\Big|_{t<\tau}=0(\text{暗含 } G_t\Big|_{t<\tau}=0), & x,\zeta\in\mathbf{R}^2,\ \tau>0.
\end{cases}
\tag{13.6.9}
$$

将(13.6.9)式先对 x 作二维傅里叶变换，令 $\omega=(\omega_1,\omega_2)$，$\Omega=|\omega|=(\omega_1^2+\omega_2^2)^{\frac{1}{2}}$，$V=F\{G\}$，得

$$
\begin{cases}
V_{tt}+a^2\Omega^2 V=\dfrac{1}{2\pi}\mathrm{e}^{-\mathrm{i}\omega\cdot\zeta}\delta(t-\tau), \\
V\Big|_{t<\tau}=0(\text{暗含 } V_t\Big|_{t<\tau}=0).
\end{cases}
$$

再将上式对 t 作拉普拉斯变换，令 $P\doteq V$，得

$$P=\frac{\mathrm{e}^{-s\tau-\mathrm{i}\omega\cdot\zeta}}{2\pi(s^2+a^2\Omega^2)}.$$

作拉普拉斯逆变换,利用延迟定理 $F(s)\mathrm{e}^{-s\tau}\risingdotseq H(t-\tau)f(t-\tau)$ 和 $\sin\omega t\risingdotseq\frac{\omega}{s^2+\omega^2}$,得

$$V=\frac{H(t-\tau)}{2\pi a\Omega}\mathrm{e}^{-\mathrm{i}\omega\cdot\zeta}\sin[a\Omega(t-\tau)].$$

再作傅里叶逆变换,有

$$G(x,t;\zeta,\tau)=\frac{H(t-\tau)}{4\pi^2 a}\int_{\mathbf{R}^2}\frac{1}{\Omega}\mathrm{e}^{\mathrm{i}\omega\cdot(x-\zeta)}\sin[a\Omega(t-\tau)]\mathrm{d}\omega.$$

对上面的积分,改用平面极坐标系,令 $\rho=|x-\zeta|$,有 $\omega\cdot(x-\zeta)=\Omega\rho\cos\theta$,$\mathrm{d}\omega=\Omega\mathrm{d}\theta\mathrm{d}\Omega$. 以此代入上式中,并利用零阶贝塞尔函数的积分表达式

$$J_0(x)=\frac{1}{2\pi}\int_0^{2\pi}\mathrm{e}^{\mathrm{i}x\cos\theta}\mathrm{d}\theta,$$

得

$$\begin{aligned}G(x,t;\zeta,\tau)&=\frac{H(t-\tau)}{4\pi^2 a}\int_0^{\infty}\sin[a\Omega(t-\tau)]\int_0^{2\pi}\mathrm{e}^{\mathrm{i}\Omega\rho\cos\theta}\mathrm{d}\theta\mathrm{d}\Omega\\&=\frac{H(t-\tau)}{2\pi a}\int_0^{\infty}J_0(\rho\Omega)\sin[a\Omega(t-\tau)]\mathrm{d}\Omega.\end{aligned}\tag{13.6.10}$$

对 $t>\tau$,当 $\rho=0$ 时,$J_0(\rho\Omega)=J_0(0)=1$,由上式知,当 $\rho=0$,即 $x=\zeta$ 时,

$$G=\frac{1}{2\pi a^2(t-\tau)}.\tag{13.6.11}$$

对 $t>\tau$, $\rho>0$,令 $\rho\Omega=\zeta,b=\frac{a(t-\tau)}{\rho}$,代入(13.6.10)中,得

$$G=\frac{1}{2\pi a\rho}\int_0^{\infty}J_0(\zeta)\sin(b\zeta)\mathrm{d}\zeta=\frac{1}{2\pi a\rho}I(b).$$

显然,有 $I(0)=0$.

利用 $J_0(\zeta)$ 满足 0 阶的贝塞尔方程

$$\frac{\mathrm{d}}{\mathrm{d}\zeta}\left[\zeta\frac{\mathrm{d}J_0(\zeta)}{\mathrm{d}\zeta}\right]+\zeta J_0(\zeta)=0,$$

有

$$\begin{aligned}I'(b)&=\int_0^{\infty}\zeta J_0(\zeta)\cos(b\zeta)\mathrm{d}\zeta=-\int_0^{\infty}\frac{\mathrm{d}}{\mathrm{d}\zeta}[\zeta J_0'(\zeta)]\cos(b\zeta)\mathrm{d}\zeta\\&=[-\zeta J_0'(\zeta)\cos b\zeta-b\zeta J_0(\zeta)\sin(b\zeta)]_0^{\infty}\\&\quad+b^2\int_0^{\infty}\zeta J_0(\zeta)\cos(b\zeta)\mathrm{d}\zeta+b\int_0^{\infty}J_0(\zeta)\sin(b\zeta)\mathrm{d}\zeta\\&=b^2I'(b)+bI(b)=\frac{bI(b)}{1-b^2}.\end{aligned}$$

由此解得

$$I(b)=\begin{cases}\dfrac{c_1}{(b^2-1)^{\frac{1}{2}}}, & b>1,\\ \dfrac{c_2}{(1-b^2)^{\frac{1}{2}}}, & b<1.\end{cases}$$

由 $I(0)=0$ 知 $c_2=0$. 故应有

$$G=\frac{I(b)}{2\pi a\rho}=\begin{cases}\dfrac{c_1}{2\pi a\left[a^2(t-\tau)^2-\rho^2\right]^{\frac{1}{2}}}, & a(t-\tau)>\rho,\\ 0, & a(t-\tau)<\rho,\end{cases}$$

其中 c_1 为与 ρ 无关的常数. 令 $\rho\to 0$, 由(13.6.11)式, 有

$$\lim_{\rho\to 0}G=\frac{1}{2\pi a^2(t-\tau)}=\frac{c_1}{2\pi a^2(t-\tau)},$$

得 $c_1=1$. 故有

$$G(x,t;\zeta,\tau)=\frac{H\left[a(t-\tau)-\rho\right]}{2\pi a\left[a^2(t-\tau)^2-\rho^2\right]^{\frac{1}{2}}}. \tag{13.6.12}$$

以此代入(13.6.3)式中, 并注意到此时 $A(x,t)=0$,

$$\begin{aligned}\int_{\mathbf{R}^2}\varphi(\zeta)G_\tau(x,t;\zeta,\tau)\Big|_{\tau=0}\mathrm{d}\zeta&=-\int_{\mathbf{R}^2}\varphi(\zeta)\frac{\partial}{\partial t}G\Big|_{\tau=0}\mathrm{d}\zeta\\&=-\frac{\partial}{\partial t}\int_{\mathbf{R}^2}\varphi(\zeta)G(x,t;\zeta,0)\mathrm{d}\zeta\\&=-\frac{\partial}{\partial t}\int_{S(x,R)}\frac{\varphi(\zeta)\mathrm{d}\zeta}{2\pi a(R^2-\rho^2)^{\frac{1}{2}}}.\end{aligned}$$

得二维波动方程初值问题(13.6.8)的解为

$$\begin{aligned}u(x,t)=\frac{1}{2\pi a}\Bigg[&\iint_{S(x,R)}\frac{\psi(\zeta)\mathrm{d}\zeta}{(R^2-\rho^2)^{\frac{1}{2}}}+\frac{\partial}{\partial t}\int_{S(x,R)}\frac{\varphi(\zeta)\mathrm{d}\zeta}{(R^2-\rho^2)^{\frac{1}{2}}}\\&+\int_0^t\int_{S(x,r)}\frac{f(\zeta,\tau)}{(r^2-\rho^2)^{\frac{1}{2}}}\mathrm{d}\zeta\mathrm{d}\tau\Bigg],\end{aligned} \tag{13.6.13}$$

其中 $R=at$, $r=a(t-\tau)$, $S(x,R)$ 和 $S(x,r)$ 分别是以 x 为心、R 和 r 为半径的圆面.

对比(13.6.7)和(13.6.13)两式, 可以看出: 二维和三维波动问题间存在着某种重要差别. 对三维问题, 如果只在一个有限区域内产生初始扰动, 则对空间中任一给定的点 x, 在经过有限时间后, 所有这些扰动都会传过点 x. 在此时刻之后, 扰动区域已全部在球面 $S(x,at)$ 所围区域的内部, 而在 $S(x,at)$ 上已无任何初始扰动的作用, 故相应积分从此以后变为 0. 这就是说, 对三维问题, 有限区域的初始扰动只对空间中的任一点产生有限时间历程的影响. 但对二维问题, 一个有限的扰动区域一旦从某时刻 t_0 开始进入以 x 为心、at_0 为半径的圆域内时, 则

对一切 $t \geqslant t_0$，此初始扰动区就永远在圆形积分区域 $S(x,at)$ 之内，因而相应的积分此后永远不为 0. 这表明，对二维问题，初始扰动一旦到达空间中的任一点 x，则此初始扰动将会在该点处产生一个虽在不断衰减，但却永远不会消失的“尾波”. 这是三维波动中所没有的.

从物理上看，这个差别是不难理解的. 对二维的有限初始扰动区域，从三维空间的角度看，它是以此区域为横截面而沿 x_3 方向伸向 $\pm\infty$ 的无限长柱体，是一个无限的而不是有限的扰动区域. 对 $x_3 = 0$ 平面上的任一点，永远会有初始扰动从此柱体的更远处不断传来，形成一个无尽的尾波.

4. 算例

例　设在三维半无界域 $D = \{x \mid x_3 > 0\}$ 中给定定解问题

$$\begin{cases} u_{tt} - a^2 \nabla^2 u = f(x,t), \quad x \in D, t > 0, \\ u(x,0) = \varphi\{x\}, \quad u_t(x,0) = \psi\{x\}, \\ \dfrac{\partial u}{\partial n} = h(x,t), \quad x \in s = \{x \mid x_3 = 0\}, t > 0, \end{cases} \tag{13.6.14}$$

解此三维半无界域中的初-边值问题.

解　对平面 $x_3 = 0$，使用镜像原理，可得相应的格林函数为

$$G(x,t;\xi,\tau) = \frac{1}{4\pi a^2}\left[\frac{1}{\rho}\delta\left(t-\tau-\frac{\rho}{a}\right) + \frac{1}{\rho^*}\delta\left(t-\tau-\frac{\rho^*}{a}\right)\right],$$

其中

$$\rho = |x-\xi| = \left[(x_1-\xi_1)^2 + (x_2-\xi_2)^2 + (x_3-\xi_3)^2\right]^{\frac{1}{2}},$$

$$\rho^* = |x-\xi^*| = \left[(x_1-\xi_1)^2 + (x_2-\xi_2)^2 + (x_3+\xi_3)^2\right]^{\frac{1}{2}}.$$

$x_3\xi_3 \geqslant 0$，ξ^* 为点 ξ 对 $x_3 = 0$ 平面的镜像点.

对上半平面内的任一点 x，$x_3 > 0$. 由于 $\xi_3 \geqslant 0$，故恒有 $\rho^* \geqslant x_3$. 因此，当 $at < x_3$ 时，$\delta\left(t-\tau-\dfrac{\rho^*}{a}\right) = 0$. 在边界面 S 上，$\xi_3 = 0$，$\rho = \rho^* \geqslant x_3$. 故当 $at < x_3$ 时，在 S 上，$\delta\left(t-\tau-\dfrac{\rho}{a}\right) = 0$，即在 S 上 $G = 0$，这时，(13.6.14) 式的解仍由 (13.6.7) 式给出.

当 $at > x_3$ 时，由(13.6.3) 式，有

$$\begin{aligned} u(x,t) = \frac{1}{4\pi a^2}\Bigg[&\iint_{V_1(x,at)} \frac{f\left(\xi, t-\dfrac{\rho}{a}\right)}{\rho}\mathrm{d}\xi + \int_{V_2(x^*,at)} \frac{f\left(\xi, t-\dfrac{\rho^*}{a}\right)}{\rho^*}\mathrm{d}\xi \\ &+ \frac{1}{t}\left(\int_{s_1(x,at)} \psi(\xi)\mathrm{d}\xi + \int_{s_2(x^*,at)} \psi(\xi)\mathrm{d}\xi\right) \\ &+ \frac{\partial}{\partial t}\frac{1}{t}\left(\int_{s_1(x,at)} \varphi(\xi)\mathrm{d}\xi + \int_{s_2(x^*,at)} \varphi(\xi)\mathrm{d}\xi\right) \end{aligned}$$

$$+2a^2\int_{s_3(x_0,r)}\frac{1}{R}h\left(\xi,t-\frac{R}{a}\right)\mathrm{d}\xi\Big].$$

如图 13.6.1 所示，这里各积分区域($at>x_3$)：$V_1(x,at)$，$S_1(x,at)$ 分别是以 x 为心、at 为半径的球体和球面的 $\xi_3>0$ 的部分；$V_2(x^*,at)$，$S_2(x^*,at)$ 则分别是以 $x^*=(x_1,x_2,-x_3)$ 为心、at 为半径的球体和球面的 $\xi_3>0$ 的部分；$R=[(x_1-\xi_1)^2+(x_2-\xi_2)^2+x_3^2]^{\frac{1}{2}}$，$r=(a^2t^2-R^2)^{\frac{1}{2}}$，$x_0=(x_1,x_2,0)$ $S_3(x_0,r)$ 是以 x_0 为心、r 为半径、$\xi_3=0$ 的圆域. 不难看出，在 V_2 和 S_2 上的积分实际上代表了在边界 $x_3=0$ 上的反射效应. 点 x^* 为点 x 关于 $x_3=0$ 平面的镜像点，点 x_0 则是 x 在 $x_3=0$ 平面上的投影点.

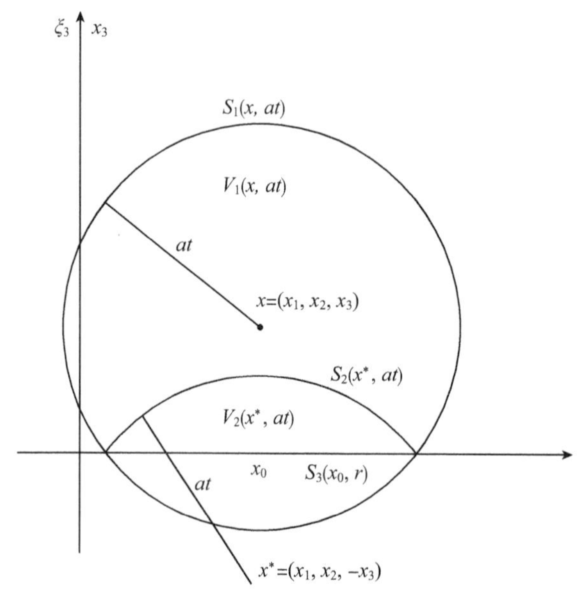

图 13.6.1　半无界域中的积分区域

习　　题

1. 用格林函数法解下列常微分方程初值问题：

(1) $\begin{cases}y''+m^2y=f\{x\}, & x>0,\\ y(0)=A, \quad y'(0)=B;\end{cases}$

(2) $\begin{cases}y''-4y=4x, & x>0,\\ y(0)=0, \quad y'(0)=1;\end{cases}$

(3) $\begin{cases}y''+\dfrac{1}{x}y'-\dfrac{n^2}{x^2}y=f\{x\}, & x>1,\\ y(1)=y'(1)=0;\end{cases}$

(4) $\begin{cases} y''+\dfrac{1}{x}y'+\dfrac{4}{x^2}y=\dfrac{5x+4}{x^2}, & x>1, \\ y(1)=0, \quad y'(1)=1; \end{cases}$

(5) $\begin{cases} y'''+2y''-y'-2y=x, & x>0, \\ y(0)=1, \quad y'(0)=y''(0)=0; \end{cases}$

(6) $\begin{cases} y'''-y''+y'-y=\mathrm{e}^{-x}, & x>0, \\ y(0)=y'(0)=0, \quad y''(0)=2; \end{cases}$

2. 用格林函数法解下列常微分方程边值问题：

(1) $\begin{cases} y''+4y=\mathrm{e}^{-x}, & 0<x<1, \\ y(0)=1, \quad y(1)=0; \end{cases}$

(2) $\begin{cases} y''+\lambda^2 y=f\{x\}, & 0<x<\pi, \lambda\neq m+\dfrac{1}{2}, m \text{ 为任意整数}, \\ y'(0)=A, \quad y(\pi)=B; \end{cases}$

(3) $\begin{cases} y''+\lambda^2 y=f\{x\}, & 0<x<\pi, \lambda \text{ 非整数}, \\ y'(0)=A, \quad y'(\pi)=B; \end{cases}$

(4) $\begin{cases} y^{(4)}+5y''+4y=f\{x\}, & 0<x<\pi, \\ y(0)=A_1 \quad y'(0)=A_2, \quad y(\pi)=B_1, \quad y'(\pi)=B_2. \end{cases}$

3. 用镜像法求格林函数，解下列定解问题：

(1) $\begin{cases} \nabla^2 u=f(x,y), & x>0, y>0, \\ u(x,0)=\varphi\{x\}, \quad u\{0,y\}=\psi(y), \\ \lim\limits_{R\to\infty} u=0, \quad R^2=x^2+y^2, \\ f,\varphi,\psi \text{ 分别只在有限区域 } \Omega=\{(x,y) \mid x<a, y<b\} \text{ 内不为 } 0; \end{cases}$

(2) $\begin{cases} \nabla^2 u=f(x,y), & 0<y<x, \\ u(x,0)=\varphi\{x\}, \quad u(x,x)=0, \\ \lim\limits_{R\to\infty} u=0, \quad R^2=x^2+y^2, \\ f \text{ 和 } \varphi \text{ 分别只在有限区域 } \Omega=\{(x,y) \mid y\leqslant x<0 \text{ 和 } x<a\} \text{ 内不为 } 0; \end{cases}$

(3) $\begin{cases} u_t-a^2\nabla^2 u=f(x,y,t), & |x|<\infty, y>0, t>0, \\ u(x,y,0)=\varphi(x,y), \quad u(x,0,t)=\psi(x,t), \\ \lim\limits_{R\to\infty} u=0, \quad R^2=x^2+y^2; \end{cases}$

(4) $\begin{cases} u_{tt}-a^2\nabla^2 u=f(x,y,z,t), & |x|, |y|<\infty, z>0, t>0, \\ u(x,y,z,0)=\psi(x,y,z), \quad u_t(x,y,z,0)=\psi(x,y,z), \\ u(x,y,0,t)=g(x,y,t). \end{cases}$

4. 给定下列定解问题：

$$\begin{cases} \nabla^2 u + 5u = 1, & 0 < x < \pi, 0 < y < \dfrac{\pi}{2}, \\ u\{0, y\} = u(\pi, y) = u(x, 0) = u\left(x, \dfrac{\pi}{2}\right) = 0, \end{cases}$$

(1) 证明此定解问题的格林函数不存在；

(2) 证明此定解问题不满足可能性条件，即无解.

5. 对三维调和函数 $u\{x\}, x \in D \subset \mathbf{R}^3$，$S$ 为一封闭边界面，D 为 S 外的整个无界域.

(1) 设 S_1 为将 S 包围于其中的任一封闭曲面，$\dfrac{\partial}{\partial n}$ 均为沿指向曲面外部区域法方向的导数，试证明

$$\int_{S_1} \frac{\partial u(\xi)}{\partial n} \mathrm{d}\xi = \int_S \frac{\partial u(\xi)}{\partial n} \mathrm{d}\xi$$

(2) 若给定定解条件

$$\lim_{R \to \infty} u = u_\infty, \quad u_\infty \text{ 为常数}, R = |x|.$$

试证明有

$$u\{x\} = \frac{1}{4\pi} \int_S \left[\frac{1}{r} \frac{\partial u(\xi)}{\partial n} - u(\xi) \frac{\partial}{\partial n} \left(\frac{1}{r} \right) \right] \mathrm{d}\xi + u_\infty,$$

其中 $r = |x - \xi|$，$\dfrac{\partial}{\partial n}$ 为沿 S 的外法向，即指向 S 内部的法方向求导.

(3) 设 $x = (x_1, x_2, x_3)$，S 为 $x_3 > 0$ 的上半区域内的一封闭界面，D 为上半区域内 S 外部的整个无界域. 若给定 $u_\infty = 0$ 和在 $x_3 = 0$ 上有 $\dfrac{\partial u}{\partial x_3} = 0$，则有

$$u(x) = \frac{1}{4\pi} \int_S \left[\left(\frac{1}{r} + \frac{1}{r^*} \right) \frac{\partial u(\xi)}{\partial n} - u(\xi) \frac{\partial}{\partial n} \left(\frac{1}{r} + \frac{1}{r^*} \right) \right] \mathrm{d}\xi,$$

其中 $r = |x - \xi|$，$r^* = |x - \xi^*|$，$\xi = (\xi_1, \xi_2, \xi_3)$，$\xi^* = (\xi_1, \xi_2, -\xi_3)$.

第十四章　变分法初步

变分法是一种很有用的数学物理方法. 在许多物理学科中存在一些基本的极值原理. 例如弹性力学中的虚位移原理、虚应力原理等. 利用这些原理,通过变分法,可以导出相应的变形方程和边界条件. 变分原理在数值计算中也有着重要的应用. 例如,在固体力学和流体力学中使用的重要的数值方法之一 —— 有限元法,首先是采用变分原理建立起来的. 由于变分原理的局限性,当前许多流行的有限元法已不再是从变分原理出发,而是从"加权余量法" 出发来给出数值计算的公式的. 尽管如此,变分法仍然在数值方法中有其一定的地位,仍然是一个有意义的研究课题. 本章将介绍变分法的一些基本概念和原理.

§14.1　泛函极值问题

变分法来源于泛函极值问题. 所谓泛函,在第五章中我们已经了解到,是指由函数空间到数域的映射. 因此,泛函可以说是"函数的函数". 例如

$$I(u)=\int_a^b u^2(x)\mathrm{d}x,\quad I(u)=\int_a^b xu(x)\mathrm{d}x$$

等等,其积分值都依赖于 $u(x)$,都是在$[a,b]$上的某种函数空间到数域的映射,均为泛函.

1. 几个经典的泛函极值问题

(1) 短程问题:

给定两点(x_0,y_0)和(x_1,y_1),问沿着什么样的路径 $y=y(x)$ 前进,使此两点间的路径最短. 这归结为求下面泛函的极小值:

$$S[y(x)]=\int_{x_0}^{x_1}\mathrm{d}s=\int_{x_0}^{x_1}(\mathrm{d}x^2+\mathrm{d}y^2)^{\frac{1}{2}}=\int_{x_0}^{x_1}(1+y'^2)^{\frac{1}{2}}\mathrm{d}x,$$

即求 $y=y(x)$,使在 $y(x_0)=y_0$,$y(x_1)=y_1$ 下 S 最小.

(2) 最速落径:

设在空间给定两点 A:(x_0,y_0,z_0)和 B:(x_1,y_1,z_1),当一物体在初速为 0 的情况下,由 A 出发,在重力的作用下,沿何种路径 $x=x(z)$,$y=y(z)$ 到 B 所需时间最少(假定 A 高于 B)?

取直角坐标系(x,y,z),$x-y$ 平面为水平面,z 轴沿铅垂方向,并以向下为正. 以 v 表示速度,g 表示重力加速度. S 为由 A 点算起的路径长度,有 $v=\dfrac{\mathrm{d}s}{\mathrm{d}t}$. 初

始速度为 $v_0=0$，初始的铅垂位置为 z_0，单位质量的动能为 $\frac{1}{2}v^2$，位能为 $g(z_0-z)$. 由于只在重力作用下运动，故机械能守恒，有

$$\frac{1}{2}v^2+g(z_0-z)=\frac{1}{2}v_0^2+g(z_0-z)_{z=z_0}=0.$$

由此得

$$v^2=2g(z-z_0),\quad \frac{\mathrm{d}s}{\mathrm{d}t}=v=[2g(z-z_0)]^{\frac{1}{2}}.$$

由于

$$\mathrm{d}s=(\mathrm{d}x^2+\mathrm{d}y^2+\mathrm{d}z^2)^{\frac{1}{2}}=(x'^2+y'^2+1)^{\frac{1}{2}}\mathrm{d}z,$$

有

$$\mathrm{d}t=\frac{\mathrm{d}s}{[2g(z-z_0)]^{\frac{1}{2}}},\quad t=\int_{z_0}^{z_1}\frac{(x'^2+y'^2+1)^{\frac{1}{2}}}{[2g(z-z_0)]^{\frac{1}{2}}}\mathrm{d}z=T(x,y),$$

即要求 $x(z)$ 和 $y(z)$，使在 $x(z_0)=x_0,y(z_0)=y_0,x(z_1)=x_1,y(z_1)=y_1$ 的条件下 $T(x,y)$ 最小.

(3) 短程线问题：

设 $A:(x_0,y_0,z_0)$ 和 $B:(x_1,y_1,z_1)$ 是曲面 $\Phi(x,y,z)=0$ 上的两定点，问在曲面上用何种曲线 $y=y(x),z=z(x)$ 连此二点长度最小？这相当于在条件 $\Phi(x,y,z)=0$ 下求泛函

$$S(y,z)=\int_{x_0}^{x_1}(1+y'^2+z'^2)^{\frac{1}{2}}\mathrm{d}x$$

的极小值，并要求满足 $y(x_0)=y_0,z(x_0)=z_0,y(x_1)=y_1$ 和 $z(x_1)=z_1$.

这是一个条件极值问题.

(4) 等周问题：

对平面上的封闭曲线 $C:x=x(t),y=y(t),t\in[t_0,t_1]$，在 C 的长度 l 一定的条件下，何种曲线形状所围面积最大？

令 $\dot{x}=\frac{\mathrm{d}x}{\mathrm{d}t},\dot{y}=\frac{\mathrm{d}y}{\mathrm{d}t}$，有

$$\mathrm{d}s=(\mathrm{d}x^2+\mathrm{d}y^2)^{\frac{1}{2}}=(\dot{x}^2+\dot{y}^2)^{\frac{1}{2}}\mathrm{d}t.$$

这一问题相当于在条件

$$\int_{t_2}^{t_1}(\dot{x}^2+\dot{y}^2)^{\frac{1}{2}}\mathrm{d}t=l$$

下求如下泛函

$$A[x(t),y(t)]=\int_{t_0}^{t_1}x\dot{y}\,\mathrm{d}t=\frac{1}{2}\int_{t_0}^{t_1}(x\dot{y}-y\dot{x})\mathrm{d}t$$

的极大值. 这里的求面积公式，可用格林(Green) 公式

$$\iint\limits_G\left(\frac{\partial Q}{\partial x}-\frac{\partial P}{\partial y}\right)\mathrm{d}x\mathrm{d}y=\int_L(P\mathrm{d}x+Q\mathrm{d}y)$$

给出. 这里 L 为 G 的封闭边界. 取 $Q=x,P=0$,得

$$A=\iint\mathrm{d}x\mathrm{d}y=\int_L x\,\mathrm{d}y=\int_{t_0}^{t_1}x\dot{y}\,\mathrm{d}t.$$

若取 $Q=\frac{x}{2},P=-\frac{y}{2}$,则得

$$A=\frac{1}{2}\int_L(x\mathrm{d}y-y\mathrm{d}x)=\frac{1}{2}\int_{t_0}^{t_1}(x\dot{y}-y\dot{x})\mathrm{d}t.$$

在要求极值的泛函中,自变量的个数,未知函数的个数、导数的阶数等都不相同. 有的极值问题中没有约束条件,如(1) 和(2);有的有约束条件,称为条件极值,如(3) 和(4). 而(3) 和(4) 二者约束条件的形式也不相同. 这四个经典的泛函极值代表了四种不同类型的泛函极值问题,它们各自在求解方法上是有区别的.

2. 泛函极值的必要条件与欧拉(Euler) 方程

这里仅讨论最简单的情况. 设泛函为

$$J(u(x))=\int_a^b F(x,u,u')\mathrm{d}x,\tag{14.1.1}$$

其中 $u(x)\in C^2[a,b]$,且满足

$$u(a)=u_0,\quad u(b)=u_1,\tag{14.1.2}$$

这里 u_0 和 u_1 为定数. 满足(14.1.2) 式要求的函数 u 称之为**允许函数**.

设 F 关于 x,u,u' 有直至二阶的连续偏导数,求 $u=y(x)$,使在 y 的 h 邻域中 $J(y)$ 取极值. $y(x)$ 的 h 邻域是指

$$\mathrm{d}(u,y)=\max_{x\in[a,b]}|u(x)-y(x)|<h,\quad h>0.\tag{14.1.3}$$

下面导出 $J(y)$ 取极值的必要条件.

设 $\forall\,\eta(x)\in C^2[a,b]$,且满足 $\eta(a)=\eta(b)=0$,则在 $y(x)$ 的 h 邻域内的允许函数 $u(x)$ 可写作

$$u(x)=y(x)+\varepsilon\eta(x),$$

其中 ε 充分小,可以保证(14.1.3) 式成立.

由于 $y(x)$ 为解函数,是完全确定的. 若 $\eta(x)$ 给定,则有

$$J(u)=\varphi(\varepsilon)=\int_a^b F(x,y+\varepsilon\eta,y'+\varepsilon\eta')\mathrm{d}x.$$

按假设,$\varphi(0)$ 为极值点,故应有

$$\begin{aligned}0=\varphi'(0)&=\int_a^b F_y(x,y,y')\eta\mathrm{d}x+\int_a^b F_{y'}(x,y,y')\eta'\mathrm{d}x\\&=\int_a^b\left[F_y(x,y,y')-\frac{\mathrm{d}}{\mathrm{d}x}F_{y'}(x,y,y')\right]\eta\mathrm{d}x+F_{y'}(x,y,y')\eta\Big|_a^b.\end{aligned}$$

这里的下标“y”和“y'”表示 F 对 y 和 y' 求偏导数. 由于 $\eta(a)=\eta(b)=0$，上式中最后一项为 0，故有

$$\int_a^b\left[F_y(x,y,y')-\frac{\mathrm{d}}{\mathrm{d}x}F_{y'}(x,y,y')\right]\eta(x)\mathrm{d}x=0. \qquad (14.1.4)$$

引理 设 $\psi(x)\subset[a,b]$，$\eta(x)\in C^{2n}[a,b]$，是满足 $\eta(a)=\eta(b)=0$ 的任意函数. 若对一切 $\eta(x)$ 均有 $\int_a^b\psi(x)\eta(x)\mathrm{d}x=0$，则有 $\psi(x)\equiv0$.

证 用反证法. 设 $\exists\xi\in[a,b]$，$\psi(\xi)\neq0$，不妨设 $\psi(\xi)>0$，则 $\exists\delta_1,\delta_2\geqslant0$，$\delta_1+\delta_2>0$，使 $[\xi-\delta_1,\xi+\delta_2]\subset[a,b]$. 而在 $[\xi-\delta_1,\xi+\delta_2]$ 上 $\psi(x)>0$. 取

$$\eta(x)=\begin{cases}(x-\xi+\delta_1)^{2(n+1)}(x-\xi-\delta_2)^{2(n+1)}, & \xi-\delta_1\leqslant x\leqslant\xi+\delta_2,\\ 0, & \text{在其他点上}.\end{cases}$$

其中 $n\geqslant0$ 为整数. 对此 $\eta(x)$，有

$$\int_a^b\psi(x)\eta(x)\mathrm{d}x=\int_{\xi-\delta_1}^{\xi+\delta_2}\psi(x)\eta(x)\mathrm{d}x>0.$$

这与对一切 $\eta(x)$，均有 $\int_a^b\psi(x)\eta(x)\mathrm{d}x=0$ 矛盾. 故知必有 $\psi(x)\equiv0$.

利用这一引理和在(14.1.4)式中 $\eta(x)$ 的任意性，得

$$F_y(x,y,y')-\frac{\mathrm{d}}{\mathrm{d}x}F_{y'}(x,y,y')=0, \qquad (14.1.5)$$

其中 $\frac{\mathrm{d}}{\mathrm{d}x}$ 是将 $F_{y'}$ 看作复合函数 $F_{y'}(x,y(x),y'(x))$ 对 x 求导.

(14.1.5)式称为泛函(14.1.1)的欧拉方程，是使(14.1.1)取极值的必要条件.

以虚构的允许函数 y 的微小改变量 δy 代替 $\varepsilon\eta$，δy 称为允许函数的变分. 这就是为什么将求泛函极值的这种方法称为变分法的原因. 要求 $\delta y(a)=\delta y(b)=0$. 以 δJ 表示由于 δy 引起的泛函 $J(u)$ 变化的线性主部，有

$$\begin{aligned}\delta J&=J(y+\delta y)-J(y)+O[(\delta y)^2]\\&=\int_a^b[F_y(x,y,y')\delta y+F_{y'}(x,y,y')\delta y']\mathrm{d}x\\&=\int_a^b\left[F_y(x,y,y')-\frac{\mathrm{d}}{\mathrm{d}x}F_{y'}(x,y,y')\right]\delta y\mathrm{d}x.\end{aligned}$$

对 $J(y)$ 的极值点，有 $\delta J=0$. 由于 δy 的任意性，就得到了 $J(y)$ 取极值时的欧拉方程(14.1.5).

正如前面已经指出的，(14.1.5)只是 $J(y)$ 取极值的一个必要条件，并不是充分条件. 这与函数取极值时各一阶偏导数为 0 只是一个必要而非充分条件一样. 因为满足此条件的点可以是拐点(这是对一元函数而言，对多元函数则可是鞍点). 要证明其是否取极值，是极大值还是极小值，需要考虑二阶变分的正负

号,这与函数取极值与否的情况类似.在数学上已构造出许多 $\delta J=0$ 而 J 并不取极值的例子.但在物理问题中,结合物理现象,则常常可以由欧拉方程解出使泛函取极值的函数来.因为通常我们可以从物理上判断出问题的极值是存在的.若这时由相应的欧拉方程解出的函数又是唯一的,就可判断出此函数就是所需要的解.

例 1　解短程问题.这时

$$J(u)=\int_{x_0}^{x_1}[1+y'^2(x)]^{\frac{1}{2}}\mathrm{d}x,\quad F(x,y,y')=(1+y'^2)^{\frac{1}{2}}.$$

由于 y 不出现,欧拉方程为

$$\frac{\mathrm{d}}{\mathrm{d}x}\frac{\partial}{\partial y'}(1+y'^2)^{\frac{1}{2}}=\frac{\mathrm{d}}{\mathrm{d}x}\frac{y'}{(1+y'^2)^{\frac{1}{2}}}=0,$$

得

$$y'=C(1+y'^2)^{\frac{1}{2}}\quad(|C|<1).$$

由此可解得

$$y'=C11=\pm C/(1-C^2)^{\frac{1}{2}},\quad y=C_1x+C_2.$$

由 $y(x_0)=y_0,y(x_1)=y_1$ 可定出 C_1 和 C_2,最后得解为

$$y=y_0+\frac{y_1-y_0}{x_1-x_0}(x-x_0),$$

即为过点 (x_0,y_0) 和 (x_1,y_1) 的直线.

例 2　在 $x-y$ 平面上有定点 $A:(x_0,y_0)$ 和 $B:(x_1,y_1)$,求 A 和 B 间的曲线 $y=y(x)$,使其绕 x 轴旋转形成的旋转曲面的面积最小(设 $x_1>x_0$).

解　如图 14.1.1 所示,圆带 $\mathrm{d}s$ 的面积为

$$\mathrm{d}s=2\pi y\mathrm{d}l=2\pi y(1+y'^2)^{\frac{1}{2}}\mathrm{d}x.$$

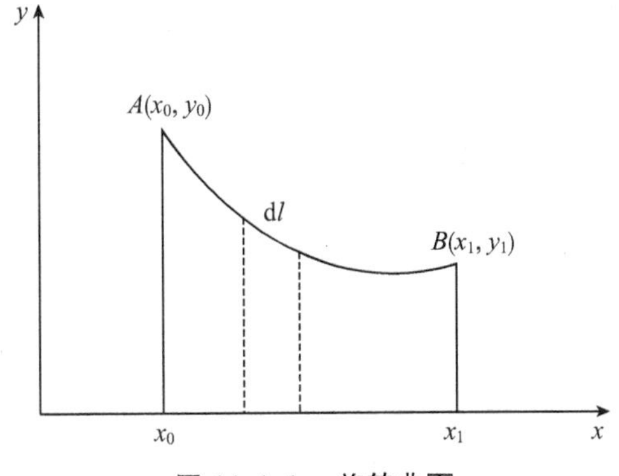

图 14.1.1　旋转曲面

由于常数因子 2π 对求极值函数无影响,故相应的泛函用

$$J(y)=\int_{x_0}^{x_1} y(1+y'^2)^{\frac{1}{2}}\mathrm{d}x,$$

$$F(x,y,y')=y(1+y'^2)^{\frac{1}{2}}\quad(y>0).$$

欧拉方程为

$$\frac{\partial F}{\partial y}-\frac{\mathrm{d}}{\mathrm{d}x}\left(\frac{\partial F}{\partial y'}\right)=(1+y'^2)^{\frac{1}{2}}-\frac{\mathrm{d}}{\mathrm{d}x}\frac{yy'}{(1+y'^2)^{\frac{1}{2}}}$$

$$=(1+y'^2)^{-\frac{1}{2}}\left(1-\frac{yy''}{1+y'^2}\right)=0.$$

由于 $1+y'^2\geqslant 1$，故上式等价于

$$\frac{yy''}{1+y'^2}=1\Rightarrow\frac{y'y''}{1+y'^2}=\frac{y'}{y}.$$

将上式两边积分后得

$$\ln(1+y'^2)^{\frac{1}{2}}=\ln\frac{y}{C_1},$$

其中 C_1 为一待定常数. 由此解得

$$y'=\pm\left[\left(\frac{y}{C_1}\right)^2-1\right]^{\frac{1}{2}}.$$

作变换

$$t=\frac{\left(\frac{y}{C_1}+1\right)^{\frac{1}{2}}}{\left(\frac{y}{C_1}-1\right)^{\frac{1}{2}}},$$

得

$$\frac{1}{C_1}\mathrm{d}x=-\frac{2\mathrm{d}t}{t^2-1}=\mathrm{d}\ln\frac{t+1}{t-1}.$$

上式中，由于 C_1 是一待定的常数，故等式左端原有的 $\pm$ 号可略去. 由此得

$$\frac{1}{C_1}(x-C_2)=\ln\frac{t+1}{t-1}=\ln\left\{\frac{y}{C_1}+\left[\left(\frac{y}{C_1}\right)^2-1\right]^{\frac{1}{2}}\right\},\qquad(14.1.6)$$

即有

$$y=\frac{C_1}{2}\left(\mathrm{e}^{\frac{x-C_2}{C_1}}+\mathrm{e}^{-\frac{x-C_2}{C_1}}\right)=C_1\operatorname{ch}\frac{x-C_2}{C_1}.$$

设 $x_0<x_1$，利用(14.1.6)式和 $y(x_0)=y_0, y(x_1)=y_1$，得

$$C_2=x_0-C_1\ln\left[\left(\frac{y_0}{C_1}+\sqrt{\left(\frac{y_0}{C_1}\right)^2-1}\right)\right]=x_1-C_1\ln\left[\frac{y_1}{C_1}+\sqrt{\left(\frac{y_1}{C_1}\right)^2-1}\right].$$

由后一等式解出 C_1，然后给出 C_2. 此曲线称为悬链线.

令 $y^*=\min\limits_{x_0\leqslant x\leqslant x_1}\{y\}=y(x^*)$，由 $y'(x^*)=\operatorname{sh}\dfrac{x^*-C_2}{C_1}=0$，得

$$C_1 = y^*, \quad C_2 = x^* \quad (x_0 \leqslant x^* \leqslant x_1),$$

即 C_1 和 C_2 为悬链线最低点的 x 和 y 值.

§14.2　一般的无约束泛函极值

1. 包含高阶导数的泛函极值

设泛函中出现的未知函数 $u(x)$ 的最高导数阶数为 n，$u(x) \in C^{2n}[a,b]$，有

$$J(u) = \int_a^b F(x,u,u',\cdots,u^{(n)})\mathrm{d}x; \tag{14.2.1}$$

$$u^{(m)}(a) = \alpha_m, \quad u^{(m)}(b) = \beta_m \quad (m = 0,1,\cdots,n-1). \tag{14.2.2}$$

F 对所有的变量 $x,u,u',\cdots,u^{(n)}$ 均有直至 $n+1$ 阶的连续偏导数. 对所有满足(14.2.2)式的允许函数 $u(x)$，它们的一阶变分 $\delta u \in C^{2n}[a,b]$，并且满足

$$\delta u^{(m)}(a) = \delta u^{(m)}(b) = 0. \tag{14.2.3}$$

由

$$\delta J = \int_a^b \sum_{m=0}^{n} \frac{\partial F}{\partial u^{(m)}}\delta u^{(m)}\mathrm{d}x = 0,$$

利用(14.2.3)式，对上式中各项分别对应地作 m 次分部积分后得

$$\delta J = \int_a^b \left[\sum_{m=0}^{n}(-1)^m \frac{\mathrm{d}^m}{\mathrm{d}x^m}\left(\frac{\partial F}{\partial u^{(m)}}\right)\right]\delta u\,\mathrm{d}x = 0.$$

由此得欧拉方程为

$$\sum_{m=0}^{n}(-1)^m \frac{\mathrm{d}^m}{\mathrm{d}x^m}\left(\frac{\partial F}{\partial u^{(m)}}\right) = 0. \tag{14.2.4}$$

例 1　求满足 $u(0)=0, u'(0)=u(1)=1, u'(1)=2$ 的如下泛函的极小值：

$$J(u) = \int_0^1 (1+u''^2)\mathrm{d}x.$$

解　由(14.2.4)式，得相应的欧拉方程为

$$(-1)^2 \frac{\mathrm{d}^2}{\mathrm{d}x^2}\frac{\partial}{\partial u''}(1+u''^2) = 2u^{(4)} = 0.$$

得

$$u = C_0 + C_1 x + C_2 x^2 + C_3 x^3.$$

利用相应的定解条件，最后得解为 $u = x^3 - x^2 + x$.

2. 包含多个未知函数的泛函极值

设 $u_1(x), u_2(x), \cdots, u_m(x) \in C^2[a,b]$，并满足 $u_j(a) = \alpha_k, u_j(b) = \beta_j, j = 1,2,\cdots,m$. 对泛函

$$J(u_1,u_2,\cdots,u_m) = \int_a^b F(x,u_1,\cdots,u_m,u'_1,\cdots,u'_m)\mathrm{d}x, \tag{14.2.5}$$

求其欧拉方程.

对(14.2.5)式,由其一阶变分 $\delta J=0$,得

$$\delta J=\int_a^b\sum_{j=1}^m\left(\frac{\partial F}{\partial u_j}-\frac{\mathrm{d}}{\mathrm{d}x}\frac{\partial F}{\partial u'_j}\right)\delta u_j\,\mathrm{d}x=0.$$

这里的推导过程与只含一个未知函数的情况相似,不再赘述.

在上式中,由于各 δu_j 可独立地任意改变,故欧拉方程应为

$$\frac{\partial F}{\partial u_j}-\frac{\mathrm{d}}{\mathrm{d}x}\frac{\partial F}{\partial u'_j}=0\quad(j=1,2,\cdots,m).\tag{14.2.6}$$

得含 m 个方程的方程组,正好可用来求 m 个未知函数.

若泛函中同时含有高阶导数,可与前面类似地处理.设含 u_j 导数的最高阶数为 n_j,则相应的欧拉方程组为

$$\sum_{k=0}^{n_j}(-1)^k\frac{\mathrm{d}^k}{\mathrm{d}x^k}\left(\frac{\partial F}{\partial u_j^{(k)}}\right)=0\quad(j=1,2,\cdots,m).\tag{14.2.7}$$

例 2 求下列泛函的极值

$$J(y,z)=\int_0^{\frac{\pi}{2}}(2yz+y'^2+z'^2)\mathrm{d}x,$$

满足 $y(0)=0,y\left(\frac{\pi}{2}\right)=1,z(0)=0$ 和 $z\left(\frac{\pi}{2}\right)=-1$.

解 相应的欧拉方程为

$$y''-z=0,\quad z''-y=0,$$

即有

$$y^{(4)}-y=0.$$

得解为

$$y=C_1\mathrm{ch}x+C_2\mathrm{sh}x+C_3\cos x+C_4\sin x,$$
$$z=y''=C_1\mathrm{ch}x+C_2\mathrm{sh}x-C_3\cos x-C_4\sin x.$$

利用 $y(0)=0,y\left(\frac{\pi}{2}\right)=1,z(0)=0$ 和 $z\left(\frac{\pi}{2}\right)=-1$ 得 $C_1=C_2=C_3=0,C_4=1$,即解为

$$y=\sin x,\quad z=-\sin x.$$

例 3 解最速落径问题.

解 只要作一个坐标平移,就可假定 $z_0=x(z_0)=y(z_0)=0,x(z_1)=x_1,y(z_1)=y_1$.问题变为在此条件下求下述泛函的极小值:

$$T(x,y)=\int_0^{z_1}\frac{(x'^2+y'^2+1)^{\frac{1}{2}}}{(2gz)^{\frac{1}{2}}}\mathrm{d}z.$$

欧拉方程为

$$\frac{\mathrm{d}}{\mathrm{d}z}\frac{x'}{[z(x'^2+y'^2+1)]^{\frac{1}{2}}}=0,\quad \frac{\mathrm{d}}{\mathrm{d}z}\frac{y'}{[z(x'^2+y'^2+1)]^{\frac{1}{2}}}=0.$$

由此得

$$y'=C_2x',\quad C_1x'=[z(x'^2+y'^2+1)]^{\frac{1}{2}}=\sqrt{z[(C_2^2+1)x'^2+1]},$$

即有

$$C_1x'=\left(\frac{z}{1-a^2z}\right)^{\frac{1}{2}},\quad a^2=\frac{1+C_2^2}{C_1^2}.$$

令 $t=\left[\frac{z}{1-a^2z}\right]^{\frac{1}{2}}$,由上式可得

$$C_1\mathrm{d}x=\frac{2t^2\mathrm{d}t}{(1+a^2t^2)^2},$$

$$x=\frac{1}{C_1a^3}\left[\arctan(at)-\frac{at}{1+a^2t^2}\right]+C_4$$

$$=\frac{1}{C_1a^3}\left\{\arctan\sqrt{\frac{a^2z}{1-a^2z}}-a[z(1-a^2z)]^{\frac{1}{2}}\right\}+C_4,$$

$$y=\frac{C_2}{C_1a^3}\left\{\arctan\sqrt{\frac{a^2z}{1-a^2z}}-a[z(1-a^2z)]^{\frac{1}{2}}\right\}+C_3.$$

由 $x(0)=y(0)=0$,知 $C_3=C_4=0$;由 $x(z_1)=x_1,y(z_1)=y_1$,得 $C_2=\frac{y_1}{x_1}$,即有

$$a=\frac{(x_1^2+y_1^2)^{\frac{1}{2}}}{C_1x_1}.$$

令 $C=C_1^2x_1^2$,则由 $x(z_1)=x_1$,可得

$$1=\frac{C}{(x_1^2+y_1^2)^{\frac{3}{2}}}\arctan\left[\frac{(x_1^2+y_1^2)z_1}{C-(x_1^2+y_1^2)z_1}\right]^{\frac{1}{2}}-\frac{1}{x_1^2+y_1^2}\{z_1[C-(x_1^2+y_1^2)z_1]\}^{\frac{1}{2}}.$$

由此可解得 C,从而可定出 C_1.

3. 多元函数的泛函极值

为了简略起见,仅考虑二元函数的泛函极值.对于更高维的情况,完全可以类似地处理.只不过是表达式更烦冗一些.

设 $(x,y)\in G$;L 为分段光滑曲线,是 G 的全部边界;$\overline{G}=G\cup L$.求下列二元函数 $u(x,y)$ 的泛函极值:

$$J(u)=\iint\limits_G F(x,y,u,u_x,u_y)\mathrm{d}x\mathrm{d}y,$$

这里假定 F 对诸自变量有连续的二阶偏导数.

设 S 为满足下列条件的允许函数的集合:

(1) u 在 $\overline{G}$ 内有二阶连续偏导数;

(2) 在边界 L 上 u 取给定值.

δu 为 u 的一阶变分，有 $u+\delta u\in S$，在 L 上 $\delta u=0$.

由对 J 的一阶变分 δJ 为 0，有

$$\delta J=\iint_G(F_u\delta u+F_{u_x}\delta u_x+F_u\delta u_y)\mathrm{d}x\mathrm{d}y=0. \tag{14.2.8}$$

考虑到

$$F_u\delta u_x=\frac{\hat{\partial}}{\partial x}(F_u\delta u)-\frac{\hat{\partial}}{\partial x}(F_u)\delta u,$$

$$F_u\delta u_y=\frac{\hat{\partial}}{\partial y}(F_u\delta u)-\frac{\hat{\partial}}{\partial y}(F_u)\delta u,$$

其中$\frac{\hat{\partial}}{\partial x}$和$\frac{\hat{\partial}}{\partial y}$表示对 F 中的 u，u_x 和 u_y 均分别作为 x 和 y 的函数，将相关函数对 x 和 y 求偏导数.

令 $N=(n_x,n_y)$ 为 L 的单位外法向，n_x 和 n_y 分别为 N 在 x 和 y 两个方向上的分量；$V=(F_{u_x}\delta u,F_{u_y}\delta u)$，利用格林公式和 δu 在 L 上为 0，有

$$\begin{aligned}\iint_G\nabla\cdot V\mathrm{d}x\mathrm{d}y&=\iint_G\left[\frac{\hat{\partial}}{\partial x}(F_u\delta u)+\frac{\hat{\partial}}{\partial y}(F_u\delta u)\right]\mathrm{d}x\mathrm{d}y\\&=\int_L(n_xF_u+n_yF_u)\delta u\,\mathrm{d}s=0.\end{aligned}$$

利用上面的结果，(14.2.8) 式变为

$$\iint_G(F_u-\frac{\hat{\partial}}{\partial x}F_u-\frac{\hat{\partial}}{\partial y}F_u)\delta u\,\mathrm{d}x\mathrm{d}y=0.$$

由 δu 的任意性，推得相应的欧拉方程为

$$F_u-\frac{\hat{\partial}}{\partial x}F_u-\frac{\hat{\partial}}{\partial y}F_u=0.$$

将上式展开，为

$$F_u-F_{xu_x}-F_{yu_y}-F_{uu_x}u_x-F_{uu_y}u_y-F_{u_x^2}u_{xx}-F_{u_y^2}u_{yy}-2F_{u_xu_y}u_{xy}=0. \tag{14.2.9}$$

若含有高阶导数，可作与前面类似的处理. 这时，δu 及其相应各阶偏导数应在 L 上为 0. 例如含有二阶导数时，有

$$J(u)=\iint_GF(x,y,u,u_x,u_y,u_{xx},u_{xy},u_{yy})\mathrm{d}x\mathrm{d}y,$$

$$\delta J=\iint_G(F_u\delta u+F_{u_x}\delta u_x+F_{u_y}\delta u_y+F_{u_{xx}}\delta u_{xx}+F_{u_{xy}}\delta u_{xy}+F_{u_{yy}}\delta u_{yy})\mathrm{d}x\mathrm{d}y=0.$$

同样利用格林公式和 δu 及其相关各偏导数在 L 上为 0 和 δu 的任意性，最后可得欧拉方程为

$$F_u-\frac{\hat{\partial}}{\partial x}F_{u_x}-\frac{\hat{\partial}}{\partial y}F_{u_y}+\frac{\hat{\partial}^2}{\partial x^2}F_{u_{xx}}+\frac{\hat{\partial}^2}{\partial x\partial y}F_{u_{xy}}+\frac{\hat{\partial}^2}{\partial y^2}F_{u_{yy}}=0. \tag{14.2.10}$$

例 4　求下列泛函的欧拉方程

$$J(u)=\iint_G(u_{xx}^2+2u_{xy}^2+u_{yy}^2)\mathrm{d}x\mathrm{d}y$$

解　由(14.2.10)式,欧拉方程为

$$\frac{\hat{\partial}^2}{\partial x^2}(2u_{xx})+\frac{\hat{\partial}^2}{\partial x\partial y}(4u_{xy})+\frac{\hat{\partial}^2}{\partial y^2}(2u_{yy})=0,$$

即

$$\Delta^2 u=\left(\frac{\partial^2}{\partial x^2}+\frac{\partial^2}{\partial y^2}\right)^2 u=\frac{\partial^4 u}{\partial x^4}+2\frac{\partial^4 u}{\partial x^2\partial y^2}+\frac{\partial^4 u}{\partial y^4}=0,$$

其中 $\Delta=\nabla^2$ 是二维拉普拉斯算子.这是一个二维的双调和方程,满足此方程的解称为双调和函数.

求一元函数无条件泛函极值的必要条件的步骤可归纳如下:

(1) 取泛函的一阶变分(线性主部),其值应为0;

(2) 利用在边界上各允许函数的 u_l 的变分 δu_l 的各阶导数 $\delta u_l^{(k)}$ $(l=1,2,\cdots,m;k=0,1,\cdots,n-1)$ 均为0,通过分部积分将 $\delta u_l^{(k+1)}$ 最后均变为 δu_l;

(3) 由于 δu_l 的相互独立和任意性,得到泛函取极值的必要条件,即欧拉方程.

对于多元函数,(2) 中的 $\delta u_l^{(k+1)}$ 应视为相应的各阶偏导数,分部积分法则改为用格林公式(二元函数) 或奥高公式(三元函数) 来完成相应的转变.

§14.3　条件极值

所谓条件极值,是指在一定的约束条件之下求泛函的极值,如在 §14.1 中的短程线问题和等周问题,就是分别在满足曲面方程 $\Phi(x,y,z)=0$ 下和在等周条件 $\int_{t_0}^{t_1}(\dot{x}^2+\dot{y}^2)^{\frac{1}{2}}\mathrm{d}t=l$ 下求泛函的极值.这是两类不同的约束条件,处理方法上也有差异.下面就分别对这两种不同的约束类型来说明相应的处理方法.

1. $\varphi_j(x,u_1,u_2,\cdots,u_n)=0$ **型约束条件(Ⅰ型约束)**

设 $u_k\in C^2[a,b]$, $u_k(a)=\alpha_k$, $u_k(b)=\beta_k$, $k=1,2,\cdots,n$. $\varphi_j(j=1,2,\cdots,m<n)$ 互相独立,即对集合 $u_1,u_2,\cdots,u_n$ 存在子集,不妨假设为 $u_1,u_2,\cdots,u_m$,使雅可比行列式

$$\frac{D(\varphi_1,\varphi_2,\cdots,\varphi_m)}{D(u_1,u_2,\cdots,u_m)}\neq 0. \tag{14.3.1}$$

求在约束条件

$$\varphi_j(x,u_1,u_2,\cdots,u_n)=0 \quad (j=1,2,\cdots,m) \tag{14.3.2}$$

下泛函

$$J(u_1,u_2,\cdots,u_n)=\int_a^b F(x;u_1,u_2,\cdots,u_n;u'_1,u'_2,\cdots,u'_n)\mathrm{d}x \tag{14.3.3}$$

的极值.

泛函的一阶变分为

$$\delta J=\int_a^b\sum_{j=1}^n\left(F_{u_j}-\frac{\mathrm{d}}{\mathrm{d}x}F_{u'_j}\right)\delta u_j\mathrm{d}x=0. \tag{14.3.4}$$

由于存在约束条件(14.3.2),由此,应要求

$$\delta\varphi_j=\sum_{k=1}^n\frac{\partial\varphi_j}{\partial u_k}\delta u_k=0 \quad (j=1,2,\cdots,m), \tag{14.3.5}$$

即 $\delta u_1,\delta u_2,\cdots,\delta u_n$ 并不相互独立,它们应满足(14.3.5)式,一共有 m 个方程,即 $\{\delta u_k\}$ 中只能有 $n-m$ 个是独立的.因此,我们不能由(14.3.4)式中立即得到相应的欧拉方程.为了解决这一困难,引入拉格朗日(Lagrange)乘子 $\lambda_1(x)$, $\lambda_2(x),\cdots,\lambda_m(x)$.以 $\lambda_j(x)$ 乘以 φ_j 再对 j 从 1 到 m 求和,并在$[a,b]$上积分后与泛函(14.3.3)相加,得

$$J^*(u_1,u_2,\cdots,u_n)=\int_a^b(F+\sum_{j=1}^m\lambda_j\varphi_j)\mathrm{d}x, \tag{14.3.6}$$

这是一个新的泛函.在约束条件(14.3.2)下,它与泛函 J 有同样的极值函数.

对 J^* 的一阶变分为

$$\delta J^*=\int_a^b\sum_{k=1}^n\left(F_{u_k}-\frac{\mathrm{d}}{\mathrm{d}x}F_{u'_k}+\sum_{j=1}^m\lambda_j\frac{\partial\varphi_j}{\partial u_k}\right)\delta u_k\mathrm{d}x=0.$$

设后 $n-m$ 个 δu_k,即 $\delta u_{m+1},\cdots,\delta u_n$ 可互相独立.这时,可适当选取 $\lambda_j(x)$, $j=1,2,\cdots,m$,使

$$F_{u_k}-\frac{\mathrm{d}}{\mathrm{d}x}F_{u'_k}+\sum_{j=1}^m\lambda_j\frac{\partial\varphi_j}{\partial u_k}=0 \quad (k=1,2,\cdots,m). \tag{14.3.7}$$

然后,再利用 $\delta u_{m+1},\cdots,\delta u_n$ 可独立地任意变化(在两端值为 0 的条件下),得到后 $n-m$ 个方程.这样,加上全部约束条件,得到由 $n+m$ 个方程组成的欧拉方程和约束条件为

$$\begin{cases}F_{u_k}-\dfrac{\mathrm{d}}{\mathrm{d}x}F_{u'_k}+\displaystyle\sum_{j=1}^m\lambda_j\frac{\partial\varphi_j}{\partial u_k}=0, & k=1,2,\cdots,n,\\ \varphi_j(x,u_1,u_2,\cdots,u_n)=0, & j=1,2,\cdots,m,\end{cases} \tag{14.3.8}$$

可用来确定 $m+n$ 个待定函数 $u_1,u_2,\cdots,u_n,\lambda_1,\lambda_2,\cdots,\lambda_m$.由于雅可比行列式(14.3.1)不为 0,故由(14.3.7)式,对应于相应的 $u_1,u_2,\cdots,u_n,\lambda_1,\lambda_2,\cdots,\lambda_m$ 的解存在且唯一,$\{\lambda_j\}$ 依赖于$\{u_k\}$.

例 1　解 §14.1 中的短程线问题

解　这时,有

$$J^*(y,z)=\int_{x_0}^{x_1}[(1+y'^2+z'^2)^{\frac{1}{2}}+\lambda(x)\varphi(x,y,z)]\mathrm{d}x.$$

欧拉方程为

$$\begin{cases}\lambda\varphi_y-\dfrac{\mathrm{d}}{\mathrm{d}x}\dfrac{y'}{(1+y'^2+z'^2)^{\frac{1}{2}}}=0,\\ \lambda\varphi_z-\dfrac{\mathrm{d}}{\mathrm{d}x}\dfrac{z'}{(1+y'^2+z'^2)}=0,\\ \varphi(x,y,z)=0.\end{cases}$$

若给定 $A:(0,0,0)$ 和 $B:[1,1,2\sqrt{5}+\ln(2+\sqrt{5})]$,$\varphi(x,y,z)=y-x^2=0$(抛物柱面),这时 $\varphi_y=1,\varphi_z=0,y=x^2$,有

$$\lambda=\frac{\mathrm{d}}{\mathrm{d}x}\frac{y'}{(1+y'^2+z'^2)^{\frac{1}{2}}}=\frac{\mathrm{d}}{\mathrm{d}x}\frac{2x}{(1+4x^2+z'^2)^{\frac{1}{2}}},$$

$$\frac{\mathrm{d}}{\mathrm{d}x}\frac{z'}{(1+4x^2+z'^2)^{\frac{1}{2}}}=0.$$

由后一个方程,可解得

$$z'=4C_1(1+4x^2)^{\frac{1}{2}},$$

即有

$$z=C_1\left[2x(1+4x^2)^{\frac{1}{2}}+\ln(2x+\sqrt{1+4x^2})\right]+C_2.$$

由 $z(0)=0,z(1)=2\sqrt{5}+\ln(2+\sqrt{5})$ 得 $C_1=1,C_2=0$. 即解为

$$\begin{cases}y=x^2,\\ z=2x(1+4x^2)^{\frac{1}{2}}+\ln(2x+\sqrt{1+4x^2}).\end{cases}$$

这时,有

$$\lambda=\frac{\mathrm{d}}{\mathrm{d}x}\frac{2x}{[1+4x^2+16(1+4x^2)]^{\frac{1}{2}}}=\frac{2}{\sqrt{17}}\frac{1}{(1+4x^2)^{\frac{3}{2}}}.$$

这种方法称为拉格朗日乘子法,可以推广到更广泛的情况. 例如,约束条件为

$$\varphi_j(x;u_1,\cdots,u_n;u'_1,\cdots,u'_n)=0\quad(j=1,2,\cdots,m).$$

2. 积分约束(等周)条件(Ⅱ 型约束)

(1) 欧拉方程:

对端点固定的允许函数 $u_k(a)=\alpha_k,u_k(b)=\beta_k,k=1,2,\cdots,n$,求在积分型约束(也称等周型约束)

$$\int_a^b G_j(x;u_1,\cdots,u_n;u'_1,\cdots,u'_n)\mathrm{d}x=l_j\quad(j=1,2,\cdots,m\leqslant n)$$

下泛函

$$J(u_1,\cdots,u_n)=\int_a^b F(x;u_1,\cdots,u_n;u'_1,\cdots,u'_n)\mathrm{d}x \tag{14.3.9}$$

的极值.

令

$$H_j(x)=\int_a^x G_j(x;u_1,\cdots,u_n;u'_1,\cdots,u'_n)\mathrm{d}x, \tag{14.3.10}$$

其中 $u_1,u_2,\cdots,u_n$ 是满足要求的解函数,故 $H_j(x)$ 为 x 的确定函数,在取变分时,$H_j(x)$ 不变.有 $H_j(a)=0,H_j(b)=l_j$.

令

$$\varphi_j(x;u_1,\cdots,u_n;u'_1,\cdots,u'_n)=G_j-H'_j(x).$$

这时,等周约束就变成了前一种形式的约束.因当 $u_1,u_2,\cdots,u_n$ 为解函数时,应有 $\varphi_j=0$.按前面的处理方法,引入拉格朗日乘子 λ_j,有

$$J^*=\int_a^b[F+\sum_{j=1}^m\lambda_j(G_j-H'_j)]\mathrm{d}x.$$

由于 H_j 不随 $u_1,\cdots,u_n$ 改变,故对 J^* 的一阶变分来说,应有

$$\delta J^*=\int_a^b\sum_{k=1}^n\left\{F_{u_k}-\frac{\mathrm{d}}{\mathrm{d}x}F_{u'_k}+\sum_{j=1}^m\left[\lambda_jG_{ju_k}-\frac{\mathrm{d}}{\mathrm{d}x}(\lambda_jG_{ju'_k})\right]\right\}\delta u_k\mathrm{d}x=0. \tag{14.3.11}$$

可以证明,对这类等周问题,λ_j 为常数.这时,要求行列式

$$\det\left(\frac{\partial G_j}{\partial u_k}-\frac{\mathrm{d}}{\mathrm{d}x}G_{ju'_k}\right)$$

不恒为0,即要求可从 $u_1,u_2,\cdots,u_n$ 中选 m 个,设为 $u_1,u_2,\cdots,u_m$,使

$$\frac{D(G_1,\cdots,G_m)}{D(u_1,\cdots,u_m)}-\frac{\mathrm{d}}{\mathrm{d}x}\frac{D(G_1,\cdots,G_m)}{D(u'_1,\cdots,u'_m)}$$

不恒为0.

关于 λ_j 取常数的证明从略.对 $m=n=1$ 的有关证明,有兴趣的读者,可参考相关书籍,例如江泽坚编的《数学分析》.对于 $m>1,n>1$,证明类似.

由(14.3.11)式,得相应的欧拉方程和约束条件分别为

$$F_{u_k}+\sum_{j=1}^m\lambda_jG_{ju_k}-\frac{\mathrm{d}}{\mathrm{d}x}\left(F_{u'_k}+\sum_{j=1}^m\lambda_jG_{ju'_k}\right)=0\quad(k=1,2,\cdots,n). \tag{14.3.12}$$

$$\begin{cases}\displaystyle\int_a^b G_j\mathrm{d}x=l_j, & j=1,2,\cdots,m,\\ u_k(a)=\alpha_k,\quad u_k(b)=\beta_k, & k=1,2,\cdots,n.\end{cases} \tag{14.3.13}$$

(14.3.12)式有 n 个方程,可用来确定 n 个未知函数 $u_1,\cdots,u_n$;(14.3.13)式有

$2n+m$ 个定解条件，可用来确定 $2n+m$ 个待定常数. 由于(14.3.12)的 n 个方程均为二阶常微分方程，每个 u_k 中含两个待定常数，共 $2n$ 个，再加上 m 个待定常数 λ_j，正好是 $2n+m$ 个待定常数. 与 I 型约束不同在于，这里的拉格朗日乘子是常数，而不是 x 的函数.

(2) 相关性原理：

令(14.3.9)中之 $F=G_0$，$J=l_0$；以 μ_0 乘(14.3.11)式，令 $\mu_j=\mu_0\lambda_j$. 加上(14.3.9)式，(14.3.12)和(14.3.13)式就变为

$$\begin{cases}\displaystyle\sum_{j=0}^{m}\mu_j\frac{\partial G_j}{\partial u_k}-\frac{\mathrm{d}}{\mathrm{d}x}\sum_{j=0}^{m}\mu_j\frac{\partial G_j}{\partial u'_k}=0, & k=1,2,\cdots,n,\\ \displaystyle\int_a^b G_j\,\mathrm{d}x=l_j, & j=0,1,\cdots,m,\\ u_k(a)=\alpha_k,\quad u_k(b)=\beta_k, & k=1,2,\cdots,n.\end{cases}\tag{14.3.14}$$

这时，所有的 $G_j(j=0,1,\cdots,m)$ 均处于对等的状态下，就可将其中的任何一个积分条件作为泛函，其他的作为约束条件而求其泛函极值. 它们的欧拉方程都是(14.3.14)，因而解函数也就完全相同.

等周问题的这一性质称为相关原理，也称对偶原理. 例如，等周长下面积最大和等面积下周长最小就是一对相关性问题，它们的极值曲线满足同样的方程. 若对应的量(如面积或周长)相同，则两问题的解曲线也相同.

例 2　解 §14.1 中的等周问题.

解　这时泛函为

$$J(x,y)=\int_{t_0}^{t_1}x\dot{y}\,\mathrm{d}t.$$

等周条件为

$$\int_{t_0}^{t_1}(\dot{x}^2+\dot{y}^2)^{\frac{1}{2}}\,\mathrm{d}t=l,$$

即 $F=x\dot{y}$，$G=(\dot{x}^2+\dot{y}^2)^{\frac{1}{2}}$，欧拉方程为

$$\frac{\partial F}{\partial x}+\lambda\frac{\partial G}{\partial x}-\frac{\mathrm{d}}{\mathrm{d}t}\frac{\partial F}{\partial \dot{x}}-\lambda\frac{\mathrm{d}}{\mathrm{d}t}\frac{\partial G}{\partial \dot{x}}=\dot{y}-\lambda\frac{\mathrm{d}}{\mathrm{d}t}\frac{\dot{x}}{(\dot{x}^2+\dot{y}^2)^{\frac{1}{2}}}=0,$$

$$\frac{\partial F}{\partial y}+\lambda\frac{\partial G}{\partial y}-\frac{\mathrm{d}}{\mathrm{d}t}\frac{\partial F}{\partial \dot{y}}-\lambda\frac{\mathrm{d}}{\mathrm{d}t}\frac{\partial G}{\partial \dot{y}}=-\dot{x}-\lambda\frac{\mathrm{d}}{\mathrm{d}t}\frac{\dot{y}}{(\dot{x}^2+\dot{y}^2)^{\frac{1}{2}}}=0.$$

由此得

$$\frac{-\lambda\dot{y}}{(\dot{x}^2+\dot{y}^2)^{\frac{1}{2}}}=x-c_1,\qquad \frac{\lambda\dot{x}}{(\dot{x}^2+\dot{y}^2)^{\frac{1}{2}}}=y-c_2.$$

两等式两边平方后相加，得

$$(x-c_1)^2+(y-c_2)^2=\lambda^2,$$

即是以 (c_1,c_2) 为心，λ 为半径的圆.

以平面极坐标系之辐角为参变量 t，可令

$$x-c_1=\lambda\cos t,\quad y-c_2=\lambda\sin t,\quad 0\leqslant t\leqslant 2\pi;$$

$$\dot{x}=-\lambda\sin t,\quad \dot{y}=\lambda\cos t.$$

由约束条件，有

$$\int_0^{2\pi}(\dot{x}^2+\dot{y}^2)^{\frac{1}{2}}\mathrm{d}t=\lambda\int_0^{2\pi}\mathrm{d}t=2\pi\lambda=l,$$

得 $\lambda=\dfrac{l}{2\pi}$. 即此曲线是以 $\dfrac{l}{2\pi}$ 为半径的圆，面积为

$$J_{\max}=\int_0^{2\pi}\lambda^2\cos^2 t\mathrm{d}t=\frac{l^2}{4\pi}.$$

按对偶原理，上式变为解如下的泛函极值问题：在条件

$$\int_{t_0}^{t_1}x\dot{y}\,\mathrm{d}t=\frac{l^2}{4\pi}$$

下，使泛函

$$J(x,y)=\int_{t_0}^{t_1}(\dot{x}^2+\dot{y}^2)^{\frac{1}{2}}\mathrm{d}t$$

最小. 以 μ 为拉格朗日乘子，这时欧拉方程变为

$$\mu\dot{y}-\frac{\mathrm{d}}{\mathrm{d}t}\frac{\dot{x}}{(\dot{x}^2+\dot{y}^2)^{\frac{1}{2}}}=0,\quad -\mu\dot{x}-\frac{\mathrm{d}}{\mathrm{d}t}\frac{\dot{y}}{(\dot{x}^2+\dot{y}^2)^{\frac{1}{2}}}=0.$$

令 $\lambda=\dfrac{1}{\mu}$，此方程组就和前面所得的完全一样，同样得解为

$$(x-c_1)^2+(y-c_2)^2=\frac{1}{\mu^2}=\lambda^2,$$

$$x-c_1=\lambda\cos t,\quad y-c_2=\lambda\sin t.$$

再由约束条件，有

$$\frac{l^2}{4\pi}=\int_0^{2\pi}x\dot{y}\,\mathrm{d}t=\int_0^{2\pi}(\lambda^2\cos^2 t+\lambda c_1\cos t)\mathrm{d}t=\pi\lambda^2.$$

同样得 $\lambda=\dfrac{l}{2\pi}$. 以此解曲线代入泛函中，得

$$J_{\min}=\int_0^{2\pi}\frac{l}{2\pi}(\sin^2 t+\cos^2 t)^{\frac{1}{2}}\mathrm{d}t=\frac{l}{2\pi}\int_0^{2\pi}\mathrm{d}t=l.$$

§14.4 自然边条件

在前面各类变分法中，允许函数在边界上满足的边条件都是事先给定的. 这类问题，称为固定边界问题；相应的边条件，称为本性边条件，也称为本质边条件或刚性边条件. 如果边条件不是事先给定的，而是在变分中自然而然地产生的，称为自然边条件. 下面以最简单的情况来说明自然边条件.

设

$$J(u)=\int_a^b F(x,u,u')\mathrm{d}x,$$

$$\begin{aligned}\delta J&=\int_a^b (F_u\delta u+F_{u'}\delta u')\mathrm{d}x\\&=\int_a^b \left(F_u-\frac{\mathrm{d}}{\mathrm{d}x}F_{u'}\right)\delta u\,\mathrm{d}x+F_{u'}(x,u,u')\delta u\Big|_a^b=0.\end{aligned}\qquad(14.4.1)$$

由于 δu 的任意性，当取为 $\delta u(a)=\delta u(b)=0$ 的任意函数时，由(14.4.1)式知，要想使 $\delta J=0$，必须要求

$$F_u-\frac{\mathrm{d}}{\mathrm{d}x}F_{u'}=0\quad(a<x<b).\qquad(14.4.2)$$

注意，这里是利用了 δu 的任意性，通过选定一类特殊的 δu，即在 $\delta u(a)=\delta u(b)=0$ 下任意的 δu，证明了要使 $\delta J=0$，必须要求欧拉方程(14.4.2)成立，而不是说只有在 $\delta u(a)=\delta u(b)=0$ 时才要求(14.4.2)式成立.

把(14.4.2)式代入(14.4.1)式中，则要使 $\delta J=0$，还应要求

$$F_{u'}[b,u(b),u'(b)]\delta u(b)-F_{u'}[a,u(a),u'(a)]\delta u(a)=0.\qquad(14.4.3)$$

由于未对 $\delta u(a)$ 和 $\delta u(b)$ 给以限制，故可分别取 $\delta u(a)=0,\delta u(b)\neq 0$ 和 $\delta u(b)=0,\delta u(a)\neq 0$. 这时，由(14.4.3)式，就可相应地得到

$$\begin{cases}F_{u'}[a,u(a),u'(a)]=0,\\F_{u'}[b,u(b),u'(b)]=0.\end{cases}\qquad(14.4.4)$$

这表明，如果事先未对允许函数在边界上的取值给以规定，则要想使泛函 $J(u)$ 取极值，除应满足方程(14.4.2)外，还必须在边界上满足边条件(14.4.4). 边条件(14.4.4)是在变分中自然而然产生的，是自然边条件.

如果在其中的一个边界上，例如 $x=a$ 处给定了 $u(a)=\alpha$，即应要求 $\delta u(a)=0$，而在 $x=b$ 处未给定 u 所应满足的边条件，这时，在(14.4.4)式中只要求在 $x=b$ 处的自然边条件成立. 相应地，欧拉方程不变，定解条件应是

$$u(a)=\alpha\,(\text{本性边条件}),\quad F_{u'}[b,u(b),u'(b)]=0\,(\text{自然边条件}).$$

在数值方法中，如有限元方法中，自然边条件已自然而然地包含在所给定的数值方法的方程组中，在求解过程中被自动满足，不必专门要求解在边界上被强制地满足自然边条件. 而对本性边条件，则不能在求解过程中自动满足，必须在边界上被强制性地满足或近似满足. 故区分这两类边条件在数值计算中是十分重要的.

这不是说自然边条件在求解中可以不管. 事实上，在求解析解时，不仅要用到本性边条件，而且必须用到自然边条件才能将一些未定量确定下来. 在常微分方程中，这些量是待定常数；在偏微分方程中，这些量将是待定函数. 在数值方法中，只是因在建立相应的方程组时，已使用了自然边条件，即在此时已将其包含

在其中，因而在求解过程中才会被自动满足，并不是用不着自然边条件.

在多个自变量或含有高阶导数时，也可类似地给出自然边条件，这里就不再一一说明了.

例 求下列泛函在 $u(1)=1$ 时的极小值：

$$J(u)=\int_0^1(1+u^2+u'^2)\mathrm{d}x.$$

解 这里 $F(x,u,u')=1+u^2+u'^2$，故相应地有欧拉方程为

$$F_u-\frac{\mathrm{d}}{\mathrm{d}x}F_{u'}=2(u-u'')=0.$$

自然边条件为

$$F_{u'}[0,u(0),u'(0)]=2u'(0)=0.$$

本性边条件为 $u(1)=1$. 最后得下列二阶常微分方程边值问题：

$$u''-u=0,u'(0)=0,\quad u(1)=1.$$

得解为 $u=\dfrac{\mathrm{ch}x}{\mathrm{ch}1}$，

$$J_{\min}=\int_0^1\left(1+\frac{\mathrm{ch}^2x+\mathrm{sh}^2x}{\mathrm{ch}^21}\right)\mathrm{d}x=\int_0^1\left(1+\frac{\mathrm{ch}2x}{\mathrm{ch}^21}\right)\mathrm{d}x$$

$$=x+\frac{\mathrm{sh}^2x}{2\mathrm{ch}^21}\bigg|_0^1=1+\mathrm{th}1\approx 1.762.$$

习 题

1. 在固定边界下求泛函 $J(u(x))$ 的极值曲线 $u(x)$：

(1) $J(u)=\displaystyle\int_0^1\frac{\sqrt{1+u'^2}}{u+1}\mathrm{d}x,\quad u(0)=1,u(1)=0;$

(2) $J(u)=\displaystyle\int_0^2[u(1+u'^2)]^{\frac{1}{2}}\mathrm{d}x,\quad u(0)=2,u(2)=1;$

(3) $J(u)=\displaystyle\int_1^2u'(1+x^2u')\mathrm{d}x,\quad u(1)=1,u(2)=2;$

(4) $J(u)=\displaystyle\int_0^\pi(u+u'-\cos x)^2\mathrm{d}x,\quad u(0)=u(\pi)=\frac{1}{2};$

(5) $J(u)=\displaystyle\int_0^{\frac{\pi}{2}}(x^2+u^2-2u'^2+u''^2)\mathrm{d}x,\quad u(0)=u'(0)=0,u\left(\frac{\pi}{2}\right)=u'\left(\frac{\pi}{2}\right)=1;$

(6) $J(u)=\displaystyle\int_0^1(2u\mathrm{sh}x+u''^2)\mathrm{d}x,\quad u(0)=u'(0)=0,u(1)=u'(1)=1.$

2. 求固定边界条件下泛函 $J(u,v)$ 的极值 $u(x),v(x)$：

(1) $J(u,v)=\displaystyle\int_0^{\frac{\pi}{2}}(2uv-2u^2+u'^2-v'^2)\mathrm{d}x,$

$u(0)=-1,\ v(0)=1,u\left(\frac{\pi}{2}\right)=2,\ v\left(\frac{\pi}{2}\right)=0$;

(2) $J(u,v)=\int_0^1(2xu+v^2+2u'v'+u'^2)\mathrm{d}x$,

$u(0)=2,v(0)=0,u(1)=3,v(1)=1$.

3. 写出下列泛函极值的欧拉方程,并导出相应的自然边条件.

(1) $J(u)=\iint\limits_G(u_x^2+u_y^2)\mathrm{d}x\mathrm{d}y,\quad G=\left\{(x,y)\mid r_1<\sqrt{x^2+y^2}<r_2\right\}$,

要求:当 $\sqrt{x^2+y^2}=r_2$ 时, $u(x,y)=f(x,y)$;

(2) $J(u)=\iiint\limits_G(x^2u^2+y^2u_x^2+u_y^2+z^2u_z^2)\mathrm{d}x\mathrm{d}y\mathrm{d}z$,

$G=\{(x,y,z)\mid |x|<1,\ |y|<1,0<z<2\}$,

要求: $u(-1,y,z)=f_1(y,z),u(1,y,z)=f_2(y,z),u(x,-1,z)=g(x,z)$, $u(x,y,0)=h(x,y)$

4. 求在 $u(0)=0,u(1)=4$ 和等周条件 $\int_0^1u^2\mathrm{d}x=2$ 下泛函

$$J(u)=\int_0^1(x^2+u^2+u'^2)\mathrm{d}x$$

的极值曲线.

5. 求在柱坐标系下圆柱面 $r=R$ 上的两点 (R,θ_0,z_0) 和 (R,θ_1,z_1) 间的短程线方程.

6. 求在对数柱面 $y=\ln x$ 上过点 $(1,0,0)$ 和 $(2,\ln 2,z_1)$ 的短程线方程.

7. 给定 $u(0)=0$,写出泛函

$$J(u)=\int_0^2(2xu+u'^2)\mathrm{d}x$$

的本性边条件和自然边条件,并求出在积分约束 $\int_0^2u\mathrm{d}x=2$ 的条件下 $J(u)$ 的极值曲线.

8. 在 $u(0)=0,u(1)=v(0)=v(1)=1$ 和积分约束 $\int_0^1(u'^2-xu'-v'^2)\mathrm{d}x=2$ 的条件下求泛函

$$J(u,v)=\int_0^1(u'^2+v'^2-4v'-4v)\mathrm{d}x$$

的极值曲线.

9. 给定 $u(2)=v(2)=1$,写出下列泛函

$$J(u,v)=\int_0^2(u^2+2uv+v^2+u'^2+3v'^2)\mathrm{d}x$$

的本性边条件和自然边条件,并求其极值曲线.

附录一　Γ 函数的一些常用公式

证明下面的公式时，先假定 z 为实数，并有 $0<z<1$. 然后利用解延拓原理，知公式在一切解析点上都成立.

1. $\Gamma(z)\Gamma(1-z)=\dfrac{\pi}{\sin\pi z}$.　　(A1.1)

证　在 Γ 函数的定义式(3.4.1)中，对 $\Gamma(z)$ 和 $\Gamma(1-z)$，分别令 $t=x^2$ 和 $t=y^2$，再改用极坐标系，及令 $x=\rho\cos\theta, y=\rho\sin\theta$，然后再令 $u=\mathrm{ctg}^2\theta$，有

$$\begin{aligned}\Gamma(z)\Gamma(1-z)&=\int_0^\infty 2\mathrm{e}^{-x^2}x^{2z-1}\mathrm{d}x\int_0^\infty 2\mathrm{e}^{-y^2}y^{1-2z}\mathrm{d}y\\&=4\int_0^\infty\int_0^\infty \mathrm{e}^{-(x^2+y^2)}\left(\frac{x}{y}\right)^{2z-1}\mathrm{d}y\mathrm{d}x\\&=4\int_0^\infty \rho\mathrm{e}^{-\rho^2}\mathrm{d}\rho\int_0^{\frac{\pi}{2}}(\mathrm{ctg}\theta)^{2z-1}\mathrm{d}\theta\\&=2\int_0^{\frac{\pi}{2}}(\mathrm{ctg}\theta)^{2z-1}\mathrm{d}\theta=\int_0^\infty\frac{u^{z-1}}{1+u}\mathrm{d}u=\frac{\pi}{\sin\pi z}.\end{aligned}$$

最后一个等式见 §4.3 之例 9. 那里是对 $0<z<1$ 给出的. 由解析延拓原理知(A1.1)式对一切 z 为非整数时均成立. 对 z 为整数，等式两边均为一阶极点，∞ 点为本性奇点.

由于 $|\sin\pi z|^2=\sin^2\pi x+\mathrm{sh}^2\pi x$，故在一切解析点上(A1.1)式的右边不是 0. 此时. 若 $\Gamma(z)$ 为 0，则必须要求 $\Gamma(1-z)$ 为 ∞，即 z 应为正整数 m，但 $\Gamma(m)=(m-1)!\neq 0$，可见 $\Gamma(z)$ 无零点.

2. $\dfrac{\Gamma'(z+1)}{\Gamma(z+1)}+\displaystyle\sum_{k=1}^\infty\left(\frac{1}{k+z}-\frac{1}{k}\right)=-C$.　　(A1.2)

这里 C 为欧拉常数，即

$$C=\lim_{n\to\infty}\left(\sum_{k=1}^n\frac{1}{k}-\ln n\right).$$

证　令

$$g_n(z)=\frac{\int_0^n \mathrm{e}^{-t}t^z\ln t\mathrm{d}t}{\int_0^n \mathrm{e}^{-t}t^z\mathrm{d}t}+\sum_{k=1}^n\left(\frac{1}{k+z}-\frac{1}{k}\right),\quad f(t,z)=\int_0^t \mathrm{e}^{-\xi}\xi^z\mathrm{d}\xi.,$$

$$g_n(z)=\frac{f(t,z)\ln t\Big|_0^n-\int_0^n\frac{1}{t}f(t)\mathrm{d}t}{f(n,z)}+\sum_{k=1}^n\left(\frac{1}{k+z}-\frac{1}{k}\right)$$

$$= \ln n - \sum_{k=1}^{n} \frac{1}{k} + \sum_{k=1}^{n} \frac{1}{k+z} - \frac{\int_0^n \frac{1}{t} f(t,z)\mathrm{d}t}{f(n,z)},$$

$$\lim_{n\to\infty} g_n(z) = g(z) = \frac{\Gamma'(z+1)}{\Gamma(z+1)} + \sum_{k=1}^{\infty}\left(\frac{1}{k+z} - \frac{1}{k}\right)$$

$$= -C + \lim_{n\to\infty}\sum_{k=1}^{n} \frac{1}{k+z} - \frac{\int_0^\infty \frac{1}{t} f(t,z)\mathrm{d}t}{\Gamma(z+1)}.$$

这里利用了 $f(\infty,z) = \Gamma(z+1)$.

令

$$F(s,z) = \int_0^\infty f(t,z)\mathrm{e}^{-st}\mathrm{d}t$$

为 $f(t,z)$ 的拉普拉斯变换. 有

$$F(s,z) = \int_0^\infty \mathrm{e}^{-st}\int_0^t \mathrm{e}^{-\xi}\xi^z \mathrm{d}\xi\mathrm{d}t$$

$$= \int_0^\infty \mathrm{e}^{-\xi}\xi^z\int_\xi^\infty \mathrm{e}^{-st}\mathrm{d}t\mathrm{d}\xi$$

$$= \frac{1}{s}\int_0^\infty \mathrm{e}^{-(1+s)\xi}\xi^z \mathrm{d}\xi.$$

对 s 为非负实数,令 $(1+s)\xi = \eta$,则有

$$F(s,z) = \frac{1}{s(1+s)^{z+1}}\int_0^\infty \mathrm{e}^{-\eta}\eta^z\mathrm{d}\eta = \frac{\Gamma(z+1)}{s(1+s)^{z+1}}.$$

由解析延拓知,此等式对一切 $\mathrm{Re}s > 0$ 的 s 值均成立.

由 § 12.6 中一些基本公式中的(9),有

$$\int_0^\infty \frac{1}{t} f(t,z)\mathrm{d}t = \int_0^\infty F(s,z)\mathrm{d}s = \Gamma(z+1)\int_0^\infty \frac{\mathrm{d}s}{s(1+s)^{z+1}}.$$

令

$$s = \frac{1}{x} - 1,$$

有

$$\int_0^\infty \frac{\mathrm{d}s}{s(1+s)^{z+1}} = \int_0^1 \frac{x^z\mathrm{d}x}{1-x} = \lim_{n\to\infty}\sum_{k=0}^{n-1}\int_0^1 x^{z+k}\mathrm{d}x$$

$$= \lim_{n\to\infty}\sum_{k=0}^{n-1}\frac{1}{z+k+1} = \lim_{n\to\infty}\sum_{k=1}^{n}\frac{1}{z+k}.$$

由此有

$$\frac{\Gamma'(z+1)}{\Gamma(z+1)} + \sum_{k=1}^{\infty}\left(\frac{1}{k+z} - \frac{1}{k}\right) = -C + \lim_{n\to\infty}\left(\sum_{k=1}^{n}\frac{1}{z+k} - \sum_{k=1}^{n}\frac{1}{k+z}\right)$$

$$= -C = \frac{\Gamma'(1)}{\Gamma(1)} = \Gamma'(1).$$

3. $\dfrac{1}{\Gamma(z)} = z\mathrm{e}^{Cz}\prod_{k=1}^{\infty}\left(1+\dfrac{z}{k}\right)\mathrm{e}^{-\frac{z}{k}} = \lim_{n\to\infty}\dfrac{\prod_{k=0}^{n}(z+k)}{n!}n^{-z}.$ (A1.3)

证 将(A1.2)两边从 0 到 z 积分,并利用 $\Gamma(z+1)=z\Gamma(z)$ 得

$$-\ln\Gamma(z+1) = -\ln\Gamma(z) - \ln z = Cz + \sum_{k=1}^{\infty}\left[\ln\left(1+\frac{z}{k}\right)-\frac{z}{k}\right],$$

即

$$-\ln\Gamma(z) = Cz + \ln z + \sum_{k=1}^{\infty}\left[\ln\left(1+\frac{z}{k}\right)-\frac{z}{k}\right],$$

$$\frac{1}{\Gamma(z)} = z\mathrm{e}^{Cz}\prod_{k=1}^{\infty}\left(1+\frac{z}{k}\right)\mathrm{e}^{-\frac{z}{k}}.$$

由于

$$\mathrm{e}^{Cz}\prod_{k=1}^{\infty}\mathrm{e}^{-\frac{z}{k}} = \mathrm{e}^{z\left(C-\sum_{k=1}^{\infty}\frac{1}{k}\right)} = \lim_{n\to\infty}\mathrm{e}^{-z\ln n} = \lim_{n\to\infty}n^{-z},$$

即(A1.3)式成立.

4. $\sqrt{\pi}\Gamma(2z) = 2^{2z-1}\Gamma(z)\Gamma(z+\dfrac{1}{2}).$ (A1.4)

证 由(A1.3)式有

$$\frac{1}{\Gamma(z)\Gamma\left(z+\frac{1}{2}\right)} = \lim_{n\to\infty}\frac{\prod_{k=0}^{n}(z+k)(z+\frac{1}{2}+k)}{(n!)^2}n^{-2z-\frac{1}{2}}$$

$$= \lim_{n\to\infty}\frac{\prod_{k=0}^{n}(2z+2k)(2z+1+2k)}{(2n)!!(2n+1)!!}n^{-2z-\frac{1}{2}}\frac{(2n+1)!!}{(2n)!!}$$

$$= \lim_{n\to\infty}\frac{\prod_{k=0}^{2n+1}(2z+k)}{(2n+1)!}(2n+1)^{-2z}\cdot\lim_{n\to\infty}\left(\frac{n}{2n+1}\right)^{-2z}\cdot\lim_{n\to\infty}\frac{(2n+1)!!}{(2n)!!\sqrt{n}}$$

$$= \frac{2^{2z}}{\Gamma(2z)}\lim_{n\to\infty}\frac{(2n+1)!!}{\sqrt{n}(2n)!!}. \tag{A1.5}$$

对上式,取 $z=\dfrac{1}{2}$,得

$$\frac{1}{\Gamma\left(\frac{1}{2}\right)} = 2\lim_{n\to\infty}\frac{(2n+1)!!}{\sqrt{n}(2n)!!}.$$

在 $\Gamma\left(\dfrac{1}{2}\right)$的积分式中,令 $x=\sqrt{t}$,则有

$$\Gamma\left(\frac{1}{2}\right) = \int_0^{\infty}\mathrm{e}^{-t}t^{-\frac{1}{2}}\mathrm{d}t = 2\int_0^{\infty}\mathrm{e}^{-x^2}\mathrm{d}x = \sqrt{\pi},$$

即有

$$\lim_{n\to\infty}\frac{(2n+1)!!}{\sqrt{n}(2n)!!}=\frac{1}{2\sqrt{\pi}}.$$

以此代入(A1.5)式中,可得(A1.4).

附录二 在相关条件下赋范空间可以成为内积空间的证明

设E为复数域上的空间，E_r为实数域上的空间. 若范数 $\|\cdot\|$ 满足平行四边形公式，即有

$$\|x+y\|^2+\|x-y\|^2=2[\|x\|^2+\|y\|^2], \tag{A2.1}$$

则可用范数来定义内积，使赋范空间成为内积空间.

设 $x=x_1+\mathrm{i}x_2, y=y_1+\mathrm{i}y_2, x,y\in E, x_1,x_2,y_1,y_2\in E_r$. 在$E$内用范数定义内积

$$\begin{aligned}(x,y)=&\frac{1}{4}[\|x_1+y_1\|^2-\|x_1-y_1\|^2+\|x_2+y_2\|^2-\|x_2-y_2\|^2]\\&+\frac{\mathrm{i}}{4}[\|x_1+y_2\|^2-\|x_1-y_2\|^2-\|x_2+y_1\|^2+\|x_2-y_1\|^2].\end{aligned} \tag{A2.2}$$

由此知，若 $x,y\in E_r$，则有

$$(x,y)=\frac{1}{4}[\|x+y\|^2-\|x-y\|^2], \tag{A2.3}$$

而对 $x,y\in E$，则由(A2.2)和(A2.3)式知，有

$$\begin{aligned}(x,y)&=(x_1+\mathrm{i}x_2,y_1+\mathrm{i}y_2)\\&=(x_1,y_1)+(x_2,y_2)+\mathrm{i}[(x_1,y_2)-(x_2,y_1)].\end{aligned} \tag{A2.4}$$

下面验证此定义满足内积的四点要求.

(1) $(x,y)=\overline{(y,x)}$.

这只需要将定义中之 x_1,x_2 和 y_1,y_2 的位置对调一下即可.

(2) $(x,x)\geqslant 0$. 等号只在 $x=0$ 时成立.

在(A2.2)式中令 $y_1=x_1, y_2=x_2$，得$(x,x)=\|x_1\|^2+\|x_2\|^2\geqslant 0$，等号仅在 $x_1=x_2=0$，即 $x=0$ 时才成立.

(3) $(x+y,z)=(x,z)+(y,z)$.

先讨论 $x,y,z\in E_r$. 由于范数满足平行四边形公式，有

$$\begin{aligned}(x+y,z)&=\frac{1}{4}[\|x+y+z\|^2-\|x+y-z\|^2]\\&=\frac{1}{4}[\|x+y+z\|^2-\|x-y+z\|^2]\end{aligned}$$

$$= \frac{1}{2}[\|x+z\|^2 + \|y\|^2 - \|x\|^2 - \|y-z\|^2]$$

$$= \frac{1}{2}[\|x+z\|^2 - \|y-z\|^2]$$

$$+ \frac{1}{2}[\|y\|^2 + \|z\|^2 - \|x\|^2 - \|z\|^2]$$

$$= \frac{1}{2}[\|x+z\|^2 - \|y-z\|^2] + \frac{1}{4}[\|y+z\|^2 + \|y-z\|^2$$

$$- \|x+z\|^2 - \|x-z\|^2]$$

$$= \frac{1}{4}[\|x+z\|^2 - \|x-z\|^2] + \frac{1}{4}[\|y+z\|^2 - \|y-z\|^2]$$

$$= (x,z) + (y,z).$$

对 $x,y,z \in E, x = x_1 + \mathrm{i}x_2, y = y_1 + \mathrm{i}y_2, z = z_1 + \mathrm{i}z_2, x_1, x_2, y_1, y_2, z_1, z_2 \in E_r$. 由(A2.4)式,有

$$\begin{aligned}(x+y,z) &= (x_1 + y_1 + \mathrm{i}x_2 + \mathrm{i}y_2, z_1 + \mathrm{i}z_2) \\ &= (x_1+y_1,z_1) + (x_2+y_2,z_2) + \mathrm{i}[(x_1+y_1,z_2) - (x_2+y_2,z_1)] \\ &= (x_1,z_1) + (x_2,z_2) + (y_1,z_1) + (y_2,z_2) + \mathrm{i}[(x_1,z_2) \\ &\quad + (y_1,z_2) - (x_2,z_1) - (y_2,z_1)] \\ &= (x_1,z_1) + (x_2,z_2) + \mathrm{i}[(x_1,z_2) - (x_2,z_1)] + (y_1,z_1) \\ &\quad + (y_2,z_2) + \mathrm{i}[(y_1,z_2) - (y_2,z_1)] \\ &= (x,z) + (y,z),\end{aligned}$$

并有

$$(x,y+z) = \overline{(y+z,x)} = \overline{(y,x)} + \overline{(z,x)} = (x,y) + (x,z).$$

(4) $(x,\alpha y) = \alpha(x,y)$.

由定义(A2.2)式立即可知:

$$(x,-\alpha y) = -(x,\alpha y), (x, 0\cdot y) = 0 = 0\cdot(x,y).$$

① 先假定 $x,y \in E_r, \alpha \in \mathbf{R}$(实数域). 根据上面的结果知只需对 $\alpha > 0$ 证明 $(x,\alpha y) = \alpha(x,y)$ 即可.

设 $\alpha = \frac{n}{m}$, m 和 n 均为正整数,即 α 为有理数. 由性质 3 很容易看出,有

$$(mx,ny) = m(x,ny) = mn(x,y),$$

$$(x,\alpha y) = (x,\frac{n}{m}y) = \frac{1}{4}\left[\left\|x + \frac{n}{m}y\right\|^2 - \left\|x - \frac{n}{m}y\right\|^2\right]$$

$$= \frac{1}{4m^2}\left[\left\|mx+ny\right\|^2 - \left\|mx-ny\right\|^2\right]$$

$$= \frac{1}{m^2}(mx,ny) = \frac{n}{m}(x,y) = \alpha(x,y).$$

② 设 α 为无理数. 取一有理数序列 $\{\alpha_k\}$, $\lim\limits_{k\to\infty}\alpha_k=\alpha$,

$$(x,\alpha y)=(x,(\alpha-\alpha_k)y)+(x,\alpha_k y)=(x,(\alpha-\alpha_k)y)+\alpha_k(x,y).$$

由范数满足三角不等式 $\|x+y\|\leqslant\|x\|+\|y\|$, 有

$\|x\|=\|x+y-y\|\leqslant\|x+y\|+\|y\|\Rightarrow\|x+y\|\geqslant\|x\|-\|y\|$.

故有

$$\begin{aligned}|(x,(\alpha-\alpha_k)y)|&=\frac{1}{4}\left|\|x+(\alpha-\alpha_k)y\|^2-\|x-(\alpha-\alpha_k)y\|^2\right|\\&\leqslant\frac{1}{4}\left|(\|x\|+|\alpha-\alpha_k|\|y\|)^2-(\|x\|-|\alpha-\alpha_k|\|y\|)^2\right|\\&=|\alpha-\alpha_k|\|x\|\cdot\|y\|.\end{aligned}$$

由此知有 $\lim\limits_{k\to\infty}|(x,(\alpha-\alpha_k)y)|=0$,

$$(x,\alpha y)=\lim_{k\to\infty}\alpha_k(x,y)+\lim_{k\to\infty}(x,(\alpha-\alpha_k)y)=\alpha(x,y).$$

③ 设 $x=x_1+\mathrm{i}x_2, y=y_1+\mathrm{i}y_2, \alpha=\alpha_1+\mathrm{i}\alpha_2, x,y\in E, x_1,x_2,y_1,y_2\in E_r$, $\alpha_1,\alpha_2\in\mathbf{R}$, 则

$$\begin{aligned}(x,\alpha y)&=(x_1+\mathrm{i}x_2,\alpha_1y_1-\alpha_2y_2+\mathrm{i}\alpha_2y_1+\mathrm{i}\alpha_1y_2).\\&=(x_1,\alpha_1y_1-\alpha_2y_2)+(x_2,\alpha_2y_1+\alpha_1y_2)\\&\quad+\mathrm{i}[(x_1,\alpha_2y_1+\alpha_1y_2)-(x_2,\alpha_1y_1-\alpha_2y_2)]\\&=(x_1,\alpha_1y_1)+(x_2,\alpha_2y_1)-(x_1,\alpha_2y_2)+(x_2,\alpha_1y_2)\\&\quad+\mathrm{i}[(x_1,\alpha_2y_1)+(x_1,\alpha_1y_2)-(x_2,\alpha_1y_1)+(x_2,\alpha_2y_2)]\\&=\alpha_1[(x_1,y_1)+(x_2,y_2)]+\alpha_2[(x_2,y_1)-(x_1,y_2)]\\&\quad+\mathrm{i}\alpha_2[(x_1,y_1)+(x_2,y_2)]+\mathrm{i}\alpha_1[(x_1,y_2)-(x_2,y_1)]\\&=(\alpha_1+\mathrm{i}\alpha_2)[(x_1,y_1)+(x_2,y_2)+\mathrm{i}(x_1,y_2)-\mathrm{i}(x_2,y_1)]\\&=\alpha(x,y).\end{aligned}$$

附录三　关于 $Y_m(x)$ 表达式的推导

对(7.4.1)，令 $\mu \to m$，并利用洛必达法则，有

$$Y_m(x) = \lim_{\mu \to m} Y_\mu(x) = \left. \frac{\frac{\partial}{\partial \mu}[\cos\mu\pi J_\mu(x) - J_{-\mu}(x)]}{\frac{\partial}{\partial \mu}(\sin\mu\pi)} \right|_{\mu \to m}$$

$$= \frac{1}{\pi}\left[\frac{\partial J_\mu(x)}{\partial \mu} - (-1)^m \frac{\partial J_{-\mu}(x)}{\partial \mu}\right]_{\mu \to m} \tag{A3.1}$$

由

$$J_{\pm\mu}(x) = \left(\frac{x}{2}\right)^{\pm\mu} \sum_{n=0}^{\infty} \frac{(-1)^n}{n!\Gamma(n \pm \mu + 1)} \left(\frac{x}{2}\right)^{2n},$$

有

$$\frac{\partial J_{\pm\mu}(x)}{\partial \mu} = \pm J_{\pm\mu}(x) \ln \frac{x}{2} \mp \sum_{n=0}^{\infty} \frac{(-1)^n}{n!} \frac{\Gamma'(n \pm \mu + 1)}{\Gamma^2(n \pm \mu + 1)} \left(\frac{x}{2}\right)^{2n \pm \mu}. \tag{A3.2}$$

利用递推公式

$$\Gamma(n + \mu + 1) = \Gamma(\mu + 1 - m) \prod_{k=0}^{m+n-1} (n + \mu - k) \tag{A3.3}$$

和对 $n < m$，

$$\Gamma(n - \mu + 1) = \frac{\Gamma(m + 1 - \mu)}{\prod_{k=1}^{m-n} (n - \mu + k)}. \tag{A3.4}$$

将(A3.3)式对 μ 求导，得：

$$\Gamma'(n + \mu + 1) = \Gamma'(\mu + 1 - m) \prod_{k=0}^{m+n-1} (n + \mu - k)$$

$$+ \Gamma(\mu + 1 - m) \sum_{l=0}^{m+n-1} \prod_{\substack{k \neq l \\ k=0}}^{m+n-1} (n + \mu - k).$$

由此，取 $\mu = m$，并注意到 $\Gamma(n + m + 1) = (n + m)!$，$\Gamma(1) = 1$，得

$$\frac{\Gamma'(n + m + 1)}{\Gamma^2(n + m + 1)} = \frac{\Gamma'(1)}{(n + m)!} + \frac{1}{(n + m)!} \sum_{l=1}^{n+m} \frac{1}{l}. \tag{A3.5}$$

对 $n < m$，由(A3.4)式，注意到当 $k = m - n$ 时，$n - m + k = 0$，即连乘积

$$\prod_{k=1}^{m-n} (n - m + k) = 0.$$

下面的 $\Gamma'(n - \mu + 1)$ 相应于将 $n - \mu$ 看作变量求导，故有

$$\Gamma'(n-\mu+1)=\frac{\Gamma'(m+1-\mu)}{\prod_{k=1}^{m-n}(n-\mu+k)}-\frac{\Gamma(m+1-\mu)\sum_{l=1}^{m-n}\prod_{\substack{k=1\\k\neq l}}^{m-n}(n-\mu+k)}{\left[\prod_{k=1}^{m-n}(n-\mu+k)\right]^2},$$

$$\lim_{\mu\to m}\frac{\Gamma'(n-\mu+1)}{\Gamma^2(n-\mu+1)}=\lim_{\mu\to m}\frac{\Gamma'(n-\mu+1)}{\Gamma^2(n-\mu+1)}=(-1)^{m-n}(m-n-1)!. \tag{A3.6}$$

对 $n>m$，用递推公式

$$\Gamma(n-\mu+1)=\Gamma(m-\mu+1)\prod_{k=0}^{n-m-1}(n-\mu-k) \tag{A3.7}$$

可得与(A3.5)式类似的结果，不同仅在于将(A3.5)中之 $n+m$ 改为 $n-m$ 即可，即有

$$\frac{\Gamma'(n-m+1)}{\Gamma^2(n-m+1)}=\frac{\Gamma'(1)}{(n-m)!}+\frac{1}{(n-m)!}\sum_{l=1}^{n-m}\frac{1}{l}. \tag{A3.8}$$

对 $n=m$，则有

$$\lim_{\mu\to m}\frac{\Gamma'(n-\mu+1)}{\Gamma^2(n-\mu+1)^2}=\frac{\Gamma'(1)}{\Gamma^2(1)}=\Gamma'(1)=-C, \tag{A3.9}$$

C 为欧拉常数(见附录一)，有

$$C=-\Gamma(1)=\lim_{n\to\infty}\left(\sum_{k=1}^{n}\frac{1}{k}-\ln n\right)=0.577216\cdots.$$

把(A3.2)，(A3.5)，(A3.6)，(A3.8)和(A3.9)式代入(A3.1)中，并注意到 $J_{-m}(x)=(-1)^m J_m(x)$，即可得(7.4.2)式.

参考文献

[1] 郭敦仁. 数学物理方法[M]. 2 版. 北京:高等教育出版社,1991.

[2] 梁昆淼. 数学物理方法[M]. 3 版. 北京:高等教育出版社,1998.

[3] 杜珣,唐世敏. 数学物理方法[M]. 2 版. 北京:高等教育出版社,1992.

[4] Brown J W, Churchill R V. Complex Variables and Applications[M]. 7th ed. New York:McGraw Hill, 2003.

[5] 阿尔福斯. 复分析[M]. 2 版. 张立,张靖,译. 上海:上海科学技术出版社,1984.

[6] 普里瓦洛夫. 复变函数引论[M]. 北京大学数学力学系数学分析与函数论教研室,译. 北京:商务印书馆,1953.

[7] 吴崇试. 数学物理方法[M]. 2 版. 北京:北京大学出版社,2003.

[8] 江泽坚. 数学分析:上册[M]. 北京:人民教育出版社,1964.

[9] 江泽坚. 数学分析:下册[M]. 北京:人民教育出版社,1964.